硅酸盐热力学导论

Introduction to Thermodynamics of Silicates

马鸿文　等 著

化学工业出版社

·北京·

内容简介

《硅酸盐热力学导论》属"北京市高等教育精品教材立项项目"，也是"矿物材料科学系列教材"之一，反映了近20年来有关矿物资源绿色加工技术原理的最新成果。主要内容包括：矿物-材料概述，典型矿物结构与化学，硅酸盐熔体热力学，硅酸盐共生相分析，硅酸盐陶瓷设计，高温/水热/水化过程平衡反应热力学，以及非平衡过程反应动力学等。重点阐述了基于硅酸盐体系质量平衡、能量守恒、反应速率研究，创新矿物资源绿色化工的技术途径；其中包括著者团队长期研究钾、铝、磷、镁、锂、硅资源高效清洁利用关键技术的大量实例。这些内容对于深入研习矿物资源化工技术原理至关重要，亦是推进技术成果工程化的重要理论基础。因此，本书除可作为材料科学与工程、材料化学和结晶岩岩石学、矿物学、矿床学等专业研究生课程的教材外，也适合于材料类、地学类高校教师、研究生和科技人员作为参考书使用。

图书在版编目（CIP）数据

硅酸盐热力学导论/马鸿文等著. —北京：化学工业出版社，2021.4

北京市高等教育精品教材立项项目

ISBN 978-7-122-38511-6

Ⅰ.①硅…　Ⅱ.①马…　Ⅲ.①硅酸盐-热力学-高等学校-教材　Ⅳ.①TQ170.1

中国版本图书馆CIP数据核字（2021）第028279号

责任编辑：窦　臻　　文字编辑：昝景岩
责任校对：宋　玮　　装帧设计：关　飞

出版发行：化学工业出版社（北京市东城区青年湖南街13号　邮政编码100011）
印　　装：三河市延风印装有限公司
787mm×1092mm　1/16　印张19½　字数514千字　　2021年5月北京第1版第1次印刷

购书咨询：010-64518888　　售后服务：010-64518899
网　　址：http://www.cip.com.cn
凡购买本书，如有缺损质量问题，本社销售中心负责调换。

定　　价：59.80元

前言

诗曰：

一从娲女补天穹，便始制陶艺彩生。
硬玉细琢鸣特磬，青铜精铸舞编钟。
电光转换观声色，强韧复合听引擎。
琅苑通幽勤有径，咀英嚼胆悟神农。

《七律·陶艺》，著者（2001）为“技术陶瓷学”课程作结语，以概括陶瓷材料之发展历程，效法先贤，治学悟道，与莘莘学子共勉。

材料是人类社会进步的物质基础与先导。纵观人类文明发展的石器、铜器、铁器时代，及至现今之各种金属及合金、半导体，无不与利用矿物资源有关。约4万年前，古人类开始使用天然石头，打制石器工具。1962年江西万年县仙人洞出土的陶罐，距今约2万年（Wu et al，2012. Science，336：1696-1700），乃中华先民利用矿物原料制造硅酸盐陶瓷之滥觞。直至近代，硅酸盐材料仍是人类使用最广泛的主要工程材料。自20世纪60年代始，世界进入新兴技术时代，信息、能源、材料被誉为三大支柱。然而纵观陶瓷材料发展史，硅酸盐陶瓷学作为一门大科学，在科学技术的百花园中，至今仍散发着熠熠光彩。

著者执教于中国地质大学（北京），先后为地质学、材料科学、材料化学等专业本科生讲授“岩石学”“技术陶瓷学”“材料科学前缘”，为矿物岩石学、矿物材料学、材料科学、材料物理与化学等专业研究生讲授“地球物质学”“结晶岩热力学”“陶瓷导论”“陶瓷热力学”等课程，深感对于矿物材料科学领域的研究生和科技工作者，急需一本有关硅酸盐热力学方面的教科书。

积30年研教工作积累与治学感悟，著者勉力而为，撰成此书，是为《工业矿物与岩石》之续篇。前启系统论述工业矿物之基本属性，后承深度解析矿物资源之化工原理。及至今即付梓，回溯初时下笔，方深切体悟到“穷经几近皓首，历久堪成豆蔻”之磨砺！欣然于或可填补学界空白的同时，对于尚存不足之处，犹期于吾师、同道及读者不吝赐正。感谢李国武教授、郑红教授分别参与撰写第二章和第九章。书中晶体结构图由聂铁苗博士绘制，部分热力学算例由博士生姚文贵、郭若禹、时浩和硕士生董成、徐建昂等完成。对于近十余年来诸位同事和众多研究生的协助、评批及建设性讨论，谨致谢忱！

谨录拙笔《七绝·材料精铨》，作为对材料科学研究中关键科学问题之概括。诗曰：

物质平衡为始先，守恒能量并珠联。
过程速率失匹配，结构举纲亦枉然。

凡书中内容，亦大致依此为纲展开。读者若能循此，穷流溯源，深入探究，在矿物材料科学领域取得创新成果，领悟材料学之真谛，则科学递进，民族受益，个人幸甚矣！

马鸿文

庚子孟春，掩门成于北地苑

目录

第一章　矿物-材料九说 / 1

第一节　石英族-硅化合物-硅系材料 …… 3
第二节　钛矿物-钛化合物-钛系材料 …… 5
第三节　铝矿物-铝化合物-铝系材料 …… 7
第四节　铁矿物-铁化合物-钢铁材料 …… 9
第五节　镁矿物-镁化合物-镁系材料 …… 13
第六节　钙矿物-钙化合物-钙系建材 …… 16
第七节　钠矿物-钠化合物-氯碱工业 …… 20
第八节　钾矿物-钾化合物-钾盐工业 …… 24
第九节　磷矿物-磷化合物-磷盐工业 …… 29
参考文献 …… 32

第二章　典型结构与晶体化学 / 35

第一节　岛状结构硅酸盐 …… 36
第二节　环状结构硅酸盐 …… 39
第三节　链状结构硅酸盐 …… 41
第四节　层状结构硅酸盐 …… 46
第五节　架状结构硅酸盐 …… 50
第六节　其他典型结构矿物 …… 56
参考文献 …… 64

第三章　硅酸盐熔体结构与热力学 / 65

第一节　硅酸盐熔体结构模型 …… 65
第二节　硅酸盐熔体Fe^{3+}-Fe^{2+}平衡及结构作用 …… 73
第三节　含水硅酸盐熔体结构及作用机理 …… 75
第四节　硅酸盐熔体结构-物性表征 …… 79
第五节　硅酸盐熔体密度与状态方程 …… 84
第六节　硅酸盐熔体不混溶作用模拟 …… 88
参考文献 …… 94

第四章　硅酸盐体系共生相分析 / 97

第一节　共生相分析的基本原理 …… 97
第二节　工业岩石原料的物相组成分析 …… 102
第三节　膨润土中蒙脱石含量的对比分析 …… 106
第四节　两种共存长石的成分与含量计算 …… 110
第五节　硅酸盐陶瓷配料组成计算 …… 114
第六节　硅酸盐制品物相组成分析 …… 116
参考文献 …… 120

第五章 硅酸盐陶瓷设计原理 / 122

第一节 硅酸盐陶瓷共生相分析 …… 122
第二节 烧结过程的热力学表征 …… 126
第三节 晶体-熔体平衡的热力学描述 …… 130
第四节 共生相分析的数学模型 …… 135
第五节 实验设计与过程模拟 …… 136
第六节 硅酸盐陶瓷设计示例 …… 139
参考文献 …… 144

第六章 高温过程反应热力学 / 146

第一节 热力学原理与参数 …… 146
第二节 硅酸盐熔融反应 …… 149
第三节 硅酸盐烧结反应 …… 153
第四节 钾长石烧结反应 …… 158
第五节 氧化镁铝热还原反应 …… 165
第六节 氧化硅碳热还原反应 …… 167
参考文献 …… 169

第七章 水热过程反应热力学 / 172

第一节 水溶液热力学模型 …… 172
第二节 钾长石碱液分解反应 …… 181
第三节 钾霞石酸解晶化反应 …… 184
第四节 硬硅钙石水热晶化反应 …… 187
第五节 高铝飞灰碱溶脱硅反应 …… 190
第六节 锂辉石碱液分解反应 …… 192
参考文献 …… 197

第八章 水化过程反应热力学 / 200

第一节 Cemdata18 数据库概要 …… 200
第二节 胶凝材料热力学数据 …… 201
第三节 C-S-H 固溶体模型 …… 212
第四节 Cemdata18 数据库新功能 …… 217
第五节 矿聚胶凝材料固化反应 …… 221
第六节 硅酸钠钙碱渣水解反应 …… 224
参考文献 …… 226

第九章 非平衡过程反应动力学 / 231

第一节 反应速率和速率方程 …… 232
第二节 硅酸盐烧结反应 …… 233
第三节 钾长石-$Ca(OH)_2$-H_2O 体系水热分解反应 …… 237
第四节 钾长石-NaOH-H_2O 体系水热分解反应 …… 239
第五节 微晶玻璃晶化反应 …… 243
第六节 分子筛离子吸附反应 …… 245

参考文献 …… 249
附录一　常见矿物晶体化学计算 …… 252
附录二　常见氧化物、元素的摩尔质量和氢当量 …… 265
附录三　常见矿物和熔体、流体相端员组分热力学性质 …… 268
附录四　复杂矿物热力学性质计算模型 …… 290

第一章　矿物-材料九说

在浩瀚的宇宙空间，遨游着一颗蓝色星球。这就是人类赖以生存的地球家园。据地球物理探测，地球具有圈层状构造，由地表至地心，依次分为地壳、地幔和地核。大陆地壳的平均厚度约 36km，大洋地壳厚度 10～13km；上地幔（约 220km）厚度 184km，其下依次为过渡带（约 670km），下地幔（约 2891km），外地核（约 5150km）和内地核（约 6371km）。显然，地壳物质构成了人类活动最基本的物质基础，也是各种无机非金属和金属材料生产的基本原料。在地球漫长的演化史中，地球物质遵循地质环境下化学平衡的基本规律，不断调整其存在形式，最终形成了地壳表层现今人类可资利用的各种矿物资源（表 1-1）。

表 1-1　地壳岩石的主要元素丰度

组分	地壳丰度/%	累积丰度/%	组分	地壳丰度/%	累积丰度/%
SiO_2	59.30	59.30	H_2O^+	1.25	98.15
Al_2O_3	15.36	74.66	TiO_2	0.73	98.88
TFeO	6.43	81.42	P_2O_5	0.23	99.11
CaO	5.08	86.50	MnO	0.12	99.23
Na_2O	3.81	90.31	CO_2	0.07	99.30
MgO	3.47	93.78	F	0.063	99.363
K_2O	3.12	96.90	S	0.026	99.389

注：引自 Mason et al（1982）。

在构成地壳的主要物质中，SiO_2、Al_2O_3、TFeO、CaO、Na_2O、MgO、K_2O、TiO_2、P_2O_5 这 9 种主要氧化物，总和占地壳质量的 97.86%；若再考虑 H_2O^+、CO_2，则 11 种主要氧化物的质量总和占 99.18%。在地壳环境下，由上列主要氧化物形成的矿物主要为硅酸盐类，其中长石族按体积计占 51%，其次为石英、辉石、闪石、云母和黏土矿物（图 1-1），以及氧化物（氢氧化物）、碳酸盐类矿物。

这些矿物资源是人类基本生产活动最重要的物质基础。现今工业领域的黑色金属（Fe、Mn 为主）和 Al、Mg、Ti、Si 四种轻金属及其合金材料，以及以硅酸盐陶瓷为代表的无机非金属材料，以金属硅为代表的半导体材料，以氯碱、钾盐（肥）、磷盐（肥）工业为代表的无机化工产品，其基本生产原料无一不是上列主要矿物资源。因此，深入探究和认识这些矿物的资源属性，无疑是对其进行化学加工和工业利用的基本依据。

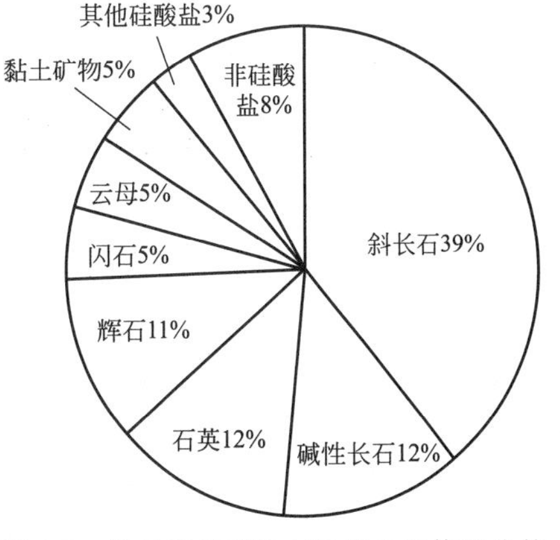

图 1-1　常见造岩矿物在地壳中的体积分数（据 Ronov et al，1969）

据 Clarke 等（1924）统计，构成地壳表层厚度 16km 范围的岩石类型，火成岩（及其变质产物）占 95%，页岩 4%，砂岩 0.75%，石灰岩 0.25%。因此，熟悉在火成作用环境下常见硅酸盐矿物的共生组合规律，即概略反映火成岩中矿物基本共生关系的“鲍文反应系列”的内容，就成为探索和了解自然界常见矿物共生组合奥秘的钥匙（图 1-2）。

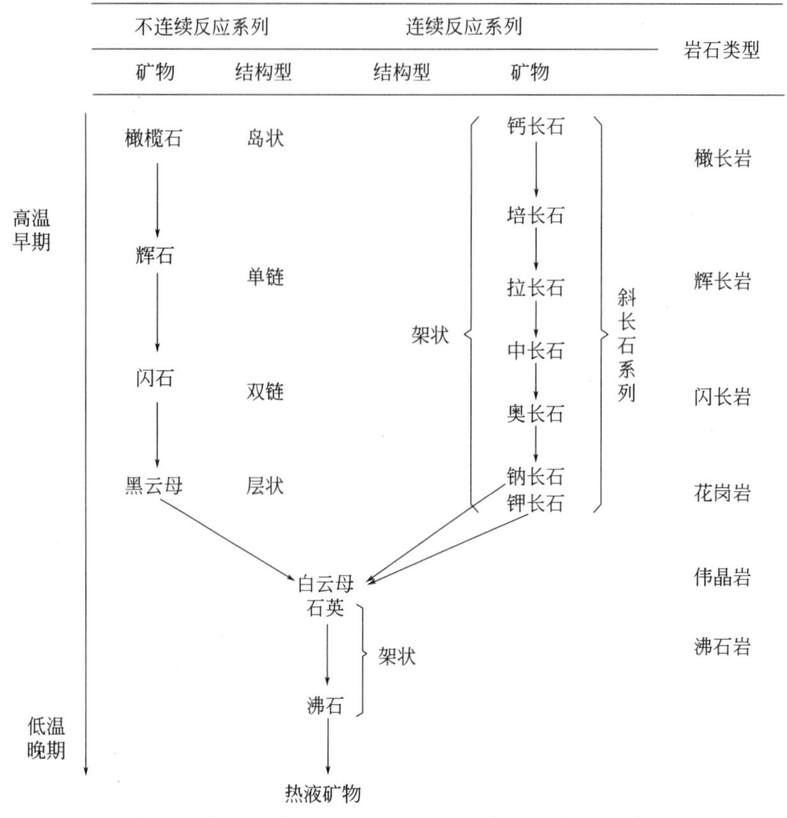

图 1-2　鲍文反应系列（1928）及对应岩石类型示意图

（据 Klein & Dutrow，2007）

自然界岩浆结晶过程的总趋势：随着结晶温度的下降，不连续反应系列出现矿物族（结构类型）的变化；连续反应系列则出现矿物成分的变化。矿物共生组合大致对应的岩类由著者增补

上述矿物资源作为硅酸盐陶瓷生产的主要原料（反应物），不难理解，此类材料（生成物）加工过程中的关键科学问题，可归结为 SiO_2-Al_2O_3-MgO-CaO-Na_2O-K_2O-H_2O-CO_2 体系的化学平衡与材料设计问题。

在广义上，材料设计可按研究对象的空间尺度不同而划分为三个层次：（1）微观设计层次，空间尺度在约 1nm 量级，是原子、电子层次的设计；（2）连续模型层次，典型尺度在约 1μm 量级，此时材料被视为连续介质；（3）工程设计层次，尺度对应于宏观材料，涉及大块材料的加工和使用性能的设计（熊家炯，2000）。显然，硅酸盐陶瓷体系的材料设计，大致相当于材料工程设计层次，但又不完全相同。此类材料设计的本质，主要是依据热力学与相平衡理论的相组成预测（共生相及其成分、含量），以及依据反应动力学理论对材料结构-性能的预测（微观结构，理化性能）。

作为研究硅酸盐陶瓷热力学与材料设计的必备知识，本章概略介绍以常见的 9 种氧化物为主要组分构成的重要矿物资源，以及经化学加工可制备的相关化合物与材料制品，以使读者概要了解矿物资源化学加工的基本内容。

第一节　石英族-硅化合物-硅系材料

1. 石英族

自然界已发现同质多像变体有 α-石英、β-石英、α-鳞石英、β-鳞石英、α-方石英、β-方石英、柯石英、斯石英。常压下同质多像转变：α-石英$\xrightleftharpoons{573℃}$β-石英$\xrightleftharpoons{870℃}$β-鳞石英$\xrightleftharpoons{1470℃}$β-方石英（1713℃熔融）。低温下转变：α-鳞石英$\xrightleftharpoons{117\sim163℃}$β-鳞石英；α-方石英$\xrightleftharpoons{200\sim270℃}$β-方石英。此类低温-高温型转变为位移式转变，故自然界通常只有低温型得以保存。

α-石英（α-quartz，SiO_2）

通常简称石英。成分纯净，可含少量 Fe、Mg、Al、Ca、Li、Na、K 等，常含气、液包裹体和金红石、针铁矿、黄铁矿、闪锌矿等固态包裹体。石英经生物或有机酸作用可溶解，在水体中再沉积为玉髓、玛瑙或蛋白石。主要用作制备硅化合物和硅系材料的原料，结晶完好者用作压电水晶、光学水晶、工艺水晶和熔炼水晶等。

方石英（cristobalite，SiO_2）

β-方石英（高温），常压下 1470～1728℃稳定的等轴晶系变体，温度降至 268℃以前呈亚稳态存在；268℃时转变为低温方石英，更低温下呈亚稳态存在。α-方石英（低温），有两种主要异种：纤方石英（lussatite）和蛋白石。低温方石英晶体常呈 β-方石英转化后的假像。高温方石英是硅酸盐陶瓷、硅质耐火材料中的主要物相。

蛋白石（opal，$SiO_2 \cdot nH_2O$）

通常 $SiO_2 > 90\%$；H_2O 4%～9%，最高达 20%。主要杂质 Al_2O_3、Fe_2O_3、CaO、MgO 等。系由氧化硅凝胶脱水而成，是 α-方石英雏晶的亚显微结晶质集合体。质纯者无色或如蛋白，常含杂质而呈黄、绿、红、褐、灰、棕、蓝、黑等色调。一般微透明，半透明者具乳光。可作装饰品的贵蛋白石称为欧泊，具典型变彩效应。

2. 硅化合物

硅酸钠　俗称钠水玻璃。用途广泛，如生产石油催化、裂化用的硅铝催化剂，硅胶、分子筛、白炭黑、各种硅酸盐类的原料；洗衣粉、肥皂的填料；自来水的软化剂、沉淀剂；纺织工业中助染、漂白和浆纱剂；机械铸造、砂轮制造的辅助原料；快干水泥、耐酸水泥的添加剂；用于选矿、防水和堵漏；高模数硅酸钠是纸板、纸箱的黏结剂。固体硅酸钠用于制液体硅酸钠，也可做填料。炼油工业用作催化剂载体，也是某些精细化工生产原料及铸造熔炼剂等。生产方法：石英砂与碳酸钠熔融法（1300～1500℃）。

硅酸钾　俗称钾水玻璃，主要用于生产液体硅酸钾。后者主要有高纯（电子级）硅酸钾和显像管用硅酸钾，主要用于制造电视显像管荧光膜，或电子行业黑白显像管、示波器等荧光材料的黏结剂等。生产方法：石英砂与碳酸钾熔融法（1200～1400℃）。

沉淀二氧化硅　俗称白炭黑。主要用作橡胶的补强填料，合成树脂的填料，油墨增稠剂，涂料中颜料的防沉淀剂、消光剂，车辆及金属软质抛光剂以及乳化剂中的防沉淀剂，农药载体和轻质新闻纸的填料等。生产方法：石英砂与碳酸钠混合后熔融，将熔融物溶解，通入 CO_2 气体（30%～35%）碳化中和 6～8h，洗涤，加硫酸调节 pH 值至 6～8；二次洗涤，脱水，干燥至含水量≤6%，粉磨至 200～300 目即得产品。

硅溶胶 无定形二氧化硅胶体粒子在水溶液中的稳定分散系。主要用作催化剂载体、建筑涂料组分和毛纺助剂等，其他用途包括精密铸造黏合剂、耐火材料黏合剂、打蜡地板防滑剂、铅酸蓄电池凝固剂、玻璃纸抗黏剂、静电植绒等。生产方法：离子交换法。将硅酸钠（40°Bé，模数3.0～3.4）沉降澄清后，调整 SiO_2 浓度至3%～5%，过滤或澄清。所得稀溶液通过阳离子树脂交换层，使 Na^+ 与树脂上的 H^+ 交换，控制流出液pH值约2.5，通过阴离子交换层，除去稀硅溶胶中的阴离子，流出液pH值约3.5，粒径3～4nm。再经过pH值约8.5下的增粒、聚砜膜超微过滤，使之浓缩至要求浓度。

超细二氧化硅气凝胶 白色流动性粉末，化学性质稳定，只溶于氢氟酸和强碱。利用其微粒表面羟基在液体介质中形成氢键，增加厚浆涂料和不饱和树脂的触变性和稠厚性，在聚乙烯、聚丙烯、聚氯乙烯和聚酯中用作防沉剂。生产方法：硫酸法。

硅胶 具有三维网络结构的氧化硅干凝胶，具有很大的内表面积和特定的微孔结构，是重要的干燥剂、吸附剂和催化剂载体，广泛用于石化、医药、生物化学、环保、涂料、农药、造纸、油墨等领域。生产原料为中性硅酸钠和硫酸，发生反应：

$$Na_2O \cdot mSiO_2 + H_2SO_4 = Na_2SO_4 + mSiO_2 + H_2O$$

采用不同的制备方法和工艺条件，能制备出不同粒度、形状、孔特性的硅胶品种。

硅酸 白色无定形粉末，密度2.1～2.3g/cm^3，加热至150℃分解为 SiO_2。溶于氢氧化钠和氢氧化钾，不溶于水和其他无机酸，与氢氟酸激烈反应生成 SiF_4。用于油脂和蜡的脱色、化学试剂和钨丝制造的熔剂。

水合硅酸钙 白色粉末，无毒无味，不溶于水和乙醇，溶于强酸。主要包括雪硅钙石[$Ca_5Si_6(O,OH)_{18} \cdot 5H_2O$]、硬硅钙石[$Ca_6Si_6O_{17}(OH)_2$]、针硅钙石[$Ca_2SiO_3(OH)_2$]、硅酸三钙水合物[$Ca_3SiO_5 \cdot 1.5H_2O$]等。主要用于隔热保温材料，与石棉、玻璃纤维、云母和有机纤维混配成制品，用作工业窑炉、锅炉、管道等的保温材料，墙壁、天花板、隔声板、耐火覆盖层等轻质防火材料。粉状硅酸钙常用作橡胶和涂料的填料；作为吸附剂，用于动物油脂精制，用作杀虫剂载体和分散剂等。主要制法：水热合成法，以石英粉和消石灰为原料，在1.3～1.5MPa蒸气压下合成；复分解法，以可溶性硅酸盐和钙盐反应生成。

3. 硅系材料

金属硅（Si） 密度2.33g/cm^3。单晶硅是重要的半导体材料，主要用于整流器件、二极管、可控硅整流元件、无线电器材、太阳能电池、原子能电池、光电池、探测元件、红外线测试设备等。单晶硅制备经由石英砂→金属硅（工业硅）→多晶硅→单晶硅的过程。

石英砂（SiO_2 >99.0%）与焦炭混合后，在约1500℃下还原，得金属硅（98.70%～99.79%）：

$$SiO_2 + 2C = Si + 2CO\uparrow$$

将金属硅氯化成四氯化硅或三氯氢硅，反应式为：

$$Si + 2Cl_2 = SiCl_4 \ (450 \sim 500℃)$$

$$Si + 3HCl = SiHCl_3 + H_2\uparrow \ (280 \sim 300℃)$$

采用四氯化硅或三氯氢硅-氢还原法，制得高纯度多晶硅：

$$SiCl_4 + 2H_2 = Si + 4HCl \ (1100 \sim 1180℃)$$

$$SiHCl_3 + H_2 = Si + 3HCl \ (1100℃)$$

采用坩埚直拉法或区域熔炼法获得单晶硅。

硅系太阳电池中，单晶硅太阳电池的转换效率最高。电池制作中，一般采用表面织构化、发射区钝化、分区掺杂等技术。开发的电池主要有平面单晶硅电池和刻槽埋栅电极单晶硅电池。提高转换效率主要依赖单晶硅表面微结构处理和分区掺杂工艺。

多晶硅薄膜由许多大小不等和晶面取向不同的小晶粒构成，晶粒尺寸为几十至几百纳米。薄膜可在600℃以下低温沉积，经激光加热晶化或固相结晶等方法制成，也可在1000℃以上高温下直接生长。多晶硅薄膜太阳电池兼有晶体硅电池的高转换效率和长寿命，以及非晶硅材料制备工艺简单、低成本且可大面积生长等优点（刘霞等，2012）。

第二节　钛矿物-钛化合物-钛系材料

1. 钛矿物

自然界已发现的140余种钛矿物中，国外主要利用钛铁矿（占92%）和金红石。中国钛资源中钒钛磁铁矿约占94%，钛铁矿和金红石分别约占4%和2%（邹武装等，2012）。

钛铁矿（ilmenite，$FeTiO_3$）

Fe^{2+}与Mg^{2+}、Mn^{2+}间可完全类质同像替代，形成$FeTiO_3$-$MgTiO_3$或$FeTiO_3$-$MnTiO_3$系列。以FeO为主时称钛铁矿，MgO、MnO为主时分别称镁钛矿（geikielite）、红钛锰矿（pyrophanite）。常有Nb、Ta等类质同像替代。在960℃以上高温下，$FeTiO_3$-Fe_2O_3可形成完全固溶体。降温至约600℃发生出溶，钛铁矿中析出赤铁矿片晶，//(0001)定向排列。是最重要的钛矿石矿物。

金红石（rutile，TiO_2）

常含Fe^{2+}、Fe^{3+}、Nb^{5+}、Ta^{5+}、Sn^{4+}等类质同像混入物。多为异价替代，如$2Nb^{5+}(Ta^{5+})+Fe^{2+} \longrightarrow 3Ti^{4+}$，$Nb^{5+}(Ta^{5+})+Fe^{2+} \longrightarrow Ti^{4+}+Fe^{3+}$等。$Nb^{5+}$或$Ta^{5+}$以1∶1替代$Ti^{4+}$时，导致晶格中阳离子缺位。富铁变种称铁金红石；富Nb、Ta变种分别称铌铁、钽铁金红石。针状、纤维状晶体可呈包裹体见于透明水晶中。单晶具有特殊透光性能。在波长1～5μm范围的折射率为2.5～2.3，大致相当于常用探测器材料（Ge、Si、InSb）和空气折射率的均值。故用作元件窗口或前置透镜，可使反射损失显著减小。美观的金红石单晶可作宝石。

2. 钛化合物

二氧化钛（TiO_2）　工业上称钛白粉，分为金红石型（微淡色泽）和锐钛矿型（冷蓝白色）。具有高白度、高折射率和散射能力，在白色颜料中占90%以上；主要用于涂料、造纸、橡胶工业，占总消费量的85%以上。钛白粉对紫外光波段具强吸收效应，常用作防晒化妆品的添加剂。还用于化纤、玻璃、陶瓷工业，含TiO_2陶瓷是优良的高频介电材料。金红石还是重要的高温隔热涂层材料。制备方法：硫酸法，化学反应为：

$$FeTiO_3+2H_2SO_4 = TiOSO_4+FeSO_4+2H_2O$$

$$TiOSO_4+2H_2O = H_2TiO_3\downarrow+H_2SO_4$$

$$FeSO_4+7H_2O = FeSO_4\cdot 7H_2O(<273K)$$

$$H_2TiO_3 = TiO_2 + H_2O\uparrow \text{（煅烧）}$$

偏钛酸钡（$BaTiO_3$） 具有显著的压电性能，高频电流通过可产生超声波，因而偏钛酸钡广泛用于超声波发生装置中。它愈来愈广泛地用来制造非线性元件、介质放大器、电子计算机记忆元件、微型电容器、电镀材料、航空材料、强磁、半导体材料、光学仪器、试剂等。合成反应：$TiO_2 + BaCO_3 = BaTiO_3 + CO_2\uparrow$。

四氯化钛（$TiCl_4$） 无色液体，密度 $1.726g/cm^3$（20℃），熔点 250K，沸点 409K。有刺激性气味，在水中或潮湿空气中都极易水解，冒出大量白烟：$TiCl_4 + 3H_2O = H_2TiO_3 + 4HCl\uparrow$。故在军事上曾用作人造烟雾弹。作为催化剂，用于丙烯、苯乙烯的定向聚合。合成反应：$TiO_2 + 2C + 2Cl_2 = TiCl_4 + 2CO\uparrow$（1000～1100K）。

三氯化钛（$TiCl_3$） 紫色粉体。利用 Ti^{3+} 的还原性，可测定 TiO_2 含量。如在有机化学中测定硝基化合物含量，反应式为：$RNO_2 + 4Ti^{3+} + 2H_2O = RNH_2 + 4TiO^{2+} + 2H^+$。合成反应：$2TiCl_4 + H_2 = 2TiCl_3 + 2HCl$。

3. 钛系材料

金属钛（Ti） 密度 $4.54g/cm^3$。以四氯化钛为原料，采用金属镁还原法生产海绵钛，关键反应：$TiCl_4 + 2Mg = 2MgCl_2 + Ti$(1070K)。钛的电子构型为 $3d^24s^2$。只有在 d 轨道全空时，原子结构才较稳定。钛原子失去 4 个电子需要较高能量，故 Ti^{4+} 化合物主要以共价键结合，在水溶液中常以 TiO^{2+} 形式存在，易水解。海绵钛经精炼可制成钛锭、钛棒等金属钛材；经机械研磨可生产钛粉末，作为镀膜材料，用于机械设备、电子和精密仪表部件的处理，与其他金属可合成钛合金粉末等。

钛铝合金 钛铝金属间化合物有 Ti_3Al、TiAl 和 $TiAl_3$。钛铝合金实际应用的最大障碍是其室温脆性、难于变形加工，以及在 850℃以上的抗氧化性不足。新发展的热塑性加工钛铝合金，可获得不同的综合性能，从而满足工程应用要求。钛铝合金在航空航天材料领域前景广阔，是先进军用飞机发动机高压压气机及低压涡轮叶片的首选材料。

钛镍合金（TiNi） 近于等摩尔比的金属间化合物，高温相为体心立方 CsCl 型结构，硬度和刚度较高；低温相马氏体为单斜 B19 型结构，硬度低。钛镍合金具有独特的形状记忆效应和超弹性效应，可制作成小巧、高度自动化、高可靠性的元器件，广泛应用于电子仪器、通信、汽车工业、医疗器械、航空航天和能源开发等领域。钛镍合金具有优良的抗腐蚀、耐磨损和生物相容性，已成功应用于矫形外科、颌面外科、正畸牙科、脑科、骨科、胸科等临床治疗中。

钛铁合金（TiFe） 常用的储氢合金，体心立方 CsCl 型结构，熔点 1320℃，密度 $5.8\sim6.1g/cm^3$，吸氢后体积膨胀率约 14%。为改善性能并易于活化，又发展了钛铁锰储氢材料，如 $Ti_{44}Fe_{51}Mn_5$，多次使用后若出现性能衰减，则可经再生处理恢复其吸氢能力。现已制成超高纯氢的储氢净化罐，在半导体生产、氢能汽车、储热技术等方面得到应用。钛系储氢合金适于制成大容量电池，如用于开发机器人驱动装置等。

铌钛合金（$Nb_{34}Ti_{66}$） 塑性铌钛合金超导材料是大型超导装置的关键材料，是国际上用量最多（>95%）的超导材料。已应用于超导高能加速器、超导核磁共振成像仪、超导磁悬浮高速列车、超导强磁选矿机等大型装置上，以及受控核聚变、磁流体发电、输电、贮能、强磁动力系统（舰船、潜艇、高速发射装置）等领域（罗远辉等，2011）。

第三节　铝矿物-铝化合物-铝系材料

1. 铝矿物

硬水铝石 [diaspore，α-AlO(OH)]

软水铝石 [boehmite，γ-AlO(OH)]

三水铝石 [gibbsite，$Al(OH)_3$]

三者与其他矿物形成细分散混合物，由含水氧化铁、含水铝硅酸盐、赤铁矿、蛋白石等所胶结，称为铝土矿（铝矾土）。常含 Fe_2O_3、Mn_2O_3、Cr_2O_3、Ga_2O_3、SiO_2、TiO_2、CaO、MgO 等杂质。主要由铝硅酸盐的风化作用而形成，是生产氧化铝和炼铝的最主要矿石矿物，也是制造人工磨料、耐火材料和高铝水泥的原料。

刚玉（corundum，α-Al_2O_3）

Cr^{3+} 代替 Al^{3+} 导致晶格常数增大。软水铝石加热至 950℃ 可获得 γ-Al_2O_3 变体（四方），更高温度下转变为 α-Al_2O_3（三方）。晶体常呈桶状、柱状，少数呈板状或叶片状；能与金红石、钛铁矿、赤铁矿、尖晶石、夕线石等规则连生。透明刚玉无色或白色，常因含色素离子而呈色，如红（Cr，红宝石）、蓝（Fe、Ti，蓝宝石）、绿（Co、Ni、V）、黄（Ni）、黑（Fe^{2+}、Fe^{3+}）等。红宝石是重要的激光材料。刚玉熔点达 2030～2050℃，导热性能良好，室温下热导率接近于金属材料。常温下不受酸碱腐蚀；300℃ 以上可被氢氟酸、氢氧化钾、磷酸侵蚀。主要用作宝石材料、磨料及耐磨材料、激光材料、红外窗口材料等。

霞石（nepheline，$KNa_3[AlSiO_4]_4$）

常含少量 CaO、MgO、MnO、TiO_2、BeO 等组分。用于玻陶工业，以代替碱性长石原料，具节能效果；可制取碳酸钠、碳酸钾和蓝色颜料，亦可作为制取氧化铝的原料。

红柱石（andalusite，$Al^{VI}Al^{V}[SiO_4]O$）

蓝晶石（kyanite，$Al^{VI}Al^{VI}[SiO_4]O$）

夕线石（sillimanite，$Al^{VI}[Al^{IV}SiO_5]$）

三者为同质多像变体。红柱石中 Al 可被 Fe（≤9.6%）和 Mn（≤7.7%）代替。蓝晶石可含 Cr（≤12.8%），亦常含 Fe（1%～2%）和少量 Ca、Mg、Ti 等。夕线石成分较稳定，有少量 Fe 代替 Al，可含微量 Ti、Ca、Mg 等。三者之间可相互转变，受热时发生相变 $3Al_2SiO_5 \longrightarrow Al_6Si_2O_{13}$(莫来石)$+SiO_2$(方石英)。相变温度：蓝晶石 1350～1450℃，夕线石 1545℃，红柱石 1380℃；相变均伴随体积增大。用作耐火材料、陶瓷原料和生产硅铝合金等。

明矾石（alunite，$KAl_3[SO_4]_2(OH)_6$）

常含少量 Na_2O。晶形菱面体或厚板状，集合体常为致密块状、细粒状。白色、浅灰、浅黄或浅红色。玻璃光泽，性脆，密度 2.6～2.8g/cm^3。略溶于硫酸，不溶于盐酸，在碱性溶液中加热完全分解。常为中酸性喷出岩低温热液蚀变产物。用于提炼明矾，生产硫酸钾、硫酸和氧化铝等产品。采用氨碱法可制取钾氮复肥和氧化铝，伴生 Ga、U 等元素可回收。

2. 铝化合物

氧化铝（Al_2O_3）　白色粉体，无臭，无味，易吸潮，能溶于无机酸和碱性溶液中，几乎不溶于水及非极性有机溶剂。工业上分为冶金用氧化铝（占 94%）和非冶金用氧化铝。

冶金级氧化铝用作冶炼金属铝的原料，要求化学成分：Al_2O_3≥98.6%～98.4%，SiO_2≤0.02%～0.06%，Fe_2O_3≤0.02%～0.03%，Na_2O≤0.45%～0.65%，灼减≤1.0%；物性 α-Al_2O_3≤10%，−45μm 粒度≤20%～30%，比表面积≥$60m^2/g$。通常以铝土矿为原料，视原料属性分别采用拜耳法（三水铝石型矿）或烧结法（硬水铝石型矿）生产。关键反应如下：

拜耳法（碱液溶出）$Al(OH)_3 + NaOH + aq \longrightarrow NaAlO_2(liq)$

烧结法（烧结溶出）$2AlOOH + Na_2CO_3 \longrightarrow NaAlO_2(sol) + CO_2\uparrow$

所得铝酸钠液相大多采用种分法生成 $Al(OH)_3$ 沉淀，经煅烧制得氧化铝。

非冶金级氧化铝（含氢氧化铝）主要有以下品种：

活性氧化铝（γ-Al_2O_3），Al_2O_3≥98.6%～98.2%，白色棒状物；密度 3.5～$3.9g/cm^3$，比表面积 200～$400m^2/g$。化学成分稳定，不溶于水，微溶于碱和酸。主要用作催化剂和催化剂载体、空气及其他气体的脱湿剂、变压器油和透平油的脱酸剂。生产方法主要采用拜耳法。

高纯氧化铝（γ-Al_2O_3，α-Al_2O_3），Al_2O_3≥99.99%，白色微细结晶粉体；无味，不溶于水，微溶于酸、碱，易烧结。主要用于人造宝石，TAG 激光晶体的主要配料和集成电路基板，分析试剂，以及高压钠灯电弧管高级陶瓷原料。生产方法采用高纯铵明矾热解法。

氢氧化铝［$Al(OH)_3$］ Al_2O_3≥64.0%～63.5%，白色粉体，密度 $2.42g/cm^3$。不溶于水和醇，溶于无机酸和氢氧化钠溶液。作为两性含水氧化物，可与酸、碱发生化学反应。工业用途广泛，主要用于生产高级耐火材料，催化剂和催化剂载体，牙膏及制药（氢氧化铝片，胃舒平等）；无机铝盐、造纸和橡胶的加工生产；建材工业中用作速凝剂；水处理中可作净化沉淀剂、除氟剂、除砷剂、脱酸剂。作为优质原料，广泛用于高级陶瓷、磨料、电子产品、阻燃剂、发光材料等领域。生产方法有碳酸氢铵法、铝酸钠法和拜耳法。

氧化铝白 透明铝化合物白色颜料的总称，由氢氧化铝、氧化铝水合物（$Al_2O_3 \cdot xH_2O$）或水不溶性碱式硫酸铝（$Al_2[SO_4](OH)_4$）构成。折射率 1.47～1.56。与亚麻子油混炼呈透明状。用作印刷油墨，绘画颜料，蜡笔、橡胶填料。生产方法：在硫酸铝溶液中添加碱溶液，生成沉淀，经洗涤、过滤、低温干燥、粉碎即得成品。

氯化铝（$AlCl_3$） 无色或白色粉体，有强盐酸气味。其分子式随生成条件不同而异：758～1276℃，$AlCl_3$；218～440℃，Al_2Cl_6。密度 $2.44g/cm^3$（25℃），熔点 190℃，升华温度 177.8℃。易溶于水、乙醇、氯仿、四氯化碳、乙醚，微溶于苯。吸水性强，极易潮解，与水剧烈反应，生成氢氧化铝和氯化氢，放出大量热。用作有机合成的催化剂，制造农药、有机铝化合物、酞菁系有机颜料用催化剂、乙基苯制造用催化剂等。食品级产品用作膨松剂、清酒等防变色剂及果胶的絮凝剂。主要制法：金属铝法，$2Al + 3Cl_2 \longrightarrow 2AlCl_3$；铝氧粉法，$Al_2O_3 + 3C + 3Cl_2 \longrightarrow 2AlCl_3 + 3CO\uparrow$。

氟化铝（AlF_3） 无色结晶体，常因含杂质而呈灰白、淡红、淡黄或黑色。密度 $2.882g/cm^3$（25℃），熔点 1000℃。难溶于水、酸及碱液，不溶于大部分有机溶剂及氢氟酸。性质稳定，与液氨、浓硫酸加热至发烟仍不反应。加热不分解，升华温度 1291℃。在 300～400℃，可被水蒸气部分水解。主要用于电解铝生产的熔盐电解质，酒精生产的发酵抑制剂；陶瓷外层釉彩和搪瓷釉助熔剂、非铁金属的熔剂；制造光学透镜、有机合成催化剂及合成冰晶石的原料等。主要制法：氟硅酸法，$H_2SiF_6 + 2Al(OH)_3 \longrightarrow 2AlF_3 + SiO_2 + 4H_2O$；氢氧化铝法，$Al(OH)_3 + 3HF \longrightarrow AlF_3 \cdot 3H_2O \longrightarrow AlF_3 + 3H_2O\uparrow$。

硫酸铝［$Al_2(SO_4)_3 \cdot 18H_2O$］ 无色结晶体，密度 $1.69g/cm^3$（17℃），熔点 86.5℃，

脱水成白色粉体。溶于水、酸和碱，不溶于醇。770℃分解为氧化铝、三氧化硫、二氧化硫和水蒸气。水解后生成氢氧化铝。主要用于净水（絮凝剂）和造纸。印染工业用作媒染剂和印花的防渗色剂，油脂工业用作油脂的澄清剂，石油工业用作除臭脱色剂，木材工业用作防腐剂，医药上用作收敛剂，消防上用于配制泡沫型灭火剂，颜料工业用于生产铬黄和作沉淀剂，食品工业用作固化剂。合成反应：$2Al(OH)_3+3H_2SO_4 \longrightarrow Al_2(SO_4)_3+6H_2O$。

硝酸铝［$Al(NO_3)_3 \cdot 9H_2O$］　无色结晶体，密度 $1.25g/cm^3$，熔点 73.5℃。易溶于水、乙醇、丙酮、硝酸。易潮解，70℃熔融而成六水物，135℃分解形成碱式盐，200℃以上完全分解而成氧化铝。氧化力强，与有机物接触能爆炸和燃烧。用于制造有机合成用催化剂、印染工业的媒染剂、鞣革和皮革整理剂、防腐蚀抑制剂、防汗剂、溶剂萃取法回收核燃料用盐析剂；也用于制造其他铝盐产品。合成反应：$Al+6HNO_3 \longrightarrow Al(NO_3)_3+3H_2O+3NO_2\uparrow$。

磷酸铝（$AlPO_4$）　白色结晶粉体，密度 $2.566g/cm^3$，熔点＞1500℃。不溶于水，溶于浓盐酸、浓硝酸、碱和醇。580℃时较为稳定，1400℃时成胶体状。室温至1200℃之间有4种晶型，常见α型。主要用作特种玻璃制造中的助熔剂，陶瓷、牙齿的黏结剂；还用作润肤剂、防火涂料、导电水泥等的添加剂，纺织工业用作抗污剂，有机合成中用作催化剂，也用于医药和造纸工业。主要制法：水热合成法，$2H_3PO_4+NaAlO_2 \longrightarrow AlPO_4+NaH_2PO_4+2H_2O$；复分解法，$Al_2(SO_4)_3+2Na_3PO_4 \longrightarrow 2AlPO_4+3Na_2SO_4$。

3. 铝系材料

金属铝（Al）　密度 $2.702g/cm^3$，熔点 660.37℃，沸点 2467℃。银白色，化学性质活泼，且具有两性，易溶于强碱，也溶于稀酸；在干燥空气中表面易形成厚度约 50nm 的致密氧化膜，使之不会继续氧化并耐水。铝粉与空气混合极易燃烧，熔融铝能与水剧烈反应，高温下能将许多金属氧化物还原为其金属。质软，良导热、导电性，可拉成细丝或轧成箔片，大量用于制造散热器、热交换器、蒸发器、加热电器、电线、电缆、无线电工业及包装业。原铝系以冰晶石＋氟化钠＋氟化铝为熔盐，通过电解氧化铝来生产，故又称电解铝。

铝合金　通常使用 Cu、Zn、Mn、Si、Mg 等主要合金元素，次要合金元素有 Ni、Fe、Ti、Cr、Li 等。铝合金密度低，但强度可接近或超过优质钢；塑性好，具有优良的导电、导热和抗蚀性。故铝合金是工业应用最广泛的一类有色金属结构材料，大量用于航空、航天、汽车、机械制造、船舶及化工等领域（王哲，1993）。

按照加工方法，铝合金分为两类：(1) 形变铝合金，能承受压力加工，可加工成各种形态、规格的铝合金材，主要用于制造航空器材、建筑用门窗等。形变铝合金又分为不可热处理和可热处理强化型铝合金。前者通过冷加工变形来实现强化，主要包括高纯铝、工业高纯铝、工业纯铝以及防锈铝等；后者则通过淬火和时效等热处理手段来提高机械性能。(2) 铸造铝合金，按化学成分可分为硅铝合金、铜铝合金、镁铝合金、锌铝合金、稀土铝合金（如钪铝合金）等。

第四节　铁矿物-铁化合物-钢铁材料

1. 铁矿物

赤铁矿（hematite，α-Fe_2O_3）

常含 Ti、Al、Mn、Fe^{2+}、Mg、Ga、Co 等类质同像替代。常呈显晶质板状、鳞片状、粒状和隐晶质块状、鲕状、豆状、粉末状集合体。同质多像变体 γ-Fe_2O_3，称磁赤铁矿，等轴晶系，尖晶石型结构，在自然界呈亚稳态。重要的铁矿石矿物之一；也是制备 α-铁氧体、红色荧光粉（α-Fe_2O_3）、铁黄（$Fe_2O_3 \cdot H_2O$ 黄色粉体）、铁红（α-Fe_2O_3 粉体，又称铁丹、锈红、铁朱红）、药用赤铁矿（赭石，别名代赭、铁朱、钉头赭石、赤赭石）等的原料。

磁铁矿（magnetite，Fe_3O_4）

以类质同像替代 Fe^{3+} 的有 Al^{3+}、Ti^{4+}、Cr^{3+}、V^{3+} 等；替代 Fe^{2+} 的有 Mg^{2+}、Mn^{2+}、Zn^{2+}、Ni^{2+} 等。当 Ti^{4+} 代替 Fe^{3+}，$TiO_2>25\%$者称钛磁铁矿。含钒钛较多时，则称钒钛磁铁矿（vanadio-titano-magnetite，$(Ti,Fe^{2+})[Fe^{2+},V^{3+},Fe^{3+}]O_4$）。为最重要的铁矿石矿物。钛磁铁矿、钒钛磁铁矿同时亦为钛、钒的重要矿石矿物。高纯磁铁矿可用于制备高纯氧化铁红。药用磁铁矿名磁石，别名玄石、慈石、灵磁石、吸铁石。

针铁矿（goethite，FeOOH）

含不定量吸附水者称水针铁矿（$FeOOH \cdot nH_2O$）。它们与纤铁矿（FeOOH）、水纤铁矿（$FeOOH \cdot nH_2O$）、更富水的氢氧化铁胶凝体、铝的氢氧化物、泥质等的混合物，统称褐铁矿（limonite）。大量富集时用作铁矿石。药用褐铁矿结核名蛇含石，别名蛇黄。

菱铁矿（siderite，$Fe[CO_3]$）

Fe 与 Mn、Mg 可形成完全类质同像系列，与 Ca 形成不完全类质同像系列。故常有 Mn、Mg、Ca 替代，形成锰菱铁矿、钙菱铁矿、镁菱铁矿变种。大量聚集时用作铁矿石。

黄铁矿（pyrite，FeS_2）

常有 Co、Ni 类质同像代替 Fe，As、Se、Te 可代替 S。常含 Sb、Cu、Au、Ag 等的细分散混入物。Au 常以显微金、超显微金赋存于黄铁矿的解理面或晶格中。由于不等价离子替代，如 Co^{3+}、Ni^{3+} 代替 Fe^{2+} 或 $[As]^{3-}$、$[AsS]^{3-}$ 代替 $[S_2]^{2-}$ 时，产生电子心（n 型）或空穴心（p 型）而具导电性，具热电性。作为主要原料用于生产硫黄和硫酸，剩余铁渣用作炼铁原料。药用自然铜即黄铁矿（砸碎或煅用），别名石髓铅。

2. 铁化合物

氧化铁黑（Fe_3O_4） 黑色或黑红色粉末，密度 5.18g/cm^3，熔点 1594℃，具磁性。不溶于水、醇，溶于浓酸、热强酸。着色力和遮盖力都很高，耐光、耐大气性好，无水渗性和油渗性。在一般有机溶剂中稳定，耐碱性良好。耐热至 100℃，高温受热易被氧化为红色氧化铁。用作水彩、油彩、油墨的颜料；制造防锈漆及其他底漆等；制造人造大理石及水泥地面着色。电子电信工业用于制造磁钢，也用作碱性干电池的阴极板。常采用加合法生产，反应式：$FeSO_4+2NaOH \longrightarrow Fe(OH)_2+Na_2SO_4$；$Fe(OH)_2+Fe_2O_3 \longrightarrow Fe_3O_4+H_2O$。

药用氧化铁黑，用于药片糖衣和胶囊等的着色，加工时需增加除重金属及砷过程。

氧化铁棕［$(Fe_2O_3+FeO) \cdot nH_2O$］ 棕色粉末，不溶于水、醇、醚，溶于热强酸。着色力和遮盖力都很高，耐光、耐碱性好，无水渗性和油渗性。色相随工艺不同而有黄棕、红棕、黑棕等。用于涂料、建筑、橡胶、塑料等的着色。主要制法：硫酸亚铁氧化法，反应式 $FeSO_4+Na_2CO_3 \longrightarrow (Fe_2O_3+FeO) \cdot nH_2O+Na_2SO_4+CO_2\uparrow$；机械混合法，由氧化铁红、氧化铁黄、氧化铁黑经机械混合，拼混而成。

药用氧化铁棕，用于药片糖衣和胶囊等的着色，由药用氧化铁红、药用氧化铁黑经机械混合，拼混而成。药用氧化铁紫，无味、无臭，性质稳定，颜色久曝不变。无毒，对人体无副作用。用途及制法同上。

氧化铁红（Fe_2O_3） 橙红至紫红色粉末，密度 $5.24g/cm^3$，熔点 1565℃（分解）。不溶于水，溶于盐酸、硫酸，微溶于硝酸和醇。分散性好，着色力和遮盖力强，无油渗性和水渗性。耐温、耐光、耐酸、耐碱。用作无机颜料，在涂料工业中用作防锈颜料。也用作橡胶、人造大理石、水磨石的着色剂，塑料、皮革揩光浆等的着色剂和填充剂，精密仪器、光学玻璃的抛光剂，制造磁性材料铁氧体元件的原料等。制备方法：湿法，反应式 $4FeSO_4 + O_2 + 4H_2O \longrightarrow 2Fe_2O_3 + 4H_2SO_4$；干法，反应式 $4Fe(NO_3)_3 \longrightarrow 2Fe_2O_3 + 12NO_2\uparrow + 3O_2\uparrow$。

药用氧化铁红，性能稳定，色久曝不变，人体无副作用，用于药片糖衣和胶囊等着色。

氧化铁黄（$Fe_2O_3 \cdot nH_2O$） 柠檬黄至褐色粉末，粉粒细腻。密度 $2.44 \sim 3.60g/cm^3$，熔点 350～400℃。不溶于水、醇，溶于酸。着色力、遮盖力、耐光性及耐酸、耐碱、耐热性均佳。150℃以上分解，转变成红色。广泛用于人造大理石、水磨石的着色；是水彩、油彩、油漆、橡胶等的颜料；用作氧化铁系颜料的中间体，如制氧化铁红、铁黑等。常采用硫酸亚铁氧化法生产，主要反应：$4FeSO_4 \cdot 7H_2O + O_2 \longrightarrow 2Fe_2O_3 \cdot H_2O\downarrow + 4H_2SO_4 + 2H_2O$。

药用氧化铁黄，性质稳定，色久曝不变，无毒、无味，人体无副作用，用于药片糖衣和胶囊等着色。制法同上，但须除砷及重金属。

云母氧化铁（α-Fe_2O_3） 黑紫色薄片状结晶粉末，密度 $4.7 \sim 4.9g/cm^3$。化学稳定性好，附着力强，无毒。对阳光反射力强，用作防锈颜料，可减缓漆膜老化，抗水渗性好。防锈性能优异，可以取代红丹（Pb_3O_4，又名铅丹）。由云母赤铁矿经精选后湿法球磨，脱水，烘干，冷却，粉碎至－325 目即制得成品。

氢氧化铁［$Fe(OH)_3$］ 深棕色絮状沉淀，密度 $3.4 \sim 3.9g/cm^3$。加热时分解成氧化铁，具有两性，但其碱性强于酸性，新制的氢氧化铁易溶于酸，亦可溶于热浓碱。不溶于水和乙醇。极强氧化剂，在碱性介质中，新制氢氧化铁可被氧化成＋6 价的高铁酸钠（Na_2FeO_4）。胶状沉淀水合氧化铁Ⅲ（$FeHO_2$），有较强吸附性能。主要用于制颜料、药物，用作净水剂，也可用作砷的解毒药。由硝酸铁或氯化铁溶液加氨水沉淀，干燥，即制得产品。

三氯化铁（$FeCl_3$） 黑棕色结晶粉体，也有薄片状，透射光下呈石榴红色，反射光下为金属绿色。密度 $2.898g/cm^3$，熔点 306℃，分解温度 315℃。易溶于水、甲醇、乙醇、丙酮和乙醚。溶于液体二氧化硫、三溴化磷、三氯氧磷、乙胺、苯胺，微溶于二硫化碳。水溶液呈酸性，有腐蚀性。水解后生成棕红色氢氧化铁，有极强凝聚力。易潮解，吸湿性强，能生成 2、2.5、3.5、6 水化合物。为强氧化剂，能与 Cu、Zn 等金属发生氧化还原反应。与许多溶剂生成络合物。与亚铁氰化钾［$K_4Fe(CN)_6 \cdot 3H_2O$］反应，生成深蓝色普鲁士蓝（$K_xFe_y[Fe(CN)_6]_z \cdot nH_2O$）。与硫化氢反应，被还原为二氯化铁，析出单质硫。主要用作饮用水净水剂和废水处理剂。用作靛蓝染料染色时的氧化剂和印染媒染剂；有机合成二氯乙烷等的催化剂；照相和印刷制版的刻蚀剂；玻璃器皿的热态着色剂；提取 Au、Ag、Cu 的浸出剂；制造磷酸铁等铁盐、医药、颜料和墨水的原料；电子线路板的生产；肥皂生产废液回收甘油的凝聚剂等。生产方法：铁屑氯化法，反应式 $2Fe + 3Cl_2 \longrightarrow 2FeCl_3$。

聚硫酸铁（$[Fe_2(OH)_2 \cdot (SO_4)_{3-n/2}]_m$） 红褐色黏稠液体；或淡黄色粉体，密度 $1.45g/cm^3$。水解后可产生多种高价和多核络离子，对水中悬浮胶体颗粒进行电性中和，降低电位，促使离子相互凝聚，同时产生吸附、交联等作用。絮凝 pH 值范围广，具有优良脱水性能，但具有一定的腐蚀性和刺激性。作为一种新型高效的絮凝剂，主要用于生活饮用水及工业用水的净化；也可对各种工业废水与城市污水进行净化处理。生产方法：稀硫酸法。

硫酸亚铁（$FeSO_4 \cdot 7H_2O$） 蓝绿色结晶或颗粒，无气味，密度 $1.684g/cm^3$，熔点64℃。溶于水，微溶于醇。64～90℃时失去6个结晶水，300℃时失去全部结晶水。红热时分解生成三氧化二铁，放出二氧化硫、三氧化硫。有腐蚀性，在干燥空气中会风化。易被潮湿空气氧化。用作农药能防止小麦黑穗病、苹果和梨的疤痂病、果树的腐烂病，也可用作肥料，除去树干的青苔和地衣。用作制备磁性氧化铁、氧化铁红和铁蓝颜料、铁催化剂及聚硫酸铁的原料。医药上用作局部收敛剂及补血剂。食品级用作营养增补剂（铁质强化剂、果蔬发色剂）；饲料级作为铁的补充剂。工业生产通常采用硫酸法。

硝酸铁［$Fe(NO_3)_3 \cdot 9H_2O$］ 无色至浅紫色结晶体，密度 $1.898g/cm^3$，熔点47.2℃，加热至125℃时分解。易溶于水，溶于乙醇和丙酮，微溶于硝酸。易潮解，有氧化性。用作催化剂和媒染剂，浓溶液用作毛织品的媒染剂，染黑色丝织品时所用"锈媒染剂"是硝酸铁与硫酸铁的混合物。也用作金属表面处理剂、氧化剂、放射性物质吸附剂等。生产方法：铁屑法，反应式 $Fe + 4HNO_3 \longrightarrow Fe(NO_3)_3 + NO + 2H_2O$；$Fe + 6HNO_3 \longrightarrow Fe(NO_3)_3 + 3NO_2 + 3H_2O$。反应放出的氧化氮气体，常用烧碱溶液吸收，用于生产硝酸钠。

食用磷酸铁（$FePO_4 \cdot 2H_2O$） 白、灰白或浅桃红色结晶或无定形粉体，密度 $2.74g/cm^3$。溶于盐酸、硫酸，不溶于冷水和硝酸。食品工业用作营养增补剂（铁质强化剂），特别用于面包。生产方法：硝酸亚铁法，$Fe(NO_3)_3 \cdot 9H_2O + 3H_3PO_4 + 0.5O_2 \longrightarrow 2FePO_4 \cdot 2H_2O + 4HNO_3 + 15H_2O$；硫酸亚铁法，$6FeSO_4 + 6H_3PO_4 + NaClO_3 + 12NaOH \longrightarrow 6FePO_4 \cdot 2H_2O + 6Na_2SO_4 + NaCl + 13H_2O$。食用焦磷酸铁［$Fe_4(P_2O_7)_3 \cdot 9H_2O$］和食用焦磷酸亚铁（$Fe_2P_2O_7$），作为营养增补剂，用于强化奶粉、婴儿食品及其他一般食品。

3. 钢铁材料

人类使用的金属材料中，钢铁是使用量最大、使用范围最广的基础材料。主要原因在于自然界铁的储量丰富，铁矿冶炼和加工具有规模大、效率高、成本低等优势；钢铁具有良好的物理、机械和工艺性能；将Ni、Cr、V、Mn等合金元素加入铁中，可获得各种不同性能的金属材料；钢铁具有良好的可回收性。

高炉冶炼过程可概括为，在尽可能低能量消耗条件下，通过受控炉料及煤气流的逆向运动，高效率地完成还原铁矿石（氧化铁）、造渣、传热及渣铁反应等过程，获得化学成分与温度较为理想的液态金属铁产品，供后续炼钢（炼钢生铁）或机械制造（铸造生铁）使用（王筱留，2014）。

钢是含碳量0.04%～2.3%的铁碳合金。为保证其韧性和塑性，含碳量一般不超过1.7%。钢的主要元素除铁、碳外，还有硅、锰、硫、磷等。钢的分类：（1）按品质分为普通钢（$P \leqslant 0.045\%$，$S \leqslant 0.050\%$）、优质钢（P、S均$\leqslant 0.035\%$）和高级优质钢（$P \leqslant 0.035\%$，$S \leqslant 0.030\%$）；（2）按化学成分分为碳素钢（低碳钢，$C \leqslant 0.25\%$；中碳钢，$C \leqslant 0.25\% \sim 0.60\%$；高碳钢，$C \geqslant 0.60\%$）和合金钢（低合金钢，合金元素$\leqslant 5\%$；中合金钢，合金元素5%～10%；高合金钢，合金元素$>10\%$）。

钢铁材料中，合金元素按其与碳是否易于生成碳化物，可分为非碳化物形成元素和碳化物形成元素。前者包括Ni、Si、Co、Al、Cu、N、P、S等，它们不形成碳化物，但可固溶于Fe中形成固溶体，或形成其他化合物，如氮可形成氮化物；后者包括Fe、Mn、Cr、W、Mo、V、Nb、Zr、Ti等过渡族元素，所生成碳化物是钢中主要的强化相。按照碳化物稳定程度由强到弱的顺序，这些元素依次为：Zr、Nb、Ti、V、Mo、W、Cr、Mn、Fe。

碳化物的硬度比固溶体基体要高得多，形成碳化物倾向性愈强的元素，其碳化物硬度也愈高。碳化物是钢中最重要的强化相，其稳定性对于钢的热强性也很重要。稳定性高的碳化物具有高熔点、高分解温度，难于溶入固溶体，因而也难以聚集长大，可使钢在更高温度下工作并保持其较高的强度和硬度。在达到相同硬度的条件下，碳化物稳定性高的钢可以在更高的温度下回火，使钢的塑性、韧性更好。故合金钢的综合性能优于碳钢。

例如SUS304不锈钢（日本JIS标准材料，GB牌号0Cr18Ni9）的成分（%）：C≤0.08，Si≤1.00，Cr 18.00～20.00，Mn≤2.00，Ni 8.00～11.00，P≤0.045，S≤0.030；以其良好的耐热性而被广泛用于制作耐腐蚀和成型性的设备和机件，包括食品、化工、原子能等工业设备以及装潢领域、家庭用品、室内管线、锅炉、汽车配件、医疗器具、建材、船舶部件等。

第五节　镁矿物-镁化合物-镁系材料

1.镁矿物

自然界已发现含镁矿物60余种，但有重要工业利用价值的不超过8种。

水镁石［brucite，$Mg(OH)_2$］

常有Fe、Mn、Zn、Ni等以类质同像存在，可形成铁水镁石（FeO≥10%）、锰水镁石（MnO≥18%）、锌水镁石（ZnO≥4%）、镍水镁石（NiO≥4%）等变种。常呈板状、细鳞片状、粒状集合体；有时形成平行纤维状集合体，称为纤水镁石，强度中等，硬度低且具明显异向性。其热膨胀行为基本上呈线性，分解温度450℃，具有阻燃、抵抗明火和高温火焰的性质。纤水镁石是天然无机纤维中抗碱性最优者。可用于加工重烧镁砂和轻质镁粉；超细纤水镁石粉体可用作塑料、橡胶等聚合物材料的补强纤维，同时提高阻燃性能。

菱镁矿（magnesite，$Mg[CO_3]$）

$Mg\text{-}Fe^{2+}$之间形成完全类质同像；FeO约9%者称铁菱镁矿；更富含铁者称菱铁镁矿。有时含Mn、Ca、Ni、Si等混入物。加热至约640℃，分解为MgO和CO_2，体积收缩；700～1000℃时，生成轻烧菱镁矿（方镁石与菱镁矿混合相）；1400～1800℃完全分解，生成方镁石（硬烧菱镁矿）。主要用作耐火材料、建材原料、化工原料和提炼金属镁及镁化合物等。轻烧、重烧氧化镁可作无定形耐火材料，硬烧菱镁矿经再次电熔后形成电熔镁砂，用于生产耐火度达2000℃以上的镁砖、镁铝砖、硅镁砖等耐火材料，用于炼钢平炉、转炉、有色金属冶炼炉和水泥窑炉。轻烧菱镁矿的热膨胀系数低，可生产耐火度高、能承受强机械振动的陶瓷制品，也用作特种玻璃的原料；还可制成多种镁化合物，用作药剂、橡胶硫化的沉淀剂和填料、纸张的硫化处理剂；在化工行业，用于生产媒染剂、干燥剂、溶解剂、去色剂，以及人造纤维、肥料、塑料、化妆品等。

轻质透明碳酸镁［$xMgCO_3 \cdot yMg(OH)_2 \cdot zH_2O$］，白色无定形粉体。主要用作透明或浅色橡胶制品的填充剂和补强剂，油漆、油墨、涂料的添加剂，也可用于牙膏、医药等。

药用碳酸镁［$xMgCO_3 \cdot yMg(OH)_2 \cdot zH_2O$］，MgO 40.0%～43.5%，白色粉体。无毒、无臭、几乎无味，在空气中稳定，几乎不溶于水和乙醇，但可使水显弱碱性，在稀酸中可溶解而放出CO_2。主要用于制造中和胃酸的药物，治疗胃病及十二指肠溃疡。

水菱镁石［hydromagnesite，$3MgCO_3 \cdot Mg(OH)_2 \cdot 3H_2O$］

常见Ca及少量Fe、Mn代替Mg。质地纯净，色泽洁白。密度2.236g/cm^3，分解温度

727℃。溶解度0.04～0.011g/100mL（常温-热水）（郭如新，2010）。主产于我国西藏班戈湖一带高原盐湖中。采用机械加工和化学加工，可生产重质碱式碳酸镁和重质活性氧化镁粉产品，广泛用于冶金、化工、建材和耐火材料行业（胡庆福等，2005）；或用于加工矿物型镁质阻燃剂，如水菱镁石-碳钙镁石（huntite，$CaMg_3[CO_3]_4$）复合型阻燃剂（郭如新，2014）。

白云石（dolomite，$CaMg[CO_3]_2$）

常见类质同像有Fe、Mn、Co、Zn代替Mg，Pb代替Ca，可形成$CaMg[CO_3]_2$-$CaFe[CO_3]_2$完全类质同像系列；Fe>Mg时称铁白云石，富锰端员称锰白云石。其他变种有铅白云石、锌白云石、钴白云石等。煅烧至700～900℃，CO_2全部排出，生成CaO、MgO混合物，称苛性白云石；1500℃时生成方镁石。用作冶金熔剂，可中和酸性炉渣，提高炉渣碱度；减小炉渣对炉衬侵蚀，提高钢渣流动性，改善脱硫、脱磷反应。白云岩是常用的建筑石材；也用于生产含镁水泥、气硬或水硬白云石灰，以及用作玻璃、陶瓷的配料。优质白云石是硅热法炼镁的原料，也用于制备硫酸镁、含水碳酸镁、钙镁磷肥，亦用作制糖的配料。白云灰细粉用油脂固化可制成抛光膏，用作不锈钢、镍等金属制品表面的抛光精加工。

蛇纹石（serpentine，$Mg_6[Si_4O_{10}](OH)_8$）

常含有Fe、Mn、Al、Ni、F等元素。通常呈致密块状。由于结构层卷曲，形态呈波纹状或纤维状，亦有呈胶状。纤维状者称蛇纹石石棉（温石棉）。具有良好的热学性能、化学稳定性和吸附性等。具有优良成浆性能的温石棉，可用湿纺方式制作纺织制品，如石棉布、石棉绳等，用作多种耐热、防火、防腐、耐酸碱等材料，以及保温隔热、化工过滤、电解槽隔膜材料等。在交通制动材料中，温石棉的纤维机械强度和热稳定性赋予制动材料以较高的强度和耐热性能。色泽和质地良好的蛇纹岩可加工建筑饰面板材和人造大理石、碎块蛇纹岩水泥板料。色泽美观、质地致密、具毛毡结构、可琢磨性好的蛇纹岩可作玉料，如辽宁岫岩玉、甘肃酒泉玉（夜光杯原料）等。药用花蕊石即蛇纹大理岩。

光卤石（carnallite，$KMgCl_3 \cdot 6H_2O$）

类质同像替代有Br、Rb、Cs，混入物以NaCl、KCl、$CaSO_4$、Fe_2O_3等常见，常含黏土、卤水以及N、H、CH_4等包裹体。通常呈粒状或致密块状，无色或白色，常因含细微氧化铁而呈红色，或含氢氧化铁而显黄褐色。具强潮解性，易溶于水。味辛辣、苦咸。系最富含Mg、K的盐湖中最晚形成的矿物之一，与钾石盐、石盐、杂卤石、泻利盐等共生。主要用于制取钾盐、镁盐；用作铝镁合金的保护剂、铝镁合金焊接剂及金属助熔剂。

2. 镁化合物

重烧镁砂（MgO） 即氧化镁经制球、死烧所得高密度方镁石。耐火材料级产品主要用作炼钢工业中的炉衬耐火材料。化学级氧化镁的用途广泛，如合成橡胶的加硫助剂、防止过早硫化剂、医药品、硅钢片表面处理、食品和饲料添加剂等。高纯度氧化镁用作陶瓷原料和烧结助剂、半导体密封材料，以及各种绝缘材料的填料等（王兆中，1998）。

轻烧镁粉（MgO） 由氧化镁的水化物经干燥制得，用途广泛。如在水处理中，用于除去水中的硅和重工业废液；烟气治理中用作中和剂，与SO_2反应生成硫酸镁。建材工业用于生产氯氧化镁、硫氧化镁水泥；橡胶工业用作硬化剂或稳定剂；用作生产醋酸镁、磺酸镁的原料。注水采油过程中，加入镁粉作为缓冲剂可控制黏度，并具有防腐作用。

镁是叶绿素分子结构的组成部分，故轻烧镁粉作为镁肥，对玉米、小麦、土豆、棉花、橘子、甜菜等具有显著效果。作为饲料添加剂，有防止牛、羊等反刍类动物抽搐、中和胃酸和增加奶产量的功效。

氢氧化镁 [$Mg(OH)_2$] 白色结晶或粉末，密度2.36g/cm^3。难溶于水，溶于稀强酸和铵盐等溶液，几乎不溶于乙醇。主要用作塑料、高聚物制品的阻燃剂，还用于陶瓷行业，也用作生产镁质保温材料、镁化合物的原料。在含酸废气、废水、含重金属和有机物废液处理、烟气脱硫等技术中，氢氧化镁是首选的绿色处理剂（胡庆福等，2006）。

碱式碳酸镁 [$xMgCO_3 \cdot yMg(OH)_2 \cdot zH_2O$] 白色结晶或无定形粉末，无毒、无味。密度2.16g/cm^3。微溶于水，溶解度0.02%（15℃）；易溶于酸和铵盐溶液，遇稀酸分解，加热至300℃分解。主要用作橡胶制品的填充剂和增强剂，也可做绝热、耐高温的防火保温材料，制造玻璃、镁盐、颜料、油漆、防火涂料、油墨等。食品级用作面粉添加剂，以及干燥剂、护色剂、载体、抗结块剂等。电子级除用作电子元件的原料外，也是制备高纯氧化镁、高级油墨、精细陶瓷、医药、化妆品、牙膏、高级颜料的重要原料（胡庆福，2004）。

重质碳酸镁（药用碳酸镁）主要用作医药，用于治疗胃及十二指肠溃疡等病症。

氟化镁（MgF_2） 无色晶体或粉末，无味。密度3.148g/cm^3，熔点1261℃，沸点2239℃。溶于硝酸，微溶于稀酸，难溶于水和醇，有毒。在电光下加热呈现弱紫色荧光，晶体有良好偏振作用，特别适于紫外线和红外光谱。用作电解法炼镁的助熔剂、电解铝的添加剂、光学镜头和滤光器的涂层；钛颜料的涂着剂、阴极射线荧光屏的荧光材料。也用于玻陶工业、焊剂等。碳酸镁制备法，反应式 $MgCO_3+2HF \longrightarrow MgF_2+H_2O+CO_2\uparrow$。

氯酸镁 [$Mg(ClO_3)_2 \cdot 6H_2O$] 无色针状或片状结晶或粉末，味苦。密度1.80g/cm^3，熔点35℃，120℃分解。易溶于水，微溶于醇和丙酮。35℃时部分熔化并转变为四水物。有强吸湿性，不易爆炸和燃烧；与硫、磷、有机物等混合，经摩擦、撞击，有爆燃危险。用作棉花收获前的脱叶剂、小麦催熟剂、除莠剂、除草剂、干燥剂，也用作医药品。采用复分解法制备，反应式 $2NaClO_3+MgCl_2 \cdot 6H_2O \longrightarrow Mg(ClO_3)_2 \cdot 6H_2O+2NaCl$。

六水氯化镁（$MgCl_2 \cdot 6H_2O$） 无色透明至白色半透明，工业品常呈黄褐色。味苦涩，易溶于水和酒精。密度1.56～1.59g/cm^3，熔点117.2℃。易潮解，吸水性强。作为重要化工原料，用于生产碳酸镁、氢氧化镁、氧化镁、盐酸和镁砂等产品，也用于生产镁氧水泥，加工建筑构件、刨花板等；用于炼钢炉的修筑，用于豆制品做凝聚剂、纺织品加工等。医用六水氯化镁为白色细小针状结晶，味苦涩，主要用作肾衰竭透析液和血液透析。白色六水氯化镁主要用于食品、化妆品、纺织品、复合饲料、蛋白凝固剂、发酵助剂、冷冻剂，也用作防尘剂、融雪剂、木材防腐剂等。无水氯化镁是电解法炼镁的原料。

七水硫酸镁（$MgSO_4 \cdot 7H_2O$） 无色透明晶体，集合体为白色、玫瑰色或绿色，玻璃光泽，纤维状、针状、粒状或粉末。无臭，清凉，味苦咸，密度1.67～1.71g/cm^3。易溶于水，慢溶于甘油，微溶于乙醇，水溶液中呈中性。工业品分医药级、食品级、饲料级、工业级、肥料级等规格。镁、硫作为中量营养元素，有助于提高农作物产量，改善作物品质。用于造纸和工业污水处理。精制无水硫酸镁用于日用化学品、食品添加剂、饲料添加剂、干燥脱水剂，高级染料的填充剂、安安蓝染料之显色盐等，也用于油漆、油墨、陶瓷等工业。

硝酸镁 [$Mg(NO_3)_2 \cdot 6H_2O$] 无色或白色结晶。密度1.6363g/cm^3，熔点89℃，沸点330℃（分解）。溶于冷水、甲醇、乙醇、液氨，水溶液呈中性，易潮解。加热高于熔点时脱水，生成碱式硝酸盐；400℃分解为氧化镁和氧化氮气体。与有机物混合会发热自燃或爆炸。用作浓硝酸的脱水剂，制造炸药、烟火和其他硝酸盐的原料，以及制备催化剂，用作强氧化剂等。农业上用作小麦灰化剂。主要制法：氧化镁法，$MgO+2HNO_3 \longrightarrow Mg(NO_3)_2+H_2O$；碳酸镁法，$MgCO_3+2HNO_3 \longrightarrow Mg(NO_3)_2+H_2O+CO_2\uparrow$。

3. 镁系材料

金属镁（Mg） 仅次于钢铁和铝的第三大金属结构材料，也是迄今工程应用最轻的金属结构材料。密度 1.738g/cm^3，仅相当于铝的 64%，钢的 23%。镁的电磁屏蔽性能优良，减震性能好，对碱、煤油、汽油和矿物油稳定，可铸造和机械加工性能优良。镁合金的比强度/比刚度仅次于钛合金及合金结构钢，明显优于铝合金和工程塑料；抗冲击、可加工、可回收性能均优于铝合金。因而被誉为 21 世纪的绿色工程材料（Mordike et al，2001）。

金属镁的冶炼工艺主要有无水氯化镁电解法和白云灰（MgO・CaO）硅热还原法。电解法炼镁原理是，电解熔融的无水氯化镁，使之分解为液态金属镁和氯气。硅热还原法原理是，将白云灰、硅铁和萤石（2.5%）按一定配比磨粉压球，装入耐热合金还原罐，以 75% Si-Fe 合金为还原剂，在约 1250℃ 真空条件下，使氧化镁还原为镁蒸气，冷凝结晶为粗镁（Pidgeon，1944），经精炼制得镁锭。

镁合金 即金属镁加入合金元素 Al、Zn、Mn、Ce、Th 及少量 Zr、Cd 等组成的合金。其特点是密度小（1.74～1.85g/cm^3），比强度、比刚度高，比弹性模量大，散热好，消震性好，承受冲击载荷能力大于铝合金，耐有机物和碱的腐蚀性能好。镁合金广泛用于携带式器械和汽车行业中，以达到轻量化，降低能耗，减少 CO_2 排放，增大运输机械的载荷和速度。目前应用最广的是镁铝合金，其次是镁锰合金和镁锌锆合金。

镁铝合金最先于第一次世界大战期间被德国使用，现已成为最广泛使用的铸造镁合金。其中大部分含少量锌和锰，以提高拉伸性能，改善抗蚀性。镁合金是航空器、航天器和火箭导弹工业中使用的最轻金属结构材料。用作结构材料的镁合金按化学成分归类，其中变形镁合金 10 多种，铸造镁合金 20 余种；主要用于航空、航天、火箭、交通工具、电子、化工等工业领域。

第六节 钙矿物-钙化合物-钙系建材

1. 钙矿物

方解石（calcite，$CaCO_3$）

常有 Mg、Fe、Mn、Zn、Pb、Sr、Ba、Co、TR 等类质同像替代；当其达到一定量时，可形成锰、铁、锌、镁方解石等变种。常发育多种形态的完好晶体。质纯者无色或白色，无色透明者称为冰洲石。但多因含杂质染成浅黄、浅红、紫、褐黑等颜色。硬度 2.50～3.75，密度 2.6～2.9g/cm^3。紫外线下可发荧光，颜色与所含杂质元素有关。冰洲石具双折射效应，是重要的光学材料。石灰岩是生产石灰和水泥的基本原料，也是玻璃和陶瓷生产的配料之一。利用石灰岩或大理岩的颜色，观赏性结构构造及花纹特色，可加工成建筑石材、装饰板材，亦可雕刻工艺制品等。

药用石灰华，为主含碳酸钙的粉状块，藏文别名久康。药用石灰，别名垩灰、石垩，由石灰岩经煅烧而成，主含 CaO。

石膏（gypsum，$Ca[SO_4]\cdot 2H_2O$）

常含黏土、有机质及 MgO、Na_2O、CO_2、Cl 等杂质。通常为白色、无色，有时因含杂质而成灰、浅黄、浅褐等色。集合体多呈致密粒状或纤维状。无色透明晶体称为透石膏，细晶粒状块体称为雪花石膏，纤维状集合体称纤维石膏。石膏制品的微孔结构和加热脱水性，使之具优良的隔声、隔热和防火性能。主要用于水泥原料、化工原料、填料等。石膏作为缓凝剂，同时可改善水泥的强度、收缩性和抗腐蚀性；作为肥料，能提高土壤中的钙、硫含量，改良盐碱性土壤，促进有机质分解，且具有固铵作用。

食品级硫酸钙为半水煅石膏，在食品加工中用作凝固剂，如制作豆腐等。药用石膏，别名细石、白虎、玉火石。

萤石（fluorite，CaF_2）

常有 Y、Ce 等稀土元素及 Fe、Al 等类质同像替代 Ca。替代 F 的常有 Cl。含 U、Th、Ra 等放射性元素，使之呈紫色。无色透明者少见，多显绿、黄、蓝、紫、红、灰等浅色调。晶体常呈立方体，其次为八面体、菱形十二面体等；集合体多呈粒状、块状，少见纤维状。遇浓硫酸分解，生成 HF 气体和硫酸钙。作为氟化工的重要原料，用于生产氢氟酸、氟化铝和冰晶石，以及钢铁冶炼、玻璃、陶瓷生产和焊料等。萤石的红外线和紫外线透过性良好，可制成无球面像差的光学物镜、光谱仪棱镜和辐射紫外线及红外线的窗口材料。纯净氟化钙单晶可用作红外材料。

乳白色优质单晶颗粒大，透明色美者，可用于观赏和收藏，尤以祖母绿、葡萄紫、紫罗兰色为佳。具有荧光并显磷光者，称为夜明珠。药用萤石名紫石英。

硅灰石（wollastonite，$Ca_3[Si_3O_9]$）

常有少量 Fe^{2+}、Mn^{2+}、Mg^{2+} 代替 Ca^{2+}，Al^{3+}、Fe^{3+} 代替 Si^{4+}。低温变体，三斜晶系，自然界最常见。白色、带浅灰或浅红的白色，偶见黄、绿、棕色。色泽光亮，纯度 99%、−325 目粉体亮度 92%～96%。紫外线下发黄、橙或粉红至橙色荧光，有些可发磷光。经破碎、研磨多为针状，长径比约 7～8：1。熔点 1544℃。具线性膨胀性且膨胀系数低。1126℃转变为假硅灰石，膨胀系数增大。绝缘性能好，电阻值较大，适于制造低损耗瓷。化学稳定性良好，一般耐酸碱和化学腐蚀，但遇浓盐酸分解。主要用作陶瓷原料，其次是涂料、塑料、造纸、橡胶填料，也用于建材、绝缘材料、黏结剂、电焊条等。

2. 钙化合物

氧化钙（CaO） 白色粉体，常含杂质而呈暗灰、淡黄或褐色。密度 3.25～3.38g/cm^3，熔点 2614℃，沸点 2850℃。溶于酸，在空气中吸收水分和二氧化碳。与水作用（消化）生成 $Ca(OH)_2$ 并放热，生成物呈强碱性。用作建筑材料、冶金熔剂和制其他钙化合物的原料。广泛用于农药、造纸、食品、石化和制革，以及废水净化、氨气干燥、醇类脱水等。生产方法，石灰石煅烧法。

氢氧化钙［$Ca(OH)_2$］ 细腻白色粉末，密度 2.24g/cm^3。加热至 580℃脱水，在空气中吸收 CO_2。溶于酸、铵盐、甘油，难溶于水（0.219g/100mL 水），不溶于醇。强碱性，腐蚀皮肤和织物。用于制造漂白粉、硬水软化剂、酸性污水中和处理、烟气脱硫、涂料、建材、制革等。也广泛用于制造环氧氯丙烷、草甘膦、钙基润滑脂等有机物，以及硬脂酸钙、环烷酸钙、农药乳化剂、有机磷农药及乳酸钙、柠檬酸钙的添加剂等高档有机钙的合成。生产方法，石灰消化法。

重质碳酸钙（$CaCO_3$） 白色粉体，无臭无味。密度 2.710g/cm^3，熔点 1339℃。不溶于水和醇，微溶于含铵盐的水中。遇稀酸发生泡沸溶解。加热至 898.6℃开始分解。工业上按粒度分为 4 种规格：单飞粉，生产无水氯化钙、玻璃、水泥的主要原料，也用于建筑材料和家禽饲料等；双飞粉，生产无水氯化钙和玻璃等的原料，橡胶和油漆的白色填料，亦用于建筑材料等；三飞粉，用作塑料、涂料及油漆的填料；四飞粉，用作电缆绝缘层填料、橡胶模压制品及沥青制油毡的填料。由石灰石破碎、磨细、分级而制得。

轻质碳酸钙（$CaCO_3$） 白色粉体，无味无臭。分为无定形和结晶形两类，后者呈柱状或菱形，密度 2.710g/cm^3。难溶于水和醇，溶于酸放出 CO_2 并放热，也溶于氯化铵溶液。在空气中稳定，轻微吸潮。用作橡胶、塑料、造纸、涂料和油墨等的填料。广泛用于有机合成、冶金、玻璃等生产和工业废水中和剂、胃与十二指肠溃疡病的制酸剂、酸中毒的解毒剂、二氧化硫废气的消除剂、乳牛饲料添加剂和油毛毡的防粘剂等。也用作牙粉、牙膏及其他化妆品的原料。由石灰石煅烧（900～1100℃）→石灰消化（90℃）→碳化（60～70℃）→浆料脱水（含水率32%～42%）→干燥（含水率<0.3%）→粉磨、过筛而制得。

超细碳酸钙（$CaCO_3$） 白色粉体，无味无臭。密度 2.45～2.50g/cm^3，粒径 0.01～0.08μm，比表面积 10～70m^2/g。在空气中稳定，几乎不溶于水和醇。用作橡胶填料，可提高制品耐磨性和强度；用于塑料，可使制品表面光洁平滑，减少 PVC 树脂用量；用于造纸，可提高涂布纸的光泽度、白度和不透明度，改善纸张的印刷适性，广泛用于消光纸、无碳复写纸、低定量涂布纸、白卡纸等。制备方法，间歇碳化法或连续碳化法。

晶体碳酸钙（$CaCO_3$） 纯白色，六方结晶粉体；比容积 1.2～1.4mL/g。溶于酸，几乎不溶于水。用于牙膏、医药等方面，亦用作保温材料和其他化工原料。制备方法，氯化钙碳化法。

活化碳酸钙（$CaCO_3$） 白色细腻、轻质粉体。因粒子表面吸附一层脂肪酸皂而具胶体活化性能。密度 1.99～2.01g/cm^3，不溶于水，遇酸分解，灼烧变为焦黑色，生成 CaO 和 CO_2。活性较大，且具补强性，易分散于胶料中。用作橡胶、塑料的填料，以及人造革、电线、聚氯乙烯、涂料、油墨和造纸等工业填料。采用碳化法制成碳酸钙浆料，再经施胶处理生成硬脂酸钠，加入太古油、调节溶液 pH 值至中性，烘干过筛即得成品。

氯化钙（$CaCl_2$） 无色立方结晶，白色或灰白色多孔块状或粒状、蜂窝状；无臭，味微苦。密度 2.15g/cm^3，熔点 782℃，沸点>1600℃。吸湿性极强，极易潮解；易溶于水并放出大量热，水溶液微酸性。溶于醇、丙酮、醋酸。与氨或乙醇作用，分别生成 $CaCl_2\cdot 8NH_3$ 和 $CaCl_2\cdot 4C_2H_5OH$。常温下由水溶液中析出六水物，加热至 200℃ 变为二水物；260℃则为白色多孔状无水物。用作气体干燥剂，生产醇、酯、醚和丙烯酸树脂时用作脱水剂。其水溶液是冷冻机和制冰用的重要制冷剂；能加速混凝土硬化，增加建筑砂浆的耐寒能力。用作港口的消雾剂和路面除尘剂、织物防火剂，铝镁冶金的保护剂和精炼剂，色淀颜料的沉淀剂。食品工业中用作螯合剂、凝固剂。生产方法：石灰石粉加入盐酸溶解，所得溶液加入 $BaCl_2$，使 SO_4^{2-} 生成 $BaSO_4$ 沉淀除去；溶液加热至 70～75℃，加入石灰乳调节 pH 值至 8.5～9，使 Fe、Al、Mg 等杂质生成沉淀除去；经澄清、过滤，蒸发至浓度 70%，在 400～450℃热气流下喷雾干燥，即得粉体产品。

氯酸钙［$Ca(ClO_3)_2\cdot 2H_2O$］ 白色至淡黄色结晶粉体，有潮解性。密度 2.711g/cm^3，熔点 340℃。加热至 100℃开始融化并脱去结晶水，分解放出氧气。溶于水、乙醇和丙酮。主要用作除草剂和去叶剂，也用于杀虫剂、农药、烟火等。生产方法：石灰乳氯化法，反应式 $6Ca(OH)_2+6Cl_2 \longrightarrow Ca(ClO_3)_2\cdot 2H_2O+5CaCl_2+4H_2O$。

次氯酸钙［$Ca(OCl)_2$］ 含少量 $CaCl_2$ 和 $Ca(OH)_2$ 的白色粉体，有强刺激性氯臭。易溶于水，放出大量热和初生态氧。加热急剧分解爆炸，与酸作用放出氯气，与有机物及油类反应能燃烧，遇光易分解爆炸而产生氧气和氯气。作为高效漂白剂，主要用于棉麻纺织品、化学纤维、纸浆、淀粉的漂白、污染物的生化处理等，也用于饮用水、泳池水的消毒。用作化学毒剂及放射性的消毒剂。制法同上，反应式 $2Ca(OH)_2+2Cl_2 \longrightarrow Ca(OCl)_2\cdot CaCl_2\cdot H_2O$。

硝酸钙［$Ca(NO_3)_2 \cdot 4H_2O$］ 无色透明结晶。α型，密度1.869g/cm^3，熔点42.7℃；β型，密度1.82g/cm^3，熔点39.7℃。易溶于水、甲醇、乙醇、戊醇、丙酮、醋酸甲酯及液氨。在空气中极易潮解；132℃分解，450～500℃分解放出氧，生成亚硝酸钙；继续加热则分解出氧化氮气体和氧化钙。硝酸钙是氧化剂，遇有机物、硫黄即燃烧爆炸，发出红色火焰。主要用于冷冻剂和水泥防冻剂、钢铁工业磷化剂，制造烟火和其他硝酸盐；农业上用作酸性土壤的速效肥及高档栽培肥料；电子仪表工业用于涂覆阴极。主要制法：中和法，反应式 $CaCO_3 + 2HNO_3 \longrightarrow Ca(NO_3)_2 + H_2O + CO_2 \uparrow$。反应过程有氧化氮气体逸出，通常采用烧碱溶液吸收法制成中和液，用于生产硝酸钠。

二水硫酸钙（$CaSO_4 \cdot 2H_2O$） 无色结晶粉体，密度2.32g/cm^3。128℃时失去1.5H_2O，163℃失去全部结晶水。难溶于水（0.241g/100mL水），溶于酸、铵盐、硫代硫酸钠和甘油。用作生产水泥、半水硫酸钙及硫酸的原料，油漆和造纸的填料；农业上用作肥料，可降低土壤碱度。食品级产品用作营养增补剂、凝固剂、酵母食料、面团调节剂、螯合剂，以及番茄、土豆罐头中的组织强化剂、酿造用水的硬化剂、酒的风味增强剂等。天然石膏除去杂质后经煅烧粉磨制得，也可采用化工副产钙化合物经精制而成。

半水硫酸钙（$CaSO_4 \cdot 0.5H_2O$） 白色粉体，难溶于水（20℃，0.3g/100mL水），溶于酸、铵盐、硫代硫酸钠和甘油。与水混合后形成塑性易浇砌浆体，隔一定时间后硬化为坚固块体，并伴有微量体积膨胀及放热，为气凝性建筑胶凝物。分为α型和β型两种，前者俗称高强建筑石膏，用作高强度石膏构件、石膏板、铸造模型及机械加工时的固定胶凝加工件；后者称熟石膏，主要用于建筑材料、粉饰石膏构件、石膏塑像、陶瓷、精密机械铸件型模、粉笔、胶凝剂等。通常采用生石膏粉转窑煅烧法或加压法生产。

3. 钙系建材

石灰岩作为建筑砌块、装饰材料、混凝土骨料、沥青骨料及铁路道渣等材料，历史悠久，用量也最大，主要是利用其硬度适中、柔韧性良好、可加工性及强度较好等物性。

石灰（CaO） 生产原料有高钙石灰岩和白云质石灰岩两类，煅烧过程的化学反应如下：

$$CaCO_3(\text{方解石}) \xrightarrow{1000\sim1300℃} CaO(\text{生石灰}) + CO_2 \uparrow$$

$$CaCO_3 \cdot MgCO_3(\text{白云石}) \xrightarrow{900\sim1200℃} CaO \cdot MgO(\text{白云灰}) + 2CO_2 \uparrow$$

石灰通常采用立窑或回转窑生产。其化学成分：高钙生石灰，CaO 93.25%～98.0%，MgO 0.3%～2.5%，SiO_2 0.2%～1.5%；白云质石灰，CaO 55.5%～57.5%，MgO 37.6%～40.8%，SiO_2 0.1%～1.5%。生石灰加水后即水化为熟石灰 $Ca(OH)_2$、$Ca(OH)_2 \cdot MgO$ 或 $Ca(OH)_2 \cdot Mg(OH)_2$，并放出热量［比热容0.40～0.94kJ/(kg·℃)，38℃］。石灰在冶金、化工、环保、农业、建筑等行业具有广泛用途。

石膏（$CaSO_4 \cdot 2H_2O$） 石膏建材的优点是可调节室内空气湿度且有一定防火性能，缺点是耐水性较差。分为以下主要类型：

建筑石膏 由石膏在120～180℃下非饱和蒸汽介质中制成，用于制备石膏砌块、石膏板、石膏砂浆、粉刷石膏、抹灰石膏及各种装饰部件等。

粉刷石膏 一种建筑内墙及顶板表面的抹面材料，由石膏胶凝材料为基料配制而成。

高强石膏 二水石膏在饱和水蒸气介质中进行热处理获得的一种α半水石膏变体，用于医用、航空、汽车、陶瓷、建筑和工艺美术等领域，制作各种模型；也用于室内抹灰、各种石膏板、嵌条、大型石膏浮雕画等。

黏结石膏 以建筑石膏为基料，加入适量缓凝剂、保水剂、增稠剂、黏结剂制成的一种粉状无机胶黏剂。适用于各类石膏板、石膏角线等装饰制品的黏结，加气混凝土、GRC条板等墙体板材的黏结等。

硅酸盐水泥 石灰石与黏土质、硅质原料和铁质原料混磨后制成生料，经1450℃下煅烧，生成主要由硅酸三钙（$3CaO \cdot SiO_2$，55%）、硅酸二钙（$2CaO \cdot SiO_2$，25%）、铝酸三钙（$3CaO \cdot Al_2O_3$，12%）和铁铝酸四钙（$4CaO \cdot Al_2O_3 \cdot Fe_2O_3$，8%）组成的水泥熟料，加入适量石膏磨细，即得水泥成品。水泥熟料中，CaO、Al_2O_3是有益组分，其余为有害组分。故要求原料中MgO<5%，K_2O+Na_2O<1.3%，游离SiO_2<4%，SO_3<1.5%。熟料化学成分为（%）：CaO 62～67，SiO_2 20～24，Al_2O_3 4～7，Fe_2O_3 2.5～6。熟料中各物相遇水后发生水化反应，生成复杂水化物，进而凝结硬化，增加强度，可与其他材料生成坚固块体。

水泥按用途和性能分为以下两类（GB 4131—2014）：

通用水泥 用于一般土木建筑工程的水泥，如硅酸盐水泥、普通硅酸盐水泥等、矿渣硅酸盐水泥等。

特种水泥 具某种特殊性能或用途的水泥，如铝酸盐水泥、硫铝酸盐水泥、快硬硅酸盐水泥、低热矿渣硅酸盐水泥、G级油井水泥等。

硅酸钙板材 微孔硅酸钙板作为新型建材，除具有传统石膏板的功能外，更具有优越的防火、耐潮湿、使用寿命超长等优点，大量应用于建筑吊顶和隔墙、家庭装修、家具衬板、船舶隔仓板、仓库棚板、网络地板以及隧道等室内工程的壁板。主要生产方法有：

静态蒸压法 将硅藻土等硅质原料与石灰及辅料按比例配料，加入适量水，在搅拌下加热至一定温度进行凝胶化，经成型、蒸压养护、干燥即得硅酸钙保温材料。其工艺简便，但生产时需大容量高压釜，主要生成雪硅钙石型硅酸钙板，使用温度较低（<650℃）。

动态水热法 合成过程需搅拌，反应温度高于静态工艺，且在加压条件下进行。动态工艺无需凝胶化过程，制成品容重小，性能良好，可获耐高温（1000℃）硬硅钙石型制品及超轻制品，但需带搅拌装置的高压容器，设备及工艺条件要求较高，能耗也较高。

第七节 钠矿物-钠化合物-氯碱工业

1. 钠矿物

石盐（halite，NaCl）

常含杂质和多种混入物，如Br、Rb、Cs、Sr及卤水、气泡、黏土和其他盐类矿物。纯净者无色透明，因含杂质而染色。集合体呈粒状、块状或盐华状。石盐是广泛应用的调味品、防腐剂、食品加工配料，用于烹调、食品储存和工业加工。作为化工原料，用于生产碳酸钠（纯碱）、氢氧化钠（烧碱）、氯气、盐酸、金属钠和氢，制备次氯酸钙、二氧化氯、氯酸钠、次氯酸钠、高氯酸钠等。冶金工业中，用于加氯化物的焙烧、制备泡沫抑制剂、热处理槽、铁矿石胶结和熔化金属镀层等；也用于电化学蚀剂、刻蚀铝箔和转变冰点（冬季路面养护）、溶解开采法或水冶金法提取有用金属等。

药用紫硇砂，又称藏硇砂、咸硇砂，为紫色石盐矿石，主含氯化钠。

天然碱（trona，$Na_2CO_3 \cdot NaHCO_3 \cdot 2H_2O$）

又名碳酸钠石。常伴有I、Br、K、B等元素。白色、灰白色、浅黄色，或被杂质染成暗灰色等。晶体为板状或厚板状，常呈晶簇状、纤维状、土状集合体。主要用于化工、冶金、造纸、纺织、石油精制、橡胶等行业。化工领域主要用于制取纯碱、烧碱与小苏打，亦可用于化工、轻工生产。

芒硝（mirabilite，$Na_2[SO_4] \cdot 10H_2O$）

无色透明，有时为白色或带浅黄、浅蓝、浅绿色。一般呈致密块状、纤维状集合体，也可呈皮壳状或被膜状。化学工业中主要用作制取无水硫酸钠（元明粉）和硫化钠（硫化碱）、群青（最古老的无机蓝色颜料）、硫酸铵、硫酸钾等的重要原料，以及化学制碱工业。

药用芒硝系经加工精制而成的结晶体，主含 $Na_2SO_4 \cdot 10H_2O$，别名盆消、芒消。

钠硝石（soda-niter，$Na[NO_3]$）

常含有 NaCl、Na_2SO_4 及 $Ca[IO_3]_2$ 等混入物。白色、无色，常染成淡灰、淡黄、淡褐或红褐色。晶体呈菱面体，集合体常呈粒状、块状、皮壳状、盐华状等，在空气中变成白色粉末状。工业上用于生产氮肥、硝酸、炸药和其他氮化合物；还可用作冶炼镍的强氧化剂，玻璃生产中白色坯料的澄清剂，生产珐琅的釉药，人造珍珠的黏合剂等。

2. 钠化合物

氢氧化钠（NaOH） 又名苛性钠、烧碱、火碱。白色固体，密度 2.130g/cm^3，熔点 318.4℃，沸点 1390℃。置空气中极易吸水潮解。极易溶于水，溶解时放热，水溶液呈碱性，味涩，有滑腻感；溶于乙醇和甘油；不溶于丙酮、乙醚。腐蚀性极强。与 Al、Zn、B、Si 等反应放出氢，与 Cl、Br、I 等卤素发生歧化反应，与酸类中和反应生成盐和水。主要用于造纸、纤维素浆粕、肥皂、洗涤剂、脂肪酸生产和动植物油脂、石油制品精炼；生产硼砂、氰化钠、甲酸、草酸、苯酚等；生产氧化铝，金属锌和铜的表面处理，以及玻璃、搪瓷、制革、医药、染料和农药等。食品级产品用做酸中和剂，柑橘、桃子等的去皮剂，以及脱色剂、脱臭剂。主要制法：纯碱或天然碱苛化法，隔膜电解法，离子交换膜法。

工业碳酸钠（Na_2CO_3） 俗称纯碱、苏打。白色粉状或粒状物，密度 2.532g/cm^3。熔点 851℃，沸点 1600℃。易溶于水，35.4℃达最高溶解度（32.2%）；易溶于甘油，微溶于乙醇，不溶于丙酮、二硫化碳等。作为基本化工原料，用于制各种钠盐、清洗剂、洗涤剂等。工业纯碱主要用于轻工、建材、化工；其次是冶金、纺织、石油、国防、医药等。化学工业用于制水玻璃、重铬酸钠、硝酸钠、氟化钠、小苏打、硼砂、三聚磷酸钠和其他磷酸钠盐等。冶金工业用于炼铝、炼钢脱硫和造渣、选矿用浮选剂。建材工业用于制造玻璃、搪瓷、陶瓷和珐琅。亦用于纺织、印染、造纸、合成洗涤剂、除污剂、脱脂剂，以及水的净化、制革等。主要制法：天然碱法、氨碱法和霞石加工法（Guillet，1994）。

食用碳酸钠，白色粉末或细粒结晶；溶于水，溶液呈碱性；pH 值 11.3～11.8，能与各种酸起中和反应。用作食品膨松剂、中和剂。主要限量指标：铁（以 Fe_2O_3 计）$<0.008\%$，重金属（以 Pb 计）$<0.001\%$，砷（As）$<0.0002\%$。

碳酸氢钠（$NaHCO_3$） 俗称小苏打、重碳酸钠。白色粉末或不透明微细结晶，密度 2.159g/cm^3。无臭，味咸，易溶于水，微溶于乙醇，其水溶液因水解而呈微碱性。受热易分解，65℃以上迅速分解，270℃下加热 2h，完全失去 CO_2。在潮湿空气中缓慢分解。食品工业用作发酵剂、冷饮中的二氧化碳发生剂、黄油的保存剂；也是应用最广泛的疏松剂，用于生产饼干、糕点、馒头、面包等。医药工业用作制酸剂的原料；还用于电影制片、鞣革、选矿、冶炼、金属热处理、纤维、橡胶及农业浸种；也用作羊毛洗涤剂、泡沫灭火剂、浴用剂等。制备方法，纯碱溶液二次碳化法、废碱液回收法或天然碱加工法。

氯化钠（NaCl） 食盐的主要成分，无色透明晶体，密度 2.165g/cm^3。熔点 801℃，沸点 1413℃。化学性质稳定，味咸，含杂质时易潮解；溶于水和甘油，难溶于乙醇，不溶于盐酸，水溶液中性。在水中溶解度随温度升高略有增大。作为重要化工原料，用于制取烧碱、纯碱、氯气、氢气、盐酸、氯酸盐、次氯酸盐、漂白粉及金属钠等；用于食品调味和腌制鱼肉蔬菜，以及供盐析肥皂盒鞣制皮革等。精制氯化钠可用来配制生理盐水，用于临床治疗和生理实验（失钠、失水、失血等）。主要制法：盐田蒸发法，电渗析法。

氯酸钠（$NaClO_3$） 无色或白色结晶。密度 2.49g/cm^3，熔点 255℃。易溶于水，水溶液中性；溶于乙醇、液氨、甘油。300℃以上分解放出氧气。酸性溶液中显强氧化性；与二氧化硫、氯化钠、甲醇、双氧水等还原剂作用放出二氧化氯。有极强氧化力，与 C、S、P 及有机物、可燃物混合，受撞击易燃爆。潮湿空气中吸水而成溶液。作为基本化工原料，主要用于制取二氧化氯、亚氯酸钠、高氯酸盐等；其次用作除草剂、苯胺染料印染氧化剂和媒染剂，纸和纸浆漂白剂的原料。还用于制造药用氧化锌、鞣革、烟火、印刷油墨及冶金矿石处理等。主要制法：工业原盐电解法；反应式 $NaCl+3H_2O \longrightarrow NaClO_3+3H_2\uparrow$。

氟化钠（NaF） 无色晶体或白色粉末，密度 2.558g/cm^3。熔点 993℃，沸点 1695℃。微溶于醇；溶于水，水溶液呈碱性，腐蚀玻璃；溶于氢氟酸而成氟化氢钠。有毒，无臭，有腐蚀性。主要用于机械刀片和刨刀的镶钢以增强焊接强度；其次用作木材防腐剂、酿造业杀菌剂、农业杀虫剂、医用防腐剂、焊接助熔剂、饮水的氟处理剂；还用于其他氟化物和酪蛋白胶、氟化钠牙膏的生产，以及黏结剂、造纸、冶金、搪瓷和制药等。主要制法：中和法，反应式 $2HF+Na_2CO_3 \longrightarrow 2NaF+H_2O+CO_2\uparrow$；熔浸法，反应式 $CaF_2+Na_2CO_3+SiO_2 \longrightarrow 2NaF+CaSiO_3+CO_2\uparrow$；氟硅酸钠法，反应式 $Na_2SiF_6+2Na_2CO_3+H_2O \longrightarrow 6NaF+SiO_2\cdot H_2O+2CO_2\uparrow$。

冰晶石（Na_3AlF_6） 又名氟铝酸钠，氟化铝钠。无色、灰白、淡黄或淡红至黑色，常呈致密块体。密度 2.95～3.10g/cm^3，熔点 1009℃。微溶于水，呈酸性反应，遇硫酸即分解放出剧毒氟化氢气体。主要用作电解铝熔剂；可作农作物的杀虫剂、搪瓷乳白剂、玻璃和搪瓷的遮光剂和助熔剂、树脂橡胶的耐磨填充剂；还用作铝合金、铁合金和沸腾钢生产电解液等。主要制法：氢氟酸法，反应式 $Al(OH)_3+6HF \longrightarrow AlF_3\cdot 3HF+3H_2O$，$AlF_3\cdot 3HF+3Na_2CO_3 \longrightarrow 2Na_3AlF_6+3H_2O+3CO_2\uparrow$；碳酸化法，反应式 $6NaF+NaAlO_2+2CO_2 \longrightarrow Na_3AlF_6+2Na_2CO_3$。

工业硝酸钠（$NaNO_3$） 无色或白色结晶粉末，密度 2.261g/cm^3，熔点 306.8℃。无臭，味咸，略苦。易溶于水和液氨，溶于乙醇、甲醇，微溶于甘油和丙酮。易潮解，380℃开始分解，400～600℃放出氮气和氧气，加热至 700℃放出 NO，775～865℃产生少量 NO_2 和 N_2O。为氧化剂，与有机物、硫黄等接触即燃烧爆炸。主要用作制造硝酸钾、矿山炸药、苦味酸、染料等的原料；制造染料中间体的硝化剂；生产玻璃的消泡剂、脱色剂、澄清剂及助熔剂。搪瓷生产用作氧化剂和助熔剂，用于配制珐琅粉。机械工业用作金属清洗剂及配制黑色金属发蓝剂。用作炼钢和铝合金热处理剂、香烟的助燃剂、医用青霉素的培养基。化肥工业用作适于酸性土壤的速效肥料，特别适用于块根作物如甜菜、萝卜等。主要制法：尾气吸收法，反应式 $Na_2CO_3+NO+NO_2 \longrightarrow 2NaNO_2+CO_2\uparrow$，$3NaNO_2+2HNO_3 \longrightarrow 3NaNO_3+H_2O+2NO\uparrow$；复分解法，反应式 $Ca(NO_3)_2+Na_2SO_4 \longrightarrow 2NaNO_3+CaSO_4\downarrow$；

钠硝石矿提取法。

食用硝酸钠，肉制品加工用作发色剂，可防止肉类变质，并起调味作用。也用作抗微生物剂、防腐剂。主要限量指标：重金属（以 Pb 计）⩽0.001%，砷（As）⩽0.0002%，铁（Fe）⩽0.005%，亚硝酸钠（$NaNO_2$）⩽0.01%。

硫化钠（$Na_2S \cdot xH_2O$） 无水物白色，常为粉红、棕红、土黄色块体，易潮解。密度 1.856g/cm³（14℃），熔点 1180℃。溶于水（15.4～57.2g/100mL，10～90℃）；遇酸反应产生硫化氢；微溶于醇，不溶于乙醚；溶于硫黄生成多硫化钠。空气中易氧化生成硫代硫酸钠。主要用于硫化染料，是硫化青和硫化蓝的原料；用作溶解硫化染料的助染剂、棉织物染色的媒染剂；制革中水解生皮脱毛，配制多硫化钠以加速干皮浸水助软；用作纸张蒸煮剂，人造纤维脱硝和硝化物还原；生产非那西丁等解热药等。主要制法：煤粉还原法，反应式 $Na_2SO_4 + 2C \longrightarrow Na_2S + 2CO_2\uparrow$；尾气吸收法，$H_2S + 2NaOH \longrightarrow Na_2S + 2H_2O$；硫化钡法，反应式 $BaS + Na_2SO_4 \longrightarrow Na_2S + BaSO_4\downarrow$。

无水硫酸钠（Na_2SO_4） 白色结晶或粉末，高纯度、细颗粒物称元明粉。密度 2.68g/cm³，熔点 884℃。溶于水，水溶液呈碱性；溶于甘油，不溶于乙醇；置空气中易吸湿成含水硫酸钠。主要用作合成洗涤剂的填充料，硫酸盐纸浆的蒸煮剂，制造硫化钠、硅酸钠等的原料，调配维尼纶纺丝凝固浴，药用缓泻剂，以及有色冶金、皮革等行业。主要制法：天然芒硝溶解液真空蒸发法；钙芒硝法，反应式 $Na_2SO_4 \cdot CaSO_4 + 2H_2O \longrightarrow Na_2SO_4 + CaSO_4 \cdot 2H_2O$；人造丝副产法，反应式 $H_2SO_4 + 2NaOH \longrightarrow Na_2SO_4 + 2H_2O$。

3. 氯碱工业

工业上电解饱和 NaCl 溶液制取 NaOH、Cl_2 和 H_2，并以其为原料生产一系列化工产品，称为氯碱工业。主要有隔膜法和离子膜交换法两种工艺，产品包括烧碱、纯碱、聚氯乙烯（PVC）、氯气、氢气等。

隔膜法 电解在立式隔膜电解槽中进行。其阳极用涂有 TiO_2-RuO_2 涂层的钛或石墨制成，阴极由铁丝网制成，网上附着一层石棉绒做隔膜，将电解槽分隔成阳极室和阴极室。除去 Ca^{2+}、Mg^{2+} 的石盐水中含有 Na^+、H^+、Cl^- 和 OH^-。接通电源后，在电场作用下电极上发生如下反应：

阳极：
$$2Cl^- - 2e = Cl_2\uparrow$$
阴极：
$$2H^+ + 2e = H_2\uparrow$$
即在阳极室放出 Cl_2，阴极室放出 H_2。由于阴极上有隔膜，且阳极室的液位比阴极室高，故可阻止 H_2 与 Cl_2 混合。由于 H^+ 不断放电，促使水不断电离，造成溶液中 OH^- 的富集。在阴极室形成的 NaOH 溶液由底部流出。电解石盐水的总反应为：

$$2NaCl + 2H_2O = 2NaOH + H_2\uparrow + Cl_2\uparrow$$

该法生产的碱液较稀，并含有未电解 NaCl，故需经分离、浓缩，才能制得固态烧碱。

离子交换膜法 该法电解槽中，用阳离子交换膜把阳极室和阴极室隔开。阳离子交换膜具有选择透过性，即只让 Na^+ 带着少量水分子透过。电解时从电解槽下部往阳极室注入精制 NaCl 溶液，往阴极室注入水。在阳极室 Cl^- 放电，生成 Cl_2，从电解槽顶部放出；同时 Na^+ 带着少量水分子透过交换膜流向阴极室，致 H^+ 放电生成 H_2，也从槽顶放出。剩余 OH^- 受阳离子交换膜阻隔，只能逐渐富集于阴极室，形成 NaOH 溶液。随电解进行，不断往阳极室注入精制石盐水；往阴极室注入水，以补充水及调节 NaOH 浓度。

所得碱液从阴极室上部导出。因交换膜能阻止 Cl^- 通过，故阴极室生成的 NaOH 溶液含 NaCl 杂质很少。与隔膜法相比，采用该法所制产品浓度大、纯度高，且能耗较低。

氨碱法 即 Solvay 工艺，由 Alfred 和 Ernest Solvay 于 1861 年研究成功，是一种可大规模低成本生产纯碱的方法。全世界以石盐为原料制取的纯碱约占其总产量的 70%，其中大部分采用 Solvay 工艺，其余采用 AC（Ammonium Chloride）工艺和苛性碱碳化法生产（Santini et al，2006）。Solvay 工艺过程的主要化学反应如下：

$$NH_3+H_2O \longrightarrow NH_4OH$$

$$2NH_4OH+CO_2 \longrightarrow (NH_4)_2CO_3+H_2O$$

$$(NH_4)_2CO_3+CO_2+H_2O \longrightarrow 2NH_4HCO_3$$

$$NH_4HCO_3+NaCl \longrightarrow NH_4Cl+NaHCO_3$$

$$2NaHCO_3 \longrightarrow Na_2CO_3+CO_2\uparrow+H_2O\uparrow$$

$$2NH_4Cl+Ca(OH)_2 \longrightarrow 2NH_3\uparrow+CaCl_2+2H_2O$$

AC 工艺由日本 Asahi 玻璃公司于 1949 年最先采用，主要改进了 Solvay 工艺中 NaCl 原料的利用率（$>90\%$），所得 NH_4Cl 液体经冷却结晶制成氮肥。后者适用于水稻、小麦、甘蔗、棉花、椰子和棕榈油树等作物。

第八节　钾矿物-钾化合物-钾盐工业

1. 钾矿物

水溶性钾盐矿物主要有钾石盐、光卤石、杂卤石、钾石膏、钾芒硝、无水钾镁矾等，非水溶性钾矿物主要有钾长石、白榴石、钾霞石、霞石、明矾石及云母类矿物。

钾石盐（sylvite，KCl）

常含微量 Br、Rb、Cs 类质同像替代和气液态包裹体（N_2、CO_2、H_2、CH_4、He）及 NaCl、Fe_2O_3 等固态包裹体。纯净者无色透明，含细微气泡者呈乳白色，含细微赤铁矿者呈红色。集合体通常为粒状或致密块状。主要用于制造钾肥和钾化合物。作为化工原料，可加工钾化合物制品 180 余种，主要有碳酸钾、碘化钾、溴化钾、氰化钾、硝酸钾、氯酸钾、高锰酸钾、氢氧化钾等，分别用于电视显像管、照相、玻璃、陶瓷、医药、纺织、染料、制革、制皂、印刷、火柴、黑色炸药、洗涤、焰火、电池等领域。

光卤石（carnallite，$KMgCl_3\cdot 6H_2O$）

类质同像替代有 Br、Rb、Cs，机械混入物以 NaCl、KCl、$CaSO_4$、Fe_2O_3 等为常见，此外常含有黏土、卤水以及 N、H、CH_4 等包裹体。纯净者无色或白色，常因含细微氧化铁而呈红色，含氢氧化铁混入物而显黄褐色。通常呈粒状或致密块状。主要用作生产钾盐、镁盐的原料；也用作铝镁合金的保护剂、铝镁合金焊接剂及金属助熔剂。

杂卤石（polyhalite，$K_2Ca_2Mg[SO_4]_4\cdot 2H_2O$）

无色至白色，常因含杂质而染成其他颜色。晶体细小，外形呈柱状或板状；集合体呈块状，也有呈纤维状或叶片状者。差热分析在 300～400℃ 出现尖锐吸热谷，系脱水转变为 $K_2CaMg[SO_4]_3$ 和硬石膏所致。大量产出时用于生产钾肥及造纸、化工等行业。

钾石膏（syngenite，$K_2Ca[SO_4]_2\cdot 2H_2O$）

成分较稳定。白色、浅黄、肉红或乳白色。晶体常沿 *c* 轴延伸成柱状，集合体呈放射状。为陆相盐湖常见的含钾矿物，析出时间较早，常与杂卤石、硬石膏、无水芒硝等共生。大量产出时可用于生产钾肥、硫酸等产品。

钾芒硝（aphthitalite，$K_3Na[SO_4]_2$）

K^+可被Na^+、NH_4^+、Pb^{2+}、Cu^{2+}等代替。白色，亦呈无色、灰色、褐红色。晶体呈{0001}发育的板状，集合体呈叶片状、皮壳状或块状。产于盐湖沉积物中，与石盐、无水芒硝、无水钾镁矾（langbeinite，$K_2Mg_2[SO_4]_3$）等共生。大量产出时可用于制取钾盐和纯碱。

明矾石（alunite，$KAl_3[SO_4]_2(OH)_6$）

Na常代替K，其含量超过K时称钠明矾石。有时也有少量Fe^{3+}代替Al^{3+}。白色，常带灰、浅黄或浅红色调。晶体较少见，集合体常呈粒状、致密块状、土状或纤维状、结核状等。用作提取明矾和硫酸铝的原料。

药用白矾，别名明矾、矾石、涅石、羽涅。由明矾石加工提炼制成，主含钾明矾$KAl[SO_4]_2 \cdot 12H_2O$。

钾长石（potassium feldspar，$K[AlSi_3O_8]$）

主要呈$K[AlSi_3O_8]$-$Na[AlSi_3O_8]$二元固溶体，富钠端员通常不超过30%，常含一定量的$Ca[Al_2Si_2O_8]$、$Ba[Al_2Si_2O_8]$组分。其他少量类质同像替代有Sr、Rb、Cs、Ga、Pb等（马鸿文，1990）。依Al-Si有序度由低到高，依次形成透长石（sanidine，单斜）、正长石（orthoclase，单斜）、微斜长石（microcline，三斜）。后者有时含Rb、Cs较高而呈绿色，称为天河石（amazonite）。主要用作玻陶原料，也可用于制取碳酸钾、硫酸钾、硝酸钾等钾盐，质纯者可用于合成钾型分子筛（刘昶江等，2013；苏双青，2014）或生态型沸石钾肥（马鸿文等，2018）。天河石大量产出时可作为提取Rb、Cs的原料，有时可作装饰品（月光石，天河石）或雕刻工艺石料。

白榴石（leucite，$K[AlSi_2O_6]$）

常含微量Na_2O、CaO。白色、灰色或炉灰色，有时带浅黄色调。四方晶系，晶体通常保留等轴晶系的外形，常呈粒状集合体。可作为提取钾化合物和氧化铝的原料。

六方钾霞石（kalsilite，$K[AlSiO_4]$）

与钾霞石（kaliophilite）、亚稳钾霞石（trikalsilite）为同质多像变体。可含少量Na、Ca、Mg、Fe^{3+}等。无色、白色及灰色。晶体短柱状，常呈致密块状或镶嵌粒状形态。钾含量高且高温下结构稳定，自然界产出稀少（Haissen et al，2017）。以微斜长石粉体与KOH溶液反应，可合成纯相六方钾霞石（Su et al，2012），用于制取硫酸钾、硝酸钾，同时合成纳米高岭石或白云母粉体（马鸿文等，2017；Yuan et al，2018a，2018b）。

伊利石（illite，$K_{0.65}Al_{2.0}\square[Al_{0.65}Si_{3.35}O_{10}](OH)_2$）

化学成分不定，K_2O约6%，Al_2O_3 23%～25%；是白云母遭受风化作用而转变为黏土矿物的中间过渡产物。白色，有时带黄绿等色调。常呈鳞片状或薄片状块体及致密块状。在瓷石中是主要黏土矿物，主要用作粗质陶瓷和耐火材料原料，造纸、塑料行业也有应用（吴良士等，2005），可代替纯碱生产有色玻璃。也是富钾凝灰岩、富钾页岩中的主要富钾矿物，含量可达60%～90%，是生产钾肥的潜在矿源。

海绿石（glauconite，$K_{1-x}\{(Al,Fe)_2[Al_{1-x}Si_{3+x}O_{10}](OH)_2\}$）($x=0.4\sim1.0$)

理想化学式：$K_{0.8}R^{3+}_{1.33}R^{2+}_{0.67}[Al_{0.13}Si_{3.87}O_{10}](OH)_2$，通常${}^{VI}R^{2+}/({}^{VI}R^{2+}+{}^{VI}R^{3+})\geq 0.15$，${}^{VI}Al/({}^{VI}Al+{}^{VI}Fe^{3+})\leq 0.5$（Rieder et al，1999）。化学成分变化较大。K^+被Na^+替代可达0.5%，$x=0.4\sim1.0$。R^{3+}主要为Fe^{3+}，Al^{3+}次之，富铝变种称铝海绿石（skolite）。此外常含MgO和FeO；亦常含H_2O，可能占据结构中的A位置或以H_3O^+形式代替K^+（王璞等，1984）。暗绿至绿黑色，也有呈黄绿、灰绿色。晶形呈细小假六方外

形，极少见；通常呈圆粒状。经简单加工即可用作钾肥，但钾的利用率低。采用碳酸钾烧结-水热晶化法，可用于制备生态型沸石钾肥（苏双青，2016）。

2. 钾化合物

氢氧化钾（KOH） 又名苛性钾。白色、浅灰色块状或棒状结晶，密度 $2.044g/cm^3$。熔点 360.4℃，沸点 1320～1324℃。易溶于水，溶解时放热，水溶液强碱性；溶于乙醇，不溶于醚。强腐蚀性、吸水性，吸收 CO_2 转变为 K_2CO_3。作为基础化工原料，广泛用于高锰酸钾、碳酸钾等钾盐和钾硼氢、安体舒通、沙肝醇、黄体酮、丙酸睾丸素等医药生产；生产钾肥皂、碱性电池、化妆品和还原染料等；用于电镀、雕刻、印染、漂白和丝光，大量用作聚酯纤维原料，以及合成橡胶、食品添加剂、发酵、纸张分量剂、冶金加热剂和皮革脱脂等。主要制法：隔膜电解法，反应式 $2KCl+2H_2O \longrightarrow 2KOH+Cl_2\uparrow+H_2\uparrow$；离子膜法。

工业碳酸钾（K_2CO_3） 又称钾碱。白色粉状或粒状结晶，密度 $2.428g/cm^3$，熔点 891℃。易溶于水，水溶液呈碱性；不溶于乙醇和醚。强吸湿性，易吸收空气中 CO_2 而成 $KHCO_3$。与氯气作用生成氯化钾，与二氧化硫反应生成焦硫酸钾（$K_2S_2O_7$）。主要用于生产光学玻璃、电焊条、还原染料及其印染和冰染的拔白，H_2S 及 CO_2 的吸收剂；与纯碱混合可作干粉灭火剂，用作丙酮、酒精生产的辅助原料和橡胶防老剂。水溶液用于棉布煮炼、羊毛脱脂。还用于油墨、聚酯、炸药、电镀、制革、陶瓷、建材、水晶、钾肥皂及医药生产。重质碳酸钾主要用作显像管玻壳原料，广泛用于特殊玻璃原料及大化肥脱碳。

食用碳酸钾（$K_2CO_3 \cdot 1.5H_2O$），白色结晶，易溶于水，溶液呈碱性，易潮解。用于面食制品，加入 0.5%～1%可增加面条延展性和弹性，易熟，滑利爽口，且可抑制面条发酸。作为缓冲剂和中和剂，用于馒头、面包等发酵面团，可中和其酸性。主要限量指标：铁（Fe）≤0.0010%，重金属（以 Pb 计）≤0.002%，砷（As）≤0.0003%，硫化合物（以 K_2SO_4 计）≤0.01%，氯化物（以 KCl 计）≤0.01%。

碳酸氢钾（$KHCO_3$） 又名重碳酸钾。无色透明或白色结晶，密度 $2.17g/cm^3$。溶于水因水解而呈弱酸性，难溶于酒精。100℃时开始分解为碳酸钾、水和 CO_2，200℃时完全失去水和 CO_2，形成碳酸钾。用于生产碳酸钾、醋酸钾、亚砷酸钾的原料；用作石油和化学品之灭火剂，也用于医药和焙粉。制备方法：碳化法，离子交换法。

工业氯化钾（KCl） 无色或白色晶体或粉末，密度 $1.984g/cm^3$。熔点 770℃，加热至 1500℃升华。微咸，无臭。易溶于水，微溶于乙醇，稍溶于甘油，不溶于浓盐酸、丙酮。有吸湿性，易结块。在水中溶解度随温度升高迅速增大。用作制造碳酸钾、氢氧化钾、氯酸钾、高氯酸钾、硝酸钾、硫酸钾和红矾钾等的基本原料。用作消焰剂（枪口，炮口）。医药上用作利尿剂和治疗缺钾症药物。染料工业用于生产 G 盐、活性染料。用于制造蜡烛芯、电镀、钢铁热处理。农业上用作主要钾肥，适于水稻、麦类、玉米、棉花等作物。

氯酸钾（$KClO_3$） 无色或白色粉末，味咸而凉。密度 $2.32g/cm^3$，熔点 356℃。易溶于水，水溶液中性；溶于乙醇、甘油、液氨，不溶于丙酮。400℃开始分解，至 600℃分解放出氧气。酸性介质中有强氧化性；与 C、S、P 及有机物、可燃物混合，受撞击易燃爆。用于制造火柴、烟火和火药。用作苯胺染料印染氧化剂和媒染剂，医用杀菌剂和防腐剂，农用除草剂，以及印刷油墨、造纸等。主要制法：复分解法，反应式 $NaClO_3+KCl \longrightarrow KClO_3+NaCl$。

氟化钾（KF） 无色晶体，易潮解。密度 $2.48g/cm^3$，熔点 858℃，沸点 1505℃。易溶于水，溶于氢氟酸和液氨，微溶于醇和丙酮。水溶液碱性，腐蚀玻璃及瓷器。加热至升华温度少许分解，熔融时能腐蚀耐火材料。与过氧化氢可形成加成物 $KF \cdot H_2O_2$。低于 40.2℃水溶液中可结晶出二水物晶体，41℃自溶于结晶水中。用于玻璃雕刻、食物防腐、电镀、焊接熔剂、杀虫剂、有机物的氟化剂、催化剂、吸收剂（HF）等。制备方法：中和法，反应式 $KOH+HF \longrightarrow KF+H_2O$。

工业硝酸钾（KNO_3） 无色或白色结晶粉末，密度 2.109g/cm^3，熔点 334℃。易溶于水，溶于液氨和甘油，不溶于无水乙醇和乙醚。空气中不易潮解。约 400℃放出氧，转变为亚硝酸钾。为氧化剂，与有机物接触即燃烧爆炸，放出刺激性有毒气体。与炭粉或硫黄共热，能发出强光和燃烧。用作制造黑色火药、矿山炸药、引火线、爆竹、焰火（紫色）等的原料。机械热处理用作淬火浴盐；制造瓷釉彩药、玻璃澄清剂、汽车灯玻壳、光学玻璃、显像管玻壳等。生产青霉素钾盐、利福平等药物。用作催化剂、选矿剂、农作物和花卉的复合肥料。

食用硝酸钾，食品加工用作发色剂、护色剂、抗微生物剂、防腐剂（如腌肉）。主要限量指标（mg/kg）：亚硝酸盐≤20，砷（As）≤3，铅（Pb）≤10，重金属（以 Pb 计）≤20。

硫酸钾（K_2SO_4） 无色或白色结晶或粒状粉末，密度 2.662g/cm^3。熔点 1069℃，沸点 1689℃。味苦咸，溶于水（12～24.1g/100mL，25～100℃），不溶于醇、丙酮和二硫化碳。用作化学肥料和制造钾盐原料。染料工业用于制中间体。玻璃工业用作澄清剂。香料工业用作助剂。医药上用作缓泻剂，血清蛋白生化检验；食品工业用作通用添加剂。农业上是主要的无氯钾肥，适于麻类、烟叶、甘蔗、柑橘、葡萄、甜菜、茶叶等忌氯经济作物，也可与几乎所有肥料品种相混制硫酸碱式复混肥。

3. 钾盐工业

钾盐矿主要用于制造钾肥和钾化合物，其中约 95%用作化学肥料，主要为氯化钾和硫酸钾；其余常见的 30 余种钾化合物，主要有硝酸钾、氢氧化钾、碳酸钾、磷酸钾、高锰酸钾、溴化钾、碘化钾等。

氯化钾 原料为钾石盐、光卤石、钾盐镁矾（kainite，$MgSO_4 \cdot KCl \cdot 3H_2O$）等水溶性钾盐矿，以及海水、盐湖等液体钾资源。

浮选法 钾盐矿经破碎后，在搅拌下加入 1%十八胺浮选剂和 2%纤维素，以增加氯化钾矿粒表面疏水性，形成泡沫上浮于矿浆表面，经离心分离、干燥，即得氯化钾成品。

冷分解法 光卤石破碎后放入分解器，加入水、母液和浮选剂分解，所得粗钾料浆泵入沉降器，沉降料浆由器底放出，离心分离得粗钾，送入洗涤器室温下将所含氯化钠溶解入水，浆液再次沉降、离心分离、干燥得氯化钾成品。清液为精钾母液，返回循环利用。

兑卤法 将苦卤与老卤（浓稠卤）按比例掺兑、静置得混合卤，蒸发浓缩后放入保温沉降器，使高低温盐沉降后得澄清液，冷却结晶、离心分离得光卤石，加水分解得粗氯化钾，经离心分离、水洗涤，再经离心分离、干燥，制得氯化钾成品。

硫酸钾 原料为工业氯化钾、液体钾盐矿，或钾长石等硅酸盐钾资源。

曼海姆法 将氯化钾和硫酸按计量连续从反应炉顶加入反应室，进行下列反应：

$$KCl+H_2SO_4 \longrightarrow KHSO_4+HCl\uparrow +12.56kJ$$

$$KHSO_4+KCl \longrightarrow K_2SO_4+HCl\uparrow -71.18kJ$$

第 1 步放热反应在较低温下进行，第 2 步吸热反应在 600～700℃下完成。反应排出 HCl 气体（≥60%）回收制成盐酸，需隔绝空气。燃料油加热，炉膛维持 1000～1400℃。反应完成后，固体硫酸钾在 400℃下由炉中取出，间接水冷至 100～150℃，经筛分、破碎得成品。

氯化钾-芒硝法　氯化钾、芒硝与水在25～50℃下反应，转化生成钾芒硝，再与硫化钾转化生成硫酸钾：

$$4Na_2SO_4 + 4KCl \longrightarrow 3K_2SO_4 \cdot Na_2SO_4 + 6NaCl$$

$$3K_2SO_4 \cdot Na_2SO_4 + 2KCl \longrightarrow 4K_2SO_4 + 2NaCl$$

分离产品后的二次母液返回一次转化，一次母液经蒸发分离NaCl后返回一次转化。类似方法还有氯化钾-硫酸镁法、氯化钾-硫酸铵法、氯化钾-石膏法等。

水热碱法　钾长石在KOH碱液中发生分解反应(240～280℃)，脱去2/3的SiO_2，生成六方钾霞石和硅酸钾液体（Su et al，2012）。后者加入石灰乳苛化，生成KOH溶液以循环利用；固相产物为水合硅酸钙沉淀。钾霞石在酸性介质中易溶，控制H_2SO_4用量，得近于纯净的K_2SO_4溶液（马鸿文等，2014）：

$$KAlSi_3O_8 + 4KOH \longrightarrow KAlSiO_4 \downarrow + 2K_2SiO_3 + 2H_2O$$

$$2KAlSiO_4 + H_2SO_4 + nH_2O \longrightarrow K_2SO_4 + Al_2O_3 \cdot 2SiO_2 \cdot (n+1)H_2O \downarrow$$

硫酸钾溶液经蒸发结晶，即制得硫酸钾。铝硅滤饼经干燥煅烧，可制煅烧高岭土。

硝酸钾　原料为氯化钾、稀硝酸、硝酸铵或硝酸钠，以及钾长石等硅酸盐钾资源。

复分解法　将硝酸钠加入盛有适量水的反应器中，蒸汽加热，搅拌下使之溶解；按$NaNO_3$∶KCl＝100∶85配料比缓慢加入氯化钾，进行复分解反应，生成硝酸钾：

$$NaNO_3 + KCl \longrightarrow KNO_3 + NaCl$$

加热蒸发至浓度45～48°Bé、温度120℃时析出氯化钠。经真空过滤，热水洗涤，滤液送入结晶器，24h后析出硝酸钾。经真空过滤、水洗、离心分离后，送至气流干燥器在80℃以上干燥，即得硝酸钾成品。

钠硝石与钾长石提钾母液反应，亦可生成硝酸钾（马鸿文等，2013）：

$$2NaNO_3 + K_2CO_3 \longrightarrow 2KNO_3 + Na_2CO_3$$

所得浆液经蒸发浓缩、结晶、离心分离，得碳酸钠滤饼，经重结晶、离心分离、水洗、煅烧，制得碳酸钠。滤液为硝酸钾母液，经降温结晶、离心分离、干燥，制得硝酸钾。

离子交换法　氯化钾和硝酸铵中的钾铵离子在交换树脂上进行转换，分别得硝酸钾溶液和氯化铵溶液：

$$NH_4NO_3 + RK \longrightarrow NH_4R + KNO_3$$

$$KCl + NH_4R \longrightarrow RK + NH_4Cl$$

经蒸发浓缩、过滤，滤液冷却结晶，过滤、水洗、离心分离、气流干燥，得硝酸钾成品。

水热碱法　钾长石与KOH碱液反应，首先合成钾霞石（Su et al，2012）。在钾霞石-HNO_3-H_2O体系，控制HNO_3浓度及用量，250℃下发生如下平衡反应(Yuan et al，2018b)：

$$3KAlSiO_4 + 2HNO_3 \longrightarrow 2KNO_3 + KAl_2[AlSi_3O_{10}](OH)_2 \downarrow$$

反应浆液经过滤、蒸发结晶、干燥，制得硝酸钾；滤饼经洗涤、干燥，得纳米白云母。

碳酸钾　原料为氯化钾、碳酸氢铵，以及钾长石、霞石、白云母等硅酸盐钾资源。

电解法　将氯化钾溶解至浓度270～300g/L，加适量碳酸钾以除去Ca^{2+}、Mg^{2+}。溶液澄清后，用盐酸调pH值至8～10。在槽电压2.8～3.5V、60～70℃下电解，得浓度10%～15%的氢氧化钾溶液。蒸发浓缩至浓度50%，冷却至30～35℃，析出氯化钾回收再用。浓碱液稀释至约44%，进行预碳化。当KOH达30g/L时，过滤除去氢氧化镁沉淀。再经浓缩除钠后进行碳化，得粗碳酸钾，继续碳化得碳酸氢钾结晶。经水洗、离心分离、煅烧，制得碳酸钾成品。反应式如下：

$$2KCl + 2H_2O \longrightarrow 2KOH + Cl_2 \uparrow + H_2 \uparrow$$

$$2KOH+CO_2 \longrightarrow K_2CO_3+H_2O$$
$$K_2CO_3+CO_2+H_2O \longrightarrow 2KHCO_3$$
$$2KHCO_3 \longrightarrow K_2CO_3+H_2O+CO_2\uparrow$$

离子交换法 将氯化钾配成250g/L溶液，加适量碳酸钾除去Ca^{2+}、Mg^{2+}。碳酸氢铵配成200g/L溶液。将氯化钾溶液逆流通入离子交换柱，树脂RNa变为RK。用软水洗净树脂间残留的Cl^-，将碳酸氢铵溶液顺流通过交换柱，使之变为RNH_4，得碳酸氢钾与碳酸氢铵混合稀溶液。经一次蒸发，使碳酸氢铵分解；二次蒸发，碳酸氢钾大部分分解为碳酸钾，冷却析出氯化钾结晶过滤除去；三次蒸发至54°Bé，过滤除去钾钠复盐。溶液经碳化，使碳酸钾成为碳酸氢钾。再经结晶、分离、水洗、煅烧，制得成品。反应式如下：

$$RNa+KCl \longrightarrow RK+NaCl$$
$$RK+NH_4HCO_3 \longrightarrow RNH_4+KHCO_3$$
$$2KHCO_3 \longrightarrow K_2CO_3+H_2O+CO_2\uparrow$$

水热碱法 钾长石、霞石、白云母等富钾矿物相，在$NaOH \leqslant 3.0mol/L$碱液水热处理（220～260℃）过程中生成方沸石（马鸿文等，2018）：

$$6K[AlSi_3O_8]+12NaOH \longrightarrow 3Na_2[AlSi_2O_6]_2 \cdot 2H_2O\downarrow+3Na_2SiO_3+3K_2SiO_3$$
$$2KNa_3[AlSiO_4]_4+9Na_2SiO_3+10H_2O \longrightarrow 4Na_2[AlSi_2O_6]_2 \cdot 2H_2O\downarrow+K_2SiO_3+16NaOH$$
$$KAl_2[AlSi_3O_{10}](OH)_2+3Na_2SiO_3+3.5H_2O \longrightarrow 1.5Na_2[AlSi_2O_6]_2 \cdot 2H_2O\downarrow+3NaOH$$

上列反应钾长石结构中脱除1/3的SiO_2，K_2O近于全部溶出。所得$(Na,K)_2SiO_3$滤液加入石灰乳苛化。生成的苛性碱液部分回用，其余经碳化转变为钠钾碳酸盐溶液：

$$(Na,K)_2SiO_3+Ca(OH)_2+nH_2O \longrightarrow CaSiO_3 \cdot nH_2O\downarrow+2(Na,K)OH$$
$$2(Na,K)OH+CO_2+nH_2O \longrightarrow (Na,K)_2CO_3+H_2O$$

所得滤液经蒸发浓缩、分步结晶、离心分离、水洗、煅烧，分别制备工业碳酸钠、碳酸钾。

磷酸钾 原料为磷酸和氢氧化钾，采用二次中和法制得。将50%磷酸溶液加入反应罐，按磷酸∶氢氧化钾＝1∶2摩尔比，加入30%氢氧化钾溶液。在搅拌下进行中和，控制pH＝8.5～9，生成磷酸氢二钾溶液。送入二次中和器，加入30%氢氧化钾，终点控制pH＝14，生成磷酸三钾溶液。蒸发浓缩至密度1.38～1.46g/cm^3，冷却至60℃以下，离心分离，制得磷酸三钾成品。反应式如下：

$$H_3PO_4+2KOH \longrightarrow K_2HPO_4+2H_2O$$
$$K_2HPO_4+KOH \longrightarrow K_3PO_4+H_2O$$

同理，制备磷酸氢二钾、磷酸二氢钾只需一次中和反应。以碳酸钾为钾源，反应式为：

$$H_3PO_4+K_2CO_3+2H_2O \longrightarrow K_2HPO_4 \cdot 3H_2O+CO_2\uparrow$$
$$2H_3PO_4+K_2CO_3 \longrightarrow 2KH_2PO_4+H_2O+CO_2\uparrow$$

食用磷酸钾、磷酸氢二钾、磷酸二氢钾制法同上，但需加入除砷剂和除重金属剂以净化滤液，过滤除去砷和重金属等杂质。

第九节 磷矿物-磷化合物-磷盐工业

1. 磷矿物

磷灰石（apatite，$Ca_5[PO_4]_3(F,OH)$）

氟磷灰石中，Ca 可被少量 Ba、稀土和微量 Sr 类质同像替代。其他亚种有氯磷灰石、羟磷灰石、碳磷灰石（$Ca_5[PO_4,CO_3(OH)]_3(F,OH)$）。自然界以氟磷灰石最常见，简称磷灰石。岩浆型磷灰石矿床，主要产于碳酸岩、辉石正长岩杂岩体或粗安质火山岩层中(Badham et al，1976；马鸿文，2001)。沉积型矿床中，磷灰石多为胶磷石（隐晶质磷块岩)，与黏土、石英、绢云母、方解石、黄铁矿等共生，遭受变质作用可转变为晶质磷灰石。生物化学作用形成的磷矿，主要为羟磷灰石，由鸟粪或动物骨骼堆积形成。磷灰石是最重要的磷化工原料，用以制取磷酸和磷化合物，含稀土和氟时可综合利用。

宝石级磷灰石以其颜色（蓝、绿、黄、紫）和是否具猫眼等特殊光学效应来划分品种。

独居石（monazite，$(Ce,La,\cdots)[PO_4]$）

常有 Th 替代：$Th^{4+}+Si^{4+} \longrightarrow Ce^{3+}+P^{5+}$，$Th^{4+}+Ca^{2+} \longrightarrow 2Ce^{3+}$。若 Th^{4+} 代替 Ce^{3+} 时，则 $[SiO_4]^{4-}$ 代替 $[PO_4]^{3-}$；而 Ca^{2+} 代替 Ce^{3+} 时，也相应有 $[SO_4]^{2-}$ 代替 $[PO_4]^{3-}$，以保持晶格电价平衡及络阴离子数不变。富含 Ca、Th、U 者称富钍独居石(cheralite)。棕红色，黄色，有时呈黄绿色。常呈小板状晶体。作为副矿物产于花岗岩、正长岩、片麻岩、花岗伟晶岩中，后者可有大晶体产出，与锆石、磷钇矿（xenotime，$Y[PO_4]$)、磷灰石、铌铁矿等共生。用作提取轻稀土元素的重要矿物原料。

磷锂铝石（amblygonite，$Li\{Al[PO_4]F\}$）

OH 可完全类质同像代替 F，形成羟磷锂铝石（montebrasite)。Li 可被 Na 代替(≤5.3%)，含 K、Rb、Cs、Ca、Si 等元素（吴良士等，2005)。微带黄的灰白色。晶体细小，沿 *b* 轴呈短柱状，常呈致密状集合体。常产于花岗伟晶岩中，与锂辉石、锂云母、铯沸石、绿柱石、电气石、叶钠长石等共生。大量富集时可作为提取锂和磷等的矿石矿物。

绿松石（turquoise，$Cu(Al,Fe)_6(H_2O)_4[PO_4]_4(OH)_8$）

$Al-Fe^{3+}$ 可成完全类质同像代替，富铝端员即绿松石，富铁端员称磷铜铁矿。Cu 可被 Zn 不完全类质同像代替。鲜艳的天蓝、淡蓝、湖蓝、蓝绿和黄绿色。其中 Cu^{2+} 显蓝色，Fe^{3+} 可置换 Al^{3+} 而显绿色。故以蓝色为基本色调；随 Fe^{3+} 含量增高，颜色由灰蓝色变为天蓝→蓝绿→绿→土黄色。

玉石级绿松石细腻柔润，质地致密光洁似瓷，蜡状光泽强。硬度>5 者俗称瓷松，以艳丽、纯正之天蓝色为上品；硬度略低之苹绿、黄绿色者次之。用于制作中高档首饰、手镯，也是传统的高档玉料，用以制作元珠、椭形石和瓶、炉、人物、鸟兽等玉雕工艺品。

2. 磷化合物

工业黄磷（P_4） 又称白磷，因受贮存时光照和杂质影响易变为淡黄色，故名。黄色蜡状固体，质软，刀可切割。密度 1.82g/cm^3（20℃），熔点 44.1℃，沸点 280℃。不溶于水，微溶于醇，溶于液碱、苯、乙醚、氯仿、甲苯，易溶于二硫化碳。34℃即自行燃烧，故必须贮存于水中。在黑暗中发光，称冷发光。其活性大于赤磷，有恶臭，极毒！用作生产热法磷酸、三氯化磷、三氯氧磷、五硫化磷等磷化合物及制造敌百虫、甲胺磷、杀虫脒、杀螟松、敌敌畏等有机农药和灭鼠药原料。少量用于生产赤磷和五氧化二磷。用于制造燃烧弹、曳光弹、烟幕弹和信号弹，以及磷铁合金、医药、有机原料等。主要制法：磷矿石碳还原法，反应式 $4Ca_5[PO_4]_3F+21SiO_2+30C \longrightarrow 3P_4+30CO\uparrow+SiF_4\uparrow+20CaSiO_3$。

赤磷（P_4） 紫红色结晶或无定形粉末，金属光泽。密度 2.34g/cm^3，熔点 590℃，沸点 280℃。溶于三溴化磷和氢氧化钠，不溶于水、二硫化碳、氨和乙醚。加热至 200℃着火燃烧，生成五氧化二磷。遇氯酸钾、高锰酸钾、过氧化物等氧化剂可引起爆炸。易燃，无毒，无臭。用于制造火柴、烟火以及磷化铝、五氧化磷、三氯化磷等，是生产有机磷农药的原料；制造磷青铜片、轻金属的脱酸及制药。生产方法：隔绝空气黄磷转换法。

工业磷酸（H_3PO_4） 市售85%磷酸，无色透明或略带浅色稠状液体。密度1.834g/cm^3（18℃），熔点42.35℃，沸点213℃时失去1/2H_2O生成焦磷酸，300℃变为偏磷酸。易溶于水，溶于乙醇。能刺激皮肤发炎，破坏机体组织。有吸湿性，热浓磷酸侵蚀瓷器。主要用于制造各种磷酸盐和缩合磷酸盐类。精制磷酸用于制饲料级磷酸氢钙，金属表面磷化处理，配制电解和化学抛光液，铝制品抛光。制造医用甘油磷酸钠、磷酸铁及补牙黏合剂磷酸锌。用作酚醛树脂缩合催化剂，染料及中间体用干燥剂。用于配制揩去胶印板上污点的清洗液、火柴梗浸渍液，生产磷酸耐火泥、橡胶浆料凝固剂及无机黏结剂、金属防锈漆。

五氧化磷（P_2O_5） 白色晶体或粉末，密度2.39g/cm^3，熔点580～585℃，300℃升华。溶于水生成磷酸大量放热，溶于硫酸，不溶于丙酮和氨。强吸水性，易潮解，接触有机物燃烧。与溴化氢反应生成溴氧化磷，与氯化氢和五氯化磷反应生成三氯氧磷。用作生产高纯磷酸、磷酸盐和磷酸酯原料，制造五氧化二磷溶胶和H型为主的气溶胶。用作气液体的干燥剂、有机合成的脱水剂、合成纤维的抗静电剂及糖的精制剂。制造光学玻璃、透紫外线玻璃、隔热玻璃、微晶玻璃和乳浊玻璃等，以提高玻璃的色散系数和紫外线透过率。还用于生产医药、农药、表面活性剂等。制备方法：黄磷氧化法，反应式 $P_4+5O_2 \longrightarrow 2P_2O_5$。

磷酸二氢钾（KH_2PO_{43}） 无色晶体或白色粉末，密度2.338g/cm^3，熔点252.6℃，溶于水（83.5g/100mL，90℃），不溶于醇，有潮解性。用作磷钾复合肥，适于各种土壤和作物，也用作细菌培养剂及生产偏磷酸钾的原料。医药上用于使尿酸化，作营养剂。食品工业用于烤制烘焙物，用作膨松剂、发酵助剂、营养强化剂等。也用作动物饲料营养补充剂。主要制法：苛性钾法，反应式 $KOH+H_3PO_4 \longrightarrow KH_2PO_4+H_2O$；氯化钾法，反应式 $KCl+H_3PO_4 \longrightarrow KH_2PO_4+HCl\uparrow$。

磷酸氢二铵[$(NH_4)_2HPO_4$] 无色晶体或白色粉末，密度1.619g/cm^3。155℃时分解，易溶于水，不溶于醇、丙酮、氨。肥料级用作氮磷复合肥。工业品用于浸渍木材及织物以改善其耐久性，可作干粉灭火剂、荧光灯用磷；用于印刷制版，电子管、陶瓷、搪瓷等的制造以及废水生化处理等。军工上用作火箭发动机隔热材料的阻燃剂。食品工业用作膨松剂、发酵助剂等。也用作反刍动物的饲料添加剂。

三聚磷酸钠（$Na_5P_3O_{10}$） 白色粉末，密度0.35～0.90g/cm^3，熔点622℃。易溶于水，水溶液呈碱性。用于肥皂增效剂，防止条皂油脂析出和起霜。对润滑油和脂肪油有强烈乳化作用。用作工业用水软水剂、制革预鞣剂、染色助剂等，造纸工业用作防油污剂。食品工业以六水三聚磷酸钠加工罐头、果汁饮料、豆乳制品，用作品质改良剂、罐头食品的嫩化软化等。主要制法：湿法磷酸一步法，反应式 $6H_3PO_4+5Na_2CO_3 \longrightarrow 4Na_2HPO_4+2NaH_2PO_4+5H_2O+5CO_2\uparrow$，$4Na_2HPO_4+2NaH_2PO_4 \longrightarrow 2Na_5P_3O_{10}+4H_2O$。

磷酸氢钙（$CaHPO_4 \cdot 2H_2O$） 白色结晶粉末，无臭、无味，密度2.306g/cm^3（16℃）。115～120℃时失去结晶水，400℃以上形成焦磷酸钙；溶于稀盐酸、稀硝酸、醋酸，微溶于水，不溶于乙醇。主要用作肥料，适于各种农作物和酸性、中性土壤，也用作塑料稳定剂。食品工业用作饼干、代乳品的疏松剂，制面包的酵母培养剂等。也用作家禽的辅助饲料。

过磷酸钙 灰白色颗粒，有效P_2O_5 14%～20%，主要成分水合磷酸二氢钙、少量游离磷酸及硫酸钙。用作水溶性速效磷肥，可直接施用或配制复合肥（窦浩桢等，2013）。

工业磷酸钙[$Ca_3(PO_4)_2$] 白色晶体或无定形粉末，密度3.14g/cm^3，熔点1670℃。

微溶于水（0.0025g/100mL 水），易溶于稀盐酸和硝酸，不溶于乙醇和丙酮。空气中稳定，有 α 型、β 型两种。β 型加热至 1180℃ 转变为 α 型，后者更易溶于柠檬酸。用于制造陶瓷、彩色玻璃、乳白玻璃。用作牙科黏结剂、塑料稳定剂、磨光粉和糖浆澄清剂。也用于橡胶和印染行业，医药上用作制酸剂。制备方法：磷酸三钠与氯化钙饱和溶液反应，生成磷酸三钙沉淀，经洗涤、干燥得成品。

3. 磷盐工业

磷矿石通常先加工为磷酸，再制成磷肥或磷化合物。磷酸生产分为湿法和热法工艺。

湿法工艺　通过酸液溶解磷矿石，获得粗制磷酸及相应副产物，前者再经除杂、净化等步骤制得工业产品。分解磷矿石可采用硫酸、盐酸或硝酸，基本化学反应为：

$$Ca_5[PO_4]_3F + 5H_2SO_4 + 5nH_2O \longrightarrow 3H_3PO_4 + 5CaSO_4 \cdot nH_2O\downarrow + HF\uparrow$$

$$Ca_5[PO_4]_3F + 10HCl \longrightarrow 3H_3PO_4 + 5CaCl_2 + HF\uparrow$$

$$Ca_5[PO_4]_3F + 10HNO_3 \longrightarrow 3H_3PO_4 + 5Ca(NO_3)_2 + HF\uparrow$$

硫酸法中水合硫酸钙的 n 值可以是 0、1/2、2。世界磷酸采用二水法的产能约占 80%，中国磷酸 99%以上采用该法（匡国明，2013）。二水法反应分为两步，即磷矿粉和循环浆料预分解反应，以防止直接反应在矿粒表面形成硫酸钙薄膜，阻碍进一步反应；所得磷酸一钙料浆与稍过量硫酸反应，生成磷石膏和磷酸液体（陈五平，2005）。化学反应为：

$$Ca_5[PO_4]_3F + 7H_3PO_4 \longrightarrow 5Ca(H_2PO_4)_2 + HF\uparrow$$

$$Ca(H_2PO_4)_2 + 5H_2SO_4 + 5nH_2O \longrightarrow 10H_3PO_4 + 5CaSO_4 \cdot nH_2O\downarrow$$

粗制磷酸中含 Fe^{3+}、Mg^{2+}、SO_4^{2-}、F^- 等及外加剂杂质。高品质磷酸需要经脱硫、脱氟、净化除杂等过程，包括陈化澄清、物理吸附、浓缩净化、离子交换、电渗析、氧化脱色、冷却结晶、溶剂沉淀、化学沉淀、膜分离、溶剂萃取等（温倩，2012）。

热法工艺　分为电炉法和窑法。原理是将磷矿石、焦炭和硅石配料，高温下发生氧化还原反应，磷由正磷酸盐还原为黄磷单质，经氧化、水化过程制得磷酸。化学反应为：

$$2Ca_5[PO_4]_3F + 15C + 9SiO_2 \longrightarrow 1.5P_4\uparrow + 15CO\uparrow + 9CaSiO_3 + CaF_2$$

$$P_4 + 5O_2 \longrightarrow 2P_2O_5$$

$$2CO + O_2 \longrightarrow 2CO_2$$

$$P_2O_5 + 3H_2O \longrightarrow 2H_3PO_4$$

电炉法的主反应装置是高炉，能源为电力。据黄磷燃烧氧化与 P_2O_5 水合吸收是否在同一设备内进行，工艺分为二步法和一步法（陈善继，2004）。该法可产高浓度磷酸，但要求高品位磷矿石，耗电 15000～18000kW·h/t 黄磷，且污染严重（田昊一等，2011）。

窑法消耗能源为煤炭，并通过特殊工艺和设备，将其中反应放出热量用于吸热反应过程。该法优点是可利用中低品位磷矿石，生产高品质磷酸。

磷矿伴生稀土和氟资源回收，副产磷石膏制硫酸循环利用（王艳梅等，2015），以及污水磷回收再利用（孙华，2015），对于实现磷化工绿色可持续发展具有重大战略意义（马鸿文等，2017）。

参考文献

陈善继，2004. 中国热法磷酸生产现状概述. 磷肥与复肥，19（5）：49-51.

陈五平，2005. 无机化工工艺学. 北京：化学工业出版社：124.

窦浩桢，张季，丁蕊，等. 2013. 过磷酸钙制备工艺的对比与开发. 磷肥与复肥，28（6）：18-20.

郭如新，2010. 水菱镁石应用领域探讨. 无机盐技术，（4）：1-5.

郭如新，2014.水菱镁石-斜方云石阻燃剂研发应用近期进展.精细与专用化学品，22（4）：31-37.
胡庆福，2004.镁化合物生产与应用.北京：化学工业出版社：424.
胡庆福，胡晓湘，宋丽英，2006.我国镁质化工材料生产现状及其发展措施.IM & P化工矿物与加工，（6）：36-37.
胡庆福，宋丽英，胡晓湘，2005.水菱镁石开发与应用.无机盐工业，37（11）：44-46.
匡国明，2013.湿法磷酸工艺路线的探讨.无机盐工业，45（4）：1-4.
刘昶江，苏双青，杨静，等，2013.钾长石粉体合成L型分子筛.硅酸盐学报，41（8）：1151-1157.
刘霞，荀其宁，黄辉，等，2012.太阳电池及材料研究进展.太阳能学报，33（增刊）：35-40.
罗远辉，刘长河，王武，2011.钛化合物.北京：冶金工业出版社：316.
马鸿文，1990.西藏玉龙斑岩铜矿带花岗岩类与成矿.北京：中国地质大学出版社：158.
马鸿文，2001.结晶岩热力学概论.2版.北京：高等教育出版社：297.
马鸿文，刘昶江，苏双青，等，2017.中国磷资源与磷化工可持续发展.地学前缘，24（6）：133-141.
马鸿文，刘梅堂，刘艳红，2013.利用钠硝石与富钾母液制取农用硝酸钾的方法.中国发明专利：ZL 2010 1 0258771.2，2013-11-13.
马鸿文，申继学，杨静，等，2017.钾霞石酸解-水热晶化纳米高岭石.硅酸盐学报，45（5）：722-728.
马鸿文，苏双青，杨静，等，2014.钾长石水热碱法制取硫酸钾反应原理与过程评价.化工学报，65（6）：2363-2371.
马鸿文，杨静，张盼，等，2018.中国富钾正长岩资源与水热碱法制取钾盐反应原理.地学前缘，25（5）：277-285.
苏双青，2014.钾长石水热碱法提钾关键反应原理与实验优化［博士学位论文］.北京：中国地质大学：120.
苏双青，2016.巴西钾长海绿岩制备钾肥/缓释钾肥反应机理研究［博士后研究报告］.北京：北京大学：101.
孙华，2015.硅酸钙晶种法回收污水磷及产物制备磷酸二氢钾研究［博士学位论文］.北京：中国地质大学：94.
田昊一，康明雄，刘根炎，等，2011.我国磷酸生产工艺分析与展望.IM&P化工矿物与加工，（1）：1-5.
王光建主编，2008.化工产品手册.第5版：无机化工原料.北京：化学工业出版社：720.
王濮，潘兆橹，翁玲宝，1984.系统矿物学：中册.北京：地质出版社：522.
王筱留，2014.钢铁冶金学.第3版.北京：冶金工业出版社：516.
王艳梅，刘梅堂，孙华，等，2015.磷石膏转氨法制硫酸技术原理与过程评价.化工进展，34（增刊1）：196-201.
王哲，1993.铝材料工业一个新的发展方向.铝合金加工技术，21（6）：2-4.
王兆中，1998.浅谈海水镁砂的研制与发展.海湖盐与化工，27（1）：7-11.
温倩，2012.我国湿法磷酸净化技术及其工业化进展.化学工业，30（8）：20-23.
吴良士，白鸽，袁忠信，2005.矿物与岩石.北京：化学工业出版社：328.
薛芳，许占民，等，1998.中国医药大全：中药卷.北京：人民卫生出版社：546.
熊家炯，2000.材料设计.天津：天津大学出版社，1-32.
张蓓莉，王曼君，等.2008.系统宝石学.第2版.北京：地质出版社：710.
邹武装，郭晓光，谢湘云，等，2012.钛手册.北京：化学工业出版社：594.
Badham J P N，Morton R D，1976. Magnetite-apatite intrusions and calc-alkaline magmatism，Camswell River，N. W. T. *Can J Earth Sci*，13：348-354.
Clarke F W，Washington H S，1924. The composition of Earth'crust. US Geological Survey Professional Paper，127.
Guillet G R，1994. Nepheline Syenite//Carr D D，ed. Industrial Minerals and Rocks. 6th. Colorado：Society for Mining，Metallurgy，and Exploration. Inc. Littleton：711-730.
Haissen F，Cambeses A，Montero P，et al，2017. The Archean kalsilite-nepheline syenites of the Awsard intrusive massif（Reguibat Shield，West African Craton，Morocco）and its relationship to the alkaline magmatism of Africa. *Journal of African Earth Sciences*，127：16-50.
Klein C，Dutrow B，2007. The Manual of Mineral Science. 23nd ed. New York：John Wiley & Sons，Inc：675.
Mason B，Moor C B，1982. Principles of Geochemistry. 4th ed. New York：Wiley：344.
Mordike B L，Ebert T，2001. Magnesium properties-application-potential. *Materials Science Engineering* A，302：37-45.
Pidgeon L M，Alexander W A，1944. Thermal Production of magnesium：pilot plant studies on the retort ferrosilicon process. New York Meeting：reduction and refining of non-ferrous metals. *Trans Am Inst Mining Mater Eng*，159：315-352.
Rieder M，Cavazzini G，Yakonov Y S D，et al，1999. Nomenclature of the micas. *Mineralogical Magazine*，63（2）：267-279.

Ronov A B, Yaroshevsky A A, 1969. Chemical composition of the Earth'crust//Hart P J. The Earth's Crust and Upper Mantle, Geophys. Monogr. No. 13. American Geophysical Union, Washibgton, DC: 37-57.

Santini K, Fastert T, Harris R, 2006. Soda ash. //Kogel J E, et al, ed. Industrial Minerals and Rocks. 7th ed. Society for Mining, Metallurge, and Exploration, Inc: 859-878.

Su S Q, Ma H W, Yang J, et al, 2012. Synthesis and characterization of kalsilite from microcline powder. *Journal of the Chinese Ceramic Society*, 40 (1): 145-148.

Yuan J Y, Yang J, Ma H W, et al, 2018a. Hydrothermal synthesis of nano-kaolinite from K-feldspar. *Ceramics International*, 44: 15611-15617.

Yuan J Y, Yang J, Ma H W, et al, 2018b. Green synthesis of nano-muscovite and niter from feldspar through accelerated geomimicking process. *Applied Clay Science*, 165: 71-76.

第二章　典型结构与晶体化学

硅和氧是地壳中分布最广泛的元素，以质量计分别占26.72%和46.60%（Mason et al，1982）。自然界SiO_2主要以硅酸盐形式存在。硅酸盐矿物的成分特点是，阳离子主要是形成惰性气体型离子；其次为过渡型离子，并有多种价态，如Fe^{2+}、Fe^{3+}，且类质同像替代常见；常见附加阴离子有OH^-或F^-、Cl^-等。

硅酸盐矿物的结构特点：

(1) [SiO_4]四面体是硅酸盐的基本构造单位，其间的结合起着骨干作用。各种结构中[SiO_4]四面体的大小相近，Si—O平均间距0.16nm，O—O平均间距0.26nm。Si—O键间电负性差$D=1.7$，具有离子键和共价键的混合键型。

(2) 硅原子的价层电子构型为$3s^2 3p^2$，可与4个氧原子围成的电场发生sp^3杂化。氧原子的价层电子构型为$2s^2 2p^4$，有两个成键电子，一个成键电子与氧硅之间usp^3-p键相连，另一成键电子可联结其他阳离子或另一个硅原子。两个[SiO_4]四面体共顶点联结，其间角度愈接近180°，则结构愈稳定。若以共棱或共面方式联结，其结构稳定性即变差。

(3) 每个[SiO_4]四面体可与1～4个[SiO_4]四面体相连，形成各种形式的络阴离子，构成硅氧骨干，从而形成不同结构的硅酸盐。硅酸盐中部分Si^{4+}可被Al^{3+}替代而形成铝硅酸盐。

按[SiO_4]四面体的分布方式，硅酸盐矿物可分为岛状、环状、链状、层状、架状结构硅酸盐5个亚类（表2-1）。

表2-1　硅酸盐结构的分类

结构类型	[SiO_4]共用桥氧数	形状	络阴离子	Si∶O	实例
岛状	0	四面体	$[SiO_4]^{4-}$	1∶4	镁橄榄石$Mg_2[SiO_4]$
	1	双四面体	$[Si_2O_7]^{6-}$	2∶7	硅钙石$Ca_3[Si_2O_7]$
环状	2	三元环	$[Si_3O_9]^{6-}$	1∶3	硅灰石$Ca_3[Si_3O_9]$
		四元环	$[Si_4O_{12}]^{6-}$		羟铝铜钙石$Ca_2Cu_2Al_2[Si_4O_{12}](OH)_6$
		六元环	$[Si_6O_{16}]^{12-}$		绿柱石$Be_3Al_2[Si_6O_{16}]$
链状	2	单链	$[Si_2O_6]^{4-}$	1∶3	透辉石$CaMg[Si_2O_6]$
	2.3	双链	$[Si_4O_{11}]^{6-}$	4∶11	透闪石$Ca_2Mg_5[Si_8O_{22}](OH)_2$
层状	3	平面层	$[Si_4O_{10}]^{2-}$	4∶10	白云母$KAl_2[AlSi_3O_{10}](OH)_2$

续表

结构类型	$[SiO_4]$共用桥氧数	形状	络阴离子	Si∶O	实例
架状	4	骨架	SiO_2	1∶2	石英 SiO_2
			$[AlSi_3O_8]^-$		钾长石 $K[AlSi_3O_8]$
			$[Al_2Si_2O_8]^{2-}$		钙长石 $Ca[Al_2Si_2O_8]$

第一节　岛状结构硅酸盐

岛状结构硅酸盐是指结构中 $[SiO_4]^{4-}$ 四面体以孤立状态存在，或两个 $[SiO_4]^{4-}$ 四面体以共顶角联结成双四面体 $[Si_2O_7]^{6-}$ 而孤立存在。其间通过电价较高的 Zr^{4+}、Ti^{4+}、Al^{3+}、Fe^{3+}、Cr^{3+} 等离子和 Mg^{2+}、Fe^{2+}、Mn^{2+}、Ca^{2+} 等二价阳离子相联结，形成稳定结构。

锆石（zircon）$Zr[SiO_4]$

配位数：Zr（4）（+2，次级邻键）。常有 Hf、Be、U、Th、Nb、Ta、Re、P 等替代。

四方晶系；$I4_1/amd$；$a_0=0.662$nm，$c_0=0.602$nm；$Z=4$。结构中孤立 $[SiO_4]^{4-}$ 为 Zr^{4+} 所联结，构成四方体心晶胞（图 2-1）。

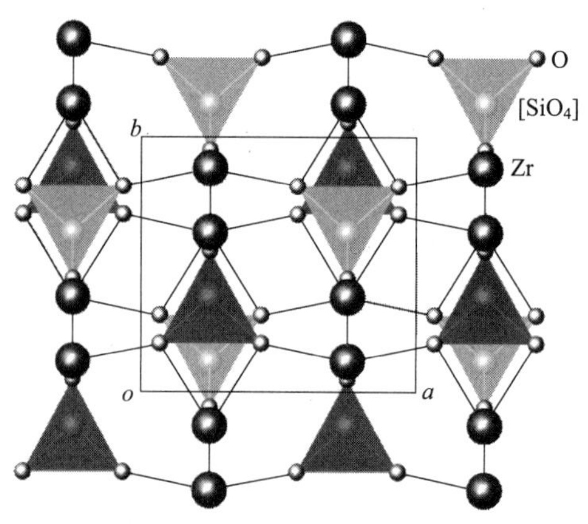

图 2-1　锆石的晶体结构

石榴子石（garnet）$A_3B_2[SiO_4]_3$

配位数：A（8），B（6）。A＝Mg^{2+}、Fe^{2+}、Mn^{2+}、Ca^{2+} 及 Y、K、Na 等；B＝Al^{3+}、Fe^{3+}、Cr^{3+}、Ti^{4+}、V^{3+}、Zr^{4+} 等。三价阳离子半径相近，彼此间易发生类质同像代替。Ca^{2+} 较之 Mg^{2+}、Fe^{2+}、Mn^{2+} 半径大，因而难于与之发生替代。通常将石榴子石族矿物划分为两个系列：铝榴石，$(Mg,Fe,Mn)_3Al_2[SiO_4]_3$；钙榴石，$Ca_3(Al,Fe,Cr,Ti,V,Zr)_2[SiO_4]_3$。

等轴晶系；$Ia3d$；$a_0=1.1459\sim1.248$nm；$Z=8$。$[SiO_4]$ 四面体为 B 组阳离子的八面体 $[AlO_6]$、$[FeO_6]$、$[CrO_6]$ 所联结。其间形成较大的十二面体空腔，可视为畸变的立方体，其中心位置为 A 组阳离子 Ca^{2+}、Fe^{2+}、Mg^{2+} 等占据（图 2-2）。

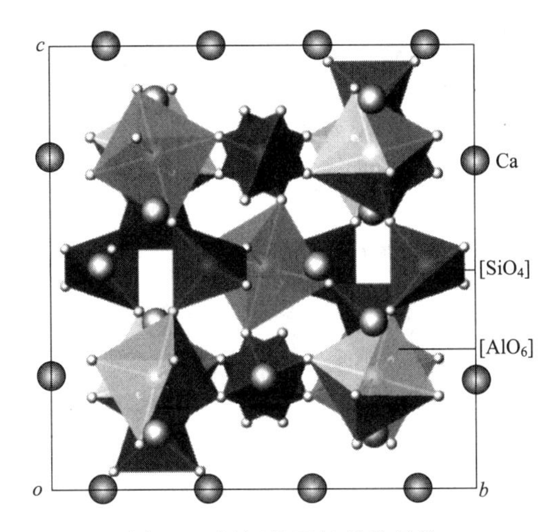

图 2-2 钙铝榴石的晶体结构

橄榄石 (olivine) $(Mg,Fe)_2[SiO_4]$

配位数：(Mg, Fe) (6)。Mg-Fe 为完全类质同像，Fe^{3+}、Mn、Ca、Al、Ni 等次要代替。

斜方晶系；*Pbnm*；镁橄榄石，$a_0=0.4754$nm，$b_0=1.0197$nm，$c_0=0.5981$nm；铁橄榄石，$a_0=0.4821$nm，$b_0=1.0478$nm，$c_0=0.6089$nm。$Z=4$。$[SiO_4]$ 四面体呈孤立状，由 $[(Mg,Fe)O_6]$ 八面体相连。Si^{4+} 填充于 1/8 的四面体中。在三维空间中，沿 c 轴 $[R^{2+}O_6]$ 八面体 M_1 和 M_2 呈之字形链；沿 a 轴为 M_2 八面体与两个四面体联结成复合链，M_1 与其中一个四面体共棱；沿 b 轴由 M_2 八面体和一个四面体组成锯齿状链（图 2-3）。金绿宝石与橄榄石结构类似。

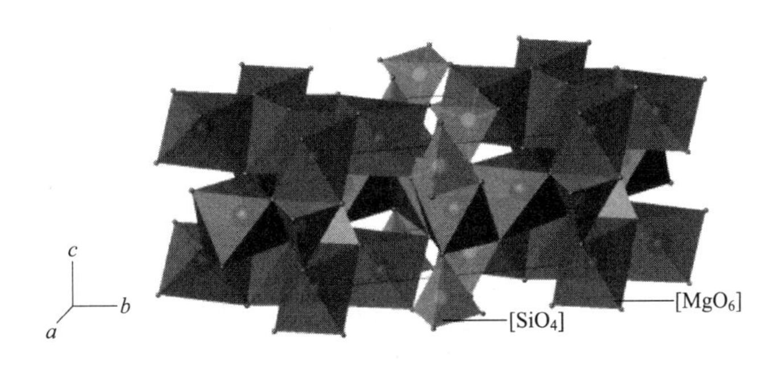

图 2-3 镁橄榄石的晶体结构

黄玉 (topaz) $Al_2[SiO_4](F,OH)_2$

配位数：Al (6)。部分 F 可被 OH 代替，F∶OH 比例随结晶温度从 3∶1 到 1∶1 变化。

斜方晶系；*Pbnm*；$a_0=0.465$nm，$b_0=0.880$nm，$c_0=0.840$nm；$Z=4$。结构由 O^{2-}、F^-、OH^- 作 ABCB 的四层最紧密堆积，堆积层 //(010)。Si^{4+} 形成孤立状 $[SiO_4]$ 四面体。Al^{3+} 占据八面体空隙，整个结构借助 $[AlO_4(F,OH)_2]$ 八面体相联系（图 2-4）。

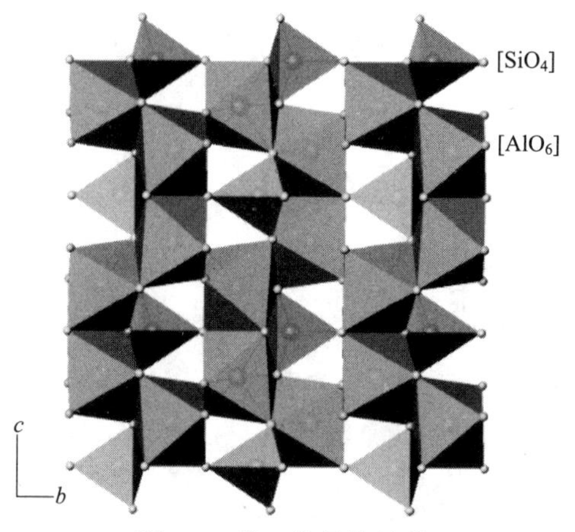

图 2-4 黄玉的晶体结构

绿帘石（epidote）$A_2B_3[SiO_4][Si_2O_7]O(OH)$

配位数：A（7），B（6）。A = Ca^{2+}，也可有 K^+、Na^+、Mg^{2+}、Mn^{2+}、Sr^{2+}、TR^{3+}；B=Al^{3+}、Fe^{3+}、Mn^{3+}，也可有 Ti^{3+}、Cr^{3+}、V^{3+} 等。A-B 之间可相互置换，B 组阳离子间替代可形成类质同像系列，如绿帘石-斜黝帘石系列。

单斜晶系；$P2_1/m$；$a_0 = 0.888 \sim 0.898$nm，$b_0 = 0.561 \sim 0.566$nm，$c_0 = 1.015 \sim 1.030$nm；$\beta = 115°25' \sim 115°24'$；$Z=2$。结构特点，$Al^{3+}$ 配位八面体共棱联结，沿 b 轴延伸呈不同形式的链，Al^{3+} 有 3 种不等效位置，即 $[AlO_6]$、$[AlO_4(OH)_2]$、$[(Al,Fe,Mn)O_6]$，依次记为 Al1（M_1）、Al2（M_2）、Al3（M_3）。Al2 八面体彼此共二棱联结成简单的链；Al1 与 Al3 八面体共四棱或共二棱联结成复合的折线链，Al3 的畸变最大，链间以 $[Si_2O_7]$ 双四面体和 $[SiO_4]$ 四面体联结。Ca^{2+} 位于较大的空隙中（图 2-5）。

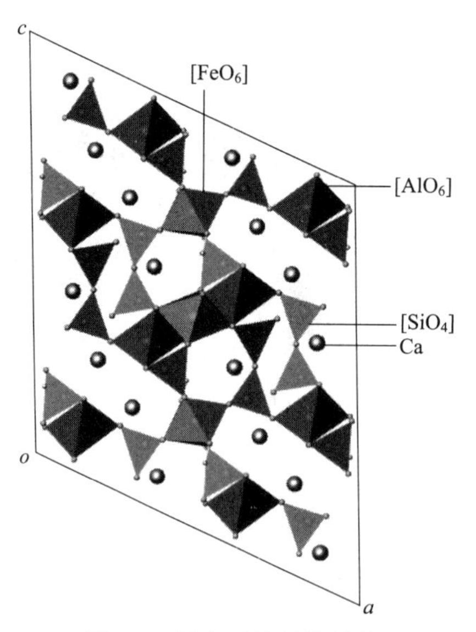

图 2-5 绿帘石的晶体结构

红柱石、蓝晶石、夕线石（andalusite，kyanite，sillimanite）Al_2SiO_5

三者为同质多像变体，后者具有链状硅氧骨干。结构区别在于 Al^{3+} 的配位数。

红柱石 $AlAl[SiO_4]O$，配位数：Al1（6），Al2（5）。Al 可被 Fe^{3+}、Mn 所代替。斜方晶系；*Pnnm*；$a_0=0.778nm$，$b_0=0.792nm$，$c_0=0.557nm$；$Z=2$。结构中［AlO_6］八面体为链-岛状结构，在//［001］延伸方向，［AlO_6］共棱联结呈孤立八面体链状结构。1/2 的 Al 占据八面体，另 1/2 占据不规则的五次配位畸变三角双锥（图 2-6）。

蓝晶石 $Al_2[SiO_4]O$，配位数：Al（6）。可含 Cr^{3+}，亦常含 Fe^{3+} 及少量 CaO、MgO、FeO、TiO_2 等。三斜晶系；*P*1；$a_0=0.710nm$，$b_0=0.774nm$，$c_0=0.557nm$，$\alpha=90°06'$，$\beta=101°02'$，$\gamma=105°45'$；$Z=4$。结构中［AlO_6］八面体为层-岛状结构，在//［001］延伸方向，［AlO_6］共棱联结的八面体亚链构成复杂的八面体单位层（图 2-7）。

夕线石 $Al[AlSiO_4]O$，配为数：Al1（6），Al2（4）。斜方晶系；*Pbnm*。基本结构由［SiO_4］四面体沿 *c* 轴交替排列，构成［$AlSiO_5$］双链；双链间由［AlO_6］八面体共棱联结成链。

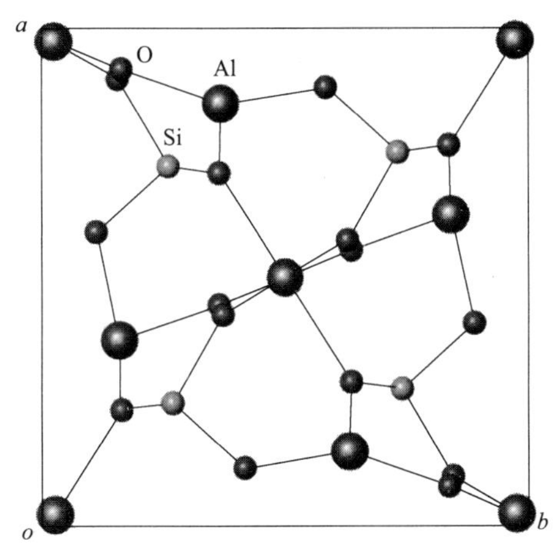

图 2-6　红柱石的晶体结构

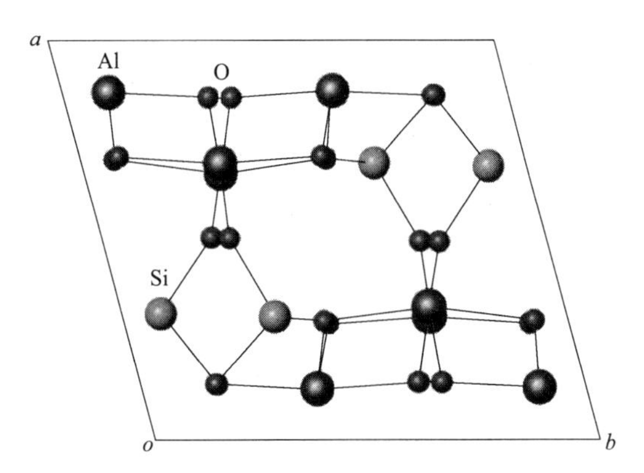

图 2-7　蓝晶石的晶体结构

第二节　环状结构硅酸盐

本亚类矿物的基本结构单元为［SiO_4］$^{4-}$ 四面体共角顶联结而成的封闭环，即由 3、4、6 个［SiO_4］四面体共用 3、4、6 个顶点而形成的环状硅氧骨干。按照构成环的［SiO_4］四面体个数，单层环可分为三元环［Si_2O_9］$^{6-}$、四元环［Si_4O_{12}］$^{8-}$、六元环［Si_6O_{18}］$^{12-}$、九元环［Si_9O_{27}］$^{-}$、斧石环［$B_2O_2(Si_2O_7)$］；双层环可分为双三元环［Si_6O_{15}］$^{6-}$、双四元环［Si_8O_{20}］$^{8-}$、双六元环［$Si_{12}O_{30}$］$^{12-}$。硅氧骨干之间由其他阳离子按一定配位形式相联结。

电气石（tourmaline）$Na(Mg,Fe,Mn,Li,Al)_3Al_6[Si_6O_{18}][BO_3]_3(OH,F)_4$

配位数：Na（6），Mg（6），Al（6），B（3）。Mg、Fe、Mn、Li、Al 之间类质同像广泛，可有 Cr^{3+}、Fe^{3+} 替代 Al。Na 可少量被 K、Ca 代替，无 Al 代替 Si 现象。

三方晶系；*R*3*m*；$a_0=1.584\sim1.603nm$，$c_0=0.709\sim0.722nm$；$Z=3$。结构特点，［SiO_4］四面体组成复三方环状，大阳离子 Na^+ 位于［Si_6O_{18}］六元环上方的空隙中（图 2-8），沿［Si_6O_{18}］六元环通道中心，1 个 Na^+ 和 1 个 OH^- 交替排列，3 个 R 阳离子按

120°等角度分布于环的内侧，3 个 $[RO_4(OH)_2]$ 八面体与 3 个 $[BO_3]$ 平面三角形共氧联结，使结构孔道呈现复三方对称；环与环之间以 $[AlO_5(OH)]$ 八面体相联结。

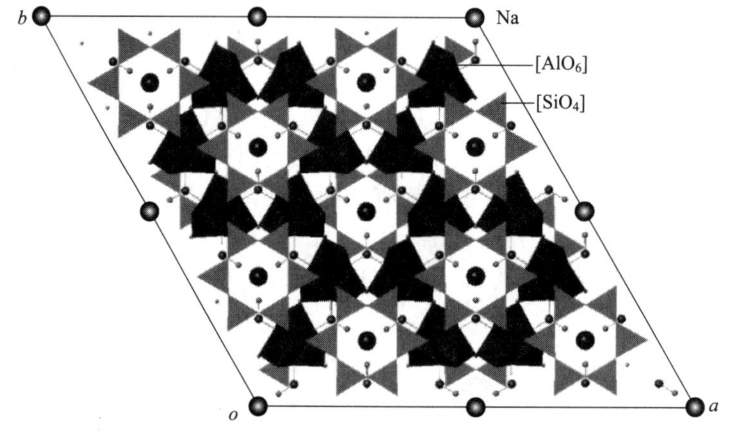

图 2-8　电气石的晶体结构

绿柱石 (beryl) $Be_3Al_2[Si_6O_{18}]$

配位数：Be (4)，Al (6)。Al^{3+} 可被少量 Fe^{2+}、Mn^{2+}、Fe^{3+}、V^{3+}、Cr^{3+}、Ti^{4+} 等替代，有些绿柱石可含 Na^+、Cs^+、Rb^+、K^+、Li^+ 等碱金属及 He、H_2O 等分子。

六方晶系；$P6/mcc$；$a_0=0.921$nm，$c_0=0.917$nm；$Z=2$。基本结构单元为六元环，环中的四面体共用两个氧，它们与 $[SiO_4]$ 中的 Si^{4+} 处于同一高度。相同六元环有 8 个，$\perp c$ 轴同心平行排列，上下两个环错动 25°。六元环之间以 Al^{3+} 和 Be^{2+} 相连，$[AlO_6]$ 八面体和 $[BeO_4]$ 四面体均分布于环的外侧。在环中心$/\!/c$ 轴有宽阔的孔道，以容纳大半径阳离子 K^+、Na^+、Cs^+、Rb^+ 和 H_2O 分子（图 2-9）。

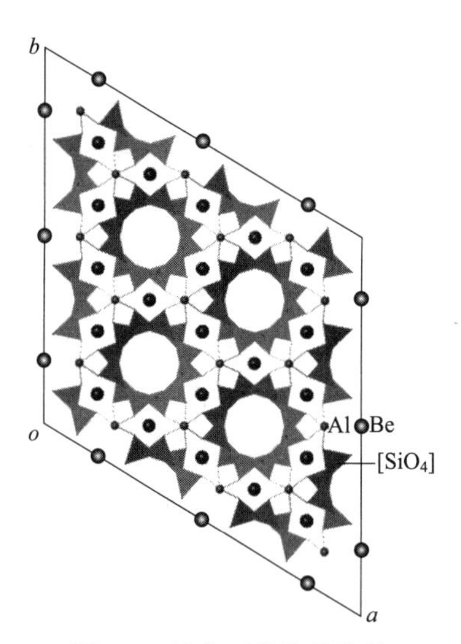

图 2-9　绿柱石的晶体结构

堇青石 (cordierite) $(Mg,Fe)_2Al_3[AlSi_5O_{18}]$

配位数：(Mg,Fe)(6)，Al (4)。Mg-Fe 之间为完全类质同像，但常以 Mg 为主。常含 H_2O、K、Na 等，分布于结构中的大孔道内。

斜方晶系；*Cccm*；$a_0=1.713\sim1.707$nm，$b_0=0.980\sim0.973$nm，$c_0=0.935\sim0.929$nm；$Z=4$。为绿柱石的衍生结构（图 2-10）。外环 Al、Mg 相当于绿柱石中的 Be 和 Al，环内的 Al 替代 Si，使其结构对称降低为斜方晶系。

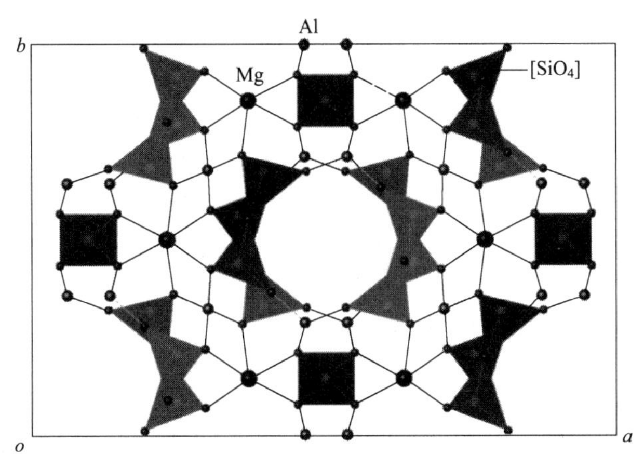

图 2-10　堇青石的晶体结构

绿柱石和堇青石虽具有独特的六元环结构，但其四面体骨架的三维联结性不同于电气石，故亦可归属架状结构硅酸盐亚类（Zoltai et al，1984）。

第三节　链状结构硅酸盐

［SiO_4］四面体通过共用氧相连，在一维方向延伸成链状，分为单链和双链。链与链之间通过其他阳离子按一定配位数相联结，称为链状结构硅酸盐。

链状硅酸盐中，链通过桥氧将［SiO_4］$^{4-}$四面体联结而成。链的结合程度及键角不尽相同，因而形成直链、弯曲链、单链、双链。单链［SiO_3］$_n^{2n-}$是［SiO_4］四面体沿一个方向无限延伸的链，双链［Si_4O_{11}］$_n^{6n-}$型硅氧骨干则可视为由单链通过镜像作用而成。

辉石族（pyroxene group）XY[T_2O_6]

配位数：X（8），Y(6)。X＝Na^+、Ca^{2+}、Mn^{2+}、Fe^{2+}、Mg^{2+}、Li^+等，占据 M_2 位置；Y＝Mn^{2+}、Fe^{2+}、Mg^{2+}、Fe^{3+}、Cr^{3+}、Al^{3+}、Ti^{4+}等，占据 M_1 位置；T＝Si^{4+}、Al^{3+}，少数情况下可有 Fe^{3+}、Cr^{3+}、Ti^{4+}等。天然矿物中，Al^{3+}替代 Si^{4+}之比 Al∶Si⩽1/3。

本族矿物分为斜方辉石和单斜辉石两亚族。M_2 位置主要为 Fe、Mg 等小半径阳离子时，一般为斜方晶系；M_2 位置为 Ca、Na、Li 等大半径阳离子时，则多为单斜晶系（表 2-2）。

表 2-2　辉石族常见矿物种的晶体学数据

矿物	化学式	配位数	晶系	空间群	Z	晶胞参数			
						a/nm	b/nm	c/nm	β/(°)
顽辉石	$Mg_2Si_2O_6$	Mg(6,8)	斜方	*Pbca*	4	1.822	0.881	0.521	
透辉石	$CaMgSi_2O_6$	Ca(8),Mg(6)	单斜	*C*2/*c*	4	0.970	0.890	0.525	105.83
钙铁辉石	$CaFeSi_2O_6$	Ca(8),Fe(6)	单斜	*C*2/*c*	4	0.985	0.902	0.526	104.33

续表

矿物	化学式	配位数	晶系	空间群	Z	晶胞参数			
						a/nm	b/nm	c/nm	β/(°)
易变辉石	$Ca(Mg,Fe)Si_2O_6$	Ca(8),Fe,Mg(6)	单斜	$C2/c$	4	0.973	0.895	0.526	108.55
普通辉石	$Ca(Mg,Fe)Si_2O_6$	Ca(8),Fe,Mg(6)	单斜	$C2/c$	4	0.970	0.889	0.524	105.00
硬玉	$NaAlSi_2O_6$	Na(8),Al(6)	单斜	$C2/c$	4	0.950	0.861	0.524	107.43
锂辉石	$LiAlSi_2O_6$	Li(6),Al(6)	单斜	$C2/c$	4	0.9463	0.8392	0.5218	110.18

辉石族晶体结构中，每两个 $[SiO_4]$ 四面体为一重复周期（约 0.52nm），记为 $[Si_2O_6]$。在 a、b 轴方向，$[Si_2O_6]$ 链以相反取向交替排列，形成//{100} 的似层状。M_1 八面体位于 $[SiO_4]$ 四面体链的角顶相对之处，空隙体积较小，由价态较低、半径较小的阳离子占据，由 6 个非桥氧构成近规则的八面体，阳离子与四面体链的结合力较强；M_2 多面体位于两个 $[SiO_4]$ 四面体链的基底三角形面之间，空隙体积较大，占位阳离子的价态较低，离子半径较大，由桥氧和非桥氧共同构成畸变的配位多面体，阳离子与四面体链的结合力相对较弱。$[SiO_4]$ 四面体以共顶方式联结成无限延伸的链。$[MgO_6]$ 八面体以共棱方式联结形成“之”字形的无限延伸链。$[MgO_6]$ 八面体链的正面与背面分别各与一条 $[SiO_4]$ 四面体链相结合形成“工字梁”形，构成沿 z 轴方向无限延伸的 T-O-T 型复合链。各“工字梁”相互错开紧密排列，依靠 M_2 配位体联结，形成三维结构（图 2-11）。

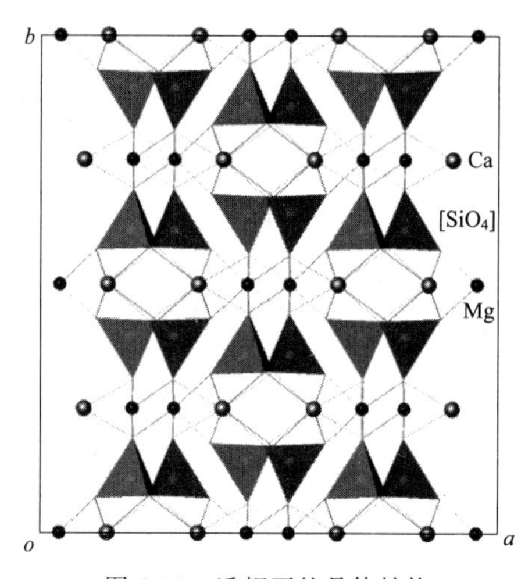

图 2-11　透辉石的晶体结构

辉石结构中化学键较复杂。简言之，$[SiO_4]$ 四面体链内应属共价键性质，键强较大。而与链外阳离子之间以离子键性质为主，键强相对较弱。

辉石族矿物中，Al^{3+} 既可占据 M_1 位置，也可代替 Si 占据四面体位置。Al^{3+} 在 M_1 位置以离子键与配位氧键联结。

蔷薇辉石 (rhodonite) $(Mn,Ca)_4Ca[Si_5O_{15}]$

配位数：(Mn, Ca)(6)，Ca (7)。由于 Ca、Fe、Mg、Zn 代替而致成分多变。

三斜晶系；P-1；$a_0=0.668$nm，$b_0=0.766$nm，$c_0=1.220$nm，$\alpha=111°01'$，$\beta=86°00'$，$\gamma=93°02'$；$Z=2$。硅氧骨干是 5 个 $[SiO_4]$ 四面体为一重复单位的 $[Si_5O_{15}]$ 单链，也可视为由两个 $[Si_2O_7]$ 和 1 个 $[SiO_4]$ 联结而成；骨干外阳离子在结构中有 5 个位置；阳离子配位多面体共棱成链，与 $[Si_5O_{15}]$ 链相配合沿 c 轴方向延伸（图 2-12）。

$[Si_5O_{15}]$ 链重复单位长度约 1.22nm。

图 2-12 蔷薇辉石的晶体结构

硅灰石 (wollastonite) $Ca_3[Si_3O_9]$

配位数：Ca (6)。常含类质同像组分 Fe、Mn、Mg 等，可形成铁、锰硅灰石等变种。

三斜晶系；$P1$；$a_0=0.794$nm，$b_0=0.732$nm，$c_0=0.707$nm，$\alpha=90°18'$，$\beta=95°24'$，$\gamma=103°24'$；$Z=2$。结构以 3 个 $[SiO_4]$ 四面体为一重复单位的 $[Si_3O_9]$ 单链//b 轴延伸，其中一个四面体的棱平行于链的延伸方向，链与链平行排列；链间空隙由 Ca 充填（图 2-13）。$[CaO_6]$ 八面体共棱联结成//b 轴的链，其中两个共棱相联的 $[CaO_6]$ 八面体的长度，刚好等于四面体链的重复单位（约 0.72nm）。但硅氧骨干与骨干外 Ca^{2+} 八面体相协调已发生了较大变形。

图 2-13 硅灰石的晶体结构

莫来石 (mullite) $Al_{4+2x}Si_{2-2x}O_{10-x}$（$x=0.2\sim0.9$）

莫来石可视为夕线石的非定比化学计量化合物，即具有不同 Al/Si 比的固溶体。当 $x=0$ 时为夕线石。可含有 Ti^{3+}、Ti^{4+}、V^{3+}、V^{4+}、Cr^{3+}、Mn^{2+}、Mn^{3+}、Fe^{2+}、Fe^{3+}、Co^{2+} 等离子。

烧结莫来石：由初始原料经烧结生成，趋于形成定比化学计量化合物，即 3/2-化合物（$3Al_2O_3 \cdot 2SiO_2$，$x=0.25$）（表 2-3）。

熔融莫来石：由结晶相铝硅酸盐经电熔法而形成，趋向于富 Al_2O_3，即 2/1-化合物（$2Al_2O_3 \cdot SiO_2$，$x=0.40$）（表 2-3）。

合成莫来石：由化学合成前驱体经热处理而形成，其成分取决于初始原料和合成温度（<1000℃），一般极富 Al_2O_3（$x>0.80$）。

表 2-3 3/2-莫来石和 2/1-莫来石的晶体学数据

成分 x	矿物	空间群	晶胞参数/nm			参考文献
			a_0	b_0	c_0	
0.00	夕线石	*Pbnm*	7.486	7.675	5.775	Burnham,1963
0.25	3/2-莫来石	*Pbam*	7.553	7.686	2.8864	Saalfeld et al,1981
0.40	2/1-莫来石	*Pbam*	7.588	7.688	2.8895	Angel et al,1991

注：x 表示单位晶胞中的氧空位数。

莫来石的结构与夕线石相似，特点是由［AlO_6］八面体共棱//c 轴联结呈链状，链间由更强的［$(Al,Si)O_4$］四面体链联结，//a 轴的四面体由较短的 Al—O 键联结，//b 轴的链由较长的 Al—O 键联结，四面体中的桥氧因无需电荷补偿而形成氧空位和 T_3O 根（即四面体簇）。化学键的差异，导致沿 c 方向弹性较强，b 方向最小；沿 c 方向热导率最大，b 方向最小；沿 c 方向热膨胀系数最大。常见莫来石（$x\leqslant0.67$）的结构模型见图 2-14。

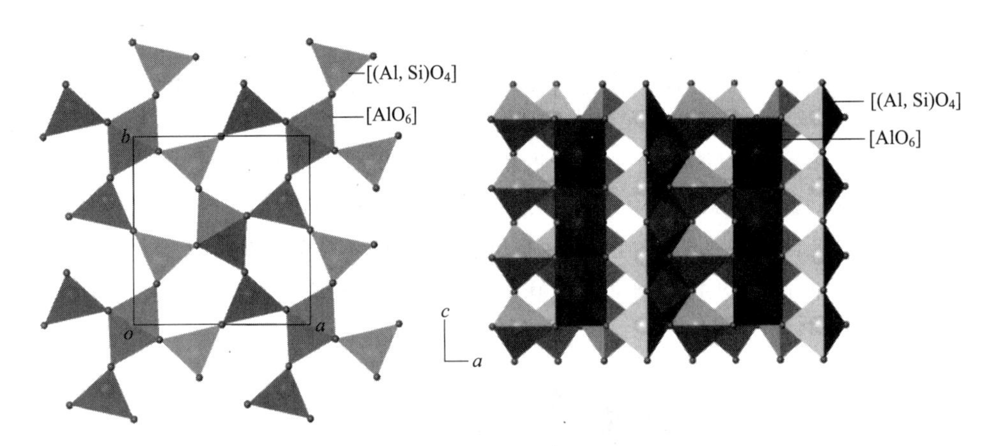

图 2-14 莫来石的晶体结构

闪石超族（amphibole supergroup）$A_{0\text{-}1}B_2C_5[T_8O_{22}]W_2$

配位数：A（8），B（8），C（6）。A=□、Na^+、K^+、Ca^{2+}、Pb^{2+}、Li^+；$B(M_4)$=Na^+、Ca^{2+}、Mn^{2+}、Fe^{2+}、Mg^{2+}、Li^+；$C(M_{1\text{-}3})$ = Mg^{2+}、Fe^{2+}、Mn^{2+}、Al^{3+}、Fe^{3+}、Mn^{3+}、Cr^{3+}、Ti^{4+}、Li^+；T = Si^{4+}、Al^{3+}、Ti^{4+}、Be^{2+}，$Al/Si\leqslant 1/3$；W = OH^-、F^-、Cl^-、O^{2-}。

A、B、C 组阳离子中及其间的类质同像替代普遍而复杂，可形成许多类质同像系列。国际矿物学会（IMA）批准的分类方案（Hawthorne et al，2012），首先依据 W 组阴离子以羟基（OH^-、F^-、Cl^-）或氧基（O^{2-}）为主，将闪石超族分为羟基闪石族和氧基闪石族（group）；进而依据电荷分布和 B 组阳离子类型，将羟基闪石族分为 8 个亚族（subgroup）：

（1）镁铁锰闪石亚族：${}^{B}(Ca+\Sigma M^{2+})/\Sigma B\geqslant0.75$，${}^{B}\Sigma M^{2+}/\Sigma B>{}^{B}Ca/\Sigma B$

（2）钙闪石亚族：${}^{B}(Ca+\Sigma M^{2+})/\Sigma B\geqslant0.75$，${}^{B}\Sigma Ca/\Sigma B\geqslant{}^{B}\Sigma M^{2+}/\Sigma B$

（3）钠钙闪石亚族：$0.75>{}^{B}(Ca+\Sigma M^{2+})/\Sigma B>0.25$，${}^{B}\Sigma Ca/\Sigma B\geqslant{}^{B}\Sigma M^{2+}/\Sigma B$；
$0.75>{}^{B}(Na+Li)/\Sigma B>0.25$，${}^{B}\Sigma Na/\Sigma B\geqslant{}^{B}Li/\Sigma B$

（4）钠闪石亚族：${}^{B}(Na+Li)/\Sigma B\geqslant0.75$，${}^{B}\Sigma Na/\Sigma B\geqslant{}^{B}Li/\Sigma B$

(5) 锂闪石亚族：$^{B}(Na+Li)/\Sigma B \geqslant 0.75$，$^{B}\Sigma Li/\Sigma B > ^{B}Na/\Sigma B$

(6) 钠（镁铁锰）闪石亚族：$0.75 > ^{B}(Ca+\Sigma M^{2+})/\Sigma B > 0.25$，$^{B}\Sigma M^{2+}/\Sigma B > ^{B}Ca/\Sigma B$

$0.75 > ^{B}(Na+Li)/\Sigma B > 0.25$，$^{B}\Sigma Na/\Sigma B \geqslant ^{B}Li/\Sigma B$

(7) 锂（镁铁锰）闪石亚族：$0.75 > ^{B}(Ca+\Sigma M^{2+})/\Sigma B > 0.25$，$^{B}\Sigma M^{2+}/\Sigma B > ^{B}Ca/\Sigma B$；

$0.75 > ^{B}(Na+Li)/\Sigma B > 0.25$，$^{B}\Sigma Li/\Sigma B > ^{B}Na/\Sigma B$

(8) 锂钙闪石亚族：$0.75 > ^{B}(Ca+\Sigma M^{2+})/\Sigma B > 0.25$，$^{B}\Sigma Ca/\Sigma B \geqslant ^{B}M^{2+}/\Sigma B$；

$0.75 > ^{B}(Na+Li)/\Sigma B > 0.25$，$^{B}\Sigma Li/\Sigma B > ^{B}Na/\Sigma B$

最后再依据 A、C 组阳离子的类型确定矿物名称，经 IMA 确认的闪石超族的端员矿物达 115 种。常见矿物种的晶体学参数见表 2-4。

表 2-4 闪石超族常见矿物种的晶体学数据

矿物	化学式	配位数	晶系	空间群	Z	晶胞参数			
						a/nm	*b*/nm	*c*/nm	*β*/(°)
直闪石	$(Mg,Fe^{2+})_7Si_8O_{22}(OH)_2$	Mg,Fe^{2+}(6 或 7)	斜方	*Pnma*	4	1.856	1.801	0.528	
镁铁闪石	$(Mg,Fe^{2+})_7Si_8O_{22}(OH)_2$	Mg,Fe^{2+}(6 或 8)	单斜	*C*2/*c*	2	0.951	1.819	0.533	101.83
透闪石	$Ca_2Mg_5Si_8O_{22}(OH)_2$	Ca(8);Mg(6)	单斜	*C*2/*m*	2	0.986	1.811	0.534	105.50
普通角闪石	$Na_2Ca_2Mg_4(Al,Fe)Si_8O_{22}(OH)_2$	Na,Ca(8);Mg(6);Al,Fe(6)	单斜	*C*2/*m*	2	0.979	1.790	0.528	105.50
钠闪石	$Na_2Fe_3^{2+}Fe_2^{3+}Si_8O_{22}(OH)_2$	Na(8);Fe^{2+},Fe^{3+}(6)	单斜	*C*2/*m*	2	0.978	1.808	0.534	103.66
蓝闪石	$Na_2Mg_3Al_2Si_8O_{22}(OH)_2$	Na(8);Mg(6);Al(6)	单斜	*C*2/*m*	2	0.954	1.774	0.529	103.66

理想角闪石的结构见图 2-15。其硅氧骨干可视为由两个辉石单链联结而成的双链，以 4 个 $[SiO_4]$ 四面体为重复单位，记为 $[Si_4O_{11}]^{6-}$。$[Si_4O_{11}]$ 双链$//c$ 轴无限延伸。双链中 Si 有 2 种四面体位置（T_1，T_2）。T_1 位置与之配位的有 3 个桥氧、1 个非桥氧；T_2 位置周围有 2 个桥氧、2 个非桥氧。双链的排布方式，在 *a*、*b* 轴方向上的 2 个非桥氧相对处形成 3 个八面体空隙（M_1、M_2、M_3），主要由 C 组小半径阳离子 Mg^{2+}、Fe^{2+} 等充填，形成配位八面体，共棱相联构成$//c$ 轴延伸的链带；桥氧与桥氧相对处形成 M_4 位，当小半径阳离子 Mg^{2+}、Fe^{2+} 占据时为歪曲八面体，形成斜方角闪石；当大半径阳离子 Ca^{2+}、Na^+ 等占据时为 8 次配位多面体，形成单斜角闪石。

图 2-15 理想角闪石的晶体结构

第四节　层状结构硅酸盐

层状结构硅酸盐是指［SiO_4］四面体以共顶角联结方式在二维空间无限延伸形成的具层状骨干的硅酸盐。其基本结构单位为四面体层和八面体层，两者形成更大一级的单位层，并以此单位层周期性叠堆形成结构单元层。结构单元层有两种基本形式：

1∶1型（TO型），由1个四面体层和1个八面体层组成，如高岭石。

2∶1型（TOT型），由2个四面体层夹1个八面体层组成。结构特点是：（1）结构单元层内电性呈中性，层间为分子键，如滑石、叶蜡石。（2）由于Al^{3+}代替Si^{4+}，为达到电价平衡，层间可有K^+、Na^+、Ca^{2+}、Li^+等大半径阳离子充填，如白云母。（3）层间若有水分子和可交换性阳离子，则其往往不定量且可自由交换，如蒙脱石。

此外尚有2∶1∶1型，即由1层2∶1型和1层氢氧化物层构成，如绿泥石。新矿物汉江石$Ba_2(Ca,Mg)(V^{3+},Al)_2[(Si,Al)_4O_{10}](OH,O)_2F(CO_3)_2$，具有一种新的2∶1∶1型结构层，由1层2∶1型二八面体层和1层碳酸盐层构成，$c_0=3.2077$nm（李国武等，2011）。

由于结构单元层叠置方式不同，常可构成多型。如云母结构单元层为TOT型，两T层的非桥氧要位移$1/3a_0$矢量才成最紧密堆积层（O）。这一矢量方向在不同单元层中相对旋转0°或60°的整数倍（60°、120°、180°、240°、300°），即形成云母的不同多型变体。

按八面体片中的阳离子数不同，层状硅酸盐分为两种结构形式。在［SiO_4］四面体所组成的六元环内，有3个八面体与之相适应，当其均由二价离子占据时，形成三八面体型结构；若充填三价离子，则3个八面体位置只有2个被充填，称为二八面体型结构。

结构单元层之间存在的较宽空隙称为层间域。吸附于层间域的水分子层称为层间水。

黏土矿物（clay minerals）

具有黏土粒级（2μm）的层状硅酸盐称为黏土矿物（Zoltai et al，1984）（表2-5）。层状硅酸盐矿物本身的结构特点，以及黏土颗粒细微、比表面积大和存在特征的层间域等，使之具有吸附性、膨胀性、可塑性、离子交换和烧结性等特殊性能。

表2-5　层状硅酸盐亚类中的黏土矿物

层型	族 X=层间电荷	亚族		矿物种
		八面体类型	名称	
1∶1	高岭石—蛇纹石 X=0	二八面体	高岭石	高岭石、迪开石、珍珠陶石、埃洛石
		三八面体	蛇纹石	叶蛇纹石、纤蛇纹石、利蛇纹石
2∶1	叶蜡石—滑石 X=0	二八面体	叶蜡石	叶蜡石
		三八面体	滑石	滑石
	蒙皂石 X=0.2～0.6	二八面体	蒙脱石	蒙脱石、贝得石、绿皂石
		三八面体	皂石	皂石、锌皂石、滑皂石、斯皂石、锂皂石
	蛭石 X=0.5～0.9	三八面体为主		蛭石
	云母 X=1	二八面体	白云母	白云母、钠云母
		三八面体	金云母	金云母、黑云母、锂云母
	黄绿脆云母 X=2	二八面体	珍珠云母	珍珠云母
		三八面体	黄绿脆云母	珍珠云母、吸铁云母

续表

层型	族 X=层间电荷	亚族		矿物种
		八面体类型	名称	
2∶1∶1	绿泥石 X可变	二八面体	锂绿泥石	顿绿泥石
		二八-三八面体		镍绿泥石、铝绿泥石
		三八面体	绿泥石	绿泥石、锰绿泥石、富锰绿泥石、锰镁绿泥石、铬绿泥石、富镍绿泥石

云母族 (mica group) $XY_{2\text{-}3}[T_4O_{10}](OH,F)_2$

配位数：X (12)，Y (6)。X = K^+、Na^+、Ca^{2+}、Ba^{2+} 等，为层间阳离子；Y = Al^{3+}、Mg^{2+}、Fe^{3+}、Fe^{2+}、Li^+、Mn^{2+}、Cr^{2+}、Ti^{4+} 等，占据八面体位置的阳离子；T=Si、Al，少见 Fe^{3+}、Ti 等；附加阴离子 OH^- 可被 F^- 代替。云母族矿物分类见表 2-6。

表 2-6 云母族矿物分类表

云母族矿物	名称	化学式
钾云母系列	二八面体云母	白云母 $KAl[(AlSi)_4O_{10}](OH)_2$ 多硅云母 $K(Al,Mg)_2[(Al,Si)Si_3O_{10}](OH)_2$ 钒云母 $KV_2[(AlSi)_4O_{10}](OH)_2$
	三八面体云母	金云母 $KMg_3[AlSi_3O_{10}](OH)_2$ 黑云母 $K(Mg,Fe)_3[AlSiO_{10}](OH)_2$ 羟铁云母 $KFe_3[AlSi_3O_{10}](OH)_2$ 铁金云母 $KMg_3[FeSi_3O_{10}](OH)_2$
	锂云母	锂云母 $KLi_{15}Al_{1.5}[AlSi_3O_{10}](OH)_2$ 多硅锂云母 $KLi_2Al[Si_4O_{10}](OH)_2$ 铁锂云母 $KLiFeAl[AlSi_3O_{10}](OH)_2$ 带云母 $KLiMg_2[Si_4O_{10}](OH)_2$
钠云母		钠云母 $NaAl_2[AlSi_3O_{10}](OH)_2$
钙钡云母		珍珠云母 $CaAl[Al_2Si_2O_{10}](OH)_2$ 黄绿脆云母 $Ca(Mg,Al)_{2\text{-}3}[Al_2Si_2O_{10}](OH)_2$ 钡云母 $BaLiMg_2[AlSi_3O_{10}](OH)_2$

云母族结构中，$[SiO_4]$ 四面体以共顶角方式联结成六方网孔层，$[MO_6]$ 八面体以共棱方式排列成六方层，$[MO_6]$ 八面体层夹在两个四面体层之间，形成夹心式的结构单元层。单元层之间由 K^+、Na^+、Ca^{2+} 等离子联结。

在结构单元层中，$[(Si,Al)O_4]$ 四面体的非桥氧指向一边，附加阴离子 OH^- 位于六方网孔中央，并与非桥氧位于同一平面上，上下两个四面体片的非桥氧相对，并沿 a 轴方向位移 $a/3$，使两层非桥氧和 OH^- 呈最紧密堆积；Y 组阳离子 Al、Mg、Fe 等充填在所形成的八面体空隙中。结构层之间由较大的阳离子 K^+ 等充填。

白云母 (muscovite) $K\{Al_2[AlSi_3O_{10}](OH)_2\}$

配位数：K (12)，Al (6)。

单斜晶系，C_{2h}^6-C2/c。$a_0=0.519$nm，$b_0=0.900$nm，$c_0=2.010$nm，$\beta=95°11'$，$Z=4$。结构中 $[(Si,Al)O_4]$ 四面体共 3 个角顶相连形成六方网层，四面体活性氧朝向一边。附加阴离子 OH^- 位于六方网格中央，与活性氧位于同一平面。两层六方网层的活性氧相对指向，并沿 [100] 方向位移 $a/3$，使两层的活性氧和 OH^- 呈最紧密堆积。其间所形成的八面体空隙为 Al^{3+} 充填，构成两层六方网层夹一层八面体层的三层结构层，称为云母结构层。六方网层中1/4的Si为Al所代替，使结构层内有剩余电荷，因而由较大的阳离子K^+充填于结构层之间，以维持电荷平衡（图2-16）。云母族常见多型有6种。其c_0值取决于单元层的重复周期，一般为1.0nm或其倍数（表2-7）。天然白云母多为$2M_1$型。

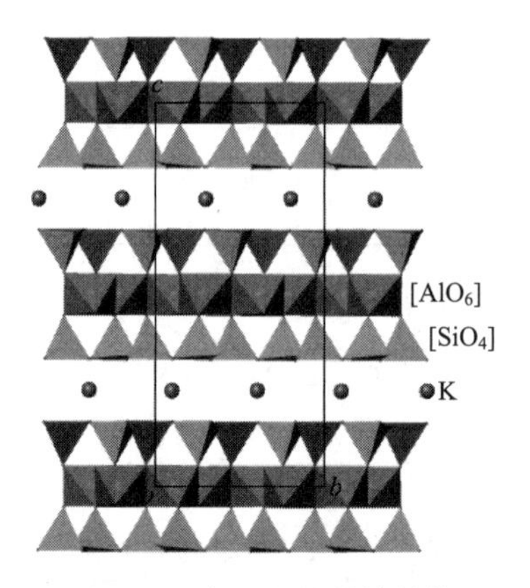

图2-16 白云母的晶体结构

表2-7 云母简单多型的晶系、晶格常数和空间群

多型	晶系	层数	a_0/nm	b_0/nm	c_0/nm	β/(°)	空间群
$1M$	单斜	1	0.53	0.92	1.0	100	$C2/m$ 或 Cm
$2M_1$	单斜	2	0.53	0.92	2.0	95	$C2/c$
$2M_2$	单斜	2	0.92	0.53	2.0	98	$C2/c$
$2O$	斜方	2	0.53	0.92	2.0	90	$Ccm2$
$3T$	三方	3	0.53		3.0		$P3_112$ 或 $P3_212$
$6H$	六方	6	0.53		6.0		$P6_122$ 或 $P6_522$

金云母（phlogopite）$K\{Mg_3[AlSi_3O_{10}](F,OH)_2\}$

配位数：K（12），Mg（6）。

晶系、空间群和晶格常数依多型不同而异（表2-8）。TOT型，八面体片主要属三八面体型结构。由于Mg^{2+}可被三价离子所置换，故可混有二八面体型结构。最常见的多型是$1M$，其次是$2M$和$3T$。

表2-8 金云母的晶体学参数

矿物名称	多型	a_0/nm	b_0/nm	c_0/nm	β	空间群	晶系
金云母	$1M$	0.5314	0.9204	1.0314	99°54′	Cm	单斜
	$2M_1$	0.5347	0.9227	2.0252	95°01′	C_2/c	单斜
	$3T$	0.5314		3.0480		$P3_112$ 或 $P3_212$	三方
氟金云母(合成)	$1M$	0.5310	0.9195	1.0136	100°04′	Cm	单斜
	$3T$	0.5310		2.9943		$P3_112$ 或 $P3_212$	三方

锂云母（lepidolite）$K\{Li_{2-x}Al_{1+x}[Al_{2x}Si_{4-2x}O_{10}](F,OH)_2\}(x=0\sim0.5)$

配位数：K（12），（Li，Al）（6）。

晶系、空间群和晶格常数依多型不同而异（表2-9）。结构与白云母类似，区别在于锂云母结构中的八面体位置为Li、Al等离子所充满，属三八面体型结构。常见的多型是$1M$和$2M_2$，其次是$3T$；$2M_2$型结构为过渡型或混合型结构。

表 2-9　锂云母的晶体学参数

多型	晶系	a_0/nm	b_0/nm	c_0/nm	β/(°)	空间群
1M	单斜	0.53	0.92	1.02	100	Cm 或 $C2/m$
2M_2	单斜	0.92	0.53	2.00	98	$C2/c$
3T	三方	0.53		3.00		$P3_112$ 或 $P3_212$

滑石 (talc) $Mg_3[Si_4O_{10}](OH)_2$

配位数：Mg (6)。成分较稳定，Si 有时被 Al 代替，Mg 可被 Fe、Mn、Ni、Al 代替。

$2M_1$ 多型较为可能。单斜晶系；$C2/c$；$a_0=0.527$nm，$b_0=0.912$nm，$c_0=1.855$nm，$\beta=100°$；$Z=4$。两层硅氧四面体间夹一层镁氧（氢氧）三八面体，成 TOT 三八面体型结构（图 2-17）。

叶蜡石 (pyrophyllite) $Al_2[Si_4O_{10}](OH)_2$

配位数 Al (6)。Al 可少量被 Fe^{2+}、Fe^{3+}、Mg^{2+} 代替，少量 Al 可代替 Si，有时含少量 K、Na、Ca。

单斜和三斜两种多型。单斜多型 (2M) 较常见；$C2/c$；$a_0=0.515$nm，$b_0=0.892$nm，$c_0=1.895$nm，$\beta=99°55'$；$Z=2$；三斜多型 (1Tc)：$P1$；$a_0=0.5173$nm，$b_0=0.896$nm，$c_0=0.936$nm，$\alpha=91.2°$，$\beta=100.4°$，$\gamma=90.0°$；$Z=2$。TOT 二八面体型结构（图 2-18）。

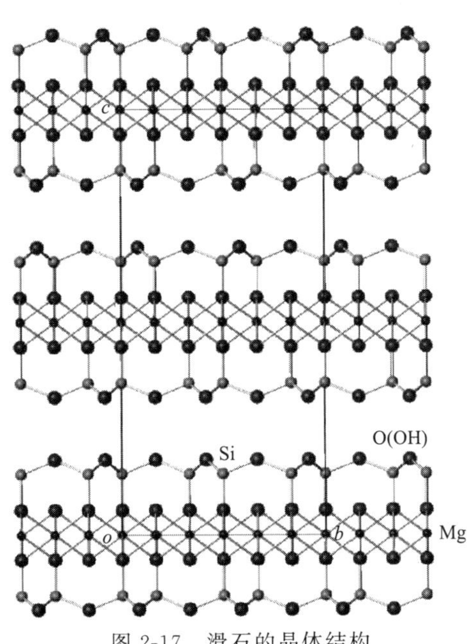

图 2-17　滑石的晶体结构

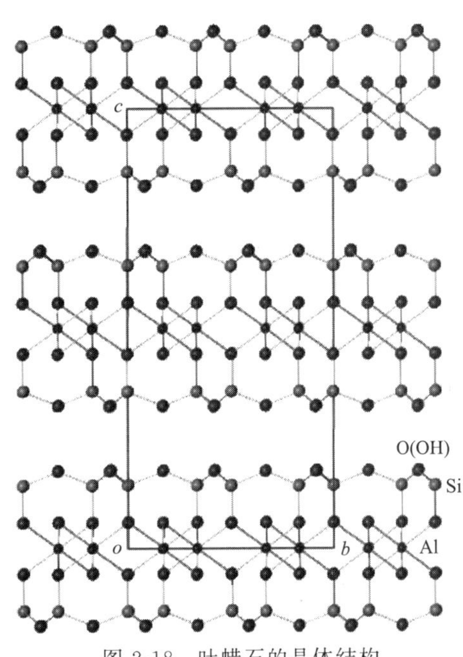

图 2-18　叶蜡石的晶体结构

蛇纹石 (serpentine) $Mg_6[Si_4O_{10}](OH)_2$

本族矿物包括正、斜、副纤蛇纹石、利蛇纹石和叶蛇纹石 5 个主要的同质多像变体。

配位数：Mg (6)。Fe、Mn、Cr、Ni、Al 等可代替 Mg，形成相应的成分变种。

主要为单斜晶系；Cm 或 $C2/m$；$a_0=0.53$nm，$b_0=0.92$nm，$c_0=n\times0.73$nm（n 为不同多型中的重复层数）；$\beta=90°\sim93°$；$Z=2$。TO 三八面体型结构。

高岭石 (kaolinite) $Al_4[Si_4O_{10}](OH)_8$

配位数：Al (6)。少量 Mg、Fe、Cr、Cu 可代替 Al；Al^{3+}、Fe^{3+} 代 Si^{4+} 数量常很低。

本族矿物包括高岭石、迪开石、珍珠陶石、变水高岭石等变体，其结构由“高岭石层”通过不同方式堆积而成。

高岭石，1层重复结构，相邻高岭石层沿 a 轴位移 $a_0/3$，具有 $1Tc$ 和 $1M$ 两种多型。

迪开石，2层重复结构，相邻高岭石层沿 a 轴位移 $a_0/6$，沿 b 轴位移 $b_0/2$，单斜晶系。

珍珠陶石，6层重复结构，相邻高岭石层沿 a 轴位移 $a_0/3$，且转动180°，使其 a、b 轴与高岭石、迪开石的 a、b 互换位置，单斜晶系，尚可有 $2M$ 多型。

多水高岭石，1层重复结构，具有高岭石结构的基本特征，但细节不详。

常见多型 $1Tc$，三斜晶系；$P1$；$a_0=0.514$nm，$b_0=0.893$nm，$c_0=0.737$nm，$\alpha=91°48'$，$\beta=104°42'$，$\gamma=90°$；$Z=1$。TO二八面体型结构（图2-19）。在铝氧八面体层中，每个 Al^{3+} 与4个 OH^- 和2个 O^{2-} 相连。此两层型结构单位在 ab 平面内无限延伸，在 c 轴方向重复排列，每两层与两层之间主要由氢键联系，故单位层之间水分子不易进入。

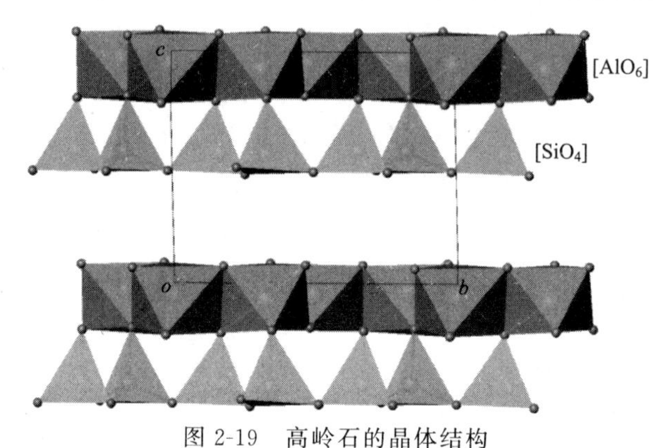

图2-19　高岭石的晶体结构

蒙脱石（montmorillonite）$E_x(H_2O)_n\{(Al_{2-x}Mg_x)[(Si,Al)_4O_{10}](OH)_2\}$

本族矿物为TOT型结构，但与云母族、滑石族相比有以下不同：(1) 层间域有层间水收缩性能；(2) 四面体片中 Si^{4+} 常被 Al^{3+} 取代，八面体片中 Al^{3+} 常被 Mg^{2+}、Fe^{2+}、Fe^{3+}、Ni^{2+}、Zn^{2+}、Li^+ 替代，能产生0～1.9的层间负电荷；(3) 结构单元层除沿 c 轴堆垛外，还沿 a，b 轴方向产生不规则位移，导致结构的复杂性。本族矿物可分为二八面体型的蒙脱石亚族（蒙脱石、贝得石、绿脱石）和三八面体型的皂石亚族（皂石、锂皂石、斯皂石等）。

根据层间主要阳离子种类，分为钠蒙脱石、钙蒙脱石等变种。

单斜晶系；$C2/m$；$a_0\approx0.523$nm，$b_0\approx0.906$nm，$c_0=0.96\sim2.05$nm。当结构单位层中无水时，$c_0\approx0.960$nm；若结构单位层之间有水分子存在，则 c_0 值将随水分子层数以及层间可交换阳离子的不同而变化。如钙蒙脱石层间为1、2、3、4个水分子层时，c_0 值分别为1.25nm、1.55nm、1.85nm、2.05nm；β 近于90°。当层间插入有机分子时，c_0 值达约4.8nm。$Z=2$。铝氧八面体层中约有1/3的 Al^{3+} 被 Mg^{2+} 取代，因而在结构单位层之间由 Na^+、Ca^{2+} 平衡电荷，亦可有 K^+、Mg^{2+}、Li^+ 等，且以水化阳离子的形式进入结构。由于水化阳离子与硅氧四面体中 O^{2-} 的作用力较弱，故其在一定条件下极易被交换出来。

第五节　架状结构硅酸盐

架状结构特征是，每个 $[SiO_4]$ 四面体的4个角顶都与相邻的 $[SiO_4]$ 四面体共用而形成三维空间格架。若 Si^{4+} 不被其他阳离子取代，则结构呈电中性，如石英及其变体。

硅酸盐结构中，当出现 Al^{3+} 替代 Si^{4+} 时，就会有剩余负电荷，因而需要架状骨干外阳离子来中和电性，常见的有 K^+、Na^+、Ca^{2+}、Ba^{2+}，偶尔有 Rb^+、Cs^+、$(NH_4)^+$ 等。架状硅酸盐结构中可形成巨大空隙，甚至连通孔道，F^-、Cl^-、OH^-、S^{2-}、$[SO_4]^{2-}$、$[CO_3]^{2-}$ 等附加阴离子即存在于这些空隙中，与 K、Na、Ca 等阳离子相连，以补偿过剩的正电荷。

石英族（quartz group）

常见的石英变体主要有石英、鳞石英和方石英，相应的低温、高温变体分别为 α 型和 β 型。两者结构的主要区别在于硅氧四面体之间的联结方式不同。α-石英中，相当于以共用氧为对称中心，两个硅氧四面体的 Si—O—Si 键角由 180°转变为 150°。α-鳞石英中，两个共顶的硅氧四面体的联结方式，相当于中间有一个对称面。α-方石英中，两个共顶的硅氧四面体相连，相当于以共用氧为对称中心。由于 3 种石英变体的硅氧四面体联结方式不同，因而它们之间的转变将断开 Si—O 键，重新组合才能形成新的骨架。

石英（quartz）SiO_2

α-石英，三方晶系；$P3_12$ 或 $P3_22$；$a_0=0.491$nm，$c_0=0.540$nm；$Z=3$。$[SiO_4]$ 四面体以角顶相连，在 c 轴方向上呈螺旋状排列；并有左、右旋之分，即 c 轴为 3_1 或 3_2（图 2-20a）。

β-石英，六方晶系；$P6_42$ 或 $P6_22$；$a_0=0.501$nm，$c_0=0.547$nm；$Z=3$。β-石英中 Si—O—Si 键角为 137°，因而结构中存在六次螺旋轴。围绕螺旋轴的 Si^{4+}，在（0001）投影面上可联结成正六边形（图 2-20b）。β-石英也有左、右形之分。

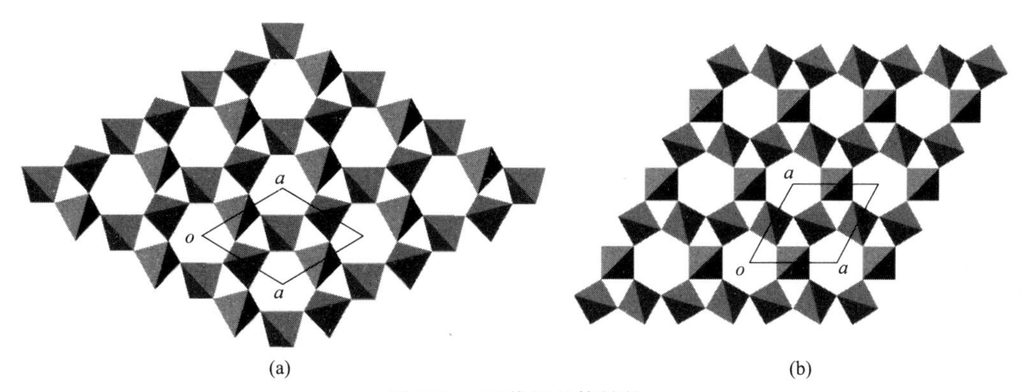

图 2-20　石英的晶体结构

鳞石英（tridymite）

α-鳞石英，六方晶系；$P6_3/mmc$；$a_0=0.504$nm，$c_0=0.825$nm；$Z=4$。平行（0001）面，硅氧四面体按六元环联结方式构成四面体层，层中任何两个相邻四面体的角顶指向相反方向，上下层之间以角顶相连而成架状结构（图 2-21）。

γ-鳞石英，斜方晶系；$C222$；$a_0=0.874$nm，$b_0=0.504$nm，$c_0=0.824$nm；$Z=8$。

方石英（cristobalite）

具有两个同质多像变体。高温方石英是常压下 1470～1728℃稳定的等轴晶系变体，温度降至 268℃以前呈亚稳态存在；268℃时转变为低温方石英，更低温下呈亚稳态存在。

β-方石英（高温），等轴晶系，O_h^7-$Fd3m$；$a_0=0.709$nm（20℃），0.71362nm（400℃），0.71462nm（800℃），0.71492nm（1000℃），0.71473nm（1300℃）；$Z=8$。结构单元 $[SiO_4]$ 中的 Si^{4+} 在立方体晶胞中的位置与 C 在金刚石结构中的位置类似。而 O^{2-} 位于每 2

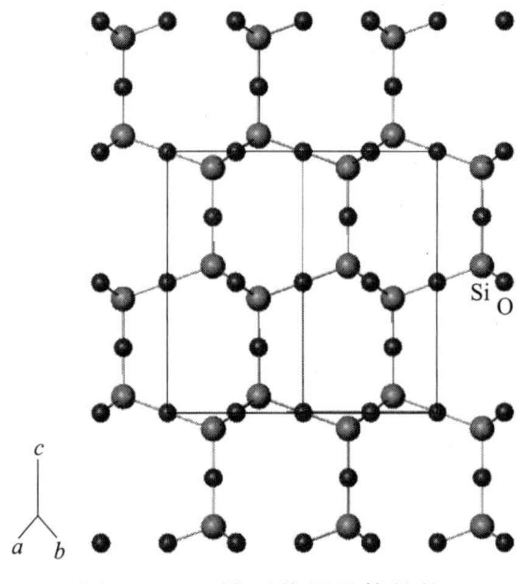

图 2-21　α-鳞石英的晶体结构

个 Si^{4+} 之间（图 2-22a）。Si—O—Si 角近于 180°。[SiO_4] 彼此联结而成六方网状层，其层面//{111}。

α-方石英（低温），四方晶系，D_4^4-$P4_12_12$ 或 D_4^8-$P4_32_12$；$a_0=0.497$nm，$c_0=0.693$nm（室温）；$Z=4$。结构比 β-方石英的结构稍为紧密，Si—O—Si 角为 147°。[SiO_4] 沿四次螺旋轴成螺旋形排列（图 2-22b）。

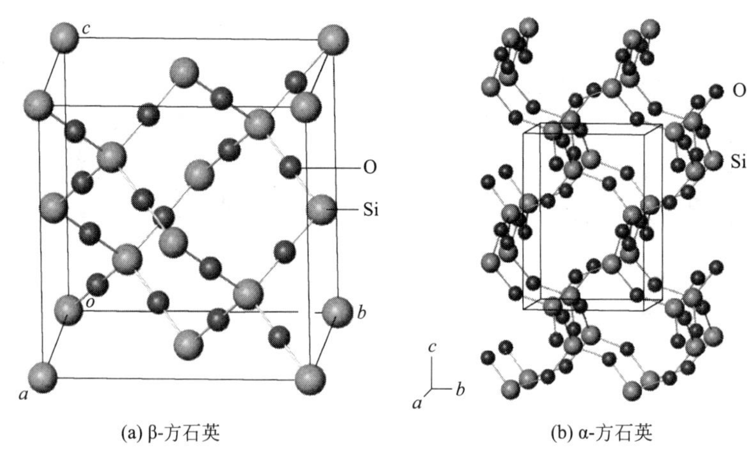

(a) β-方石英　　(b) α-方石英

图 2-22　方石英的晶体结构

长石族（feldspar group）M[T_4O_8]

化学式中，M=Na、Ca、K、Ba，少量 Li、Rb、Cs、Sr 等；T=Si、Al，少量 B、Ge、Fe^{3+}、Ti 等。主要端员组分：钾长石（Or），K[$AlSi_3O_8$]；钠长石（Ab），Na[$AlSi_3O_8$]；钙长石（An），Ca[$Al_2Si_2O_8$]；钡长石（Cn），Ba[$Al_2Si_2O_8$]。

长石族分为碱性长石和斜长石两个系列，前者属单斜晶系，后者为三斜晶系。

钾长石-钠长石在高温下可形成连续固溶体，低温时为有限固溶体，即碱性长石。钠长石-钙长石固溶体即斜长石。实际上斜长石系列在晶体结构上并不连续，可划分为几个结构和连生不同的长石区。碱性长石固溶体中，Ab<67%（摩尔分数）时，为单斜晶系。

长石族矿物的特点是，结构中的基本单位是 4 个 [(Si,Al)O_4] 四面体相互共顶角形成四元环，其中两个四面体的尖顶朝上，另两个尖顶向下。它们又分别与上下的四元环共顶相连，成为曲轴状链，其方向//a 轴。链与链之间又以氧桥相连，形成三维架状结构。理想长石的晶体结构见图 2-23。结构中存在的较大空隙，由 K^{+}、Na^{+}、Ca^{2+} 等大阳离子所占据。由于 K^{+} 的离子半径远大于 Na^{+} 和 Ca^{2+}，故当 K^{+} 被 Na^{+} 或 Ca^{2+} 置换达到一定量时，原属单斜晶系的透长石或正长石，即变为三斜晶系。严格说，在透长石结构中，K^{+} 位于对称面上，配位数为 9；但在钠长石中，Na^{+} 取代了 K^{+}，对称程度降低，原有对称面消失，因而 Na^{+} 位置并非原来 K^{+} 的所在，而是有所偏离，配位数也变为 6。

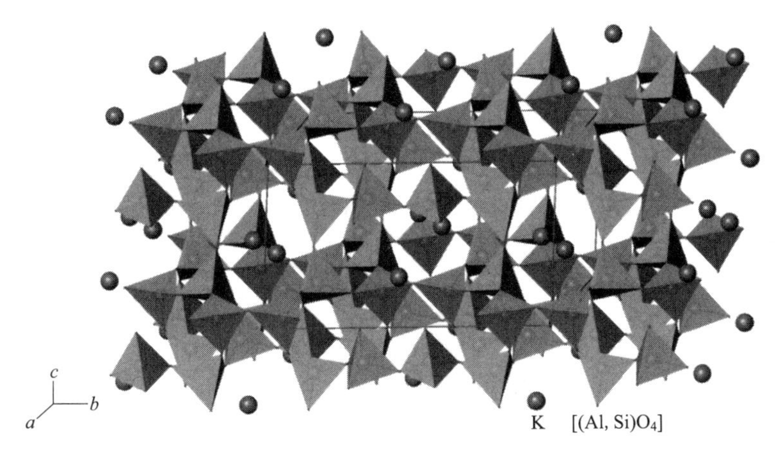

图 2-23 透长石的晶体结构

长石族矿物结构中的 [AlO_4] 和 [SiO_4] 大小相近，故可相互替换。这种替换关系随结晶温度的不同而异。精确测定结果，四面体中 Al—O 间距为 0.1761nm，而 Si—O 间距为 0.1603nm。故当 [SiO_4] 被 [AlO_4] 取代时，即会引起结构上的变化。在高温透长石中，每个 Si 被 Al 置换的概率是相等的，亦即为无序结构。但是当结晶温度下降时，它会逐步有序化，故低温透长石就有了少许有序性；温度再低，结晶成正长石，其有序度亦随之增高；温度更低，结晶成三斜晶系的微斜长石，则是有序度更高所致。由于有序度的增高，原来的对称性也被破坏。对钾长石而言，是由单斜晶系向三斜晶系转变。对斜长石而言，都属三斜晶系，随着结晶温度的降低而引起有序度的增高，表现为晶体参数上的变化。有序程度的变化用有序度 S 表示，数值为 0～1，0 表示完全无序，1 表示完全有序。以钾长石为例，高温透长石的有序度最低，S 值接近于 0，正长石 S 不超过 0.33，微斜长石 S 在 0.33～1.00 之间，完全有序（$S=1$）的微斜长石称为最大微斜长石。

对于钾长石而言，随着 Al—Si 的无序向有序转变，结构亦从单斜晶系转为三斜晶系。在实际晶体结构中，硅氧骨干链是有些扭曲的。因此，在 a 轴的投影图上，上下四元环的投影不是重合的，而是错开一个角度。

长石族常见矿物种的晶体学参数见表 2-10。

表 2-10 长石族常见矿物种的晶体学数据

矿物	化学式	配位数	晶系	空间群	Z	晶胞参数					
						a/nm	b/nm	c/nm	α/(°)	β/(°)	γ/(°)
透长石	K[$AlSi_3O_8$]	K(10)	单斜	$C2/m$	4	0.856	1.303	0.717		116.58	
正长石	K[$AlSi_3O_8$]	K(10)	单斜	$C2/m$	4	0.856	1.299	0.719		116.01	
微斜长石	K[$AlSi_3O_8$]	K(10)	三斜	P-1	4	0.858	1.296	0.721	89.70	115.97	90.87
钠长石	Na[$AlSi_3O_8$]	Na(7)	三斜	C-1	4	0.814	1.279	0.716	93.17	115.85	87.65
钙长石	Ca[$Al_2Si_2O_8$]	Ca(7)	三斜	P-1	8	0.817	1.288	1.416	93.33	115.60	91.22

似长石 (feldspathoid)

似长石矿物主要有霞石、白榴石、方钠石、日光榴石、方柱石等。它们具有下列特点：①K或Na与Si+Al含量比不同，霞石中为1∶2，白榴石中约为1∶3，而长石中为1∶4。②结构开阔并较松弛，具有较大的空洞，易于容纳K^+、Na^+、Ca^{2+}、Li^+、Cs^+等大半径阳离子，以及F^-、Cl^-、OH^-、$[CO_3]^{2-}$等较大的附加阴离子或络阴离子团。

霞石 (nepheline) $KNa_3[AlSiO_4]_4$

配位数：K (9)，Na (8)。含少量Ca、Mg、Mn、Ti、Be等。通常Si∶Al>1。

六方晶系；$P6_3$；$a_0=1.001$nm，$c_0=0.841$nm；$Z=2$。鳞石英高温结构的衍生结构(图2-24)，1/2的Si^{4+}被Al^{3+}替代，由Na^+、K^+平衡电价。霞石也具有六元四面体环和同样的对称堆积指数，但霞石中的环是畸变的，以至于结构中具有两个对称不同的碱金属位置。一个位置较大，可容纳不规则8或9次配位K^+。另一位置较小，能容纳Na^+。两位置之比为1∶3。

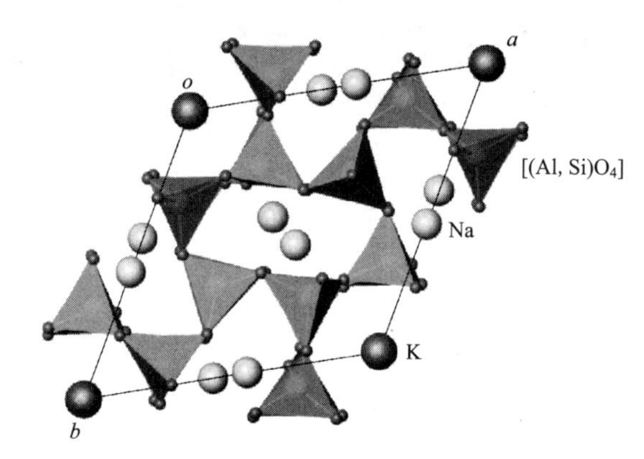

图2-24 霞石的晶体结构

白榴石 (leucite) $K[AlSi_2O_6]$

配位数：K (12)。四方晶系，常呈假等轴晶系；$I4_1/a$；$a_0=1.304$nm，$c_0=1.385$nm，$Z=16$。605℃以上转变为等轴晶系变体(β-白榴石)，$a_0=1.343$nm。晶体结构见图2-25。

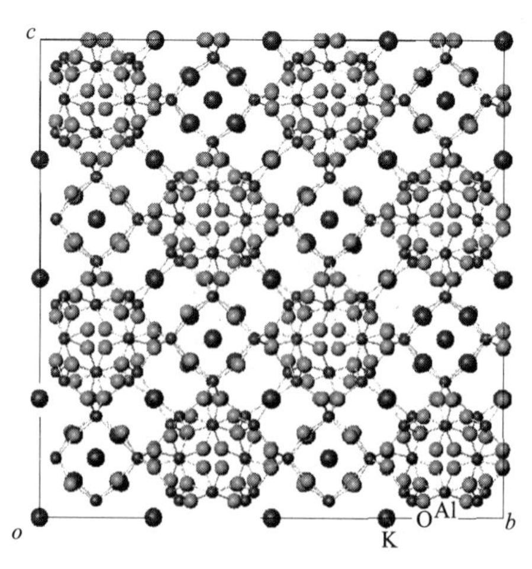

图2-25 白榴石的晶体结构

沸石族（zeolite group）$A_m X_p O_{2p} \cdot nH_2O$

截至 2008 年，自然界已发现并经 CNMMN-IMA（国际矿物学会矿物分类和新矿物命名委员会）确认的沸石有 16 个系列 89 个矿物种。

沸石族化学式中，A＝Na、Ca、K 和少量的 Ba、Sr、Mg 等；X＝Si、Al，四面体位置上的 Al∶Si≤1（约为 1∶5 到 1∶1）。沸石族的化学组成可以在相当大范围内变化，使得许多沸石只能给出近似的化学式。

沸石的晶体结构中具有宽阔的空洞和较宽的通道，并被 Na、Ca、K 等离子和水分子（沸石水）所占据。沸石结构中具有的所谓次级结构单位，系由原始结构单位 [SiO_4]、[AlO_4] 四面体演化而来。不考虑结构中四面体的形状，只将每个四面体中 Si 或 Al 的位置互相联结起来，便构成沸石族矿物的次级结构单位。

这些次级结构单位在晶体结构中组成一定形状的多面体空间，构成所谓的笼。相邻的笼可以通过次级结构彼此联结，形成各种不同形式的通道。这种通道体系有 3 类：

一维通道，各方向的通道彼此不相通。如方沸石的通道，//{111}。

二维通道，如丝光沸石中的通道体系，由//c 轴、b 轴的两种通道互相联通而成。

三维通道，三个方向互相联通的通道。又分为等径与不等径两种，如菱沸石中的通道为三维等径通道体系，钙十字沸石中为三维不等径通道体系。

沸石与其他架状硅酸盐间最重要的区别是架间空穴的维数和它们间的联结通道。长石结构中空穴较小，空穴间不互相联结，仅由一价或二价阳离子占据。似长石的骨架比长石的骨架大，且架内空穴间存在联结，某些空穴由阳离子占据，另一些空穴则大到可以容纳水分子。沸石则含有更大的空穴，并被较宽的通道相联系。分子水可通过通道在沸石结构中进出而不破坏基本结构。浊沸石结构如图 2-26 所示。

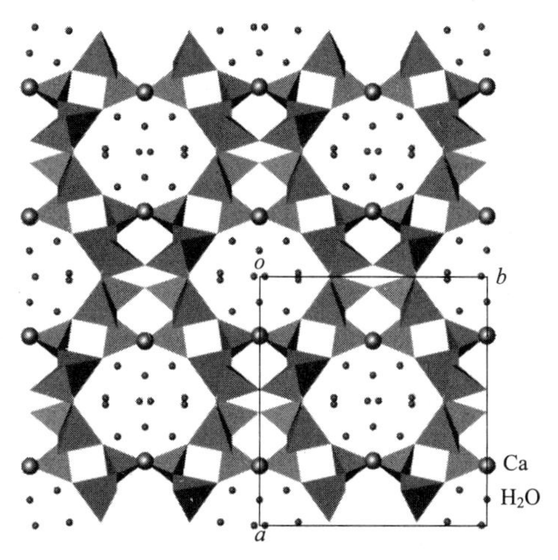

图 2-26　浊沸石的晶体结构

沸石族矿物种结构之间的差别，在于其特有笼的形状大小和通道体系不同。常见沸石的晶体学数据见表 2-11。

表 2-11　沸石族常见矿物种的晶体学数据

矿物	化学式	配位数	晶系	空间群	Z	晶胞参数			
						a/nm	b/nm	c/nm	β/(°)
钠沸石	$NaSi_3Al_2O_{10} \cdot 2H_2O$	Na(6)	斜方	$Fd2d$	8	1.830	1.863	0.660	

矿物	化学式	配位数	晶系	空间群	Z	晶胞参数			
						a/nm	b/nm	c/nm	β/(°)
丝光沸石	$(Na,K,Ca)Si_5AlO_{12}\cdot 4H_2O$	(Na,K,Ca)(6)	斜方	$Cmc2_1$	4	1.811	2.051	0.752	
片沸石	$(Ca,Na)Si_7Al_2O_{18}\cdot 6H_2O$	(Ca,Na)(6)	单斜	Cm	4	1.773	1.782	0.743	116.3
浊沸石	$CaSi_4Al_2O_{12}\cdot 4H_2O$	Ca(6)	单斜	Cm	4	1.475	1.310	0.755	111.5
方沸石	$Na_2Si_3Al_3O_{24}\cdot Na_2Cl$	Na(7)	等轴	P-43m	2	0.887			
菱沸石	$CaSi_4Al_2O_{12}\cdot 6H_2O$	Ca(7)	三方	R-32/m	6	1.317			

第六节　其他典型结构矿物

自然铜（copper）Cu

原生自然铜常含少量或微量 Fe、Ag、Au、Hg、Bi、Sb、V、Ge 等。

等轴晶系，O_h^5-$Fm3m$；a_0=0.361nm；Z=4。原子呈立方最紧密堆积，位于立方晶胞的角顶和各个面的中心，构成按立方面心排列的铜型结构（图 2-27）。

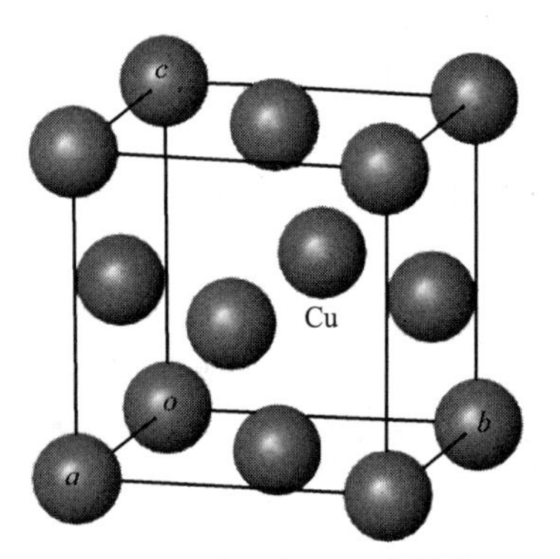

图 2-27　自然铜的晶体结构

金刚石（diamond）C

微量元素 N 和 B 是金刚石分类的主要依据：含 N>0.001%者为Ⅰ型，<0.001%者为Ⅱ型。约 98%的天然金刚石属Ⅰa 型（N 原子沿{100}聚集成片状分布）。

等轴晶系；$Fd3m$；a_0=0.356nm；Z=8。金刚石型结构（图 2-28）。碳原子分布于立

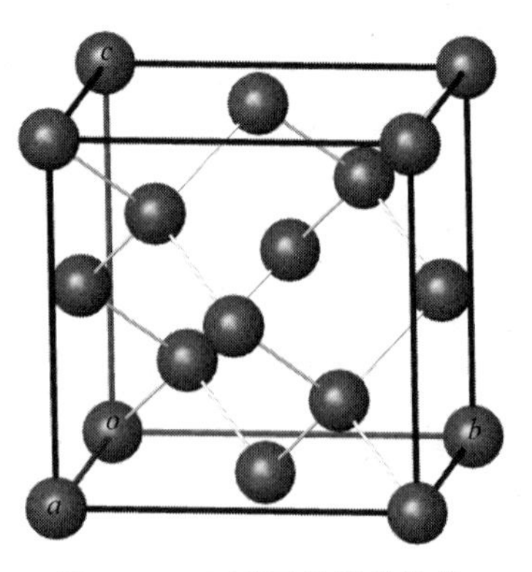

图 2-28　金刚石的晶体结构

方晶胞的 8 个角顶、6 个面心和晶胞所分 8 个小立方体中 4 个相间的小立方体中心。碳原子以共价键与周围 4 个碳原子相连，键角 109°28′16″，形成四面体配位。∥{111} 面网密度大，间距也大。C—C 键为牢固的共价键，故硬度极高。

石墨 (graphite) C

常含有沥青等混入物。

六方晶系；$P6_3/mmc$；a_0=0.2456nm，c_0=0.6696nm；Z=4。层状结构，碳原子组成六方网层（图 2-29）。根据层的叠置层序和重复周期分为两种类型：ABAB 两层周期的 $2H$ 型和 ABCABC 三层周期的 $3R$ 型。层内碳原子间距 0.142nm，层间距 0.3348nm。层内原子作六元环状排列，碳原子为三配位，其外层构型为 s^2p^2，杂化作 sp^2。每个碳原子以 1 个 s 电子和 2 个 p 电子与其周围的 3 个碳原子形成共价键，而另一个具有活动性的 p 电子则形成离域大 π 键，从而使晶体具有一定的金属性。

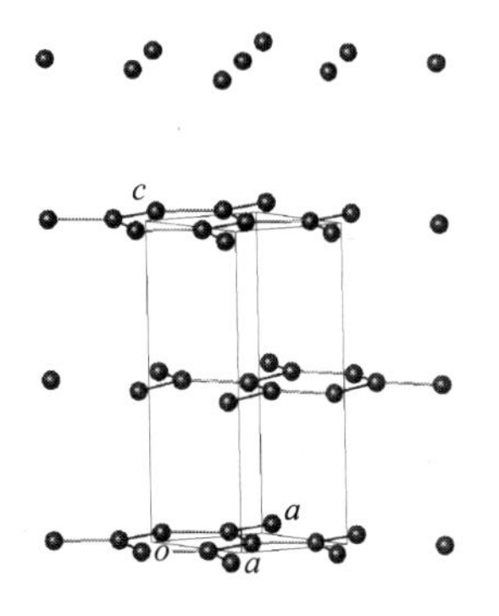

图 2-29 $2H$ 型石墨的晶体结构

金红石 (rutile) TiO_2

配位数：Ti（6），O（3）。常含 Fe^{2+}、Fe^{3+}、Nb^{5+}、Ta^{5+}、Sn^{4+} 等类质同像混入物。

四方晶系，空间群，$P4_2/mnm$；a_0 = 0.459nm，c_0 = 0.296nm；Z=2。其结构为一典型结构（图 2-30）。O^{2-} 呈近似六方紧密堆积，Ti^{4+} 位于变形八面体空隙中，构成［TiO_6］配位八面体，沿 c 轴共棱成链状排列，链间由八面体共角顶相连。锡石、软锰矿与金红石同结构。

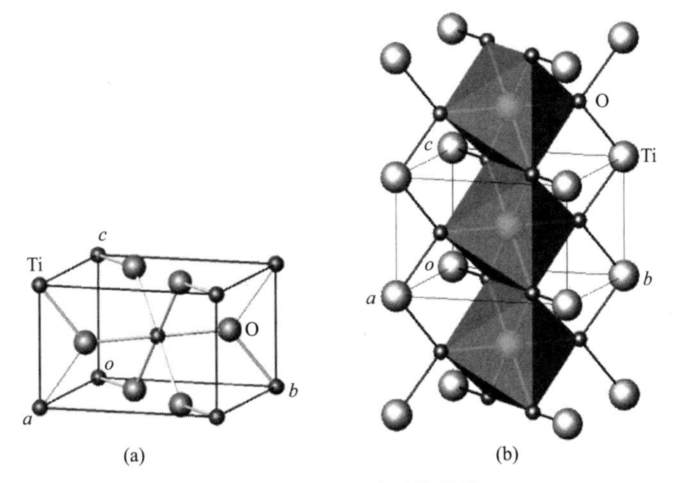

图 2-30 金红石的晶体结构

(a) 离子堆积形式；(b)［TiO_6］配位八面体联结形式，其中示出了两种［TiO_6］八面体链，一种是以晶胞体心中的 Ti 为中心的［TiO_6］八面体链，另一种是以晶胞角顶上的 Ti 为中心的［TiO_6］八面体链

刚玉 (corundum) Al_2O_3

有时含微量 Fe、Ti、Cr、Mn、V、Si 等，以类质同像置换形式存在。Al_2O_3 有多种同质多像变体，自然界中稳定存在的 α-Al_2O_3 变体称刚玉。

三方晶系；$R3c$；a_0=0.477nm，c_0=1.304nm；Z=6。沿垂直三次轴方向上 O^{2-} 成六方最紧密堆积，而 Al^{3+} 则在两氧离子层之间，充填 2/3 的八面体空隙。八面体在∥{0001}

方向上共棱成层，在//c 轴方向上，共面联结构成两个实心的［AlO_6］八面体和一空心由O^{2-}围成的八面体（图 2-31，空白方块）相间排列的柱体。［AlO_6］八面体成对沿 c 轴呈三次螺旋对称。由于 Al—O 键具离子键向共价键过渡性质（共价键约 40%），从而使刚玉具共价键化合物的特征。赤铁矿、钛铁矿与刚玉同结构。

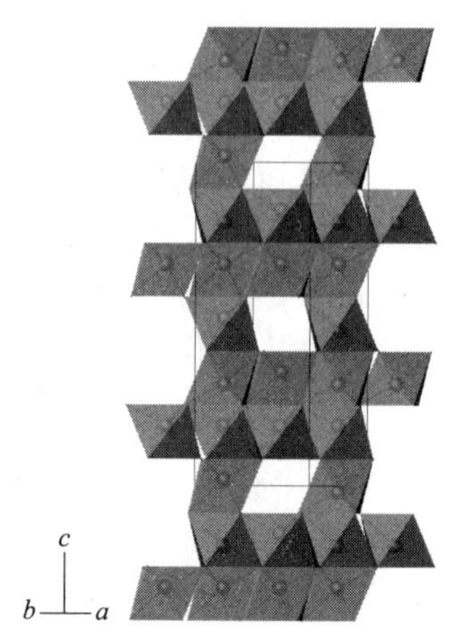

图 2-31　刚玉的晶体结构

钙钛矿（perovskite）$CaTiO_3$

配位数：Ca（12），Ti（6）。可有 Na、K、Ce、Fe、Nb、Ta、Nd、La 等类质同像替代。

900℃以上为等轴晶系；$Pm3m$；$a_0=0.385$nm；$Z=1$。600℃以下转变为斜方晶系；$Pcmm$；$a_0=0.537$nm，$b_0=0.764$nm，$c_0=0.544$nm；$Z=4$。高温变体结构中，Ca^{2+}位于立方晶胞的中心，为 12 个 O^{2-}包围成配位立方-八面体；Ti^{4+}位于立方晶胞的角顶，为 6 个 O^{2-}包围成配位八面体。［TiO_6］八面体以共角顶的方式相联。整个结构亦可视为 O^{2-}和 Ca^{2+}共同组成六方最紧密堆积，Ti^{4+}则充填于八面体空隙中（图 2-32）。

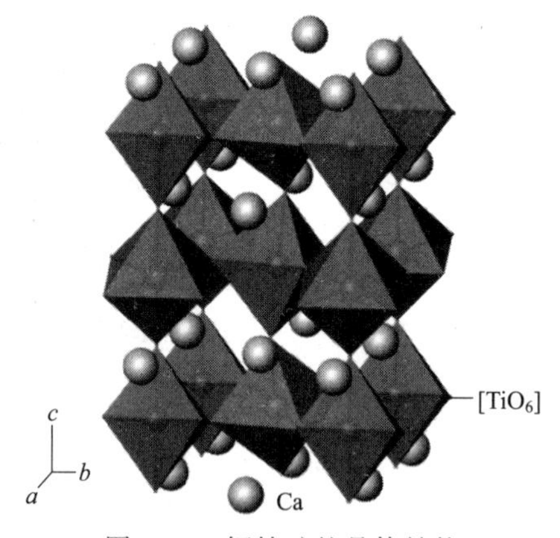

图 2-32　钙钛矿的晶体结构

尖晶石（spinel）$MgAl_2O_4$

类质同像非常普遍。Mg^{2+}常可由 Fe^{2+}、Zn^{2+}、Mn^{2+}类质同像替代，Mg-Fe、Mg-Zn 之间可形成完全类质同像系列，端员矿物分别称镁尖晶石（$MgAl_2O_4$）、铁尖晶石（$FeAl_2O_4$）、锌尖晶石（$ZnAl_2O_4$）。Al^{3+}则常为 Cr^{3+}、Fe^{3+}、V^{3+}等代替；Al-Cr 间为一完全类质同像系列，二端员分别为镁尖晶石（$MgAl_2O_4$）和镁铬铁矿（$MgCr_2O_4$）。而

Al^{3+}被Fe^{3+}、V^{3+}代替较为有限。Mn的类质同像代替可达1%；Ti替代达0.5%。磁铁矿与钛铁晶石间为一连续固溶体，系由$2Fe^{3+} \rightleftharpoons Ti^{4+}+Fe^{2+}$代替所形成。

等轴晶系，$Fd3m$；$a_0=0.8103$nm（合成镁尖晶石）；$Z=8$。基本结构是氧按ABC顺序在⊥(111)方向堆积（图2-33）。四面体与八面体层相间，四面体与八面体数之比为1∶2。正尖晶石结构，结构通式XY_2O_4，X为二价阳离子，Y为三价阳离子。其中X占据四面体位置，Y占据八面体位置。属正尖晶石结构的还有铬铁矿、铁尖晶石等。若结构中所有的X阳离子和一半的Y阳离子占据八面体位置，另一半Y阳离子占据四面体位置，则称反尖晶石结构，结构通式$Y[XY]O_4$，如磁铁矿、钛铁晶石等。

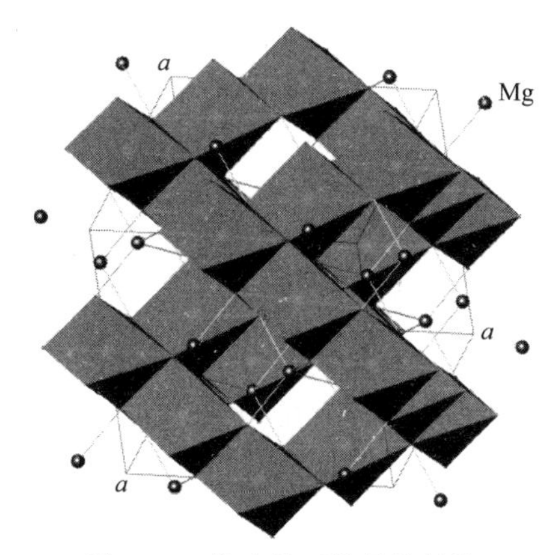

图2-33　镁尖晶石的晶体结构

磁铁矿（magnetite）$FeFe_2O_4$，或$Fe^{3+}(Fe^{2+},Fe^{3+})_2O_4$

其中Fe^{3+}的类质同像代替有Al^{3+}、Ti^{4+}、Cr^{3+}、V^{3+}等；替代Fe^{2+}的有Mg^{2+}、Mn^{2+}、Zn^{2+}、Ni^{2+}、Co^{2+}、Cu^{2+}、Ge^{2+}等。当Ti^{4+}代替Fe^{3+}时，伴随有Fe^{2+}代替Fe^{3+}、Mg^{2+}代替Fe^{2+}和V^{3+}代替Fe^{3+}。在600℃时形成$FeFe_2O_4$-Fe_2TiO_4完全固溶体。500℃时则形成$FeFe_2O_4$-$FeTiO_3$完全固溶体。其中Fe^{2+}可被Mg^{2+}代替，构成磁铁矿-镁铁矿完全类质同像系列。

等轴晶系，$Fd3m$；$a_0=0.8396$nm；$Z=8$。反尖晶石型结构。即1/2的Fe^{3+}和全部Fe^{2+}占据八面体位置，另1/2的Fe^{3+}占据四面体位置（图2-34）。a_0随Al^{3+}、Cr^{3+}、Mg^{2+}替代量的增大而减小，随Ti^{4+}、Mn^{2+}的替代量增高而增大。

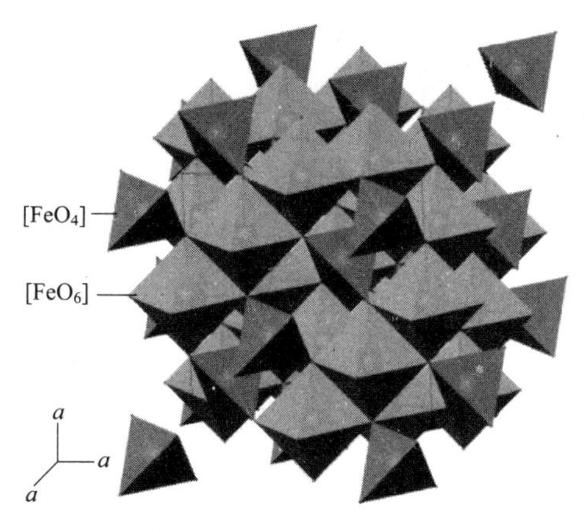

图2-34　磁铁矿的晶体结构

水镁石（brucite）$Mg(OH)_2$

常有 Fe、Mn、Zn、Ni 等以类质同像存在，可形成铁、锰、锌、镍水镁石等不同变种。

三方晶系，$P\bar{3}m$；$a_0=0.313nm$，$c_0=0.474nm$；$Z=1$。水镁石型结构为重要的层状结构之一。结构中 OH^- 近似作六方紧密堆积，Mg^{2+} 充填在堆积层相隔一层的八面体空隙中，每个 Mg 被 6 个 OH^- 包围，每个 OH^- 一侧有 3 个 Mg（图 2-35a）。$[Mg(OH)_6]$ 八面体//{0001} 以共棱方式联结成层，层间以很弱的氢氧键相维系，形成层状结构（图 2-35b）。

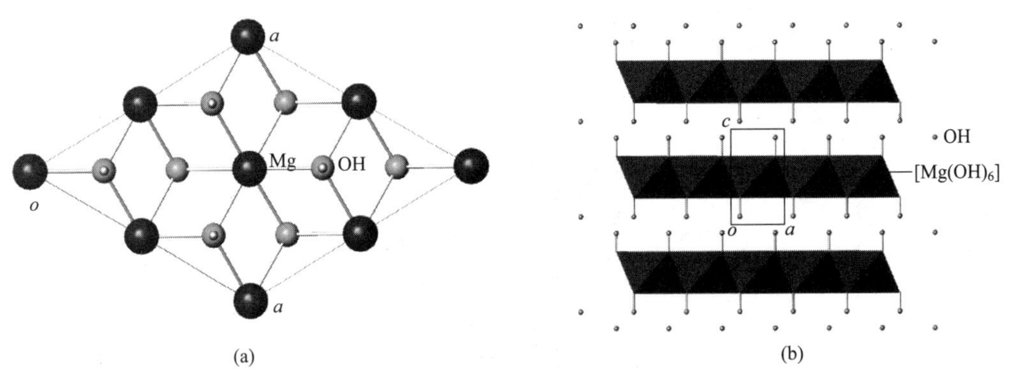

图 2-35　水镁石的晶体结构

硬水铝石（diaspore）AlOOH 或 α-AlO(OH)

斜方晶系，*Pbnm*；$a_0=0.441nm$，$b_0=0.940nm$，$c_0=0.284nm$；$Z=4$。链状结构（//*c* 轴）（图 2-36）。其中 O^{2-} 和 OH^- 共同呈六方最紧密堆积，堆积层⊥*a* 轴，Al^{3+} 充填 1/2 的八面体空隙。$[AlO_3(OH)_3]$ 八面体以共棱方式联结成//*c* 轴的八面体双链；双链间以共用八面体角顶（O^{2-} 占据）的方式相联。加热可失去全部氢和 1/4 的氧，剩余氧仍保持六方最紧密堆积，Al 居八面体空隙而形成刚玉（α-Al_2O_3）。

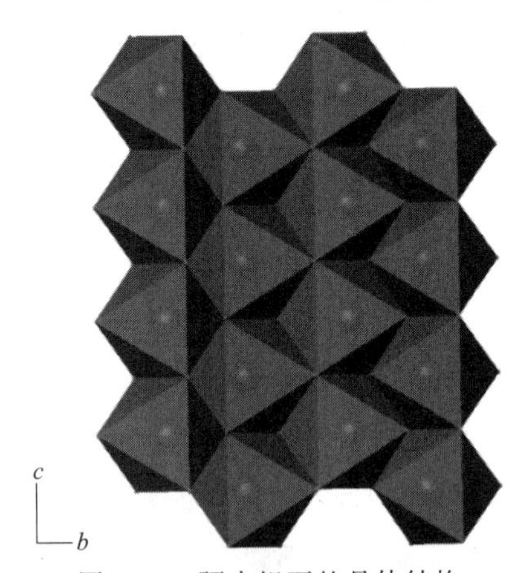

图 2-36　硬水铝石的晶体结构

碳酸盐（carbonate）

碳酸盐矿物中存在 $[CO_3]^{2-}$ 络阴离子，其半径约 0.255nm。阳离子主要有 K、Na、Ca、Mg、Sr、Ba、TR、Fe、Mn、Cu、Pb、Zn、Bi 等，与 $[CO_3]^{2-}$ 结合形成无水碳酸盐、含水碳酸盐及带有附加阴离子 OH^-、Cl^-、F^-、$[SO_4]^{2-}$、$[PO_4]^{3-}$ 等的碳酸盐。

碳酸盐晶体结构中，$[CO_3]^{2-}$ 呈三角形，其中 C 位于等边三角形中央，3 个氧原子分布于角顶。C—O 间以共价键联结。在二价阳离子 Co、Zn、Mg、Fe、Mn、Cd、Ca、Sr、Pb、

Ba（按离子半径递增排列）的无水碳酸盐中，广泛存在同质多像、类质同像及晶变现象。这些二价阳离子与 $[CO_3]^{2-}$ 间以强离子键相联系。其中 Co、Zn、Mg、Fe、Mn、Cd 的离子半径比 Ca 小，形成三方晶系方解石型结构；Sr、Pb、Ba 的离子半径比 Ca 大，形成斜方晶系文石型结构。Ca^{2+} 半径处于过渡位置，因而形成的 $CaCO_3$ 具同质二像，即三方晶系的方解石和斜方晶系的文石。

方解石（calcite）$CaCO_3$

配位数：Ca（6）。常有 Mg、Fe、Mn、Zn、Pb、Sr、Ba、Co、TR 等元素替代。

三方晶系；D_{3d}^{6}-$R\bar{3}c$；$a_{rh}=0.637$nm，$\alpha=46°5'$；$Z=2$（真正的晶胞，为锐角原始菱面体格子）；$a_h=0.499$nm，$c_h=1.706$nm，$Z=6$（三方菱面体格子转换成的六方双重体心格子）。可视为 NaCl 型结构的衍生结构。即 NaCl 结构中的 Na^+ 和 Cl^- 分别由 Ca^{2+} 和 $[CO_3]^{2-}$ 取代，其原立方面心晶胞沿某一三次轴方向压扁而呈钝角菱面体，即为方解石结构。结构中 $[CO_3]^{2-}$ 平面三角形皆垂直于三次轴分布。在整个结构中，O^{2-} 成层分布，在相邻层中 $[CO_3]^{2-}$ 三角形的方向相反（图 2-37a）。菱铁矿、菱镁矿、菱锰矿、菱锌矿与方解石同结构。

文石与方解石的结构不同，在于其 Ca^{2+} 和 $[CO_3]^{2-}$ 是按六方最紧密堆积排列。每个 Ca^{2+} 周围虽然围绕着 6 个 $[CO_3]^{2-}$，但与其相接触的 O^{2-} 不是 6 个，而是 9 个。Ca^{2+} 配位数 9，每个 O 与 3 个 Ca、1 个 C 联结（图 2-37b）。在约 450℃ 文石可自发转变为方解石结构。碳酸锶矿、碳酸钡矿与文石同结构。

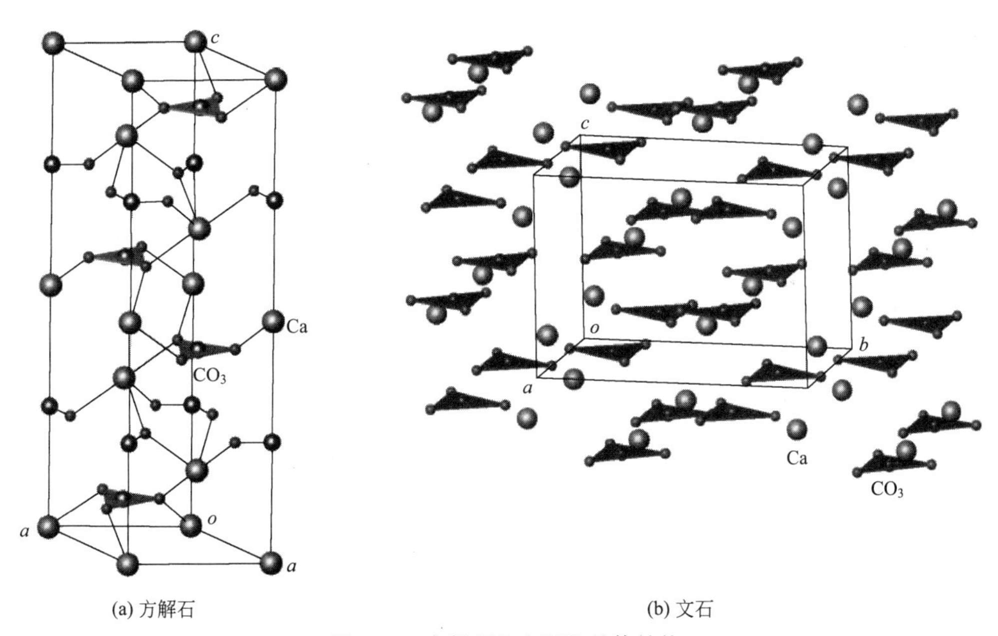

图 2-37　方解石和文石的晶体结构

白云石（dolomite）$CaMg[CO_3]_2$

配位数：Ca（6），Mg（6）。常见 Fe、Mn、Co、Zn 类质同像代替 Mg，Pb 代替 Ca。Fe-Mg 可形成完全类质同像系列，Mn 与 Mg 的替代则有限。

三方晶系；R-3；菱面体晶胞：$a_{rh}=0.601$nm，$\alpha=47°37'$，$Z=1$；六方晶胞：$a_h=0.481$nm，$c_h=1.601$nm，$Z=3$。与方解石结构相似。区别在于 Ca 八面体和 Mg 八面体层沿三次轴作有规律的交替排列（图 2-38）。

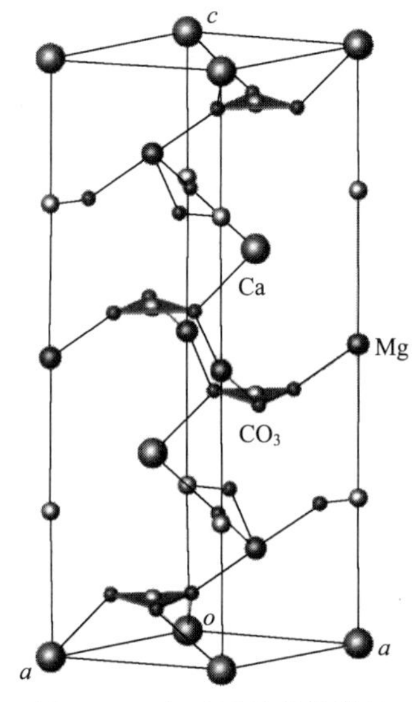

图 2-38　白云石的晶体结构

重晶石（barite）$BaSO_4$

配位数：Ba（12）。成分中常含 Sr、Ca、Pb。Ba-Sr 可成完全类质同像替代。

斜方晶系；*Pnma*；$a_0=0.8878$nm，$b_0=0.5450$nm，$c_0=0.7152$nm；$Z=4$。结构中 Ba^{2+}、S^{2-} 分别排列在 *b* 轴 1/4 和 3/4 处（图 2-39）。［SO_4］四面体方位上为 2 个 O^{2-} 呈水平排列，另 2 个 O^{2-} 与它们垂直。每个 Ba^{2+} 与 7 个［SO_4］四面体联结。1149℃以上转变为高温六方变体。

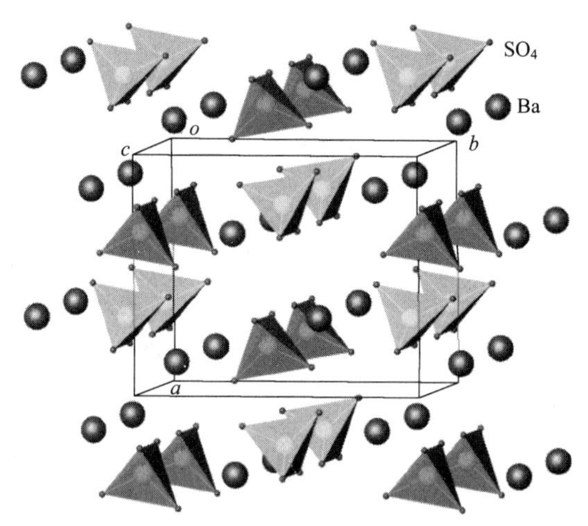

图 2-39　重晶石的晶体结构

石膏（gypsum）$Ca[SO_4]\cdot 2H_2O$

配位数：Ca（8）。有时含 Al_2O_3、Fe_2O_3、MgO、Na_2O、CO_2、Cl 等杂质。

单斜晶系；C_{2h}^6-$A2/a$；$a_0=0.568$nm，$b_0=1.518$nm，$c_0=0.629$nm，$\beta=118°23'$；$Z=4$。结构由［SO_4］$^{2-}$ 四面体与 Ca^{2+} 联结成//（010）的双层，双层间通过 H_2O 分子联结（图 2-40）。Ca^{2+} 与相邻的 4 个［SO_4］四面体中的 6 个 O^{2-} 和 2 个 H_2O 联结。H_2O 与［SO_4］中的 O^{2-} 以氢键相联系，水分子间以分子键相联系。

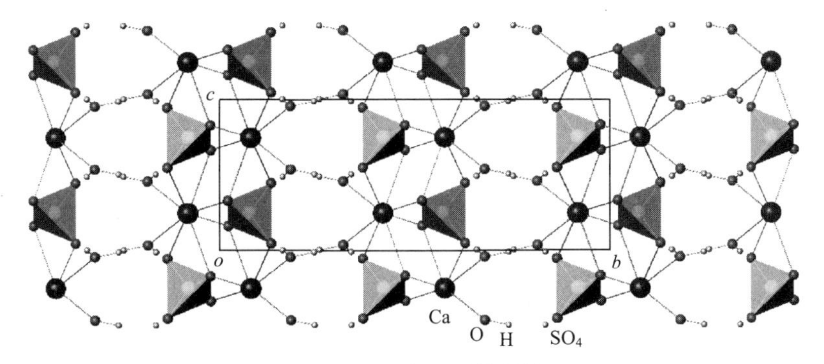

图 2-40　石膏的晶体结构

萤石（fluorite）CaF_2

配位数：Ca（8），F（4）。通常以类质同像替代 Ca 的有 Y、Ce、Fe、Al 等，替代 F 的常有 Cl。有些因含有 U、Th、Ra 等放射性元素而呈紫色。

等轴晶系；$Fm3m$；$a_0=0.546$nm；$Z=4$。Ca^{2+} 分布于立方晶胞的角顶与面中心。若将晶胞分为 8 个小立方体，则每个小立方体中心为 F 占据（图 2-41）。亦可视为 Ca 呈立方最紧密堆积，F 占据所有的四面体空隙。在（111）面网方向，每隔一层 Ca^{2+} 就有两层毗邻的 F^- 面网，其间的结合力最弱，故显八面体｛111｝完全解理。晶质铀矿与萤石同结构。

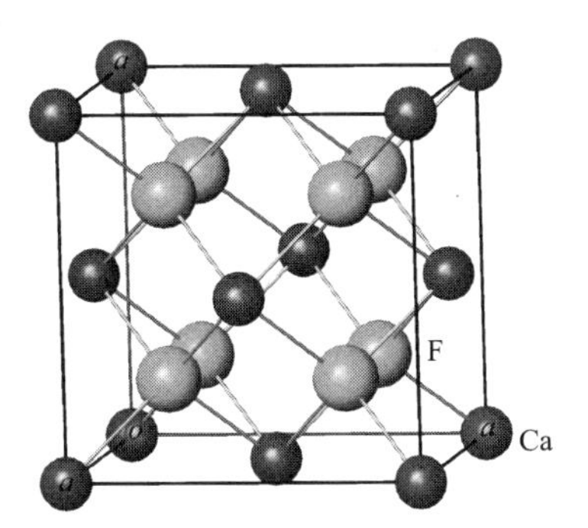

图 2-41　萤石的晶体结构

石盐（halite）NaCl

配位数：Na（6），Cl（6）。常含 Br、Rb、Cs、Sr 及卤水、黏土和其他盐类矿物。

等轴晶系；$Fm3m$；$a_0=0.5628$nm；$Z=4$。Cl^- 呈立方最紧密堆积，Na^+ 填充其八面体空隙。属 AX 型化合物的标准离子型结构（图 2-42）。钾石盐、方镁石均属此结构。

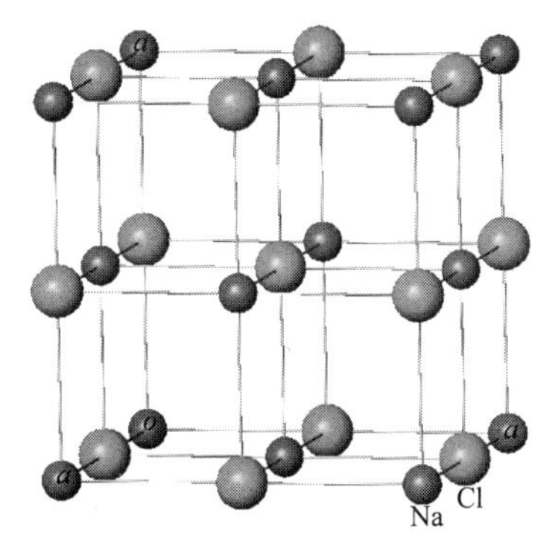

图 2-42　石盐的晶体结构

参 考 文 献

李国武，刘家军，熊明，2011. 层状硅酸盐中发现的新结构类型. 矿物岩石地球化学通报，30（S）：281.

李胜荣，2008. 结晶学与矿物学. 北京：地质出版社：346.

赵爱醒，1993. 矿物晶体化学：矿物粉末X射线衍射法的研究及其应用. 武汉：中国地质大学出版社：60-139.

朱一民，2007. 晶体化学在矿物材料中的应用. 北京：冶金工业出版社：143-145.

Angel R J，McMullan R K，Prewitt C T，1991. Substructure and superstructure of mullite by neutron diffraction. *Am Mineral*，76：332-342.

Back M E，Mandarino J A，2008. Fleischer's Glossary of Mineral Species 2008. the mineralogical record inc Tucson：270-275.

Burnham C W. 1963. Refinement of the crystal structure of sillimanite. *Z Krist*，118：127-148.

Callister W D Jr，1999. Materials Science and Engineering：An Introduction. John Wiley & Sons，Inc：381-420.

Hawthorne F C，Oberiti R，Harlow G E，et al，2012. IMA report：Nomenclature of the amphibole supergroup. *Am Mineral*，97：2031-2048.

Mason B，Moor C B，1982. Principles of Geochemistry. 4th ed. New York：Wiley：344.

Saalfeld H，Guse W，1981. Structure refinement of 3：2-mullite（$3Al_2O_3 \cdot 2SiO_2$）. *N Jb Miner Mh*，H4：145-150.

Schneider H，Schreuer J，Hildmann B，2008. Structure and properties of mullite—A review. *J Eur Ceram Soc*，28：329-344.

Zoltai T，Stout J H. 1984. Mineralogy：Concepts and Principle. Burgess Publishing Company：547.

第三章　硅酸盐熔体结构与热力学

第一节　硅酸盐熔体结构模型

1. 硅酸盐玻璃结构

玻璃是由熔体过冷硬化而成具有不规则结构的非晶态固体，一般通过熔体冷却方法即熔融法制得。玻璃的现代定义可表述为：玻璃是原子排列对 X 射线呈现不规则网络结构，并具有玻璃转变现象的固体。

以 SiO_2 为例，方石英晶体是硅、氧原子规则排列的固体，而石英玻璃中的原子排列则呈不规则网络结构，其二维结构模型对比如图 3-1 所示。

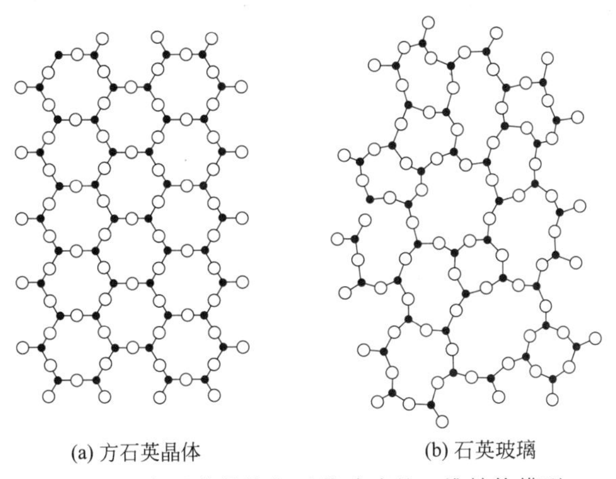

图 3-1　方石英晶体与石英玻璃的二维结构模型

在 X 射线衍射图（图 3-2）中，方石英晶体显示狭窄尖锐的特征衍射峰（a），分别与满足 Bragg 条件（$\lambda=2d\sin\theta$）的特定晶面的衍射相对应；石英玻璃中的原子呈不规则排列，没有特定间距的晶面存在，因而不出现尖锐的衍射峰，但实际上原子间距仍分布在一定的尺寸范围，故在 $2\theta=22.6°$附近出现宽化平坦的衍射峰（b）；而 SiO_2 凝胶虽然同为非晶态，但其在 $2\theta<5°$范围对 X 射线的散射大（c），则是由于与原子排列无关的不均匀结构，即在纳米尺度方石英单元的间隙中存在的空气或水对低角度衍射所致（周玉，2004）。

非晶态材料的共同特征是具有玻璃转变温度。晶体的特征是当持续升温时可在某一固定温度熔化，即具有熔点 T_m。在该温度下，由于原子排列由固相有序结构转变为液相无序结构，因而比体积（为密度的倒数，即单位质量的体积）快速增大（图 3-3）。当熔体冷却至

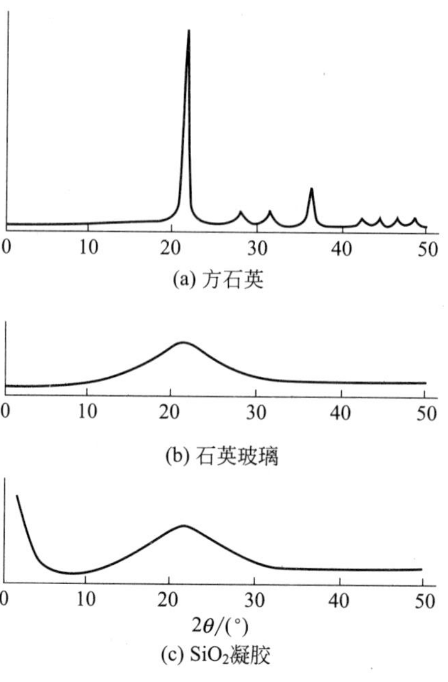

图 3-2 方石英、石英玻璃及 SiO_2 凝胶的 X 射线衍射图

（据任强等，2004）

T_m 以下时，都具有晶化的倾向，因为原子的聚集体以晶态有序排列时其能量最低，因而晶体是最稳定的材料。由于建立长程有序要求原子通过扩散而重新排列，故晶体形成通常发生在一段时间之内。因此，只要冷却速率足够快，以至于能够抑制建立晶体长程有序所需的扩散作用，则几乎所有物质都能形成玻璃。

玻璃结构在本质上是凝固的液态结构（Schaffer et al，1999）。从热力学上看，过冷熔体中原子的堆垛比较松散，因而其比体积必然大于相应的晶体。随温度的降低，比体积对温度的曲线斜率最终必然降低至与晶体的曲线斜率相同。斜率发生变化的温度即玻璃转变温度 T_g（图 3-3）。在 T_g 处，由玻璃转变为过冷熔体而比体积变大，称为玻璃转变现象。反之，使过冷熔体冷却时，在 T_g 处即转变为固体玻璃。

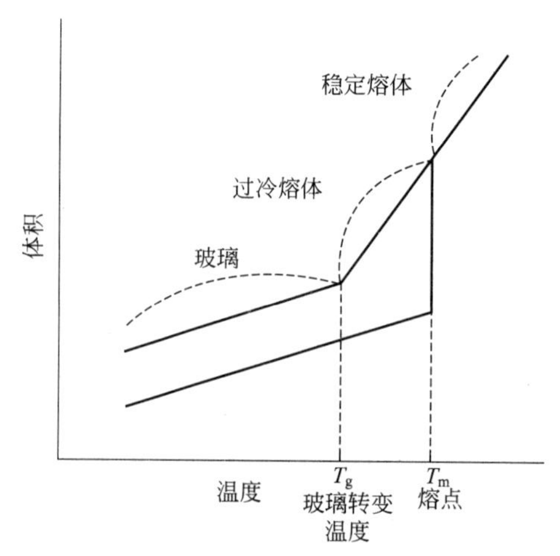

图 3-3 玻璃形成的比体积随温度变化曲线

（据任强等，2004）

玻璃转变点 T_g 点一般相当于玻璃黏度为 $10^{12.4}$Pa·s 的温度（K），理论上为熔点 T_m 的 2/3；而对于固溶体组成的玻璃，T_g 点则为液相线温度 T_L 的 2/3（任强等，2004）。以 SiO_2 为主要成分的硅酸盐玻璃，具有相当复杂的结构，在熔体状态时就具有很强的黏滞性，原子扩散相当困难，因而在冷却过程中晶核的形成和生长速率都很低，一般的冷却速率（10^{-4}～10^{-1}K/s）就足以使其避免结晶而形成玻璃（冯端等，2002）。而对于典型的金属玻璃，即含有约 80%（摩尔分数）金属（元素电负性 EN<1.8）和 20%（摩尔分数）半金属（1.8<EN<2.2；最常见的是 B，Si，Ge，As，Sb，Te）的金属合金，形成玻璃时要求其冷却速率则高达约 10^5K/s 数量级。可以形成金属玻璃的两种成分是 Au_4Si 和 $Fe_{0.78}Si_{0.09}B_{0.13}$（Schaffer et al，1999）。

晶体的结构是有序的，原子占位具有定域性；熔体具有流动性，结构是无序的，原子占位具有非定域性。玻璃化转变对应于熔体相原子非定域性的丧失，原子被冻结在无序结构状态，这就是玻璃化转变的本质，即结构无序的熔体转变为结构无序的固体。这一过程不同于熔体的结晶过程。在熔体结晶过程中，同时存在两种类型的转变，即结构无序向有序的转变和原子非定域化向定域化的转变。而在玻璃化转变中，只实现了原子非定域化向定域化的转变，而结构无序却依然存在（冯端等，2002）。

玻璃结构的代表性模型有晶子模型（crystallite model）和不规则网络模型（random network model）。晶子模型认为，玻璃是由极微小的晶体集合体构成，衍射峰的宽度随小晶体的尺寸减小而增大，因而宽化平坦的衍射峰（图 3-2b）可被解释为小晶体集合体的衍射峰。不规则网络模型则认为，玻璃结构是由［SiO_4］四面体之间无序排列，因而形成无周期反复的结构单元。这一争论自 1930 年开始，直到 20 世纪 70 年代中期，认为不规则网络模型更切实际，理由是根据宽化峰宽度计算的玻璃结构中的小晶体尺寸，只有单位晶格大小。

图 3-4 为石英玻璃的网络结构模型。石英玻璃中的 Si—O—Si 键角分布于 120°～180°范围，峰值约 144°（Morri & Warren，1969）。高分辨透射电镜结合振动光谱分析显示，石英玻璃中存在两种不同的结构簇（structure clusters），高分辨电镜照片显示其结构单元尺寸为 5～20nm（Gaskell & Mistry，1979）。

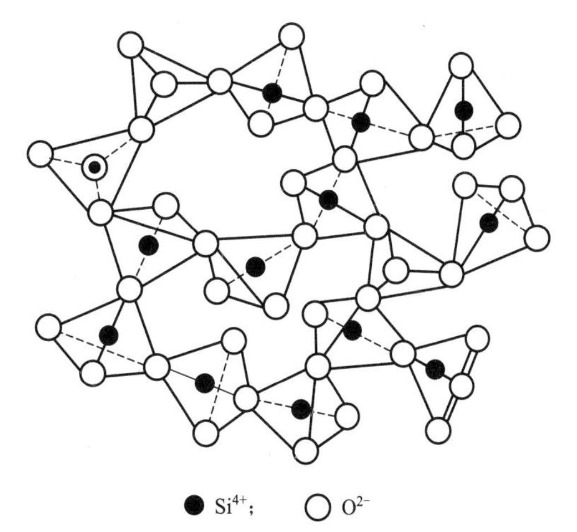

图 3-4　石英玻璃的不规则网络结构模型

依据 Zachariasen 规则，可判断哪些氧化物能够形成大面积的玻璃网络结构（Schaffer et al，1999）：

（1）氧化物玻璃网络由氧的多面体组成；

（2）在玻璃网络中，每个氧原子的配位数应为 2；

（3）在玻璃网络中，每个金属原子的配位数应为 3 或 4，如［SiO_4］、［BO_3］等；

（4）氧化物多面体是以顶点而不是共棱或共面而连接的；

（5）每个多面体最少必须有 3 个顶点与其他多面体连接。

满足 Zachariasen 规则的氧化物能形成大面积的三维玻璃网络，因而被称为成网组分（network former）；其他氧化物不能形成大面积一次键网，但当其与成网氧化物结合时，能破断三维网络的一次键而降低一次键的密度（图 3-5），从而使玻璃的转变温度降低，故此类氧化物被称为变网组分（network modifier）（表 3-1）。

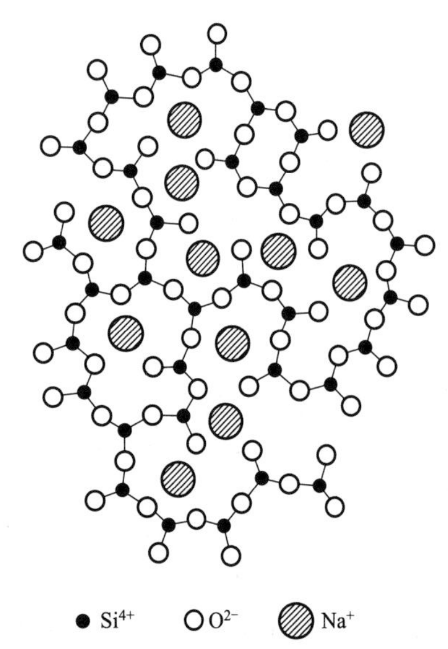

图 3-5　石英玻璃含 Na_2O 时的二维结构模型

表 3-1　氧化物玻璃体系的成网组分和变网组分

成网组分	变网组分
SiO_2	Li_2O
Al_2O_3	K_2O
GeO_2	Na_2O
B_2O_3	Cs_2O
P_2O_5	MgO
As_2O_5	BaO
	CaO
	ZnO
	PbO

注：据 Schaffer 等（1999）。

2. 硅酸盐熔体结构表征

20 世纪 80 年代，基于大量精确的红外和拉曼光谱、核磁共振谱（NMR）测定，确定了二元硅酸盐玻璃中存在 $[SiO_4]^{4-}$（Q^0）、$[Si_2O_7]^{6-}$（Q^1）、$[SiO_3]^{2-}$（Q^2）、$[Si_2O_5]^{2-}$（Q^3）、$[SiO_2]$（Q^4）（Q 的上标表示每个 Si 原子占有的桥氧数），分别相当于岛状、双四面体、单链、层状和架状结构单元（表 3-2）。其相应的 ^{29}Si 的 NMR 谱的特征化学位移分别为 −62、−72、−85、−92、−106，但随金属阳离子的不同而略有变化（表 3-3）。

表 3-2　二元硅酸盐体系中共存的结构单元

NBO/Si	共存的阴离子结构单元	NBO/Si	共存的阴离子结构单元
	Na_2O-SiO_2：		CaO-SiO_2：
>0～0.05	SiO_2，$Si_2O_5^{2-}$	>0～0.3	SiO_2，$Si_2O_5^{2-}$
0.05～1.0	SiO_2，$Si_2O_5^{2-}$，SiO_3^{2-}	0.3～1.0	SiO_2，$Si_2O_5^{2-}$，SiO_3^{2-}
1.0～1.4	$Si_2O_5^{2-}$，SiO_3^{2-}，SiO_4^{4-}	1.0～2.2	$Si_2O_5^{2-}$，SiO_3^{2-}，SiO_4^{4-}
1.4～2.0	$Si_2O_5^{2-}$，SiO_3^{2-}，$Si_2O_7^{6-}$，SiO_4^{4-}	2.2～3.0	SiO_3^{2-}，$Si_2O_7^{6-}$，SiO_4^{4-}
	BaO-SiO_2：	>3.0	SiO_3^{2-}，$Si_2O_7^{6-}$，SiO_4^{4-}，O^{2-}
			$(Ca_{0.5}Mg_{0.5})O$-SiO_2：
>0～0.2	SiO_2，$Si_2O_5^{2-}$	>0～1.2	SiO_2，$Si_2O_5^{2-}$，SiO_3^{2-}
0.2～1.0	SiO_2，$Si_2O_5^{2-}$，SiO_3^{2-}	1.2～2.0	SiO_2，$Si_2O_5^{2-}$，SiO_3^{2-}，SiO_4^{4-}
1.0～1.1	SiO_2，$Si_2O_5^{2-}$，SiO_3^{2-}，SiO_4^{4-}	2.0～2.4	$Si_2O_5^{2-}$，SiO_3^{2-}，SiO_4^{4-}
1.1～2.4	$Si_2O_5^{2-}$，SiO_3^{2-}，$Si_2O_7^{6-}$，SiO_4^{4-}	2.4～3.0	SiO_3^{2-}，$Si_2O_7^{6-}$，SiO_4^{4-}
>2.4	SiO_3^{2-}，$Si_2O_7^{6-}$，SiO_4^{4-}	>3.0	SiO_3^{2-}，$Si_2O_7^{6-}$，SiO_4^{4-}，O^{2-}

注：1. 自由氧（O^{2-}）由质量平衡原理估算；2. 据 Mysen（1990）。

对于岛状至架状硅酸盐成分体系，可由下列反应描述阴离子结构单元之间的化学平衡（Mysen，1990）：

$$2[SiO_4]^{4-} = [Si_2O_7]^{6-} + O^{2-} \tag{3-1}$$

$$3[Si_2O_7]^{6-} = 3[SiO_3]^{2-} + 3[SiO_4]^{4-} \tag{3-2}$$

$$6[SiO_3]^{2-} = 2[Si_2O_5]^{2-} + 2[SiO_4]^{4-} \tag{3-3}$$

$$2[SiO_3]^{2-} = [SiO_2] + [SiO_4]^{4-} \tag{3-4}$$

$$2[Si_2O_5]^{2-} \rightleftharpoons 2[SiO_3]^{2-} + 2[SiO_2] \quad (3\text{-}5)$$

由表 3-2 可见，以上平衡随硅酸盐体系的 NBO/Si（或 NBO/T，每个四次配位阳离子所占有的非桥氧数）值，即熔体的聚合程度不同而变化。换言之，即硅酸盐玻璃中不同结构单元的比例是 NBO/T 的函数，可由变网阳离子的相对含量进行计算（Mysen，1990）：

$$x_i = a + b(\text{NBO/T}) + c(\text{NBO/T})^2 + d(\text{NBO/T})^3 + e(\text{NBO/T})^4 \quad (3\text{-}6)$$

式中，x_i 为硅酸盐阴离子结构单元 i 的摩尔分数，系数 $a \sim e$ 列于表 3-4 中。

表 3-3 硅酸盐晶体的化学位移

化合物	化学位移	多型	化合物	化学位移	多型
	Q^0：			Q^2：	
Mg_2SiO_4	−62		$SrSiO_3$	−85	
$CaMgSi_2O_6$	−66		$BaSiO_3$	−80	
	Q^1：			Q^3：	
$Li_6Si_2O_7$	−72.4		$Li_2Si_2O_5$	−92.5	
$Na_6Si_2O_7$	−68.4		$Na_2Si_2O_5$	−94.5	α 型
$Ca_3Si_2O_7$	−74.5～−76.0	硅钙石	$K_2Si_2O_5$	−91.5～−94.5	
$Ca_2MgSi_2O_7$	−73		$Ba_2Si_2O_5$	−93.6	
	Q^2：			Q^4：	
$MgSiO_3$	−81～83.5	斜顽辉石	SiO_2	−107.1	石英
$CaMgSi_2O_6$	−84		SiO_2	−108.5	方石英
$CaSiO_3$	−88.5	硅灰石	SiO_2	−108.1～−113.9	柯石英

注：据 Mysen（1990）。

表 3-4 阴离子结构单元对变网阳离子相对含量的回归系数

阳离子	a	b	c	d	e
	TO_2：				
K	1.01±0.03	−0.83±0.06	0.16±0.03		
Na	1.01±0.02	−0.76±0.05	0.12±0.03		
Ca	1.00±0.02	−0.76±0.02	0.13±0.01		
Fe^{2+}	0.99±0.02	−0.60±0.05	0.05±0.02		
Mg	0.98±0.03	−0.47±0.07	0.05±0.02		
	T_2O_5：				
K	−0.07±0.03	1.18±0.09	−0.60±0.05		
Na	−0.04±0.01	0.91±0.04	−0.39±0.06	−0.17±0.03	0.08±0.01
Ca	0.06±0.02	0.17±0.14	−0.09±0.02		
Fe^{2+}					
Mg					
	TO_3：				
K	−0.26±0.06	0.58±0.04			
Na	−0.22±0.07	0.57±0.05			
Ca	−0.03±0.01	0.17±0.03	0.32±0.04	−0.10±0.02	−0.001±0.0001
Fe^{2+}	−0.08±0.03	0.87±0.09	−0.29±0.06	0.01±0.01	
Mg	−0.05±0.01	0.86±0.06	−0.26±0.02		

续表

阳离子	a	b	c	d	e
	T_2O_7：				
K					
Na					
Ca	−0.120±0.001	0.500±0.001			
Fe^{2+}	−0.55±0.09	0.27±0.04			
Mg	−0.70±0.10				
	TO_4：				
K					
Na	0.20±0.10	−0.3±0.1	0.09±0.04		
Ca	0.023±0.001		−0.032±0.003	0.49±0.002	−0.001±0.001
Fe^{2+}	−0.03±0.01	0.09±0.02	0.035±0.004		
Mg	−0.04±0.02	0.11±0.03	0.039±0.006		

注：据 Mysen (1990)。

复杂硅酸盐体系的 NBO/T 值可由下式计算（Mysen，1987）：

$$\mathrm{NBO/T}=1/T\cdot\sum M_i^{n+} \tag{3-7}$$

式中，M_i^{n+} 为具有 $n+$ 电价的变网阳离子的比例，T 为四次配位阳离子的比例。

在铝硅酸盐体系中，则存在 $[(Al,Si)O_8]^-$、$[Al_2Si_2O_8]^{2-}$、$[AlO_2]^-$ 结构单元，且其含量是 Al/(Al+Si) 比值的函数：

$$x_i=a+b[\mathrm{Al/(Al+Si)}]+c[\mathrm{Al/(Al+Si)}]^2+d[\mathrm{Al/(Al+Si)}]^3+e[\mathrm{Al/(Al+Si)}]^4 \tag{3-8}$$

式中，x_i 为结构单元 i 的摩尔分数，系数 a～e 见表 3-5。

表 3-5 铝硅酸盐体系阴离子结构单元对 Al/(Al+Si) 比值的回归系数

结构单元	a	b	c	d	e
$(Al,Si)_3O_8^-$	0.92±0.04	−1.5±0.2	0.6±0.2		
$Al_2Si_2O_8^{2-}$	0.012±0.005	2.2±0.8	−3.8±0.4	5.6±0.6	−3.9±0.3
AlO_2^-	0.4±0.2	−2.1±0.7	2.7±0.5		

注：据 Mysen (1990)。

在过碱性铝硅酸盐体系中，存在如下化学平衡：

$$[Si_2O_5]^{2-}+[(MAl)_2O_5]^{2-}=\!=\!=2[SiO_5]^{2-}+2[MAlO_2] \tag{3-9}$$

以上反应随体系 Al/(Al+Si) 比值的增大而向右侧进行，从而导致形成更多的 TO_2 和 TO_3 结构单元。

在过铝质体系中，则还可能存在以下平衡（Mysen，1990）：

$$[Al(\mathrm{IV})O_2]^-+4[SiO_2]=\!=\!=Al^{3+}(\mathrm{VI})+2[Si_2O_5]^{2-} \tag{3-10}$$

即在这种条件下，Al^{3+} 可能以三簇结构单元（tricluster）和变网组分两种形式共存。

对于硅酸盐-磷酸盐体系，P_2O_5 的加入将导致熔体相聚合程度的增大，化学反应为：

$$3M[SiO_3]+P_2O_5=\!=\!=3[SiO_2]+M_3[PO_4]_2 \tag{3-11}$$

而在完全聚合的铝硅酸盐熔体中，加入 P_2O_5 将导致如下溶解反应：

$$6Na[AlSi_3O_8]+P_2O_5=\!=\!=2Na_3[PO_4]+18[SiO_3]^{2-}+6Al^{3+} \tag{3-12}$$

即 P_2O_5 的加入可能导致熔体相聚合程度的降低（Mysen，1990）。

对于多组分硅酸盐体系，各种阴离子结构单元的含量可由公式(3-6)、式(3-8) 计算，但与各变网阳离子相结合的阴离子结构单元的计算值，应与相应变网阳离子的摩尔分数相乘。每一结构单元的总含量，则为与各变网阳离子相结合的阴离子结构单元之和。

例如，对于 $x_{T_2O_5}$ 单元，有

$$X_{T_2O_5} = \sum x_{(T_2O_5)i} \tag{3-13}$$

式中，$x_{(T_2O_5)i}$ 为与变网阳离子 i 相结合的 T_2O_5 单元的摩尔分数。TO_3、T_2O_7、TO_4 单元的含量计算与之类似，TO_2 单元的含量则为：

$$X_{TO_2} = 1.0 - (X_{T_2O_5} + X_{TO_3} + X_{T_2O_7} + X_{TO_4}) \tag{3-14}$$

具体计算时，应首先按照各种阳离子在形成玻璃网络骨架时的结构作用区分成网阳离子和变网阳离子（Mysen，1990）。

3. 硅酸盐-磷酸盐熔体结构

Mysen 等（2001）研究了含磷钠铝硅酸盐熔体中硅酸盐-磷酸盐的相互作用及结构。实验玻璃和熔体相的组成范围为 $0.1[x\text{Na}_2\text{O}-(1-x)\text{Al}_2\text{O}_3]-0.9\text{SiO}_2+2\%$(摩尔分数) P_2O_5。采用多核核磁共振、第一性原理核屏蔽计算与拉曼光谱数据相结合的方法，对 25℃下玻璃和 1200℃以上温度下的熔体结构进行测定。结果表明，在上述玻璃和熔体相中，磷主要以 PO_4、P_2O_7 配合物和 Q_P^n（$n=1\sim4$）的形式存在。Q_P^n 表示一个 PO_4 单元由 n 个桥氧与硅酸盐网络相连接（图 3-6）。

磷在硅酸盐熔体中的溶解机理可概略表示为以下 6 种主要形式：

(1) $$6Q_{Si}^3 + P_2O_5 = 2PO_4 + 6Q_{Si}^4$$

(2) $$4Q_{Si}^3 + P_2O_5 = P_2O_7 + 4Q_{Si}^4$$

(3) $$6Q_{Si}^3 + P_2O_5 = 2Q_P^1 + 4Q_{Si}^4$$

(4) $$4Q_{Si}^3 + P_2O_5 = 2Q_P^2$$

(5) $$2Q_{Si}^3 + 4Q_{Si}^4 + P_2O_5 = 2Q_P^3$$

(6) $$8Q_{Si}^3 + P_2O_5 = 2Q_P^4$$

对应于上列反应的 NBO/T（摩尔分数/% P_2O_5）分别为 0.07、0.05、0.07、0.05、0.023、0.00。基于对 ^{29}Si 和 ^{31}P 的 MAS-NMR 测定结果，以上反应式表明，在 P_2O_5 含量恒定条件下，随 Al_2O_3/Na_2O 比值增大，磷对硅酸盐聚合作用的影响相应减小。

在玻璃转变温度以上，磷酸盐溶质与硅酸盐溶剂之间相互作用随温度而变化，且可分为 3 个成分范围。即：

对于过碱性熔体，随温度升高，磷酸盐物种（species）的聚合度随之增大，而硅酸盐物种的聚合度相应减小：

$$2PO_4 + Q_{Si}^4 = P_2O_7 + Q_{Si}^3 \quad \Delta H = 140\sim190\text{kJ/mol} \tag{3-15}$$

$$P_2O_7 + 5Q_{Si}^4 = 2Q_P^1 + 3Q_{Si}^3 \quad \Delta H = 65\text{kJ/mol} \tag{3-16}$$

式中，Q_{Si}^n、Q_P^n 分别表示具有 n 个桥氧的硅酸盐和磷酸盐结构单元（speciation）。在玻璃转变温度至 900℃，以反应(3-15) 为主；而在更高温度下，主要发生反应(3-16)。随温度升高，两反应均趋向于正向进行。

对于接近准铝酸盐熔体，在玻璃转变温度以上，各 Q_P^n 物种的含量随温度而变化，而硅酸盐物种含量不受温度变化影响：

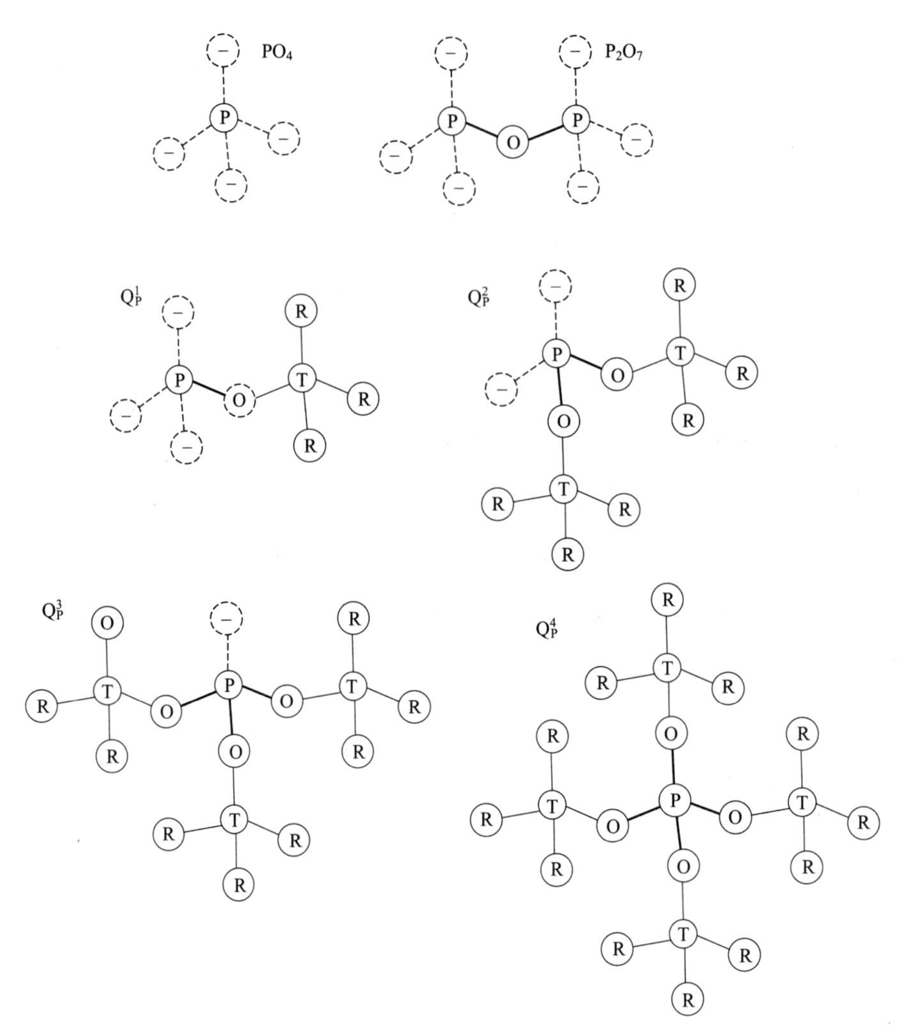

图 3-6　硅酸盐-磷酸盐体系 Q_P^n 结构单元示意图

（据 Mysen et al，2001）

粗线，P—O—T 桥键；虚线，非桥氧键；虚线圆，非桥氧；T，磷酸盐单元相邻四配位阳离子（Al^{3+}、Si^{4+}）；R，铝硅酸盐网络

$$2Q_P^3 = Q_P^2 + Q_P^4 \quad \Delta H = 13 \sim 19 \text{kJ/mol} \tag{3-17}$$

对于过铝质熔体，在玻璃转变温度以上，随温度升高，磷酸盐物种的聚合度减小，而硅酸盐物种的聚合度相应增大：

$$Q_P^4 + Q_{Si}^3 = Q_P^3 + 2Q_{Si}^4 \quad \Delta H = 13 \sim 23 \text{kJ/mol} \tag{3-18}$$

研究表明，熔体在高温区的结构与玻璃相类似，而各物种含量依赖于温度变化。因此，对于过碱性和过铝质熔体，其聚合作用性质随温度变化而更加显著；而对于接近准铝酸盐熔体，则磷酸盐和硅酸盐聚合作用都与温度变化无关，即熔体聚合作用性质对温度变化不甚敏感（Mysen et al，2001）。

综上所述，在富硅的过碱性、准铝质和过铝质硅酸盐玻璃和熔体相中，P_2O_5 溶解过程受硅酸盐网络与磷酸盐各物种之间复杂的相互作用所控制。磷酸盐物种可分为两类：一是出现于碱硅酸盐熔体和玻璃相中，如 PO_4、P_2O_7（及可能的 P_3O_{10}）的磷酸盐物种，其中非桥氧以碱金属如 Na^+ 为终端相连接；二是磷酸盐络合物 Q_P^n，其磷酸盐与硅酸盐网络之间包含桥氧 P—O—T（T＝Al＋Si），以及与碱金属相连接的非桥氧。含有 1～4 个桥氧的磷酸盐物种存在于玻璃与熔体相中，其中某些物种出现于实验研究的所有成分范围。

4. 硅酸盐-钛酸盐熔体结构

天然硅酸盐熔体的 TiO_2 含量极少超过 2.0%。即便如此，TiO_2 仍对液相线温度下的相关系和熔体不混溶作用具有显著影响（Kushiro，1975；Visser et al，1979b）。Dickenson 和 Hess（1985）研究表明，在铝硅酸盐熔体中钛与碱金属（M^+）反应生成钛酸盐络合物：

$$3TiO_2 + M_2O = M_2Ti_3O_7 \tag{3-19}$$

而在过铝质熔体中，则发生如下反应：

$$Al_2O_3 + TiO_2 = Al_2TiO_5 \tag{3-20}$$

以上反应表明，在铝硅酸盐熔体中存在钛酸盐的络合作用。

对硅酸盐-钛酸盐体系熔体结构的谱学和性质研究表明，其中 Ti^{4+} 极可能形成 TiO_4 配位；但在 TiO_2 含量小于约 1.0%条件下，氧化硅的整体结构及缺陷允许容纳六次配位的 Ti^{4+}（Sandstrom et al，1980）。而在 TiO_2 含量大于约 7.0%条件下，至少部分 Ti^{4+} 呈八面体配位。在天然硅酸盐熔体中 TiO_2 含量范围，Ti^{4+} 主要呈四次配位。在这种结构位置，TiO_2 显然是一种具有聚合性质的成网组分（Mysen，1990）。

第二节　硅酸盐熔体 Fe^{3+}-Fe^{2+} 平衡及结构作用

铁是天然硅酸盐熔体中唯一的呈两种价态的主要元素。Fe^{3+}、Fe^{2+} 在熔体中具有不同的结构作用，因而影响熔体的性质，如密度和黏度等。在硅酸盐玻璃中，少量铁及其价态变化即可显著影响其色度和色相。因此，探究硅酸盐熔体 Fe^{3+}-Fe^{2+} 平衡及其结构作用，不仅具有科学意义，同时也具有重要的工程应用价值。

1. Fe^{3+}-Fe^{2+} 平衡热力学

在硅酸盐熔体中，铁的氧化反应可表示为：

$$2FeO(liq) + 0.5O_2(gas) = Fe_2O_3(liq) \tag{3-21}$$

常压下，上列反应的热力学平衡可表示为（Kress et al，1991）：

$$\Delta H^{\ominus} + \int_{T_r,p_r}^{T,p_r} \Delta C_p \mathrm{d}T - T\left(\Delta S^{\ominus} + \int_{T_r,p_r}^{T,p_r} \frac{\Delta C_p}{T}\mathrm{d}T\right) = -RT\ln K \tag{3-22}$$

式中，$\Delta H^{\ominus}$、$\Delta S^{\ominus}$ 分别为在参考温度（T_r）和参考压力（$p_r = 10^5$Pa）下反应(3-21）的焓变与熵变。反应的平衡常数 K 定义为：

$$K = a_{Fe_2O_3}^{liq} / [(a_{FeO}^{liq})^2 \cdot (f_{O_2}^{gas})^{1/2}] \tag{3-23}$$

常压下，铁的还原-氧化平衡符合以下经验公式(Sack et al，1980；Killinc et al，1983；Kress et al，1991)：

$$\ln \frac{x_{Fe_2O_3}}{x_{FeO}} = a\ln f_{O_2} + \frac{b}{T} + c + \sum_i d_i x_i + e\left(1 - \frac{T_0}{T} - \ln\frac{T}{T_0}\right) \tag{3-24}$$

式中，T 为平衡温度，K；T_0 为参考温度（＝1673K）；x_i 为氧化物组分 i 的摩尔分数；参数 a～e 为常数（表 3-6）。

表 3-6 Fe^{3+}-Fe^{2+} 平衡反应热力学拟合参数

参数	Sack 等(1980)	Killinc 等(1983)	Kress 等(1991)
a	0.218	0.219	0.196
b/K	13184.7	12670.0	11492.0
c	−4.50	−7.54	−6.675
$d_{Al_2O_3}$	−2.15	−2.24	−2.243
d_{FeO^*}	−4.50	1.55	−1.828
d_{MgO}	−5.44	—	—
d_{CaO}	0.07	2.96	3.201
d_{Na_2O}	3.54	8.42	5.854
d_{K_2O}	4.19	9.59	6.215
e	—	—	−3.360

注：FeO*，全铁表示为 FeO。

表中 Kress 等（1991）的参数 a～d 是依据 228 套实验资料，采用加权逐步线性回归方法的计算数值，参数 e 直接引自 Stebbins 等（1984）的测定值。实验熔体成分为暗橄白榴岩（ugandite）至安山岩，氧逸度由空气至 IW 缓冲剂（$Fe\text{-}Fe_{1-x}O$），温度 1200～1630℃。应用表中常数，按照式(3-24) 对 10^5Pa 下的实验资料进行反算，可在标准差分别为 0.21% 和 0.42% 的水平上再现实验熔体的 FeO 和 Fe_2O_3 含量。

2. Fe^{3+}-Fe^{2+} 平衡与熔体结构

Mysen（1987）在对硅酸盐熔体结构的研究基础上，采用多元线性回归方法，定量拟合了常压下硅酸盐熔体 Fe^{2+}/Fe^{3+} 比值与平衡温度、氧逸度和熔体结构组分之间的函数关系。计算模型采用如下表达式：

$$\ln(Fe^{2+}/Fe^{3+})=a+b/T+c\ln f_{O_2}+d[Al/(Al+Si)]+e[Fe^{3+}/(Fe^{3+}+Si)]+\sum f_j(NBO/T)_j \tag{3-25}$$

式中，f_j、$(NBO/T)_j$ 分别为变网氧化物 j 的回归系数和 NBO/T 数值，后者可按式(3-6) 由表 3-4 中的系数计算。拟合回归分为简单体系（$M_2O/MO\text{-}SiO_2$，$M_2O/MO\text{-}Al_2O_3\text{-}SiO_2$）、天然岩浆熔体（镁铁质至长英质）和所有熔体，系数 a～f_j 拟合结果见表 3-7。式(3-25) 中各变量均为影响熔体相 $Fe^{3+}/\sum Fe$ 比值的独立变量，而式(3-24) 不反映熔体结构影响该比值的任何信息。三类回归系数的标准差均显著小于按氧化物组分回归结果（Sack et al，1980；Killinc et al，1983），表明 $\ln(Fe^{2+}/Fe^{3+})$ 对熔体结构因子的回归是相对更为可信的热力学表达式。

回归拟合结果表明，在变网阳离子中，$\ln(Fe^{2+}/Fe^{3+})$ 与连接 Ca^{2+}、Na^+、Fe^{2+} 的非桥氧比例呈负相关，而唯有 Mg^{2+} 例外。类似地，$\ln(Fe^{2+}/Fe^{3+})$ 也随 $Fe^{3+}/(Fe^{3+}+Si)$ 增大而快速减小，随 [Al/(Al+Si)] 变化显示类似趋势，而天然熔体例外（表 3-7）。其原因可能是，天然熔体的 [Al/(Al+Si)] 比值仅为 0.15～0.25，而简单体系熔体该比值为 0.0～0.43。故对后者的回归分析结果更为可信。

Fe^{3+}-Fe^{2+} 平衡热力学模型 [式(3-25)，表 3-7] 可用作氧逸度计。由此反算所有回归熔体的氧逸度（$\lg f_{O_2}$），与实测值相比，54% 的样品差值 $<\pm0.5$ 对数单位，差值 $<\pm1.0$、$<\pm1.5$ 者分别占 85% 和 95%（Mysen，1987）。

表 3-7　Fe^{3+}-Fe^{2+} 平衡反应热力学熔体结构拟合参数

参数	简单体系($n=267$)	天然熔体($n=193$)	所有熔体($n=460$)
a(常数)	10.814	4.384	15.437
$b(1/T)$	−19890	−9077	−28480
$c(\ln f_{O_2})$	−0.3210	−0.1420	−0.3484
$d[Al^{3+}/(Al^{3+}+Si)]$	−1.535	1.621	−1.309
$e[Fe^{3+}/(Fe^{3+}+Si)]$	−4.067	−9.875	−2.121
$f(NBO/T)_{Mg}$	0.494	0.8607	0.6662
$f(NBO/T)_{Ca}$	−0.5228	−0.6560	−0.5255
$f(NBO/T)_{Na}$	−1.584	−1.194	−1.125
$f(NBO/T)_{Fe^{2+}}$	−1.951	−2.310	−3.215

3. Fe^{3+}-Fe^{2+} 平衡的结构作用

对大量含铁体系熔体的穆斯堡尔同质位移谱学研究表明，Fe^{3+} 在相对氧化（$Fe^{3+}/\sum Fe>0.5$）条件下呈四面体配位，相对还原（$Fe^{3+}/\sum Fe<0.3$）条件下呈八面体配位，而在过渡状态（$Fe^{3+}/\sum Fe=0.3\sim0.5$）下，则四面体与八面体两种配位共存（Mysen，1990）。

对于含铁硅酸盐熔体，Fe^{2+}/Fe^{3+} 比值以及围绕 Fe^{3+}、Fe^{2+} 的氧配位都与非桥氧的比例有关。因此，任何影响 $Fe^{3+}/\sum Fe$ 的变量都将影响熔体聚合度及与 NBO/T 相关的熔体性质。

Fe^{3+} 由四面体转变为八面体配位受 $Fe^{3+}/\sum Fe$ 比值所控制，并将导致 NBO/T 值增大。在 SiO_2 熔体中，Fe^{3+} 配位转变可表示为如下简单形式：

$$4SiO_2+Fe(\mathrm{IV})O_2^- \xlongequal{} Fe(\mathrm{VI})^{3+}+2Si_2O_5^{2-} \tag{3-26}$$

$$K_{3-26}=[Fe(\mathrm{VI})^{3+}][Si_2O_5^{2-}]^2/[SiO_2]^4[Fe(\mathrm{IV})O_2^-] \tag{3-27}$$

上式中，Fe^{3+} 由四次配位转变为六次配位，导致熔体的 NBO/T 由 0→1。

氧逸度减小将导致 $Fe^{3+}/\sum Fe$ 减小和 Fe^{3+} 配位转变，进而引起熔体结构的解聚作用。Fe^{3+} 配位的逐渐转变会导致 $\Delta(NBO/T)/\Delta(f_{O_2})$ 减小，直至全部 Fe^{3+} 转变为八面体配位。此时 $\Delta(NBO/T)/\Delta(f_{O_2})$ 符号因发生如下还原氧化平衡反应而发生改变（Mysen，1990）：

$$4Fe(\mathrm{VI})^{3+}+2Si_2O_5^{2-} \xlongequal{} 4Fe^{2+}+4SiO_2+O_2 \tag{3-28}$$

$$K_{3-28}=[Fe^{2+}]^4[SiO_2]^4 f_{O_2}/[Fe(\mathrm{VI})^{3+}]^4[Si_2O_5^{2-}]^2 \tag{3-29}$$

上式表明，随着体系氧逸度的减小，$Fe^{3+}/\sum Fe$ 相应减小，从而导致 Fe^{3+} 发生还原而使熔体聚合度相应增大，即其 NBO/T 由 1→0。

第三节　含水硅酸盐熔体结构及作用机理

含水硅酸盐熔体结构不同于干熔体相，H_2O 在熔体相的溶解过程将显著改变熔体结构，进而影响熔体性质、组分活度及液线相关系和其他热力学性质。

1. 含水硅酸盐熔体结构表征

Mysen(2010) 采用共焦显微拉曼 (confocal microRaman) 和傅里叶红外光谱仪 (FTIR), 原位测定了水饱和过碱性铝硅酸盐熔体及共存的硅酸盐饱和流体及超临界富硅酸盐液体相的结构。测定条件：温度达 800℃，压力约 800MPa；两种含铝硅酸盐玻璃相成分为 $Na_2O\cdot 4SiO_2$-$Na_2O\cdot 4(NaAl)O_2$-H_2O，分别相当于 Al_2O_3 含量（摩尔分数）5%和 10%(NA5,NA10)。

结果表明，分子水（$H_2O°$）和与阳离子键合的 OH 均存在于上述三相中。$OH/H_2O°$ 比值与平衡温度和压力（相应地，f_{H_2O}）呈正相关，且在实验温压范围内，$(OH/H_2O°)^{melt}>(OH/H_2O°)^{fluid}$；结构单元 Q^3、Q^2、Q^1、Q^0 共存于熔体、流体和超临界液相中；随 f_{H_2O} 增大，Q^0、Q^1 比例相应增大，而 Q^2、Q^3 随之减小（表 3-8）。因此，熔体相的 NBO/T 值与 f_{H_2O} 呈正函数关系；而共存的流体相硅酸盐的 NBO/T 值对 f_{H_2O} 变化不甚敏感。

表 3-8　与流体相共存硅酸盐熔体中 Q^n 结构单元的摩尔分数

样品号	温度/℃	压力/MPa	f_{H_2O}/MPa	Q^0	Q^1	Q^2	Q^3
NA5	200	0.1	0.1	0.041	0.13	0.61	0.22
	400	247	48	0.014	0.13	0.69	0.17
	600	532	327	0.10	0.26	0.53	0.10
	800	799	1009	0.27	0.43	0.27	0.03
NA10	200	0.1	0.1	n. d.	n. d.	0.56	0.43
	400	242	47	0.04	0.23	0.51	0.22
	600	526	321	0.029	0.339	0.55	0.08
	800	791	987	0.24	0.35	0.38	0.028

注：n. d.，小于检测限；据 Mysen（2010）。

水在硅酸盐熔体相中的溶解平衡反应如下：

$$H_2O°(melt)+O(melt)=\!=\!=2OH(melt) \tag{3-30}$$

显然，熔体相中 Q^n 单元的含量变化将导致熔体结构的解聚作用增大。以 NBO/T 表征熔体结构的聚合度，则

$$NBO/T=\sum_{n=0}^{n=4}X_{Q^n}\cdot(nbo/t)_{Q^n} \tag{3-31}$$

式中，NBO 为非桥氧，T 为四次配位阳离子（=Si+Al），X_{Q^n} 为 Q^n 单元的摩尔分数，$(nbo/t)_{Q^n}$ 为 Q^n 单元中每个四配位阳离子的非桥氧。

铝硅酸盐熔体结构解聚作用随 f_{H_2O} 升高而增强，反映了 Q^0、Q^1 比例增大，而 Q^2、Q^3 相应减小。与无铝硅酸盐熔体（Mysen，2009）相比，含铝熔体这一效应更为显著。

熔体相 Q^n 含量变化类似于作为 H_2O 含量函数的淬火熔体相。在高温、高压条件下，对于含水无铝硅酸盐熔体，其 H_2O 含量与熔体结构的关系可概略表示为（Mysen，2009）：

$$Q^n(M)+H_2O=\!=\!=Q^{n-1}(H) \tag{3-32}$$

式中，Q^{n-1}(H) 表示其 H^+ 与氧形成 Si—OH 键的结构单元；Q^n(M) 为与金属离子 M 形成 Si—OM（此处为 Si—ONa）的单元。

铝硅酸盐熔体更广泛的解聚作用反映了溶解水与熔体中 Al^{3+} 之间的相互作用。四面体

配位 Al^{3+} 与溶解 H_2O 形成 Al—OH 键，则相当于干熔体中与四配位 Al^{3+} 起平衡电荷作用的碱金属在含水熔体相将转变为变网组分（Mysen & Virgo，1986）。H_2O 与铝硅酸盐之间此种相互作用可概略表示为（Mysen，2010）：

$$Q^n_{Al}(M)+H_2O═══Q^{n-1}(H)+Al—OH+M_2O_Q \tag{3-33}$$

式中，$Q^n_{Al}(M)$ 表示含有四面体配位 Al^{3+} 及与非桥氧键合的变网阳离子 M（此处为 Na）的结构单元；$Q^{n-1}(H)$ 表示含有与氧键合 H^+ 的单元；Al—OH 表示 OH 与 Al^{3+} 键合；M_2O 为熔体相中的变网组分。

2. 水成核作用与反应平衡

在铝硅酸盐熔体中，水的溶解将破断四面体网络的化学键，导致熔体结构解聚（图 3-7）和黏度减小（Richet et al，1996）。依赖于水含量、成核作用与熔体成分，水对铝硅酸盐熔体的性质起着复杂的作用。已知熔体相中的水以分子水（$H_2O°$）和羟基水（OH）两种形式存在（图 3-8），而随碱金属离子半径的减小（$K^+ \rightarrow Na^+ \rightarrow Li^+$），OH/$H_2O°$比值相应显著减小（Le Losq et al，2015）；水的成核作用则依赖于温度、压力和水含量（Stolper，1982）。水依赖于硅酸盐熔体相总成分不同而具有两性行为：在聚合的硅质熔体（SiO_2 质量分数>60%）中，水作为最强的变网组分而破断硅酸盐网络（Zeng et al，2000）；而在解聚的如玄武岩熔体中，则与之相反，水具有稳定硅酸盐网络的趋势。

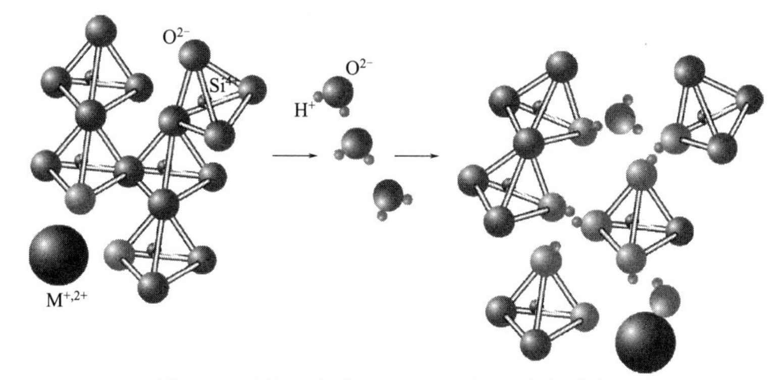

图 3-7　硅酸盐熔体相 H_2O 的解聚效应示意图

（据 Le Losq et al，2013）

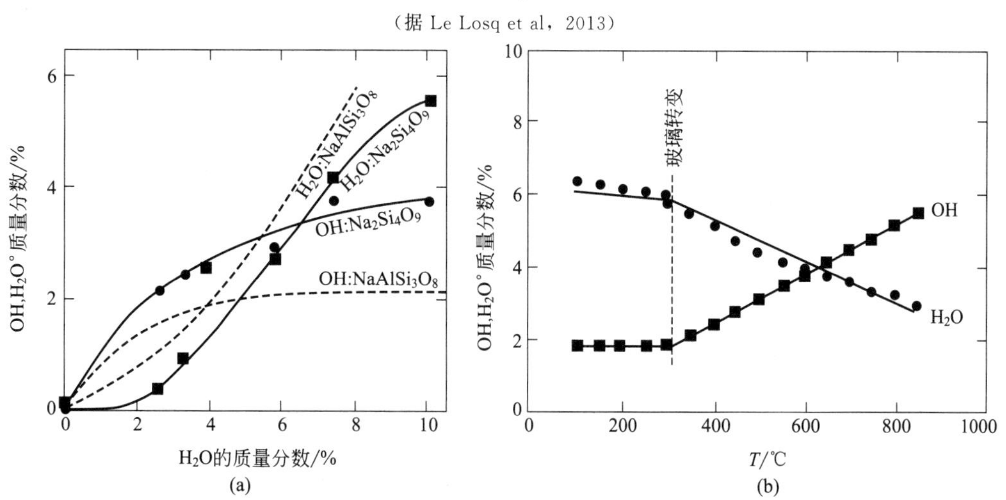

图 3-8　硅酸盐熔体中分子水和羟基水与 H_2O 含量（a）及温度（b）关系图

（据 Mysen，2014）

不同键合类型的 OH 族与熔体网络的相互作用由如下不同反应所驱动（Le Losq et al, 2013）：

$$\mathrm{Si—O—Si+H_2O^{\circ}=\!=\!=2Si—OH} \tag{3-34}$$

$$\mathrm{Si—O—Al+H_2O^{\circ}=\!=\!=Si—OH+Al—OH} \tag{3-35}$$

$$\mathrm{Al—O—Al+H_2O^{\circ}=\!=\!=2Al—OH} \tag{3-36}$$

$$\mathrm{M—O—M+H_2O^{\circ}=\!=\!=2M—OH} \tag{3-37}$$

$$\mathrm{Si—O—M+H_2O^{\circ}=\!=\!=Si—OH+M—OH} \tag{3-38}$$

$$\mathrm{Al—O—M+H_2O^{\circ}=\!=\!=Al—OH+M—OH} \tag{3-39}$$

以上反应可看作发生于铝硅酸盐熔体网络之中，其中 M 为变网组分，Si、Al 属成网组分。基于“Al 回避（avoidance）”原理（Loewenstein，1954），反应(3-36）至少在某些体系中可不予考虑。

水的两性行为表明水分子解离为 H^+ 和 OH^-，与水作为液态溶剂类似：

$$\mathrm{H_2O^{\circ}(melt)=\!=\!=H^+(melt)+OH^-(melt)} \tag{3-40}$$

研究表明：①H^+ 与 OH^- 可重新结合生成 H_2O°；②OH^- 与 M 型变网组分相联结，而 H^+ 与非桥氧（O^-）联结生成 T—OH 族（T=Si，Al）：

$$\mathrm{T—O^-+H^+=\!=\!=T—OH} \tag{3-41}$$

$$\mathrm{M^++OH^-=\!=\!=M—OH} \tag{3-42}$$

以上模型基于对含有不同 M 型阳离子相互作用的热化学循环的研究，水解离反应(3-40）的 Arrhenius 函数为：

$$\lg K_{3-40}=4.359-3629.59/T \tag{3-43}$$

显然，温度对平衡常数的影响显著大于硅酸盐基成分的化学效应，即 H_2O/OH 成核作用显著依赖于水的解离反应平衡温度。

以 Na_2O-SiO_2 体系为例，在干熔体中 Na^+ 将与非桥氧键合；而在含水熔体体系中，则除发生如反应(3-34）外，与 Na^+ 的结构相互作用可表示为如下反应(Mysen，2014)：

$$\mathrm{2Q^3(Na)+H_2O=\!=\!=Q^4+2NaOH} \tag{3-44}$$

即在干熔体相中与 Q^3 单元中的非桥氧相键合的成网组分 Na^+，在 Na_2O-SiO_2-H_2O 熔体中则与 H_2O 反应而生成 NaOH 络合物（complex），从而导致干熔体时 Q^3 中的非桥氧转变为含水熔体相更高聚合度单元 Q^4 中的桥氧。

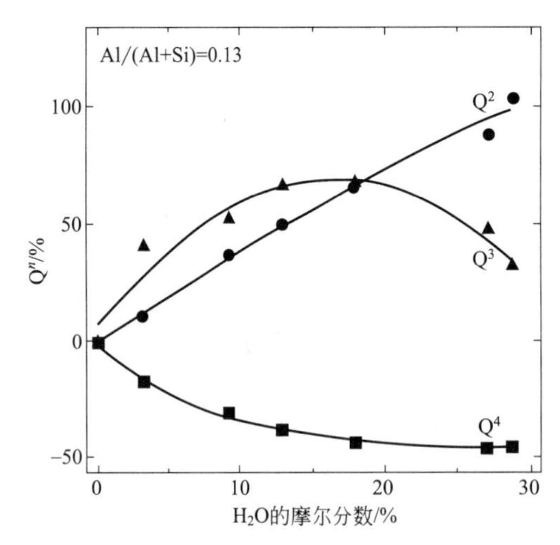

图 3-9 淬火铝硅酸盐熔体（100℃/s，1400℃/1.5GPa）结构变化与水含量关系图（据 Mysen，2014）

在铝硅酸盐熔体中，Al—OH 键形成可表示为铝酸盐络合物 $M_{1/m}^{m+}Al_mO_{2m}$，来描述硅酸盐成核作用。以 $Al(OH)_3$ 表示熔体相生成的 Al—OH 键：

$$2M_{1/m}^{m+}Al_mO_{2m}+3/m\,H_2O+2Q^n \rightleftharpoons 2/m\,Al(OH)_3+2Q^{n-1}(1/m\,M^{m+}) \tag{3-45}$$

四面体配位 Al^{3+} 转变为含羟基络合物，导致硅酸盐熔体聚合度减小。对于 Na_2O-Al_2O_3-SiO_2-H_2O 体系，熔体结构单元 Q^n 比例变化与总水含量成函数关系（图 3-9）。随着聚合单元 Q^4 的比例减小，解聚单元 Q^3、Q^2 随之呈规律变化，重要性依次增大。

第四节　硅酸盐熔体结构-物性表征

铝硅酸盐熔体结构作为温度、压力和体系成分的函数，是物性表征的基础。主要物性包括黏度、压缩性、膨胀性、导电性、摩尔体积和密度等，它们也是硅酸盐材料工艺控制和性能设计的重要依据。

1. 硅酸盐熔体的摩尔体积与黏度

在流纹岩至玄武岩成分范围内，硅酸盐熔体中主要氧化物组分的偏摩尔体积与体系组成无关。复杂硅酸盐熔体的摩尔体积 V 可由下式计算（Mo et al，1982；Bottingga et al，1983）：

$$V=\sum X_i\overline{V}_i \tag{3-46}$$

式中，$\overline{V}_i$ 和 X_i 分别为氧化物组分 i 的偏摩尔体积和摩尔分数。

对火成岩数据库 RKNFSYS 中 2607 个全岩化学成分进行计算，主要岩类的平均摩尔体积分别为（cm^3/mol）：流纹岩（$n=367$），28.3±0.4；安山岩（1987），26.3±0.7；拉斑玄武岩（287），24.0±0.5；碧玄岩（266），23.8±0.9。

采用最小二乘法拟合，硅酸盐熔体的摩尔体积与其三维网络单元 TO_2 之间存在如下线性关系（Mysen，1990）：

$$V=16.33\pm0.05+11.72\pm0.07X_{TO_2} \tag{3-47}$$

显然，硅酸盐熔体的摩尔体积受各结构单元的比例所控制。换言之，若熔体相的 X_{TO_2} 值已知，则可近似计算其摩尔体积。

硅酸盐熔体的黏度（η，poise）与温度有关，其简要表达式可写为 Ahrrenius 公式（Mysen，1990）：

$$\lg\eta=\lg\eta_0+E_\eta/(RT) \tag{3-48}$$

式中，η_0 为常数（指前因子）；E_η 为黏滞流的活化能，kcal/mol；R 为气体常数；T 为热力学温度，K。

常压下在超液相线温区，硅酸盐熔体的黏度和活化能可采用 Bottinga-Weill 模型（1972）计算。在设定 1300℃下，计算得各主要岩类的岩浆黏度分别为（$\lg\eta$，poise）：流纹岩，4.8±0.3；安山岩，3.7±0.5；拉斑玄武岩，2.2±0.2；碧玄岩，1.7±0.3。

计算结果显示，天然硅酸盐熔体的黏度与其 NBO/T 值大致成正相关关系。其他影响黏度的因素主要包括变网阳离子、与四面体配位的 Al^{3+} 平衡电荷阳离子两者的类型和比例，以及 $Fe^{3+}/\sum Fe$ 比值（Mysen，1990）。后者则受体系温度和氧逸度所控制。

2. 复杂硅酸盐熔体黏度与玻璃转变温度

Giordano 等（2008）基于 1770 余个无水和含挥发分（H_2O，F）硅酸盐熔体的黏度测定数据，采用 Arrhenian-Newtonian 黏度（作为温度和熔体成分的函数）模型，用于预测复杂硅酸盐熔体的黏度，以及玻璃转变温度（T_g）和熔体脆性（fragility，m）。

采用以下氧化物表征熔体成分（摩尔分数，%）：SiO_2、TiO_2、Al_2O_3、FeO_t（全铁作为 FeO）、MnO、MgO、CaO、Na_2O、K_2O、P_2O_5、H_2O、F_2O_{-1}（Giordano et al，

2004)。熔体黏度与温度的依赖关系采用VFT方程（Vogel，1921；Fulche，1925）来描述：

$$\lg\eta = A + B/[T(\mathrm{K}) - C] \tag{3-49}$$

式中，A、B、C为调整参数，分别表示指前因子、表观活化能和VFT温度。

基于前人理论分析，设定参数A（$\lg\eta$，Pa·s）对于所有熔体皆为常数，即在某一高温下所有熔体的黏度将收敛为同一常数。换言之，在超液相线温区，所有硅酸盐熔体将转变为高度解离液体，而无论低温结构如何，其黏度将收敛为一较低极限值。

参数B、C表征熔体成分对其黏度的影响。其函数形式表示为氧化物组分的线性集合，以及附加的氧化物交叉项乘积之和（Giordano et al，2008）：

$$B = \sum b_i M_i + \sum b_{1j}(M1_{1j} \cdot M2_{1j}) \tag{3-50}$$

$$C = \sum c_i N_i + c_{11}(N1_{11} \cdot N2_{11}) \tag{3-51}$$

式中，M、N分别为参数B、C计算式中的氧化物组分（摩尔分数,%），包括挥发分（H_2O，F_2O_{-1}）含量的算法。上两式中的17个未知系数拟合结果见表3-9，可用以计算任一熔体成分的B、C参数值。参数A拟合值为$-4.55(\pm0.21)$(信度95%)。

表3-9　硅酸盐熔体VFT参数B、C的拟合系数

参数	氧化物	系数	参数	氧化物	系数
b_1	SiO_2+TiO_2	159.6	c_1	SiO_2	2.75
b_2	Al_2O_3	−173.3	c_2	TA	15.7
b_3	$FeO_t+MnO+P_2O_5$	72.1	c_3	FM	8.3
b_4	MgO	75.7	c_4	CaO	10.2
b_5	CaO	−39.0	c_5	NK	−12.3
b_6	Na_2O+V	−84.1	c_6	$\ln(1+V)$	−99.5
b_7	$V+\ln(1+H_2O)$	141.5	c_{11}	$(Al_2O_3+FM+CaO-P_2O_5)\cdot(NK+V)$	0.30
b_{11}	$(SiO_2+TiO_2)\cdot FM$	−2.43			
b_{12}	$(SiO_2+TA+P_2O_5)\cdot(NK+H_2O)$	−0.91			
b_{13}	$Al_2O_3\cdot NK$	17.6			

注：$V=H_2O+F_2O_{-1}$，$TA=TiO_2+Al_2O_3$，$FM=FeO_t+MnO+MgO$，$NK=Na_2O+K_2O$；氧化物单位，摩尔分数（%）。

采用该模型，对无水和含水熔体黏度（$\lg\eta$）的计算精度分别为±0.25和±0.35。

硅酸盐熔体的黏度模型可用于探索玻璃体系物质的移动性质，如玻璃转变温度和脆性。前者即硅酸盐熔体与玻璃态的临界点，相当于熔体黏度为10^{12}Pa·s时的温度，可由公式(3-49)计算（Angell，1985；Dingwell et al，1993）：

$$T_g(\mathrm{K}) = C + B/(12 - A) \tag{3-52}$$

在此温度下的黏度值相当于宏观熔体性质的弛豫时标约15min和冷却速率约10K/min。

熔体脆性是熔体结构和流动性质随温度变化敏感性的度量，用以区分玻璃体系物质坚固与易碎两种极端行为（Angell，1985）：坚固熔体显示近于Arrhenian温度依存性，即随温度改变而显示对结构变化的坚固阻力；反之，易碎熔体则显示非Arrhenian温度依存性，即热扰动伴随着结构的连续变化。

陡度指数（m）是熔体脆性的通用度量（Plazek & Ngai，1991），用于示踪熔体偏离Arrhenian行为的程度，以区分坚固与易碎两类熔体。本质上，陡度指数是在玻璃转变温度下熔体黏度轨迹的斜率：

$$m = \left.\frac{\mathrm{d}(\lg\eta)}{\mathrm{d}(T_g/T)}\right|_{T=T_g} = \frac{B}{T_g(1 - C/T_g)^2} \tag{3-53}$$

式中，B、C 和 T_g 为熔体相的特征性质。m 低值与高值分别对应于坚固熔体和易碎熔体。挥发分对熔体相的主要影响是引起玻璃转变温度 T_g 的急剧降低和陡度指数 m 的相应减小。如当 H_2O 含量（摩尔分数）为 20%时，对 T_g 和 m 相对减小幅度分别达 50%和 30%。富挥发分熔体黏度对温度的依存性，可能与包含挥发组分受控于温度的成核反应有关（Kohn，2000）。

3. 含水流纹岩熔体的黏度模型

Zhang 等（2003）基于含水流纹岩熔体在冷却过程的成核反应动力学与气泡生长实验，提出了新的黏度模型。实验熔体的黏度范围为 $10^9 \sim 10^{15}$ Pa·s，冷却过程中成核反应温区为玻璃转变点至表观平衡温度。在给定温压条件下，含水流纹岩熔体黏度与水含量的依存关系为：

$$\frac{1}{\eta}=\frac{1}{\eta_1}+\left(\frac{1}{\eta_2}-\frac{1}{\eta_1}\right)x^n \approx \frac{1}{\eta_1}+\frac{1}{\eta_2}x^n \tag{3-54}$$

式中，η 为黏度；$1/\eta$ 为流动性；η_1 为干熔体黏度；x 为总溶解水（H_2O_t）的摩尔分数；n 和 η_2 为拟合参数，后者可视为由纯水构成假熔体的黏度。

对上式取对数，则得如下熔体黏度模型：

$$\lg\eta=-\lg\left[\frac{1}{\eta_1}+\left(\frac{1}{\eta_2}-\frac{1}{\eta_1}\right)x^n\right] \tag{3-55a}$$

其中，$\eta_1=\exp(-18.5611+49584/T)$；$\eta_2$ 表征熔体黏度对温度的非 Arrhenian 依存性，拟合为 $\lg\eta_2=a+(b/T)^m$。

采用上述函数形式，对温度为 570～1920K 和总水含量（质量分数）为 6×10^{-6}～8.2%的流纹岩熔体黏度数据进行加权非线性回归，获得如下非 Arrhenian 黏度模型：

$$\lg\eta=-\lg\{\exp(18.5611-49584/T)+\exp[1.47517-(1795.5/T)^{1.9448}]x^{1+(1812.2/T)^2}\} \tag{3-55b}$$

式中，T 为温度，K；x 为以单个氧原子为基准总溶解水的摩尔分数；熔体成分限定为成网组分摩尔分数（$SiO_2+NaAlO_2+KAlO_2$）$=0.847\pm0.007$ 的流纹岩或准铝质淡色花岗岩。该式对实验熔体黏度（$\lg\eta$）的 2σ 拟合精度为 0.36，明显优于前人有关含水流纹岩熔体黏度的类似模型（Hess & Dingwell，1996）。后者的 2σ 误差为 0.92 对数单位。

4. 硅酸盐矿棉纤维的熔体密度与黏度模型

矿棉是许多由纤维构成的无机绝缘材料的统称。依据其加工原料分为不同的亚类，如岩棉、玻棉、渣棉等。矿棉生产原料主要有辉绿岩、角闪岩、白云岩、花岗岩、玄武岩和石灰岩等。矿棉具有非晶质结构，因而具有优良的隔声、绝热性能。矿棉熔体的密度、黏度和表面张力对于熔体裂解过程至关重要。Blagojević 等（2002）给出了预测实际生产中矿棉纤维直径（thickness）的多元回归模型，其中熔体密度 ρ 和动态黏度 η(kg/ms) 是重要参数。

硅酸盐熔体的密度定义为：

$$\rho=\frac{M}{V}=\frac{\sum_{i=1}^{N}x_i\overline{M}_i}{\sum_{i=1}^{N}x_i\overline{V}_i} \tag{3-56}$$

式中，ρ 为熔体密度，g/cm^3；M、V 分别为熔体的摩尔质量和体积；x_i 为熔体相氧化物组

分 i 的摩尔分数；$\overline{M}_i$、$\overline{V}_i$ 分别为组分 i 的偏摩尔质量和体积。

设定矿棉纤维熔体成分为 K_2O-Na_2O-CaO-MgO-FeO-Fe_2O_3-Al_2O_3-TiO_2-SiO_2 九元体系，在 1573～1873℃温区，对 67 个多组分硅酸盐熔体的摩尔体积数据（Lange & Carmichael，1987）按下式进行拟合（Širok et al，2005）：

$$V(T)=\sum_{i=1}^{N=9}x_i\cdot\overline{V}_{i,1773}+\sum_{i=1}^{N=9}x_i\cdot(\partial\overline{V}_i/\partial T)(T-1773)=\cdots$$
$$=\sum_{i=1}^{N=9}x_i\cdot\overline{v}_i+\sum_{i=1}^{N=9}x_i\cdot\overline{\mu}_i\cdot(T-1773) \quad (3\text{-}57)$$

式中，$\overline{v}_i$、$\overline{\mu}_i$ 分别为线性回归系数和温度梯度系数（表 3-10），拟合模型的复相关系数 R^2 为 0.994。对实验测定的 1300～1896K 温区的熔体摩尔体积数据，采用以上回归模型进行预测，两者平均残差为±0.271cm^3。

表 3-10 硅酸盐矿棉熔体摩尔体积的拟合系数

组分	SiO_2	TiO_2	Al_2O_3	Fe_2O_3	FeO	MgO	CaO	Na_2O	K_2O
$\overline{v}_i$	25.178	24.227	39.126	44.457	11.731	14.110	18.677	35.872	49.978
$\overline{\mu}_i$	−0.0025	0.0027	−0.0096	−0.0229	0.0138	0.0041	0.0081	0.0158	0.0190

采用 Lakatos 等（1981）的回归模型来拟合矿棉熔体的动态黏度对成分的依存关系。设定在动态黏度 $\lg\eta=1.5$、2.0、2.5(dPa·s) 条件下，由已知熔体成分计算熔体温度（Širok et al，2005）：

$$T=A\left(\frac{b_0-SiO_2-b_1\cdot Al_2O_3}{b_2\cdot CaO+b_3\cdot MgO+b_4\cdot Alk+b_5\cdot FeO+b_6\cdot Fe_2O_3}\right) \quad (3\text{-}58)$$

式中，T 为熔体温度,℃；b_0、b_1、b_2、b_3、b_4、b_5、b_6、A 为 Lakatos 近似常数（表 3-11）；氧化物组分含量为质量分数（%）。

基于 Vogel-Fulche-Tammann 方程（Kapplan-Dietrich et al，1995），常数 B_0、T_0、B_1 可由不同黏度下的温度 $T(\lg\eta=1.5)$、$T(\lg\eta=2.0)$、$T(\lg\eta=2.5)$ 来计算：

$$\lg\eta=B_0+\frac{B_1}{T+T_0} \quad (3\text{-}59)$$

由上式可计算任一温度下硅酸盐熔体的动态黏度。

经实际应用检验，Lakayos 模型适用于以下硅酸盐熔体成分范围（质量分数,%）：SiO_2 35～42，Al_2O_3 15～20，Fe_2O_3 2～6，MgO 0～12，CaO 16～20，Na_2O 0～4。除 1100℃ 的低温测定数据外，采用该模型计算的动态黏度与实际测定值的相对误差为±18%，相当于平均标准差仅为±9dPa·s。

表 3-11 硅酸盐矿棉熔体动态黏度的 Lakatos 模型拟合常数

系数	$\lg\eta=1.5$	$\lg\eta=2.0$	$\lg\eta=2.5$
A	1375.76	1272.64	1192.44
b_0	122.29	117.64	112.99
b_1	1.06247	1.05336	1.03567
b_2	1.57233	1.42246	1.27336
b_3	1.61648	1.48036	1.43136
b_4	1.44738	1.51099	1.41448
b_5	1.92899	1.86207	1.65966
b_6	1.47337	1.36590	1.20929

5. 非均质硅酸盐熔体的黏度模型

Liu 等（2017）研究了近 50 年来有关含有结晶相的非均质硅酸盐熔体黏度测定数据，基于对熔体结构变化与固相比例的相关性分析，将非均质熔体相对黏度分为三个流变区：①似液相区（固相 $\Phi<40\%$），熔体黏度随固相比例升高而相应增大；②过渡区（$\Phi=40\%\sim90\%$），黏度随固相比例升高而急剧增大，直至出现拐点；③似固相区（$\Phi>90\%$），黏度渐近式增大至最高值。含有结晶固相的非均质熔体的微观结构如图 3-10 所示。

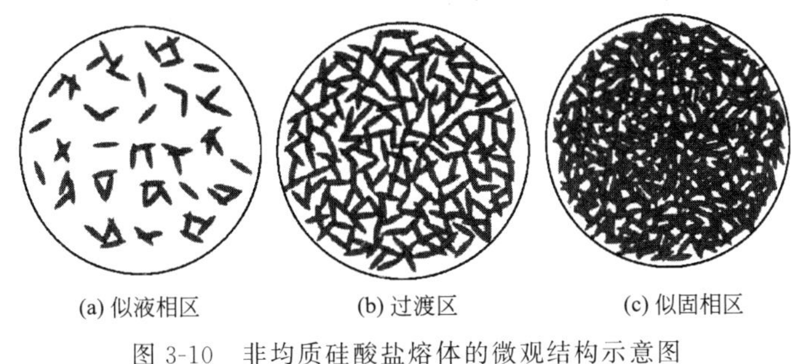

(a) 似液相区　(b) 过渡区　(c) 似固相区

图 3-10　非均质硅酸盐熔体的微观结构示意图

（据 Liu et al，2017）

考虑以下限定条件：①当 $\Phi=0$ 时，熔体相对黏度 $\eta_r=1$；②$\Phi=100\%$，$\eta_r=\eta_{r(max)}$（似固相区渐近式黏度）。采用改进的 Avrami 方程：

$$\lg\eta_r=\frac{\lg\eta_{r(max)}}{1-\exp(k)}[1-\exp(-k\Phi^n)] \tag{3-60}$$

式中，k、n 为常数；Φ 为固相体积分数，%。整理上式，得新的相对黏度模型：

$$\eta_r=\eta_{r(max)}^{\frac{1-\exp(-k\Phi^n)}{1-\exp(-k)}} \tag{3-61}$$

上式中各参数的物理意义：①$\lg\eta_{r(max)}$ 限定了似固相区非均质熔体的渐近式黏度，此时硅酸盐熔体总体上显示全晶质固体的性质，$\lg\eta_{r(max)}$ 变化反映固相不同的强度/黏度比值；②n 主要控制过渡区的起始点，反映固体骨架开始形成，故 n 是表征粒子相互接触趋势的参数，受粒子形状、尺寸和外施应变速率的影响；③k 主要制约似固相区的临界固相比例，显示刚性锁定骨架的形成，因而 k 也与结构与实验条件（应变速率）有关。此外，参数 n 和 k 对黏度曲线的影响并非作为独立变量。

采用上述相对黏度模型，对文献中代表性非均质硅酸盐熔体黏度进行拟合，计算结果见表 3-12 和图 3-11。其中实验熔体黏度分别采用 Shaw 方程（Molen et al，1979；Arzi，1978）和 TVF 方程（Lejeune et al，1995）计算，或设定为 100～1000Pa・s（Scott et al，2006）。

表 3-12　代表性非均质硅酸盐熔体相对黏度拟合结果

序号	体系组成	固相体积分数/%	温度/K	应变速率/s^{-1}	$\lg\eta_{r(max)}$	k	n	R^2
1	拉斑玄武岩＋细粒橄榄石	70～85	1499～1556	$10^{-6}\sim10^{-2}$	8.31	94.26	13.06	0.97
2	拉斑玄武岩＋粗粒橄榄石	20～30	1266～1593	$10^{-6}\sim10^{-2}$	12.36	6.71	6.19	0.91
3	镁铝榴石	0～69	1443～1463	$10^{-3}\sim10^{-5}$	4.92	135.70	5.48	0.98
4	花岗岩	75～97	1073～943	10^{-5}	8.30	8.28	6.79	0.98
5	花岗岩，辉长岩	83～94	1133～1293	—	9.07	15.59	12.52	1.00

注：1～2，Scott 等（2006）；3，Lejeune 等（1995）；4，Molen 等（1979）；5，Arzi（1978）。

由表 3-12 可见，各体系拟合的调整参数 R^2 均接近于 1.0，且各拟合曲线均清楚显示出三个流变区（图 3-11），表明拟合模型适用于整个固相含量范围。不同体系拟合参数的差异归因于不同粒子大小、形态等结构变化及实验条件，如黏度实验的应变速率介于 $3\times10^{-9}s^{-1}$ 至 $5s^{-1}$，相差达 10 个数量级，而非均质熔体的黏度显示依应变速率而变化，即非 Newtonian 行为。因此，该黏度模型完全适用于非均质硅酸盐熔体体系。

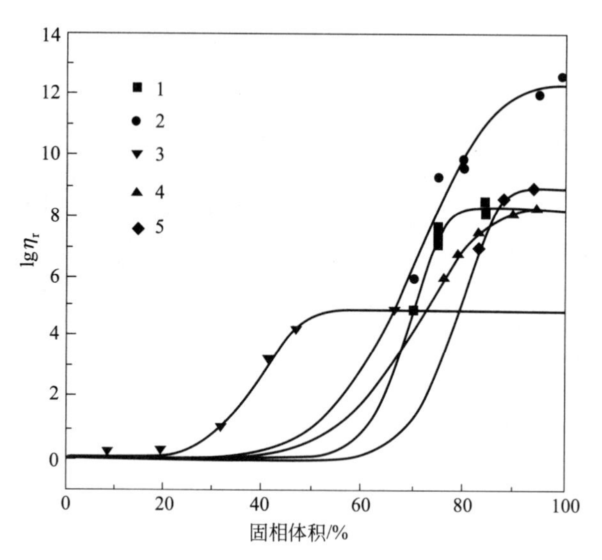

图 3-11　非均质硅酸盐熔体相对黏度随固相体积比变化拟合曲线图

（据 Liu et al，2017）

图中试样序号及文献同表 3-12

第五节　硅酸盐熔体密度与状态方程

硅酸盐熔体的状态方程反映了熔体相的体积性质与其特定成分（X_i）、温度（T）和压力（P）之间的定量函数关系。基于此种关系可计算高温高压下的熔体密度以及体积的所有微分和积分性质。与零压热容测定或模拟值相结合，由状态方程则可计算高温高压下的全部热力学状态函数。基于对前人已有状态函数的对比分析，Ghiorso（2004a）提出了新的硅酸盐熔体状态函数，以期适用于各种熔体成分和由参考压力（P_r，10^5Pa）至约 100GPa 的压力范围。

1. 熔体状态方程

新状态方程将任一温度、压力下硅酸盐熔体的摩尔体积表示为如下形式（Ghiorso，2004a）：

$$V=\frac{V_{0,T}+(V_{1,T}+V_{0,T}a)(P-P_r)+\left(\frac{V_2}{2}+V_{1,T}a+V_{0,T}b\right)(P-P_r)^2}{1+a(P-P_r)+b(P-P_r)^2} \tag{3-62}$$

由此状态方程，可推导出其他热力学状态函数。密度是了解硅酸盐熔体热力学和动力学行为的基本物理性质。在参考等压条件下，熔体状态方程可简化为（Ghiorso，2004b）：

$$V_{T,P_r}=V_{0,T}=V_{0,T_r}e^{\alpha(T-T_r)} \tag{3-63}$$

式中，α 为热膨胀系数。在参考压力 P_r 下，体积对压力的导数为：

$$\left.\frac{\partial V}{\partial P}\right|_{T,P_r}=V_{1,T} \tag{3-64}$$

在公式(3-62) 中，$V_{0,T}$ 和 α 设定为常数，故上两式必须拓展以包括成分变量的影响，并限定 $V_{1,T}$ 对温度的函数关系。

硅酸盐熔体的压缩系数 β 系通过测定声速来确定，其关系式为：

$$\beta=\frac{1}{\rho c^2}+\frac{TV\alpha^2}{C_P} \tag{3-65}$$

式中，c 为声速；ρ 为密度；C_P 为等压热容。结合式(3-63)～式(3-65)，则有

$$\left.\frac{\partial V}{\partial P}\right|_{T,P_r}=V_{1,T}=-V_{0,T_r}^2\left(\frac{1}{Mc^2}+\frac{T\alpha^2}{C_P}\right)\left[e^{\alpha(T-T_r)}\right]^2 \tag{3-66}$$

式中，M 为质量。将声速标定为温度的函数，则由上式可直接计算设定温度下的 $\left.\frac{\partial V}{\partial P}\right|_{T,P_r}$ 值。

考虑体积、热容、质量和声速等物理量，参考压力模型参数与成分的函数关系，采用简单混合关系，结合式(3-63)、式(3-66) 即形成 $V_{0,T}$ 和 $V_{1,T}$。体积及其温度导数、热容和质量均为广度热力学量，表示为偏摩尔形式如下：

$$V_{0,T_r}=\sum_i n_i\bar{v}_{i,T_r} \tag{3-67}$$

$$\left.\frac{\partial V_{T,P_r}}{\partial T}\right|_{T_r}=\sum_i n_i\frac{\partial\bar{v}_i}{\partial T} \tag{3-68}$$

$$C_P=\sum_i n_i\bar{C}_{P,i} \tag{3-69}$$

$$M=\sum_i n_i MW_i \tag{3-70}$$

式中，n_i 为热力学组分 i^{th} 的摩尔数，其中符号上横线表示偏摩尔量；MW_i 为组分 i^{th} 的分子量。体系成分通常选择氧化物组分。

热膨胀系数的定义为：

$$\alpha=\frac{1}{V_{0,T_r}}\left.\frac{\partial V_{T,P_r}}{\partial T}\right|_{T_r}$$

将其与式(3-67)、式(3-68) 代入式(3-63)，则得参考压力下熔体体积的混合关系式：

$$V_{T,P_r}=V_{0,T}=V_{0,T_r}e^{\alpha(T-T_r)}=\left(\sum_i n_i\bar{v}_{i,T_r}\right)\exp\left[\frac{\left(\sum_i n_i\frac{\partial\bar{v}_i}{\partial T}\right)}{\sum_i n_i\bar{v}_{i,T_r}}(T-T_r)\right] \tag{3-71}$$

与广度量类似，声速 c 的混合关系为：

$$c=\sum_i X_i\bar{c}_i \tag{3-72}$$

式中，X_i 为组分 i 的摩尔分数；c_i 为与温度及可能的成分相关的偏摩尔声速。

式(3-66)～式(3-72) 是 Ghiorso 等（2004b）对新的熔体状态方程混合关系的正规描述。

2. 10^5Pa 下熔体密度标定

模型参数标定采用的密度测定数据，主要为 Lange 和 Carmichael（1987）及其后人采用双秤锤 Archemedian 技术对简单和复杂硅酸盐体系熔体密度的测定结果，包括 CaO-MgO-Al_2O_3-SiO_2 等关键体系，较前人大大拓展了熔体成分范围（Ghiorso et al，2004b）。为使状态方程参数模型尽可能简化，限定 CaO-Al_2O_3-SiO_2 体系的 $SiO_2>0.5$；而碱金属-钛酸盐熔体的非线性行为，则采用附加 Na-Ti 和 K-Ti 二元相互作用项描述。

对于含铁熔体，还原-氧化反应通常表示为：

$$FeO+\frac{1}{4}O_2 = FeO_{1.5} \tag{3-73}$$

由质量作用定律，以上反应的分配系数为：

$$\ln\frac{X_{FeO_{1.5}}}{X_{FeO}}=\frac{1}{4}\ln f_{O_2}+非理想项 \tag{3-74}$$

式中，氧逸度的系数为 0.25，而据实验数据确定其值为 0.196±0.001（表 3-6）。实验结果显示，还原态、中间态、氧化态铁之间的平衡反应控制着熔体相的 Fe_2O_3 和 FeO 含量（Kress & Carmichael，1989）：

$$(1-2y)FeO+2yFeO_{1.5} = FeO_{1+y} \tag{3-75}$$

$$\frac{X_{FeO_{1.5}}}{X_{FeO}}=\frac{X_{FeO_{1.5}}+2yX_{FeO_{1+y}}}{X_{FeO}+(1-2y)X_{FeO_{1+y}}}=\frac{K_{d3-73}f_{O_2}^{1/4}+2yK_{3-75}K_{d3-73}^{2y}f_{O_2}^{y/2}}{1+(1-2y)K_{3-75}K_{d3-73}^{2y}f_{O_2}^{y/2}} \tag{3-76}$$

反应(3-73）的分配系数 K_{d3-73} 如下式所示：

$$K_{d3-73}=\frac{X_{FeO_{1.5}}}{X_{FeO}}=\exp\left\{-\frac{\Delta H^{\ominus}}{RT}+\frac{\Delta S^{\ominus}}{R}-\frac{\Delta C_P^{\ominus}}{R}\left[1-\frac{T_0}{T}-\ln\left(\frac{T}{T_0}\right)\right]-\frac{1}{RT}\sum_i \Delta W_i X_i\right\} \tag{3-77}$$

反应(3-75）的平衡常数 K_{3-75} 定义为：

$$K_{3-75}=\frac{a_{FeO_{1+y}}}{(a_{FeO})^{1-2y}(a_{FeO_{1.5}})^{2y}}=\frac{X_{FeO_{1+y}}}{(X_{FeO})^{1-2y}(X_{FeO_{1.5}})^{2y}} \tag{3-78}$$

公式(3-75）中的参数相当于氧化-还原反应(3-73）的热力学性质（$\Delta H^{\ominus}$，$\Delta S^{\ominus}$，$\Delta C_P^{\ominus}$），或与总成分（X_i）对熔体相 Fe_2O_3/FeO 比值影响相关的相互作用项（ΔW_i）。计算还原和氧化铁的拟合参数见表 3-13。对于所有经实验研究的体系，参数 y 的优化拟合值为 0.3，表明 FeO、$FeO_{1.5}$ 和 $FeO_{1.3}$（或 $Fe_{0.4}^{2+}Fe_{0.6}^{3+}O_{1.3}$）之间的均相平衡限定了熔体相的氧化-还原关系（Ghiorso et al，2004b）。

表 3-13 计算还原和氧化铁含量的拟合参数

参数	CaO-FeO-Fe_2O_3-SiO_2 Kress 等(1989)	Na_2O-FeO-Fe_2O_3-SiO_2 Ghiorso 等(2004b)	其他含铁体系 Kress 等(1991)
$\Delta H^{\ominus}$	−145.9	−202.6±4.2	−106.2
$\Delta S^{\ominus}$	−64.6	−96.2±1.8	−55.1
$\Delta C_P^{\ominus}$			31.86
ΔW_{SiO_2}	46.5	8.4±1.9	
$\Delta W_{Al_2O_3}$			39.86
ΔW_{CaO}	−45.9		−62.52

续表

参数	CaO-FeO-Fe_2O_3-SiO_2 Kress 等(1989)	Na_2O-FeO-Fe_2O_3-SiO_2 Ghiorso 等(2004b)	其他含铁体系 Kress 等(1991)
ΔW_{Na_2O}		−25.4±4.3	−102.0
ΔW_{K_2O}			−119.0

注：各参数单位，kJ/mol（$\Delta H^{\ominus}$，ΔW_i），J/(K·mol)($\Delta S^{\ominus}$，$\Delta C_P^{\ominus}$)；T_0=1673K，$K_{3\text{-}75}$=0.4，y=0.3。

对于所有含铁熔体的密度数据，在实验温度和氧逸度条件下的FeO、$FeO_{1.3}$、$FeO_{1.5}$的含量由同时求解公式(3-76)～式(3-78)而获得，密度拟合同时给出三种组分的偏摩尔体积。

对应于公式(3-71)的模型拟合中，三种含铁组分及除TiO_2以外的其他氧化物组分的参数v_{i,T_r}和v_i/T均取常数。基于碱氧化物-氧化钛体系的非线性混合行为，TiO_2组分的偏摩尔体积按如下公式进行参数化拟合：

$$\overline{v}_{TiO_2,T_r}=\overline{v}_{ref-TiO_2,T_r}+X_{Na_2O}\overline{v}_{Na_2O-TiO_2,T_r}+X_{K_2O}\overline{v}_{K_2O-TiO_2,T_r} \tag{3-79}$$

$$\frac{\partial\overline{v}_{TiO_2,T_r}}{\partial T}=\frac{\partial\overline{v}_{ref-TiO_2,T_r}}{\partial T}+X_{Na_2O}\frac{\partial\overline{v}_{Na_2O-TiO_2,T_r}}{\partial T}+X_{K_2O}\frac{\partial\overline{v}_{K_2O-TiO_2,T_r}}{\partial T} \tag{3-80}$$

上两式中，等号右侧的体积项均取常数。拟合过程中，首先依据无铁体系的密度数据，扣除TiO_2项，拟合其他氧化物组分的系数；继而，确定上两式中TiO_2的系数，NiO、CoO的系数取自Courtial等（1999）的数据；最后，回归含铁体系的参数。回归分析的每一阶段，各自变量内在相关性都采用单值分析技术（Press et al，1992）予以检验，以确保确定所有模型参数时密度数据的成分和温度都具有足够大的变化范围。最终回归分析所得模型参数列于表3-14中。

表3-14 硅酸盐熔体的体积模型拟合参数

氧化物	V_{1673K}/(cm^3/mol)	$\frac{\partial V}{\partial T}\times10^3$/[$cm^3$/(K·mol)]
SiO_2	26.710	1.007
TiO_2	23.448	6.807
Al_2O_3	37.616	−0.649
Fe_2O_3	42.677	5.536
$FeO_{1.3}$	16.139	3.820
FeO	13.895	1.532
MgO	12.015	2.887
CaO	16.671	3.143
Na_2O	29.117	6.077
K_2O	46.401	10.432
NiO	10.568	1.068
CoO	15.080	0.406
$Na_2O\times TiO_2$	20.476	9.699
$Na_2O\times TiO_2$	27.387	4.240

注：据Ghiorso等（2004b）。

各氧化物组分在10^5Pa和不同温度下的偏摩尔体积见表3-15。这些数据提供了直观了解各端员组分偏摩尔体积随温度变化的量级，但不应用于计算熔体相的模型体积。此种计算应按公式(3-71)进行。表中数据显示，除 Al_2O_3 以外，其他氧化物的偏摩尔热膨胀系数均为正值。氧化铝具有负热膨胀可解释为在高温下，Al^{3+} 的氧配位数发生由低到高的转变。

表 3-15 不同温度下氧化物组分的摩尔体积计算值

氧化物	1000℃	1100℃	1200℃	1300℃	1400℃	1500℃	1600℃	1700℃	1800℃	1900℃	2000℃
SiO_2	26.31	26.41	26.51	26.61	26.71	26.81	26.91	27.01	27.12	27.22	27.32
TiO_2	20.88	21.49	22.13	22.78	23.45	24.14	24.85	25.58	26.33	27.11	27.91
Al_2O_3	37.88	37.81	37.75	37.68	37.62	37.55	37.49	37.42	37.36	37.29	37.23
Fe_2O_3	40.52	41.05	41.58	42.13	42.68	43.23	43.80	44.37	44.95	45.54	46.13
$FeO_{1.3}$	14.68	15.03	15.39	15.76	16.14	16.53	16.92	17.33	17.74	18.17	18.60
FeO	13.30	13.44	13.59	13.74	13.90	14.05	14.20	14.36	14.52	14.68	14.85
MgO	10.91	11.18	11.45	11.73	12.02	12.31	12.61	12.91	13.23	13.55	13.88
CaO	15.46	15.75	16.05	16.36	16.67	16.99	17.31	17.64	17.98	18.32	18.67
Na_2O	26.78	27.35	27.93	28.52	29.12	29.73	30.36	31.00	31.65	32.32	33.00
K_2O	42.41	43.38	44.36	45.37	46.40	47.46	48.54	49.64	50.77	51.92	53.10
NiO	10.15	10.25	10.36	10.46	10.57	10.68	10.78	10.89	11.00	11.12	11.23
CoO	14.92	14.96	15.00	15.04	15.08	15.12	15.16	15.20	15.24	15.28	15.33

注：据 Ghiorso 等（2004b）。

硅酸盐材料高温加工过程通常在常压下进行，故有关熔体氧化物组分的压缩系数内容从略。感兴趣者可参阅相关文献（Ghiorso，2004c）。

第六节 硅酸盐熔体不混溶作用模拟

马鸿文等（1998）基于前人有关硅酸盐熔体不混溶相平衡实验结果，研究了氧化物组分在不混溶两液相之间的分配规律，采用规则溶液模型，建立了模拟硅酸盐体系不混溶作用的热力学模型，用以预测不混溶作用的可能性及其初始温度、共存两液相的成分和含量，模拟铁磷岩浆矿床的成矿过程。对预测莫来石微晶玻璃（Rocha-Jiménez et al，2016）、NaCa-PO_4-SiO_2 体系生物陶瓷（Wajda et al，2016）和含磷硅酸盐玻璃（Tarrago et al，2018）等高温加工过程的不混溶作用，可望具有潜在应用价值。

1. 热力学模型

硅酸盐熔体不混溶过程的化学平衡可由 Gibbs 自由能方程来描述，即

$$\Delta G = \Delta H^{\ominus} - T\Delta S^{\ominus} + P\Delta V^{\ominus} = 0 \tag{3-81}$$

式中，假定 $\Delta C_p = 0$，$\Delta V^{\ominus}$ 不随压力变化，混合熵是理想的。$\Delta H^{\ominus}$、$\Delta S^{\ominus}$ 和 $\Delta V^{\ominus}$ 分别为反应前后焓、熵和体积的改变量。

对于任一多组分体系，其总的自由能为：

$$G = \sum n_i g_i = \sum n_i \mu_i \quad (i = 1, 2, \cdots, n) \tag{3-82}$$

$$\mu_i = \mu_i^{\ominus} + RT\ln a_i = \mu_i^{\ominus} + RT\ln X_i + RT\ln \gamma_i \tag{3-83}$$

式中，$\mu_i^{\ominus}$ 为组分 i 在标准状态下的化学位；X_i、γ_i、a_i 分别为组分 i 在熔体相中的摩尔分数、活度系数和活度；R 为气体常数。

对于封闭体系，不混溶过程遵循物质平衡原理。即由均一熔体相产生不混溶的两液相，

应满足：

$$X_i^{Ho}=aX_i^{Si}+bX_i^{Fe} \qquad (a+b=1.0) \tag{3-84}$$

式中，a、b 分别表示富硅相和富铁相的含量；X_i^{Ho}、X_i^{Si} 和 X_i^{Fe} 分别为组分 i 在均一相、富硅相和富铁相中的摩尔分数。

反应(3-84) 的平衡常数为：

$$K_i=(a_i^{Si})^a(a_i^{Fe})^b/a_i^{Ho} \tag{3-85}$$

当反应(3-84) 达到平衡时，其自由能改变量为零，即

$$\Delta g_i=0=\Delta H_i^{\ominus}-T\Delta S_i^{\ominus}+P\Delta V_i^{\ominus}+RT\ln K_i \tag{3-86}$$

均一相、富硅相和富铁相均为硅酸盐熔体，各相的区别仅在于氧化物含量不同。采用规则溶液模型，任一组分 i 的活度和活度系数为：

$$\ln a_i=\ln X_i+\phi_i/T+P\Delta V_i/(RT) \tag{3-87}$$

$$\ln\gamma_i=[\phi_i+P\Delta V_i/R]/T \tag{3-88}$$

式中，ϕ_i 为组分 i 的活度系数相对于熔体成分的函数；ΔV_i 代表组分 i 在硅酸盐熔体中的偏摩尔体积与在纯 i 组分熔体中的摩尔体积之差。

经试算，ϕ_i^{Si}、ϕ_i^{Fe}、ϕ_i^{Ho} 对熔体成分的依赖性相似，归并为 ϕ_i 项，ΔV_i^{Si}、ΔV_i^{Fe}、ΔV_i^{Ho} 与式(3-86) 中的 $\Delta V_i^{\ominus}$ 项合并为 ΔV_i 项，得到下式：

$$\ln Kd_i+\Delta H_i^{\ominus}/(RT)-\Delta S_i^{\ominus}/R+P\Delta V_i/(RT)-\ln[(\gamma_i^{Si})^a(\gamma_i^{Fe})^b/(\gamma_i^{Ho})]=0 \tag{3-89}$$

式中，分配系数 Kd_i 可由不混溶相平衡实验资料求出。将活度系数项中与熔体成分有关的部分拟合为均一相熔体成分的线性函数，则上式简化为：

$$a\ln X_i^{Si}+b\ln X_i^{Fe}-\ln X_i^{Ho}=A_i/T+B_i+C_iP/T+\sum D_iX_i^{Ho} \tag{3-90}$$

式中，A_i、B_i 和 C_i 分别相当于 $\Delta H_i^{\ominus}/R$、$\Delta S_i^{\ominus}/R$ 和 $\Delta V_i/R$；$\sum D_iX_i$ 则相当于活度系数项中与熔体成分有关的部分。

当熔体不混溶作用达到平衡时，应满足：

(1) 组分 i 在不混溶两液相中的化学位相等，即

$$\mu_i^{Si}=\mu_i^{Fe} \tag{3-91}$$

由式(3-83) 可得：

$$RT\ln X_i^{Si}+RT\ln\gamma_i^{Si}=RT\ln X_i^{Fe}+RT\ln\gamma_i^{Fe} \tag{3-92}$$

(2) 不混溶共轭两液相的自由能相等，即

$$G^{Si}=G^{Fe} \tag{3-93}$$

$$RT\ln X_i^{Si}+RT\ln\gamma_i^{Si}-RT\ln X_i^{Fe}-RT\ln\gamma_i^{Fe}=\Delta H_i^{\ominus}-T\Delta S_i^{\ominus}+P\Delta V_i^{\ominus} \tag{3-94}$$

$$\ln(X_i^{Si}/X_i^{Fe})=\Delta H_i^{\ominus}/(RT)-\Delta S_i^{\ominus}/R+P\Delta V_i^{\ominus}/(RT)-\ln(\gamma_i^{Si}/\gamma_i^{Fe}) \tag{3-95}$$

式中，$\Delta H_i^{\ominus}$、$\Delta S_i^{\ominus}$ 和 $\Delta V_i^{\ominus}$ 分别为组分 i 在不混溶两液相中的焓、熵和体积改变量。

将 $\ln(\gamma_i^{Si}/\gamma_i^{Fe})$ 表示为均一相熔体成分的函数。与处理反应(3-84) 时计算 ϕ_i、$\Delta V_i/R$ 项类似，试算结果表明，采用富铁相、富硅相、均一相成分同时参加拟合计算，与仅用均一相熔体成分计算的结果相似。故将氧化物组分 i 在不混溶两液相之间的分配系数拟合为：

$$\ln(X_i^{Si}/X_i^{Fe})=a_i/T+b_i+c_iP/T+\sum d_iX_i^{Ho} \tag{3-96}$$

式中，a_i、b_i、c_i 分别相当于 $\Delta H_i^{\ominus}/R$、$\Delta S_i^{\ominus}/R$ 和 $\Delta V_i/R$；$\sum d_iX_i$ 项则表征了组分 i 的活度系数对熔体成分的依赖性。

通过对不混溶相平衡实验数据的拟合，可获得 A_i、B_i、C_i、D_i 和 a_i、b_i、c_i、d_i 等参数。

2. 模型参数拟合

参加热力学拟合计算的熔体不混溶实验资料引自 Visser 等（1979a，b，c）、Dixon 等（1979）、Ryerson 等（1980）、Hess 等（1982）、Philpotts（1982，1983）、Naslund（1983）和 Freestone 等（1983）。实验体系组成（w_B,%）：SiO_2 44.76～73.25，TiO_2 0～12.70，Al_2O_3 2.06～18.99，FeO^* 0.90～40.90，MgO 0～10.30，MnO 0～3.00，CaO 0～12.29，Na_2O 0～6.12，K_2O 0～11.17，P_2O_5 0～13.70。温度为 960～1550℃，压力为 10^5Pa～1.5GPa，氧逸度相当于空气下至 IW 缓冲剂。这些资料基本上覆盖了天然岩浆体系可能的温度、压力、氧逸度和成分范围。

有关参数的拟合计算如下：①天然岩浆只有经过一定程度的结晶作用后，残余熔体才可能出现不混溶作用（Philpotts，1982）。故首先由相平衡实验的初始成分，确定结晶相矿物的种类和成分（Nielsen et al，1983）。②采用线性规划方法，计算富硅相、富铁相和结晶相的含量。按照富硅相和富铁相的含量进行加权，恢复原均一熔体相的成分。③计算相平衡实验的氧逸度（Ballhaus et al，1991），标定实验熔体相的 Fe_2O_3 和 FeO 含量（Kress et al，1991）。④采用规则溶液活度模型，按照式(3-90）和式(3-96)，采用最小二乘法，拟合计算有关的热力学参数（表 3-16，表 3-17）。

表 3-16　式(3-90）中的热力学参数拟合计算结果

参数	SiO_2	TiO_2	Al_2O_3	Fe_2O_3	FeO	MnO	MgO	CaO	Na_2O	K_2O	P_2O_5
A_i	−255.04	−3068.8	−514.50	−3470.5	−2480.2	−5419.6		−1257.9		−903.77	−2223.4
B_i	0.13765	4.98002	0.31697	1.83403	2.24954	−2.9583	4.09419	1.34896	0.02783	−0.2369	3.86944
C_i				0.00610	0.01263						0.01526
D_{SiO_2}		−0.3584	0.89122	−2.3333	−0.3584	0.89122	1.42321			1.42321	−1.9539
D_{TiO_2}	−3.06266	−6.7457	−2.8114	−7.8693	−2.9667		−4.4945		3.45345		
$D_{Al_2O_3}$		−1.2803	0.35970	−1.1697			0.29619	0.97004			−1.2553
$D_{Fe_2O_3}$		−2.134	6.79089	−9.4396	0.87420		5.12725	3.74236			−9.8385
D_{FeO}	−1.20131	−4.3889	2.06001	−7.9183				3.49033	3.81819	2.14780	−7.6604
D_{MnO}	2.39021			2.46494	4.95122	−10.574	20.2554	−1.8264	9.99417	15.4775	−2.2940
D_{MgO}	−1.71627	−3.7149		−12.616		41.7399		3.21503	23.3753	27.3440	
D_{CaO}	−0.87946	−1.9625		−1.7105					4.05015	3.06022	
D_{Na_2O}		−0.9129	0.40325	−0.6906	−0.2186	11.2950	1.41108	−1.5058		−0.8892	2.42860
D_{K_2O}	0.715328	−1.6670		−4.9179	0.78158		3.18122		11.0671	3.60831	
$D_{P_2O_5}$	−3.66322			4.41969	−1.4874	−55.991	4.02085		7.10842	4.27522	−8.7815

表 3-17　式(3-96）中的热力学参数拟合计算结果

参数	SiO_2	TiO_2	Al_2O_3	Fe_2O_3	FeO	MnO	MgO	CaO	Na_2O	K_2O	P_2O_5
a_i	1333.88	−9622.2	3985.38	−3940.0	−5203.7	−4928.2	−9920.8	−6048.0	−1588.5	4936.04	−599.13
b_i	−0.9899	7.5262	−2.3565	3.70936	5.24249	34.3771	5.20305	0.34747	0.90265	−3.6747	5.48521
c_i	−0.0175		−0.0438	0.02514	0.05393					−0.0294	0.05396
d_{SiO_2}	0.73414	4.62721	−2.4042	11.6677				−4.6760	−1.2684		14.5310
d_{TiO_2}	−3.4815	−19.213	34.0143	−11.771		90.9966	14.1927	−10.685		−14.749	−12.074
$d_{Al_2O_3}$		4.91313	−12.924	7.87989			−5.3031	−2.3960	19.7490	18.6494	7.45673
$d_{Fe_2O_3}$	−2.5735	−7.2803	9.20668	−15.934			7.66464	−5.8983			−17.409

续表

参数	SiO_2	TiO_2	Al_2O_3	Fe_2O_3	FeO	MnO	MgO	CaO	Na_2O	K_2O	P_2O_5
d_{FeO}	−4.1481	−14.586	14.3543	−27.186	−0.4873		5.30037		1.33260	−7.9283	−26.043
d_{MnO}		−46.596	23.3747	136.977	20.2199	−613.34		1.94907	38.8446		
d_{MgO}		−13.735		−30.590					43.3430	52.0016	21.3443
d_{CaO}		−11.233	27.7561	3.21513	6.90140	−5.7269	17.1656	6.77789	19.0308		−33.374
d_{Na_2O}		6.42954	3.59214	7.39564		−58.978	−14.402	12.3630		11.9163	−14.977
d_{K_2O}	2.18274			37.1314					−33.646	−10.171	7.15110
$d_{P_2O_5}$	−5.4068		13.7736			−326.94	23.8501		21.0437	3.81792	−22.479

3. 不混溶作用预测

当熔体不混溶达到平衡时，设

$$\Delta G=\Delta g_i X_i=0$$

$$\Delta g_i=A_i/T+B_i+C_iP/T+\sum D_iX_i^{Ho}-a\ln X_i^{Si}-b\ln X_i^{Fe}+\ln X_i^{Ho} \quad (3\text{-}97)$$

在均一熔体相刚开始发生不混溶的瞬间，设富铁相的含量 $b\approx 0$，富硅相含量 $a\approx 1$。此时富硅相与均一相熔体的成分相同，$\ln X_i^{Si}\approx\ln X_i^{Ho}$，故

$$\Delta g_i=0=A_i/T+B_i+C_iP/T+\sum D_iX_i^{Ho} \quad (3\text{-}98)$$

因此，判断熔体相发生不混溶作用的条件为：

$$\Delta G=\sum\Delta g_iX_i\leqslant 0 \quad (3\text{-}99)$$

对于所有组分即整个体系而言，则应对上式两端进行加权，即

$$\sum(A_i/T+C_iP/T)X_i^{Ho}\geqslant-\sum(\sum D_iX_i^{Ho}-B_i)X_i^{Ho} \quad (3\text{-}100)$$

因此，由上式和表 3-16 中的拟合参数，可以预测硅酸盐熔体不混溶作用。

对参加拟合计算的 239 套实验样品的计算表明，其中 232 个试样可发生不混溶作用，与实验结果一致。其余 7 个样品均为拟合计算中被剔除的样品，其中 6 个样品计算的富硅相或富铁相含量＞98%。这表明在实验过程中，其不混溶反应可能未达到完全平衡。

由式(3-96) 和表 3-17 中的拟合参数，可计算不混溶两液相的成分和含量。与实验确定的两液相成分相比，计算的两液相中 SiO_2、Al_2O_3、FeO 含量（摩尔分数）的平均残差为 3.0%～4.0%，TiO_2、MgO、CaO、Na_2O、K_2O、P_2O_5 含量（摩尔分数）的平均残差＜1.0%（图 3-12）。计算的不混溶两液相含量的平均残差为 1.0%。

4. 铁磷岩浆成矿模拟

阳原铁磷矿床是岩浆不混溶作用的产物（侯增谦，1990）。岩体中出现球粒状黑云辉石正长岩，是岩浆不混溶的直接证据。应用上述热力学模型，可预测发生岩浆不混溶的可能性，计算不混溶两液相的成分和含量。

阳原岩体位于阴山构造带南部的阳原断陷盆地北缘。岩体长 1800m，宽 1300m，面积约 1.3km^2。岩性属富 P_2O_5、TiO_2 的高钾质碱性岩，分为辉石岩系和正长岩系。岩浆侵位从早到晚依次为辉石岩-黑云辉石岩、黑云正长辉石岩、黑云辉石正长岩和正长岩。球粒状黑云辉石正长岩呈环状分布，穿插到黑云辉石岩中，正长岩又将其穿插。

球粒状黑云辉石正长岩的球、基两相均呈 SiO_2 不饱和。球体相当于碱性正长岩，主要由正长石、辉石、黑云母和磁铁矿组成，钾长石巨斑包裹大量辉石和黑云母。基体与碱性辉石岩相当，由辉石、黑云母、磷灰石组成，含有它形正长石。球、基两相中的辉石、黑云母

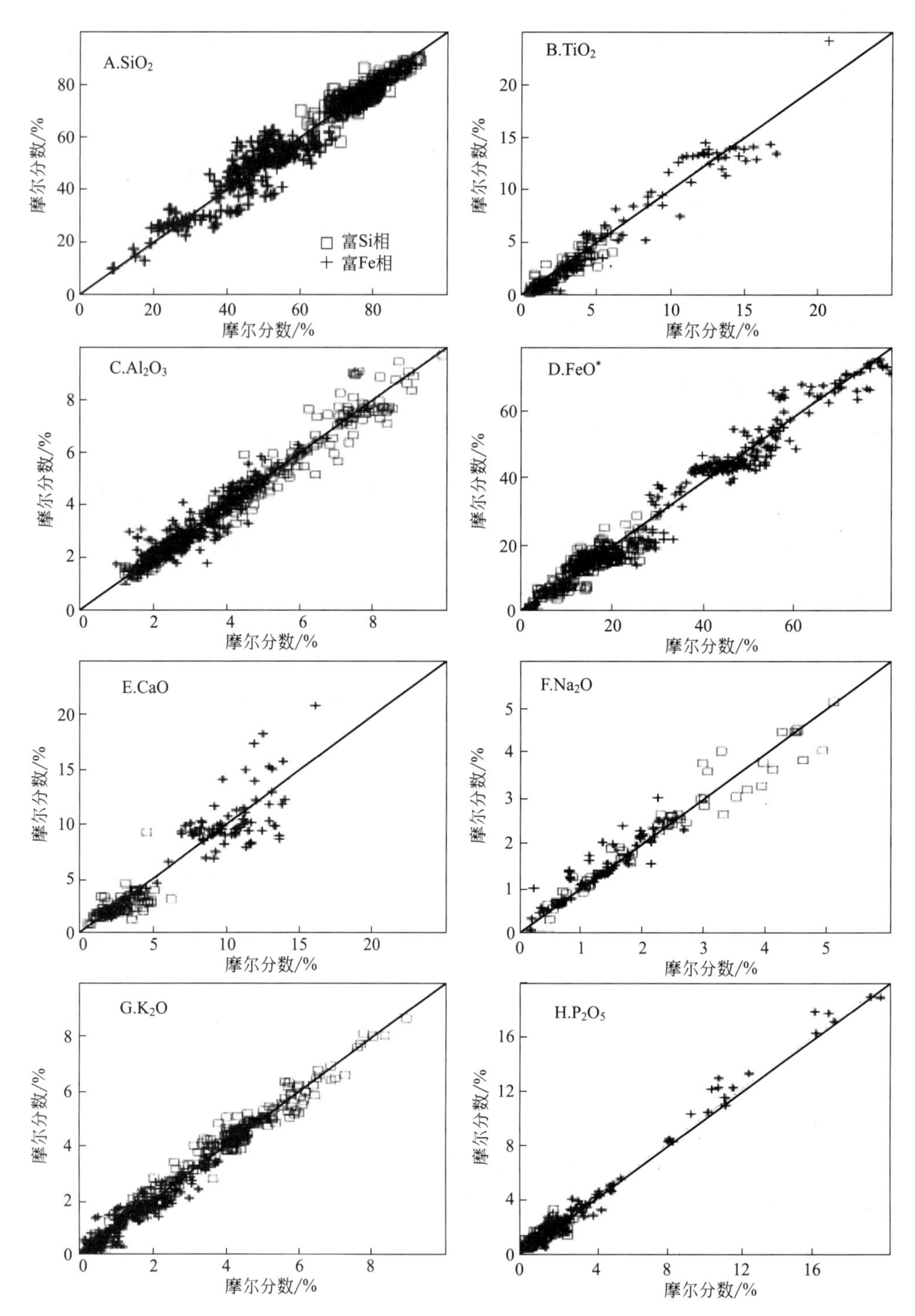

图 3-12 不混溶两液相中氧化物含量的实验测定值与预测值对比

（据马鸿文等，1998）

横坐标—实验测定值；纵坐标—预测计算值

成分接近。辉石在辉石岩中为含霓石分子的次透辉石；在正长岩系中，从早到晚由含霓石分子的次透辉石变为霓辉石。黑云母为富镁黑云母。磷灰石含量 6%～10%。

阳原岩体侵入于前震旦系变质岩中。假定岩浆不混溶的压力为0.5GPa，氧逸度相当于FMQ缓冲剂。以3个代表性球粒状黑云辉石正长岩代表均一熔体相成分，在950～1250℃温区以间隔10℃进行模拟，其ΔG介于-0.021～-0.103之间。计算的不混溶两液相的成分、含量与温度的关系如图3-13所示。

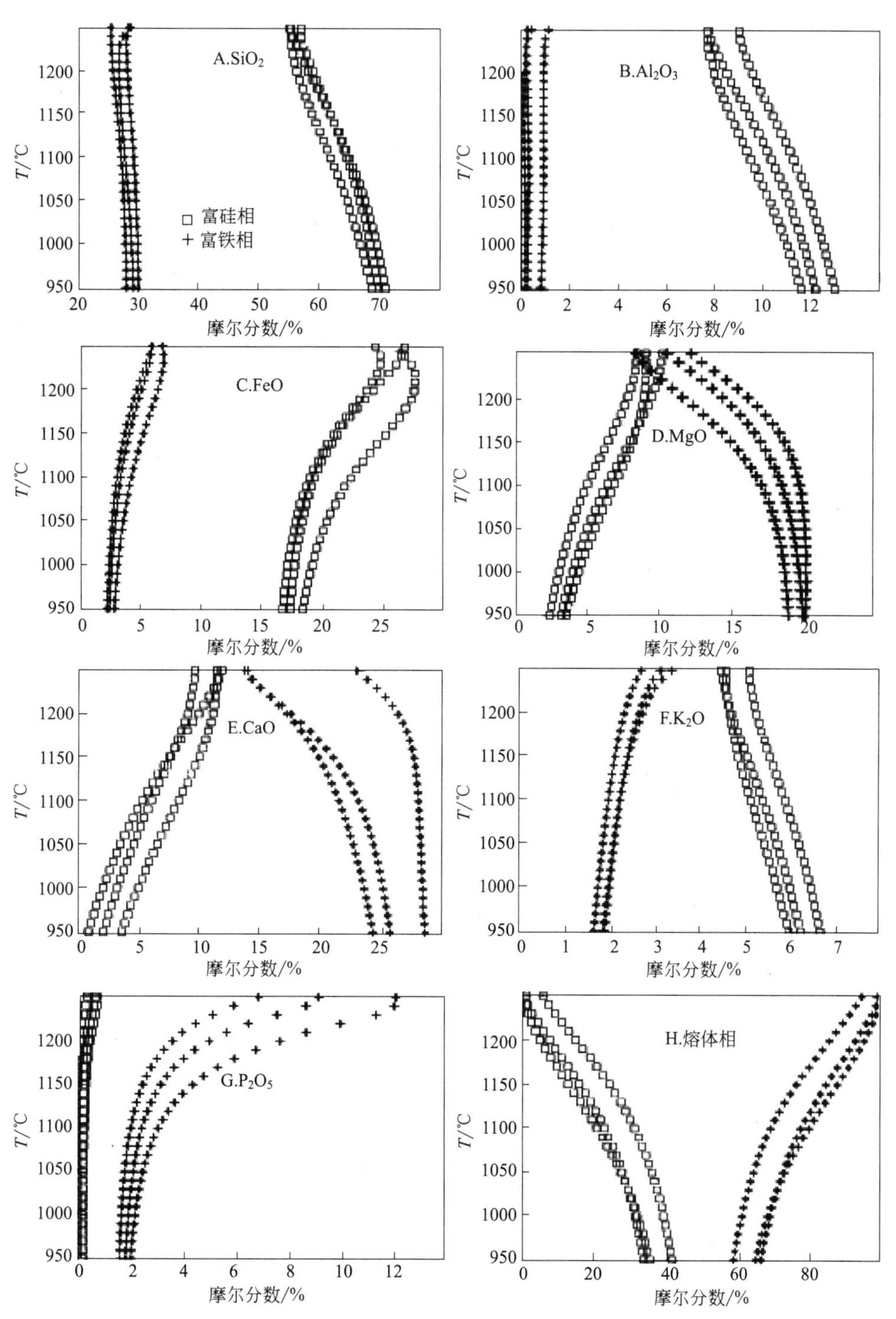

图3-13　预测的阳原岩体不混溶两液相成分、含量-温度关系图

（据马鸿文等，1998）

由图 3-13A～G 可见，随着温度的下降，两液相的不混溶程度增大，在富硅相中，SiO_2、Al_2O_3、K_2O 含量趋于升高，而 FeO、MgO、CaO 含量相对降低；在富铁相中则与之相反。在 1250℃下，富硅相含量<6%，富铁相含量>94%（图 3-13H），表明不混溶的初始温度约为 1250℃。当温度下降至 1150℃，富硅相与富铁相的含量分别达到约 25%和 75%（图 3-13H），与碱性正长岩和碱性辉石岩在球粒状黑云辉石正长岩中分别作为球体和基体产出相吻合。

辉石岩、黑云辉石岩和黑云正长辉石岩大致相当于不混溶两液相中的富铁相，辉石正长岩则相当于富硅相。计算表明，铁磷岩浆成矿作用主要发生于 1150～1250℃之间（图 3-13G）。在 1100℃以下，磷在富铁相中的溶解度明显降低；而在 1150℃以上，磷则明显富集于富铁相中。阳原岩体的磁铁矿-磷灰石矿床产于辉石岩相中，模拟结果与之相一致。

对 Al_2O_3-SiO_2 体系熔体快速冷却过程研究表明，其中存在不混溶两液相区，在富铝玻璃相中莫来石的成核及结晶作用出现于熔体冷凝过程，或玻璃相再加热过程（MacDowell & Beall，1969）。硅酸盐熔体不混溶模型在类似材料高温制备过程中的工程化应用可行性，应是今后予以探究的新课题。

参考文献

冯端，师昌绪，刘治国，2002. 材料科学导论. 北京：化学工业出版社：741.

侯增谦，1990. 河北阳原—矾山环状岩体的岩浆不混溶成因及矾山式铁磷矿床成因探讨. 矿床地质，9（2）：119-128.

马鸿文，胡颖，袁家铮，等，1998. 岩浆不混溶作用模拟：热力学模型与数值方法. 地球科学，23（1）：41-48.

任强，李启甲，嵇鹰，2004. 绿色硅酸盐材料与清洁生产. 北京：化学工业出版社：246.

周玉. 2004. 陶瓷材料学. 第 2 版. 北京：科学出版社：513.

Angell C A，1985. Relaxation in Complex Systems//Ngai K L，Wright G B. US Department of Commerce National Technical Information Service：3-11.

Arzi A A. 1978. Critical phenomena in the rheology of partially melted rocks. *Tectonophysics*，44：173-184.

Ballhaus C，Berry R F，Green D H，1991. High pressure experimental calibration of the olivine-orthopyroxene-spinel geobarometer：implications for the oxi dation state of the upper mantle. *Contrib Mineral Petrol*，107：27-40.

BlagojevićB，Širok B，2002. Multiple regression model of mineral wool fibre thickness on a double-disc spinning machine. *Glass Technology*，43（3）：120-124.

Bottinga Y，Richet P，Weill D F，1983. Calculation of the density and thermal expansion coefficient of silicate liquids. *Bull Mineral*，106：129-138.

Bottinga Y，Weill D F. 1972. The viscosity of magmatic silicate liquids：A model for calculation. *Am J Sci*，272：438-475.

Courtial P，Gottsmann J，Holzheid A，et al，1999. Partial molar volumes of NiO and CoO liquids：implications for the pressure dependence of metal-silicate partitioning. *Earth Planet Sci Lett*，171：171-183.

Dickenson M P，Hess P C，1985. Rutile solubility and titanium coordination in silicate melts. *Geochim Cosmochim Acta*，49：2289-2296.

Dingwell D B，Badassarov N S，Bussod G Y，et al，1993. Magma rheology. Experiments at high pressure and application on the earth's mantle. Mineral Assoc Canada Short Course Handbook，21：233-333.

Dixon S，Rutherford M J，1979. Plagiogranites as late-stage immiscible liquids in ophiolite and mid-ocean ridge suites：An experimental study. *Earth Planet Sci Lett*，45：45-60.

Freestone I C，Powell R，1983. The low temperature field of liquid immiscibility in the system K_2O-Al_2O_3-FeO-SiO_2 with special reference to the join fayalite-leucite-silica. *Contrib Mineral Petrol*，82：291-299.

Fulcher G S，1925. Analysis of recent measurements of the viscosity of glasses. *J Am Ceram Soc*，8：339-355.

Gaskell P H，Mistry A B，1979. High-resolution transmission electron microscopy of small amorphous silica particles. *Phil J*，39：245-257.

Ghiorso M S. 2004a. An equation of state for silicate melts. I. Formulation of a general model. *Am J Sci*，304：637-678.

Ghiorso M S，Kress V C，2004b. An equation of state for silicate melts. II. Calibration of volumetric properties at 10^5 Pa. *Am J Sci*，304：679-751.

Ghiorso M S, 2004c. An equation of state for silicate melts. III. Analysis of stoichiometric liquids at elevated pressure: shock compression data, molecular dynamics simulations and mineral fusion curves. *Am J Sci*, 304: 752-810.

Giordano D, Romano C, Poe B, et al, 2004. The combined effects of water and fluorine on the viscosity of silisic magmas. *Geochim Cosmochim Acta*, 68: 5159-5168.

Giordano D, Russell J K, Dingwell D B, 2008. Viscosity of magmatic liquids: a model. *Earth Planet Sci Lett*, 271: 123-134.

Hess K, Dingwell D B, 1996. Viscosities of hydrous leucogranitic melts: A non-Arrhenian model. *Am Mineral*, 81: 1297-1300.

Hess P C, Wood M I, 1982. Aluminum coordination in metaaluminous and peralkaline silicatemelts. *Ibid*, 81: 103-112.

Kapplan-Dietrich H, Eckerbracht A, Frischat G H J, 1995. Viscosity and surface tension of oxynitride glass melts. *J Am Ceram Soc*, 78: 1123-1124.

Kilinc A, Carmichael I S E, Rivers M L, et al, 1983. The ferric-ferrous ratio of natural silicate liquids equilibrated in air. *Contrib Mineral Petrol*, 83: 136-140.

Kohn S C, 2000. The dissolution mechanisms of water in silicate melts: A synthesis of recent data. *Mineral Mag*, 64: 389-408.

Kress V C, Carmichael I S E, 1989. The lime-iron-silica melt system: Redox and volume systematics. *Geochim Cosmochim Acta*, 53: 2883-2892.

Kress V C, Carmichael I S E, 1991. The compressibility of silicate liquids containing Fe_2O_3 and the effect of composition, temperature, oxygen fugacity and pressure on their states. *Contrib Mineral Petrol*, 108: 82-92.

Kushiro I, 1975. On the nature of silicate melt and its significance in magma genesis: regularities in the shift of liquidus boundaries involving olivine, pyroxene, and silica materials. *Am J Sci*, 275: 411-431.

Lakatos T, Johannson L G, Simmingsköld, 1981. Viscosity and liquids temperature relations in the mineral-wool part of the system SiO_2-Al_2O_3-CaO-MgO-Alkalies-FeO-Fe_2O_3. *Glasteknisk Tidskrift*, 36 (4): 51.

Lange R L, Carmichael I S E, 1987. Densities of Na_2O-K_2O-CaO-MgO-FeO-Fe_2O_3-Al_2O_3-TiO_2-SiO_2 liquids: new measurements and derived partial molar properties. *Geochim Cosmochim Acta*, 51: 2931-2946.

Lange R L, Carmichael I S E, 1990. Thermodynamic properties of silicate liquids with emphasis on density, thermal expansion and compressibility. *Rev Miner Geochem*, 24 (1): 25-64.

Lejeune A M, Richet P, 1995. Rheology of crystal-bearing silicate melts: an experimental study at high viscosity. *J Geophys Res: Solid Earth*, 100 (B3): 4215-4229.

Le Losq C, Mysen B O, Cody G D, 2015. Water and magmas: insights about the water solution mechanism in alkali silicate melts from infrared, Raman, and ^{29}Si solid-state NMR spectroscopies. *Progress in Earth and Planetary Science*, 2: 22.

Le Losq C, Moretti R, Neuville D R, 2013. Speciation and amphoteric behavior of water in aluminosilicate melts and glasses: hig-temperature Raman spectroscopy and reaction equilibria. *Eur J Mineral*, 25: 777-790.

Liu Z Z, Pandelaers L, Blanpain B, et al, 2017. Viscosity of heterogeneous silicate melts: Assessment of the measured data and modeling. *ISIJ International*, 57 (11): 1895-1901.

Loewenstein W, 1954. The distribution of aluminium in tetrahedra of silicates and aluminates. *Am Mineral*, 39: 92-97.

MacDowell J F, Beall G H, 1969. Immiscibility and crystallization in Al_2O_3-SiO_2 glasses. *J Am Ceram Soc*, 52 (1): 17-25.

Mo X X, Carmichael I S E, Rivers M, et al, 1982. The partial molar volume of Fe_2O_3 in multi-component silicate liquids and the pressure dependence of oxygen fugacity in magmas. *Min Mag*, 45: 237-245.

Molen V, Paterson M S, 1979. Experimental deformation of partially-melted granite. *Contrib Mineral Petrol*, 70: 299-318.

Morri R L, Warren B E, 1969. The structure of vitreous silica. *J Appl Cryst*, 2: 149-192.

Mysen B O, 1987. Magmatic silicate melts: relationships between bulk compositions, structure and properties. Magmatic Processes: Physicochemical principles//Ed by Mysen B O. The Chemical Society, special publication No. 1: 375-399.

Mysen B O, 1990. Relationships between silicate melt structure and petrological processes. *Earth Science Reviews*, 27: 281-365.

Mysen B O, 2009. Solution mechanism of silicate in aqueous fluid and H_2O in coexisting silicate melts determined *in-situ* at high pressure and high temperature. *Geochim Cosmochim Acta*, 73: 5748-5763.

Mysen B O, 2010. Structure of H_2O-saturated peralkaline aluminosilicate melt and coexisting aluminosilicate-saturated aqueous fuid determined *in-situ* to 800℃ and ～800MPa. *Geochim Cosmochim Acta*, 74: 4123-4139.

Mysen B O, 2014. Water-melt interaction inhydrous magmatic systems at High temperature and pressure. *Progress in Earth and Planetary Science*, 1: 4.

Mysen B O, Cody G D, 2001. Silicate-phosphate interaction in silicate glass and melts: Ⅱ. Quantitative, high-temperature structure of P-bearing alkali aluminosilicate melts. *Geochim Cosmochim Acta*, 65: 2413-2431.

Mysen B O, Virgo, 1986. The structure of melts in the system Na_2O-CaO-Al_2O_3-SiO_2-H_2O quenched from high temperature at high pressure. *Chem Geol*, 57: 333-358.

Naslund H R, 1983. The effect of oxygen fugacity on liquid immiscibility in iron-bearing silicate melts. *Am J Sci*, 283: 1034-1059.

Nielsen R L, Dungan M A, 1983. Low pressure mineral-melt equilibria in natural anhydrous mafic systems. *Contrib Mineral Petrol*, 84: 310-326.

Philpotts A R, 1982. Compositions of immiscible liquids in volcanic rocks. *Contrib Mineral Petrol*, 80: 201-218.

Philpotts A R, Doyle C D, 1983. Effect of magma oxidation state on the extent of silicate liquid immiscibility in a tholeiitic basalt. *Am J Sci*, 283: 967-986.

Plazek D J, Ngai K L, 1991. Correlation of polymer segmental chain dynamics with temperature-dependent time-scale shifts. *Macromolecules*, 24: 1222-1224.

Press W H, Teukolsky S A, Vetterling W T, et al, 1992. Numerical Recipes in C. New York: Cambridge University Press: 994.

Richet P, Lejeune AM, Holtz F, et al, 1996. Water and the viscosity of andesite melts. *Chem Geol*, 128: 185-197.

Rocha-Jiménez J, Guo Y, Martinez-Rosales J M, et al, 2016. Liquid/glass immiscibility in yttria doped mullite ceramics. *J Europ Ceram Soc*, 36: 3523-3530.

Ryerson F J, Hess P C, 1980. The role of P_2O_5 in silicate melts. *Geochim Cosmochim Acta*, 44: 611-624.

Sack R O, Carmichael I S E, Rivers M, et al, 1980. Ferric-ferrous equilibria in natural silicate liquids at 1 bar. *Contrib Mineral Petrol*, 75: 369-376.

Sandstrom D R, Lytle F W, Wei P, et al, 1980. Coordination of Ti in TiO_2-SiO_2 glasses by X-ray absorption spectroscopy. *J Non-Cryst Solids*, 41: 201-207.

Schaffer J P, Saxena A, Antolovich S D, et al, 1999. The Science and Design of Engineering Materials. 2nd ed. The McGraw-Hill Companies, Inc: 827.

Scott T, Kohlstedt D L, 2006. The effect of large melt fraction on the deformation behavior of peridotite. *Earth Planet Sci Lett*, 246: 177-187.

Širok B, BlagojevićB, Bullen P, et al, 2005. Density and viscosity of the silicate melts for the production of the mineral wool fibres. *Int J Microstructure and Materials Properties*, 1 (1): 61-73.

Stebbins J F, Carmichael I S E, Moret L K, 1984. Heat capacities and entropics of silicate liquids and glasses. *Contrib Mineral Petrol*, 86: 131-148.

StolperA, 1982. Water in silicate glasses: an infrared spectroscopic study. *Contrib Mineral Petrol*, 94: 178-182.

Tarrago M, Garcia-Valles M, Martínez S, et al, 2018. Phosphorus solubility in basaltic glass: Limitations for phosphorus immiscibilization in glass and glass-ceramics. *J Environ Manag*, 220: 54-64.

Visser W, Koster V, Groos A F, 1979a. Phaserelations in the system K_2O-FeO-Al_2O_3-SiO_2 at 1 atmosphere with special emphasis on low temperature liquid immiscibility. *Am J Sci*, 279: 70-91.

Visser W, Koster V, Groos A F, 1979b. Effects of P_2O_5 and TiO_2 on liquid-liquid equilibria in the system K_2O-FeO-Al_2O_3-SiO_2. *Ibid*, 279: 970-988.

Visser W, Koster V, Groos A F, 1979c. Effect of pressure on liquid immiscibility in the system K_2O-FeO-Al_2O_3-SiO_2-P_2O_5. *Ibid*, 279: 1160-1175.

Vogel D H, 1921. Temperatureabhängigkeitsgesetz der Viskosität von Flüssigkeiten. *Phys Z*, 22: 645-646.

Wajda A, Sitarz M, 2016. Structural and microstructural studies of zinc-doped glasses from $NaCaPO_4$-SiO_2 system. *J Non-Cryst Solids*, 441: 66-73.

Zeng Q, Nekvasil H, Grey C P, 2000. In support of a depolymerization model for water in sodium aluminosilicate glasses: Information from NMR spectroscopy. *Geochim Cosmochim Acta*, 264: 883-896.

Zhang Y X, Xu Z J, Liu Y, 2003. Viscosity of hydrous rhyolitic melts inferred from kinetic experiments, and a new model. *Am Mineral*, 88: 1741-1752.

第四章　硅酸盐体系共生相分析

长期以来，岩相学统计法是确定结晶岩和工业岩石原料中矿物含量的经典方法，但其受显微镜视域的限制，除非进行大量统计，否则统计含量的精度一般很难达到±5%。例如，对于含有2cm×1cm尺寸钾长石的正长岩类，若要达到±1%的统计精度，即要求至少统计50个以上的岩石薄片。这在实际上几乎是不可能的。此外，这种方法还受所谓“屏蔽效应”的影响（Rittmann，1973）。20世纪70年代，由于图像分析技术的应用和X射线分析技术的普及，逐步发展了矿物含量的图像分析法和X射线定量分析法。但前者同样存在岩相学统计法的缺点，只是统计过程较为快捷而已；后者则因受矿物形态导致的定向排列和共存矿物衍射线叠加效应的影响，其最佳测量精度大致也仅为±5%，有时误差甚至超过15%。

20世纪60年代末，国际上逐步发展了通过求解线性方程组来计算矿物含量的“相混合计算”方法（Bryan et al，1969）。80年代中期，这一方法引入我国，且求解线性方程组的算法也由最小二乘法（Morris，1984）拓展为线性规划法（林文蔚，1987）。90年代初，该法即作为求解固溶体矿物端员组分和结晶岩矿物含量和成分的经典方法（马鸿文，2001）。由于该法以质量平衡原理为理论基础，可对物相定量分析结果提供严格的数学约束，故计算精度可达约±1.0%，理想情况下则可达约±0.5%。

实际上，“相混合计算”的数学方法，在矿物材料学和结晶岩岩石学研究中具有更为广泛的用途，主要包括：工业岩石原料和结晶岩的物相分析；膨润土中蒙脱石含量的对比分析；两种共存长石的成分与含量计算；硅酸盐陶瓷配料组成计算；硅酸盐陶瓷制品的物相分析。本章通过具体应用实例，介绍该法在求解上述问题中的应用，并对实际应用中的相关问题进行分析评述。在以下实例中统一应用晶体化学计算程序MIFORM·F90、晶格常数计算程序CELLSR·F90、线性规划（改进单纯型）法程序LINPRO·F90和最小二乘法程序MAGFRC·F90（马鸿文，1999），不再逐一说明。

第一节　共生相分析的基本原理

1. 成分空间概念

矿物是具有几何上有序的原子排列结构的结晶体，其结构中等效点的重复性和对称性限定了矿物的化学组成。在结晶学中，形象地表达三维图像是一种基本的研究方法。在三维以下或更高维空间中，描述矿物的化学组成同样是适用的。结晶岩中常见造岩矿物的成分空间一般不超过20维。大多数矿物的化学组成仅需要几种组分就可表示出来。

例如，在成分空间中的MgO和SiO_2两点即限定了一条直线（图4-1）。它们的任何机械混合物均可表示在这条直线上。因此，最少组分数是2。类似地，在成分空间中限定一个面需要 3 个点。一旦确定了这些点的化学成分，平面上所有其他的点就可用这些组分来表示。在平面的任何一侧加第 4 个点将限定一个四面体。一旦确定了每个点的化学成分，该四面体就对应于一个四组分体系。再增加组分就超出了通常所习惯的操作维数，需要用到线性代数等数学方法。

为了用 MgO 和 SiO_2 来描述成分空间中同一直线上的所有矿物，即方镁石（MgO）、镁橄榄石（Mg_2SiO_4）、顽辉石（$MgSiO_3$）和石英（SiO_2），可以选用氧化物组分的摩尔数为单位，因为任何硅酸盐和氧化物矿物的组成都可以表示为氧化物的形式。例如：

$$Mg_2SiO_4 = 2MgO + SiO_2 \tag{4-1}$$

即 1mol 镁橄榄石相当于由 2mol MgO 和 1mol SiO_2 构成。因此，镁橄榄石的组成应位于化学成分图中 SiO_2 的摩尔分数为 1/3 或 MgO 的摩尔分数为 2/3 处（图 4-1）。应该注意，作为化学组分的 SiO_2 是没有矿物学意义的，因为很显然，在镁橄榄石中是没有石英的！无论何种矿物，其氧化物组分的摩尔分数之和均应等于 1。

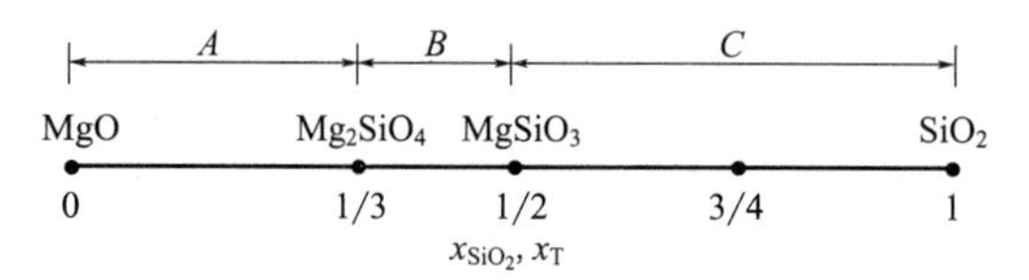

图 4-1　在 MgO-SiO_2 图中各矿物的位置

（据 Zoltai & Stout，1984）

如果设想在一个实验坩埚中放入 1mol MgO 和 1mol SiO_2，则总成分位于 MgO-SiO_2 成分图的中点。控制实验条件，加热至 1400℃，这两种组分就完全化合在一起，生成顽辉石。这是因为总成分适合于化学反应：$MgO + SiO_2 = MgSiO_3$。若坩埚中的总成分位于成分图中 MgO 的摩尔分数为 2/3 处，或 SiO_2 的摩尔分数为 1/3 处，加热至 1600℃，按照化学反应：$2MgO + SiO_2 = Mg_2SiO_4$，将结晶出镁橄榄石。以上所选择的总成分 $MgSiO_3$ 和 Mg_2SiO_4，均有其对应的矿物。这两种化学组成与顽辉石和镁橄榄石的空间群对称性相结合，产生了标志着这些矿物特征的物理性质和光学性质。

如果坩埚中的总成分为 1mol MgO 和 3mol SiO_2，则它对应于二组分图中的 C 区（图 4-1），即 MgO 的摩尔分数为 1/4、SiO_2 的摩尔分数为 3/4 处。当加热至可发生化学反应的温度时，实验产物不再是一种矿物，而是等量的顽辉石（$MgSiO_3$）和方石英（SiO_2）。这是因为，对于这种特定的化学成分，不存在比顽辉石和方石英的混合物更稳定的有序并且对称的结构。在 C 区内的任意总成分均能得到相同的实验结果，唯有顽辉石和方石英的比例不同。

显然，矿物的化学成分受其晶体结构所控制。在 MgO-SiO_2 二元体系中，方镁石（MgO）具有一种 ABC 型的八面体骨架结构，全部由［MgO_6］八面体构成。石英和方石英（SiO_2）的结构全部由［SiO_4］四面体构成。顽辉石（$MgSiO_3$）属单链状硅酸盐，其阳离子的 1/2 占据四面体位置（Si^{4+}），另 1/2 占据八面体位置（Mg^{2+}）。镁橄榄石（Mg_2SiO_4）是一种岛状硅酸盐，其八面体位置是四面体位置的 2 倍。在 MgO-SiO_2 限定的化学成分范围内，不存在任何其他［MgO_6］八面体和［SiO_4］四面体稳定的几何排列，Mg_2SiO_4 和 $MgSiO_3$ 是其中唯一的与矿物相对应的化学成分。从纯的 $MgSiO_3$ 开始，任何想把超过 1∶1 比例的 SiO_2 加入到顽辉石结构中去的企图都会被结构所拒绝。由于多余的 SiO_2 不能为结构所容纳，因而只能形成独立的矿物方石英（SiO_2）。同样，相应于图 4-1 中由 A、B 所限定的总成分，也都不存在相应的单一矿物，而是以与总成分相当的比例形成两种矿物。

上述实例仅代表 n 维空间中的一个方向，对于另一种组分，例如 FeO 对于 $MgO-SiO_2$ 体系中的矿物效应，可以参考由 $MgO-FeO-SiO_2$ 所限定的三元体系（图 4-2）。FeO 在成分空间中相对于 MgO 和 SiO_2 的位置并不重要。重要的是 3 个组分间两两连成直线，且这些直线是两两共面的。这样，每条直线就限定了一个二元体系，而图 4-2 的等边三角形则限定了一个三元体系。

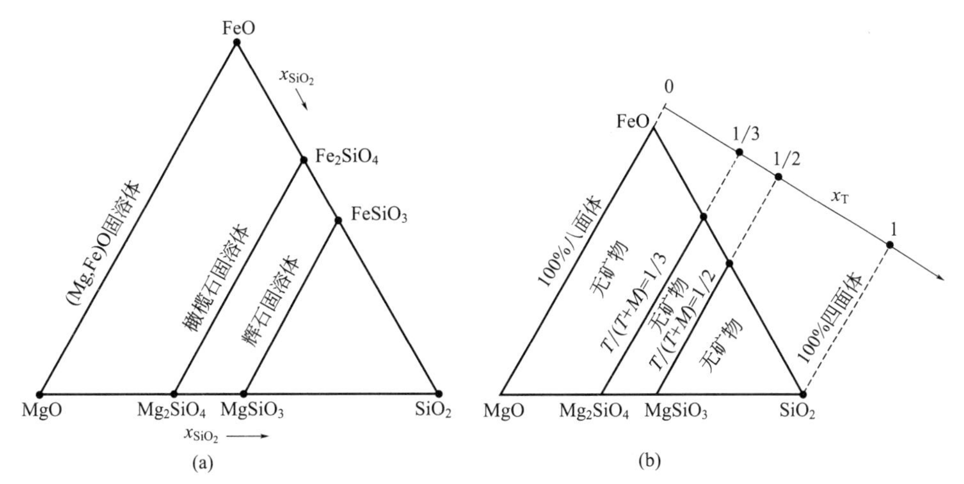

图 4-2 （a）方镁石（MgO）、石英（SiO_2）及附加组分方铁矿（FeO）的成分关系；（b）按四面体位置阳离子的摩尔分数 x_T 表示图（a）中的关系

（据 Zoltai & Stout，1984）

在图 4-2 中，矿物方铁矿（FeO）、铁橄榄石（Fe_2SiO_4）、铁辉石（$FeSiO_3$）标绘在 $FeO-SiO_2$ 连线的相对位置上。除了已表示出的矿物外，不存在其他结构上稳定的矿物。虽然铁橄榄石和镁橄榄石的晶胞大小和其他物理性质显著不同，但它们都具有相同的空间群对称性。镁橄榄石受其组分 MgO ∶ SiO_2 = 2 的约束，铁橄榄石也受类似的约束。由于 Fe^{2+}（0.068nm）和 Mg^{2+}（0.080nm）的离子半径相似，电荷相同，在八面体结构位置上能以任意比例混合，因此，镁橄榄石和铁橄榄石之间构成完全的固溶体系列。在图 4-2 中，结构上允许的橄榄石成分变化于镁橄榄石和铁橄榄石的连线上。线上的每一点都对应于唯一的一种晶体结构，即八面体（M）位置为四面体（T）位置的 2 倍。与此相似，完全的固溶体也存在于顽辉石和铁辉石之间。

在 $MgO-FeO-SiO_2$ 三元体系中，增加一个附加组分 CaO 就扩展为一个四面体（图 4-3）。不难发现，在四面体内的很大区域，例如 $Fe_2SiO_4-Mg_2SiO_4-Ca_2SiO_4$ 和 $FeSiO_3-MgSiO_3-CaSiO_3$ 平面之间，不存在相应的单一矿物。但这两个平面本身对应于结构上允许的八面体和四面体比例分别为 2 和 1 的矿物橄榄石和辉石。

依此类推，在一个 n 维成分空间中，存在着一些对应于所有已知的矿物和固溶体的独特成分域，每个域的特殊性在于其原子能呈几何排列，并遵循结晶学的对称规律，故其方式是有限的。各域之间彼此被没有已知矿物存在的区域所分隔。在矿物中，固溶体的范围是有限度的。如果因离子半径或电荷差异而不能有另外的替代加以补偿，则这种替代在能量上是不利的。固溶体的范围也会受到矿物形成时温压条件的限制。

辉石族是上述相互关系的重要实例。但对于透辉石和顽辉石，或钙铁辉石和铁辉石之间的混溶间隙，显然与结构中八面体对四面体位置的比例无关，因为在 $CaSiO_3-MgSiO_3-FeSiO_3$ 平面上，这一比例为常数。原因在于金属阳离子在对称性不同的八面体位置之间的分

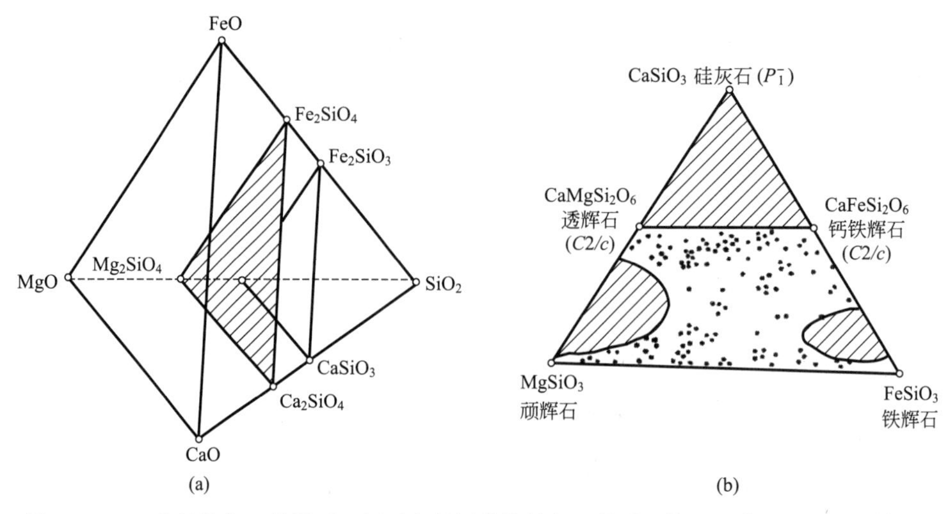

图 4-3 （a）在氧化物、橄榄石、辉石之间固溶体的相互关系上第四组分（CaO）的效应；（b）不同地质环境下辉石的分析结果（阴影区表示固溶体缺失）

（据 Zoltai & Stout，1984）

配。辉石族具有 M_1 和 M_2 两种八面体结构位置。当斜方辉石的化学成分从顽辉石-铁辉石组分线向透辉石-钙铁辉石组分线变化时，主要表现为 Ca^{2+} 对 M_2 位 Mg^{2+} 和 Fe^{2+} 的替代。在替代前各个 M_2—O 键长是不一样的，故 M_2 位呈不规则的八面体。由于 Ca^{2+} 的离子半径（0.120nm）明显大于 Fe^{2+} 和 Mg^{2+}，因此，随着 Ca^{2+} 的加入，M_2 八面体将发生膨胀，而四面体中的 Si—O 键及其他八面体的 M_1—O 键则受影响较小，从而产生差异的多面体畸变。在这种情况下，要求 M_2 八面体最短的键膨胀得最大，以容纳大的阳离子。随着 Ca^{2+} 替代量的增大，引起应变积累，直至斜方结构变得不稳定而产生混溶间隙。

最先出现混溶间隙处的化学成分取决于温度。一般来说，固溶体的范围随温度的升高而增大。加热时，单斜辉石的 M_2 八面体中越长的键，其膨胀幅度就越大，因为这种键相对较弱（图 4-3）。这与替代所引起的效应正好相反。提高温度的总效应是，使那些由于阳离子替代而发生应变的八面体消除畸变，从而使已发生替代的成分趋于稳定。

2. 独立组分分析

根据矿物相律，在一定的温压范围内，结晶岩中平衡共存的矿物相数小于或等于构成该岩石的独立组分数（马鸿文，2001）。由于大多数常见的造岩矿物大都呈固溶体，因此，确定结晶岩中某一组分是否为独立组分的唯一判据，是看其是否可以全部由构成岩石中的复杂固溶体矿物所容纳。换言之，在进行硅酸盐体系共生相分析时，应同时考虑各氧化物组分之间的量比关系和复杂固溶体矿物相优先的原则。

SiO_2：为主要独立组分。相对于其他组分过剩时，则形成石英族矿物。

TiO_2：常作为铁镁矿物，特别是碱性铁镁矿物中的类质同像组分；与 FeO 构成铁钛氧化物矿物，如钛铁矿、钛磁铁矿、钛铁晶石等；与 CaO 构成钙钛矿、榍石（sphene，$CaTi[SiO_4]O$）等；含量相对过剩时，生成独立矿物金红石、锐钛矿或板钛矿。

Al_2O_3、Cr_2O_3、Fe_2O_3：Al_2O_3 主要作为 SiO_2 的类质同像替代（$Al^{3+} \rightarrow Si^{4+}$），形成各种铝硅酸盐矿物；$Al_2O_3$、$Cr_2O_3$、$Fe_2O_3$ 呈类质同像替代，形成尖晶石族、石榴子石族矿物；此外，Cr_2O_3 还主要呈 Al_2O_3 的类质同像物，出现于辉石族矿物中；Fe_2O_3 则作为

Al_2O_3 的类质同像组分，出现于铁镁矿物，特别是碱性辉石、碱性闪石中。当 Al_2O_3、Fe_2O_3 含量相对过剩时，则分别形成独立矿物刚玉和赤铁矿。

FeO、MnO、NiO、MgO：常呈类质同像形成各种铁镁矿物，如橄榄石族、辉石族、闪石族、云母族、石榴子石族、尖晶石族等。

CaO：在超镁铁岩中，主要作为 MgO、FeO 的类质同像组分形成辉石族矿物；在其他岩石中，主要与 Na_2O 呈类质同像，形成斜长石、闪石族矿物；在含量相对较高的变质环境下，可与 SiO_2 形成硅灰石。

Na_2O：常与 CaO 呈类质同像，形成碱性辉石、碱性闪石、斜长石和霞石等；或与 K_2O 呈类质同像，形成碱性长石、白榴石等。

K_2O：常与 Na_2O 呈类质同像，形成碱性长石、钾霞石、白榴石等或云母族矿物。

Li_2O：主要形成透锂长石（petalite，$LiAlSi_4O_{10}$）、锂云母、锂辉石、磷铝锂石［amblygonite，$(Li,Na)Al[PO_4](F,OH)$］、磷铁锂矿（triphylite，$LiFe^{2+}PO_4$）和锂电气石等。

P_2O_5：常作为独立组分，形成磷灰石、磷铝石（variscite，$AlPO_4 \cdot 2H_2O$）、独居石等。

H_2O、CO_2：在地质过程中常以流体相存在，一般不作为体系的独立组分，主要形成闪石族、云母族和碳酸盐矿物。

SO_3、S：主要形成黝方石［nosean，$Na_8Al_6Si_6O_{24}(SO_4) \cdot H_2O$］、蓝方石［hauyne，$Na_6Ca_2Al_6Si_6O_{24}(SO_4)_2$］、硬石膏和黄铁矿、磁黄铁矿等。

F、Cl：主要参与闪石族、云母族、磷灰石、黄玉、方柱石［scapolite，$(Na,Ca)_4[Al(Al,Si)Si_2O_8]_3(Cl,F,OH,CO_3,SO_4)$］、方钠石（sodalite，$Na_8Al_6Si_6O_{24}Cl_2$）、萤石、冰晶石和粒硅镁石族［chondrodite，$(Mg,Fe^{2+})_5[SiO_4]_2(F,OH)_2$］等矿物的形成。

在确定独立组分时，应认真考察各组分之间的量比关系。只有在某一类质同像组分相对过剩，以至于出现独立的富含该组分的矿物相时，该组分才能作为独立组分。因为只有独立组分之间的量比关系，才对硅酸盐体系中的共生相组合起着决定性的影响。

3. 共生相混合计算的数学模型

从理论上讲，根据硅酸盐体系的化学成分计算其共生矿物相组合、含量和成分的实质，是在常见的成分空间中，计算体系保持最低自由能状态的矿物相构成问题。这需要用到矿物的生成自由能数据，但由于大多数造岩矿物为复杂固溶体，且矿物的生成自由能是温度、压力的函数，故在实际应用中，往往得不到系统而精确的矿物生成自由能数据。

然而实际上，若以矿物相律和质量平衡原理为基础，采用最小二乘法或线性规划的数学模型，同时佐以相似体系中共存矿物相的化学成分，仍可由体系的总成分，计算出其共生矿物相组合及含量，并能在一般化学分析的精度范围内逼近各矿物相的化学成分。

进行以上计算时，应首先根据矿物相律，构成体系中平衡共存矿物相的最大数目（双变组合）。为此，需要区别所研究体系的具体情况，仔细考察各氧化物组分之间的量比关系，并按照复杂固溶体矿物相优先的原则，确定构成体系的独立组分数。

按照质量平衡原理，设某一硅酸盐体系（结晶岩、工业岩石原料等）由 n 种矿物相和 m 种氧化物组分所构成，则体系中每一种矿物的含量 x_j 与其相应的氧化物组分含量 a_{ij} 的乘积之和，应等于体系总成分中该组分的含量 b_i，即：

$$\sum_{j=1}^{m} a_{ij}x_j = b_i \quad (i=1,2,\cdots,n) \tag{4-2}$$

在对矿物组成计算中，必须使体系总成分中 m 种氧化物组分最大限度地分配入 n 种矿物相中，从而使拟合计算的残差最小，而所求各矿物相的含量之和最大（逼近100%）。此即为满足（$AX=B$；$X \geqslant 0$），求 $\max S=\sum_{j=1}^{m} x_j$（取目标函数 S 为极大）的线性规划问题（马鸿文，2001）。为求得方程组的非负解，可采用线性规划中的改进单纯形法求解 X。

在进行上述计算时，应尽可能采用各矿物相的化学成分分析数据。对于晶体结构较为简单、化学组成通常大致符合化学计量比的矿物，则可直接采用其理论化学组成，作为初始系数矩阵中的化学成分初值，进行拟合计算。并视剩余组分的种类和量比关系，依据矿物晶体化学原理，通过对剩余组分的平差和轴心项修正等方法，不断修正原始系数矩阵，提高拟合度，从而使各矿物相的化学成分逐步逼近其真实组成（林文蔚，1987）。

应予注意的是，在罕见的情况下，计算的平衡共存的矿物相数有可能小于体系的独立组分数，这表明体系具有单变线或零变点的矿物组合。无论何种情况，都极有必要将计算的矿物组合与光学鉴定结果进行对比，以确保所计算的矿物组合为体系达到化学平衡的稳定矿物共生组合。

确定矿物共生组合的主要标志有：①各矿物相之间都有相互直接接触关系；②各矿物相均属同一世代，相互间无交代现象；③同种矿物的化学成分及光性特征相近。若有环带，则其边部的成分及光性近似；④矿物对之间元素的分配具有规律性；⑤矿物共生关系应符合相律，矿物种类一般不超过5～6种。矿物成分太复杂是不平衡的标志（游振东等，1988）。

由于该法以质量平衡原理为基础，因而能为矿物含量的计算精度提供严格的约束条件，其计算精度远非光学统计法所能相比。根据该法计算所获得的矿物含量，通过对矿物密度的校正，则可换算为矿物体积分数，用于对结晶岩进行定量矿物分类命名。

第二节　工业岩石原料的物相组成分析

矿物含量的统计分析结果，是结晶岩进行分类命名的基础。对于工业岩石原料，准确了解其矿物组成和含量，则是对其进行工业化利用的基础，如对优化矿石预处理过程提供依据，对矿物材料的制备反应过程进行热力学分析等。

1. 白云母正长岩

河南卢氏县的黄家湾钾长石矿，矿石类型为白云母正长岩（刘贺，2006）。矿石呈浅砖红色，全晶质粒状结构，块状构造。主要矿物成分为钾长石，次为白云母。显微镜下观察，钾长石大都为板状自形-半自形晶体，白云母呈它形填隙状。副矿物主要为磁铁矿等。

对白云母正长岩物相组成的分析方法，即按照质量平衡原理，在满足 $AX=B$，$X \geqslant 0$ 条件下，求解 $\max s=\sum_{j=1}^{m} x_j$（$m$ 为氧化物组分数，x_j 为矿物相 j 的含量）的线性方程组（4-2）。

白云母正长岩及其主要矿物相的化学成分分析结果分别见表4-1和表4-2。计算主要矿物相的离子系数，晶体化学式为：

钾长石，$(K_{0.958}Na_{0.041})_{0.999}[Fe_{0.014}Al_{0.963}Si_{3.018}O_8]$，接近于其理论组成；

白云母，$(K_{0.917}Na_{0.042})_{0.959}\{(Mg_{0.042}Fe^{3+}_{0.386}Al_{1.548})_{1.976}[Al_{0.851}Si_{3.149}O_{10}](OH)_2\}$，Si的离子系数高于理论值3.0，且极可能存在 Fe^{3+} 对 Al^{3+} 的替代，故暂定名为高铁白云母；

磁铁矿，成分较为纯净，接近于其理论组成 $FeFe_2O_4$。

表 4-1　白云母正长岩的化学成分分析结果（w_B/%）

样品号	SiO_2	TiO_2	Al_2O_3	Fe_2O_3	FeO	MgO	CaO	Na_2O	K_2O	P_2O_5	H_2O^+	H_2O^-	总量
LS-04	58.01	0.93	17.87	3.93	0.32	0.30	1.06	0.28	14.69	0.09	1.44	0.36	99.28

注：中国地质大学（北京）化学分析室龙梅分析。

表 4-2　白云母正长岩中主要矿物相化学成分的电子探针分析结果（w_B/%）

矿物相	SiO_2	TiO_2	Al_2O_3	TFeO	MnO	MgO	CaO	Na_2O	K_2O	P_2O_5	总量
钾长石/4	65.24	0.00	17.65	0.37	0.15	0.00	0.00	0.45	16.23	0.05	100.13
白云母/3	47.11	0.00	30.45	6.97	0.05	0.42	0.00	0.32	10.79	0.35	96.53
磁铁矿/2	0.27	0.05	0.02	92.72	0.21	0.00	0.00	0.80	0.00	0.00	94.06

注：矿物名后数字为电子探针分析点数，下同；中国地质大学（北京）电子探针室尹京武分析。

由白云母正长岩的 X 射线粉晶衍射分析结果（表 4-3），经与 JCPDS 卡片对比，确定白云母正长岩的主要矿物组成，并进行指标化计算（表 4-4）。结果表明，主要矿物钾长石的种属为微斜长石；次要矿物高铁白云母属单斜晶系 1*M* 多型；副矿物磁铁矿并非常见的等轴晶系，而可能为高压相的斜方晶系（合成磁铁矿；a_0=0.27992nm，b_0=0.94097nm，c_0=0.94832nm）（Fei et al，1999）。此外，新鉴定出副矿物榍石，这可能是该正长岩中富含稀土元素的主要矿物相。

表 4-3　白云母正长岩的 X 射线粉晶衍射分析数据

衍射峰	*hkl*	I/I_0	*d*/0.1nm	矿物	衍射峰	*hkl*	I/I_0	*d*/0.1nm	矿物
1	(001)	25	10.0405	mus	23	131	10	3.0317	mic
2	(110)	3	6.7545	mic	24	$\bar{2}02$	11	2.9989	sph
3	020	10	6.4914	mic	25	$1\bar{3}1$	11	2.9563	mic
4	$\bar{1}\bar{1}1$	4	5.9383	mic	26	$11\bar{3}$	16	2.9082	mus
5	020	6	5.0009	mus	27	041	16	2.9082	mic
6	021	3	4.6185	mic	28	$\bar{1}\bar{3}2$	5	2.7840	mic
7	$\bar{2}01$	21	4.2392	mic	29	100	5	2.7840	mgt
8	111	9	3.9881	mic	30	023	3	2.7046	mus
9	111	7	3.9371	mus	31	023	7	2.6163	mgt
10	130	11	3.8389	mic	32	022	7	2.5935	sph
11	$\bar{1}30$	8	3.7090	mic	33	111	8	2.5829	mgt
12	$11\bar{2}$	5	3.6568	mus	34	112	9	2.5750	mic
13	021	5	3.6061	sph	35	$1\bar{1}2$	9	2.5516	mic
14	$\bar{1}31$	6	3.5852	mic	36	240	7	2.5315	mic
15	$\bar{1}\bar{1}2$	21	3.4745	mic	37	110	6	2.5237	hem
16	220	17	3.3774	mic	38	004	5	2.4988	mus
17	003	33	3.3298	mus	39	201	5	2.4319	mus
18	$\bar{2}02$	29	3.2966	mic	40	$\bar{2}03$	3	2.3863	mic
19	$\bar{2}20$	27	3.2680	mic	41	$\bar{3}31$	4	2.3361	mic
20	002	100	3.2471	mic	42	$\bar{1}13$	5	2.3276	mic
21	211	100	3.2471	sph	43	$13\bar{3}$;202	16	2.1613	mus
22	112	2	3.1425	mus	44	$\bar{4}01$	4	2.1249	mic

续表

衍射峰	hkl	I/I_0	d/0.1nm	矿物	衍射峰	hkl	I/I_0	d/0.1nm	矿物
45	$\bar{3}12$	3	2.1180	sph	67	204	3	1.6684	mus
46	130	3	2.0806	mgt	68	$\bar{3}52$	4	1.6552	mic
47	005	8	2.0000	mus	69	$\bar{3}33$	3	1.6462	sph
48	133	9	1.9955	mus	70	$\bar{3}34$	3	1.6238	mic
49	221	5	1.9751	sph	71	$\bar{5}13$	3	1.6190	mic
50	$2\bar{2}2$	4	1.9611	mic	72	122	3	1.6090	hem
51	400	5	1.9231	mic	73	$3\bar{5}1$	2	1.6029	mic
52	132	3	1.9127	mgt	74	006	4	1.5742	mgt
53	043	2	1.8996	mgt	75	134	3	1.5653	mgt
54	260	5	1.8595	mic	76	115;061	2	1.5530	mgt
55	024	2	1.8383	hem	77	060	3	1.5444	mus
56	$\bar{2}\bar{6}2$	3	1.8226	mic	78	151	3	1.5418	mgt
57	$\bar{2}04$	12	1.8059	mic	79	133	4	1.4982	sph
58	104	12	1.8059	mgt	80	$\bar{4}\bar{6}3$	5	1.4576	mic
59	140	12	1.8010	mgt	81	300	5	1.4543	hem
60	114	3	1.7812	mgt	82	007	4	1.4309	mus
61	$\bar{3}32$	2	1.7403	sph	83	$\bar{6}02$	4	1.4288	mic
62	133	2	1.7403	mgt	84	061	2	1.4179	sph
63	240	3	1.7280	sph	85	$\bar{2}25$	4	1.4095	sph
64	$\bar{2}40$	2	1.7247	sph	86	063	4	1.4071	mgt
65	$\bar{2}24$	3	1.7067	sph	87	200	2	1.3932	mgt
66	116	3	1.6950	hem	88	116	3	1.3619	mgt

注：mic，微斜长石；mus，白云母；sph，榍石，hem，赤铁矿；mgt，磁铁矿。

表 4-4　白云母正长岩中主要矿物相的晶格常数指标化结果

矿物相	衍射线	a_0/nm	b_0/nm	c_0/nm	α	β	γ
微斜长石	24	0.8586	1.2971	0.7226	90°38′	115°56′	87°36′
白云母	15	0.5307	0.9266	1.0166		100°02′	
榍石	13	0.6538	0.8717	0.7456		119°54′	
磁铁矿	18	0.2788	0.9431	0.9503	90°00′		

按照质量平衡原理，综合白云母正长岩的全岩化学成分（表 4-1）和主要矿物相化学成分分析结果（表 4-2），采用线性规划法计算各矿物的含量。其中副矿物榍石、赤铁矿和磷灰石均采用理论化学成分。考虑到微斜长石中存在的隐纹或条纹结构，计算中采用三种长石端员成分来优化计算结果。最终计算的白云母正长岩的物相组成为：微斜长石 85.5%，高铁白云母 7.6%，榍石 2.4%，磁铁矿 1.1%，赤铁矿 2.7%，磷灰石 0.2%。拟合计算的目标函数为 99.5%。对全岩化学成分拟合计算的残差除 MgO、Na_2O 分别为 0.28%和 0.26%外，其余氧化物的残差均为 0.00%（刘贺，2006）。

2. 高铝粉煤灰

粉煤灰是从燃煤粉的锅炉烟气中收集的粉状灰粒。煤粉在锅炉内燃烧时，其中的灰分发生熔融，在表面张力作用下团缩成球形，当其排出炉外时受急冷作用而玻璃化。因此，粉煤灰是富含玻璃球体的粉状物料。华北某热电厂粉煤灰（BF-01）的主要化学成分为 SiO_2 和 Al_2O_3，且 Al_2O_3 高达 42.1%（表 4-5），是氧化铝潜在的重要资源（张晓云等，2005）。

表 4-5　高铝粉煤灰及其组成物相化学成分分析结果（w_B/%）

样品号	SiO_2	TiO_2	Al_2O_3	Fe_2O_3	FeO	MnO	MgO	CaO	Na_2O	K_2O	P_2O_5	H_2O^+	总量
mul/1	27.19	0.46	70.47		0.48			0.13	0.32	0.07	0.45		99.58
gls1/5	53.66	1.55	41.84		0.79			0.81	0.37	0.60	0.34		99.96
gls2/2	70.90	0.83	21.29		1.13		0.34	0.19	0.35	5.04	0.29		100.36
Sig/1	87.48	0.48	8.42		0.79		0.36	0.27	0.38	0.72	0.46		99.34
Al1/3	11.56	0.63	85.68		0.54			0.15	0.57	0.14	0.33		99.60
Al2/1	4.83	0.14	93.36		0.35			0.21	0.84		0.28		100.00
BF-01	45.90	1.59	42.11	2.20	1.03	0.01	2.09	2.44	0.12	0.52	0.46	0.24	99.44
拟合值	45.90	1.59	42.11	2.20	1.03	0.00	2.09	2.44	0.34	0.52	0.46		

注：mul，莫来石；gls1，硅铝相近玻璃体；gls2，高硅低铝玻璃体；Sig，富硅玻璃体；Al1、Al2，富铝玻璃体；BF-01，高铝粉煤灰。中国地质大学（北京）电子探针室尹京武、化学分析室王军玲分析。

粉煤灰的颗粒度细小，其中玻璃体所占比例最高，其次是莫来石晶相（李贺香等，2006），主要附着于玻璃体外表面。磁铁矿和赤铁矿含量较低，呈分散状或混杂于玻璃体内（Kukier et al，2003）。扫描电镜分析显示，玻璃微珠的含量高且外形圆滑，直径约 1～15μm（图 4-4）。激光粒度分析表明，其粒度分布范围为 0.317～250μm，体积平均粒径为 18.04μm，比表面积为 1.485m^2/g。

粉煤灰（BF-01）含有不同形态的颗粒，如实心球、空心球、不规则粒子和类似海绵状粒子等（图 4-5）。这些不同形态和成分的颗粒的形成与燃煤成分有关。粉煤灰粒子可分为 4 类：①以图 4-5 中标号 1 粒子为代表，反射色较亮，内部颜色均一，多呈外表较光滑的球体。其含铁量可高达 90%，主要为分散态的含铁矿物。②以标号 2 粒子为代表，反射色较深且外形不规则，显示高硅或高铝成分特征，系由高岭石等黏土矿物在高温下出现 SiO_2、Al_2O_3 分凝作用所形成（魏存弟等，2005）。③以标号 3 粒子为代表，反射色亮度中等，但内部颜色不均一，形态呈球形（标号 3）或不规则状（标号 5），故称为不规则多孔玻璃体。其微区成分更为复杂，其来源主要是燃煤中的黏土矿物。④以标号 4 粒子为代表，外表光滑，反射色中等且颜色均一。此类粒子即所谓的玻璃微珠，其化学成分相对均一。

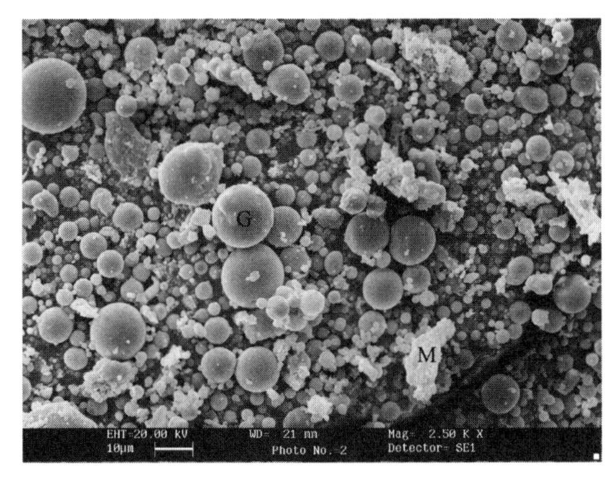

图 4-4　高铝粉煤灰（BF-01）的扫描电镜照片

G—玻璃微珠；M—莫来石

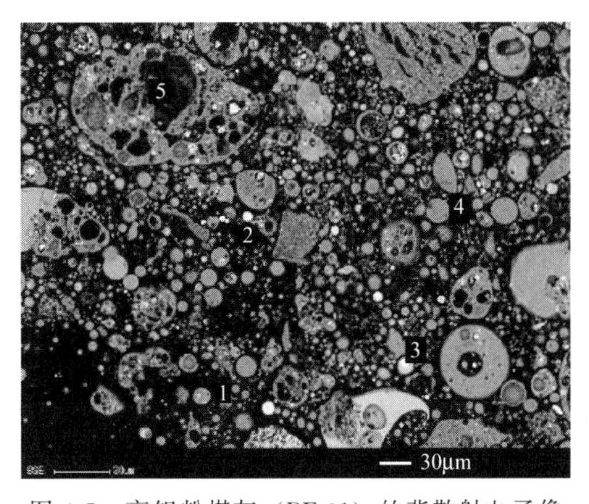

图 4-5　高铝粉煤灰（BF-01）的背散射电子像

根据电子探针微区成分分析结果（表 4-5），采用最小二乘法计算粉煤灰的物相组成。计算结果为：莫来石 13.7%，硅铝相近玻璃体（gls1）78.6%，高硅低铝玻璃体（gls2）1.0%，磁铁矿 2.7%，四者占物相总量的 96.0%。另有 MgO 2.1%、CaO 1.6%、P_2O_5 0.13%（计算残差），不能由微区分析物相得到解释，推测系由燃煤中的碳酸盐（白云石等）发生热分解，可能以方镁石（2.1%）、方钙石（1.6%），或硬石膏（4.0%）、磷灰石（0.3%）等形式存在。

以上结果表明，该燃煤的灰分矿物主要由高岭石、伊利石、碳酸盐、铁的硫化物或氧化物、磷灰石等组成。粉煤灰中的硅铝相近玻璃体（gls1）、高硅低铝玻璃体（gls2）分别主要由高岭石、伊利石在高温下的分解熔融作用所形成；而富硅玻璃体（Sig）、富铝玻璃体（Al1，Al2）、莫来石（表 4-5）则分别为高岭石在燃煤过程中发生 SiO_2 分凝（850～1100℃）、Al_2O_3 分凝（950～1100℃）和莫来石化（1100℃～）的产物（魏存弟等，2005），由于燃煤受热过程迅速且时间极短，故分凝形成的富硅、富铝玻璃体含量极少。由此估计，该燃煤的灰分矿物组成大致为：高岭石 87.6%，伊利石 1.0，碳酸盐（白云石等）6.9%，黄铁矿（或铁氧化物）3.5%，磷灰石 1.0%。

上述计算结果为更准确地研究高铝粉煤灰中莫来石和铝硅酸盐玻璃相的热分解反应热力学过程（李贺香等，2006）提供了可能。

第三节　膨润土中蒙脱石含量的对比分析

膨润土又称斑脱岩，是以蒙脱石为主要矿物成分的黏土岩。其主要矿物成分是蒙脱石-贝得石系列矿物，含量可达 85%～95%；其次常含有少量伊利石、高岭石、迪开石、埃洛石、绿泥石、水铝英石、坡缕石等黏土矿物。其中高岭石、绿泥石、伊利石等可与蒙脱石机械混合，也可以构成规则或不规则的混层矿物。非黏土矿物有石英、长石、沸石、碳酸盐、硫酸盐等。此外，还常含有少量黄铁矿、磁铁矿、赤铁矿、金红石、锐钛矿等副矿物（姜桂兰等，2005）。

蒙脱石含量是评价膨润土质量最重要的指标。膨润土矿床要求蒙脱石的边界品位≥40%，工业品位≥50%（GB 12518—90）。测定膨润土中蒙脱石含量的方法，通常主要采用吸蓝量法和 X 射线衍射多相 Rietveld 分析方法。这些方法均无法给出膨润土的物相组成，且实验操作中存在较多人为因素和误差（胡秀荣等，2005）。基于化学成分分析数据的相混合计算法，应用于对陕西洋县膨润土的定量物相分析，取得良好效果（李歌等，2008）。通过与其他两种常用方法的对比分析，证明相混合计算法用于膨润土定量物相分析具有普适性（李歌等，2011）。

1. 对比方法原理

吸蓝量法

膨润土分散于水溶液中吸附亚甲基蓝的量称为吸蓝量，以 100g 试样吸附亚甲基蓝的质量（g）表示。吸蓝量是评价膨润土中蒙脱石相对含量的主要指标。吸蓝量测定：称取 0.2000g 膨润土试样，放入已加入 50mL 水的锥形瓶中，摇匀；再加入浓度 1%的焦磷酸钠溶液 20mL，摇匀；将盛有混合溶液的锥形瓶置于电炉上加热微沸 5min，取下冷却至室温；用亚甲基蓝标准溶液滴定。每次滴加亚甲基蓝标准溶液后，用玻璃棒蘸一滴试液于滤纸上，观察在中央深蓝色斑点周围有无出现浅绿色晕环，若未出现，则继续滴加。当深蓝色斑点周围刚出现浅绿色晕环时再摇晃 30s，用玻璃棒蘸一滴试液于滤纸上，若浅绿色晕环仍不消失，即为滴定终点。吸蓝量的计算公式为（姜桂兰等，2005）：

$$A_b = CV/m \tag{4-3}$$

式中，A_b 表示吸蓝量的数值，mmol/g；C 表示亚甲基蓝标准溶液的浓度，mol/L；V 表示滴定时所消耗亚甲基蓝标准溶液的体积，mL；m 表示试样的质量，g。

由吸蓝量换算蒙脱石含量的经验公式为：

$$M = A_b / K_m \times 100 \tag{4-4}$$

式中，M 表示试样中蒙脱石的含量，%；A_b 表示吸蓝量的数值，mmol/g；K_m 为换算系数，对蒙脱石而言为 1.5mmol/g。

多相 Rietveld 分析法

X 射线衍射多相 Rietveld 分析法又称模型定量分析法，其原理是多相混合体系中各结晶相都有其特有的衍射花样，每相在整个衍射空间的 X 射线散射总量与其晶胞的化学组成和在混合体系中的丰度值相关。p 相的丰度值与多相 Rietveld 分析法得到各相的标度因子间存在下列关系（Rietveld，1967；Taylor et al，1994）：

$$w_p = S_p(ZMV)_p / \sum_{i=1}^{n} S_i(ZMW)_i \tag{4-5}$$

式中，w_p 为丰度值；Z 为单位晶胞中的分子数；S 是 Rietveld 分析标度值；M 是克式量，V 为晶胞体积。评价 Rietveld 方法定量计算结果的可靠性是通过计算可信度因子 R 值而实现的。一般地，R 值越小，则拟合信度越高。

Rietveld 全谱图拟合定量相分析法是近年来新兴起的一种无标样基于晶体结构计算和全粉末衍射图谱拟合定量的相分析方法。采用此法对膨润土进行定量分析，关键是选择合适的晶体结构模型和峰形函数，同时考虑择优取向的影响。蒙脱石具有复杂可变的层间结构，迄今被认可的是 Hofmann 结构模型，可以较好地解释 X 射线衍射现象（万洪波，2009）。

下文以国内三个代表性膨润土为实例，采用相混合计算法定量确定膨润土的物相组成，特别是蒙脱石的含量，并与吸蓝量法和 X 射线衍射 Rietveld 全谱拟合法测定结果进行对比。

2. 结果与讨论

以陕西洋县（YB-06）、河南确山（QB-07）、内蒙古赤峰（CB-08）三地的膨润土为代表性试样，其化学成分分析结果见表 4-6。采用 D/max-rA 型 X 射线衍射仪对试样进行 X 射线粉晶衍射分析，结果如图 4-6～图 4-8 所示。确山、赤峰膨润土中蒙脱石的 $d_{(001)}$ 值分别为 1.4380nm 和 1.5121nm。钠蒙脱石的 $d_{(001)}$ 值约为 1.23～1.26nm，而钙蒙脱石的 $d_{(001)}$ 值约为 1.43～1.50nm（姜桂兰等，2005）。由此判断，该两地的膨润土均为钙基膨润土。

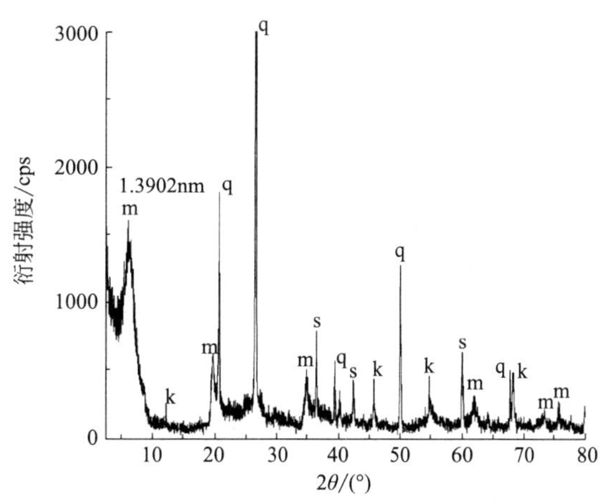

图 4-6 洋县膨润土（YB-06）的 X 射线粉晶衍射图

m—蒙脱石；q—石英；k—高岭石；s—白云母；下同

采用 PCPDFWIN 程序查对，洋县、确山膨润土中除含有蒙脱石外，还含有石英、高岭石、白云母等矿物。赤峰膨润土中的蒙脱石含量较高。对 X 射线衍射分析数据进行指标化计算，各主要矿物相的晶胞参数见表 4-7～表 4-9。

表 4-6 代表性膨润土的化学成分分析结果（w_B/%）

样品号	SiO_2	TiO_2	Al_2O_3	Fe_2O_3	FeO	MnO	MgO	CaO	Na_2O	K_2O	P_2O_5	烧失量	总量
YB-06	61.00	1.27	15.68	4.55	0.14	0.02	1.22	1.94	0.38	1.46	0.17	12.17	100.03
QB-07	59.51	0.34	19.85	1.54	0.20	0.01	2.08	2.28	0.00	0.74	0.06	13.34	99.95
CB-08	53.25	0.33	14.77	2.09	1.88	0.01	4.24	3.24	0.31	0.36	0.09	19.80	100.37

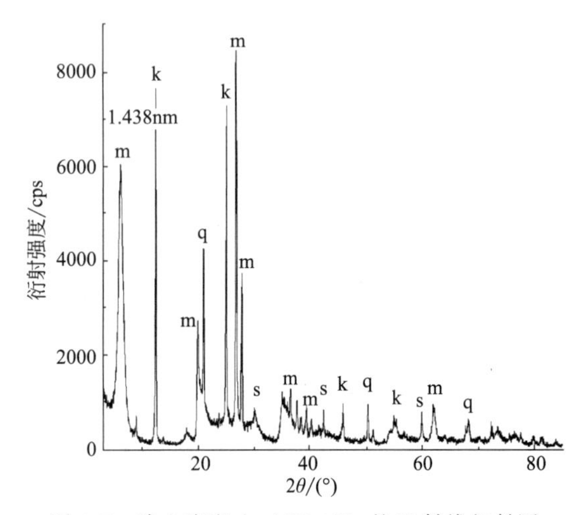

图 4-7 确山膨润土（QB-07）的 X 射线衍射图

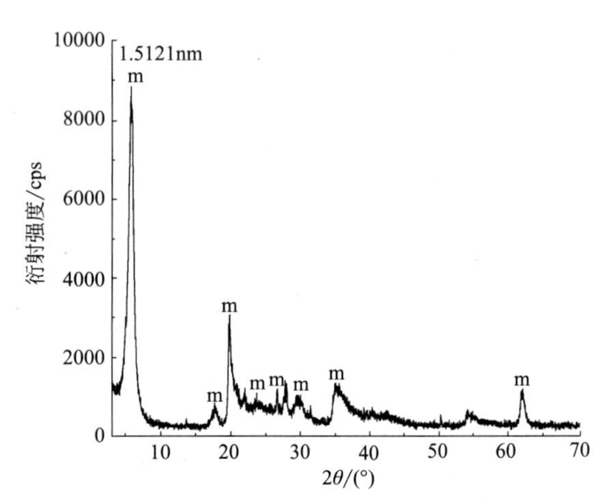

图 4-8 赤峰膨润土（CB-08）的 X 射线衍射图

表 4-7 洋县膨润土中主要矿物相的晶格常数

矿物相	衍射线	a_0/nm	b_0/nm	c_0/nm	α	β	γ
蒙脱石	6	0.5232	0.9056	1.5511		89°03′	
石英	14	0.4915	0.4915	0.5396			
高岭石	8	0.5141	0.8932	0.7372	91°50′	104°43′	90°01′
白云母	10	0.5204	0.9066	2.0166		95°22′	

对膨润土试样中蒙脱石晶粒的化学成分进行电子探针微区分析，结果见表 4-10。基于以阴离子为基准（O=11）的氢当量法（马鸿文，2001），计算蒙脱石的晶体化学式为：

YB-06，$(K_{0.22}Ca_{0.09}Na_{0.03})_{0.43}(H_2O)_n\{(Al_{1.49}Fe^{3+}_{0.30}Mg_{0.20}Ti_{0.04})_{2.03}[(Si_{3.65}Al_{0.35})_4O_{10}](OH)_2\}$

QB-07，$(Ca_{0.05}Na_{0.01})_{0.11}(H_2O)_n\{(Al_{1.72}Mg_{0.22}Fe^{3+}_{0.12}Mn_{0.01})_{2.07}[(Si_{3.89}Al_{0.11})_4O_{10}](OH)_2\}$

CB-08，$(Ca_{0.16}Na_{0.04}K_{0.01})_{0.37}(H_2O)_n\{(Al_{1.28}Mg_{0.49}Fe^{3+}_{0.12}Fe^{2+}_{0.09}Ti_{0.01})_{1.99}[Si_{4.05}O_{10}](OH)_2\}$

表 4-8 确山膨润土中主要矿物相的晶格常数

矿物相	衍射线	a_0/nm	b_0/nm	c_0/nm	α	β	γ
蒙脱石	12	0.5171	0.9048	1.5038		91°48′	
石　英	13	0.4913	0.4913	0.5471			
高岭石	13	0.5169	0.8966	0.7412	85°22′	104°37′	91°26′
白云母	8	0.5189	0.8983	2.0000		95°34′	

表 4-9 赤峰膨润土中主要矿物相的晶格常数

矿物相	衍射线	a_0/nm	b_0/nm	c_0/nm	α	β	γ
蒙脱石	14	0.5179	0.8938	1.5121		91°29′	

由表 4-7～表 4-9 中蒙脱石的晶格常数 c_0 值判断，其晶体化学式中的 H_2O 分子数 n 均为 14（马鸿文，2018）。

表 4-10　膨润土中蒙脱石晶粒的电子探针分析结果（w_B/%）

样品号	SiO_2	TiO_2	Al_2O_3	FeO	MnO	MgO	CaO	Na_2O	K_2O	总量
YB-06/7	52.92	0.70	22.60	5.20	—	1.92	1.25	0.25	2.46	87.31
QB-07/7	53.00	0.07	21.23	2.01	0.17	2.02	0.57	0.09	0.03	79.19
CB-08/20	57.48	0.22	15.39	4.07	0.10	4.63	2.16	0.31	0.06	84.42

注：全铁作为 FeO；中国地质大学（北京）电子探针室尹京武分析。

依据蒙脱石晶粒微区分析的平均化学成分（表 4-10），假定其他共生矿物符合理论化学组成，采用相混合计算法，以改进单纯形法求解前述线性方程组（4-2），所得各膨润土试样的主要矿物含量见表 4-11。采用吸蓝量法和 X 射线多相 Rietveld 定量分析法（Fullprof 软件）测得的蒙脱石含量见表 4-12。

表 4-11　三地膨润土的主要矿物含量/%

样品号	蒙脱石	石英	高岭石	白云母	钠长石	碳酸盐	其他矿物
YB-06	38.9(混层)	29.7	4.6	20.6(混层)	2.2	1.1	2.9
QB-07	61.0	20.2	8.4	6.7		2.7	1.0
CB-08	93.8	0.7	—	3.0	0.4	1.5	0.6

注：其他矿物包括磷灰石、赤铁矿、磁铁矿、钛铁矿、金红石和榍石。

对比表 4-11、表 4-12 可见，与相混合计算法对比，对于低品位膨润土矿（YB-06），采用吸蓝量法，所测蒙脱石含量偏高 6.6%（考虑混层白云母 20.6%）；对于中品位矿（QB-07），测定结果高出 21.7%；而对于高品位矿（CB-08），测定结果偏低 6.2%。采用 X 射线定量分析法，对于低品位膨润土矿（YB-06），测定结果偏低 2.5%（考虑混层白云母 20.6%）；对于中高品位膨润土矿（QB-07，CB-08），所得蒙脱石含量与相混合计算法结果相近，误差≤2.0%。

表 4-12　不同方法测定的膨润土试样中蒙脱石的含量对比

样品号	YB-06	QB-07	CB-08
吸蓝量法/%	66.1	82.7	87.6
X 射线定量法/%	57.0	63.0	95.0

按照可交换阳离子的种类，膨润土划分为 4 类：钠基、钙基、镁基、铝（氢）基膨润土（马鸿文，2018；Boek et al，1995）。此外，还有以 K^+ 为交换阳离子的膨润土。钾型膨润土有时被称作变膨润土，大多产于奥陶系或其他古生代岩石中，蒙脱石含量较低，被认为是由火山灰经低级变质作用而形成。依据洋县蒙脱石的晶体化学式，其层间阳离子主要为 K^+，因而判断该膨润土似应为钾基膨润土，实则由其混层白云母所致。相混合计算结果表明，洋县膨润土（YB-06）中，蒙脱石含量为 59.5%（含混层白云母）；但在 X 射线衍射图中，却同时出现蒙脱石和白云母两种矿物的特征衍射峰（图 4-6）。由此判断，在亚微米级尺度上，蒙脱石和白云母应以混层形式出现。假定白云母的成分符合其理论化学组成，则可大致估计出混层白云母的含量约为 20.6%（表 4-11）。

确山、赤峰两地膨润土的类型均为钙基膨润土，相混合计算结果表明，其蒙脱石含量分别为 61.0%和 93.8%，与 X 射线分析法测定的 63.0%和 95.0%极为接近。由此可见，在所研究的三种方法中，除混层蒙脱石外，相混合计算法可获得与X射线定量法近乎一致的蒙脱石含量计算结果；而吸蓝量法的测定结果误差高达6.2%～21.7%（表4-12）。

究其原因是，吸蓝量法未考虑其他因素的影响，如亚甲基蓝含水量、共生矿物高岭石、白云母等吸附亚甲基蓝，以及亚甲基蓝分子在蒙脱石层间多层吸附等因素的影响，特别是没有考虑不同类型膨润土中蒙脱石层间可交换阳离子不同造成吸蓝量可变因素的影响等。因而不难理解，吸蓝量法何以往往不能准确表征膨润土中蒙脱石的实际含量。

采用相混合方程法计算，陕西洋县、河南确山、内蒙古赤峰三地膨润土的蒙脱石含量分别为38.9%、61.0%、93.8%，表明采用相混合计算法确定不同类型膨润土中蒙脱石的含量具有普适性。尽管受不同分析方法的误差积累影响，但是由该法确定蒙脱石含量仍能保证±2.0%的计算精度。对于多种矿物共生的膨润土，相混合计算法是确定其蒙脱石含量最有效的物相分析方法；且在精细的X射线衍射分析和精准的微区成分分析基础上，借助于精确的物相定量分析，可以揭示蒙脱石结构中可能存在的混层现象，进而为其工业化精细利用提供基本依据。这是其他两种方法所不及的。

第四节　两种共存长石的成分与含量计算

长石是常见结晶岩中最主要的造岩矿物。两种共存的长石成分和含量，是结晶岩分类的基础。两种长石的平衡温度，则可以提供重要的岩石成因信息。本节通过对构成常见结晶岩的独立组分和主要造岩矿物的晶体化学分析，提出一种由结晶岩的全岩化学成分和主要铁镁矿物的成分，同时求解共存的两种长石的成分、含量和平衡温度的热力学方法。

1. 基本原理

构成常见结晶岩的独立组分为：$SiO_2(Al_2O_3)$，$Al_2O_3(Fe_2O_3, Cr_2O_3)$，$FeO(MgO, NiO, MnO, TiO_2)$，$CaO(Na_2O)$，$K_2O(Na_2O)$，$P_2O_5$，$H_2O(F)$。

在大多数情况下，结晶岩体系的独立变量可仅考虑平衡温度 T 和压力 p，且二者都在一定的范围内自由变化，即自由度 $f=2$。由Goldschimidt于1918年提出的矿物相律（Goldschimidt，1954），有

$$\phi \leqslant n \tag{4-6}$$

ϕ 为矿物相数，n 为独立组分数。若考虑 H_2O 作为流体压力与负荷压力共同起作用，则 $n=6$，$\phi=6$ 或5（在 p_{H_2O} 等静压下结晶）。

常见的共生矿物组合为：

碱性辉长岩类：单斜辉石，黑云母，斜长石，碱性长石，铁钛氧化物，磷灰石；

二长岩、闪长岩类：角闪石，单斜辉石或黑云母，斜长石，碱性长石，石英，铁钛氧化物，磷灰石；

花岗岩类：角闪石，黑云母，白云母，斜长石，碱性长石，石英，铁钛氧化物，磷灰石。

构成两种长石的主要氧化物为：SiO_2，Al_2O_3，CaO，Na_2O，K_2O。因此，在上述矿物中，只有辉石、角闪石和云母的含量和化学成分影响两种长石的成分和含量。故只要已知主要铁镁矿物的化学成分，就可计算出两种长石的总成分。

对合成的花岗岩、花岗闪长岩体系的相平衡实验研究表明（Naney，1983），在低压、低 H_2O 含量的条件（$p_{H_2O}=0.2GPa$）下，固相线矿物为黑云母，而在中压条件（$p_{H_2O}=$

0.8GPa）下，固相线矿物为黑云母或绿帘石；在低压、高 H_2O 含量条件下，固相线矿物为石英或碱性长石，而在中压下，固相线矿物为绿帘石、斜长石或碱性长石。

对于中酸性岩浆而言，无论岩浆结晶的条件如何变化，其残余岩浆均应达到或接近低共熔点成分，均可出现斜长石和碱性长石的平衡结晶作用，而最可能的矿物组合应为斜长石＋碱性长石±石英。因此，若能通过线性规划等数值计算方法，求解出构成岩石中两种长石的总成分（表示为端员组分 An、Ab、Or），则可借助于三元长石的活度/成分模型，求解出在岩浆完全固结的瞬间等压最低点的平衡温度和两种共存长石的成分和含量。

2. 两种长石的总成分

按照质量平衡原理，设岩石由 n 种矿物和 m 种组分构成，则每一种矿物的含量 x_j 与其相应的组分含量 a_{ij} 的乘积之和，应等于岩石中该组分的含量 b_i，即

$$\sum_{j=1}^{m} a_{ij} X_j = b_i (i=1,2,\cdots,n) \tag{4-7}$$

在计算岩石中的矿物组成时，必须使全岩 m 种组分最大限度地配入各矿物相中，从而使计算残差最小，所求得的各矿物含量的总和最大（逼近 100%）。求解上述线性方程组，可以采用线性规划中的单纯形法或改进单纯形法，也可采用最小二乘法。在后一种情况下，若对某些矿物选取不合理，或各矿物之间未达到化学平衡的稳定组合，则其计算结果有可能出现负值。在实际计算中应予注意。为了求得两种长石的总成分，应以 An、Ab、Or 三个端员组分参加计算。

3. 二长石成分、含量和平衡温度

对共存的两种长石成分的计算，其实质是三个端员组分在两种长石中的分配问题。当两种长石达到平衡时，有

$$\mu_i^{pl} = \mu_i^{af} \qquad (i=Ab, An, Or) \tag{4-8}$$

对于每一相而言，其化学位可以由端员组分的标准状态自由能和混合自由能项来表示，即

$$\mu_i^{pl} = \mu_i^{\ominus} + RT\ln a_i^{pl} \tag{4-9}$$

$$\mu_i^{af} = \mu_i^{\ominus} + RT\ln a_i^{af} \tag{4-10}$$

将斜长石和碱性长石作为一个连续的三元固溶体的一部分，则两种长石由每种组分的相同标准状态自由能联系在一起。由于 $\mu_i^{\ominus}$ 在两种长石中相等，故平衡条件简化为：

$$a_i^{pl} = a_i^{af} \qquad (i=An, Ab, Or) \tag{4-11}$$

按照三元长石的活度/成分模型（Fuhrman & Lindsley，1988；Elkins & Grove，1990），有

$$\begin{aligned} a_{Ab} = x_{Ab} \cdot \exp\{(& W_{OrAb}[2x_{Ab}x_{Or}(1-x_{Ab}) + x_{Or}x_{An}(1/2-x_{Ab})] + \\ & W_{AbOr}[x_{Or}^2(1-2x_{Ab}) + x_{Or}x_{An}(1/2-x_{Ab})] + \\ & W_{AbAn}[x_{An}^2(1-2x_{Ab}) + x_{Or}x_{An}(1/2-x_{Ab})] + \\ & W_{AnAb}[2x_{An}x_{Ab}(1-x_{Ab}) + x_{Or}x_{An}(1/2-x_{Ab})] + \\ & W_{OrAn}[x_{Or}x_{An}(1/2-x_{Ab}-2x_{An})] + \\ & W_{AnOr}[x_{Or}x_{An}(1/2-x_{Ab}-2x_{Or})] + \\ & W_{OrAbAn}[x_{Or}x_{An}(1-2x_{Ab})])/(RT)\} \end{aligned} \tag{4-12a}$$

$$\begin{aligned} a_{An} = x_{An} \cdot \exp\{(& W_{OrAb}[x_{Ab}x_{Or}(1/2-x_{An}-2x_{Ab})] + \\ & W_{AbOr}[x_{Ab}x_{Or}(1/2-x_{An}-2x_{Or})] + \end{aligned}$$

$$W_{AbAn}[2x_{Ab}x_{An}(1-x_{An})+x_{Ab}x_{Or}(1/2-x_{An})]+$$
$$W_{AnAb}[x_{Ab}^2(1-2x_{An})+x_{Ab}x_{Or}(1/2-x_{An})]+$$
$$W_{OrAn}[2x_{Or}x_{An}(1-x_{An})+x_{Ab}x_{Or}(1/2-x_{An})]+$$
$$W_{AnOr}[x_{Or}^2(1-2x_{An})+x_{Ab}x_{Or}(1/2-x_{An})]+ \quad (4\text{-}12b)$$
$$W_{OrAbAn}[x_{Or}x_{Ab}(1-2x_{An})])/(RT)\}$$

$$a_{Or}=x_{Or}\cdot\exp\{(W_{OrAb}[x_{Ab}^2(1-2x_{Or})+x_{Ab}x_{An}(1/2-x_{Or})]+$$
$$W_{AbOr}[2x_{Ab}x_{Or}(1-x_{Or})+x_{Ab}x_{An}(1/2-x_{Or})]+$$
$$W_{AbAn}[x_{Ab}x_{An}(1/2-x_{Or}-2x_{An})]+$$
$$W_{AnAb}[x_{Ab}x_{An}(1/2-x_{Or}-2x_{Ab})]+$$
$$W_{OrAn}[x_{An}^2(1-2x_{Or})+x_{Ab}x_{An}(1/2-x_{Or})]+$$
$$W_{AnOr}[2x_{Or}x_{An}(1-x_{Or})+x_{Ab}x_{An}(1/2-x_{Or})]+$$
$$W_{OrAbAn}[x_{An}x_{Ab}(1-2x_{Or})])/(RT)\} \quad (4\text{-}12c)$$

上式中，W 为三元长石的过剩自由能参数（表 4-13）。

表 4-13 三元长石的过剩自由能参数

参数	W_H	W_S	W_V
W_{AbOr}	18810	10.3	4602
W_{OrAb}	27320	10.3	3264
W_{AbAn}	7924		
W_{AnAb}	0		
W_{OrAn}	40317		
W_{AnOr}	38974		−1037
W_{OrAbAn}	12545		−10950

注：$W_G=W_H-TW_S+pW_V$；单位为 J(W)、K(T)、GPa(p)；据 Elkins 等（1990）。

由此，计算在等压最低点两种共存长石的成分、含量和平衡温度的方程组如下：

$$a_i^{pl}=a_i^{af} \quad (i=An,Ab,Or) \quad (4\text{-}13)$$

$$x_{An}^j+x_{ab}^j+x_{Or}^j=1.0 \quad (j=roc,pl,af) \quad (4\text{-}14)$$

$$y_1x_i^{pl}+y_2x_i^{af}=x_i^{roc} \quad (i=An,Ab,Or) \quad (4\text{-}15)$$

$$y_1+y_2=1.0 \quad (4\text{-}16)$$

在上述方程中，x_{An}^{roc}、x_{Ab}^{roc}、x_{Or}^{roc} 为已知参数，p 可以预先估计或由地质压力计方法求出（马鸿文，2001），欲求解的参数共 10 个，即 x_{An}^{pl}、x_{Ab}^{pl}、x_{Or}^{pl}、x_{An}^{af}、x_{Ab}^{af}、x_{Or}^{af}、T_{An}、T_{Ab}、T_{Or}、y_1（或 y_2），与方程数相等。因此，上列方程组为一正定方程组，具有唯一解。

4. 应用实例

在火成岩中，碱性长石通常较之斜长石更富于变化，如在新相火山岩中常产出光性均一的透长石和歪长石，在古相火山岩中出现隐纹长石，而在深成岩中出现正长石和条纹状微斜长石。在花岗岩中，出溶和/或后期重结晶和蚀变作用导致纯钠长石的生成，且常与钾长石交生而成条纹长石（Hughes，1982）。花岗岩中的钾长石通常是最晚结晶的主要矿物相，且其大部分晶体生长发生于岩浆跨越晶相含量约 50%的流变学封闭阈之后。其中高钾的钾长石巨晶依赖于温度低至约 400℃下钠长石组分的出溶作用；而低钙巨晶不能由钙长石的出溶作用所形成，而是低温下的晶体重结晶作用所致（Glazner et al，2013）。

在近于无水条件下缓慢冷却形成的高级变质岩中，共存二长石的非平衡成分通常为退变质过程中晶粒间 K-Na 交换的结果。在 Al-Si 交换已然封闭之后，两种长石间的 K-Na 交换仍在持续（Kroll et al，1993）。在古元古宇花岗岩类中，火焰状条纹长石形成于快速冷却过程中在低至中等差异应力下二长石间的交代反应(Na-K 交换)。长石晶体通常发育复杂的出溶及多期合成双晶结构（Balić-Žunić et al，2013），导致即使采用探针微区分析，实践中也很难获得二长石达到平衡时的精确成分。

作为实例，北京八达岭地区 3 个代表性花岗岩体的二长石成分、含量及平衡温度计算结果见表 4-14，其相平衡关系见图 4-9。计算中采用改进的交替调整 K-Na 和 Al-Si 交换的热力学算法（Kroll et al，1993），以期获得协调的平衡温度（Fuhrman & Lindsley，1988；Elkins & Grove，1990）。应予注意，对于高结构状态的长石相，如粗面岩-流纹岩熔岩和高级变质岩，应当采用相对高温下三元长石混合模型和相互作用参数（Benisek et al，2009，2010a，2010b）。

表 4-14　八达岭花岗岩体的二长石成分、含量及平衡温度计算结果

岩体名称	二长石总成分			长石成分						长石含量/%		平衡温度/℃
				斜长石			碱性长石			斜长石	碱性长石	
	An	Ab	Or	An	Ab	Or	An	Ab	Or			
1-对臼峪	0.121	0.556	0.323	0.178	0.667	0.156	0.044	0.414	0.542	56.7	43.3	875
2-铁炉子	0.146	0.547	0.307	0.207	0.652	0.141	0.045	0.382	0.573	61.5	38.5	876
3-铁炉村	0.117	0.519	0.364	0.194	0.654	0.152	0.047	0.401	0.552	47.0	53.0	883

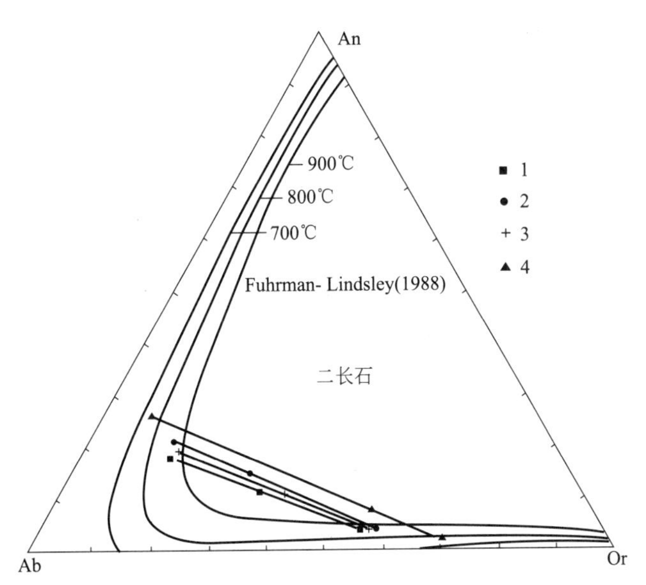

图 4-9　八达岭花岗岩和响洪甸正长岩的二长石平衡相图

1～3—北京八达岭黑云母二长花岗岩；4—安徽金寨县响洪甸角闪正长岩

上述计算所获平衡温度代表二长石之间 Al-Si 交换的封闭温度（Kroll et al，1993）。该温度高于 $p_{H_2O}=2\sim5$kbar 下花岗岩-花岗闪长岩浆的固相线温度，而碱性长石通常在温度低至固相线以上 10～20℃下才开始晶出（Piwinskii，1973），表明计算温度应接近于固相线温度或代表出溶温度的上限。对于变质岩，由于二长石之间的 Al-Si 交换通常在冷却历史的早期即终止，故计算温度代表最低但接近峰期的变质温度（Kroll et al，1993）。

以安徽金寨县响洪甸角闪正长岩（杨静等，2016）为实例，简述应用该法的步骤（Ma et al，2017）：

（1）分别采用湿化学分析和电子探针分析法，测定角闪正长岩（XS-13）及其各矿物相的化学成分（表 4-15）。

表 4-15　响洪甸角闪正长岩及其主要矿物相的化学成分分析结果（w_B/%）

矿物相	SiO_2	TiO_2	Al_2O_3	Fe_2O_3	FeO	MnO	MgO	CaO	Na_2O	K_2O	P_2O_5	LOI
钾长石	64.75	0.02	18.31		0.17	0.01	0.01	0.31	3.18	13.20	0.05	
斜长石	60.71	0.04	23.74		0.29	0.03	0.00	5.74	8.84	0.19	0.00	
角闪石	39.04	3.10	11.79	2.17	15.09	0.85	10.13	10.76	2.79	2.10	0.00	
榍石	30.89	35.27	2.68		2.84	0.04	0.04	26.89	0.10	0.00	0.22	
磁铁矿	0.00	3.14	0.85	63.64	33.29	0.00	0.11	0.00	0.00	0.00	0.00	
角闪正长岩	59.69	0.58	18.56	1.39	1.39	0.12	0.89	2.18	4.30	8.51	0.05	1.88

注：角闪石、磁铁矿的 Fe_2O_3 和 FeO 含量依据电价平衡原理计算（马鸿文，2001）。

（2）依据单纯形线性规划法（林文蔚，1987），采用程序 LINPRO. F90 计算角闪正长岩的矿物含量，其中二长石成分采用端员组分 An、Ab、Or 的理论成分。计算结果（w_B/%）：Or 50.8，Ab 33.2，An 6.8，角闪石 5.4，磁铁矿 2.1，榍石 1.0。

（3）依据三元长石的热力学模型（Fuhrman & Lindsley，1988）和最小二乘法（Bryan et al，1969），采用程序 FLDCRY. F90 计算共存二长石的成分、含量和平衡温度。计算结果：斜长石，$An_{0.257}Ab_{0.668}Or_{0.075}$，23.0%；钾长石，$Or_{0.692}Ab_{0.286}An_{0.022}$，77.0%；平衡温度 762.6℃（$T_{An}$=762.2℃，$T_{Ab}$=761.9℃，$T_{Or}$=763.6℃）。

二长石成分的探针分析结果（表 4-15）：斜长石 $An_{0.262}Ab_{0.728}Or_{0.010}$，钾长石 $Or_{0.722}Ab_{0.264}An_{0.014}$。两者的绝对差值仅为：斜长石 An 0.005，Ab 0.060，Or 0.065；钾长石 An 0.008，Ab 0.022，Or 0.030。长石成分的探针分析误差通常约为端员组分摩尔分数的±0.02（Fuhrman & Lindsley，1988）。综合考虑不同分析方法的误差积累，以及长石相通常出现叶片出溶和成分分带结构（Kroll et al，1993；Parsons et al，2015；Flude et al，2012），以上计算结果应当是准确的。即该角闪正长岩中二长石的含量分别为（w_B/%）：钾长石 69.9，斜长石 20.9（Ma et al，2017）。

第五节　硅酸盐陶瓷配料组成计算

硅酸盐陶瓷的化学组成一般较为复杂，通常含有 4～6 种以上的氧化物组分。因此，采用一般简单化合物材料按照化学计量比计算其配料组成，常常不能获得较准确的计算结果，而采用线性规划法或最小二乘法，则可克服以上缺点。

1. 唐山白玉瓷

唐山白玉瓷 61＃的化学组成（李家驹，2004），属于 SiO_2-Al_2O_3-MgO(CaO)-K_2O(Na_2O) 四元体系，按照原料的矿物组成，则属于添加少量滑石的高岭土-石英-钾长石体系的硅酸盐陶瓷，其化学组成见表 4-16。

表 4-16 唐山白玉瓷 61#的配料计算结果（w_B/%）

样品号	SiO_2	TiO_2	Al_2O_3	Fe_2O_3	MgO	CaO	Na_2O	K_2O	H_2O^+
kao	57.45	0.07	32.01	0.34	0.00	0.27	0.00	0.00	10.52
qtz	98.08	0.00	0.84	0.34	0.00	0.19	0.00	0.00	—
kf	66.35	0.00	19.66	0.17	0.10	0.39	2.66	10.71	—
talc	62.29	0.00	0.00	0.36	31.80	0.39	0.00	0.00	5.14
by61#	70.50	0.06	22.90	0.41	1.89	0.31	0.47	3.10	—
bycal	70.50	0.04	22.90	0.31	1.89	0.29	0.75	3.04	—
残差	0.00	0.02	0.00	0.10	0.00	0.00	−0.28	0.06	—

注：kao，唐山宽城硬质高岭土；qtz，包头石英砂；kf，山海关钾长石；talc，山东海阳一级滑石粉；by61#，唐山白玉瓷 61#；bycal，计算的坯体化学成分。

考虑以唐山宽城的硬质高岭土、包头石英砂、山海关钾长石（马鸿文，2011）和山东海阳一级滑石粉（李家驹，2004）为原料，生产唐山白玉瓷 61#。采用最小二乘法计算其配料组成，4 种原料的配料比例为：高岭土 48.6%，石英 17.5%，钾长石 28.4%，滑石 5.6%。

由表 4-16 可见，采用以上计算的原料配比，已经能够很好地符合体系的化学组成。其中 $Fe_2O_3+TiO_2$ 含量较之目标组成降低 0.12%，有助于改善制品的白度；K_2O 含量低于目标组成 0.06%，Na_2O 含量则高出 0.28%，总碱含量亦完全可满足工艺要求。若要进一步逼近 Na_2O、K_2O 的目标组成，则可引入少量钠长石或 Na_2O 含量较高的钾长石，由此可使计算结果得到进一步优化。

以上为采用干成分的计算结果，对高岭土、滑石中的水分和各矿物原料的化学分析总量进行校正后，则实际配料比例为：高岭土 51.1%，石英 16.6%，钾长石 26.7%，滑石 5.6%。

2. 氟金云母微晶玻璃

氟金云母微晶玻璃是一种可加工微晶玻璃，即在常温下利用传统的加工机械或刀具，可将其加工成尺寸精确、形状及表面光洁度达到特殊要求的微晶玻璃制品。1970 年，Corning 公司 Beall 等最先由 SiO_2-B_2O_3-Al_2O_3-MgO-K_2O-F 体系制备出氟金云母微晶玻璃。氟金云母主晶相的存在是赋予此类微晶玻璃具有可加工性能的主要原因。在晶化热处理过程中，一维延长的针状或二维延展的片状氟金云母晶体从玻璃相中均匀析出，形成相互交织互锁的积木结构，其高度各向异性保证了制品具有良好的可切削性能（斯温，1998）。

此类微晶玻璃目前主要应用于某些特殊领域，如精密电绝缘件、真空馈入装置、微波管元件窗、场离子显微镜的实验台、地震仪轴等。迄今，国际上对可加工微晶玻璃的制备工艺、显微结构和可加工性能等方面的研究已取得了重要进展，但前人研究大多使用纯化学试剂为原料来制备氟金云母微晶玻璃。

在花岗岩体系中，存在以下典型的平衡反应(Wones，1972)：

$$K[AlSi_3O_8]+Fe_3O_4+H_2O \longrightarrow KFe_3[AlSi_3O_{10}](OH)_2 \quad (4\text{-}17)$$

即钾长石与磁铁矿和水反应，生成羟铁云母。

金云母与羟铁云母同为黑云母固溶体的两个端员组分。由此不难设想，以钾长石为主要原料，以水镁石（MgOH）或菱镁矿（$MgCO_3$）代替磁铁矿，并提供氟源，即可满足制备氟金云母微晶玻璃的基本原料组成要求。研究表明，具有氟金云母的化学计量组成体系不能形成玻璃，要通过在主成分中添加 B_2O_3 和 SiO_2 后，才能获得稳定的玻璃相（斯温，

1998)。氟金云母微晶玻璃 Macor Corning 的化学组成（斯温，1998）为：SiO_2 47.2%，B_2O_3 8.5%，Al_2O_3 16.7%，MgO 14.5%，K_2O 9.5%，F 6.3%。

基于以上分析，设计以白云母正长岩（表 4-1）、石英（表 4-16）、水镁石、硼砂（$Na_2(H_2O)_8[B_4O_5](OH)_4$）、萤石（$CaF_2$）、氟化铝（$AlF_3$）为原料，制备氟金云母微晶玻璃。以上述 Macor Corning 的化学组成为目标组成，采用最小二乘法计算，各原料的配料比例为：白云母正长岩56.5%，石英8.8%，水镁石12.8%，硼砂10.9%，萤石1.4%，氟化铝9.6%。

采用以上配料组成，则该配方的化学组成为：SiO_2 42.3%，TiO_2 0.5%，B_2O_3 7.6%，Al_2O_3 15.0%，Fe_2O_3 2.5%，MgO 13.0%，CaO 1.4%，Na_2O 3.6%，K_2O 8.5%，F 5.6%。

以上配料比例为采用干成分的计算结果。对白云母正长岩、水镁石和硼砂中的水分进行校正后，实际配料比例为：白云母正长岩 49.6%，石英 7.5%，水镁石 15.8%，硼砂 17.7%，萤石 1.2%，氟化铝 8.2%。

第六节　硅酸盐制品物相组成分析

硅酸盐陶瓷制品大多是通过对多组分原料的高温烧结过程而制成，具有快速冷凝而形成多相非平衡共存、结晶度差、晶粒度细小、结构致密等特点，因而其物相定量分析十分困难。但若依据质量平衡原理，借助于线性规划法或最小二乘法求解各物相的含量，有时亦可获得较满意的结果。

1. 硅酸盐陶瓷

制备高岭土-石英-钾长石三组分陶瓷（白志民，2000），实验原料选用 Engelhard 公司生产的 ASP170 型高岭土、南京建业化学试剂厂生产的石英砂和河北邢台产伟晶岩型钾长石。坯体配料比例为：高岭土 40%，石英 30%，钾长石 30%。实验配方（C1-8）的化学成分见表 4-17。

表 4-17　硅酸盐陶瓷制品的物相组成分析结果（w_B/%）

样品号	SiO_2	TiO_2	Al_2O_3	TFe_2O_3	MgO	CaO	Na_2O	K_2O	烧失量
C1-8	67.28	0.46	21.36	0.32	0.10	0.13	1.06	3.56	5.56
mul	27.50	0.00	70.89	0.00	0.00	0.26	0.00	0.00	—
gls1	44.97	0.00	51.71	0.00	0.00	0.56	0.00	2.75	—
gls2	47.67	0.00	50.90	0.53	0.00	0.78	0.00	0.17	—
gls3	90.84	0.00	9.16	0.00	0.00	0.00	0.00	0.00	—
gls	71.20	0.80	20.90	0.50	0.16	0.20	1.70	4.60	—

注：C1-8，实验陶瓷配方；mul，莫来石晶相；gls1、gls2、gls3，玻璃相电子探针分析结果；gls，最小二乘法拟合计算的玻璃相。

实验方法：按配料比例称量原料，粉磨至粒度<74μm；以蒸馏水为介质球磨 30min 混样；样品干燥后造粒，控制含水量约 8.2%，而后将样品密封均化 24h；将均化后的颗粒状粉料置于钢模具中进行单向模压成型，成型压力 60MPa；坯体在 110℃下干燥 24h，使含水量降低至 1.0%以下；最后，在 SX_2 型箱式电炉中进行烧结，控制升温速率为 4℃/min，烧

成温度1200℃，恒温时间60min。

采用X射线粉末衍射内标法确定实验制品的物相组成（白志民，2000）。测定结果为：莫来石20.0%，石英26.0%，玻璃相54.0%。对X射线粉末衍射数据进行指标化，莫来石的晶格常数为：$a_0=0.7559nm$，$b_0=0.7690nm$，$c_0=0.2884nm$。采用Link ISIS型扫描电镜及其能谱分析系统对制品的微观结构及主要物相的化学成分进行分析，结果分别见图4-10和表4-17。

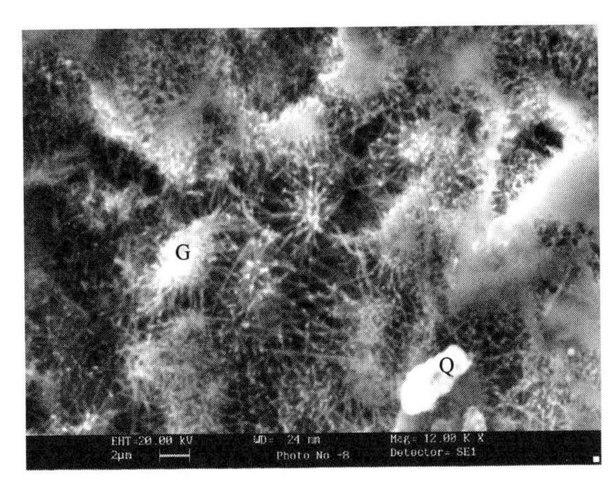

图4-10 硅酸盐陶瓷制品的显微结构

（据白志民，2000）

G—残余玻璃相；Q—残余石英；莫来石呈纤维交织结构

电子探针分析结果显示，制品的玻璃相组成极不均一（表4-17），反映了在快速烧结、急冷条件下由非平衡结晶作用形成的结构特点。由于实验制品的结晶相只有莫来石和石英，其化学成分已知（表4-17），假定玻璃相由相当于能谱微束分析所获得的成分域（表4-17）组成，则在以上约束条件下，由坯体的化学组成可求解出各物相的含量，并逐步逼近玻璃相的总组成（林文蔚，1987）。

采用最小二乘法计算，最终获得实验制品的物相组成为：莫来石11.4%，石英19.7%，玻璃相65.3%，白榴石3.6%。其中白榴石系通过求解“相混合方程”而确定的，应为钾长石在高温下发生不一致熔融的产物，在制品中可能以不均匀分布的白榴石晶相存在。经X射线粉晶衍射分析证实，确有白榴石晶相存在（白志民，2000）。

以上拟合计算结果对坯体化学组成（C1-8）的各氧化物残差均≤0.03%。拟合计算的玻璃相的平均成分见表4-17。计算结果表明，采用X射线衍射法确定陶瓷制品的物相组成，其实际误差可能高达6.0%～12.0%，因而在实际应用中应予以特别注意。

2. 氟金云母微晶玻璃

实验以北京平谷区金矿尾矿和钾质响岩（马鸿文等，2005）为主要原料。金矿尾矿的矿物组成为：石英50.2%，钾长石27.4%，赤铁矿8.5%，白云石8.0%，以及少量伊利石等。参考前人关于氟金云母微晶玻璃的化学组成（斯温，1998），采用原料配比为：金矿尾矿28.6%，钾质响岩32.6%，硼砂18.8%，水镁石11.8%，氟化铝8.2%。实验配方（G2-8）的化学成分见表4-18。

实验方法：按设计比例称量原料，粉磨至粒度<74μm；装入高铝坩埚内，置于箱式电炉中，升温至1300℃熔化，恒温3h；然后水淬，得到玻璃颗粒（粒径约0.28mm）。采用烧

结法工艺，晶化热处理制度为：升温速率7.5℃/min，至核化温度770℃，核化时间45min；升温速率4.5℃/min，至晶化温度1150℃，晶化时间60min（王庆华，2002）。

表 4-18 氟金云母微晶玻璃各物相的化学成分（w_B/%）

样品号	SiO_2	TiO_2	Al_2O_3	B_2O_3	FeO	MnO	MgO	CaO	Na_2O	K_2O	P_2O_5	F
phl-1	48.04	0.33	14.21		5.44	0.11	6.81	1.85	3.95	3.38	0.22	2.38
phl-2	48.58	0.27	14.25		5.11	0.14	7.37	1.71	3.60	4.37	0.16	1.93
gls-g	46.69	0.31	13.73		5.07	0.11	10.38	1.36	4.52	3.78	0.12	0.59
fphl-c	48.61	0.32	14.15		6.97	0.11	13.31	1.25	2.77	6.68	0.19	5.76
gls-c	47.14	0.31	13.86	12.62	5.12	0.13	10.48	1.37	4.56	3.82	0.12	0.60
G2-8	44.90	0.27	15.99	8.20	5.23	0.13	10.49	1.54	3.76	4.53	0.17	4.92
PGC-C	44.88	0.30	15.84	8.28	5.36	0.13	10.70	1.26	3.79	4.42	0.13	5.05
残差	0.02	−0.03	0.14	−0.08	−0.13	0.00	−0.21	0.28	−0.03	0.11	0.04	−0.13

注：phl-1，针状晶体；phl-2，片状晶体；gls-g，基体玻璃相；G2-8，实验配方；phl-1、phl-2、gls-g，电子探针分析结果；fphl-c，计算的氟金云母相；gls-c，计算的基体玻璃相；PGC-C，最小二乘法拟合计算的实验制品（含实验过程中损失$AlF_3$5.7%）。

采用D/Max-RC型X射线衍射仪对制品进行物相分析。工作电压为50kV，工作电流60mA，使用CuKα，扫描速度8°/min。结果表明，实验产物的主晶相均为氟金云母（图4-11），且X射线衍射图的背景曲线在$2\theta=27°$附近明显升高，反映了实验制品中存在大量玻璃相。

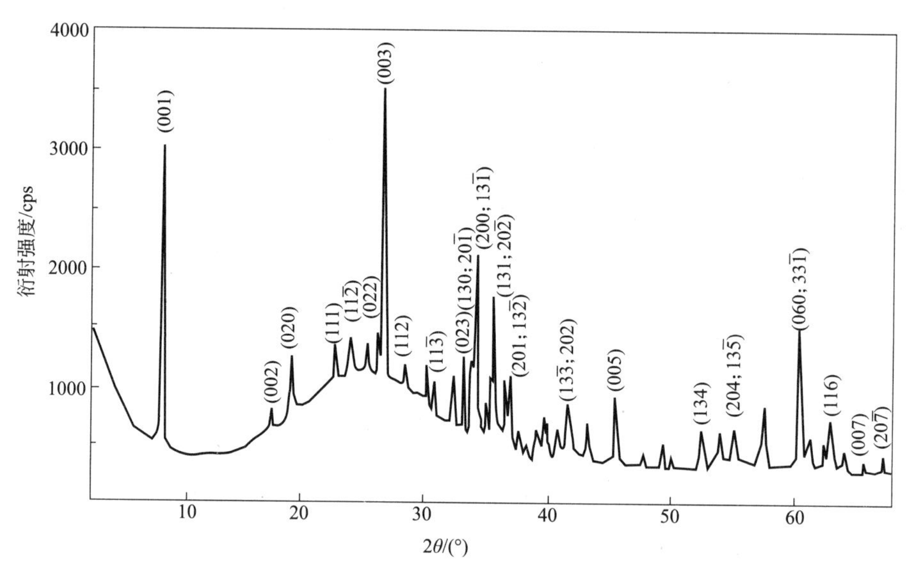

图 4-11 氟金云母微晶玻璃制品（G2-8）的X射线粉晶衍射图

（据王庆华，2002）

对X射线衍射数据进行指标化计算，主晶相氟金云母为1*M*多型，晶格常数为：$a_0=0.5315$nm，$b_0=0.9207$nm，$c_0=1.0118$nm，$\beta=100°05'$；与合成氟金云母（$a_0=0.5310$nm，$b_0=0.9195$nm，$c_0=1.0136$nm，$\beta=100°04'$）（马鸿文，2018）十分相似。

显微镜下观察，主晶相氟金云母呈相互交织的针状或片状微晶集合体存在，且不同取向的片状晶体形成相互交织互锁的积木结构（图4-12），预示制品具有良好的可加工性能（斯温，1998）。实测氟金云母晶体长度（片径）多为2～8μm，直径（厚度）约0.6～0.9μm，晶相含量约51.6%。制品的吸水率约0.31%（王庆华，2002）。

图4-12 氟金云母微晶玻璃制品（G2-8）的显微结构
（据王庆华，2002）
正交偏光，视域宽度40μm

电子探针分析结果表明，氟金云母的晶体化学与理论组成相差较大，主要是存在Fe^{2+}对Mg^{2+}、Na^{+}对K^{+}替代，同时存在一定量的CaO、TiO_2、P_2O_5等，F含量则明显低于理论值（表4-18）。分析其原因，一是氟金云母晶体的尺寸太小，探针分析时电子束扫描范围可能存在玻璃相，即分析结果不代表单一氟金云母相的成分；二是制品在高温下快速结晶，氟金云母可能形成了骸晶结构，即在晶相中包含有部分玻璃质。

玻璃相的化学成分以SiO_2、Al_2O_3、K_2O、Na_2O等氧化物为主，并含有少量F。氟金云母晶相的氟含量显著低于实验配方的氟含量，原因是在熔制玻璃和晶化热处理实验过程中存在F挥发现象（王庆华，2002）。

由于实验制品的结晶相只有氟金云母，其化学成分近似已知，玻璃相的化学成分如电子探针分析测定（表4-18），故由实验配方的化学组成，可求解出两种物相的含量。采用最小二乘法计算，获得实验制品（G2-8）的物相组成为：氟金云母30.7%，玻璃相69.3%。

在以上计算中，考虑到氟金云母的晶体化学明显偏离其理论组成，为尽可能逼近其真实成分，通过增加金云母、羟铁云母两个端员来调整氟金云母的化学组成，以期获得较理想的计算结果。然而计算中发现，无论如何调整氟金云母晶相的成分，都不能使实验制品的Al_2O_3、F含量与实验配方相吻合。由于实验过程中存在AlF_3挥发现象，因而增加AlF_3端员进行拟合计算。获得如下计算结果：氟金云母28.7%，玻璃相65.6%，$AlF_3$5.7%。计算结果可大致符合实验配方的组成（表4-18）。

由此估计，在材料制备过程中AlF_3的挥发率高达69.5%。这是导致实验制品中氟金云母主晶相含量较低的根本原因。此外，与显微图像分析结果相比，计算的氟金云母含量要低22.9%，亦似乎有助于说明可能存在氟金云母的骸晶结构。

由以上计算结果不难看出，对硅酸盐陶瓷制品进行精确的物相分析，对于深刻了解材料高温烧结过程的物理化学行为是何等重要！

综上所述，在矿物材料学和结晶岩岩石学研究中，物相组成的定量分析具有重要意义。首先，物相定量分析结果是结晶岩和工业岩石原料分类命名的基础；其次，对矿物原料预处理过程中物相组成变化的定量分析，可以为改进工艺流程和工艺条件提供依据；第三，对矿物原料和硅酸盐制品物相的定量分析，是研究硅酸盐体系的化学平衡及对材料制备过程进行热力学分析的基础。

对矿物原料和结晶岩物相组成的定量分析，有助于发现和鉴别实际可能存在的少量矿物相（＜1.0％），逼近固溶体矿物的实际组成，克服传统岩相学统计方法、图像分析方法和X射线定量分析方法存在的分析精度差的缺点。

对硅酸盐体系材料的配料组成的定量计算，有助于实现精确配料，进而改善制品的理化性能。

对硅酸盐制品组成物相的定量分析，可在一定程度上限定其物相组成，逼近固溶体矿物的真实组成，定量分析材料制备过程中某些挥发性组分的迁移规律，改进制备工艺技术；可以为判断平衡/非平衡过程提供依据，对制备过程进行热力学分析，以及定量研究材料的相组成、结构与性能之间的关系提供可能。

应予注意的是，实际计算中应充分考虑各种分析数据的累积误差。在严格数学意义上，求解上述“相混合方程”常常可能无解，但若对某些分析数据略作调整（矿物端员组分分析误差±2.0％）（Fuhrman et al，1988），则可获得较满意的计算结果。简言之，基于矿物晶体化学原理，矿物共生组合规律，以及次要组分分配的复杂固溶体矿物相优先原则，可实现“相混合计算”结果的优化。

参考文献

白志民，2000. SAMCKN体系陶瓷材料设计与烧结机理分析［博士学位论文］. 北京：中国地质大学：84.

胡秀荣，吕光烈，顾建明，等，2005. 天然膨润土中蒙脱石丰度的定量方法研究. 矿物学报，25（2）：153-157.

姜桂兰，张培萍，2005. 膨润土加工与应用. 北京：化学工业出版社：44-49，65-76.

李歌，马鸿文，吴培水，等，2008. 陕西洋县膨润土的物相分析与改性研究. 硅酸盐通报，27（3）：491-498.

李歌，马鸿文，王红丽，等，2011. 相混合计算法确定蒙脱石含量的对比研究. 地学前缘，18（1）：216-221.

李贺香，马鸿文，2006. 高铝粉煤灰中莫来石及硅酸盐玻璃相的热分解过程. 硅酸盐通报，25（4）：1-5.

李家驹，2004. 陶瓷工艺学. 北京：中国轻工业出版社，61-79.

林文蔚，1987. 岩（矿）石中真实矿物组成的计算及矿物化学成分的初步逼近. 岩石学报，（2）：37-51.

刘贺，2006. 利用钾长石合成雪硅钙石粉体的反应机理研究［硕士学位论文］. 北京：中国地质大学：77.

马鸿文，1999. 结晶岩热力学软件. 北京：地质出版社：1-55.

马鸿文，2001. 结晶岩热力学概论. 第2版. 北京：高等教育出版社：1-40.

马鸿文. 2018. 工业矿物与岩石. 第4版. 北京：化学工业出版社：69-89，273-277.

马鸿文，白志民，杨静，等. 2005. 非水溶性钾矿制取碳酸钾研究：副产13X型分子筛. 地学前缘，12（1）：137-155.

斯温 M V. 1998. 陶瓷的结构与性能. 郭景坤，等译. 北京：科学出版社：233-256.

万洪波，2009. 膨润土中蒙脱石物相定量分析研究［硕士学位论文］. 北京：中国地质大学：72.

王庆华，2002. 利用金矿尾矿和响岩制备氟金云母微晶玻璃的实验研究［硕士学位论文］. 北京：中国地质大学：42.

魏存弟，马鸿文，杨殿范，等，2005. 煅烧煤系高岭石相转变的实验研究. 硅酸盐学报，33（1）：77-81.

杨静，马鸿文，曾诚，等，2016. 富钾正长岩水热碱法沸石化及成矿意义. 矿物学报，36（1）：38-42.

游振东，王方正，1988. 变质岩岩石学教程. 武汉：中国地质大学出版社：235.

张晓云，马鸿文，王军玲，2005. 利用高铝粉煤灰制备氧化铝的实验研究. 中国非金属矿工业导刊（4）：27-30.

Balić-ŽunićT，Piazolo S，Katerinopoulou A，et al，2013. Full analysis of feldspar texture and crystal structure by combining X-ray and electron techniques. *Am Mineral*，98：41-52.

Benisek A，Dachs E，Kroll H，2009. Excess heat capacity and entropy of mixing in high structural state plagioclase. *Am Mineral*，94：1153-1161.

Benisek A，Dachs E，Kroll H，2010a. Excess heat capacity and entropy of mixing in the high-structural state（K，Ca）-feldspar binary. *Phys Chem Minerals*，37：209-218.

Benisek A，Dachs E，Kroll H，2010b. A ternary feldspar-mixing model based on calorimetric data：development and application. *Contrib Mineral Petrol*，160：327-337.

Boek E S，Coveney P V，Skipper N T，1995. Monte Carlo molecular modeling studies of hydrated Li-，Na-，and K-

Smectites: Understanding the role of potassium as a clay swelling inhibitor. *Am Chem Soc*, 117: 12608-12617.

Bryan W B, Finger I W, Chayes F, 1969. Estimating proportions in petrographic mixing equations by least-squares approximation. *Science*, 163: 926-927.

Elkins L T, Grove T L, 1990. Ternary feldspar experiments and thermodynamic models. *Am Mineral*, 75: 544-559.

Fei Y W, Frost D J, Mao H G, et al, 1999. In site structure determination of high-pressure phase of Fe_3O_4. *Am Mineral*, 84: 203-206.

Flude S, Lee M R, Sherlock S C, et al, 2012. Cryptic microtextures and geological histories of K-rich alkali feldspars revealed by charge contrast imaging. *Contrib Mineral Petrol*, 163: 983-994.

Fuhrman M L, Lindsley D H, 1988. Ternary feldspar modeling and thermometry. *Am Mineral*, 73: 201-215.

Glazner A F, Johnson B R, 2013. Late crystallization of K-feldspar and the paradox of megacrystic granites. *Contrib Mineral Petrol*, 166: 777-799.

Goldschmidt V M, 1954. *Geochemistry*. Clarendon, Oxford: 730.

Hughes C J, 1982. *Igneous Petrology*. New York: Elsevier, 551.

Kroll H, Evangelakakis C, Voll G, 1993. Two-feldspar geothermometry: a review and revision for slowly cooled rocks. *Contrib Mineral Petrol*, 114: 510-518.

Kukier U, Ishak C F, Sumner M E, 2003. Composition and element solubility of magnetic and non-magnetic fly ash fractions. *Environmental Pollution*, 123: 255-266.

Ma Hongwen, Yang Jing, Su Shuangqing, et al, 2017. Compositions, proportions, and equilibrium temperature of coexisting two-feldspar in crystalline rocks. *Acta Geologica Sinica* (English edition), 91 (3): 875-881.

Morris P A, 1984. MAGFRAC: A BASIC program for least-squares approximation of fractional crystallization. *Computers & Geoscience*, 10: 437-444.

Naney M T, 1983. Phase equilibria of rock-forming ferromagnesian silicates in granitic systems. *Am J Sci*, 283: 993-1033.

Parsons I, Fitz Gerald J D, Lee M R, 2015. Routine characterization and interpretation of complex alkali feldspar intergrowths. *Am Mineral*, 100: 1277-1303.

Piwinskii A J, 1973. Experimental studies of igneous rock series, central Sierra Nevada bathlith, California. Part Ⅱ. *N Jb Miner Mh*, H5: 193-215.

Rietveld H M, 1967, Line profiles of neutron powder-diffraction peaks for structure refinement. *Acta Cryst*, 22: 151-152.

Rittmann A, 1973. Stable mineral assemblages of igneous rocks: A method of calculation. Heidelberg: Springer-Verlag: 74-87.

Taylor J C, Matulis C E, 1994. A new method for Rietveld clay analysis (Part 1). *Powder Diffraction*, 9 (2): 119-123.

Wones D R, 1972. Stability of biotite: a reply. *Am Mineral*, 57: 316-317.

Zoltai T, Stout J H, 1984. Mineralogy: Concepts and Principles. Burgess Publishing Company: 547.

第五章　硅酸盐陶瓷设计原理

硅酸盐陶瓷主要由结晶相和玻璃相构成。其烧结过程大致符合晶体-熔体平衡热力学的一般原理。通过对陶瓷材料烧结过程的热力学分析，建立相应的热力学模型，可以实现对硅酸盐陶瓷材料的设计。在 n 维成分空间中，晶体相只出现于原子可以遵循结晶学的对称规律而呈规则几何排列的特定成分域。在一定的温压条件下，趋于最小自由能原理决定了具有最低生成自由能的结晶相组合最为稳定。而相律则限定了平衡共存的相数。由常量组分在晶体-熔体相之间的分配系数，可以预测平衡共存的各组成物相的成分。依据质量平衡原理，则可以确定各相的含量。由此，可实现对硅酸盐陶瓷烧结过程的定量模拟，并有可能对材料的宏观性能进行预测。

第一节　硅酸盐陶瓷共生相分析

硅酸盐陶瓷材料组成可由 SiO_2-Al_2O_3-MgO-CaO-Na_2O-K_2O 的 6 维成分空间来表示。其中，晶体相只出现于原子可以遵循结晶学的对称规律而呈规则几何排列的特定成分域，故其方式是有限的。各成分域之间被没有已知矿物存在的区域所分隔。矿物固溶体的成分范围也是有限度的，且会受到结晶相形成时温压条件的限制。一般来说，固溶体的范围随着形成温度的升高而增大。因此，在上述成分空间中，可以出现的矿物种数是有限的（马鸿文，2001）。

1. 最低自由能原理

矿物共生组合在一起的习性不同于其独立存在时的习性。因此，一种特定结晶岩的性质不同于其任一组成矿物的性质。常见的结晶岩都有一个颇有意义且重要的事实，即每种岩石一般只由 6 种，通常只由 3 或 4 种矿物组成。

化学相互作用是任何特定的结晶岩通常比沉积岩含有较少的矿物相数的主要原因。自然界的化学相互作用取决于环境，且总是朝着降低岩石总自由能的方向进行。对于矿物而言，在一定的温压条件下，具有最低自由能值的矿物最稳定。同样的原理也适用于硅酸盐陶瓷材料。趋于最小自由能和化学成分变化越大所受限制就越小，这两个因素的相互制约，是硅酸盐陶瓷材料形成的最重要原理，也是理解其共生相组合的基础。

硅酸盐材料烧结过程中的化学相互作用取决于烧结条件，并总是朝着降低材料体系总自由能的方向进行。材料制品的总 Gibbs 生成自由能是按照相对丰度加权的各组成结晶相与玻璃相的生成自由能之和，即多相材料的总 Gibbs 生成自由能符合混合律（郝士明，2004；马鸿文等，2006）。故在一定温压条件下，稳定共生的结晶相总是具有最低生成自由能的矿物相。

因此，构成硅酸盐材料的稳定共生相的种属，必然受最小自由能原理的严格限制。图 5-1 表示由等量的镁橄榄石（Mg_2SiO_4）和顽辉石（$MgSiO_3$）组成的岩石（方辉橄榄岩）的生成自由能。若两种矿物的比例改变，则随着岩石组成向着其中矿物含量增加的方向变化，岩石的生成自由能以相同的方向沿着连接这两种矿物自由能的直线移动，其数值将介于镁橄榄石和顽辉石两者的自由能之间。

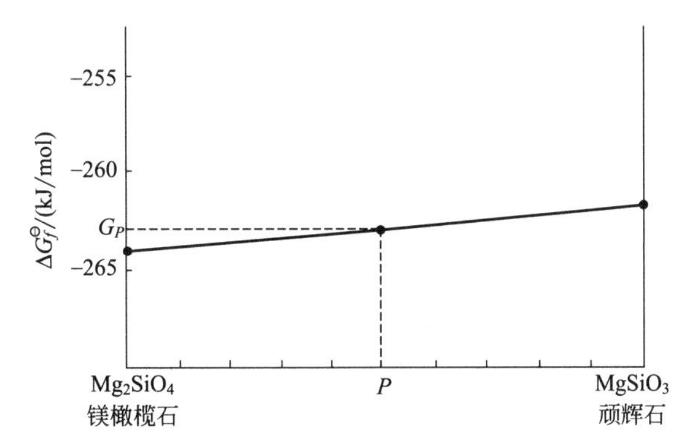

图 5-1　在 298K 和 10^5 Pa 下镁橄榄石和顽辉石的生成自由能

（据 Zoltai & Stout，1984）

具有 P 点化学组成的岩石，其生成自由能为 G_P

镁橄榄石和顽辉石并不是位于成分空间 Mg_2SiO_4-$MgSiO_3$ 直线上仅有的矿物。方镁石（MgO）和石英（SiO_2）也位于这条线上。图 5-2 表示了一个总成分位于 P 点的岩石几种可能的不同矿物组合。仅从化学角度看，P 点的岩石可由等比例（1∶1）的镁橄榄石＋顽辉石组成，也可由方镁石＋顽辉石（1∶5）组成，还可能由镁橄榄石＋石英（5∶1）或方镁石＋石英（1∶1）组成。而从岩石生成自由能的角度看，在任何情况下，代表最低能量状态的矿物组合总是优先出现。这种组合称为稳定组合。上例中，在 800K 和 10^5 Pa 下，镁橄榄石与顽辉石共存是稳定的；而其他化学上可能的组合在能量上都是不利的，因而属于准稳定组合。

在某一温压条件下稳定的矿物组合，在另一温压条件下可能是准稳定的。对于封闭体系，状态方程为：

$$dG = -S\,dT + V\,dp \tag{5-1}$$

即矿物的 Gibbs 自由能的变化仅仅受温度和压力变化的影响。G 的全微分表达式为：

$$dG = (\partial G/\partial p)_T\,dp + (\partial G/\partial T)_p\,dT \tag{5-2}$$

上式分两部分描述了体系状态的总变化，一部分是压力效应，另一部分是温度效应。比较上两式中的 dT 和 dp 的系数，有：

$$(\partial G/\partial T)_p = -S \tag{5-3}$$

$$(\partial G/\partial p)_T = +V \tag{5-4}$$

即在恒压下，温度变化对体系 Gibbs 自由能的影响由负熵给出；而在恒温下，压力对矿物 Gibbs 自由能的影响是由矿物的体积变化决定的。

在图 5-2 中，每种矿物的自由能在温度升高时将随其熵成比例地减小。由于各矿物的熵不同，就出现了图 5-2 中所示相对能量值的变化。计算表明，具有高熵值的镁橄榄石，随着温度升高，最终将与一个 SiO_2 的多型稳定共生，但其转化温度超过 2000K。在如此高温下，岩石实际上已经熔化。故可断言，图 5-2 中的准稳定组合在地质条件下是不存在的。

与此类似，当压力增加时，图 5-2 中每种矿物的自由能将以正比于摩尔体积的速度增

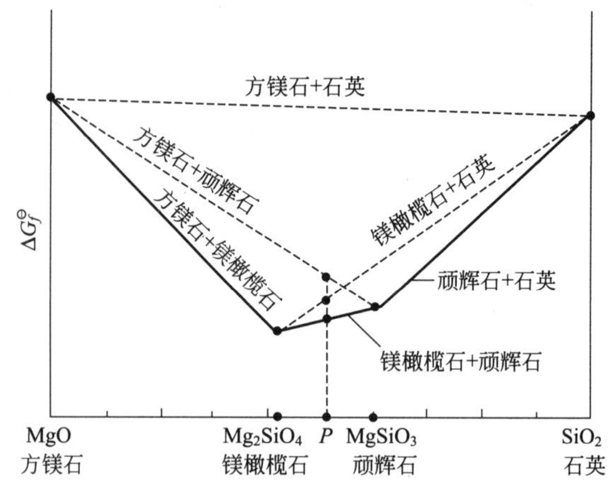

图 5-2 在 800K 和 10^5 Pa 下 MgO-SiO_2 体系中矿物的生成自由能和组合

（据 Zoltai & Stout，1984）

实线表示稳定组合；虚线表示准稳定组合

大。在高压下，密度最大（摩尔体积最小）的矿物终将达到稳定，因为密度最大的矿物在高压下的能量最低，因而最为稳定。以石英为例，随着压力的增加，柯石英和斯石英相继出现。在极高压（40GPa）下，方镁石＋石英构成比镁橄榄石＋顽辉石更稳定的组合。此时，方镁石已具有金属的性质。

在不相容矿物的不同化学体系中，还可找出其他许多实例。石英（SiO_2）和刚玉（Al_2O_3）在正常的地壳环境中极少一起出现，因为在它们之间会形成一种中间成分的矿物。这一矿物在低压时是红柱石（Al_2SiO_5），在高压时是蓝晶石，而在高温时是夕线石。在接近地幔条件的极高压下，蓝晶石分解形成刚玉＋斯石英。

另一个在岩石中极少见到的矿物组合是霞石（$NaAlSiO_4$）＋石英。这同样是因为有自由能值相对较低的中间成分的矿物存在。事实上，钠长石（$NaAlSi_3O_8$）和硬玉（$NaAlSi_2O_6$）占据了霞石和石英之间的成分空间域中的位置（图 5-3）。在相对低压低温下，钠长石＋硬玉的共生是稳定的，而硬玉＋石英和钠长石＋霞石都是准稳定组合。在较高温度（＞500K）下，钠长石＋霞石共生是稳定的，而钠长石＋硬玉和硬玉＋霞石组合是不稳定的。钠长石＋石英的稳定组合在整个温度范围内是不受影响的。在火成环境中，钠长石＋霞石组合（霞石正长岩）是稳定的，与钠长石＋石英组合（石英正长岩）一样。在变质环境中也存在这两种矿物组合。钠长石和石英还在沉积岩埋藏期后不久以自生矿物的方式形成。

但是，钠长石＋石英并不是在所有的压力条件下都是稳定共生的。在高压下，硬玉＋石英成为稳定组合，而在较低压下稳定的钠长石＋石英组合和钠长石＋硬玉组合则变为准稳定组合。显然，这些关系类型非常有助于解释岩石形成的构造环境。例如，在沉积环境下主要由石英和少量钠长石组成的砂岩，可以在俯冲带的高压环境下变为由石英＋硬玉组成的变质岩。然而，硬玉本身或它与钠长石或霞石的组合并不代表高压的形成条件。由此可见，特定的矿物组合对于解释结晶岩的形成条件是何等重要！

2. 相律限制

相律由 Gibbs 于 1892 年所创立。它以最简洁的形式阐明了在封闭体系中，相互平衡的矿物（或相）数 ϕ、独立组分数 n，以及能独立变化而使相数改变的变量数 f 三者之间的关系。相律公式表达如下：

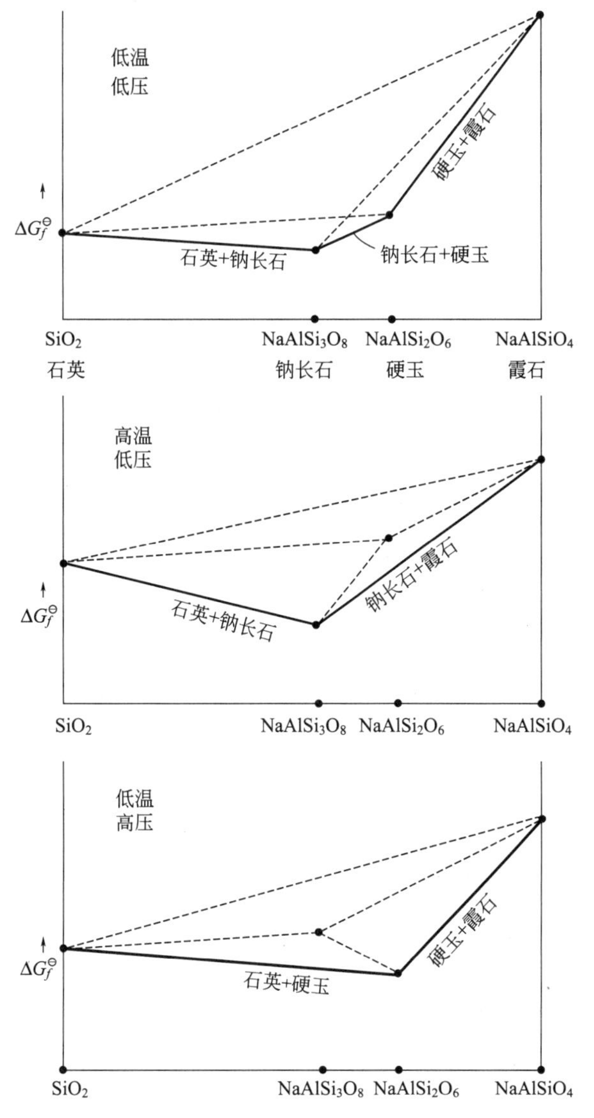

图 5-3　不同温压条件下 SiO_2-$NaAlSiO_4$ 体系的自由能-成分图

（据 Zoltai & Stout，1984）

实线表示稳定组合；虚线表示准稳定组合

$$f=n+2-\phi \quad (5\text{-}5)$$

在相律公式中，除了成分变量（广度变量）之外，只考虑了温度和压力两个外部变量（强度变量）。如果在所研究的体系中，流体压力与负荷压力都是独立变量时，相律公式应为：

$$f=n+3-\phi \quad (5\text{-}6)$$

此外，相律推导中已假定了矿物对之间各组分化学位的平衡。因此，对于一个平衡反应关系而言，若反应物与生成物中各有一种铁镁矿物，则它们的 Mg/Fe 比值也应相等。

对于岩石学家来说，在绝大多数情况下，感兴趣的独立变量 f 仅仅是温度和压力。如果温度和压力都在一定范围内自由变化，则 $f=2$，故有

$$\phi \leqslant n \quad (5\text{-}7)$$

Goldschmidt 将这一表达式称为矿物相律（Goldschmidt，1954）。该式表明，在任一温压条件下，结晶岩中所包含的矿物相数绝不会超过其独立的化学组分数。不等式允许少于 ϕ 的矿物相共存。应予注意的是，p 和 T 两个变量是彼此独立的，即在一个值域上可自由变化。术语“双变域”常用于描述总值域，“双变组合”则用于描述 n 相的共存。对于反应曲线上的任何点，如果随意选择一个独立变量如温度，就自动地确定了另一变量如压力值。即只有一个独立变量（$f=1$）。术语“单变”就是用于描述这种情况的。在任一反应曲线上，$f=1\leqslant n+2-\phi$ 或 $\phi\leqslant n+1$。即能够共存的最大矿物（或相）数为 $n+1$。如果 $f=0$，则无论温度或压力都不能独立改变，因而在不变点上，允许的共存相数为 $n+2$。

在自然界，不变点的矿物组合非常罕见，单变矿物组合也极少。双变组合是最常见的组合，因此也最符合矿物相律。在地质环境下，几乎所有的岩石都调整了自身的矿物组成，直到矿物相数小于或等于其独立化学组分数。这就是常见结晶岩中稳定共生的矿物相数一般不超过 5～6 种的基本原因。

构成硅酸盐陶瓷材料的独立化学组分 n 通常为 4～5 种，即 SiO_2、Al_2O_3、MgO(CaO)、CaO(Na_2O)、K_2O(Na_2O)。一般来说，烧结过程大都在常压下进行，其自由度即独立变量可仅考虑温度（$f=1$）。由相律 $\phi\leqslant n+1$，则体系中能够平衡共存的最大矿物相数 ϕ 为 5～6 种。这些结晶相通常有莫来石、方石英、堇青石（或顽辉石）、刚玉、尖晶石、斜长石等。在较高烧结温度下快速冷却时，制品中则常有铝硅酸盐玻璃相出现。

第二节　烧结过程的热力学表征

硅酸盐陶瓷的生产工艺主要包括坯料制备、成型和烧成过程。坯料制备过程是根据陶瓷制品的生产工艺和性能要求，以高岭土、钾长石、石英、瓷石、滑石等为主要原料，合理制定坯料配方，经粉碎、过筛、脱水、制泥等工序，将混合料按照成型工艺要求，加工成含水率不同的可塑成型泥、压制成型粉料或注浆成型泥浆的过程。成型即将坯料加工成一定形状和尺寸的半成品过程。坯体经干燥、修坯、施釉等处理后，即进入烧成过程。

1. 烧结现象

硅酸盐陶瓷的烧结过程即通过高温处理，使坯体发生一系列物理化学变化，形成预期的物相和显微结构，达到固定外形并获得所要求性能的过程。通常分为以下四个阶段：

（1）坯体水分蒸发阶段（室温至 300℃）：主要排除坯体干燥过程中的剩余水分和吸附水。坯体基本不收缩，强度变化很小。

（2）氧化分解与晶型转变阶段（300～950℃）：主要发生黏土矿物的脱水反应，碳酸盐的分解，碳质、硫化物、有机物的氧化分解，以及石英的晶型转变。高岭石在 550℃以下发生脱羟作用，至 850℃则完全转变为偏高岭石。化学反应为（魏存弟等，2005）：

$$Al_2O_3\cdot 2SiO_2\cdot 2H_2O(\text{高岭石})\xrightarrow{\text{约 }550℃}Al_2O_3\cdot 2SiO_2(\text{偏高岭石})+2H_2O\uparrow \quad (5\text{-}8)$$

伴随的物理变化包括结构水和分解气体的排出，质量减轻，气孔率升高，机械强度相应提高及颜色变浅等。

（3）玻化成瓷阶段（950～约 1350℃）：主要发生釉层玻化、坯体瓷化、产生大量液相、石英转变为方石英、析出新的结晶相莫来石等。大约自 850℃和 950℃开始，分别出现 SiO_2

和 $\gamma\text{-}Al_2O_3$ 的分凝作用，两者在约 1100℃开始反应生成莫来石；在约 1200℃，亚稳态氧化硅转变为方石英。化学反应为：

$$Al_2O_3 \cdot 2SiO_2(\text{偏高岭石}) \xrightarrow{850\sim1100℃} xSiO_2(\text{亚稳态}) + Al_2O_3 \cdot (2-x)SiO_2(\text{偏高岭石}) \tag{5-9}$$

$$Al_2O_3 \cdot (2-x)SiO_2(\text{偏高岭石}) \xrightarrow{950\sim1100℃} \gamma - Al_2O_3 + (2-x)SiO_2(\text{亚稳态}) \tag{5-10}$$

$$2SiO_2(\text{亚稳态}) + 3\gamma\text{-}Al_2O_3 \xrightarrow{1100℃\text{以上}} 3Al_2O_3 \cdot 2SiO_2(\text{莫来石}) \tag{5-11}$$

$$SiO_2(\text{亚稳态}) \xrightarrow{1200℃} SiO_2(\text{方石英}) \tag{5-12}$$

在烧结反应过程中，石英的实际相转变与理论转变有所不同（图 5-4）。由 α-石英转变为 α-方石英或 α-鳞石英时，都需先经由亚稳态方石英阶段，且伴随着石英颗粒的开裂。此

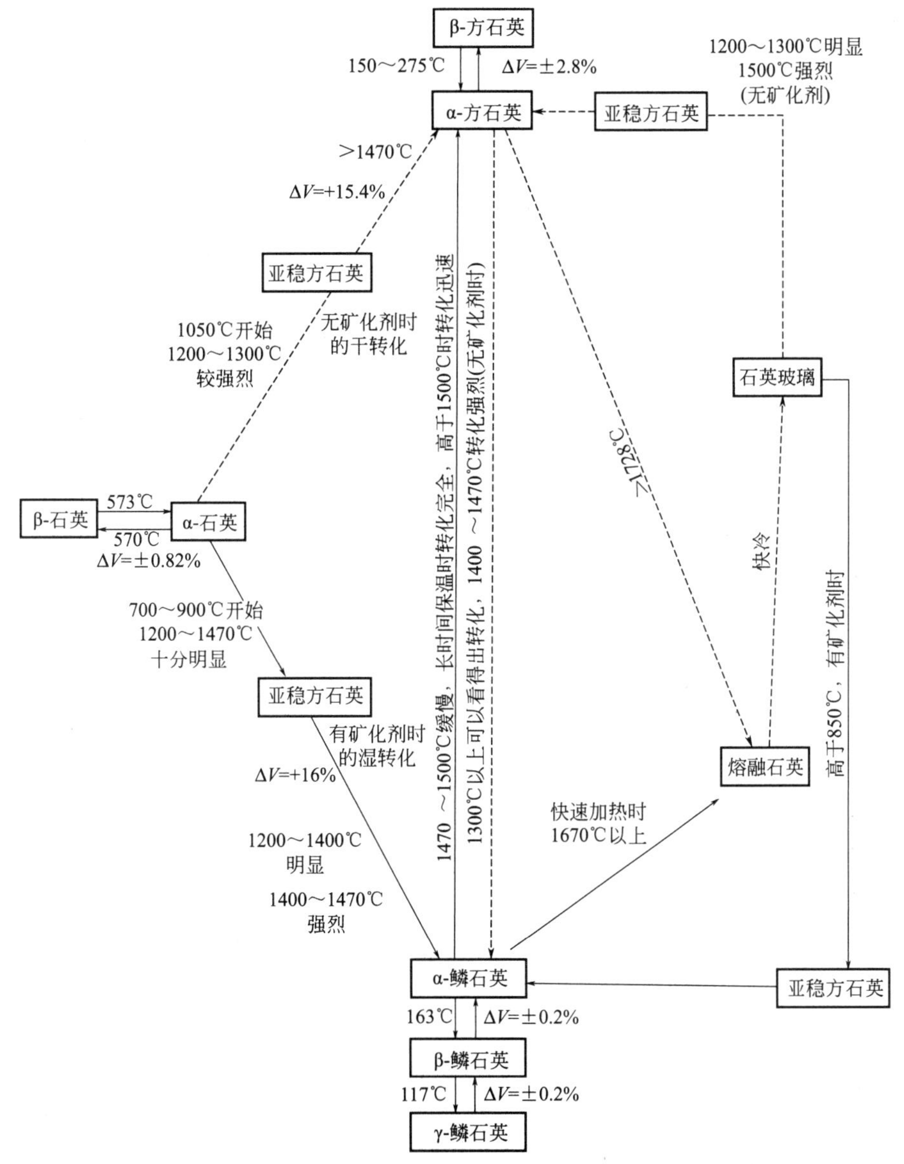

图 5-4　烧结反应过程中石英的实际相转变示意图

（据西北轻工业学院等，1993）

时低熔液相则沿裂隙侵入，促使亚稳态方石英转变为鳞石英；否则即转变为方石英，但颗粒内部仍保存部分亚稳态方石英。

石英相转变在1200℃之上明显进行，1400℃以上则强烈进行。对于硅酸盐陶瓷，其烧成温度一般达不到石英充分发生相转变的条件。因此，制品中的富硅相主要为亚稳态方石英和少量其他晶型。石英相转变过程的体积变化可高达15%以上，在无液相存在时对坯体的破坏性很大；当有液相共存时，由于表面张力作用，可显著减缓其不良影响。一般认为，亚稳态方石英是一种在鳞石英稳定温度范围内形成，而具有光学各向同性的方石英，结构近于方石英。形成温度在1200～1250℃，冷却后可呈亚稳态保存于瓷胎中。

钾长石大约从1130℃开始软化熔融，1200℃时完全分解（图5-5），生成白榴石和富SiO_2熔体：

$$K_2O \cdot Al_2O_3 \cdot 6SiO_2(\text{钾长石}) \longrightarrow K_2O \cdot Al_2O_3 \cdot 4SiO_2(\text{白榴石}) + 2SiO_2(\text{熔体}) \tag{5-13}$$

钾长石的熔融物呈稍显透明的乳白色，因SiO_2含量高而黏度大，气泡难于排出。熔融后其体积膨胀约7.0%～8.65%，密度由2.56g/cm^{3}降至2.37g/cm^3。其玻璃态黏稠物能够溶解部分黏土分解物和石英，促进成瓷反应和莫来石晶体的生长。莫来石通常呈针状形态，本身机械强度高，热稳定性和化学稳定性良好。因此，瓷胎是由玻璃相、莫来石、方石英、残余石英以及其他未熔化矿物颗粒构成的多相体系（图4-10）。

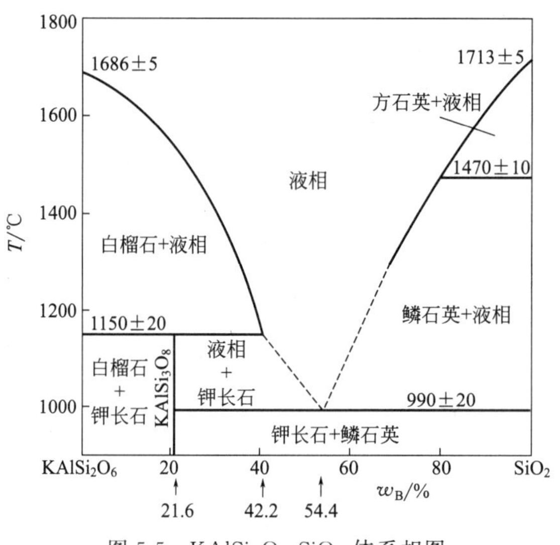

图5-5　$KAlSi_2O_6$-SiO_2体系相图

（据Levin et al，1969）

玻化成瓷阶段伴随的物理变化，包括坯体的气孔率降至最低，收缩率达到最大，机械强度和硬度增大，坯体实现瓷化烧结，转变为白色且具半透明感，釉面具有光泽。

以上是常见的高岭土-钾长石-石英三组分体系的主要烧结反应过程。对于其他配料体系，其烧结反应有所不同。

（4）冷却阶段（约1350℃至室温）：主要是通过快速冷却，使玻璃相由塑性状态转变为固态（约750～550℃）。

由此可见，硅酸盐陶瓷制品的最终物相组成，主要取决于在玻化成瓷阶段晶体-熔体相之间的化学平衡（热力学），以及其后冷却阶段的降温速率（动力学）。

2. 热力学方程

任意两相之间在等压条件下的化学平衡，都可由 Gibbs 自由能方程来描述。当 ΔG 达到极小值时，体系即达到平衡状态，即

$$\Delta G = \Delta H^{\ominus} - T\Delta S^{\ominus} + RT\ln K \tag{5-14}$$

上式中，设 $\Delta C_p = 0$，$\Delta H^{\ominus}$ 和 $\Delta S^{\ominus}$ 分别为纯端员组分在反应前后的焓变和熵变。K 为平衡常数，其定义为：

$$K_i = a_i^{\mathrm{sol}} / a_i^{\mathrm{liq}} \tag{5-15}$$

a_i^{sol} 和 a_i^{liq} 分别为组分 i 在晶体相（solid）和熔体相（liquid）中的活度。

当晶体与熔体相达到平衡时，体系的 $\Delta G = 0$。由 $a_i = \gamma_i x_i$，组分 i 在晶体和熔体相之间的分配系数为：

$$\ln K_{di} = \ln(x_i^{\mathrm{sol}} / x_i^{\mathrm{liq}}) = \Delta S^{\ominus}/R - \Delta H^{\ominus}/(RT) - \ln(\gamma_i^{\mathrm{sol}} / \gamma_i^{\mathrm{liq}}) \tag{5-16}$$

式中，x_i^{sol} 和 x_i^{liq} 分别为组分 i 在晶体和熔体相中的摩尔分数，γ_i^{sol} 和 γ_i^{liq} 分别为组分 i 在晶体和熔体相中的活度系数。在烧结反应进行的有限温区内，设 $\Delta S^{\ominus}/R$ 和 $\Delta H^{\ominus}/R$ 均近似为常数，则上式可简化为：

$$\ln K_{di} = c_0 + c_1/T - \ln(\gamma_i^{\mathrm{sol}} / \gamma_i^{\mathrm{liq}}) \tag{5-17}$$

即常量组分 i 在晶体-熔体相之间的分配系数 K_{di}，可简单地表示为平衡温度和其活度系数的线性函数。

3. 质量平衡原理

在晶体-熔体体系中，任一组分 i 的质量平衡方程为：

$$x_i^{\circ} = F x_i^{\mathrm{liq}} + (1-F) x_i^{\mathrm{sol}} \tag{5-18}$$

式中，x_i° 为整个体系中组分 i 的摩尔分数；x_i^{liq} 和 x_i^{sol} 分别为组分 i 在晶体和熔体相中的摩尔分数；F 为熔体相所占比例。

由上式和分配系数的定义（$K_{di} = x_i^{\mathrm{sol}} / x_i^{\mathrm{liq}}$），有

$$x_i^{\mathrm{liq}} / x_i^{\circ} = 1/\ K_{di}(1-F) + F \tag{5-19}$$

上式适用于一种晶体与熔体相共存的条件。当体系中含有不止一种晶体时，总分配系数 D 定义为：

$$D = \quad (x_j^{\mathrm{sol}} K_{di}^{j\text{-liq}}) = \quad x_i^j / x_i^{\mathrm{liq}} \tag{5-20}$$

式中，x_j^{sol} 为 j 相在固相中所占比例。

将上式代入公式(5-18)，有

$$x_i^{\mathrm{liq}} / x_i^{\circ} = 1/\ D(1-F) + F \tag{5-21}$$

上式是确定陶瓷材料烧结过程中所有组分分配的基本公式(Langmuir et al，1981)。

4. 理论化学计量比

描述硅酸盐陶瓷的烧结过程，除总的质量平衡要求外，任一晶体相的稳定存在还必须满足其理论化学计量比的约束，即各端员组分的摩尔分数之和必须等于 1：

$$x_i^{\mathrm{sol}} = 1 \tag{5-22}$$

此外，晶体相的阳离子占位和电价平衡也必须满足。

理论化学计量比与分配系数相结合，有

$$x_i^{\mathrm{sol}} = x_i^{\mathrm{liq}} \cdot K_{di} \tag{5-23}$$

代入公式(5-22)，有

$$x_i^{\text{liq}} \cdot K_{di}=1 \tag{5-24}$$

上式限定了晶体-熔体相平衡的必要条件。当熔体相对于某一晶体相处于过饱和状态时，则熔体相中有关组分的摩尔分数与其分配系数乘积之和大于 1；若总和小于 1，则熔体相对于该晶体相是不饱和的；只有当上式恰好等于 1 时，该晶体与熔体相才处于完全平衡状态。

第三节　晶体-熔体平衡的热力学描述

硅酸盐材料的高温加工过程，与天然岩浆生成至结晶冷凝过程颇多类似。故可借鉴天然硅酸盐体系的晶体-熔体平衡热力学原理来描述。Ghiorso 等（1995）根据 2540 套硅酸盐体系相平衡实验资料，系统研究了有关的化学物质转移问题，建立了修正的规则溶液模型，来表征 SiO_2-TiO_2-Al_2O_3-Cr_2O_3-FeO-MgO-CaO-Na_2O-K_2O-P_2O_5-H_2O 体系的活度/成分关系。实验熔体成分由钾质黄橄霞玄岩（ankaratrite）至流纹岩，温度 900～1700℃，压力由常压（10^5Pa）至 4.0GPa，f_{O_2} 由高于 HM（赤铁矿-磁铁矿）缓冲剂 2lg 单位至低于 IW（自然铁-方铁矿）缓冲剂 2lg 单位。硅酸盐材料的高温加工过程通常在常压下进行，故无需考虑压力和挥发分 H_2O 对高温反应过程的影响。

1. 基本热力学方程

采用规则溶液模型，在参考压力（10^5Pa）下，硅酸盐熔体的摩尔 Gibbs 自由能 $\overline{G}$ 定义为（Ghiorso et al，1983）：

$$\overline{G}=\sum_{i=1}^{n} x_i \mu_i^{\ominus}+RT\sum_{i=1}^{n} x_i \ln x_i+\frac{1}{2}\sum_{i=1}^{n}\sum_{j=1}^{n} W_{i,j} x_i x_j \tag{5-25}$$

式中，x_i 为熔体组分 i 的摩尔分数；n 为总组分数；$\mu_i^{\ominus}$ 为组分 i 的标准状态化学位；$W_{i,j}$ 为独立于温度的规则溶液型相互作用参数，且 $W_{i,j}=W_{j,i}$，$W_{i,i}=0$。

上式准确地表征了复杂硅酸盐熔体组分的混合体积和热容，以及晶体-熔体的相平衡关系。通过与含有一种或多种晶体的硅酸盐熔体体系的相平衡实验资料来限定 $\overline{G}$ 的成分导数，即可获得相互作用参数 $W_{i,j}$ 的最优解。$\overline{G}$ 相对于 x_k 的导数通过 Dark 方程而与化学位 μ_k 相联系。由公式(5-25)，组分 k 的化学位由下式给出：

$$\mu_k=\mu_k^{\ominus}+RT\ln x_k+\sum_{i=1}^{n} x_i W_{i,k}-\frac{1}{2}\sum_{i=1}^{n}\sum_{j=1}^{n} W_{i,j} x_i x_j \tag{5-26}$$

对于熔体化学位的约束（即对模型参数 $W_{i,j}$ 的间接限定），可通过相应于每套实验资料的质量作用定律描述来实现。相平衡实验资料可提供在给定条件下平衡共存的晶体与熔体相的成分，或在相应条件下熔体相对于某些晶体相是否达到饱和状态。

任一晶体相 φ 与熔体相之间的反应可由 p 个关系式来描述：

$$\varphi_p=\sum_{k=1}^{n} \nu_{p,k} \cdot c_k \tag{5-27}$$

式中，φ_p 为晶体相 φ 中第 p 个端员组分（如橄榄石中的 Mg_2SiO_4）；c_k 指熔体相中组分 k 的浓度；$\nu_{p,k}$ 为熔体组分 k 的化学反应计量系数。

由上式，质量作用定律给出如下表达式：

$$\Delta\overline{G}_{\varphi p} = -A_{\varphi p} = \Delta\overline{G}^{\ominus}_{\varphi p} + \sum_{k=1}^{n}\nu_{p,k}\ln a_k - RT\ln a_{\varphi p} \tag{5-28}$$

式中，$\Delta\overline{G}_{\varphi p}$ 为反应(5-27) 的 Gibbs 自由能改变量，其数值等于反应的化学亲和力之负值。在晶体相处于饱和状态下，其值为零。$\Delta\overline{G}^{\ominus}_{\varphi p}$ 为在标准状态下的量。a_k 为熔体组分 k 的活度。$a_{\varphi p}$ 为晶体相 φ 中端员组分 p 的活度，对于纯晶体相，其活度为 1。

由公式(5-26)，上式可扩展并表示为拟标定模型参数 $W_{i,j}$ 的形式：

$$-\Delta\overline{G}^{\ominus}_{\varphi p} - RT\sum_{k=1}^{n}\nu_{p,k}\cdot\ln x_k = A_{\varphi p} - RT\ln a_{\varphi p} + \sum_{k=1}^{n}\nu_{p,k}\sum_{i=1}^{n}W_{k,i}x_i - \frac{1}{2}\sum_{k=1}^{n}\nu_{p,k}\sum_{i=1}^{n}\sum_{j=1}^{n}W_{i,j}x_ix_j \tag{5-29}$$

上式相对于 $A_{\varphi p}$ 呈线性关系，而 $W_{i,j}$ 对于 $a_{\varphi p}$ 为非线性关系。为标定目的，直接考虑前述第一种情况。即在某一温度下，熔体相与共存晶体相的成分已由实验确定，故可将公式(5-29) 中的已知量置于等号左侧，未知量 $W_{i,j}$ 置于等号右侧，得到：

$$-\Delta\overline{G}^{\ominus}_{\varphi p} - RT\sum_{k=1}^{n}\nu_{\rho,k}\cdot\ln x_k + RT\ln a_{\varphi p} = \sum_{i=1}^{n}\sum_{j=1}^{n}\left[\sum_{k=1}^{n}\left(\nu_{p,k}\delta_{k,i}x_i - \frac{1}{2}\nu_{p,k}x_ix_j\right)\right]W_{i,j} \tag{5-30}$$

考虑晶体-熔体相组合处于平衡状态，故上式中 $A_{\varphi p}$ 的取值为零。类似于上式的方程组，代表模型参数 $W_{i,j}$ 的线性最小二乘法分析问题。公式(5-30) 中等号左侧在此类分析中作为因变量。

对于第二种情况，即已知在某一温度下实验熔体相对于某一晶体相处于饱和状态。这种信息也可用于约束熔体相的模型参数。事实上，熔体的自由能面的形态（因而 $W_{i,j}$ 的形态）必须与以下条件相一致，即由熔体成分发散并扩展至整个成分空间的正切超平面，从不与熔体相中不饱和晶体相的 Gibbs 自由能面相交。这一条件相当于公式(5-29) 中的 $A_{\varphi p}$ 恒为正值。整理该式得：

$$-\Delta\overline{G}^{\ominus}_{\varphi p} - RT\sum_{k=1}^{n}\nu_{p,k}\cdot\ln x_k = A_{\varphi p} - RT\ln a_{\varphi p} + \sum_{i=1}^{n}\sum_{j=1}^{n}\left[\sum_{k=1}^{n}\left(\nu_{p,k}\delta_{k,i}x_i - \frac{1}{2}\nu_{p,k}x_ix_j\right)\right]W_{i,j} \tag{5-31}$$

式中，参数 $a_{\varphi p}$ 代表晶体相 φ 的 Gibbs 自由能面与熔体相的正切超平面之间能量距最短的成分。这些 $a_{\varphi p}$ 值（或结晶相端员组分的摩尔分数）为未知量，因为其成分未通过实验而确定。应用相缺失约束的通用方法，需要采用以线性等式约束和线性不等式边界为条件的非线性最小二乘法。

2. 端员组分的热力学性质

大部分结晶相端员组分的热力学性质取自 Berman（1988），增补的其他与该热力学数据库内洽的结晶相热力学数据（Ghiorso et al，1995）一并列于表 5-1a 中。结晶相端员组分的表观摩尔 Gibbs 生成自由能由下式计算（Berman，1988）：

$$\Delta G^{\ominus}_{T,p} = \Delta H^{\ominus}_{f,T_r,p_r} - T\overline{S}^{\ominus}_{T_r,p_r} + k_0\{(T-T_r) - T(\ln T - \ln T_r)\} + 2k_1\{(T^{0.5} - T_r^{0.5}) + T(T^{-0.5} - T_r^{-0.5})\} - k_2\{(T^{-1} - T_r^{-1}) - T/2(T^{-2} - T_r^{-2})\} - k_3\{(T^{-2} - T_r^{-2})/2 - T/3(T^{-3} - T_r^{-3})\} \tag{5-32}$$

其中，参考温度 $T_r=298\text{K}$，参考压力 $p_r=1\text{bar}$（10^5Pa）。

对于具有一级和二级（Lambda）多型转变的固相（矿物），前者在转变温度 T_t 下的焓变 $\Delta_t H$ 可采用量热法实测，熵变 $\Delta_t S$ 即已知（$=\Delta_t H/T_t$）；对于后者，在 Lambda 点 T_λ 上下温区的热力学性质对温度的依赖性显著不同，其热容分为两部分，即“晶格热容”和“Lambda 热容”。前者两种多型的热容都由相同系数 $k_0 \sim k_3$ 所表示，即

$$C_p=k_0+k_1T^{-0.5}+k_2T^{-2}+k_3T^{-3} \tag{5-33}$$

后者在常压下 $T_r<T<T_\lambda$ 温区，由下式计算：

$$C_{p\lambda}=T(l_1+l_2T)^2 \tag{5-34}$$

Berman（1988）仅提供了低温多型的标准状态性质（表 5-1b）。在相变温度 T_λ 以上的自由能函数由下式计算：

$$\Delta G^{\ominus}_{T,p}=\Delta G_{p,T_\lambda}-(T-T^p_\lambda)\Delta_\lambda S_{p,T_\lambda} \tag{5-35}$$

式中，$\Delta_\lambda S_{T_\lambda}$ 为相变过程中的熵变。

对于具有有序-无序转变的结晶相，转变过程的温度依赖性通过有序和无序相之间焓的差值拟合为扩展的热容函数来描述。假定无序过程的起始温度为 T，达到完全无序化的温度为 T_D。无序相的表观 Gibbs 自由能的计算是在公式(5-32) 计算的自由能函数附加 $\Delta_{ds}G_T$ 值。在高于 T_D 的温度下，自由能函数由下式计算：

$$\Delta G^{\ominus}_{T,p}=\Delta G^{\ominus}_{p,T_D}-(T-T_D)\Delta_{ds}S_{T_D} \tag{5-36}$$

熔体组分的表观摩尔 Gibbs 生成自由能按下式计算（Ghiorso et al，1995）：

$$\begin{aligned}\Delta\overline{G}^{\ominus}_{T,p}=&\Delta\overline{H}^{\ominus}_{f,T_r,p_r}+\int_{T_r}^{T_{fusion}}\overline{C}^{\ominus,sol}_{p_r}dT+T_{fusion}\Delta\overline{S}^{\ominus}_{fusion}+\int_{T_{fusion}}^{T}\overline{C}^{\ominus,liq}_{p_r}dT-\\&T\left(\overline{S}^{\ominus}_{T_r,p_r}+\int_{T_r}^{T_{fusion}}\frac{\overline{C}^{\ominus,sol}_{p_r}}{T}dT+\Delta\overline{S}^{\ominus}_{fusion}+\int_{T_{fusion}}^{T}\frac{\overline{C}^{\ominus,liq}_{p_r}}{T}dT\right)+\Delta\overline{G}^{\ominus}_{t,T,P}\end{aligned} \tag{5-37}$$

式中，固相（结晶相）的热力学性质按上述方法确定。熔体组分的热力学参数见表 5-2。

表 5-1a 矿物端员组分的热力学性质（1bar，298.15K）

固相	分子式	$\Delta H_f^{\ominus}$/(kJ/mol)	$S^{\ominus}$/[J/(mol·K)]	k_0	$k_1\times10^{-2}$	$k_2\times10^{-5}$	$k_3\times10^{-7}$
铁橄榄石/Fa	Fe_2SiO_4	−1479.360	150.930	248.93	−19.239	0.0	−13.910
镁橄榄石/Fo	Mg_2SiO_4	−2174.420	94.010	238.64	−20.013	0.0	−11.624
斜顽辉石/En	$Mg_2Si_2O_6$	−3081.636	137.570	333.16	−24.012	−45.412	55.830
透辉石/Di	$CaMgSi_2O_6$	−3200.583	142.500	305.41	−16.049	−71.660	92.184
钙铁辉石/Hd	$CaFeSi_2O_6$	−2845.389	171.431	307.89	−15.973	−69.925	93.522
Al-Buffonite	$CaTi_{1/2}Mg_{1/2}AlSiO_6$	−3275.265	143.745	297.50	−13.5596	−67.022	75.908
Buffonite	$CaTi_{1/2}Mg_{1/2}FeSiO_6$	−2836.709	176.557	303.91	−14.1767	−43.565	35.252
钙高铁辉石	$CaFeAlSiO_6$	−2860.211	158.991	317.11	−17.333	−51.097	54.222
钠长石/Ab	$NaAlSi_3O_8$	−3921.618	224.412	393.64	−24.155	−78.928	107.064
钙长石/An	$CaAl_2Si_2O_8$	−4213.249	207.223	439.37	−37.341		−31.702
透长石/Sa	$KAlSi_3O_8$	−3959.704	229.157	381.37	−19.410	−120.373	183.643
β-石英/Qtz	SiO_2	−908.627	44.207	80.01	−2.403	−35.467	49.157
β-鳞石英/Trd	SiO_2	−907.045	45.524	80.01	−2.403	−35.467	49.157
金红石	TiO_2	−944.750	50.460	77.84	0.0	−33.678	40.294
假硅灰石	$CaSiO_3$	−1627.427	85.279	141.16	−4.172	−58.576	94.074
偏硅酸钠/Ns	Na_2SiO_3	−1561.427	113.847	234.77	−22.189		13.530

续表

固相	分子式	$\Delta H_f^{\ominus}$/(kJ/mol)	$S^{\ominus}$/[J/(mol·K)]	k_0	$k_1\times10^{-2}$	$k_2\times10^{-5}$	$k_3\times10^{-7}$
霞石/Ne	$NaAlSiO_4$	−2087.976	124.200	205.24	−7.599	−108.383	208.182
六方钾霞石/Ks	$KAlSiO_4$	−2111.814	133.965	186.00		−131.067	213.893
白榴石/Lc	$KAlSi_2O_6$	−3012.026	210.704	271.14	−9.441	−78.572	95.920
钙钛矿/Prv	$CaTiO_3$	−1660.630	93.640	150.49	−6.213		−43.010
刚玉/Crd	Al_2O_3	−1675.700	50.820	155.02	−8.284	−38.614	40.908
铬铁矿/Cm	$FeCr_2O_4$	−1445.490	142.676	236.874	−16.796		−16.765
铁尖晶石/Herc	$FeAl_2O_4$	−1947.681	115.362	235.190	−14.370	−46.913	64.564
磁铁矿/Mgt	$FeFe_2O_4$	−1117.403	146.114	207.93	0.0	−72.433	66.436
尖晶石/Sp	$MgAl_2O_4$	−2300.313	84.535	235.90	−17.666	−17.104	4.062
钛铁晶石/Usp	Fe_2TiO_4	−1488.500	185.447	249.63	−18.174		−5.453
镁钛矿/Geik	$MgTiO_3$	−1572.560	74.560	146.20	−4.160	−39.998	40.233
锰钛矿/Prp	$MnTiO_3$	−1350.707	104.935	150.00	−4.416	−33.237	34.815
赤铁矿/Hem	Fe_2O_3	−822.000	87.400	146.86		−55.768	52.563
钛铁矿/Ilm	$FeTiO_3$	−1231.947	108.628	150.00	−4.416	−33.237	34.815
白磷钙矿/Wlc	$Ca_3[PO_4]_2$	−4097.169	235.978	402.997	−28.084		−32.623
羟磷灰石/Hap	$Ca_5[PO_4]_3(OH)$	−6694.689	398.740	758.81	−64.806		44.794

注：据 Berman（1988）；Ghiorso 等（1995）。

表 5-1b 矿物端员组分的热力学性质（1bar，298.15K）

固相	分子式	T_t/K	$\Delta_t H$/(J/mol)	$l_1(\times10^2)/[(J/mol)^{0.5}/K]$	$l_2(\times10^5)/[(J/mol)^{0.5}/K^2]$
α-石英[①]/Qtz	SiO_2	843	0.0	−9.187	24.067
α-鳞石英/Trd	SiO_2	383	130	42.670	−144.575
霞石/Ne	$NaAlSiO_4$	467.15	241.835	−102.784	339.448
六方钾霞石/Ks	$KAlSiO_4$	800.15	1154	−7.0965	21.682
钙钛矿/Prv	$CaTiO_3$	1530	2301.2		
磁铁矿/Mgt	$FeFe_2O_4$	848	1565	−19.502	61.037
赤铁矿/Hem	Fe_2O_3	955	1287	−7.403	27.921
白磷钙矿/Wlc	$Ca_3[PO_4]_2$	1373	14059	2.5427	19.255

①参考温度 273K。据 Berman（1988）；Ghiorso 等（1995）。

3. 固溶体相活度/成分模型

为获得自洽一致的模型参数，所采用的固溶体相的活度/成分关系必须与采用的标准状态性质（Berman，1988）相一致。固溶体相包括长石 $CaAl_2Si_2O_8$-$(Na,K)AlSi_3O_8$（Elkins & Grove，1990）、橄榄石 $Ca(Mg,Fe)SiO_4$-$(Mg,Fe)_2SiO_4$（Hirschmann，1991）、斜方辉石$(Mg,Fe)Si_2O_6$（Sack & Ghiorso，1989）、单斜辉石$(Mg,Fe^{2+})_2Si_2O_6$-$Ca(Mg,Fe^{2+})Si_2O_6$-$CaTi_{0.5}(Mg,Fe)_{0.5}(Al,Fe^{3+})SiO_6$-$Ca(Al,Fe^{3+})(Al,Fe^{3+})SiO_6$-$Na(Al,Fe^{3+})Si_2O_6$（Sack & Ghiorso，1994a，b，c）、菱面体氧化物（$(Mg,Mn,Fe^{2+})TiO_3$-$Fe_2^{3+}O_3$（Ghiorso，1990；Ghiorso & Sack，1991）、尖晶石（$(Mg,Fe^{2+})(Al,Cr,Fe^{3+})_2O_4$-$(Mg,Fe^{2+})TiO_4$（Sack & Ghiorso，1991a，b）。

4. 模型参数拟合结果

采用最小二乘法求解由相平衡实验资料、固溶体端员组分的热力学性质（表 5-1）和所采用的固溶体相的活度/成分关系而构成的方程组［式(5-30)、式(5-31)］而获得模型参数 $W_{i,j}$。拟合计算中，熔体相的 Fe_2O_3、FeO 含量采用 Kress 等（1991）的方法标定。涉及的化学反应见表 5-3。表中的化学计量系数提供了构成方程组［式(5-30)、式(5-31)］所需的参数 $\nu_{p,k}$。

表 5-2　硅酸盐熔体组分的热力学性质（1bar，298.15K）

熔体组分	固相参考物	T_{fusion}/K	$\Delta\overline{S}^{\ominus}_{fusion}$/(J/K)	$\overline{C}_p^{liq}$/(J/K)
SiO_2	（非晶质）	1999	4.46	81.373
TiO_2	金红石	1870	35.824	109.2
Al_2O_3	刚玉	2320	48.61	170.3
Fe_2O_3	赤铁矿	1895	60.41	240.9
Fe_2SiO_4	铁橄榄石	1490	59.90	240.2
Mg_2SiO_4	镁橄榄石	2163	57.20	271.0
$CaSiO_3$	假硅灰石	1817	31.50	172.4
Na_2SiO_3	偏硅酸钠	1361	38.34	180.2
$KAlSiO_4$	六方钾霞石	2023	24.50	217.0
$Ca_3[PO_4]_2$	白磷钙矿	1943	35.690	574.7

注：据 Ghiorso 等（1995）。

表 5-3　模型参数拟合涉及的化学反应

结晶相	端员组分	化学反应：固相＝液相
橄榄石族	Fa	$Fe_2SiO_4 = Fe_2SiO_4$
	Fo	$Mg_2SiO_4 = Mg_2SiO_4$
辉石族	Di	$CaMgSi_2O_6 = 0.5SiO_2 + 0.5Mg_2SiO_4 + CaSiO_3$
	En	$Mg_2Si_2O_6 = Mg_2SiO_4 + SiO_2$
	Hd	$CaFeSi_2O_6 = 0.5SiO_2 + 0.5Fe_2SiO_4 + CaSiO_3$
长石族	Ab	$NaAlSi_3O_8 = 2.5SiO_2 + 0.5Al_2O_3 + 0.5Na_2SiO_3$
	An	$CaAl_2Si_2O_8 = SiO_2 + Al_2O_3 + CaSiO_3$
	Sa	$KAlSi_3O_8 = 2SiO_2 + KAlSiO_4$
石英	Qtz	$SiO_2 = SiO_2$
鳞石英	Trd	
白榴石	Lc	$KAlSi_2O_6 = SiO_2 + KAlSiO_4$
刚玉	Crn	$Al_2O_3 = Al_2O_3$
尖晶石族	Cm	$FeCr_2O_4 + 0.5Mg_2SiO_4 = MgCr_2O_4 + 0.5Fe_2SiO_4$
	Herc	$FeAl_2O_4 + 0.5SiO_2 = Al_2O_3 + 0.5Fe_2SiO_4$
	Mgt	$Fe_3O_4 + 0.5SiO_2 = Fe_2O_3 + 0.5Fe_2SiO_4$
	Spn	$MgAl_2O_4 + 0.5SiO_2 = Al_2O_3 + 0.5Mg_2SiO_4$
	Usp	$Fe_2TiO_4 + SiO_2 = TiO_2 + Fe_2SiO_4$
菱面体氧化物族	Geik	$MgTiO_3 + 0.5SiO_2 = TiO_2 + 0.5Mg_2SiO_4$
	Hem	$Fe_2O_3 = Fe_2O_3$
	Ilm	$FeTiO_3 + 0.5SiO_2 = TiO_2 + 0.5Fe_2SiO_4$
白磷钙矿	Wlc	$Ca_3[PO_4]_2 = Ca_3[PO_4]_2$
羟磷灰石	Hap	$Ca_5[PO_4]_3(OH) + 0.5SiO_2 = 0.5CaSiO_3 + 1.5Ca_3[PO_4]_2 + 0.5H_2O$

注：据 Ghiorso 等（1995）。

拟合所得模型参数优化值见表 5-4。对于 4666 个相存在约束描述，因变量［式(5-30)等号左侧］的总剩余标准差为 2.72kJ。若不考虑实验本身的相关性，则对于 2540 套实验资料，该值下降为 1.3kJ，大致相当于预测晶体-熔体相平衡温度误差为±10℃，或计算液相线固相成分的误差 $x_B=\pm3\%$（Ghiorso et al，1995）。

表 5-4　硅酸盐熔体规则溶液模型相互作用参数拟合结果（$W_{i,j}$/kJ）

	SiO_2	TiO_2	Al_2O_3	Fe_2O_3	$MgCr_2O_4$	Fe_2SiO_4	Mg_2SiO_4	$CaSiO_3$	Na_2SiO_3	$KAlSiO_4$	$Ca_3[PO_4]_2$
SiO_2											
TiO_2	26267										
Al_2O_3	−39120	−29450									
Fe_2O_3	8110	−84757	−17089								
$MgCr_2O_4$	27886	−72303	−31770	21606							
Fe_2SiO_4	23661	5209	−30509	−179065	−82972						
Mg_2SiO_4	3421	−4178	−32880	−71519	46049	−37257					
$CaSiO_3$	−864	−35373	−57918	12077	30705	−12971	−31732				
Na_2SiO_3	−99039	−15416	−130785	−149662	113646	−90534	−41877	−13247			
$KAlSiO_4$	−33922	−48095	−25859	57556	75709	23469	22323	17111	6523		
$Ca_3[PO_4]_2$	61892	25939	52221	−4214	5342	87410	−23209	37070	15572	17101	

注：据 Ghiorso 等（1995）。

5. 硅酸盐材料潜在应用

他山之石，可以攻玉。硅酸盐熔体-晶体相平衡的规则溶液模型，原本用于模拟在给定总成分条件下天然岩浆的结晶作用过程（Ghiorso et al，1995）。但其基本热力学原理同样适用于描述硅酸盐材料高温加工过程，如碱铝硅酸盐玻璃、矿渣微晶玻璃、玄武岩纤维及类似矿棉纤维、硅酸盐陶瓷、液相烧结高温耐火材料体系，以及某些高温冶金过程。对于含有玻璃相的硅酸盐原料，如火山熔岩（珍珠岩、松脂岩、黑曜岩）、火山灰渣或类似工业固废，如冶金矿渣、钢渣、炉渣和热能工程固废粉煤灰等（马鸿文，2018），在相关材料加工过程的热力学描述中，都可借鉴或直接采用硅酸盐熔体的热力学模型，其中包括硅酸盐熔体组分活度的计算等（李贺香等，2006；李歌等，2008）。

第四节　共生相分析的数学模型

对于常见的硅酸盐陶瓷体系，基于最低自由能原理、质量平衡原理、相律约束和常量组分在晶体-熔体相之间的分配系数，假定体系由 n 种常量组分（通常为氧化物）、m 种晶体（矿物）相和 1 个熔体相组成，对理解和描述体系的共生相组成和含量的定量关系，进行如下分析。

在给定体系总成分和平衡温度的条件下，描述体系的未知变量有：

（1）熔体（玻璃）相中 n 个组分浓度有 n 个未知数；

（2）m 种晶体（矿物）相中 n 个组分浓度有 nm 个未知数；

（3）m 种晶体相比例（含量）有 m 个未知数；

（4）熔体相比例（含量）有 1 个未知数。

描述体系相平衡的方程有：

（1）熔体相 n 个组分有 n 个质量平衡方程；

（2）m 种晶体相与熔体相之间有 nm 个分配系数方程；

（3）m 种晶体相有 m 个理论化学计量比方程；

（4）1 个表示所有相的比例（含量）之和恒等于 1 的方程。

上列方程数等于未知数，即该方程组为正定方程。因此，该方程组具有唯一解。由此可计算出任一晶体和熔体（玻璃）相的成分和含量。为此，必须首先获得一套合适的作为体系总成分和温度函数的分配系数（K_{di}）值。

第五节　实验设计与过程模拟

硅酸盐陶瓷实验方案设计方法，最常采用的有优选法（黄金分割法）和正交设计法。前者适用于单因素实验，即只有一个因素影响材料制品性能的实验方案设计。陶瓷材料是复杂的多相体系，各组分含量和烧结温度、气氛等的变化，都有可能影响材料制品的最终性能。正交设计适用于这类多因素实验方案的设计。

1. 单因素实验

实例：天然红宝石的热处理改色实验。假定热处理改色实验的时间和气氛条件已知，影响改色实验效果的主要因素为热处理温度，且其可能的取值范围下限（t_{min}）为 1100℃，上限（t_{max}）为 1400℃。采用优选法（0.618 法）设计实验方案，要求实验确定的温度误差 $dt \leqslant \pm 10$℃。

按照上述实验精度要求，采用优选法设计实验条件，所需实验次数 n 可按下式计算：

$$(t_{max}-t_{min})\times 0.618^n \leqslant 10℃ \tag{5-38}$$

计算结果，若取实验次数 $n=7$，则 $dt=10.3$℃；$n=8$，则 $dt=6.4$℃。与之相比，若按常规方法以 20℃的温度间隔设计实验方案，则在上述温区内达到 $dt \leqslant \pm 10$℃的实验精度要求，所需实验次数应为 16 次。由此可见，采用优选法设计该实验方案，可使实验工作量较之常规方法减少 1/2。

2. 多因素实验

正交设计法与其他设计方法类似，主要解决如何合理地安排实验，以及实验后的数据如何分析，以便确定影响材料性能的主要因素，以及各因素的影响程度和趋势等。

正交设计是利用正交表来安排实验的。正交表则是数理统计学家按照一定理论预先确定的，通常以记号 $L_8(2^7)$、$L_{16}(2^{15})$、$L_9(3^4)$、$L_{27}(3^7)$、$L_{16}(4^5)$ 等来表示。其中符号 L 代表正交表，其下标数字表示实验次数；括号内的数字 2、3、4 等表示各因素的水平数，其指数数字 4、5、7、15 等表示最多允许安排的因素个数。以正交表 $L_9(3^4)$ 为例，表示实验次数为 9 次，每个因素取 3 个水平，最多可以安排 4 个因素的实验。每次实验各因素的水平值见表 5-5。

表 5-5　4 因素 3 水平正交表 $L_9(3^4)$

水平 / 因素 / 实验号	1	2	3	4
1	1	1	1	1
2	1	2	2	2

续表

实验号 \ 水平 \ 因素	1	2	3	4
3	1	3	3	3
4	2	1	2	3
5	2	2	3	1
6	2	3	1	2
7	3	1	3	2
8	3	2	1	3
9	3	3	2	1

正交设计法具有以下优点：

首先，利用正交表的正交性来安排实验，只要少量实验，就能概括出通常要用大量实验才能获得的结果。观察表 5-5 不难发现，表中各因素的不同水平相互各遇一次，既无重复又无遗漏。此即正交表的共有特性——正交性。这一特性可保证每个因素的各个水平互相搭配均匀，在分析实验结果时，可以把每个因素的作用区分清楚，且可方便地找到最优设计。

例如，对于 Na_2O-K_2O-CaO-SiO_2 体系玻璃，需要从表 5-6 中的成分取值范围内筛选出一种组成，以使其制品具有某种最佳性能。此即 4 因素 3 水平实验。若按常规方法，需要进行 $3^4=81$ 次实验，才能从中选出最优组成。改用正交设计法，按照正交表 L_9（3^4），只需 9 次实验即可获得同样结果。对于有 7 种组分的硅酸盐玻璃，若各因素取 3 个水平，采用常规方法要做 $3^7=2187$ 次实验；而采用正交表 L_{27}（3^7）安排实验，则只要 27 次就可获得满意结果，实验工作量仅为 1/81。由此可见采用正交设计法的高效性。

表 5-6 Na_2O-K_2O-CaO-SiO_2 体系玻璃正交实验水平表

水平 \ 因素	SiO_2/%	Na_2O/%	K_2O/%	CaO/%
1	72.0	7.3	8.2	12.5
2	74.0	6.8	7.7	11.5
3	76.0	6.3	7.2	10.5

其次，任何实验都存在误差，因而在实验设计时必须事先考虑实验误差的影响。采用正交设计法安排实验，前人已从理论上证明其误差干扰最小，并且可用方差分析法来估计误差干扰的大小。

第三，在多数实验中，不仅各个因素（如玻璃的组成）在起作用，有时几个因素共同起作用。这种作用称为交互作用。采用正交设计法，可同时考虑几个因素交互作用的影响，并定量给出影响大小的估计。

采用正交设计法时，首先要选择合适的正交表。通常必须考虑以下几点：

（1）确定实验时应考虑的影响因素，一般应根据实验目的，视对具体研究对象变化规律的了解程度而定。

（2）确定每个因素的变化水平，一般应视其重要性和希望了解的详细程度而定。

（3）充分考虑实验条件和实验成本，估算可能的实验次数。

（4）兼顾实验的精度要求。当实验精度要求高、影响因素多或要分析的交互作用多时，应选择相对较大的正交表，否则可选较小的正交表。

（5）采用正交表设计实验，在安排每个因素的不同水平时，为避免所有的低（或高）值水平碰在一起，应采用随机地安排各因素及各个水平的方法。例如，对于硅酸盐玻璃的成分设计（表 5-6），当所有因素的低水平（或高水平）碰在一起时是没有意义的。

正交实验数据的分析，通常采用直观分析法或方差分析法，目的是确定每个因素对材料性能的影响程度以及各因素的最佳水平值，即寻找最优设计（孙承绪，1994）。

实例：水热合成 13X 型分子筛实验（陈煌，1999）。实验原料为白云鄂博富钾板岩经选矿预处理所得钾长石粉体，按化学计量比加入碳酸钠后在 820℃下烧结 90min，所得物料的主要物相为偏硅酸钠和偏铝酸钾。考虑影响实验制品的主要因素为 M_2O/SiO_2 摩尔比、H_2O/M_2O 摩尔比、晶化时间 t(h) 和晶种用量（%），采用 4 因素 3 水平正交表 $L_9(3^4)$ 安排实验。以合成产物的静态吸水率（%）作为其主要性能指标。采用直观分析法对实验数据进行分析。第 1 轮正交实验结果见表 5-7。

表 5-7 水热合成 13X 型分子筛第 1 轮正交实验结果

因素组合	M_2O/SiO_2(摩尔比)	H_2O/M_2O(摩尔比)	t/h	晶种/%	吸水率/%
1233	1.3	40	10	10	19.9
1321	1.3	45	9	8	14.3
1112	1.3	35	8	9	21.8
2222	1.4	40	9	9	19.7
2313	1.4	45	8	10	19.6
2131	1.4	35	10	8	25.1
3211	1.5	40	8	8	23.7
3332	1.5	45	10	9	20.6
3123	1.5	35	9	10	23.4
$K(1,j)$	18.7	23.4	21.7	21.0	
$K(2,j)$	21.5	21.2	19.1	20.7	
$K(3,j)$	22.6	18.2	21.9	21.0	
级差	3.9	5.2	2.8	0.3	

上表中每个因素组合的 4 位数字分别代表对应的 4 个因素的水平值。本例中的因素组合适用于各个因素的水平值统一按照由低到高顺序排列的情况。$K(i,j)$ 表示第 j 列（因素）中凡是对应于水平 i 的实验数据平均值。这正是正交设计的优点，它能在每个因素都变化的情况下清楚地区分出各因素对指标的影响大小，给出对应于每个水平的指标平均值。第 j 列（因素）3 个水平的指标平均值之间的最大差值（绝对值）称为级差。级差的大小反映各因素对实验结果的影响程度。每个因素 3 个水平对应的指标平均值最大者（本例中为合成产物的静态吸水率）即为该因素的最优水平。

由表 5-7 可见，第 1 轮正交实验确定的各因素最优水平值为：M_2O/SiO_2 摩尔比，1.50；H_2O/M_2O 摩尔比，35；晶化时间，10h。各因素对实验结果的影响程度（级差）依次为：H_2O/M_2O 摩尔比 > M_2O/SiO_2 摩尔比 > 晶化时间。而晶种用量对实验结果的影响程度不明显，其级差与吸水率的测定误差大致相当。

基于以上实验结果，调整影响因素 M_2O/SiO_2 摩尔比、H_2O/M_2O 摩尔比的 3 个水平值，进行第 2 轮正交实验，结果见表 5-8。

由表 5-8 可见，第 2 轮正交实验确定的各因素的最佳水平值为：M_2O/SiO_2 摩尔比，1.50；H_2O/M_2O 摩尔比，35；晶化时间，10h；晶种用量 9%。尽管前 3 个因素的最优水平值与第 1 轮实验结果相同，但各因素的级差已很接近，对实验结果的影响程度已无显著区别。此外，9 个合成产物的静态吸水率均相近（25.4%～26.5%），也说明本轮实验结果已接近于各因素的最优水平。

表 5-8　水热合成 13X 型分子筛第 2 轮正交实验结果

因素组合	M_2O/SiO_2(摩尔比)	H_2O/M_2O(摩尔比)	t/h	晶种/%	吸水率/%
1233	1.40	35	10	10	26.4
1321	1.40	40	9	8	25.4
1112	1.40	30	8	9	26.1
2222	1.45	35	9	9	26.5
2313	1.45	40	8	10	25.4
2131	1.45	30	10	8	26.1
3211	1.50	35	8	8	26.3
3332	1.50	40	10	9	26.1
3123	1.50	30	9	10	26.3
$K(1,j)$	26.0	26.2	25.9	25.9	
$K(2,j)$	26.0	26.4	26.1	26.2	
$K(3,j)$	26.2	25.6	26.2	26.0	
级差	0.2	0.8	0.3	0.3	

3. 烧结过程模拟

对于硅酸盐陶瓷材料，在相平衡实验资料基础上，可根据有关的结晶相和硅酸盐熔体相的热力学参数，选择合适的晶体和熔体相各组分的活度/成分模型，采用线性规划或最小二乘法，拟合计算出有关的表观热力学参数和各组分的分配系数相对于温度和其活度系数的表达式。上述热力学方程、描述体系相平衡的方程组以及拟合计算出的表观热力学参数，构成了对硅酸盐陶瓷烧结过程进行定量模拟的完整热力学模型和数值计算方法。

利用上述热力学模型和数值计算方法，可以对硅酸盐陶瓷材料的烧结过程进行定量模拟，从而更精确地确定材料的体系组成和烧结温度。通过进一步定量研究材料组成、烧结温度、烧成制度等与材料微观结构和物理性能之间的关系，优化材料相组成和烧结工艺，改善制品结构与性能，降低生产成本，进而实现对硅酸盐陶瓷工业生产的理论指导。

第六节　硅酸盐陶瓷设计示例

在由 SiO_2-Al_2O_3-MgO-CaO-Na_2O-K_2O 构成的 6 维成分空间中，由于 Mg^{2+} 与 Ca^{2+}、Ca^{2+} 与 Na^+、Na^+ 与 K^+ 之间的类质同像替代作用，因而通常情况下只有 4 个独立组分。下文以几种典型材料为例，概略分析硅酸盐陶瓷的材料设计问题。

1. SiO_2-Al_2O_3-CaO(MgO)-Na_2O(K_2O)体系陶瓷

对于 SiO_2-Al_2O_3-CaO(MgO)-Na_2O(K_2O) 体系的材料制品，其结晶相共生组合关系如图 5-6 所示。按照前述成分空间的概念，不难理解：①各结晶相，仅出现于图 5-6 中由高岭石（Kln，此处标示制品结晶相莫来石 Mul）-石英（Qz）-钾长石（Kf，此处标示钠长石 Ab）-钙长石（An）构成的四面体内特定的成分域；②共存物相，取决于体系总组成＋平衡温度（决定出现共存玻璃相与否）；③材料物相，相数有限，且可预测。

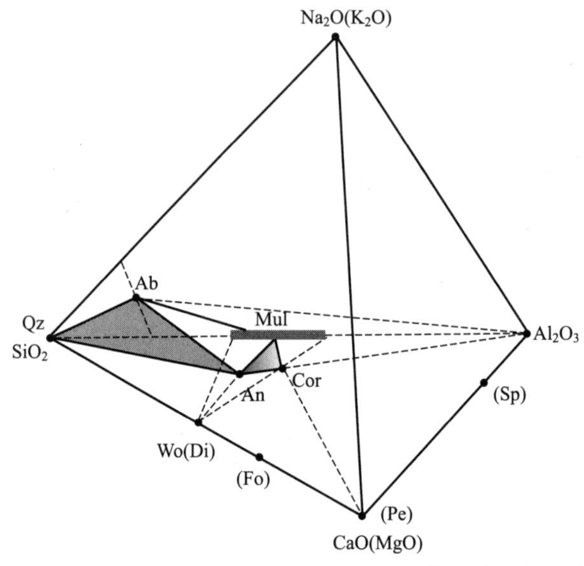

图 5-6　SiO_2-Al_2O_3-CaO(MgO)-Na_2O(K_2O) 体系共生相组合图解

括号中符号表示由类质同像组分 MgO、K_2O 替代生成的结晶相

对于常见的长石质瓷，坯料组成通常为钾长石（Kf）20%～30%，石英（Qz）25%～35%，高岭土（Kln）40%～50%；烧成温度 1250～1350℃，少数达 1400℃。在图 5-6 中，其组成点位于由 Kf(Ab)-Qz-Kln(Mul) 构成的三角面之内；相应制品的物相组成通常为莫来石（Mul）、鳞石英（Trd）或方石英（Crs）和玻璃相。

熔体活度/成分模型

硅酸盐熔体相组分表示为：SiO_2，Al_2O_3，Mg_2SiO_4，$CaSiO_3$，Na_2SiO_3，$KAlSiO_4$（表 5-2），熔体组分活度可采用规则溶液模型（Ghiorso et al，1995）。

成瓷过程晶化反应

钾长石-石英-高岭土三组分陶瓷体系烧结过程中各原料矿物的熔融反应如前述反应式(5-8)～式(5-13)，其中石英的相转变及熔融反应如图 5-4 所示。最终制品中除硅酸盐熔体相快速冷却生成玻璃相外，新生结晶相通常只有莫来石和方石英。相应的晶化反应如下：

莫来石
$$3Al_2O_3(liq)+2SiO_2(liq)=\!=\!=Al_6Si_2O_{13}(Mul) \tag{5-39}$$

方石英
$$SiO_2(\alpha\text{-}Qz)\longrightarrow SiO_2(\alpha\text{-}Crs) \tag{5-40}$$

$$SiO_2(liq)\longrightarrow SiO_2(\alpha\text{-}Crs) \tag{5-41}$$

烧结体系分配系数

烧结反应过程中，若新生结晶相与熔体相达到化学平衡，则任一组分 i 在任一结晶相与熔体相之间的分配系数如公式(5-42) 所示；当体系中含有不止一种结晶相时，任一组分 i 在熔体相（制品玻璃相）的分配比例，与总分配系数 D ［公式(5-20)］和熔体相所占比例 F 如公式(5-43) 所示：

$$\ln(x_i^{sol}/x_i^{liq})=\Delta S^{\ominus}/R-\Delta H^{\ominus}/(RT)-\ln(\gamma_i^{sol}/\gamma_i^{liq}) \tag{5-42}$$

$$x_i^{liq}/x_i^{\circ}=1/[D(1-F)+F] \tag{5-43}$$

式中，x_i° 为整个体系中组分 i 的摩尔分数；γ_i 表示组分 i 的活度系数；上标 sol、liq 分别表示结晶相（固相）和熔体相（液相）。

制品物相组成设计

硅酸盐陶瓷的宏观物理性能，通常取决于其物相组成和微观结构。后者主要受材料加工过程的烧结制度和反应动力学所控制；而最终制品的物相组成则主要取决于体系总组成和成瓷温度，故可采用热力学方法来设计。其基本思路可参看图 5-6，此处不予赘述。

实际研究中，也可采用统计学方法来描述硅酸盐陶瓷的宏观性能与材料体系组成和烧制工艺条件之间的关系，其数学模型为：

$$\{Y\}=f(\{X\},\{Z\}) \tag{5-44}$$

式中，Y 为性能指标，X 为广度变量，Z 为强度变量。

材料设计要素：体系原料组成（x_i）＋工艺条件（烧结温度 T、烧结时间 t），决定制品的物相组成（含量、成分）及显微结构（结晶度、气孔率、晶粒度），进而决定制品的宏观物性（吸水率、强度、硬度、密度等）（白志民，2000）。

2. Di-An-Ab 体系结晶釉

艺术瓷中的透辉石-斜长石（$CaMgSi_2O_6$-$CaAl_2Si_2O_8$-$NaAlSi_3O_8$）结晶釉组成，相当于 Di-An-Ab 三元体系，或简化的辉长岩体系。

熔体活度/成分模型

晶体-熔体平衡的热力学计算必须考虑熔体相各组分之间的混合性质。Bottinga 和 Weill（1972）根据硅酸盐熔体的黏度对成分的依赖关系，认为硅酸盐熔体主要由呈四次配位的 Si^{4+}、Al^{3+} 不规则网络聚合而成。这些网由桥氧相互连接在一起，并受较高次配位的大阳离子影响而发生畸变。该模型称为硅酸盐熔体结构的聚合作用模型（polymerization model）。其中，阳离子可分为成网阳离子（NF）和变网阳离子（NM）两类；而四次配位的 Al^{3+} 按照 K＞Na＞＞Ca＞Mg＞Fe^{2+} 的优先顺序结合，形成成网组分 $KAlO_2$、$NaAlO_2$、$CaAl_2O_4$、$MgAl_2O_4$ 和 $FeAl_2O_4$，剩余阳离子则构成变网组分。

因此，按照修正的 Bottinga-Weill 双晶格熔体结构模型（Nielsen & Dungan，1983），成网组分 NF 为 SiO_2、$KAlO_2$、$NaAlO_2$、$NaFe^{3+}O_2$、$KFe^{3+}O_2$ 和可能的 $Fe^{2+}Fe_2^{3+}O_4$，变网组分 NM 为 MgO、FeO、MnO、CaO、$AlO_{1.5}$、$FeO_{1.5}$、TiO_2、$PO_{2.5}$。设 NF 与 NM 单元内各组分之间分别呈理想混合，而两单元之间互不混合，则熔体相各组分如 SiO_2、$NaAlO_2$、MgO、$AlO_{1.5}$ 的活度分别为（Nielsen & Dungan，1983）：

$$a_{SiO_2}^{liq}=x_{Si}^{liq}/\sum NF \tag{5-45}$$

$$a_{NaAlO_2}^{liq}=x_{Na}^{NF}=x_{Na}^{liq}/\sum NF \tag{5-46}$$

$$a_{MgO}^{liq}=x_{Mg}^{NM}=x_{Mg}^{liq}/\sum NM \tag{5-47}$$

$$a_{AlO_{1.5}}^{liq}=x_{Al}^{NM}=(x_{Al}^{liq}-x_{Na}^{liq}-x_{K}^{liq})/\sum NM \tag{5-48}$$

式中，x_i^{liq}、x_i^{NF}、x_i^{NM} 分别为组分 i 在熔体相、成网单元和变网单元中的摩尔分数。

研究表明，分配系数对熔体成分的依赖性可由采用双晶格熔体结构的活度/成分模型来消除（Nielsen & Dungan，1983）。其中 NF 组分为 SiO_2、$NaAlO_2$ 和 $KAlO_2$，NM 组分为 Ca、Mg、Fe、Al、Ti、Cr 的氧化物。对于常见的镁铁质岩浆成分，熔体相的 Fe^{3+} 均按 NM 组分处理。

晶体相的混合性质

对于透辉石-斜长石结晶釉艺术瓷，结晶相只有透辉石和斜长石。

透辉石：M_1 是两个八面体位置中的较小者，优先为 Mg、Fe、Al、Ti、Cr 所占据。M_2 则优先为 Ca、Mn、Na 和 Mg、Fe 占据。四面体位置由 Si、Al 占据。在结晶温度下，假定阳离子在 M 位置呈理想混合、Al 在 M_1 和 T 位置完全无序，则端员组分如 Di 的活度为：

$$a_{Di}=x_{Ca}\cdot x_{Mg}\cdot x_{Si}^{2} \tag{5-49}$$

由于次要元素 Ti、Cr、Al 的分配依赖于结晶动力学，故将其分配系数表示为简单氧化物形式。

斜长石：M 位为 Na、Ca、K 所占据，T 位为 Si、Al 占据。在熔体结晶温度下，Ab 与 An 端员之间接近理想混合行为。因此，端员组分如 An 的活度定义为：

$$a_{An}=x_{Ca}^{M} \tag{5-50}$$

晶化反应及分配系数

任一结晶反应达到平衡时，由公式(5-14)有：

$$\Delta G^{\ominus}=-RT\ln K$$

在常压下，

$$-RT\ln K=\Delta H^{\ominus}-T\Delta S^{\ominus}$$

采用双晶格熔体结构的活度/成分模型，则平衡常数为：

$$\ln K=a/T+b \tag{5-51}$$

对于透辉石-斜长石结晶釉，以 Di 端员组分为例，其结晶反应为：

$$CaO+MgO+2SiO_2 = CaMgSi_2O_6 \tag{5-52}$$

相应平衡常数为：

$$K_{Di}=a_{Di}/(a_{CaO}\cdot a_{MgO}\cdot a_{SiO_2}^{2}) \tag{5-53}$$

由于晶体和熔体相的活度均采用理想混合模型，故以上平衡常数即为分配系数。Nielsen 和 Dungan（1983）基于对低碱高铝的月岩和地球镁铁质岩浆体系的相平衡研究，给出如下分配系数方程：

$$\ln K_{d}(Di)=38500/T-26.60 \tag{5-54}$$

$$\ln K_{d}(An)=16667/T-9.32 \tag{5-55}$$

$$\ln K_{d}(Ab)=9031/T-6.25 \tag{5-56}$$

据此，可尝试对透辉石-斜长石结晶釉艺术瓷进行设计。

结晶釉晶相设计

对于透辉石-斜长石结晶釉艺术瓷，其晶体相的结晶过程可由 Di-An-Ab 三元体系相图大致分析（图 5-7）。其中由熔体相快速冷凝生成的玻璃相中，任一端员组分 i 的含量可按下式计算：

$$x_i^{liq}/x_i^{\circ}=1/\ K_{di}(1-F)+F \tag{5-57}$$

式中，xx_i°为整个体系中组分 i 的摩尔分数；K_{di} 为组分 i 在晶体相和玻璃相之间的分配系数；F 为玻璃相的比例，$1-F$ 为晶体相的比例。

Weill 等（1980）基于前人对 Di-An-Ab 三元体系相平衡实验所获 146 套数据（Bowen，1913，1915；Osborn，1942；Schairer & Yoder，1960；Kushiro & Schairer，1970；Kushiro，1973；Murphy，1977），建立了相应的晶体相饱和面温度方程。

透辉石饱和面温度方程：

$$T(℃)=1085.6+575.2x+72.5y-544.7x^2-848.4y^2+276.8x^3+1846.1x\cdot y^3 \tag{5-58}$$

用于回归的实验点数据 $n=63$，$\sum(\Delta T)^2=616$，温度拟合标准差 3.3℃。

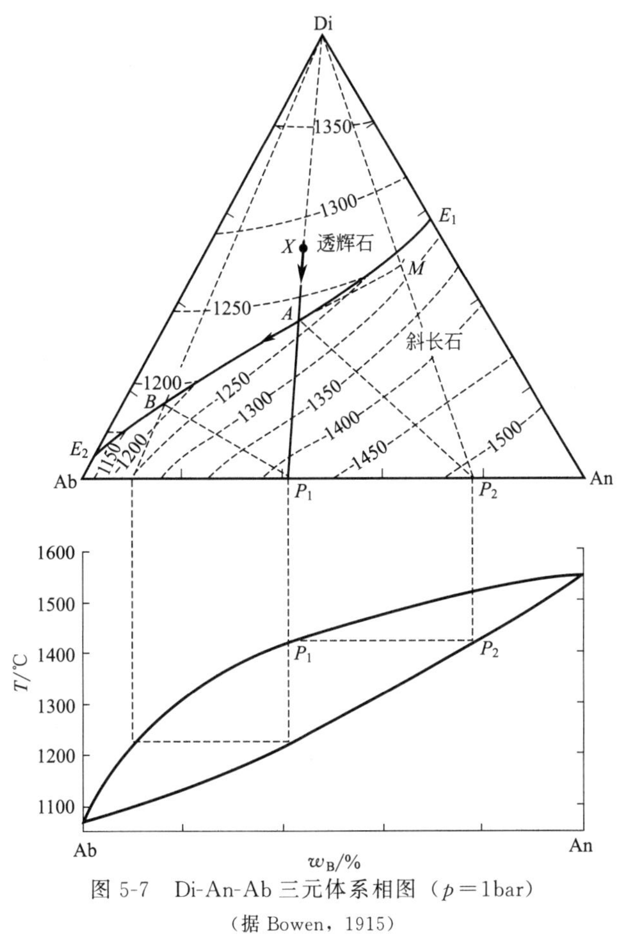

图 5-7　Di-An-Ab 三元体系相图（$p=1$bar）

（据 Bowen，1915）

结晶途径：釉料初始组成点 X，当熔体温度降低至 1280℃，到达透辉石（Di）饱和面而开始结晶。其晶体相含量随温度继续下降而增加，熔体相组成则沿 X-A 线变化，至 A 点与共结线 E_1-E_2 相交。此时，相当于 P_2 成分的斜长石开始同时晶出。随温度继续降低，两种晶体相含量相应增加，直至斜长石组成到达 P_1 点，熔体相组成则沿 A-B 线变化至 B 点

斜长石饱和面温度方程：

$$T(℃)=1121.2+788.4x+1551.6y-7481.8x^2-6640.0x\cdot y-3044.6y^2+15769.2x^3+37941.1x^2\cdot y+9212.1x\cdot y^2+3080.4y^3-7823.1x^4-74614.5x^3\cdot y-32077.7x^2\cdot y^2-3025.0x\cdot y^3-1156.5y^4+32215.8x^4\cdot y+48865.1x^3\cdot y^2 \quad (5\text{-}59)$$

用于回归的实验点数据 $n=74$，$\sum(\Delta T)^2=1332$，温度拟合标准差 5.0℃。

共饱和线（cotectic）温度/成分方程（$0\leqslant y\leqslant 0.3639$）：

$$T(℃)=1139.5+688.0y-3059.0y^2+8683.5y^3-799360y^7+1711691y^8 \quad (5\text{-}60)$$

$$x=0.104+1.236y-1510y^2+591.108y^5-2201.148y^6+5272.268y^8 \quad (5\text{-}61)$$

式中，x、y 分别为端员组分 Di 和 An 的摩尔分数。

以上共饱和面/线温度方程，可用于对透辉石-斜长石结晶釉艺术瓷的精确设计。

3. 唐山白玉瓷 61＃

唐山白玉瓷 61＃的化学组成（李家驹，2004）属于 SiO_2-Al_2O_3-MgO(CaO)-K_2O(Na_2O) 四元体系（表 4-15），按照原料矿物组成，则属于添加少量滑石的高岭土-石英-钾

长石体系的硅酸盐陶瓷。采用最小二乘法计算，实际原料配比为：高岭土 51.1%，石英 16.6%，钾长石 26.7%，滑石 5.6%（见第四章）。

烧结分解反应

熔体相成分采用规则溶液模型（Ghiorso et al，1995）表征，则烧结过程各端员矿物发生如下反应(端员矿物→熔体+新晶相)：

$$K[AlSi_3O_8](Or) = KAlSiO_4 + 2SiO_2 \tag{5-62}$$

$$Na[AlSi_3O_8](Ab) = 1/2Na_2SiO_3 + 1/2Al_2O_3 + 5/2SiO_2 \tag{5-63}$$

$$Ca[Al_2Si_2O_8](An) = CaSiO_3 + Al_2O_3 + 2SiO_2 \tag{5-64}$$

（微斜长石：晶型转变 583℃→透长石）

$$SiO_2(\alpha\text{-qtz}) = SiO_2(Crt) \tag{5-65}$$

（α-石英：晶型转变 1050～1250℃→亚稳态方石英）

$$Al_4[Si_4O_{10}](OH)_8(Kln) = 1/2Al_6Si_2O_{13}(Mul) + 1/2Al_2O_3 + 3SiO_2 + 4H_2O\uparrow \tag{5-66}$$

$$Mg_3[Si_4O_{10}](OH)_2(Tlc) = 3/2Mg_2SiO_4 + 5/2SiO_2 + H_2O\uparrow \tag{5-67}$$

（含水矿物：①脱水反应；②分解反应）

玻化成瓷反应

$$SiO_2(liq) = SiO_2(Crt) \tag{5-68}$$

$$2Al_2O_3(liq) + 3SiO_2(liq) = Al_4Si_3O_{12}(smul) \tag{5-69}$$

$$3Al_2O_3(liq) + 2SiO_2(liq) = Al_6Si_2O_{13}(amul) \tag{5-70}$$

$$CaSiO_3(liq) + Al_2O_3(liq) + 2SiO_2(liq) = Ca[Al_2Si_2O_8](An) \tag{5-71}$$

$$Mg_2SiO_4(liq) + 2Al_2O_3(liq) + 4SiO_2(liq) = Mg_2Al_3[AlSi_5O_{18}](Crd) \tag{5-72}$$

制品物相组成

由 Gibbs 相律：$f \leqslant n+1-\phi$（本例中 $f=T$，$p=1\text{bar}$），则

$$\phi \leqslant n+1=5 \tag{5-73}$$

理论上，制品中最多可能共存相数为 5 种，即玻璃相、莫来石（固溶体）、方石英（亚稳态）、钙长石（固溶体）和堇青石。实际制品受烧结成瓷温度和反应动力学所控制，通常只有玻璃相、莫来石和方石英 3 种主要物相共存。

参考文献

白志民，2000. SACMNK 体系陶瓷材料设计与烧结机理分析［博士学位论文］. 北京：中国地质大学：84.

陈煌，1999. 白云鄂博富钾板岩合成沸石分子筛及综合利用研究［硕士学位论文］. 北京：中国地质大学：55.

郝士明，2004. 材料热力学. 北京：化学工业出版社：48-62.

李歌，马鸿文，谭丹君，等，2008. 高铝粉煤灰烧结反应热力学分析与实验. 现代地质（5）：845-851.

李贺香，马鸿文，2006. 高铝粉煤灰中莫来石及硅酸盐玻璃的热分解过程. 硅酸盐通报，25（4）：1-5.

李家驹，2004. 陶瓷工艺学. 北京：中国轻工业出版社：61-79.

马鸿文，2001. 结晶岩热力学概论. 第 2 版. 北京：高等教育出版社：23-40，115-168.

马鸿文，2018. 工业矿物与岩石. 第 4 版. 北京：化学工业出版社：364.

马鸿文，杨静，刘贺，等，2006. 硅酸盐体系的化学平衡：(1) 质量平衡原理. 现代地质，20（2）：329-339.

孙承绪，1994. 计算机在硅酸盐工业中的应用. 上海：华东理工大学出版社：91-103.

魏存弟，马鸿文，杨殿范，等，2005. 煅烧煤系高岭石相转变的实验研究. 硅酸盐学报，33（1）：77-81.

西北轻工业学院，等，1993. 陶瓷工艺学. 北京：中国轻工业出版社：458.

Berman R G，1988. Internally-consistent thermodynamic data for minerals in the system Na_2O-K_2O-CaO-MgO-FeO-Fe_2O_3-Al_2O_3-SiO_2-TiO_2-H_2O-CO_2. *J Petrol*，29：445-522.

Bottinga Y，Weill D F，1972. The viscosity of magmatic silicate liquids：a model for calculation. *Am J Sci*，272：438-475.

Bowen N L, 1913. The melting phenomena of the plagicoclase feldspars, *Am J Sci*, 4th Series, 35: 577-599.

Bowen N L, 1915. The crystallization of haplobasaltic, haplodioritic, and related magmas. *Am J Sci*, 4th Series, 40: 161-185.

Elkins L T, Grove T L, 1990. Ternary feldspar experiments and thermodynamic models. *Am Mineral*, 75: 544-559.

Ghiorso M S, 1990. Thermodynamic properties of hematite-ilmenite-geikielite solid solutions. *Contrib Mineral Petrol*, 104: 645-667.

Ghiorso M S, Carmichael I S E, Rivers M L, et al, 1983. The Gibbs free energy of mixing of natural silicate liquids; an expanded regular solution approximation for the calculation of magmatic intensive variables. *Contrib Mineral Petrol*, 84: 107-145.

Ghiorso M S, Sack R O, 1991. Fe-Ti oxide geothermometry: thermodynamic formulations and the estimation of intensive variables in silicic magmas. *Am Mineral*, 108: 485-510.

Ghiorso M S, Sack R O, 1995. Chemical mass transfer in magmatic processes Ⅵ. A revised and internally consistent thermodynamic model for the interpolation and extrapolation of liquid-solid equilibria in magmatic systems at elevated temperatures and pressures. *Contrib Mineral Petrol*, 119: 197-212.

Goldschmidt V M, 1954. *Geochemistry*. Clarendon, Oxford: 730.

Hirschmann M, 1991. Thermodynamics of multicomponent olivines and the solution properties of (Ni, Mg, Fe)$_2SiO_4$ and (Ca, Mg, Fe)$_2SiO_4$ olivines. *Am Mineral*, 76: 1232-1248.

Kress V C, Carmichael I S E, 1991. The compressibility of silicate liquids containing Fe_2O_3 and the effect of composition, temperature, oxygen fugacity and pressure on their redox states. *Contrib Mineral Petrol*, 108: 82-92.

Kushiro I, 1973. The system diopside-anorthite-albite: determination of compositions of coexisting phases. Carnegie Inst Wash Yrbk, 72: 502-507.

Kushiro I, Schairer J F, 1970. Diopside solid solutions in the system diopside-anorthite-albite at 1 atm and at high pressures. Carnegie Inst Wash Yrbk, 68: 222-226.

Levin E M, Robbins C R, McMurdie H F, 1969. Phase Diagrams for Ceramists (Vol. 1). Columbus: The American Ceramic Society: 407-416.

Langmuir C H, Hanson G N, 1981. Calculating mineral-melt equilibria with stoichiometry, mass balance, and single-component distribution coefficients//Newton R C (ed). Thermodynamics of Minerals and Melts. New York: Springer-Verlag.

Murphy W M. 1977. An experimental study of solid-liquid equilibria in the albite-anorthite-diopside system. MS Thesis, University of Oregon.

Nielsen R L, Dungan M A, 1983. Low pressure mineral-melt equilibria in natural anhydrous mafic systems. *Contrib Mineral Petrol*, 84: 310-326.

Osborn E F, 1942. The system $CaSiO_3$-diopside-anorthite. *Am J Sci*, 240: 751-788.

Schairer J F. Yoder H S, 1960. The nature of residual liquids from crystallization, with data on the system nepheline-diopside-silica. *Am J Sci*, 258A: 273-283.

Sack R O, Ghiorso M S, 1989. Importance of considerations of mixing properties in establishing an internally consistent thermodynamic database: thermochemistry of minerals in the system Mg_2SiO_4-Fe_2SiO_4-SiO_2. *Contrib Mineral Petrol*, 102: 41-68.

Sack R O, Ghiorso M S, 1991a. An internally consistent model for the thermodynamic properties of Fe-Mg-titanomagnetite-aluminate spinels. *Contrib Mineral Petrol*, 106: 474-505.

Sack R O, Ghiorso M S, 1991b. Chromian spinels as petrogenetic indicators: thermodynamics and petrological applications. *Am Mineral*, 76: 827-847.

Sack R O, Ghiorso M S, 1994a. Thermodynamics of multicomponent pyroxenes: Ⅰ. Formulation of a general model. *Contrib Mineral Petrol*, 116: 277-286.

Sack R O, Ghiorso M S, 1994b. Thermodynamics of multicomponent pyroxenes: Ⅱ. Applications to phase relations in the quadrilateral. *Ibid*, 116: 287-300.

Sack R O, Ghiorso M S, 1994c. Thermodynamics of multicomponent pyroxenes: Ⅲ. Calibration of $Fe^{2+}(Mg)_{-1}$, $TiAl(MgSi)_{-1}$, $TiFe^{3+}(MgSi)_{-1}$, $AlFe^{3+}(MgSi)_{-1}$, $NaAl(CaMg)_{-1}$, $Al_2(MgSi)_{-1}$ and $Ca(Mg)_{-1}$ exchange reactions between pyroxenes and silicate melts. *Ibid*, 118: 271—296.

Weill D F, Hon R, Navrotsky A, 1980. The igneous system $CaMgSi_2O_6$-$CaAl_2Si_2O_8$-$NaAlSi_3O_8$: variations on a classic theme by Bowen. In Hargraves RB (ed) Physics of Magmatic Processes. Princeton University Press: 49-92.

Zoltai T, Stout J H, 1984. Mineralogy: Concepts and Principle. Burgess Publishing Company: 547.

第六章　高温过程反应热力学

高温过程是矿物资源加工的通用技术之一。本章将选取典型应用实例，概略介绍高温反应相平衡的热力学原理；对代表性反应体系进行热力学计算与评价。热力学研究目的，一是判定在设定条件下体系发生某些化学反应的可能性（自由能变判据）；二是估算反应过程的能量消耗（能量守恒判据）；三是预测反应产物的相组成及化学成分（质量平衡判据）。研究成果可望对材料制备实验设计、工艺过程优化及制品性能改进提供依据。

第一节　热力学原理与参数

1. 反应 Gibbs 自由能

化学反应的 Gibbs 自由能由下式计算（印永嘉等，2001）：

$$\Delta_r G_m = \sum v_i \Delta_f G_m(\text{产物}) - \sum v_j \Delta_f G_m(\text{反应物}) + RT\ln Q_a \tag{6-1}$$

$$\ln Q_a = \sum v_i \ln a_i(\text{产物}) - \sum v_j \ln a_j(\text{反应物})$$

式中，v_i 为物质 i 在反应式中的计量系数；Q_a 为活度熵；熔体组分活度 $\ln a_i$ 可按照硅酸盐熔体规则溶液模型（Ghiorso et al，1995）计算。

反应混合物的总反应 Gibbs 自由能服从混合律（郝士明，2004）：

$$\sum \Delta_r G_m = \sum n_i \times \Delta_r G_{m,i}^{\ominus} \tag{6-2}$$

式中，n_i 为反应物组分 i 的摩尔分数。

2. 反应能量消耗

反应物料由室温加热至反应温度所吸收热量可由化合物的热容来计算（印永嘉等，2001）：

$$Q_p = \Delta H = \int_{T_1}^{T_2} C_p \mathrm{d}T \tag{6-3}$$

考虑反应物中各组分的摩尔分数，由上式得到反应物料的总吸收热量计算公式：

$$\sum Q_p = \sum v_i \Delta H = \sum v_i \int_{T_1}^{T_2} C_p \mathrm{d}T \tag{6-4}$$

其中，

$$C_p = k_0 + k_1 T^{-0.5} + k_2 T^{-2} + k_3 T^{-3} \quad \text{(Berman, 1988)}$$

$$C_p = a + bT + cT^{-2} + dT^{-0.5} \quad \text{(Holland et al, 1990; 2011)}$$

$$C_p = a_1 + a_2 T + a_3 T^{-2} + a_4 T^2 \quad \text{(叶大伦等, 2002)}$$

化合物之间反应所产生的反应热量可由盖斯定律求解，即：

$$\Delta_r H_m = \sum v_i \Delta_f H_{m,i}(\text{产物}) - \sum v_i \Delta_f H_{m,i}(\text{反应物}) \tag{6-5}$$

式中，v_i 为物质 i 在反应式中的计量系数；且

$$\Delta_f H_m = \Delta_f H^{\ominus} + \int_{T_1}^{T_2} C_p \mathrm{d}T \tag{6-6}$$

由式(6-5)、式(6-6) 计算各反应式的反应热，再乘以各反应物的摩尔分数之和，即为设定反应温度下 1mol 反应物料所消耗的总反应热量。

由式(6-4) 计算反应物的吸收热量，与由式(6-6) 计算的反应热量加和，即为反应完成所需消耗的总热量。

3. 热力学参数

研究涉及的大多数矿物热力学数据引自 Berman (1988)（表 6-1）和 Holland 等（1990；2011）（表 6-2，附录三）；其余无机化合物的数据引自叶大伦等（2002）（表 6-3）；硅酸盐熔体组分的热力学性质引自 Ghiorso 等（1995）（表 5-2）。

表 6-1　矿物端员组分的热力学性质（Berman，1988）

矿物相	符号	分子式	$\Delta_f H_m^{\ominus}$ /(kJ/mol)	$S_m^{\ominus}$ /[J/(K·mol)]	k_0	k_1 ($\times 10^{-2}$)	k_2 ($\times 10^{-5}$)	k_3 ($\times 10^{-7}$)
钠长石	Ab	$NaAlSi_3O_8$	−3921.618	224.412	393.64	−24.155	−78.928	107.064
钙长石	An	$CaAl_2Si_2O_8$	−4228.730	200.186	439.37	−37.341	0.0	−31.702
方解石	Cc	$CaCO_3$	−1206.819	91.725	178.19	−16.577	−4..827	16.660
透辉石	Di	$CaMgSi_2O_6$	−3200.583	142.500	305.41	−16.049	−71.660	92.184
顽辉石	En	$MgSiO_3$	−1545.552	66.170	166.58	−12.006	−22.706	27.915
铁辉石	Fs	$FeSiO_3$	−1194.375	95.882	169.06	−11.930	−20.971	29.253
赤铁矿	Hm	Fe_2O_3	−825.627	87.437	146.86	0.0	−55.768	52.563
钛铁矿	Ilm	$FeTiO_3$	−1231.947	108.628	150.00	−4.416	−33.237	34.815
高岭石	Kln	$Al_2Si_2O_5(OH)_4$	−4120.327	203.700	523.23	−44.267	−22.443	9.231
方钙石	Lm	CaO	−635.090	37.750	58.79	−1.339	−11.471	10.298
菱镁矿	Mgs	$MgCO_3$	−1113.636	65.210	162.30	−11.093	−48.826	87.466
磁铁矿	Mt	Fe_3O_4	−1117.403	146.114	207.93	0.0	−72.433	66.436
方镁石	Per	MgO	−601.500	26.951	61.11	−2.962	−6.212	0.584
微斜长石	Mcr	$KAlSi_3O_8$	−3970.791	214.145	381.37	−19.410	−120.373	183.643
α-石英	Qz	SiO_2	−910.700	41.460	80.01	−2.403	−35.467	49.157

表 6-2　矿物端员组分的热力学性质（Holland et al，1990）

矿物相	符号	分子式	$\Delta_f H^{\ominus}$ /(kJ/mol)	$S^{\ominus}$ /[J/(K·mol)]	a	b ($\times 10^{-5}$)	c	d
钠长石	ab	$NaAlSi_3O_8$	−3937.86	207.40	0.4520	−1.3364	−1275.9	−3.9536
霓石	acm	$NaFeSi_2O_6$	−2584.42	170.60	0.3502	0.4154	−453.0	−3.0229
钙长石	an	$CaAl_2Si_2O_8$	−4332.74	199.30	0.3914	1.2556	−3036.2	−2.5832
钙铁榴石	andr	$Ca_3Fe_2[SiO_4]_3$	−5761.60	316.40	0.8092	−7.0250	−678.9	−7.4030
羟铁云母	ann	$KFe_3AlSi_3O_{10}(OH)_2$	−5419.32	414.00	0.8157	−3.4861	19.8	−7.4667
方解石	cc	$CaCO_3$	−1207.77	91.70	0.1847	−0.1226	513.9	−1.8486
二氧化碳	CO_2	CO_2	−393.51	213.70	0.0878	−0.2644	706.4	−0.9989
透辉石	di	$CaMgSi_2O_6$	−3200.15	142.70	0.3145	0.0041	−2745.9	−2.0201

续表

矿物相	符号	分子式	$\Delta_f H^\ominus$ /(kJ/mol)	$S^\ominus$ /[J/(K·mol)]	a	b $(\times 10^{-5})$	c	d
顽辉石	en	$Mg_2Si_2O_6$	−3089.38	132.50	0.3562	−0.2990	−596.9	−3.1853
铁辉石	fs	$Fe_2Si_2O_6$	−2388.19	192.00	0.3574	−0.2756	−711.1	−2.9926
铁透闪石	ftr	$Ca_2Fe_5Si_8O_{22}(OH)_2$	−10527.10	705.00	1.2900	2.9991	−8447.5	−8.9470
水	H_2O	H_2O	−241.81	188.80	0.0401	0.8656	487.5	−0.2512
透闪石	trm	$Ca_2Mg_5Si_8O_{22}(OH)_2$	−12420.29	551.00	1.2296	2.5438	−12163.5	−7.7503
钙铁辉石	hd	$CaFeSi_2O_6$	−2843.45	175.00	0.3104	1.2570	−1846.0	−2.0400
赤铁矿	hm	Fe_2O_3	−822.54	87.40	0.1740	−0.3479	−1849.5	−0.8978
钛铁矿	ilm	$FeTiO_3$	−1233.26	108.50	−0.0030	6.5050	−5105.7	2.4266
六方钾霞石	kls	$KAlSiO_4$	−2114.50	134.00	0.2420	−0.4482	−895.8	−1.9358
方钙石	lm	CaO	−634.26	38.10	0.0524	0.3679	−752.0	−0.0500
微斜长石	mcr	$KAlSi_3O_8$	−3969.62	214.00	0.4488	−1.0075	−1007.3	−3.9731
磁铁矿	mt	Fe_3O_4	−1115.81	146.10	0.2548	−0.6385	−2454.7	−1.4263
白云母	ms	$KAl_2AlSi_3O_{10}(OH)_2$	−5981.63	289.00	0.7564	−1.9840	−2170.0	−6.9792
霞石	ne	$NaAlSiO_4$	−2105.44	123.00	0.2727	−1.2398	0.0	−2.7631
方镁石	per	MgO	−601.41	26.90	0.0652	−0.1270	−461.9	−0.3872
金云母	phl	$KMg_3AlSi_3O_{10}(OH)_2$	−6211.76	325.00	0.7703	−3.6939	−2328.9	−6.5316
α-石英	qz	SiO_2	−910.80	41.50	0.0979	−0.3350	−636.2	−0.7740
榍石	sph	$CaTiSiO_5$	−2596.48	129.20	0.1767	2.3852	−3990.5	0
硅灰石	wo	$CaSiO_3$	−1633.15	81.70	0.1651	−0.1841	−793.3	−1.1998

表 6-3　无机化合物的热力学性质（叶大伦等，2002）

化合物	符号	分子式	$\Delta_f H^\ominus$ /(kJ/mol)	$S^\ominus$ /[J/(mol·K)]	$C_p^\ominus$ /[J/(mol·K)]	a_1	a_2	a_3	a_4
锐钛矿	ant	TiO_2	−933.032	49.915	55.183	75.019	—	−17.615	—
硅酸铝	as	$Al_2Si_2O_5$	−3211.220	136.440	224.086	229.492	36.819	−14.560	—
硬水铝石	dsp	$Al_2O_2(OH)_2$	−2004.136	70.417	131.266	120.792	35.146	—	—
氟化氢	hf	HF(g)	−272.546	173.669	29.151	26.903	3.431	1.088	—
高岭石	kln	$Al_2Si_2O_5(OH)_4$	−4098.102	202.924	245.166	274.010	138.783	−62.342	—
偏硅酸锂	lms	Li_2SiO_3	−1649.500	80.291	100.492	126.482	28.200	30.543	—
莫来石 1	mul	$Al_6Si_2O_{13}$	−6819.209	274.889	325.314	233.593	633.876	−55.856	−385.974
莫来石 2						503.461	35.104	−230.120	−2.510
铁板钛矿	pbr	Fe_2TiO_5	−1753.514	156.482	164.300	191.790	23.167	−30.568	−0.121
碳酸钾 1	pc	K_2CO_3	−1150.182	155.519	114.217	97.906	92.048	−9.874	—
碳酸钾 2						209.200	—	—	—
偏硅酸钾	pms	K_2SiO_3	−1545.080	146.022	118.674	135.645	24.476	−21.548	—
钙钛矿	prv	$CaTiO_3$	−1658.538	93.722	97.709	127.486	5.690	−27.949	—
碳酸钠	sc	Na_2CO_3	−1130.768	138.783	111.281	50.082	129.076	—	—
铁酸钠	sf	$Na_2Fe_2O_4$	−1330.512	176.565	207.507	199.577	26.610	—	—
偏铝酸钠	sma	$NaAlO_2$	−1133.027	70.291	73.504	89.119	15.272	−17.908	—
偏硅酸钠	sms	Na_2SiO_3	−1561.427	113.763	111.777	130.090	40.166	−27.070	

注：温度范围，莫来石 1，298～600K；莫来石 2，600～2023K；碳酸钾 1，298～1174K；碳酸钾 2，1174～2000K。铁板钛矿的热力学数据引自 Yungman 等（1999）。

采用 Berman（1988）的热力学数据，矿物端员组分摩尔生成自由能计算公式：

$$\begin{aligned}\Delta_f G_m = \Delta_f H^{\ominus} - TS^{\ominus} + k_0\{(T-T_r) - T(\ln T - \ln T_r)\} + \\ 2k_1\{(T^{0.5} - T_r^{0.5}) + T(T^{-0.5} - T_r^{-0.5})\} - \\ k_2\{(T^{-1} - T_r^{-1}) + T/2(T^{-2} - T_r^{-2})\} - \\ k_3\{(T^{-2} - T_r^{-2}) + T/3(T^{-3} - T_r^{-3})\}\end{aligned} \tag{6-7}$$

采用 Holland 等（1990；2011）的热力学数据，计算公式为：

$$\Delta_f G_m = \Delta_f H^{\ominus} - TS^{\ominus} + \int_{298}^{T} C_p \mathrm{d}T - T\int_{298}^{T} \frac{C_p}{T}\mathrm{d}T \tag{6-8}$$

硅酸盐熔体组分的摩尔 Gibbs 生成自由能按下式计算（Ghiorso et al，1995）：

$$\begin{aligned}\Delta_f \overline{G}_m = \Delta_f \overline{H}^{\ominus} + \int_{T_r}^{T_{fusion}} \overline{C}_p^{sol}\mathrm{d}T + T_{fusion}\Delta\overline{S}_{fusion}^{\ominus} + \int_{T_{fusion}}^{T} \overline{C}_p^{liq}\mathrm{d}T - \\ T\left(\overline{S}^{\ominus} + \int_{T_r}^{T_{fusion}} \frac{\overline{C}_p^{sol}}{T}\mathrm{d}T + \Delta\overline{S}_{fusion}^{\ominus} + \int_{T_{fusion}}^{T} \frac{\overline{C}_p^{liq}}{T}\mathrm{d}T\right)\end{aligned} \tag{6-9}$$

当 $T < T_{fusion}$ 时，上式简化为：

$$\Delta\overline{G}_T^{\ominus} = \Delta_f \overline{H}^{\ominus} + \int_{T_r}^{T} \overline{C}_p^{sol}\mathrm{d}T - T\left(\overline{S}^{\ominus} + \int_{T_r}^{T} \frac{\overline{C}_p^{sol}}{T}\mathrm{d}T\right) \tag{6-10}$$

其中，摩尔热容：$\overline{C}_p^{sol} = k_0 + k_1 T^{-0.5} + k_2 T^{-2} + k_3 T^{-3}$。

下文各实例中的物相组成，统一采用基于相混合方程的线性规划法或最小二乘法程序（马鸿文，1999）计算。

第二节　硅酸盐熔融反应

基础玻璃熔制是微晶玻璃制备过程中的高能耗工段，对硅酸盐熔融反应的热力学研究，对于选择原料配方、降低熔融温度具有重要指导意义。以下通过实例，对利用高铝飞灰制备堇青石、硅灰石微晶玻璃的熔融反应过程进行热力学分析，并对拉制玄武岩玻纤过程的熔融反应能耗进行定量计算。

1. SiO_2-Al_2O_3-MgO 体系

高铝飞灰原料取自北京石景山热电厂，化学成分见表 6-4（李贺香，2005）。物相组成为：莫来石（Mul）13.9%，玻璃相 76.6%，磁铁矿（Mt）1.2%，赤铁矿（Hm）2.1%，方钙石（Lm）1.8%，方镁石（Per）1.2%，钙钛矿（Prv）2.3%，磷灰石（Ap）0.9%。

表 6-4　高铝飞灰化学成分分析结果（w_B/%）

样品号	SiO_2	TiO_2	Al_2O_3	Fe_2O_3	FeO	MnO	MgO	CaO	Na_2O	K_2O	P_2O_5	H_2O^+	烧失	总量
BF-02	48.13	1.66	39.03	2.94	0.77	0.02	1.05	3.30	0.21	0.69	0.63	0.21	0.69	99.33

注：中国地质大学（北京）化学分析室王军玲分析。

通过添加适量菱镁矿和石英砂引入 MgO 和 SiO_2，调整配料组成至堇青石微晶玻璃的成分范围（斯温，1998）。原料配比：菱镁矿（Mgs）23.8%，石英（Qz）17.5%，高铝飞灰 58.7%。换算为端员组分摩尔分数：玻璃相组分 SiO_2 0.343，Al_2O_3 0.133，Na_2SiO_3 0.001，$KAlSiO_4$ 0.007；结晶相 Mul 0.015，Mt 0.003，Hm 0.007，Lm 0.015，Per 0.012，Prv

0.007；外加配料 Qz 0.232，Mgs 0.225。

该体系玻璃熔制过程可能发生如下化学反应(固体→熔体)（Ghiorso et al，1995)：

$$SiO_2(gls)=SiO_2 \tag{6-11}$$

$$Al_2O_3(gls)=Al_2O_3 \tag{6-12}$$

$$Na_2SiO_3(gls)=Na_2SiO_3 \tag{6-13}$$

$$KAlSiO_4(gls)=KAlSiO_4 \tag{6-14}$$

$$Al_6Si_2O_{13}(Mul)=3Al_2O_3+2SiO_2 \tag{6-15}$$

$$Fe_3O_4(Mt)+0.5SiO_2(Qz)=Fe_2O_3+0.5Fe_2SiO_4 \tag{6-16}$$

$$Fe_2O_3(Hm)=Fe_2O_3 \tag{6-17}$$

$$CaO(Lm)+SiO_2(Qz)=CaSiO_3 \tag{6-18}$$

$$MgO(Per)+0.5SiO_2(Qz)=0.5Mg_2SiO_4 \tag{6-19}$$

$$CaTiO_3(Prv)+SiO_2(Qz)=CaSiO_3+TiO_2 \tag{6-20}$$

$$SiO_2(Qz)=SiO_2 \tag{6-21}$$

$$MgCO_3(Mgs)+0.5SiO_2(Qz)=0.5Mg_2SiO_4+CO_2\uparrow \tag{6-22}$$

式中，gls 表示高铝飞灰中的玻璃体相（下同)。

采用表 6-1 中矿物端员组分，表 6-3 中莫来石、钙钛矿和表 5-2 中熔体组分的热力学数据，由式(6-7) 或式(6-8)、式(6-9) 或式(6-10) 计算各组分在不同温度下的摩尔生成自由能，进而由式(6-1) 计算各反应摩尔 Gibbs 自由能。最后按照式(6-2) 对各反应组分的摩尔分数加权，计算总反应 Gibbs 自由能，结果见表 6-5。

表 6-5　不同熔制温度下各反应 Δ_rG_m 及 $\sum\Delta_rG_m$ 计算结果/(kJ/mol)

反应	1200K	1300K	1400K	1500K	1600K	1700K	1800K
(6-11)	−1.4	−1.5	−1.6	−1.7	−1.8	−1.9	−2.1
(6-12)	−0.5	−0.6	−0.6	−0.7	−0.7	−0.8	−0.8
(6-15)	34.9	40.0	45.1	50.1	55.2	60.2	65.3
(6-16)	15.0	15.6	16.5	17.0	14.6	12.1	9.5
(6-18)	−87.8	−88.3	−88.8	−89.3	−89.8	−90.3	−90.8
(6-19)	−28.5	−28.4	−28.4	−28.3	−28.3	−28.3	−28.4
(6-20)	1.1	1.5	1.9	2.3	2.8	3.4	3.9
(6-21)	5.7	6.1	6.6	7.1	7.6	8.0	8.5
(6-22)	−120.1	−135.8	−151.4	−166.9	−182.3	−197.6	−212.7
$\sum\Delta_rG_m$	−28.2	−31.8	−35.2	−38.7	−42.1	−45.6	−49.1

注：反应(6-13)、(6-14)、(6-17) 的 Δ_rG_m 分别为 0.0、−0.1、0.1。

实验表明，该体系反应物料在 1500℃下熔融 2h，即可制得透明均一的硅酸盐玻璃（刘浩等，2006)，与该温度下反应的 $\sum\Delta_rG_m<0$ 的计算结果一致。其中反应(6-15) 的 Δ_rG_m 值很大，故选用低莫来石含量的飞灰原料，有助于降低基础玻璃的熔制温度。

2. SiO_2-Al_2O_3-CaO 体系

实验原料为福建沙县琅口镇钾长石尾矿（表 6-6)。其物相组成：钾长石（Or）19.1%，斜长石（$An_{37.0}Ab_{63.0}$）30.3%，石英（Qz）38.0%，黑云母（$Phl_{72.7}Ann_{27.3}$）5.3%，高岭石（Kln）4.8%，磁铁矿（Mt）2.5%（徐景春，2002)。

表 6-6　琅口镇钾长石尾矿化学成分分析结果（w_B/%）

样品号	SiO_2	TiO_2	Al_2O_3	Fe_2O_3	FeO	MgO	CaO	Na_2O	K_2O	P_2O_5	H_2O^+	总量
SX-01	71.05	0.19	14.44	2.13	1.01	0.92	2.69	2.41	3.00	0.05	1.22	99.31

注：中国地质大学（北京）化学分析室陈力平分析。

为调整配料组成至 β-硅灰石微晶玻璃的成分范围（斯温，1998），添加方解石引入 CaO。实验原料配比：钾长石尾矿：方解石（Cc）质量比为 3.2（徐景春等，2003）。换算为端员组分摩尔分数：Or 0.048，Ab 0.068，An 0.040，Qz 0.541，Phl 0.008，Ann 0.003，Kln 0.016，Mt 0.008，Cc 0.269。

该体系玻璃熔制过程中可能发生的化学反应(固体→熔体)(Ghiorso et al，1995)：

$$KAlSi_3O_8(Or) = 2SiO_2 + KAlSiO_4 \tag{6-23}$$

$$NaAlSi_3O_8(Ab) = 2.5SiO_2 + 0.5Al_2O_3 + 0.5Na_2SiO_3 \tag{6-24}$$

$$CaAl_2Si_2O_8(An) = SiO_2 + Al_2O_3 + CaSiO_3 \tag{6-25}$$

$$SiO_2(Qz) = SiO_2 \tag{6-26}$$

$$KMg_3AlSi_3O_{10}(OH)_2(Phl) = KAlSiO_4 + 0.5SiO_2 + 1.5Mg_2SiO_4 + H_2O\uparrow \tag{6-27}$$

$$KFe_3AlSi_3O_{10}(OH)_2(Ann) = KAlSiO_4 + 0.5SiO_2 + 1.5Fe_2SiO_4 + H_2O\uparrow \tag{6-28}$$

$$Al_2O_3 \cdot 2SiO_2 \cdot 2H_2O(Kln) = Al_2O_3 + 2SiO_2 + 2H_2O\uparrow \tag{6-29}$$

$$Fe_3O_4(Mt) + 0.5SiO_2(Qz) = Fe_2O_3 + 0.5Fe_2SiO_4 \tag{6-30}$$

$$SiO_2(Qz) + CaCO_3(Cc) = CaSiO_3 + CO_2\uparrow \tag{6-31}$$

利用表 6-1、表 6-2 和表 5-2 中的热力学参数，由式(6-7)～式(6-10)和式(6-1)、式(6-2)计算以上各反应的摩尔 Gibbs 自由能和总反应 Gibbs 自由能，结果列于表 6-7。

表 6-7　不同熔制温度下各反应的 $\Delta_r G_m$ 及 $\sum\Delta_r G_m$ 计算结果/(kJ/mol)

反应	1200K	1300K	1400K	1500K	1600K	1700K	1800K
(6-23)	52.3	53.1	53.9	54.7	55.5	56.3	57.2
(6-24)	83.7	86.8	89.1	90.2	91.2	92.1	93.0
(6-25)	64.3	68.5	72.8	77.2	81.6	86.1	90.6
(6-26)	5.4	5.8	6.3	6.7	7.2	7.6	8.1
(6-27)	−81.7	−99.4	−117.0	−134.7	−152.3	−169.9	−187.6
(6-28)	−90.0	−106.9	−123.7	−141.4	−167.3	−193.5	−220.1
(6-29)	−292.8	−326.6	−360.1	−393.3	−426.2	−459.0	−491.5
(6-30)	15.0	15.8	16.6	17.0	14.7	12.2	9.5
(6-31)	−98.3	−112.8	−127.2	−141.4	−155.4	−169.4	−183.2
$\sum\Delta_r G_m$	−19.7	−23.8	−27.9	−32.023	−36.2	−40.3	−44.4

实验表明，加入 ZnO 助熔剂 5.3%，反应物料在 1250℃下恒温反应 3h，即制得透明均一的褐色玻璃。但若不加 ZnO 时，在相同温度下反应 3h 仍未生成玻璃相（徐景春等，2003）。表 6-7 显示，1500K 下反应的 $\sum\Delta_r G_m<0$，说明熔融反应在热力学上有自发进行趋势，但该过程同时受反应动力学控制。添加 ZnO 能够降低熔融反应活化能，有助于在较低温度下和较短时间内完成玻璃液熔制过程。

3. 玄武岩玻纤体系

玄武岩玻纤是利用玄武岩熔融拉制而成的无机非金属纤维，具有力学性能优良，绝缘性良好，耐高温和耐腐蚀性优异，抗辐射性强，吸波及使用温区宽等特性。河北蔚县玄武岩是国内优质的玄武岩玻纤原料（朱富杰，2019）。采用 Nielsen 和 Dungan（1983）有关低压下镁铁质岩浆体系矿物-熔体平衡热力学模型，熔体组分活度采用修正的 Bottinga-Weill 双晶格熔体结构模型（马鸿文，2001），计算其液相线温度为 1248℃，液相线矿物为贵橄榄石（$Fo_{0.729}$）。按照玄武岩浆相对氧逸度 $\Delta \lg f_{O_2}(FMQ)=2.0$（Carmichael et al，1974），标定其 Fe_2O_3 和 FeO 含量（Kress et al，1991），所得蔚县玄武岩的化学成分见表 6-8。

表 6-8　蔚县玄武岩化学成分 X 射线荧光分析结果（w_B/%）

样品号	SiO_2	TiO_2	Al_2O_3	Cr_2O_3	Fe_2O_3	FeO	MgO	CaO	Na_2O	K_2O	P_2O_5
BY-19	53.68	1.40	16.16	0.00	2.89	6.28	6.52	8.57	3.48	0.63	0.25

注：按照相对铁橄榄石-磁铁矿-石英氧逸度缓冲剂 $\Delta \lg f_{O_2}(FMQ)=2.0$ 标定 Fe_2O_3 和 FeO 含量。$\lg f_{O_2}(FMQ)=82.75+0.00487T-30681/T-24.45\lg T$（单位：K）（O'Neill，1987）。

自然界玄武岩通常呈微晶结构。按照上列化学成分，各矿物端员组分采用其理论化学组成，基于质量平衡原理采用相混合方程法计算，蔚县玄武岩的矿物组成为（w_B/%）：斜长石（$An_{43.2}Ab_{50.8}Or_{6.0}$）60.6，顽辉石（$En_{68.1}Fs_{31.9}$）18.1，透辉石（Di）11.2，石英（Qz）2.5，磁铁矿（Mt）4.2，钛铁矿（Ilm）2.7，磷灰石（Ap）0.6。换算为各端员组分的摩尔分数：Ab 0.212，An 0.180，Or 0.025，Qz 0.096，Di 0.096，En 0.208，Fs 0.097，Mt 0.034，Ilm 0.033，Ap 0.002。

基于硅酸盐熔体活度/成分关系的规则溶液模型（Ghiorso et al，1995），拉制玄武岩玻纤过程的熔融反应如下（固体→熔体）：

$$NaAlSi_3O_8(Ab)=2.5SiO_2+0.5Al_2O_3+0.5Na_2SiO_3 \quad (6\text{-}32)$$

$$CaAl_2Si_2O_8(An)=SiO_2+Al_2O_3+CaSiO_3 \quad (6\text{-}33)$$

$$KAlSi_3O_8(Or)=2SiO_2+KAlSiO_4 \quad (6\text{-}34)$$

$$SiO_2(Qz)=SiO_2 \quad (6\text{-}35)$$

$$CaMgSi_2O_6(Di)=0.5SiO_2+0.5Mg_2SiO_4+CaSiO_3 \quad (6\text{-}36)$$

$$MgSiO_3(En)=0.5SiO_2+0.5Mg_2SiO_4 \quad (6\text{-}37)$$

$$FeSiO_3(Fs)=0.5SiO_2+0.5Fe_2SiO_4 \quad (6\text{-}38)$$

$$Fe_3O_4(Mt)+0.5SiO_2=Fe_2O_3+0.5Fe_2SiO_4 \quad (6\text{-}39)$$

$$FeTiO_3(Ilm)+0.5SiO_2=TiO_2+0.5Fe_2SiO_4 \quad (6\text{-}40)$$

$$Ca_5[PO_4]_3(OH)(Ap)+0.5SiO_2=0.5CaSiO_3+1.5Ca_3[PO_4]_2+0.5H_2O \quad (6\text{-}41)$$

按照上列反应方程组换算，该玄武岩熔体组分的摩尔分数为：SiO_2 0.510，TiO_2 0.016，Al_2O_3 0.140，Fe_2O_3 0.017，Fe_2SiO_4 0.040，Mg_2SiO_4 0.075，$CaSiO_3$ 0.136，Na_2SiO_3 0.052，$KAlSiO_4$ 0.012，$Ca_3[PO_4]_2$ 0.002。

采用 Berman（1988）和 Ghiorso 等（1995）有关矿物和熔体组分的热力学数据，按照式(6-4)、式(6-5)，计算蔚县玄武岩拉制玻纤过程的熔融反应能耗，结果见表 6-9。

表 6-9　蔚县玄武岩熔融反应能耗计算结果

项　目	1300℃	1400℃	1500℃
反应能耗/(kJ/mol)	1214.167	1230.278	1246.388
反应能耗/(kJ/t)	6.465×10^6	6.551×10^6	6.637×10^6
反应能耗/(kgce/t)	220.593	223.520	226.447

适合拉制连续纤维的玄武岩矿石，其液相线温度（最高析晶温度）在 1220～1260℃，

拉制直径 8～14μm 玻纤的工作温度介于 1300～1450℃，而熔融温度大多在 1450～1500℃ (Novitskii et al，2012；韩庆贺等，2019)。玻璃工业中，玻璃液熔制能耗一般占总能耗约 80%，而玻璃熔窑热效率通常为 30%～40%（宋庆余，2005)。按照熔融反应温度为 1450℃ 计算，则蔚县玄武岩熔融反应能耗折合标煤约 225.0kgce/t。以玻璃熔窑的热效率为 40% 计，实际玻璃液熔制能耗约为 562.5kgce/t，同时排放 CO_2 尾气约 1462.5kg/t-玄武岩。

第三节　硅酸盐烧结反应

1. 高铝飞灰脱硅滤饼

内蒙古国华准格尔电厂高铝飞灰（GF-12）经碱溶脱硅处理，所得滤饼的 Al_2O_3/SiO_2 质量比为 2.17（蒋周青，2016)。与传统碱石灰烧结法相比，采用低钙烧结法提取氧化铝可减少石灰石用量，显著降低烧结温度，减少温室气体和硅钙尾渣排放量（杨静等，2014)。

在低钙烧结过程中，脱硅滤饼中 Al_2O_3 组分转变为易溶性偏铝酸钠，SiO_2 则转变为常温下不溶于水和稀碱液的硅酸钠钙（Na_2CaSiO_4)。后者在水热条件下易发生水解，生成水合硅酸钙和 NaOH 碱液。

脱硅滤饼（DF-01）的主要物相为未分解莫来石（Mul）52.4%、刚玉（Crn）11.3%和新生相羟钙霞石（Hc）21.7%，少量金红石（Rt）、磁铁矿（Mt）等。换算为各矿物摩尔分数：Mul 0.427，Crn 0.376，Hc 0.083，Rt 0.083，Mt 0.031（蒋周青，2016)。

以碳酸钠和石灰石（方解石）为配料，脱硅滤饼烧结过程发生如下反应：

$$Al_6Si_2O_{13}(Mul)+5Na_2CO_3+2CaCO_3(Cc)=\!=\!=6NaAlO_2+2Na_2CaSiO_4+7CO_2\uparrow \tag{6-42}$$

$$\alpha\text{-}Al_2O_3(Crn)+Na_2CO_3=\!=\!=2NaAlO_2+CO_2\uparrow \tag{6-43}$$

$$Na_8Al_6Si_6O_{24}(OH)_2\cdot 2H_2O(Hc)+6CaCO_3(Cc)+5Na_2CO_3=\!=\!=$$
$$6NaAlO_2+6Na_2CaSiO_4+3H_2O\uparrow+11CO_2\uparrow \tag{6-44}$$

$$TiO_2(Rt)+CaCO_3(Cc)=\!=\!=CaTiO_3+CO_2\uparrow \tag{6-45}$$

$$Fe_3O_4(Mt)+3/2Na_2CO_3+1/4O_2=\!=\!=3/2Na_2Fe_2O_4+3/2CO_2\uparrow \tag{6-46}$$

计算涉及的矿物热力学数据引自 Holland 等（2011)；硅酸钠钙和羟钙霞石的 Gibbs 生成自由能采用配位多面体模型（Chermak et al，1990）计算；其余无机化合物的热力学数据见表 6-3。计算的各化合物生成自由能数据见表 6-10。

表 6-10　相关反应组分的摩尔生成自由能 $\Delta_f G_m$ 数据/(kJ/mol)

化合物	900K	1000K	1100K	1200K	1300K	1400K	1500K
水(g)	−170.9	−160.7	−150.3	−139.9	−129.4	−118.7	−108.0
方解石	−974.2	−949.2	−924.4	−899.0	−873.6	−848.4	−823.4
碳酸钠	−879.9	−853.4	−827.4	−804.0	−781.6	−759.6	−738.0
CO_2	−395.7	−395.9	−396.0	−396.1	−396.1	−396.2	−396.3
刚玉	−1394.0	−1361.5	−1328.3	−1295.2	−1262.2	−1229.3	−1196.5
磁铁矿	−819.3	−789.7	−759.9	−729.9	−699.9	−670.0	−640.3
金红石	−780.4	−762.7	−745.1	−727.3	−709.4	−691.6	−656.2
偏铝酸钠	−931.1	−906.3	−881.0	−855.40	−829.7	−803.7	−777.6

续表

化合物	900K	1000K	1100K	1200K	1300K	1400K	1500K
莫来石	−5683.4	−5554.4	−5423.5	−5293.0	−5162.8	−5033.1	−4903.7
硅酸钠钙	−2008.5	−1977.1	−1945.7	−1914.4	−1883.0	−1851.7	−1820.3
钙钛矿	−1407.0	−1379.5	−1352.1	−1323.9	−1295.4	−1267.1	−1238.7
铁酸钠	−1098.1	−1039.9	−981.7	−923.4	−865.2	−807.0	−748.8
羟钙霞石	−11792.3	−11525.2	−11258.1	−10991.0	−10723.9	−10456.8	−10189.7

由式(6-1) 计算不同烧结温度下各反应的摩尔 Gibbs 自由能，再由式(6-2) 计算总反应 Gibbs 自由能，结果见表 6-11。在烧结温度 1100K 时，脱硅滤饼中主要物相与碳酸钠、碳酸钙反应的 Gibbs 自由能均为负值，且总反应 Gibbs 自由能降低至−313.6kJ/mol。即理论上，脱硅滤饼在 1100K 以上烧结，SiO_2 即可全部转化为 Na_2CaSiO_4，Al_2O_3 转化为 $NaAlO_2$，TiO_2、F_2O_3 分别转化为 $CaTiO_3$ 和 $Na_2Fe_2O_4$。

表 6-11　脱硅滤饼烧结反应的 Δ_rG_m 及 $\Sigma\Delta_rG_m$ 计算结果/(kJ/mol)

反应式	900K	1000K	1100K	1200K	1300K	1400K	1500K
(6-42)	−342.2	−443.2	−539.8	−622.8	−699.0	−771.1	−839.6
(6-43)	16.0	6.4	−2.2	−7.70	−11.7	−14.8	−17.0
(6-44)	−465.8	−649.3	−825.5	−990.3	−1148.1	−1301.3	−1450.1
(6-45)	−48.2	−63.5	−78.6	−93.6	−108.5	−123.3	−155.6
(6-46)	−277.6	−254.5	−230.9	−204.2	−176.0	−147.3	−117.9
$\Sigma\Delta_rG_m$	−191.3	−253.9	−313.6	−365.2	−412.7	−457.8	−502.1

烧结实验：称取脱硅滤饼 100g，与碳酸钙（99%）、碳酸钠（99.8%）按上列反应的化学计量比配料。生料在箱式电炉中于设定条件下烧结。烧结熟料球磨至粒度−120 目>90%，测定 Al_2O_3 标准溶出率。按照碱铝比为 1.0，钙硅比 1.0，烧结温度 1050℃，反应时间 2h，所得烧结熟料的主要物相为 $NaAlO_2$ 和 Na_2CaSiO_4，测定 Al_2O_3 标准溶出率达 94.1%，SiO_2 溶出率<1.3%。剩余硅钙碱渣的主要物相为 Na_2CaSiO_4 和少量 $CaTiO_3$；烧结熟料中的少量 $Na_2Fe_2O_3$ 在碱液中水解为 NaOH 和 $Fe(OH)_3$ 沉淀。

烧结能耗计算中，各端员矿物的热力学数据引自 Holland 等（2011）；莫来石、碳酸钠、钙钛矿、偏铝酸钠、铁酸钠的数据见表 6-3。硅酸钠钙、羟钙霞石的标准焓和熵采用 Hinsberg 等（2005a）的配位多面体模型计算；标准比热容及不同温度下比热容分别采用 Hinsberg 等（2005b）和 Berman 等（1988）的模型计算。

取脱硅滤饼 1kg，其中各化合物物质的量为（mol）：Mul 1.150，Crn 1.013，Hc 0.224，Rt 0.225，Mt 0.082，H_2O 3.017。由烧结反应中各化合物的热力学数据，按照式(6-4)、式(6-5) 计算烧结反应能耗（表 6-12）。

表 6-12　脱硅滤饼低钙烧结反应能耗计算结果/(kJ/kg)

反应式	1073K	1173K	1273K	1323K	1373K
(6-42)	1738.0	1869.8	2002.2	2068.6	2135.1
(6-43)	297.7	317.9	338.3	348.5	358.8
(6-44)	3508.9	3773.1	4038.6	4171.9	4305.4
(6-45)	229.1	247.8	267.0	276.6	286.3
(6-46)	434.0	476.8	520.1	542.0	564.0
总能耗	3173.9	3413.0	3653.2	3773.8	3894.5

计算结果表明，在1323K（1050℃）下，采用低钙烧结法处理1kg脱硅滤饼，烧结反应总能耗为3773.8kJ。加热过程脱硅滤饼中3.017mol游离水蒸发需消耗热能140.3kJ。即处理1kg脱硅滤饼的总能耗为3914.1kJ。折合处理1.0t脱硅滤饼，加热至1323K使物料完全反应，理论总能耗为3.91×10^6kJ。以标准煤发热量为29307.6kJ/kg计，折合脱硅滤饼烧结反应标准煤耗为133.6kgce/t（蒋周青，2016）。

2. 高铁铝土尾矿

山西交口高铁铝土尾矿，化学成分以Al_2O_3、SiO_2、Fe_2O_3含量较高（表6-13）。其主要物相为高岭石（Kln）50.73%，硬水铝石（Dsp）33.66%，针铁矿（Goe）7.74%，锐钛矿（Ant）2.29%、白云母（Ms）3.91%、方解石（Cc）1.67%。换算为各矿物摩尔分数：Dsp 0.624，Kln 0.218，Goe 0.097，Ant 0.032、Cc 0.019、Ms 0.011（刘贺，2019）。

表6-13　交口高铁铝土尾矿化学成分分析结果（w_B/%）

样品号	SiO_2	TiO_2	Al_2O_3	Fe_2O_3	MnO	MgO	CaO	Na_2O	K_2O	P_2O_5	LOI	总量
MS-15	25.56	2.29	48.18	6.96	0.03	0.33	1.13	0.23	0.42	0.15	13.72	99.00

高铁铝土尾矿在高温烧结过程中发生以下化学反应(姚文贵等，2021)：

$$AlOOH(Dsp)+1/4Al_2Si_2O_5(OH)_4 = 1/4Al_6Si_2O_{13}+H_2O\uparrow \tag{6-47}$$

$$Al_2Si_2O_5(OH)_4(Kln) = 1/3Al_6Si_2O_{13}+4/3SiO_2+2H_2O\uparrow \tag{6-48}$$

$$TiO_2(Ant)+2FeOOH(Goe) = Fe_2TiO_5+H_2O\uparrow \tag{6-49}$$

$$CaCO_3(Cc)+3/4Al_2Si_2O_5(OH)_4 = 1/4Al_6Si_2O_{13}+CaSiO_3+3/2H_2O\uparrow+CO_2\uparrow \tag{6-50}$$

$$KAl_3Si_3O_{10}(OH)_2(Ms)+1/2CO_2 = 1/2Al_6Si_2O_{13}+2SiO_2+1/2K_2CO_3\uparrow+H_2O\uparrow \tag{6-51}$$

对铝土尾矿高温烧结莫来石反应进行热力学分析，大多数矿物的热力学性质引自Holland等（2011），莫来石、锐钛矿的热力学数据引自叶大伦等（2002），铁板钛矿的热力学参数引自Yungman等（1999）。由式(6-1)、式(6-2)分别计算上列各反应的摩尔Gibbs自由能和烧结过程的总反应Gibbs自由能，结果列于表6-14。

表6-14　铝土尾矿烧结莫来石反应的$\Delta_r G_m$和$\sum\Delta_r G_m$计算结果/(kJ/mol)

反应式	1173K	1273K	1373K	1473K	1573K	1673K	1773K	1873K
(6-47)	−20.26	−20.49	−20.74	−21.02	−21.32	−21.64	−21.97	−22.32
(6-48)	−71.81	−71.93	−72.16	−72.49	−72.92	−73.43	−74.01	−74.66
(6-49)	−146.46	−163.59	−181.16	−199.15	−217.53	−236.30	−255.44	−274.93
(6-50)	−146.45	−161.14	−175.85	−190.56	−205.28	−220.01	−234.73	−249.45
(6-51)	4.28	−7.59	−19.41	−31.19	−42.93	−54.61	−66.24	−77.83
$\sum\Delta_r G_m$	−24.18	−25.29	−26.44	−27.63	−28.84	−30.08	−31.35	−32.64

注：高岭石>700K，按其分解为硅酸铝+水计算；硬水铝石>500K，按其分解成刚玉+水计算；针铁矿>500K，按其分解为赤铁矿+水计算。温度范围参照叶大伦等（2002）。

计算结果表明，烧结温度为900℃时，反应(6-47)～(6-50)均为$\Delta_r G_m<0$，热力学上各反应均可发生；而白云母分解反应(6-51)的$\Delta_r G_m=4.28$kJ/mol，反应不能发生；当温度升至1200℃时，反应(6-51)的$\Delta_r G_m=-31.19$kJ/mol，表明此时反应可以发生。高温烧结过程白云母中的K_2O即挥发，与尾气中CO_2反应生成K_2CO_3，温度越高K_2O挥发越多（佚名，1977；徐德龙等，2013）。烧结温度>900℃时，总反应的$\sum\Delta_r G_m<0$，且随温度升

高而减小，说明提高烧结温度可加速反应进行。故利用高铁铝土尾矿制备莫来石需在较高温度下烧结。

由式(6-4) 计算铝土尾矿各组分由室温25℃升温至1600℃所吸收热量和总热量$\sum Q_p$；由式(6-5) 计算各烧结反应的反应热$\Delta_r H_m$，再乘以各反应物的摩尔分数，计算1600℃下烧结的总反应热$\sum \Delta_r H_m$，结果见表6-15。

表 6-15　铝土尾矿 1600℃下烧结莫来石反应能耗计算结果/(kJ/mol)

Q_p						$\sum Q_p$
硬水铝石	高岭石	针铁矿	锐钛矿	方解石	白云母	
111.72	91.33	13.91	3.83	3.40	8.49	232.68

$\Delta_r H_m$					$\sum \Delta_r H_m$
(6-47)	(6-48)	(6-49)	(6-50)	(6-51)	
45.45	13.66	1.88	5.44	1.59	68.02

将表6-15中所列$\sum Q_p$和$\sum \Delta_r H_m$两项加和，得铝土尾矿在1600℃下烧结的总能耗为300.70kJ/mol。按照标准煤燃烧热值29307.6kJ/kg，工业窑炉热效率40%估算，则烧结莫来石反应需消耗标煤约214.7kg/t-铝土尾矿。

按照反应产物相组成计算，烧结制品的理论物相组成为：莫来石84.4%，铁板钛矿8.0%，方石英5.4%，硅灰石2.3%。莫来石可视为由SiO_2与Al_2O_3构成的二元固溶体，端员组分为$3Al_2O_3 \cdot 2SiO_2$和$2Al_2O_3 \cdot 3SiO_2$。因反应体系中少量游离SiO_2在烧结过程中会进入$Al_6Si_2O_{13}$相而生成富硅莫来石，故最终制品中无方石英相。由此估算，烧结制品中莫来石含量约为89.8%（姚文贵等，2021）。

烧结实验：称量铝土尾矿粉体15g，配入少量炭粉，混合均匀，压制成Φ25mm×10mm的圆柱状坯体，成型压力20MPa。试样在120℃下干燥12h，置于氧化铝坩埚内，在高温电炉中烧结，烧成温区1100～1600℃，温度间隔100℃，各恒温反应3h。烧结制度：25～200℃，升温速率5℃/min；200～1000℃，升温速率10℃/min；>1000℃，升温速率5℃/min。试样烧成后自然冷却至室温。对烧结制品进行X射线粉晶衍射分析（图6-1）。

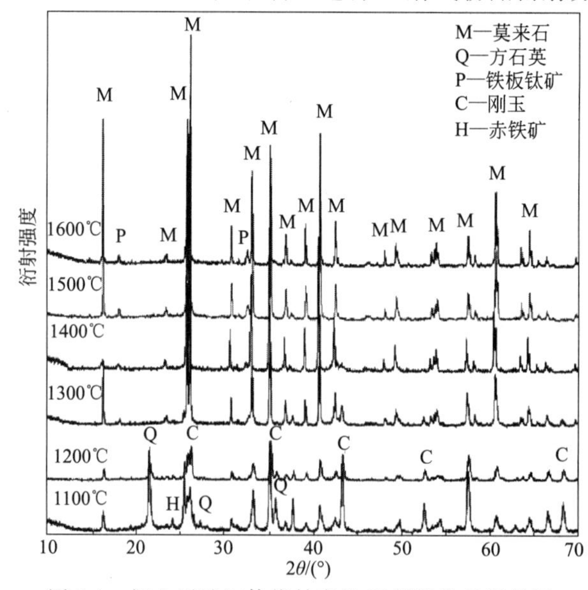

图6-1　铝土尾矿坯体烧结产物X射线粉晶衍射图

图 6-1 显示，在 1100～1200℃下，烧结产物中出现莫来石（a_0＝0.7538nm，b_0＝0.7681nm，c_0＝0.2879nm），但此时受动力学因素影响，高岭石、硬水铝石与针铁矿反应不完全，导致生成中间相方石英、刚玉和少量赤铁矿（钟香崇等，1964）。新生成硅灰石含量少，且熔点相对较低（1540℃），易成玻璃相（王金相等，1982）。

烧结温度达 1300～1400℃时，方石英和刚玉的衍射峰显著减弱，赤铁矿衍射峰消失，莫来石衍射峰增强，且生成新晶相铁板钛矿（a_0＝0.9784nm，b_0＝0.9978nm，c_0＝0.3719nm）。随温度升高，反应速率加快，刚玉和方石英进一步反应生成莫来石（$3Al_2O_3+2SiO_2 = Al_6Si_2O_{13}$）。由式(6-1) 计算，此反应在 1100℃、1300℃、1600℃下的 $\Delta_r G_m$ 分别为－21.18kJ/mol、－27.04kJ/mol 和－35.40kJ/mol。故刚玉衍射峰减弱，方石英衍射峰消失，铁板钛矿新相含量增加。此时，少量 Fe_2O_3 替代 Al_2O_3 进入莫来石晶格（闫明伟等，2016；Murthy et al，2006），赤铁矿衍射峰消失。

烧成温度达 1500～1600℃时，刚玉完全转变为莫来石相。提高温度有利于莫来石生成，制品相组成与计算结果一致。以高铁铝土尾矿制备莫来石，考虑显气孔率和体积密度等指标要求，烧成温度取 1600℃较为适宜。

工业中试在 1580℃下烧结 12h，制得莫来石制品，体积密度≥2.70g/cm^3，吸水率≤2.0%。以此莫来石替代高铝矾土，烧成硅莫砖，体积密度 2.61g/cm^3，常温耐压 102MPa，荷重软化温度（$T_{0.6}$）1646℃，热震≥10 次，耐磨性 3.71cm^3。对比建材行业标准 JC/T 1064—2007《水泥窑用硅莫砖》，试制硅莫砖性能满足 GM1600 标准（刘贺，2019）。

3. 锂云母精矿

江西宜春锂云母精矿的化学成分见表 6-16。经 X 射线粉晶衍射分析，其主要物相为锂云母、白云母、钠长石和石英（Kuai et al，2021）。依据电子探针分析结果计算，锂云母、白云母的晶体化学式为：

锂云母：$(K_{0.856}Na_{0.041})(Li_{1.597}Fe_{0.016}Mn_{0.049}Ti_{0.003}Al_{1.372})[Al_{0.510}Si_{3.490}O_{10}](OH_{0.231}F_{1.757})$

白云母：$(K_{0.846}Na_{0.049})(Fe_{0.008}Ti_{0.001}Al_{1.782})[Al_{1.024}Si_{2.976}O_{10}](OH_{1.762}F_{0.238})$

按照质量平衡原理（马鸿文等，2006b），结合主要矿物电子探针分析结果，采用线性规划法程序计算，锂云母精矿的物相组成为：锂云母（Lp）62.1%，白云母（Ms）22.1%，钠长石（Ab）14.0%，石英（Qz）1.7%。换算为各矿物端员组分摩尔分数：Lp 0.523，Ms 0.195，Ab 0.183，Qz 0.099。

表 6-16　宜春锂云母精矿化学成分分析结果（w_B/%）

样品号	SiO_2	TiO_2	Al_2O_3	TFe_2O_3	MnO	MgO	CaO	Na_2O	K_2O	P_2O_5	Li_2O	F	LOI	总量
LY-19	53.81	0.04	25.50	0.77	0.50	0.02	0.22	1.76	7.58	0.28	3.38	5.34	3.29	100.24

注：总量中扣除 F 的氧当量 2.25%。

在锂云母精矿-碳酸钾体系，中温烧结条件下主要发生如下化学反应(Kuai et al，2021)：

$$K_{0.9}(Li_{1.6}Al_{1.4})[Al_{0.50}Si_{3.50}O_{10}](OH_{0.25}F_{1.75})(Lp)+1.3K_2CO_3+0.75H_2O+0.05O_2 = 1.9KAlSiO_4+0.8K_2SiO_3+0.8Li_2SiO_3+1.75HF\uparrow+1.3CO_2\uparrow \quad (6\text{-}52)$$

$$KAl_2[AlSi_3O_{10}](OH)_2(Ms)+K_2CO_3 = 3KAlSiO_4+CO_2\uparrow+H_2O\uparrow \quad (6\text{-}53)$$

$$2NaAlSi_3O_8(Ab)+4K_2CO_3 = 2KAlSiO_4+Na_2SiO_3+3K_2SiO_3+4CO_2\uparrow \quad (6\text{-}54)$$

$$SiO_2(Qz)+K_2CO_3 = K_2SiO_3+CO_2\uparrow \quad (6\text{-}55)$$

以上反应体系的 K_2CO_3 与锂云母精矿的摩尔计量比为 1.34。计算各反应的摩尔 Gibbs

自由能及总反应自由能，采用热力学数据分别为：锂云母（polylithionite），Ogorodova 等（2010）；白云母、钠长石、石英、六方钾霞石和气体组分 O_2、CO_2、H_2O，Holland 等（2011）；碳酸钾、偏硅酸盐和 HF，叶大伦等（2002）。计算结果表明，在 550～900℃温区，锂云母精矿与碳酸钾反应，其中碱金属 K、Na、Li 均可转变为偏硅酸盐＋钾霞石（表 6-17）。

表 6-17　锂云母精矿-碳酸钾体系烧结反应的 $\Delta_r G_m$ 及 $\Sigma\Delta_r G_m$ 计算结果/(kJ/mol)

反应式	823K	923K	973K	1023K	1073K	1123K	1173K
(6-52)	−259.86	−308.75	−332.82	−356.58	−380.01	−403.06	−425.71
(6-53)	−208.73	−247.38	−266.43	−285.29	−303.96	−322.44	−340.73
(6-54)	−202.16	−276.83	−313.57	−349.90	−385.81	−421.28	−456.31
(6-55)	−42.98	−61.35	−70.38	−79.29	−88.09	−96.76	−105.32
$\Sigma\Delta_r G_m$	−199.38	−241.14	−261.70	−282.01	−302.06	−321.83	−341.30

注：锂云母热力学参数近似采用多硅锂云母数据（Ogorodova et al，2010）。

实验结果：将锂云母精矿与碳酸钾（C. P.）按反应计量比配料，在 550～900℃温区以 50℃间隔进行烧结，各恒温反应 2h。结果显示，550℃，烧结产物结晶相主要仍为锂云母；650℃，结晶相出现白榴石和六方钾霞石（kalsilite）；700℃，结晶相主要为六方钾霞石；750℃以上，出现铝硅酸钾（JCPDS No. 33-0989），与六方钾霞石共存。

在 850℃下烧结反应 2h，锂云母精矿中的氟挥发率为 80.9%。对烧结产物进行水热浸出实验，在液固质量比为 5 和浸取温度 90℃条件下，锂、钾元素的浸出率分别达 95.5%和 47.0%；表明在烧结反应过程中，锂云母相中的锂元素接近完全转变为偏硅酸锂（Kual et al，2021）。故钾碱烧结-水热浸出法制取碳酸锂，是一种颇具潜力的高效绿色加工技术。

第四节　钾长石烧结反应

钾长石具有稳定的架状结构，常温常压下几乎不被任何酸、碱分解。对不同体系中钾长石分解反应进行热力学评价和工艺过程对比，大多数矿物的热力学数据见表 6-2，其余大部分化合物的热力学性质引自伊赫桑·巴伦（2003），$Na_2Fe_2O_4$、$NaAlO_2$、Na_2TiO_3 的热力学参数据梁英教等（1993），$KAlO_2$ 的热力学数据采用 Feng 等（2004）估算值。

1. 烧结反应热力学

$KAlSi_2O_6$-SiO_2 体系相图中，$KAlSi_3O_8$ 在 1150℃±20℃发生不一致熔融，生成 $KAlSi_2O_6$ 和 SiO_2 熔体（Levin et al，1969），前者熔点高达 1686℃±5℃；温度下降时，则会发生上述反应的逆过程。故钾长石高温分解反应只有在添加合适助剂条件下才能进行。

$KAlSi_3O_8$-$CaCO_3$ 体系

苏联因铝土矿资源短缺，在 20 世纪 40 年代即开始利用霞石正长岩生产氧化铝，副产碳酸钠、碳酸钾和 Portland 水泥。主要工艺过程为，选矿所得霞石正长岩矿泥与石灰石粉均匀混合成球，生料进行高温烧结，发生如下反应(Guillet，1994)：

$$KAlSi_3O_8 + 6CaCO_3 = KAlO_2 + 3Ca_2SiO_4 + 6CO_2\uparrow \tag{6-56}$$

烧结熟料与氢氧化钠溶液反应，碱金属铝酸盐溶解进入液相。通入 CO_2 反应，生成氢氧化铝沉淀；滤液经分离结晶过程分别制取碳酸钠和碳酸钾：

$$2KAlO_2 + CO_2 + 3H_2O = 2Al(OH)_3\downarrow + K_2CO_3$$

滤渣的主要物相为 β-硅酸二钙，与石灰石、低品位铝土矿和硫铁矿矿渣混合，在1600℃下煅烧后，再掺入 β-硅酸二钙干料 15%和石膏 5%，经球磨制得 Portland 水泥。

热力学计算表明，反应(6-56）在 900K 时就可以进行（表 6-18)，而实际工业生产中，生料烧结温度达 1300℃时，反应进行得比较彻底（Guillet，1994)。

表 6-18 钾长石高温分解反应的 $\Delta_r G_m$ 计算结果/(kJ/mol)

反应式	400K	500K	600K	700K	800K	900K	1000K	1100K	1200K	1300K	1400K	1500K
(6-56)	384.4	392.2	201.5	112.3	24.5	−62.1	−147.6	−232.1	−318.7	−405.3	−477.9	−560.7
(6-57)	472.7	360.6	250.0	140.8	33.0	−73.8	−179.8	−284.7	−391.5	−498.2		
(6-58)	567.6	268.4	−229.1									
(6-59)	−56.8	−56.9	−57.3	−57.7	−58.2	−58.8	−59.6	−61.0	−63.1	−65.2		
(6-60)	87.8	58.6	30.0	2.4	−24.2	−50.5	−76.5	−102.0	−122.8			

$KAlSi_3O_8$-$CaCO_3$-$CaSO_4$ 体系

在硬石膏和碳酸钙作用下，钾长石可发生热分解而生成硫酸钾，化学反应为（Bakr et al，1979)：

$$KAlSi_3O_8 + 0.5CaSO_4 + 7CaCO_3 = 0.5K_2SO_4 + 3Ca_2SiO_4 + 0.5Ca_3Al_2O_6 + 7CO_2\uparrow \quad (6\text{-}57)$$

在钾长石：硬石膏：碳酸钙的质量比为 1：1：3.4，烧结温度 1050℃，反应时间 2～3h 条件下，钾长石的分解率达 92.8%～93.6%。

热力学计算表明，反应(6-57）在约 900K 即可进行（表 6-18)。反应产物经水浸、过滤，滤液用于制取硫酸钾；滤渣物相主要为 β-硅酸二钙和铝酸三钙，可用作硅酸盐水泥生产原料（邱龙会等，2000)。

$KAlSi_3O_8$-CaF_2-$(NH_4)_2SO_4$ 体系

在萤石和硫酸铵共存条件下，钾长石经低温焙烧发生如下反应(薛彦辉等，2002)：

$$KAlSi_3O_8 + 6.5CaF_2 + 7(NH_4)_2SO_4 = 0.5K_2SO_4 + 6.5CaSO_4 + 3SiF_4 + 0.5Al_2O_3 + HF\uparrow + 14NH_3\uparrow + 6.5H_2O\uparrow \quad (6\text{-}58)$$

实验表明，在低温焙烧过程中，氟化物及硫酸铵对钾长石分解起着重要作用。加热至约200℃时，萤石与 H_2SO_4 共热代替 HF，产生的 F^- 能破坏钾长石结构，使 K^+ 析出进入溶液相。钾长石与萤石、硫酸铵在 200℃下共热 1h，反应产物用水浸取、过滤，滤液可制取硫酸钾，K_2O 浸取率可达 90%以上（薛彦辉等，2000)。

热力学计算表明，以萤石和硫酸铵为助剂，钾长石分解温度可降低至约 600K 以下（表 6-18)，但反应过程产生大量 NH_3，同时伴有 HF 溢出，故对尾气回收净化要求应极严苛。

$KAlSi_3O_8$-$CaCl_2$ 体系

钾长石与氯化钙在高温下熔融，钾长石中 K^+ 与氯化钙中 Ca^{2+} 发生交换反应，生成钙长石和可溶性 K^+。化学反应为（张雪梅等，2001；韩效钊等，2002)：

$$KAlSi_3O_8 + 0.5CaCl_2 = KCl + 0.5CaAl_2Si_2O_8 + 2SiO_2 \quad (6\text{-}59)$$

实验表明，当氯化钙：钾长石质量比达 0.809 以上时，在烧结温度 800℃，反应时间 >30min 条件下，K^+ 溶出率可达 95%以上（韩效钊等，2002)。

热力学计算表明，反应(6-59）在 400K 以下就可进行（表 6-18)。钾长石与氯化钙只有在高温熔融后，K^+ 与 Ca^{2+} 才能发生交换反应。氯化钙的熔点为 772℃，实验确定的烧结反应温度约为 800℃（韩效钊等，2002）。

$KAlSi_3O_8$-Na_2CO_3 体系

在 $KAlSi_3O_8$-Na_2CO_3 体系，将钾长石粉体与适量碳酸钠混合后，进行中温烧结，发生如下化学反应(马鸿文等，2006a；王芳等，2006)：

$$KAlSi_3O_8 + 2Na_2CO_3 \longrightarrow KAlSiO_4 + 2Na_2SiO_3 + 2CO_2\uparrow \quad (6\text{-}60)$$

反应产物为六方钾霞石和偏硅酸钠，二者均为酸溶性物相，故经酸溶、分离等过程，可分别制得无机硅化合物、氧化铝和碳酸钾、硫酸钾等制品。

热力学计算表明，反应(6-60) 在约 900K 下即可发生（表 6-18），但要使反应进行得比较完全，烧结温度应控制在约 830℃（王芳等，2006）。

上述各反应过程的一次资源消耗、能耗和 CO_2 排放量计算结果见表 6-19。由表可见，除采用氯化钙助剂外，与以石灰石、石灰石＋石膏、萤石＋硫酸铵助剂相比，以碳酸钠助剂分解钾长石，具有一次资源消耗最少、烧结能耗最低、CO_2 排放量最少等优势。而对比氯化钙活化钾长石矿化 CO_2 联产氯化钾工艺（高温固碳法）与水热碱法分解钾长石制取硫酸钾技术，前者的资源消耗、能耗、CO_2 排放量分别为水热碱法的 1.59 倍、2.45 倍和 4.10 倍，且固碳效率低（陈建等，2016）。

表 6-19　钾长石分解反应的物耗、能耗综合计算结果（/t-钾长石）

反应式	配料消耗 /t	物料总量 /t	烧结温度 /K	加热能耗 /(kJ/mol)	反应能耗 ΔH/(kJ/mol)	总能耗 /(kJ/mol)	标准煤耗 /kg	资源总耗 /t	尾气排放 /t
(6-56)	$CaCO_3$ 2.16	3.16	1500	$KAlSi_3O_8$ 355.28；$CaCO_3$ 142.70	696.36	1907.83	233.89	3.73	CO_2 0.95
(6-57)	$CaCO_3$ 2.52；$CaSO_4$ 0.25	3.76	1300	$KAlSi_3O_8$ 289.70；$CaCO_3$ 115.94；$CaSO_4$ 149.40	860.38	2036.33	249.64	4.37	CO_2 1.11
(6-58)	CaF_2 1.82；$(NH_4)_2SO_4$ 3.32	6.14	600	$KAlSi_3O_8$ 75.00；CaF_2 22.53；$(NH_4)_2SO_4$ 69.34	1878.54	2585.35	316.95	6.92	HF 0.07；NH_3 0.86；H_2O 0.42
(6-59)	$CaCl_2$ 0.20	1.20	1200	$KAlSi_3O_8$ 257.38；$CaCl_2$ 72.74	8.86	302.61	37.10	1.29	
(6-60)	Na_2CO_3 0.76	1.76	1100	$KAlSi_3O_8$ 225.45；Na_2CO_3 151.63	145.12	673.83	82.61	1.96	CO_2 0.32

注：1. 标准煤耗按燃烧热为 29307.6kJ/kg 计算，按照工业烧结热效率 40% 计，则实际标准煤耗应为表列值的 2.5 倍；2. 资源总耗等于处理 1.0t 钾长石的配料量与 2.5 倍标准煤耗值之和；3. 尾气排放量中未计入燃煤排放 CO_2 等气体。

2. 共生矿物的影响

富钾正长岩矿石的主要物相为微斜长石，含量为 65%～90%（马鸿文等，2005；2007）。故在实际生产中，还需考虑共生矿物对钾长石热分解反应过程的可能影响。

硅铝矿物

对于绝大多数富钾正长岩，与钾长石共生的硅铝矿物主要有斜长石、石英、白云母（或绢云母、伊利石）。$KAlSi_3O_8$-Na_2CO_3 体系中有上列硅铝矿物共存时，中温烧结过程可能发生如下化学反应(马鸿文等，2006b)：

$$NaAlSi_3O_8 + 2Na_2CO_3 \Longrightarrow NaAlSiO_4 + 2Na_2SiO_3 + 2CO_2\uparrow \tag{6-61}$$

$$CaAl_2Si_2O_8 + Na_2CO_3 \Longrightarrow 2NaAlSiO_4 + CaO + CO_2\uparrow \tag{6-62}$$

$$SiO_2 + Na_2CO_3 \Longrightarrow Na_2SiO_3 + CO_2\uparrow \tag{6-63}$$

$$KAl_2AlSi_3O_{10}(OH)_2 + Na_2CO_3 \Longrightarrow KAlSiO_4 + 2NaAlSiO_4 + CO_2\uparrow + H_2O\uparrow \tag{6-64}$$

热力学计算表明，在反应温度 900～1100K 条件下，除富钙斜长石［反应(6-62)］外，其余各矿物分解反应的 Gibbs 自由能 $\Delta_r G_m$ 均为较大负值（表 6-20）。故此类硅铝矿物的存在，不会导致钾长石分解反应温度的明显升高。

铁镁矿物

富钾正长岩中，常见铁镁矿物主要有黑云母（金云母、羟铁云母）、钙闪石（透闪石、铁透闪石）、钙辉石（透辉石、钙铁辉石）、霓辉石（霓石）等。在 $KAlSi_3O_8$-Na_2CO_3 体系，中温烧结过程可能发生如下化学反应(马鸿文等，2005；2007)：

$$KMg_3AlSi_3O_{10}(OH)_2 + 2Na_2CO_3 \Longrightarrow KAlSiO_4 + 2Na_2SiO_3 + 3MgO + 2CO_2\uparrow + H_2O\uparrow \tag{6-65}$$

$$KFe_3AlSi_3O_{10}(OH)_2 + 3.5Na_2CO_3 + 1.5O_2 \Longrightarrow KAlSiO_4 + 2Na_2SiO_3 + 1.5Na_2Fe_2O_4 + 3.5CO_2\uparrow + H_2O\uparrow \tag{6-66}$$

$$Ca_2Mg_5Si_8O_{22}(OH)_2 + Na_2CO_3 \Longrightarrow 2CaSiO_3 + 5MgSiO_3 + Na_2SiO_3 + CO_2\uparrow \tag{6-67}$$

$$Ca_2Fe_5Si_8O_{22}(OH)_2 + Na_2CO_3 \Longrightarrow 2CaSiO_3 + 5FeSiO_3 + Na_2SiO_3 + CO_2\uparrow \tag{6-68}$$

$$CaMgSi_2O_6 \Longrightarrow CaSiO_3 + MgSiO_3 \tag{6-69}$$

$$CaFeSi_2O_6 \Longrightarrow CaSiO_3 + FeSiO_3 \tag{6-70}$$

$$2NaFeSi_2O_6 + 2Na_2CO_3 \Longrightarrow Na_2Fe_2O_4 + 2Na_2SiO_3 + 2CO_2\uparrow \tag{6-71}$$

热力学计算表明，在反应温度 900～1100K 条件下，除金云母、羟铁云母［反应(6-65)、(6-66)］外，上列各反应的 Gibbs 自由能 $\Delta_r G_m$ 大都为较大正值（表 6-20）。因此，钙闪石、透辉石、霓辉石等矿物的存在，将会导致钾长石分解反应温度的显著升高。

表 6-20　共生矿物烧结反应的 $\Delta_r G_m$ 计算结果/(kJ/mol)

反应式	600K	700K	800K	900K	1000K	1100K	1200K
(6-61)	11.5	−14.7	−39.8	−64.4	−56.7	−77.5	−93.5
(6-62)	132.2	118.7	106.0	93.7	81.7	70.1	61.1
(6-63)	−0.3	−13.6	−26.4	−38.9	−51.2	−63.2	−72.9
(6-64)	−56.7	−88.5	−119.2	−149.1	−178.3	−206.7	−232.4
(6-65)	132.8	90.7	50.0	9.9	−29.6	−68.4	−102.2
(6-66)	44.3	10.9	−15.4	−44.7	−69.0	−95.3	−109.7
(6-67)	533.0	524.5	517.3	511.0	505.4	500.7	498.7
(6-68)	396.1	388.3	381.8	376.3	371.6	367.9	367.1
(6-69)	19.2	18.7	18.2	17.7	17.2	16.6	16.0
(6-70)	14.7	14.6	14.4	14.3	14.1	14.0	14.0
(6-71)	2073.6	2060.3	2053.1	2045.2	2041.9	2038.4	2043.1
(6-72)	158.3	138.2	121.8	102.7	86.3	67.8	54.0
(6-73)	430.3	509.3	596.6	690.9	791.4	897.8	1016.5
(6-74)	167.8	115.5	74.2	25.0	−16.0	−62.8	−96.2

常见副矿物

富钾正长岩中常见副矿物主要有钙铁榴石、榍石、磁铁矿、磷灰石等（马鸿文等，

2005)。以碳酸钠为助剂，中温烧结过程可能发生如下化学反应(马鸿文等，2007)：

$$Ca_3Fe_2[SiO_4]_3+Na_2CO_3 \longrightarrow Na_2Fe_2O_4+3CaSiO_3+CO_2\uparrow \tag{6-72}$$

$$CaTiSiO_5+Na_2CO_3 \longrightarrow Na_2TiO_3+CaSiO_3+CO_2\uparrow \tag{6-73}$$

$$2Fe_3O_4+3Na_2CO_3 \longrightarrow 3Na_2Fe_2O_4+3CO_2\uparrow \tag{6-74}$$

热力学计算表明，在反应温度 900～1100K 条件下，除磁铁矿［反应(6-74)］外，上列其余反应的 Gibbs 自由能 $\Delta_r G_m$ 均为较大正值（表 6-20）。因此，钙铁榴石、榍石等副矿物的存在，同样会导致钾长石分解反应温度升高，即烧结能耗增大。

综上所述，除富钙斜长石以外，硅铝矿物对钾长石分解反应不会产生显著影响；而除黑云母以外，其余铁镁矿物和副矿物的存在，不仅会引入 FeO、MgO、TiO_2 等有害组分，而且将导致烧结反应温度有所升高，烧结能耗相应增加。

3. 烧结反应能耗对比

以陕西洛南县长岭霓辉正长岩为例，采用 DSC 测定和热力学计算两种方法，对比分析钾长石纯碱与石灰石两种烧结法的反应能耗（刘浩，2008）。霓辉正长岩的化学成分见表 6-21。物相组成：微斜长石 91.4%，霓辉石 4.5%，石英 3.5%，磷灰石 0.1%（彭辉，2008）。试样经破碎、粉磨，可视为钾长石粉体。

表 6-21　长岭霓辉正长岩化学成分分析结果（w_B/%）

样品号	SiO_2	TiO_2	Al_2O_3	Fe_2O_3	FeO	MgO	CaO	Na_2O	K_2O	P_2O_5	LOI	总量
LN-07	64.53	0.05	16.70	0.84	0.13	0.56	0.99	0.77	14.75	0.04	0.67	100.03

反应能耗测定

差示扫描量热法简称 DSC，是在程控温度下测量物质与参比物质之间单位时间的能量差（或功率差）随温度变化的一种技术。本研究采用 DSC 404C 高温型差示扫描量热仪，工作温度－120～1650℃。校准物质为合成蓝宝石（α-Al_2O_3，>99.9%），测量温区 100～1300℃，升温速率 10K/min，气氛为高纯氩气。

中温烧结过程中，钾长石与碳酸钠主要发生反应(6-60)。按化学计量比，称取钾长石粉体与工业碳酸钠（>99%），按质量比 1∶0.75 配料，混磨 1h，得反应混合料。由 DTA-TG 分析曲线可知，混合料自约 540℃开始失重，750℃处出现明显吸热谷；至约 830℃时，微斜长石分解完全（图 6-2），生成钾霞石和偏硅酸钠。

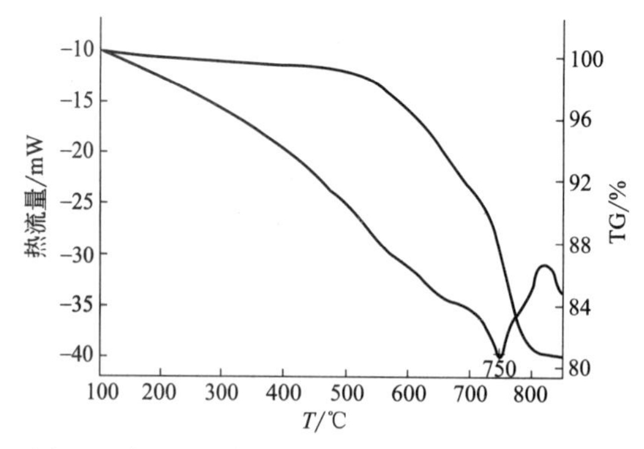

图 6-2　钾长石-碳酸钠混合料的 DTA-TG 曲线图

由此将 DSC 测量温度上限设定为 850℃。为避免吸附水蒸发吸热对测定能耗的影响，取 100℃作为测量温度下限。

依据校准物质蓝宝石的比热容数据（刘振海等，2006），计算测量温区单位质量试样热效应随温度的变化曲线（图 6-3）。以 $y=0$ 为基线计算，烧结过程试样吸收热量为 1486.93J/g，折合钾长石-碳酸钠烧结反应能耗为 2.60×10^6 kJ/t。

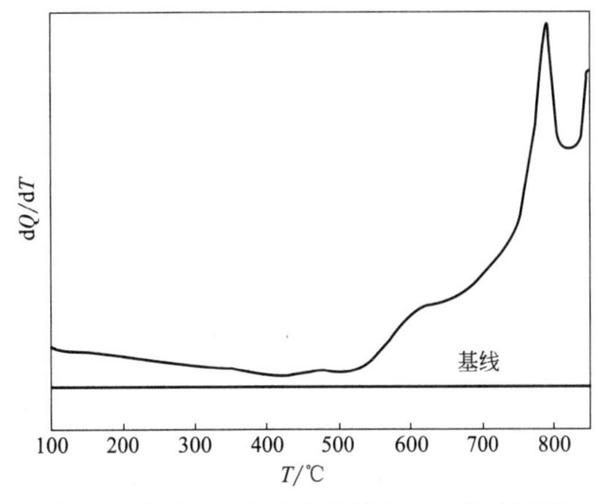

图 6-3　纯碱烧结法反应能耗的 DSC 测定结果

高温烧结过程中，钾长石与碳酸钙主要发生反应(6-56)。按照化学计量比 $CaO/SiO_2=2$，换算为钾长石粉体/碳酸钙（A. R.）质量比为 1∶2.6。两者按比例混磨均匀。由混合料的 DTA-TG 图可见，碳酸钙在约 830℃发生分解，约 900℃时反应完全，反应过程吸收大量热能；微斜长石与 CaO 之间的放热反应温度约 1280℃（图 6-4）。混合料在 1300℃下烧结 2h，产物主要为 β-Ca_2SiO_4。X 射线衍射图中并未出现反应(6-56) 中 $KAlO_2$ 的特征峰，可能因 $KAlO_2$ 在空气中易潮解，结构被破坏所致（Beyer，1980）。

故设定石灰石烧结法能耗的 DSC 测量温度上限为 1300℃，取 100℃为测量温度下限。所得单位质量试样的热效应随温度变化曲线见图 6-5。以 $y=0$ 为基线计算，烧结过程试样吸收热量为 2310.83J/g，折合钾长石-石灰石烧结反应能耗为 8.32×10^6 kJ/t。

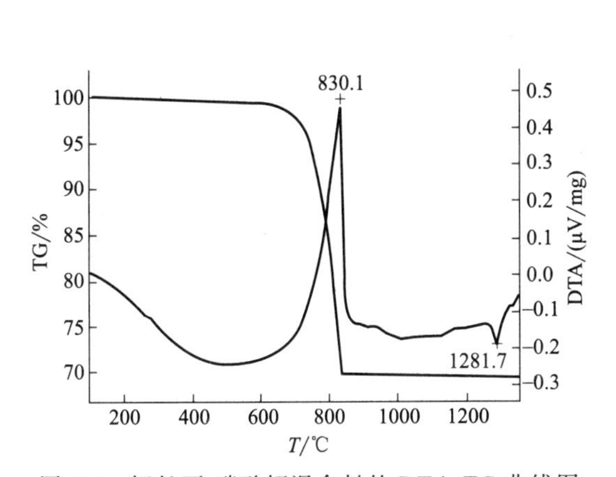

图 6-4　钾长石-碳酸钙混合料的 DTA-TG 曲线图

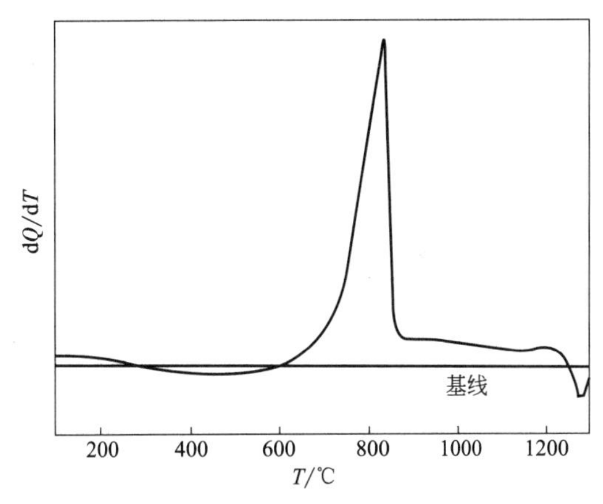

图 6-5　石灰石烧结法反应能耗的 DSC 测定结果

反应能耗计算

反应混合物烧结反应能耗按照式(6-4)、式(6-5) 来计算。

钾长石-碳酸钠中温烧结过程发生反应(6-60)。为简化计算，设定反应温度为 850℃。相关化合物的热力学数据引自伊赫桑·巴伦（2003）。文献中给出了各化合物一些特定温度点的热力学数据。以温度为自变量，待求温度点附近连续区间内已知温度点的热力学数据为因变量，回归各化合物热力学性质与温度之间的函数关系式，据此分别计算各化合物在不同温度点的热力学性质（表 6-22）。

按照烧结反应(6-60) 中各化合物的热力学参数计算，1mol 微斜长石＋2mol 碳酸钠混合料自 100℃升温至 850℃，吸收热量 ΔH_m 为 529.09kJ/mol，反应(6-60) 的 $\Delta_r H_m$ 为

34.30kJ/mol，反应总能耗为 563.39kJ/mol。折合处理钾长石粉体，烧结反应总能耗为 2.02×10^{6} kJ/t。

表 6-22　$KAlSi_3O_8$-Na_2CO_3 体系烧结反应各化合物的热力学性质

温度/℃	化合物	$\Delta_f H$/(kJ/mol)	温度/℃	化合物	H/(kJ/mol)
850	$KAlSi_3O_8$	−4032.84	100	$KAlSi_3O_8$	−3950.19
	Na_2CO_3	−1079.33		Na_2CO_3	−1121.90
	$KAlSiO_4$	−2214.96	850	$KAlSi_3O_8$	−3724.40
	Na_2SiO_3	−1576.27		Na_2CO_3	−970.25
	CO_2	−394.85			

钾长石-石灰石高温烧结过程发生反应(6-56)，实际包括两步：①碳酸钙分解，生成 CaO；②微斜长石与 CaO 反应，生成 $KAlO_2$ 和 β-硅酸二钙。为简化计算，设定两者反应温度分别为 900℃和 1300℃。依据各化合物的热力学性质与温度的函数关系，计算其在不同温度点的热力学性质（表 6-23）。

表 6-23　$KAlSi_3O_8$-$CaCO_3$ 体系烧结反应各化合物的热力学性质

温度/℃	化合物	$\Delta_f H$/(kJ/mol)	温度/℃	化合物	H/(kJ/mol)
900	$CaCO_3$	−1202.40	100	$CaCO_3$	−1199.96
	CaO	−640.32		$KAlSi_3O_8$	−3950.19
	CO_2	394.95	900	$CaCO_3$	−1107.57
1300	$KAlSi_3O_8$	−4003.93		CaO	−590.28
	CaO	−639.36	1300	$KAlSi_3O_8$	−3564.95
	$KAlO_2$	−1217.83		CaO	−568.23
	Ca_2SiO_4	−2296.25			

计算结果，碳酸钙分解反应的 $\Delta_r H_m$ 为 166.77kJ/mol；微斜长石分解反应的 $\Delta_r H_m$ 为 −266.49kJ/mol；碳酸钙自 100℃升温至 900℃，吸收热量 ΔH_m 为 92.39kJ/mol；氧化钙从 900℃升温至 1300℃，吸收热量 ΔH_m 为 22.05kJ/mol；微斜长石由 100℃升温至 1300℃，吸收热量 ΔH_m 为 385.24kJ/mol。故石灰石烧结法分解微斜长石总能耗为 1815.01kJ/mol。折合处理钾长石粉体，烧结反应总能耗为 6.52×10^{6} kJ/t。

反应能耗对比

钾长石两种烧结反应能耗对比见表 6-24。石灰石烧结法能耗是纯碱烧结法的 3.2 倍，其中前者反应消耗热量占总能耗的 40.45%，而后者反应热只占总能耗的 6.09%。两种能耗表征方法，DSC 测定值较之热力学计算值高出约 22%。由于试样中含有其他矿物 8.6%，且热力学计算采用了简化模型，故 DSC 测量值应更接近于实际情况（刘浩，2008）。

表 6-24　钾长石粉体两种烧结法反应能耗对比

表征方法	烧结反应能耗		两种烧结法能耗比
	石灰石烧结法	纯碱烧结法	石灰石烧结/纯碱烧结
热力学计算/(kJ/t)	6.52×10^{6}	2.02×10^{6}	3.23
DSC 法测定/(kJ/t)	8.32×10^{6}	2.60×10^{6}	3.20
两法相对误差/%	21.63	22.31	

第五节　氧化镁铝热还原反应

金属镁冶炼工艺主要有无水氯化镁电解法和白云灰硅热还原法。20 世纪，世界原镁主要由电解法生产，但由于原料制备困难，设备腐蚀和原镁纯度较低等原因，2000 年后逐步被硅热还原法所取代（Cherubini et al，2008）。现今中国原镁产量已占世界总产量约 90%，几乎均采用硅热还原法生产。此法又称皮江法，系由 Pidgeon（1944）发明而得名。下文采用 Knacke 等（1991）和伊赫桑·巴伦（2003）有关无机化合物和纯物质的热力学数据，重点对铝热还原法炼镁反应进行热力学计算，并与硅热、碳热法工艺过程进行对比评价。

1. 铝热还原反应

以金属铝为还原剂，在真空条件下氧化镁可能发生如下还原反应：

$$4MgO + 2Al = MgAl_2O_4 + 3Mg(g)\uparrow \tag{6-75}$$

该反应的 Gibbs 自由能变化为：

$$\Delta_r G_{(A1)} = \Delta_r G^{\ominus}_{(A1)} + RT\ln\left[\left(\frac{P_{Mg}}{P_0}\right)^3 \frac{a_{MgAl_2O_4}}{a^3_{MgO} \cdot a^2_{Al}}\right] \tag{6-76}$$

反应在真空下进行，气相可视为理想气体，MgO、Al 近于纯物质，故上式可简化为：

$$\Delta_r G_{(A2)} = \Delta_r G^{\ominus}_{(A2)} + 3RT\ln\left(\frac{P_{Mg}}{P_0}\right) \tag{6-77}$$

不同温压条件下反应(6-75) 的 $\Delta_r G$ 计算结果见表 6-25。标准状态下，氧化镁铝热还原反应温度高达约 1500℃。当体系压力降低至约 10^2 Pa 时，此反应在 900℃即可进行，但此时反应速率相对较慢。实验结果表明，当反应温度超过 1150℃时，反应约 4h，氧化镁的还原率接近于理论值。

表 6-25　不同温压下铝热还原反应的 Gibbs 自由能计算结果

温度/℃	$\Delta_r G^{\ominus}$/(kJ/mol)	$\Delta_r G$/(kJ/mol)				
		10^4 Pa	10^3 Pa	10^2 Pa	10Pa	1.0Pa
900	136.95	69.28	1.91	−65.47	−132.84	−200.22
1000	105.64	32.21	−40.91	−114.03	−187.15	−260.27
1100	74.50	−4.70	−83.57	−162.43	−241.29	−320.15
1200	43.49	−41.48	−126.08	−210.69	−295.29	−379.90
1300	12.60	−78.14	−168.48	−258.83	−349.18	−439.53
1400	−18.20	−114.70	−210.79	−306.88	−402.97	−499.07
1500	−48.92	−151.19	−253.02	−354.86	−456.69	−558.53
1600	−79.58	−187.62	−295.19	−402.77	−510.35	−617.92

2. 硅热还原反应

皮江法炼镁过程的化学反应为：

$$2(CaO \cdot MgO) + Si = 2CaO \cdot SiO_2 + 2Mg(g)\uparrow \tag{6-78}$$

该反应的 Gibbs 自由能变化为：

$$\Delta_r G_{(S1)}=\Delta_r G^{\ominus}_{(S1)}+RT\ln\left[\left(\frac{P_{Mg}}{P_0}\right)^2\frac{a_{2CaO\cdot SiO_2}}{a^2_{CaO\cdot MgO}\cdot a_{Si}}\right] \tag{6-79}$$

式中，P_{Mg}/P_0 为镁蒸气的分压，气相简化为理想气体；固相 $CaO\cdot MgO$ 和 $2CaO\cdot SiO_2$ 按纯物质处理。还原剂硅铁合金为 $Si_{75}Fe_{25}$。在 Si-Fe 二元相图中，$Si_{75}Fe_{25}$ 实际上由游离 Si 和 $FeSi_2$ 组成（Massalski et al，1990）。由于游离 Fe 在游离 Si 中的溶解度很低，硅铁中 Si 的活度近似等于 1.0，故上式可简化为（刘玉芹等，2013）：

$$\Delta_r G_{(S1)}=\Delta_r G^{\ominus}_{(S1)}+2RT\ln\left(\frac{P_{Mg}}{P_0}\right) \tag{6-80}$$

不同温压下反应(6-78）的 $\Delta_r G$ 计算结果见表 6-26。常压下，该反应需在 1600℃高温下才能进行。但由于反应产物中有镁蒸气生成，降低体系压力可使 $\Delta_r G$ 值减小。当体系压力降低至<10Pa 时，反应(6-78）在约 900℃即可进行。实际工业生产中，皮江法炼镁温度达到约 1200℃时，氧化镁还原率较高（高自省等，2012）。

表 6-26 不同温压下硅热还原反应 Gibbs 自由能计算结果

温度/℃	$\Delta_r G^{\ominus}$/(kJ/mol)	$\Delta_r G$/(kJ/mol)				
		10^4Pa	10^3Pa	10^2Pa	10Pa	1.0Pa
900	162.68	117.51	72.60	27.69	−17.22	−62.14
1000	136.44	87.48	38.74	−10.01	−58.76	−107.50
1100	110.24	57.44	4.87	−47.71	−100.28	−152.86
1200	84.07	27.42	−28.98	−85.38	−141.78	−198.19
1300	57.91	−2.59	−62.82	−123.05	−183.28	−243.51
1400	31.73	−32.61	−96.67	−160.73	−224.79	−288.85
1500	7.66	−60.52	−128.41	−196.30	−264.19	−332.08
1600	−16.38	−88.40	−160.12	−231.84	−303.56	−375.28

3. 碳热还原反应

以焦炭为还原剂，真空条件下氧化镁可发生以下还原反应(李志华等，2005)：

$$MgO+C \xlongequal{} Mg(g)\uparrow+CO\uparrow \tag{6-81}$$

该反应的 Gibbs 自由能变化为：

$$\Delta_r G_{(C1)}=\Delta_r G^{\ominus}_{(C1)}+RT\ln\left[\left(\frac{P_{Mg}}{P_0}\right)\left(\frac{P_{CO}}{P_0}\right)\frac{1}{a_{MgO}\cdot a_C}\right] \tag{6-82}$$

与前述类似，MgO、C 按纯物质处理（$a_{MgO}=1$，$a_C=1$）。设体系压力为 P_s，则有

$$P_{Mg}=P_{CO}=1/2P_s \tag{6-83}$$

由此，在体系压力下反应的 Gibbs 自由能变化为：

$$\Delta_r G_{(C1)}=\Delta_r G^{\ominus}_{(C1)}+2RT\ln\left(\frac{P_s}{2P_0}\right) \tag{6-84}$$

不同温压条件下，该反应的 $\Delta_r G$ 计算结果见表 6-27。标准状态下，此反应得以进行的温度超过 1900℃。降低体系压力，则 $\Delta_r G$ 相应降低。当压力降低至<10Pa 时，该反应在 1100℃即可进行。实验研究表明，在碳∶氧化镁摩尔比为 1.2，氟化钙加入量 3%，反应物料成球压强 22MPa 下，控制反应温度为 1400℃，反应时间 5.2h，氧化镁还原率达 88.0%，获得了结晶良好、纯度达 99.94%的金属镁产物，符合国标 GB/T 3499—2011 原生镁锭的指标要求（蒋芸，2013）。

表 6-27 不同温压下碳热还原反应 Gibbs 自由能计算结果

温度/℃	$\Delta_r G^{\ominus}$/(kJ/mol)	$\Delta_r G$/(kJ/mol)				
		10^4Pa	10^3Pa	10^2Pa	10Pa	1.0Pa
900	276.12	217.43	172.52	127.61	82.70	37.79
1000	246.34	182.65	133.91	85.17	36.43	−12.31
1100	216.72	148.03	95.46	42.89	−9.68	−62.24
1200	187.26	113.56	57.16	0.76	−55.63	−112.03
1300	157.93	79.23	19.01	−41.22	−101.45	−161.67
1400	128.75	45.04	−19.01	−83.07	−147.12	−211.18
1500	99.69	10.98	−56.90	−124.78	−192.67	−260.55
1600	70.76	−22.95	−94.66	−166.37	−238.08	−309.79

4. 还原过程对比

皮江法炼镁技术的主要问题是还原过程热效率仅约 8%（任虎奎等，2011），导致能耗高，CO_2 排放量大；以白云石为原料，75 硅铁为还原剂，因而产生大量硅钙废渣（马鸿文等，2008）。碳热法由于氧化镁所需还原温度更高，故导致反应能耗及 CO_2 排放量较之皮江法增加约 88.0%（刘玉芹等，2013）。

铝热法与皮江法两种炼镁还原过程的对比见表 6-28。

表 6-28 铝热法与皮江法炼镁还原过程对比（/t-原镁）

项目	皮江法		铝热法	
资源消耗	白云石/t 75 硅铁/t 萤石/t	10.5 1.05 0.15	菱镁矿/t 铝粉/t	5.0 0.76
能耗消耗	标煤/t 电量/度	6.0 1120	标煤/t 电量/度	2.5 300
产出定额	镁锭/t 硅钙废渣/t CO_2/t	1.0 5.5 20.6	镁锭/t 尖晶石粉/t CO_2/t	1.0 2.14 8.9

与皮江法对比，铝热法炼镁技术具有以下显著优势：①以菱镁矿替代白云石，原料用量减少 1/2，全流程能耗降低 57.1%；②还原周期至少缩短 1/2，还原热效率及生产效率显著提高；③氧化镁还原过程同时合成轻烧尖晶石粉体，无固废排放；且尾气 CO_2 减排 55.9%，可实现全流程清洁生产。

第六节 氧化硅碳热还原反应

工业硅又称金属硅，由硅石和碳还原剂在矿热炉内冶炼而成。其硅元素含量约 98%～99.99%，杂质为 Fe、Al、Ca 等。因其用途不同而划分为多种规格。原料要求：硅石，SiO_2>99.0%，Al_2O_3<0.3%，Fe_2O_3<0.15%，CaO<0.2%，MgO<0.15%；粒度 15～80mm。碳还原剂，固定碳含量高，灰分低，化学活性好。通常采用低灰分石油焦或沥青焦。

工业硅经复杂工艺提纯后制成单晶、多晶、非晶硅，供光伏产业及电子工业使用。晶硅电池是目前应用最广泛的太阳能光伏产品，占世界光伏市场 80%以上份额。现代大型集成电路、光纤几乎都以高纯金属硅制成。故金属硅已成为信息时代的基础支柱产业。

1. 金属硅冶炼反应原理

硅石矿物名即 α-石英，在自然界广泛存在。然而，$SiO_2>99\%$的硅石矿产却是相对稀缺的资源。在硅酸盐矿物化学加工过程中，通常极易获得纯度较高的偏硅酸胶体产物。例如，张晓云（2005）采用酸碱联合法处理高铝粉煤灰，获得干基硅胶的 SiO_2 纯度为 99.27%～99.46%；肖亮（2010）利用霓辉正长岩烧结物料水浸滤液制备氧化硅气凝胶，获得中间产物硅胶的 SiO_2 纯度达 99.51%～99.73%。因此，探索利用不同形态的氧化硅源冶炼金属硅的技术可行性，对金属硅产业发展具有重要的潜在工程应用价值。

采用热力学方法，定量对比评价 α-石英（Qz）、非晶氧化硅（am）、半水硅胶经碳热还原冶炼金属硅的可能性及难易程度。涉及的主要化学反应有：

$$SiO_2(\alpha\text{-Qz})+3C(am)\longrightarrow SiC+2CO\uparrow \tag{6-85}$$

$$SiO_2(\alpha\text{-Qz})+2C(am)\longrightarrow Si(liq)+2CO\uparrow \tag{6-86}$$

$$SiO_2(\alpha\text{-Qz})+2SiC\longrightarrow 3Si(liq)+2CO\uparrow \tag{6-87}$$

$$SiO_2(am)+2C(am)\longrightarrow Si(liq)+2CO\uparrow \tag{6-88}$$

$$SiO_2\cdot 0.5H_2O+2C(am)\longrightarrow Si(liq)+2CO\uparrow+0.5H_2O\uparrow \tag{6-89}$$

相关化合物的热力学数据引自 HSC Chemistry 9.0 数据库。其中 α-石英随温度发生相变的不同热力学数据已分段录入。对于非晶氧化硅和半水硅胶原料，设定其碳热还原过程以微波加热，快速升温不致出现相变现象。

2. 碳热还原反应热力学

计算涉及各化合物的摩尔 Gibbs 生成自由能按照下式计算：

$$\Delta_f G=\Delta_f H^{\ominus}-TS^{\ominus}+\int_{298}^{T}C_p\,dT-T\int_{298}^{T}\frac{C_p}{T}dT \tag{6-90}$$

HSC Chemistry 9.0 数据库中，化合物的摩尔热容计算公式为：

$$C_p=a+b\times10^{-3}T+c\times10^{5}T^{-2}+d\times10^{-6}T^{2} \tag{6-91}$$

相关化合物的热力学性质见表 6-29。上列不同形态氧化硅还原反应(6-85) 至 (6-89) 的摩尔 Gibbs 自由能 $\Delta_r G_m$ 计算结果列于表 6-30 中。

表 6-29　碳热还原反应相关化合物的热力学数据

反应物	化学式	$\Delta_f H^{\ominus}$ /(kJ/mol)	$S^{\ominus}$ /[J/(K·mol)]	a	b	c	d
α-石英	SiO_2	−910.857	41.463	58.082	−0.033	−14.259	28.221
SiO_2(am)	SiO_2	−888.502	40.099	−6.000	0	0	0
$SiO_2\cdot0.5H_2O$	$HSiO_{2.5}$	−1065.323	67.514	113.218	0	0	0
碳(am)	C	16.527	2.368	6.117	0	0	0
碳化硅	SiC	−71.902	16.485	33.062	23.334	−11.171	−7.556
硅(liq)	Si	48.715	44.782	27.200	0	0	0
一氧化碳	CO	−110.541	197.661	27.840	1.990	0.314	3.821
水(g)	H_2O	−241.826	188.832	28.408	12.477	1.284	0.360

表 6-30 不同形态氧化硅碳热还原反应的 $\Delta_r G_m$ 计算结果/(kJ/mol)

反应式	298K	1273K	1473K	1673K	1873K	2073K	2273K
(6-85)	109.941	21.107	2.252	−16.799	−36.029	−55.331	−74.613
(6-86)	140.534	45.495	25.748	5.919	−13.983	−33.859	−53.626
(6-87)	201.719	94.273	72.738	51.355	30.110	9.084	−11.651
(6-88)	135.093	35.547	14.774	−5.851	−26.269	−46.431	−66.298
(6-89)	143.681	29.817	5.369	−19.369	−44.374	−69.626	−95.110

3. 碳热还原过程对比

计算结果表明：①分别以 α-石英（6-86）、非晶氧化硅（6-88）、半水硅胶（6-89）为硅源，三者在 1600℃下还原反应的 Gibbs 自由能 $\Delta_r G_m$ 分别为−13.983kJ/mol、−26.262kJ/mol、−44.374kJ/mol，说明三者碳热还原反应温度依次显著降低。大致估计，半水硅胶较之 α-石英的还原温度可降低 200℃以上（表 6-30）。②以非晶氧化硅为硅源（6-88），碳热还原温度较之 α-石英硅源（6-86）仍明显降低，估计超过 150℃。③以 α-石英为硅源，配入碳还原剂比例较高时，反应更易于生成碳化硅（6-85）；而以碳化硅为还原剂时，α-石英发生碳热还原反应(6-87）的温度高达约 2000℃，说明此时反应更难于发生。

由此可见，以半水硅胶或非晶氧化硅替代天然硅石为硅源，经碳热还原冶炼金属硅不仅在热力学原理上完全可行，且碳热还原反应能耗有可能显著降低约 30%。

参考文献

陈建，马鸿文，张盼，等，2016. 氯化钙助剂分解钾长石制备氯化钾研究评述. 化工学报，35（12)：3954-3963.

高自省，张新海，苏秋丽，2012. 镁冶金生产技术. 北京：冶金工业出版社. 227.

韩庆贺，刘建勋，方法奎，等，2019. 玄武岩熔体粘滞活化能的计算. 玻璃纤维，(2)：22-25.

韩效钊，姚卫棠，金国清，等，2002. 安徽宁国钾长石共烧结工艺研究. 矿物岩石地球化学通报，21（3)：210-213.

郝士明，2004. 材料热力学. 北京：化学工业出版社：48-62.

蒋芸，2013. 氧化镁真空碳热还原法制取金属镁研究［博士学位论文］. 北京：中国地质大学：106.

蒋周青，2016. 高铝粉煤灰提取氧化铝关键反应原理与过程评价［博士学位论文］. 北京：中国地质大学：118.

李贺香，2005. 利用高铝粉煤灰制备白炭黑和多孔二氧化硅实验研究［硕士学位论文］. 北京：中国地质大学，66.

李志华，戴永年，薛怀生，2005. 真空碳热还原氧化镁的热力学分析和实验验证. 有色金属，57（1)：56-59.

梁英教，车荫昌，1993. 无机热力学数据手册. 沈阳：东北大学出版社：260.

刘浩，2008. 假榴正长岩-碳酸钠体系中温烧结反应及水热浸出实验［硕士学位论文］. 北京：中国地质大学：62.

刘浩，李金洪，马鸿文，等，2006. 利用高铝粉煤灰制备堇青石微晶玻璃的实验研究. 岩石矿物学杂志，25（4)：338-340.

刘贺，2019. 高铁矾土尾矿转型莫来石与 Sialon 及其应用研究［博士学位论文］. 北京：中国地质大学：115.

刘玉芹，马鸿文，邓鹏，等，2013. 热还原制备金属镁的反应热力学与工艺过程评价. 矿产综合利用（3)：39-44.

刘振海，徐国华，张洪林. 热分析仪器. 北京：化学工业出版社，2006，186-189.

马鸿文，1999. 结晶岩热力学软件. 北京：地质出版社：1-55.

马鸿文，2001. 结晶岩热力学概论. 第 2 版. 北京：高等教育出版社：1-82，115-168.

马鸿文，白志民，杨静，等，2005. 非水溶性钾矿制取碳酸钾研究：副产 13X 型分子筛. 地学前缘，12（1)：137-155.

马鸿文，曹瑛，蒋芸，等，2008. 中国金属镁工业的环境效益与可持续发展. 现代地质，22（5)：829-837.

马鸿文，苏双青，王芳，等，2007. 钾长石分解反应热力学与过程评价. 现代地质，21（2)：426-434.

马鸿文，王英滨，王芳，等，2006a. 硅酸盐体系的化学平衡：(2) 反应热力学. 现代地质，20（3)：386-398.

马鸿文，杨静，刘贺，等，2006b. 硅酸盐体系的化学平衡：(1) 物质平衡原理. 现代地质，20（2)：329-339.

彭辉，2008. 钾长石水热分解反应动力学与实验研究［硕士学位论文］. 北京：中国地质大学：57.

邱龙会，金作美，王励生，2000. 钾长石热分解生成硫酸钾的实验研究. 化肥工业，27（3)：57-60.

任虎奎，任建勋，2011.我国金属镁冶炼技术现状与发展趋势.陕西煤炭.(1)：36-37，69.
斯温 M V，1998.陶瓷的结构与性能.郭景坤，等译，北京：科学出版社：233-256.
宋庆余，2005.玻璃熔窑的节能.中国玻璃，30 (6)：11-13.
王芳，马鸿文，徐锦明，等，2006.霞石正长岩烧结反应的热力学分析与实验.现代地质，20 (4)：657-662.
王金相，钟香崇，1982.我国 DK 型烧结高铝矾土的结晶相和玻璃相的研究.硅酸盐学报 (3)：51-59.
肖亮，2010.钾长石烧结物料水浸滤液制备微细氧化硅气凝胶研究 [硕士学位论文].北京：中国地质大学：67.
徐德龙，徐亮，薛群虎，等，2013.以钾长石为原料钾肥-水泥联产工艺可行性研究.硅酸盐通报，32 (2)：181-185.
徐景春，2002.钾长石尾矿用于制备β-硅灰石微晶玻璃实验研究 [硕士学位论文].北京：中国地质大学：47.
徐景春，马鸿文，杨静，等，2003.利用钾长石尾矿制备β-硅灰石微晶玻璃的研究.硅酸盐学报，31 (2)：179-183.
薛彦辉，宋超，杜树淘等.氟化物在低温烧结钾长石中行为的研究.中国非金属矿工业导刊，2002，(1)：29-30.
薛彦辉，杨静，2000.钾长石低温烧结法制钾肥.非金属矿，23 (1)：19-21.
闫明伟，李勇，陈俊红，等，2016.高铁低铝矾土莫来石的合成及机理.硅酸盐学报 (12)：1792-179.
杨静，蒋周青，马鸿文，等，2014.中国铝资源与高铝粉煤灰提取氧化铝研究进展.地学前缘，21 (5)：313-324.
姚文贵，刘贺，马鸿文，等，2021.铝土尾矿烧结莫来石反应热力学分析与优化实验.中国非金属矿工业导刊 (印刷中).
叶大伦，胡建华，2002.实用无机物热力学数据手册.第 2 版.北京：冶金工业出版社：69-1094.
伊赫桑·巴伦主编，2003.纯物质热化学数据手册.程乃良，牛四通，徐桂英，等译.北京：科学出版社：1885.
佚名.1977.利用钾长石生产碳酸钾.化学通报 (01)：20-21.
印永嘉，奚正楷，李大珍，2001.物理化学简明教程.北京：高等教育出版社：30-65，149-158.
张晓云，2005.利用高铝粉煤灰制备冶金级氧化铝的实验研究 [硕士学位论文].北京：中国地质大学：80.
张雪梅，姚日生，邓胜松，2001.不同添加剂对钾长石晶体结构及钾熔出率的影响研究.非金属矿，24 (6)：13-15.
钟香崇，李广平，1964.高铝矾土加热过程的变化和烧结机理.硅酸盐学报 (4)：35-44.
朱富杰，2019.长白地区玄武岩拉丝可行性研究及尾矿制备轻质陶粒 [硕士学位论文].长春：吉林大学：79.

Bakr M Y，Zatout A A，Mouhamed M A，1979. Orthoclase，gupsum and limestone for production ofaluminum salt and potassium salt. *Interceram*，28 (1)：34-35.

Berman R G，1988. Internally-consistent thermodynamic data for minerals in the system Na_2O-K_2O-CaO-MgO-FeO-Fe_2O_3-Al_2O_3-SiO_2-TiO_2-H_2O-CO_2. *J Petrol*，29 (2)：457-463.

Beyer R P，Ferrante M J，Brown R R，1980. Thermodynamic properties of $KAlO_2$. *J Chem Thermodynamics*，(12)：985-991.

Carmichael I S E，Turner F J，Verhoogen J，1974. Igneous Petrology. New York：McGraw-Hill：739.

Chermak J A，Rimstidt J D，1990. Estimating the free energy of formation of silicate minerals at high temperatures from the sum of polyhedral contributions. *Am Mineral*，75：1376-1380.

Cherubini F，Raugei M，Ulgiati S，2008. LCA of magnesium production technological overview and worldwide estimation of environmental burdens. *Resources*，*Conservation and Recycling*，05：001.

Feng W W，Ma H W，2004，Thermodynamic analysis and experiments of thermal decomposition for potassium feldspar at intermediate temperatures. *J Chinese Ceram Soc*，32 (7)：789-799.

Ghiorso M S，Sack R O，1995. Chemical mass transfer in magmatic processes Ⅵ. A revised and internally consistent thermodynamic model for the interpolation and extrapolation of liquid-solid equilibria in magmatic systems at elevated temperatures and pressures. *Contrib Mineral Petrol*，119：197-212.

Guillet G R，Nepheline Syenite，1994. Industrial Minerals and Rocks，6th// Carr D D，ed. Colorado：society for Mining，Metallurgy，and Exploration. Inc. Littleton：711-730.

Hinsberg V J Van，Vriend S P，Schumacher J C，2005a. A new method to calculate end-member thermodynamic properties of minerals from their constituent polyhedra Ⅰ：enthalpy，entropy and molar volume. *J Metamorphic Geol*，23：165-179.

Hinsberg V J Van，Vriend S P，Schumacher J C，2005b. A new method to calculate end-member thermodynamic properties of minerals from their constituent polyhedra Ⅱ：heat capacity，compressibility and thermal expansion. *J Metamorphic Geol*，23：681-693.

Holland T J B，Powell R，1990. An enlarged and updated internally consistent thermodynamic dataset with uncertainties and correlations：the system K_2O-Na_2O-CaO-MgO-MnO-FeO-Fe_2O_3-Al_2O_3-TiO_2-SiO_2-C-H_2-O_2. *J Metamorphic geol*，8：89-124.

Holland T J B，Powell R，2011. An improved and extended internally consistent thermodynamic dataset for phases of petrological interest, involving a new equation of state for solids. *J Metamorphic Geol*, 29: 333-383.

Knacke O, Kubaschewski O, Hesselmann K, 1991. Thermochemical Properties of Inorganic Substances. 2nd ed. Berlin: Springer-Verlag: 2412.

Kress V C, Carmichael I S E, 1991. The compressibility of silicate liquids containing Fe_2O_3 and the effect of composition, temperature, oxygen fugacity and pressure on their redox states. *Contrib Mineral Petrol*, 108: 82-92.

Kuai Y Q, Yao W G, Ma H W, et al, 2021. Recovery lithium and potasium from lepidolite via potash calcination-leaching process. *Minerals Engineering*, 160 (In press).

Levin E M, Robbins C R, McMurdie H F, 1969. Phase Diagrams for Ceramists (vol. Ⅰ). Columbus: American Ceramic Society: 407-416.

Massalski T B, Okamoto H, Subramanian P R, et al, 1990. Binary Alloy Phase Diagram. 2nd ed. ASM International, Materials Park, OH: 3589.

Murthy M K, Hummel F A, 2006. X-ray study of the solid solution of TiO_2, Fe_2O_3, and Cr_2O_3 in mullite ($3Al_2O_3 \cdot 2SiO_2$). *J Am Ceramic Soc*, 43 (5): 267-273.

Nielsen R L, Dungan M A, 1983. Low pressure mineral-melt equilibria in natural anhydrous mafic systems. *Contrib Mineral Petrol*, 84: 310-326.

Novitskii A G, Efremov M V, 2012. Technological aspects of the suitability of rocks from different deposits for the production of continuous basalt fiber. *Glass and Ceramics*, 69 (11-12): 409-412.

Ogorodova L P, Kiseleva I A, Melchakova L V, 2010. Thermodynamic properties of lithium micas. *Geochem Int*, 48 (4): 415-418.

O'Neill HStC, 1987. The quartz-fayalite-iron and quartz-fayalite-magnetite equilibria and the free energies of formation of fayalite (Fe_2SiO_4) and magnetite (Fe_3O_4). *Am Mineral*, 72: 67-75.

Pidgeon L M, Alexander W A, 1944. Thermal Production of magnesium: pilot plant studies on the retort ferrosilicon process. New York Meeting: reduction and refining of non-ferrous metals. *Trans Am Inst Mining Mater Eng*, 159: 315-352.

Yungman V S, Glushko V P, Medvedev V A, 1999. Thermal Constants of Substances: Vol. 1-8. New York: John Wiley & Sons: 6592.

第七章　水热过程反应热力学

OLI System 是一款用于模拟溶液相化学反应过程的热力学软件，内置有丰富数据库和强大计算功能，被广泛应用于化工过程电解质溶液相平衡、湿法冶金等领域。利用电解质水溶液模型（AQ）和混合溶剂电解质溶液模型（MSE），输入研究体系的反应物组成、反应温度、压力，选择合适的计算模式，即可获得设定条件下多相化学平衡时可能的固相产物类型及共存液相中的离子状态。

第一节　水溶液热力学模型

本节将以 AQ 热力学框架为实例，简述 OLI Analyzer[1] 中有关水溶液热力学的基本内容。

1. 平衡常数

评价下列方程是 OLI System 软件的核心内容：

$$\Delta_r \overline{G}^{\ominus} = -RT\ln K \tag{7-1}$$

式中，$\Delta_r \overline{G}^{\ominus}$ 为反应的偏摩尔标准状态 Gibbs 自由能；R 为气体常数，8.314J/(mol·K)；T 为温度，K；K 为平衡常数；下标 r 意指平衡反应。

定义反应的总自由能 $\Delta_r \overline{G}$ 为：

$$\Delta_r \overline{G} = \sum_i \nu_i \Delta_f \overline{G}_i(\text{生成物}) - \sum_i \nu_i \Delta_f \overline{G}_i(\text{反应物}) \tag{7-2}$$

式中，ν_i 为反应的化学计量系数；$\Delta_f \overline{G}_i$ 为任一反应物 i 的 Gibbs 生成自由能。

问题 1：考虑如下化学平衡：

$$Na_2SO_4 = 2Na^+ + SO_4^{2-}$$

求解：(1) 反应的 Gibbs 自由能；(2) 在参考温度 298.15K 下的平衡常数。

各反应物在参考状态下的性质（Wagman et al，1982）：$\Delta_f \overline{G}^R(Na_2SO_4) = -1270.100$kJ/mol；$\Delta_f \overline{G}^R(Na^+) = -261.800$kJ/mol；$\Delta_f \overline{G}^R(SO_4^{2-}) = -744.460$kJ/mol。其中，下标 f 指由元素形成某一化合物的生成自由能；上标 R 指参考状态。

对于上列反应的 Gibbs 自由能：

$$\Delta_r \overline{G}^R = 2\Delta_f \overline{G}^R(Na^+) + \Delta_f \overline{G}^R(SO_4^{2-}) - \Delta_f \overline{G}^R(Na_2SO_4) = 2.640\text{kJ/mol}$$

整理以上平衡方程，得：

---

[1] OLI Systems，Inc.，A Guide to using OLI Analyzer，Version 9.2.2014-05-12，本章第一节内容主要译自该软件说明。

$$\ln K^{R}=-\frac{\Delta_r\overline{G}^{R}}{RT}$$

代入各化合物的生成自由能值，有：

$$\ln K^{R}=\frac{-2.640\text{kJ/mol}}{8.314\text{J/(mol}\cdot\text{K)}\times 298.15\text{K}}=-1.07$$

$$K^{R}=0.34$$

2. 主要热力学性质

每种热力学性质都由两部分构成：一是标准状态部分，其值是温度和压力的函数；二是过剩性质部分，其值是温度、压力和组分浓度的函数。

偏摩尔自由能：

$$\overline{G}_i=\overline{G}_i^{\ominus}+\overline{G}_i^{E} \tag{7-3}$$

偏摩尔焓：

$$\overline{H}_i=\overline{H}_i^{\ominus}+\overline{H}_i^{E} \tag{7-4}$$

偏摩尔熵：

$$\overline{S}_i=\overline{S}_i^{\ominus}+\overline{S}_i^{E} \tag{7-5}$$

偏摩尔热容：

$$\overline{C}_{p_i}=\overline{C}_{p_i}^{\ominus}+\overline{C}_{p_i}^{E} \tag{7-6}$$

偏摩尔体积：

$$\overline{V}_i=\overline{V}_i^{\ominus}+\overline{V}_i^{E} \tag{7-7}$$

式中，上标$^{\ominus}$指标准状态性质；上标^{E}指过剩性质。

3. HKF（Helgeson-Kirkham-Flowers）状态方程

Helgeson 等（1974a，1974b，1976，1981）发现，任一化合物在水中的标准状态热力学性质都可表示为包含 7 个参数的函数，即每一化合物各有 7 个定值。这 7 项参数（$a_{1\text{-}4}$，$c_{1\text{-}2}$，ω）代表对体积（a）、热容（c）和水的温压性质（ω）的积分常数，而与用于获得这些参数的具体体系无关：

$$\overline{H}_i^{\ominus}=\overline{H}_i^{R}+f_{H_i}(a_1,\cdots,a_4,c_1,c_2,\omega) \tag{7-8}$$

$$\overline{G}_i^{\ominus}=\overline{G}_i^{R}-\overline{S}_i^{R}(\mathrm{T}-\mathrm{T}^{R})+f_{G_i}(a_1,\cdots,a_4,c_1,c_2,\omega) \tag{7-9}$$

$$\overline{S}_i^{\ominus}=\overline{S}_i^{R}+f_{S_i}(a_1,\cdots,a_4,c_1,c_2,\omega) \tag{7-10}$$

$$\overline{C}_{p_i}^{\ominus}=\overline{C}_{p_i}^{R}+f_{C_{p_i}}(a_1,\cdots,a_4,c_1,c_2,\omega) \tag{7-11}$$

$$\overline{V}_i^{\ominus}=\overline{V}_i^{R}+f_{V_i}(a_1,\cdots,a_4,c_1,c_2,\omega) \tag{7-12}$$

式中，上标^{R}表示参考状态性质（25℃，1bar）；上标$^{\ominus}$表示标准状态性质；a_1，a_2，a_3，a_4 表示压力效应；c_1，c_2 表示温度效应；ω 表示水的温压效应。

应用 Helgeson 状态方程可预测平衡常数。对于反应：

$$HCO_3^- = H^+ + CO_3^{2-}$$

预测的平衡常数对反应温度的关系见图 7-1。图中符号代表实验数据（Harned et al，1941；Nasanen，1946；Cuta et al，1954；Ryzhenko，1963；Patterson et al，1982），实线代表按 Helgeson 状态方程计算结果。

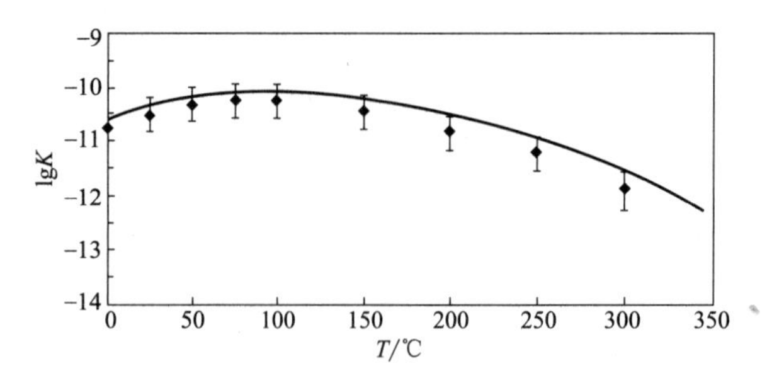

图 7-1　HCO_3^- 解离反应平衡常数（lgK）在饱和压力下作为温度的函数图

Helgeson 状态方程如下。

焓：

$$\Delta\overline{H}_{P,T}^{\ominus}=\Delta\overline{H}_{f}^{\ominus}+c_1(T-T_r)-c_2\left[\left(\frac{1}{T-\Theta}\right)-\left(\frac{1}{T_r-\Theta}\right)\right]+a_1(P-P_r)+a_2\ln\left(\frac{\Psi+P}{\Psi+P_r}\right)+\left(a_3(P-P_r)+a_4\ln\left[\frac{\Psi+P}{\Psi+P_r}\right]\right)\left[\frac{2T-\Theta}{(T-\Theta)^2}\right]+\omega\left(\frac{1}{\varepsilon}-1\right)+\omega TY-T\left(\frac{1}{\varepsilon}-1\right)\left(\frac{\partial\omega}{\partial T}\right)_P-\omega_{P_r,T_r}\left(\frac{1}{\varepsilon_{P_r,T_r}}-1\right)-\omega_{P_r,T_r}T_rY_r \tag{7-13}$$

Gibbs 自由能：

$$\Delta\overline{G}_{P,T}^{\ominus}=\Delta\overline{G}_{f}^{\ominus}-\overline{S}_{P_r,T_r}^{\ominus}(T-T_r)-c_1\left[T\ln\left(\frac{T}{T_r}\right)-T+T_r\right]+a_1(P-P_r)+a_2\ln\left(\frac{\Psi+P}{\Psi+P_r}\right)\left(\frac{\Psi+P}{\Psi+P_r}\right)+\left[a_3(P-P_r)+a_4\ln\left[\frac{\Psi+P}{\Psi+P_r}\right]\right]\left(\frac{1}{T-\Theta}\right)-c_2\left[\left(\left(\frac{1}{T-\Theta}\right)-\left(\frac{1}{T_r-\Theta}\right)\right)\left(\frac{\Theta-T}{\Theta}\right)-\frac{T}{\Theta^2}\ln\left(\frac{T_r(T-\Theta)}{T(T_r-\Theta)}\right)\right]+\omega\left(\frac{1}{\varepsilon}-1\right)-\omega_{P_r,T_r}\left(\frac{1}{\varepsilon_{P_r,T_r}}-1\right)-\omega_{P_r,T_r}Y_{P_r,T_r}(T-T_r) \tag{7-14}$$

体积：

$$\overline{V}^{\ominus}=a_1+a_2\left(\frac{1}{\Psi+P}\right)+\left[a_3+a_4\left(\frac{1}{\Psi+P}\right)\right]\left(\frac{1}{T-\Theta}\right)-\omega Q+\left(\frac{1}{\varepsilon}-1\right)\left(\frac{\partial\omega}{\partial P}\right)_T \tag{7-15}$$

等压热容：

$$\overline{C}_p^{\ominus}=c_1+c_2\left(\frac{1}{T-\Theta}\right)^2-\left(\frac{2T}{(T-\Theta)^3}\right)\left[a_3(P-P_r)+a_4\ln\left(\frac{\Psi+P}{\Psi+P_r}\right)\right]+\omega TX+2TY\left(\frac{\partial\omega}{\partial T}\right)_P-T\left(\frac{1}{\varepsilon}-1\right)\left(\frac{\partial^2\omega}{\partial T^2}\right)_P \tag{7-16}$$

熵：

$$\overline{S}^{\ominus}=S^{\ominus}{}_{P_r,T_r}+c_1\ln\frac{T}{T_r}-\frac{c_2}{\Theta}\left\{\left(\frac{1}{T-\Theta}\right)-\left(\frac{1}{T_r-\Theta}\right)+\frac{1}{\Theta}\ln\left(\frac{T_r(T-\Theta)}{T(T_r-\Theta)}\right)\right\}+\left(\frac{1}{T-\Theta}\right)^2\left[a_3(P-P_r)+a_4\ln\left[\frac{\Psi+P}{\Psi+P_r}\right]\right]+\omega Y-\left(\frac{1}{\varepsilon}-1\right)\left(\frac{\partial\omega}{\partial T}\right)_P-\omega_{P_r,T_r}Y_{P_r,T_r} \tag{7-17}$$

以上公式中各符号含义：H，焓；G，自由能；V，体积；C_p，等压热容；S，熵；T，温度；P，压力；Θ，228K；Ψ，2600bar；ω，电解质静电性质对温压的依赖项；Q，介电常数的压力函数；ε，水的介电常数；a_1，a_2，a_3，a_4，压力依赖项；c_1，c_2，温度依赖项。

问题2：何谓标准状态？标准状态即在规定状态（温度、压力、浓度）下的热力学数值（Rafal et al，1994）。

（1）水溶液：假定由无限稀释外推的1.0mol溶液；

（2）蒸气：理想气体纯组分（摩尔分数1.0）；

（3）有机液体：理想气体纯组分（摩尔分数1.0）；

（4）固体：纯组分固体。

4. 过剩性质

过剩性质是温度、压力和成分的函数。正是基于过剩性质，需要引入活度和活度系数的概念。通常最关心的过剩性质是过剩Gibbs自由能。

溶液中任一化合物的活度定义为：

$$a_i=\gamma_i m_i \tag{7-18}$$

$$\overline{G}_i=\overline{G}_i^{\ominus}+RT\ln a_i \tag{7-19}$$

$$\overline{G}_i=\overline{G}_i^{\ominus}+RT\ln m_i+RT\ln\gamma_i \tag{7-20}$$

$$\overline{G}_i^{\mathrm{E}}=RT\ln\gamma_i \tag{7-21}$$

其他过剩性质包括活度系数γ_i对温度和压力的各种偏导数：

$$\overline{H}_i^{\mathrm{E}}=RT^2\left.\frac{\delta\ln\gamma_i}{\delta T}\right]_P \tag{7-22}$$

离子强度

离子强度由下列方程来定义：

$$I=\frac{1}{2}\sum_{i=1}^{nI}(z_i^2 m_i) \tag{7-23}$$

式中，nI为荷电物种数。

例如，对于浓度为1.0mol/kg的NaCl溶液，即每1kg H_2O中含有1.0mol Na^+和1.0mol Cl^-，则：

$$I=\frac{1}{2}[(Z_{\mathrm{Na^+}})^2(m_{\mathrm{Na^+}})+(Z_{\mathrm{Cl^-}})^2(m_{\mathrm{Cl^-}})]=\frac{1}{2}[(1)^2(1)+(-1)^2(1)]=1$$

故其离子强度为1.0mol。

又如，对于浓度为1.0mol/kg的$CaCl_2$溶液，每1kg H_2O中含有1.0mol Ca^{2+}和2.0mol Cl^-，则：

$$I=\frac{1}{2}[(Z_{\mathrm{Ca^{2+}}})^2(m_{\mathrm{Ca^{2+}}})+(Z_{\mathrm{Cl^-}})^2(m_{\mathrm{Cl^-}})]=\frac{1}{2}[(2)^2(1)+(-1)^2(2)]=3$$

即此溶液的离子强度为3.0mol。换言之，即浓度为1.0mol/kg的$CaCl_2$溶液与3.0mol NaCl溶液的行为相类似。

水溶液活度系数

水溶液活度系数的定义：

$$\lg\gamma_i=\text{长程}+\text{短程} \tag{7-24}$$

长程：高度稀释溶液（例如，0.01mol/kg NaCl 溶液），其中离子之间距离足够远（相互作用可忽略），以至于只存在离子与溶剂之间的相互作用。

短程：随着浓度增大，除离子与溶剂之间的相互作用外，离子之间开始发生相互作用，即异性电价离子相互吸引，同性电价离子相互排斥。

长程项：

$$\ln\gamma_i = \frac{-z^2 A(T)\sqrt{I}}{1+\mathring{A}B(T)\sqrt{I}} \tag{7-25}$$

式中，Å 为离子尺寸参数；$A(T)$、$B(T)$为与水的介电常数有关的 Debye-Huckel 参数。在 25℃和 1atm 下（Helgeson et al，1974b）：$A(T)=0.5092\text{kg}^{1/2}/\text{mol}^{1/2}$；$B(T)=0.3283\text{kg}^{1/2}/\text{mol}^{1/2}\times 10^{-8}$。

短程项：

$$\sum_{j=1}^{nx^{\circ}}[b_{ij}(T,I)m_j] \tag{7-26}$$

式中，nx°为带异性电荷的离子数。

例如，对于 H_2O-CO_2-NH_3 体系，阳离子有 H^+、NH_4^+；阴离子有 OH^-、HCO_3^-、CO_3^{2-}、$NH_2CO_2^-$。其中 NH_4^+ 的短程项：

$$b_{11}(T,I)m_{HCO_3^-}+b_{12}(T,I)m_{CO_3^{2-}}+b_{13}(T,I)m_{OH^-}+b_{14}(T,I)m_{NH_2CO_2^-}$$

相互作用项即：11＝NH_4^+：HCO_3^-；12＝NH_4^+：CO_3^{2-}；13＝NH_4^+：OH^-；14＝NH_4^+：$NH_2CO_2^-$。

现代公式

Bromley-Meissner：半相关方程　在资料有限或缺失情况下，半相关方程（Bromley，1972；Meissner，1978）可用于预测或外推过剩性质。

（1）Bromley 活度模型：

$$\lg\gamma_{\pm} = \frac{-A|Z_+Z_-|\sqrt{I}}{1+\sqrt{I}} + \frac{(0.06+0.6B)|Z_+Z_-|I}{\left(1+\frac{1.5I}{|Z_+Z_-|}\right)^2} + BI \tag{7-27}$$

式中，A 为常数；I 为离子强度；B 为 Bromley 参数；γ 为平均活度系数；Z_+ 为阳离子电价；Z_- 为阴离子电价。

（2）Meissner 活度模型：

$$\Gamma = \gamma_{\pm}^{1/Z_+Z_-} \tag{7-28}$$

$$\Gamma^{\ominus} = [1.0+B(1.0+0.1I)^q - B]\Gamma^*$$

$$B = 0.75-0.065q$$

$$\lg\Gamma^* = \frac{-0.5107\sqrt{I}}{1+C\sqrt{I}}$$

$$C = 1.0+0.055q\times\exp(-0.02312I^3)$$

式中，Γ 为约化活度系数；q 为 Meissner 的 q 值；I 为离子强度。

约化活度系数 Γ 与离子强度 I 及 Meissner 模型之 q 值的关系如图 7-2 所示。

（3）Bromley-Zematis 活度模型。Zemaitis 等（1986）通过增加两个新项而拓展了 Bromley（1972）的模型。新的 Bromley-Zematis 活度模型如下：

$$\lg\gamma_{\pm} = \frac{-A|Z_+Z_-|\sqrt{I}}{1+\sqrt{I}} + \frac{(0.06+0.6B)|Z_+Z_-|I}{\left(1+\frac{1.5}{|Z_+Z_-|I}\right)^2} + BI + CI^2 + DI^3 \tag{7-29}$$

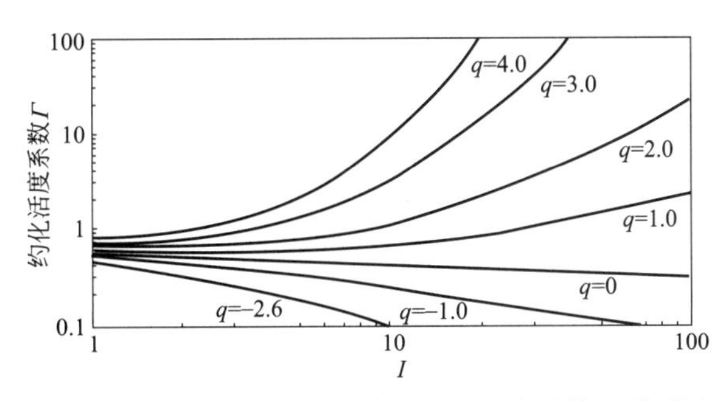

图 7-2 Meissner 模型的 q 值与约化活度系数 Γ 关系图

式中，C、D 是新增加的两项，其中 B、C、D 项均为温度 T(℃) 的函数：

$$B=B_1+B_2T+B_3T^2$$

$$C=C_1+C_2T+C_3T^2$$

$$D=D_1+D_2T+D_3T^2$$

Pitzer：高内插方程　该方程在某种程度上与模型相关（Pitzer et al，1978)，在基于大量文献数据检验作用模型时通常需要相当谨慎。

Pitzer 活度模型：

$$\ln\gamma_{\pm}=|Z_+Z_-|f^{\gamma}+m\left[\frac{2(\nu_+\nu_-)}{\nu}\right]B_{\pm}^{\gamma}+m^2\left[\frac{2(\nu_+\nu_-)^{1.5}}{\nu}\right]C_{\pm}^{\gamma} \tag{7-30}$$

式中，f^{γ} 为 Debye-Huckel 项；ν_+ 为阳离子化学计量系数；ν_- 为阴离子化学计量系数；$\nu=\nu_++\nu_-$；m 为摩尔质量浓度，mol/kg H_2O；$B_{\pm}^{\gamma}$ 为 Pitzer B 项，含可调整参数；$C_{\pm}^{\gamma}$ 为 Pitzer C 项，含可调整参数。

Helgeson：有限域方程　Helgeson 活度模型（Helgeson et al，1981)：

$$\lg\overline{\gamma}_{\pm}=\frac{-A_{\gamma}|Z_iZ_l|\sqrt{\overline{I}}}{1+a_0B_{\gamma}\sqrt{\overline{I}}}+\Gamma_{\gamma}+\left(\frac{\omega_k}{\nu_k}\sum_k b_kY_k\overline{I}+\frac{\nu_{i,k}}{\nu_k}\sum_l\frac{b_{il}\overline{Y}_l\sqrt{\overline{I}}}{\Psi_l}+\frac{\nu_{l,k}}{\nu_k}\sum_i\frac{b_{il}\overline{Y}_l\sqrt{\overline{I}}}{\Psi_i}\right) \tag{7-31}$$

式中，A_{γ}，按照 Helgeson 的 Debye-Huckel 常数；Z_i，阳离子电荷；Z_l，阴离子电荷；a_0，离子尺寸参数；B_{γ}，按照 Helgeson 的扩展 Debye-Huckel 参数；$\overline{I}$，含络合作用效应的实际离子强度；Γ_{γ}，摩尔活度至摩尔分数活度转换；ω_k，物种 k 对溶剂的静电效应；ν_k，电解质物质的量（加和)；$\nu_{i,k}$，每摩尔电解质的阳离子物质的量；$\nu_{l,k}$，每摩尔电解质的阴离子物质的量；b_{il}，离子-离子相互作用调整参数；$\overline{Y}_i$，实际阳离子的离子强度分数；$\overline{Y}_l$，实际阴离子的离子强度分数；Ψ_i，1/2 阳离子电荷；Ψ_l，1/2 阴离子电荷。

中性物质

溶解于水中的中性分子会受到溶液中其他物种的影响，气体的盐溶和盐析可作为典型实例。当氧气溶解于纯水中时具有标准溶解度，但若加入盐，则溶解度相应减小（图 7-3)。在此例中，这种现象最可能是由 Na^+ 和 Cl^- 两者与中性 O_2 分子之间的相互作用所致。

Setschenow 活度模型　该模型表征了称为盐溶/盐析的现象，公式以在恒温条件下气体在纯水与水盐溶液之间的溶解度之比值来表示（Setschenow，1889)，即：

$$\ln\gamma_{aq}=\frac{S_0}{S_S}=km_S \tag{7-32}$$

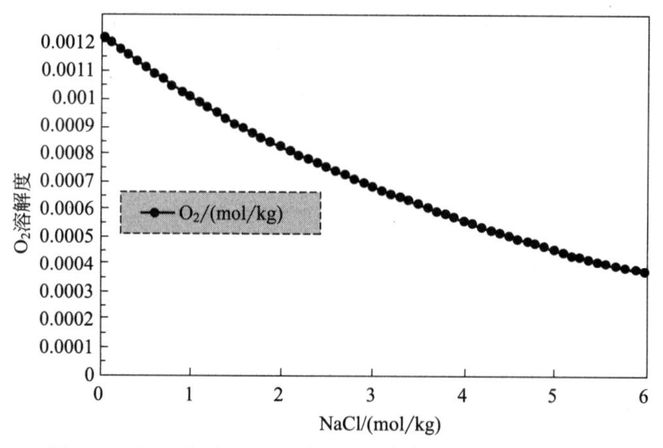

图 7-3 在 25℃和 1atm 下 NaCl 溶液中 O_2 的溶解度图

式中，S_0 为气体在纯水中的溶解度；S_S 为气体在水盐溶液中的溶解度；k 为 Setschenow 系数；m_S 为水盐溶液的浓度。

在此条件下，k 近似等于－0.0002。遗憾的是，该法仅适用于单一温度条件下。

Pitzer 活度模型 这是较之 Setschenow 模型更为精确的方法，温度和成分效应可由下式模拟（Pitzer et al，1975；1974；Silvester et al，1977；1978）：

$$\ln\gamma_{aq}=2\beta_{0(m-m)}m_m+2\beta_{0(m-s)}m_s \tag{7-33}$$

式中，$\beta_{0(m-m)}$ 为分子-分子相互作用可调整参数（温度的函数）；$\beta_{0(m-s)}$ 为分子-离子相互作用可调整参数（温度的函数）；m_s 为中性分子的浓度。

5. 多相平衡模型

固液平衡

总的平衡方程：

$$S_i=p_1P_1+p_2P_2+\cdots p_pP_p \tag{7-34}$$

实例：

$$NaCl(cr)═══Na^+(aq)+Cl^-(aq)$$

$$CaSO_4\cdot 2H_2O(cr)═══Ca^{2+}(aq)+SO_4^{2-}(aq)+2H_2O$$

固相热力学性质：

$$\overline{G}_{Si}=\overline{G}_{Si}^R+\overline{S}_{Si}^R(T-T^R)+\int_{T^R}^{T}C_p\mathrm{d}T+\int_{T^R}^{P}V\mathrm{d}P \tag{7-35}$$

$$C_p=a_1+a_2T+a_3T^{-2}$$

$$V=b_1$$

在通常模拟条件下，固相的压缩系数保持定值；

$$\lg K_{SP}(T,P)=A+\frac{B}{T_K}+CT_K+DT_K^2+E+FP+GP^2 \tag{7-36}$$

气液平衡

混合状态方程模型（Mixed EOS Model），总的热力学方程：

$$\overline{G}_{Vi}=\overline{G}_{Aqi} \tag{7-37}$$

$$\overline{G}_{Vi}^{\ominus}+RT\ln(\phi_{Vi}y_iP)=\overline{G}_{Aqi}^{\ominus}+RT\ln(\gamma_im_i) \tag{7-38}$$

$$a_{Aqi}=\gamma_im_i \tag{7-39}$$

$$f_{Vi}=\phi_{Vi}y_iP \tag{7-40}$$

气相的参考状态为理想气体。

$$\overline{G}_{Vi}^{\ominus}+RT\ln(f_{Vi})=\overline{G}_{Aqi}^{\ominus}+RT\ln(a_{Aqi}) \tag{7-41}$$

$$K=\exp\left[\frac{\overline{G}_{Aqi}^{\ominus}-\overline{G}_{Vi}^{\ominus}}{RT}\right]=\frac{a_{Aqi}}{f_{Vi}} \tag{7-42}$$

非水液体-水溶液平衡

$$\overline{G}_{Li}=\overline{G}_{Aqi} \tag{7-43}$$

$$\overline{G}_{Vi}^{\ominus}+RT\ln(\phi_{Li}x_iP)=\overline{G}_{Aqi}^{\ominus}+RT\ln(\gamma_im_i) \tag{7-44}$$

非水液体的参考状态为理想气体蒸气。

$$f_{Li}=\phi_{Li}x_iP \tag{7-45}$$

$$\overline{G}_{Vi}^{\ominus}+RT\ln(f_{Li})=\overline{G}_{Aqi}^{\ominus}+RT\ln(a_{Aqi}) \tag{7-46}$$

$$K=\exp\left[\frac{\overline{G}_{Aqi}^{\ominus}-\overline{G}_{Li}}{RT}\right]=\frac{a_{Aqi}}{f_{Li}} \tag{7-47}$$

6. OLI 热力学模型局限性

传统的 OLI 水溶液模型（不含 MSE 模型），其适用范围限定如下：

对于水溶液相，模型适用范围：$X_{H_2O}>0.65$；$-50℃<T<300℃$；$0atm<P<1500atm$；$0<I<30$。

对于非水液体，尚无单独的活度系数模型（无 NRTL，Unifaq/Uniqac）。非水液体和蒸气逸度系数由改进的 SRK 状态方程（Soave，1972）来确定。

蒸气临界参数（T_c，P_c，V_c，ω）与求解逸度系数有关，系数 ω 与前述 Helgeson 方程中的 ω 项不同。

7. 定标趋势

问题 3：何谓定标趋势？定标趋势定义为真实溶液的溶度积与基于热力学平衡常数的热力学极值之比值。

例如，考虑 $NaHCO_3$ 的溶解反应：

$$NaHCO_3(s) \longrightarrow Na^+ + HCO_3^-$$

离子活度积（IAP）定义为特定离子活度的乘积。对于上例，离子系由特定固体的分解作用所形成。考虑浓度为 1.0mol/kg 的 $NaHCO_3$ 溶液：

$$IAP=\gamma_{Na^+}m_{Na^+}\gamma_{HCO_3^-}m_{HCO_3^-}$$

假定离子具有理想溶液活度，即：$\gamma_{Na^+}=1.0$，$\gamma_{HCO_3^-}=1.0$，$m_{Na^+}=1.0$，$m_{HCO_3^-}=1.0$；则有：

$$IAP=(1.0)\cdot(1.0)\cdot(1.0)\cdot(1.0)=1.0$$

溶度积（K_{SP}）即是离子可用性的热力学极值：$K_{SP}=0.403780$。由此，定标趋势（ST）即为可用离子与热力学极值之比，即 $ST=IAP/K_{SP}$；则有：

$$ST=1.0/0.403780=2.48$$

问题 4：假定理想条件是否正确？实际离子浓度和活度系数为：$\gamma_{Na^+}=0.598$；$\gamma_{HCO_3^-}=0.596$；$m_{Na^+}=0.894$；$m_{HCO_3^-}=0.866$。由此，获得如下不同的 IAP 值：$IAP=(0.598)\cdot(0.894)\cdot(0.596)\cdot(0.866)=0.276$；故新的定标趋势为：

$$ST=\frac{IAP}{K_{SP}}=\frac{0.276}{0.40378}=0.683$$

问题 5：为何离子浓度不等于 1.0mol/kg？物种形成与化学平衡趋向于形成络合物，从而导致碳酸盐离子生成沉淀。

本例中，则有：$CO_2^0=0.016$mol/kg；$NaHCO_3^0=0.101$mol/kg；$CO_3^{2-}=0.012$mol/kg；$Na\,CO_3^-=0.004$mol/kg。

定标趋势的意义：（1）若 ST＜1，固相呈不饱和；（2）若 ST＞1，固相呈过饱和；（3）若 ST＝1，则固相呈饱和状态。

趋势指数定义为：

$$SI=\lg(ST) \tag{7-48}$$

问题 6：何谓 TRANGE？TRANGE 是一种关于固相拟合为多项式而不是纯粹热力学形式的称谓。其多项式具有如下函数形式：

$$\lg K=A+B/T+CT+DT^2 \tag{7-49}$$

现已知，多项式可能出现无法正确地外推情形，从而导致错误的定标趋势预测。故其应用范围通常限定在建模资料集之内。

例如考虑 Na_2CO_3-H_2O 体系，其中包括 4 种固相（表 7-1）。

表 7-1 碳酸钠水合物相变范围温度范围

固相	温度范围/℃
$Na_2CO_3 \cdot 10H_2O$	0～35
$Na_2CO_3 \cdot 7H_2O$	35～37
$Na_2CO_3 \cdot H_2O$	37～109
Na_2CO_3	109～350

由上表可见，随温度升高，这些固相的存在形式相应改变，每种固相被拟合为多项式(7-49)。若将含较多水分子的固相外推至含较少水分子固相的稳定区时，则可能出现错误结果（图 7-4）。

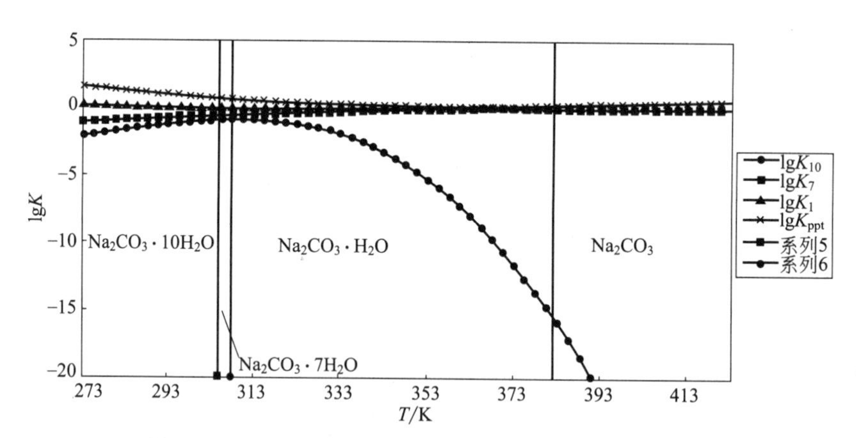

图 7-4 Na_2CO_3 固体的 lgK 对温度图解（lgK 已外推）

由图 7-4 可见，十水碳酸钠不能很好地外推至高温区。如果关注 350K，若假定允许模型中包括该固相，则计算的平衡将覆盖一水碳酸钠相区。由于十水碳酸钠超出其稳定存在的温度范围，因而将从上述多项式中删除。

8. 渗透压计算

在 OLI system 软件中，采用传统方法来计算渗透压，即：

$$\pi=-RT\ln a_{H_2O}V_{H_2O} \tag{7-50}$$

式中，π 为渗透压；R 为气体常数；T 为温度；a_{H_2O} 为在温度 T 下水的活度；V_{H_2O} 为在温度 T 下水的偏摩尔体积。

总之，对于模拟水溶液体系，求解平衡常数是一个重要因素。OLI System 软件已提供了精准的热力学模型框架，以支持此类模拟计算。

第二节　钾长石碱液分解反应

富钾正长岩的钾矿物均为微斜长石，含量达 70%～95%。次要钾铝矿物有霞石、白霞石、钠沸石、白云母等，含少量副矿物钙铁榴石、磁铁矿、榍石、磷灰石等（马鸿文等，2005；2010）。

1. 水热碱法关键反应

$KAlSi_3O_8$-NaOH-H_2O 体系

霞石正长岩、假榴正长岩、角闪正长岩、霓辉正长岩和黑云正长岩等钾矿石，主要铁镁矿物有钙铁榴石、镁钠闪石、霓辉石和黑云母，在 NaOH 碱液中均稳定存在（马鸿文，2018）；富钾矿物微斜长石和白云母，在 NaOH≤3.0mol/L 碱液水热处理过程中生成方沸石相（Ma et al，2015；Yuan et al，2016；Ma & Yang et al，2015）：

$$6KAlSi_3O_8+12NaOH=3Na_2[AlSi_2O_6]_2\cdot 2H_2O\downarrow+3Na_2SiO_3+3K_2SiO_3 \tag{7-51}$$

$$6NaAlSi_3O_8+12NaOH=3Na_2[AlSi_2O_6]_2\cdot 2H_2O\downarrow+6Na_2SiO_3 \tag{7-52}$$

$$KAl_2[AlSi_3O_{10}](OH)_2+3Na_2SiO_3+3.5H_2O=1.5Na_2[AlSi_2O_6]_2\cdot 2H_2O\downarrow+3NaOH \tag{7-53}$$

而在 NaOH>3.0mol/L 碱液处理过程中，则生成羟钙霞石相（Ma et al，2015；Ma et al，2016）：

$$6KAlSi_3O_8+26NaOH=Na_8[Al_6Si_6O_{24}](OH)_2\cdot 2H_2O\downarrow+9Na_2SiO_3+3K_2SiO_3+10H_2O \tag{7-54}$$

$$6NaAlSi_3O_8+26NaOH=Na_8[Al_6Si_6O_{24}](OH)_2\cdot 2H_2O\downarrow+12Na_2SiO_3+10H_2O \tag{7-55}$$

$$2KAl_2[AlSi_3O_{10}](OH)_2+8NaOH+3.5H_2O=Na_8[Al_6Si_6O_{24}](OH)_2\cdot 2H_2O\downarrow+2H_2O \tag{7-56}$$

上列两组反应相当于钾长石结构中分别脱除 1/3 和 2/3 的 SiO_2，K_2O 近于全部溶出。所得 $(Na,K)_2SiO_3$ 滤液加入适量 $Ca(OH)_2$，发生如下苛化反应（Ma et al，2015；Ma et al，2016）：

$$(Na,K)_2SiO_3+Ca(OH)_2+nH_2O=CaSiO_3\cdot nH_2O\downarrow+2(Na,K)OH \tag{7-57}$$

所得水合硅酸钙经过滤、洗涤、干燥，制得沉淀硅酸钙产品；(Na,K)OH 滤液部分循环利用，其余通入 CO_2，经蒸发、结晶过程，制备工业碳酸钾，副产工业碳酸钠（Ma et al，2005；Yin et al，2017）。羟钙霞石滤饼中可含未反应的霞石相，可用于提取工业氧化铝

（马鸿文等，2010；马鸿文，2010）。

$KAlSi_3O_8$-KOH-H_2O 体系

水热条件下，钾长石、白云母在 KOH 碱液中发生如下分解反应(Su et al，2014；马鸿文等，2014a；2014b)：

$$K[AlSi_3O_8]+4KOH \xlongequal{} K[AlSiO_4]\downarrow+2K_2SiO_3+2H_2O \tag{7-58}$$

$$KAl_2[AlSi_3O_{10}](OH)_2+2KOH \xlongequal{} 3K[AlSiO_4]\downarrow+2H_2O \tag{7-59}$$

反应过程钾长石结构中脱除 2/3 的 SiO_2。所得 K_2SiO_3 碱液以石灰乳苛化，重新生成 KOH 溶液，实现循环利用。固相产物为六方钾霞石（Su et al，2012），易溶于酸性介质中，故可方便地加工成硫酸钾、硝酸钾等钾盐。

$KAlSi_3O_8$-$Ca(OH)_2$-H_2O 体系

在水热条件下，以 $Ca(OH)_2$ 碱液处理富钾正长岩粉体，主要发生如下分解反应(张盼等，2005；彭辉，2008)：

$$4KAlSi_3O_8+13Ca(OH)_2+H_2O \xlongequal{}$$
$$2Ca_5Si_5AlO_{16.5}\cdot 5H_2O\downarrow+Ca_3Al_2[SiO_4]_2(OH)_4\downarrow+4KOH \tag{7-60}$$

反应产物主要为雪硅钙石球形团聚体，可用于生产硅酸钙保温材料（张盼等，2005）。所得 KOH 溶液浓度较低，为降低蒸发能耗，可直接向浆料中加入硝酸及硝酸钾来制备农用生态型硝酸钾（彭辉，2008）；或直接利用 KOH 溶液与褐煤反应，以制取腐殖酸钾（郭若禹等，2017）。

2. 水热碱法反应相平衡

选取代表性霞石正长岩（GS-11）、黑云正长岩（SK-15）、霓辉正长岩（LN-07）和白云母正长岩（HW-12）为实例（马鸿文等，2018），对水热碱法反应相平衡进行热力学模拟。各矿物端员组分含量见表 7-2。

表 7-2　典型富钾正长岩矿石中矿物端员组分的摩尔分数

矿物端员	晶体化学式	摩尔质量/(g/mol)	矿石样品			
			GS-11	SK-15	LN-07	HW-12
钾长石	$KAlSi_3O_8$	278.3316	0.545	0.876	0.729	0.758
钠长石	$NaAlSi_3O_8$	262.2230	0.004	0.044	0.078	0.000
钙长石	$CaAl_2Si_2O_8$	278.2073	0.009	0.029	0.000	0.000
石英	Si_4O_8	240.3372	0.000	0.022	0.144	0.079
白云母	$KAl_2[AlSi_3O_{10}](OH)_2$	398.3081	0.000	0.000	0.000	0.145
金云母	$KMg_3[AlSi_3O_{10}](OH)_2$	417.2600	0.009	0.016	0.000	0.000
羟铁云母	$KFe_3[AlSi_3O_{10}](OH)_2$	511.8800	0.014	0.003	0.000	0.000
霞石	$NaAlSiO_4$	142.0544	0.317	0.000	0.000	0.000
钾霞石	$KAlSiO_4$	158.1630	0.082	0.000	0.000	0.000
霓石	$NaFeSi_2O_6$	231.0022	0.000	0.000	0.020	0.000
透辉石	$CaMgSi_2O_6$	216.5504	0.000	0.000	0.027	0.000
钙铁辉石	$CaFeSi_2O_6$	248.0904	0.000	0.000	0.002	0.000
钙铁榴石	$Ca_3Fe_2Si_3O_{12}$	667.8615	0.011	0.000	0.000	0.000
钙铝榴石	$Ca_3Al_2Si_3O_{12}$	450.4464	0.008	0.000	0.000	0.000
磁铁矿	Fe_3O_4	231.5326	0.001	0.008	0.000	0.018

采用 OLI Analyzer 9.2 软件模拟，其中 NaOH-H_2O 体系选用混合电解质溶液模型（MSE），KOH-H_2O、$Ca(OH)_2$-H_2O 体系选用稀溶液模型（AQ），以 1000g 水为基准，“Bubble Point”计算方式。影响相平衡的主要因素有初始碱液浓度、反应温度和水固质量比。各因素取值范围：初始碱液浓度（mol/kg-H_2O）NaOH 2～8，KOH 2～8，$Ca(OH)_2$ 0.405～0.607；反应温度，180～300℃；水固质量比，NaOH-H_2O 体系 2～8，KOH-H_2O 体系 2～8，$Ca(OH)_2$-H_2O 体系 10～40。主要计算结果归纳于表 7-3。

表 7-3 富钾正长岩水热碱法反应相平衡模拟与实验结果对比

体系	碱液组成	NaOH-H_2O		KOH-H_2O		$Ca(OH)_2$-H_2O	
	矿石样品	GS-11	SK-15	LN-07	SK-15	HW-12	SK-15
理论模拟	碱液浓度/(mol/kg)	4.0～6.0	2.0～2.5	4.0～6.0	4.0～6.0	0.46～0.51	0.46～0.51
	反应温度/℃	240～300	220～260	260～300	260～300	210～300	210～300
	水固质量比	2.0～3.0	5.5～8.0	2.0～4.0	2.0～4.0	10～40	10～40
	新生固相/mol	羟钙霞石 0.128	方沸石 0.567	钾霞石 1.082	钾霞石 1.121	雪硅钙石 0.098	雪硅钙石 0.098
	平衡液相①	5.0/260/3.0	2.5/260/6.0	4.0/260/3.0	4.0/260/3.0	0.486/260/20	0.486/260/20
	K_2O/mol	0.369	0.260	1.977	1.960	0.076	0.078
	Na_2O/mol	1.826	0.997	0.024	0.062	0.002	0.009
	Al_2O_3/mol	0.001	0.004	0.001	0.001	0.047	0.037
	SiO_2/mol	1.557	0.573	2.300	2.275	0.002	0.022
实验结果	新生固相/mol	羟钙霞石 0.122	方沸石 0.569	钾霞石 1.086	钾霞石 1.119	雪硅钙石 0.100	雪硅钙石 0.106
	共存液相						
	K_2O/mol	0.329	0.261	1.982	1.992	0.074	0.077
	Na_2O/mol	1.961	1.023	0.032	0.055	0.000	0.007
	Al_2O_3/mol	0.040	0.000	0.008	0.065	0.024	0.011
	SiO_2/mol	1.464	0.609	2.424	2.149	0.051	0.042

①平衡液相条件为初始碱液浓度（mol/kg）/反应温度（℃）/水固质量比。

模拟结果：①初始碱液浓度是影响固相组成、含量及液相组分浓度的主要因素，代表性结果见图 7-5；水固比通过影响碱液浓度而影响相平衡；反应温度主要影响富钾矿物相的分解速率，即影响反应动力学（项婷等，2015）。②在固定初始碱液浓度和水固比条件下，反应温度对相平衡结果影响不明显。③在较高碱液浓度和温度条件下，硅酸钠钾液相析出 $K_2[Si_2O_5]$ 固相（图 7-5a～c）；但在实验操作的较低温度下该固相消失，故在表 7-3 中计入液相。

参照表 7-3 中的模拟结果，进行代表性富钾正长岩的水热碱法反应实验验证。实验方法参见已发表文献（马鸿文等，2014b；张盼等，2005），实验条件同模拟固液平衡的优化条件，所得固相产物的摩尔数及共存液相的组分浓度一并列入表 7-3 中。

对比热力学模拟与实验结果（表 7-3）可见：①实验结果与模拟结果接近一致；②水热碱法反应过程中，Al_2O_3 组分优先进入平衡固相，其在共存液相中的浓度可忽略；③在 NaOH、$Ca(OH)_2$ 碱液体系，K_2O 组分优先进入液相，溶出率分别达 85.6%～93.2%和 96.2%～98.0%（Ma et al，2016；马鸿文等，2014b）；④而在 KOH 碱液体系，K_2O 组分全部进入钾霞石相，在后续制取硫酸钾或硝酸钾过程中，K_2O 溶出率达 94.0%以上（苏双青，2014；马鸿文等，2014a；原江燕，2019）。

综上所述，水热碱法过程可实现富钾正长岩中 K_2O 组分的高效溶出，同时使硅铝组分

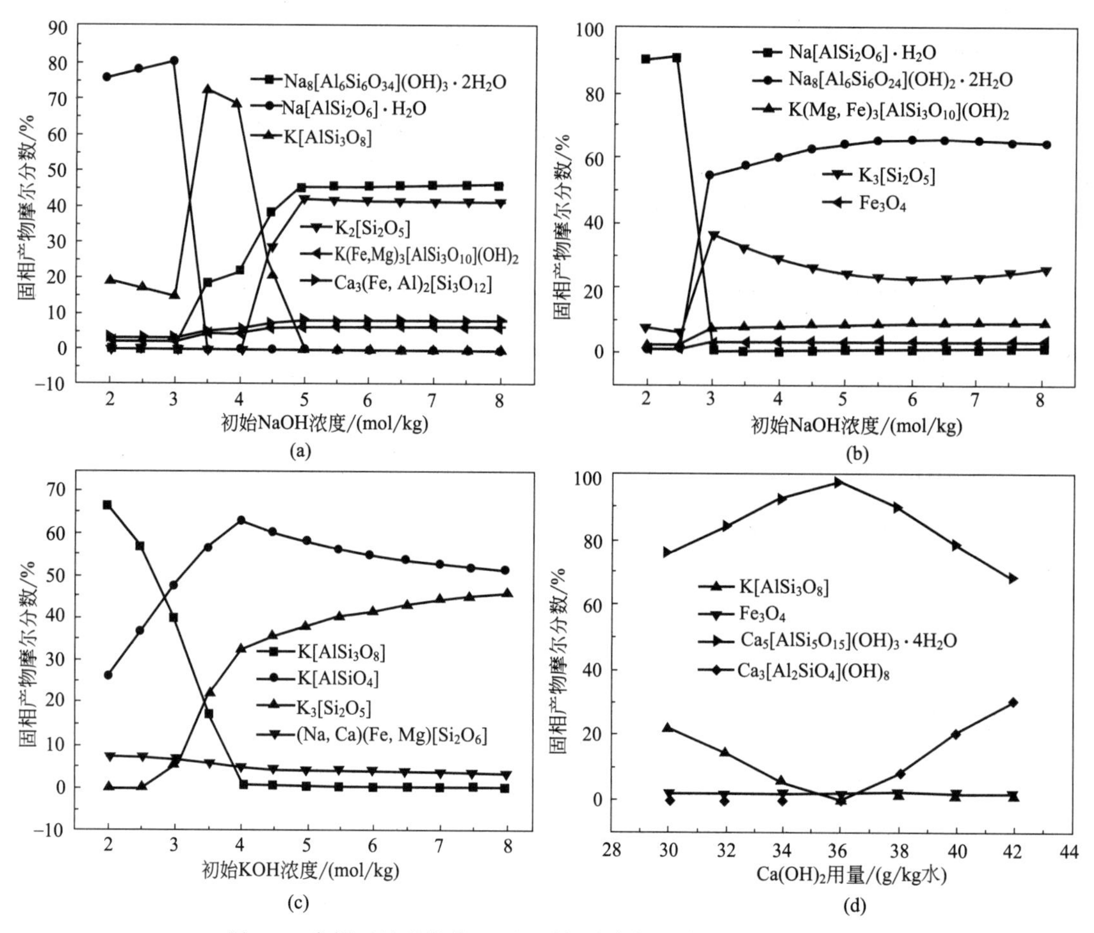

图 7-5 富钾正长岩粉体 260℃下相平衡与初始碱液浓度关系图

(a) GS-11（水固比 3）；(b) SK-15（水固比 6）；(c) LN-07（水固比 3）；(d) HW-12（水固比 20）

晶化为钠-钙硅酸盐或铝硅酸盐类产品（方沸石，雪硅钙石），或用作提取氧化铝的原料（羟钙霞石）（杨静等，2019），为避免固体废物排放、实现资源利用率最大化提供了可能。

第三节 钾霞石酸解晶化反应

钾霞石属于似长石矿物，在酸性介质中其结构极易破坏。采用 OLI Analyzer 9.6 软件，对 $KAlSiO_4$-HNO_3-H_2O 体系进行化学平衡模拟。基于模拟结果，调节反应体系中硝酸与钾霞石的摩尔比，以在 210～250℃下溶出 2/3 K^+ 的同时，使酸解产物水热晶化为纳米白云母。

1. 酸解晶化反应原理

在液相中 H^+ 的作用下，钾霞石主要发生如下溶解-晶化反应(原江燕，2019)：

$$3KAlSiO_4(\text{钾霞石})+2H^+ \!=\!=\!= KAl_2[AlSi_3O_{10}](OH)_2(\text{白云母})+2K^+ \quad (7\text{-}61)$$

显然，影响以上反应的 Gibbs 自由能变化的主要离子为 H^+ 和 K^+。实际上，反应(7-61)可视为两步：①钾霞石在硝酸作用下的溶解过程；②溶解产物硅铝络合物离子在水热条件下生成白云母的晶化过程。

2. 多相化学平衡模拟

采用 OLI Analyzer 9.6 软件，选用 MSE 混合电解质模型，多点“bubble point”计算方法，对 $KAlSiO_4$-HNO_3-H_2O 体系进行多相化学平衡模拟，旨在为后期实验设计提供依据。

$n(HNO_3)/n(KAlSiO_4)$摩尔比

设定 H_2O 为 1000g，钾霞石 158g，反应温度 250℃，HNO_3 0.0～1.2mol；模拟结果见表 7-4（原江燕，2019）。在 $n(HNO_3)/n(KAlSiO_4)<0.67$ 范围，随硝酸用量逐渐增加，平衡固相中钾霞石含量相应减少直至完全消失，白云母含量增至最大值 0.33mol；而在 $0.67<n(HNO_3)/n(KAlSiO_4)<1.0$ 范围，则随硝酸用量逐渐增加，固相中白云母含量相应减少，而高岭石含量增至最大值 0.5mol；至 $n(HNO_3)/n(KAlSiO_4)>1.0$ 时，高岭石为唯一稳定存在的结晶相（图 7-6a）。随 $n(HNO_3)/n(KAlSiO_4)$摩尔比增大，平衡液相中 K^+、NO_3^- 浓度呈线性增加，其他离子浓度如 SiO_2(aq)、H_3O^+ 均保持较低水平变化（图 7-6b）。

表 7-4　$KAlSiO_4$-HNO_3-H_2O 体系 250℃ 固液相平衡模拟结果

HNO_3 /mol	固相组成/mol				液相组成/mol				pH
	$KAlSiO_4$	$Al_2[Si_2O_5](OH)_4$	$KAl_2[AlSi_3O_{10}](OH)_2$	AlO(OH)	NO_3^-	K^+	SiO_2(aq)	HNO_3(aq)	
0.00	0.991	0.000	0.002	0.000	0.000	0.006	0.001	0.000	8.70
0.50	0.250	0.000	0.250	0.000	0.500	0.500	0.000	0.000	7.08
0.60	0.100	0.000	0.300	0.000	0.600	0.600	0.000	0.000	7.02
0.64	0.040	0.000	0.320	0.000	0.640	0.640	0.000	0.000	7.00
0.67	0.000	0.000	0.331	0.007	0.670	0.669	0.007	0.000	3.28
0.70	0.000	0.030	0.309	0.013	0.699	0.691	0.013	0.002	2.39
0.73	0.000	0.074	0.280	0.013	0.728	0.721	0.013	0.002	2.37
0.78	0.000	0.148	0.230	0.013	0.778	0.770	0.013	0.002	2.35
0.82	0.000	0.208	0.191	0.013	0.818	0.809	0.013	0.002	2.33
0.86	0.000	0.267	0.151	0.013	0.858	0.849	0.013	0.002	2.31
0.90	0.000	0.326	0.112	0.013	0.898	0.888	0.013	0.002	2.30
0.94	0.000	0.385	0.072	0.013	0.938	0.928	0.013	0.002	2.28
0.98	0.000	0.445	0.033	0.013	0.977	0.967	0.013	0.003	2.26
1.00	0.000	0.474	0.013	0.013	0.997	0.987	0.013	0.003	2.25
1.05	0.000	0.494	0.000	0.013	1.039	1.000	0.013	0.011	1.67

反应温度

设定 H_2O 为 1000g，钾霞石 158g，HNO_3 0.67mol，反应温度 160～300℃；模拟结果见图 7-7。在模拟条件下，温度对合成白云母的产率无明显影响，而高岭石、勃姆石含量接近于 0；说明在热力学上，160℃下即可发生钾霞石至白云母相转变（图 7-7a）。在该反应体系中，共存液相的 pH 值随反应温度升高而逐渐增大；表明在不同晶化温度下，与白云母平衡共存液相的 pH 值有所不同。相应地，液相中主要离子 NO_3^-、K^+ 的浓度在模拟温区近于保持恒定（图 7-7b）。

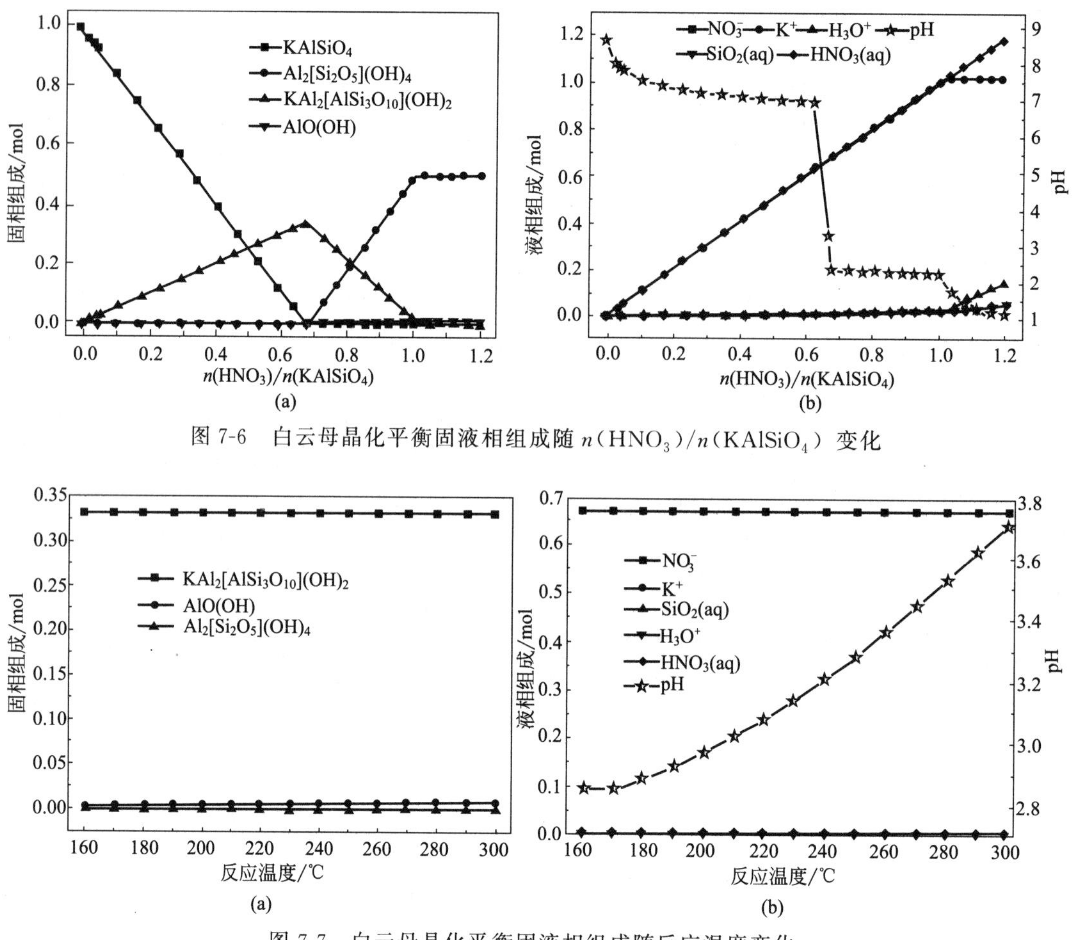

图 7-6　白云母晶化平衡固液相组成随 $n(HNO_3)/n(KAlSiO_4)$ 变化

图 7-7　白云母晶化平衡固液相组成随反应温度变化

水固质量比

设定取钾霞石 158g，HNO_3 0.67mol，反应温度 250℃，H_2O 158～3160g（水固质量比 1～20，相当于 HNO_3 4.2～0.2mol/1000g-H_2O）。模拟结果显示，当水固质量比较小时，平衡固相中勃姆石含量接近于 0。随水固质量比增大，硝酸浓度相应降低，固相中勃姆石含量相应有所增加，而白云母含量略有减少（图 7-8a）。随水固质量比增大，液相 pH 值

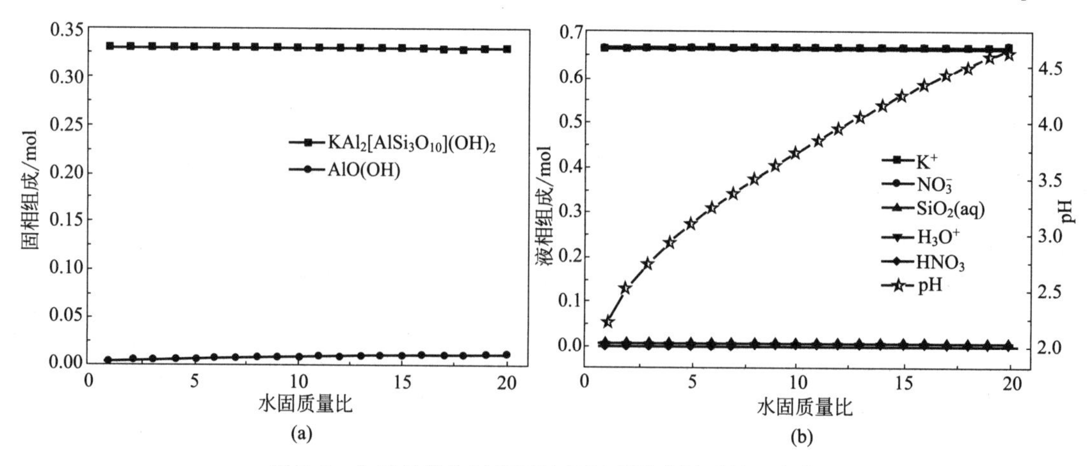

图 7-8　白云母晶化平衡固液相组成随水固质量比变化

随之增大，$SiO_2(aq)$ 浓度基本不变（图 7-8b），溶出的 Al^{3+} 生成少量勃姆石。

3. 晶化实验产物表征

实验原料为合成的纯相钾霞石粉体（KA-16），晶格常数：$a_0=b_0=0.5165$nm，$c_0=0.8709$nm。晶体化学式：$(K_{0.975}Na_{0.006}Ca_{0.007}Mg_{0.004})[Fe^{3+}_{0.003}Ti_{0.003}Al_{0.930}Si_{1.010}O_4]$。

实验方法：称取一定量的钾霞石粉体，按照 $n(HNO_3)/n(KAlSiO_4)=0.71$、水固质量比为 10，配制 HNO_3 溶液，加入 0.01mol/L 醋酸作为缓冲溶液。将反应物料混合均匀，转移至 100mL PTFE 材质反应釜，置于高温均相反应器中。在 250℃下恒温反应 24h 后，冷却反应釜，浆料过滤，热水洗涤滤饼至中性，在 110℃下干燥 18h 后取出，对其进行表征。

对合成白云母粉体（KN-03）的 X 射线衍射数据进行指标化，其晶格常数为：$a_0=0.5182$nm，$b_0=0.8995$nm，$c_0=1.0260$nm；$\beta=100°48'$；1M 多型。依据化学成分分析结果，计算晶体化学式为：

$$(K_{0.902}Na_{0.004}Ca_{0.008})(Mg_{0.008}Mn_{0.001}Fe^{3+}_{0.086}Al_{1.675}Ti_{0.023})[Al_{1.147}Si_{2.853}O_{10}](OH)_2$$

合成纳米白云母粉体为单一物相，微观形态呈近自形六方片状晶体，片径大多介于 200～300nm，单片层厚度 20～40nm（原江燕，2019；Yuan et al，2018）。

第四节　硬硅钙石水热晶化反应

钾长石在 KOH 碱液中可脱去 2/3 的 SiO_2 而转变为纯相钾霞石，用于制取硫酸钾、硝酸钾等（苏双青，2014；原江燕，2019）。所得硅酸钾碱液加入石灰乳苛化，生成水合硅酸钙沉淀，水热晶化为针状硬硅钙石，作为制备针状硅灰石的前驱体（罗征，2017）。采用 OLI Analyzer 9.2 软件，模拟 K_2O-CaO-SiO_2-H_2O 体系多相化学平衡，通过实验水热合成硬硅钙石，以制备高长径比针状硅灰石粉体。

1. 水热晶化反应原理

钾长石水热碱法分解滤液成分主要为硅酸钾，SiO_2 浓度为 100～150g/L。实验用硅酸钾碱液的化学成分分析结果见表 7-5。

表 7-5　硅酸钾碱液化学成分分析结果/（g/L）

样品号	SiO_2	TiO_2	Al_2O_3	Fe_2O_3	MgO	CaO	Na_2O	K_2O	P_2O_5
DFL-1	110.70	0.09	0.21	0.14	0.01	0.04	3.60	179.59	0.03

由硅酸钾碱液水热合成硬硅钙石，主要发生如下化学反应（罗征，2017）：

$$6K_2SiO_3+6Ca(OH)_2+H_2O \xlongequal{} Ca_6Si_6O_{17}(OH)_2\downarrow(\text{硬硅钙石})+12KOH \quad (7\text{-}62)$$

上列反应可视为两步：(1) 硅酸钾碱液加入石灰乳，首先发生苛化反应，生成水合硅酸钙沉淀 $CaO\cdot SiO_2\cdot nH_2O$；(2) 在水热碱液作用下，水合硅酸钙发生晶化反应，转变为硬硅钙石结晶相。

2. 多相化学平衡模拟

采用电解质溶液热力学软件 OLI Analyzer 9.2，以 1000g 水为基准，模拟 K_2O-CaO-

SiO_2-H_2O 体系硬硅钙石晶化反应相平衡。选用混合电解质模型（MSE），“Bubble Point”计算方式。相关物质的热力学数据取自“MSEPUB”和“CORROSION”数据库。

$n(CaO)/n(SiO_2)$摩尔比

设定水热反应温度为 180℃，液固质量比 20，$n(CaO)/n(SiO_2)$ 变化于 0.6～1.5，模拟结果见图 7-9。在 $n(CaO)/n(SiO_2)=0.6\sim1.3$ 范围，均有硬硅钙石相生成；$n(CaO)/n(SiO_2)\leqslant0.7$ 时，出现雪硅钙石 [$Ca_5Si_6(OH)O_{16.5}\cdot5H_2O$] 共生；$n(CaO)/n(SiO_2)\geqslant0.9$ 时，共生相为变针硅钙石（$Ca_4Si_3O_9(OH)_{20}\cdot5H_2O$）；至 $n(CaO)/n(SiO_2)\geqslant1.3$ 时，则出现羟钙石相 [$Ca(OH)_2$]。因此，在设定反应条件下，获得硬硅钙石纯相的 $n(CaO)/n(SiO_2)$区间为 0.7～0.9，而非其化学计量比 1.0。此乃因 KOH 存在，使 K_2O-CaO-SiO_2-H_2O 体系达到固液平衡时，液相中仍有少量 SiO_2 以 $HSiO_3^-$ 和 $H_2SiO_4^{2-}$ 形式存在（Babushkin et al，1985）所致。

反应温度

设定 $n(CaO)/n(SiO_2)$ 为 0.9，液固质量比 20，反应温度为 120～260℃，模拟 K_2O-CaO-SiO_2-H_2O 体系硬硅钙石晶化反应平衡固液相组成随反应温度的变化（图 7-10）。结果显示，当反应温度高于 140℃时，生成硬硅钙石晶相；但在温度≤160℃时，出现雪硅钙石相共生；当温度≤180℃时，则有变针硅钙石相生成。故为获得硬硅钙石纯相，应控制晶化温度在 180℃以上。

在设定晶化反应温区，液相中 SiO_2 仍以 $HSiO_3^-$ 和 $H_2SiO_4^{2-}$ 两种形式存在。且随反应温度升高，$H_2SiO_4^{2-}$ 浓度略有降低，而 $HSiO_3^-$ 浓度相应有所升高，SiO_2 总浓度略有减小。

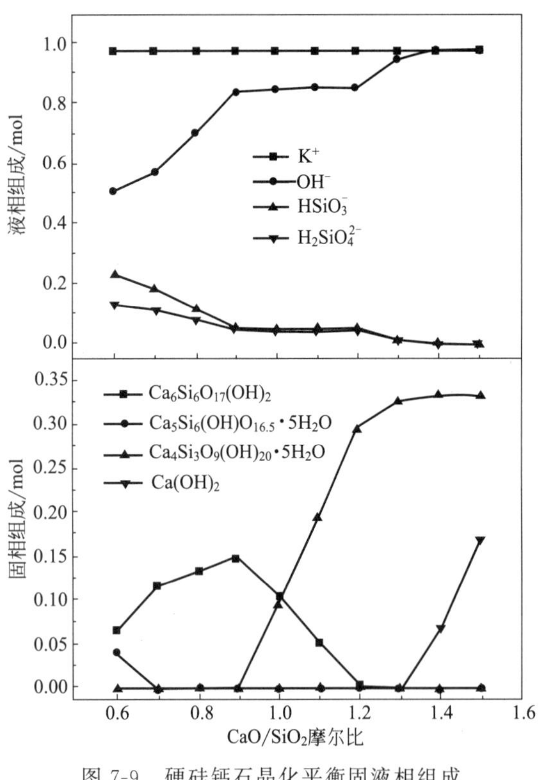

图 7-9 硬硅钙石晶化平衡固液相组成随 $n(CaO)/n(SiO_2)$变化

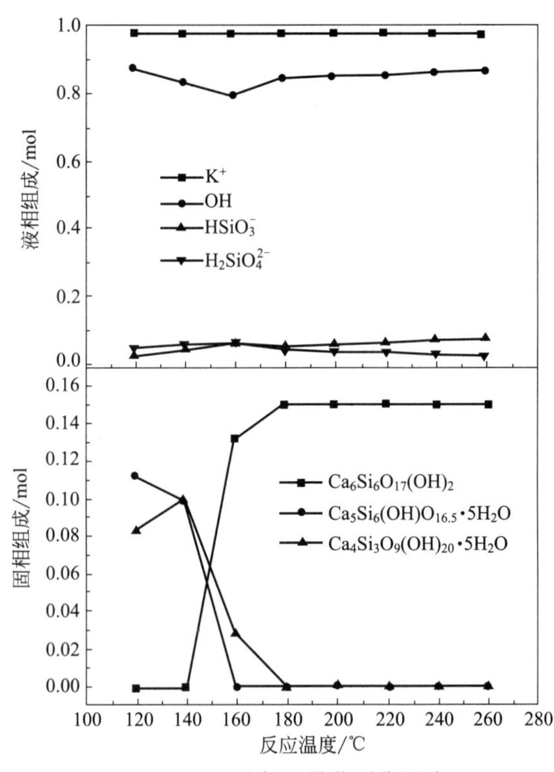

图 7-10 硬硅钙石晶化平衡固液相组成随反应温度变化

液固质量比

设定 $n(CaO)/n(SiO_2)$ 为 0.9，反应温度 180℃，液固质量比变化于 10～40，模拟 K_2O-CaO-SiO_2-H_2O 体系硬硅钙石晶化反应平衡固液相组成随液固比的变化。由图可见，液固比对硬硅钙石晶化反应相平衡的影响相对较小（图 7-11）。随液固比增大，反应达到平衡时，硬硅钙石相含量仅略有减小。在设定条件下，液固比增大 1 倍，硬硅钙石摩尔数变化量级小于 10^{-6}。液固比主要影响液相 SiO_2 的存在形式。随液固比增大，总体上液相中 $H_2SiO_4^{2-}$ 浓度逐渐略有减小，而 $HSiO_3^-$ 浓度相应略有增高。

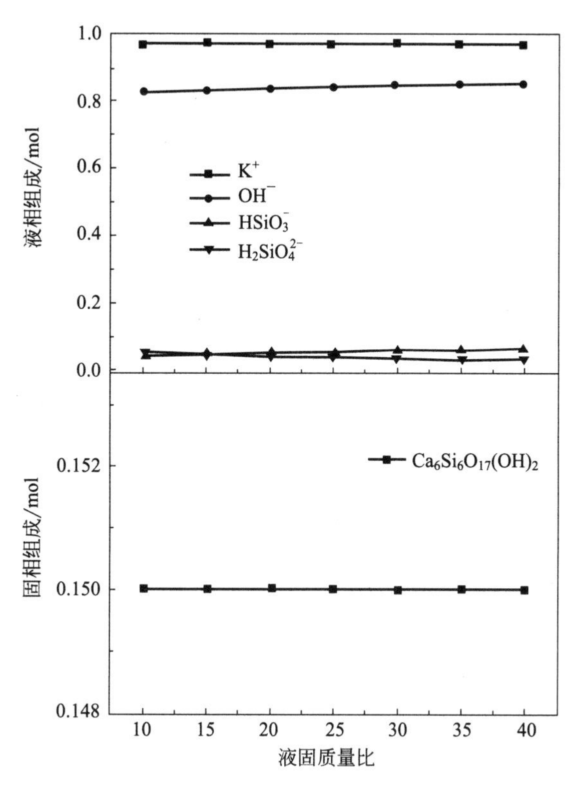

图 7-11　硬硅钙石晶化平衡固液相组成随液固比变化

3. 晶化实验产物表征

实验方法：将适量氧化钙（C. P.）溶解于蒸馏水中，与硅酸钾碱液（DFL-1）混合均匀，配制成 $n(CaO)/n(SiO_2)$ 为 0.9、水固质量比为 20 的混合液。倒入 100mL 聚四氟乙烯反应釜，置于均相反应器中。设定反应器转速 5r/min，在 240℃下晶化反应 24h。所得滤饼洗涤，在 105℃下干燥 12h 后，对其进行表征（罗征，2017）。

X 射线衍射分析结果显示，水热晶化产物（K240-24）为纯相硬硅钙石晶体；晶格常数为：$a_0=1.6988$nm，$b_0=0.7336$nm，$c_0=0.6974$nm。其微观形态呈自形针状晶体，长度介于 10～15μm，直径约 300～400nm。

据差热-热重分析，在约 150℃和 700℃附近，合成样品差热曲线出现吸热谷，失重量分别为 0.95%和 4.43%，系先后脱除吸附水和结构水所致；在约 890℃处出现放热峰，代表脱水后试样发生相转变，生成硅灰石。差热过程发生如下化学反应：

$$Ca_6Si_6O_{17}(OH)_2(\text{硬硅钙石}) \longrightarrow 2Ca_3[Si_3O_9](\text{硅灰石}) + H_2O\uparrow \quad (7\text{-}63)$$

据此，将合成的硬硅钙石粉体试样置于箱式电炉中，在900℃下煅烧2h，产物为纯相α-硅灰石；晶格常数为：$a_0=1.5401$nm，$b_0=0.7322$nm，$c_0=0.7052$nm；$\beta=95°20'$。扫描电镜下观察，合成硅灰石粉体仍保持了原硬硅钙石的针状形态，长度约10～15μm，直径约300nm，长径比大多介于20～30，且分散较为均匀（罗征等，2017）。

第五节　高铝飞灰碱溶脱硅反应

高铝飞灰原料来自内蒙古国华准格尔电厂，其中主要矿物相为莫来石，晶体化学式：$(K_{0.024}Na_{0.015}Ca_{0.012}Mg_{0.011}Fe^{2+}_{0.021}Al_{4.663}Ti_{0.420})[Al_{0.282}Si_{1.718}O_{11}]$。灰粒可分为莫来石聚集体（Mul，34.7%）、高硅玻璃体（Sig，33.5%）、高铝玻璃体（Alg，15.7%）、高钙玻璃体（Cag，6.1%）和刚玉（7.5%）等形态（表7-6）；其余少量物相有磁铁矿（1.1%）、硬石膏（1.0%）和磷灰石（0.4%）（蒋周青，2016）。

表7-6　准格尔电厂高铝飞灰及其组成物相化学成分分析结果（w_B/%）

样品号	SiO_2	TiO_2	Al_2O_3	Fe_2O_3	FeO	MnO	MgO	CaO	Na_2O	K_2O	P_2O_5	总量
Mul/3	28.25	0.91	69.00	0.00	0.42	0.00	0.12	0.18	0.13	0.31	0.00	99.32
Alg/6	44.06	2.15	51.34	0.00	0.83	0.02	0.31	0.27	0.21	0.57	0.00	99.76
Sig/17	66.13	2.30	28.88	0.00	0.46	0.05	0.35	0.14	0.11	0.76	0.00	99.13
Cag/4	21.11	2.08	31.92	0.00	4.03	0.03	0.49	39.25	0.09	0.73	0.00	99.73
GF-12	40.01	1.57	50.71	1.41	0.35	0.02	0.47	2.85	0.12	0.50	0.17	99.98

注：1.各类灰粒符号后数值为探针分析点数；2.高铝飞灰（GF-12），另有S 0.22%，LOI 1.41%。

1.碱溶脱硅反应原理

高铝飞灰主要由无定形玻璃体和莫来石、刚玉、磁铁矿、硬石膏等晶粒所组成。在其碱溶脱硅反应过程中，这些结晶相均可稳定存在（马鸿文，2018）；而玻璃体中的SiO_2、Al_2O_3组分与NaOH碱液反应，分别生成Na_2SiO_3和$NaAlO_2$。在水热条件下，二者极易生成铝硅酸盐凝胶，进而转变为沸石相。化学反应如下（Su et al，2011）：

$$SiO_2(gl) + 2NaOH \longrightarrow Na_2SiO_3 + H_2O \quad (7\text{-}64)$$

$$Al_2O_3(gl) + 2NaOH \longrightarrow 2NaAlO_2 + H_2O \quad (7\text{-}65)$$

$$Na_2SiO_3 + 2NaAlO_2 + H_2O \longrightarrow Na_2O\cdot mAl_2O_3\cdot nSiO_2\cdot zH_2O \quad (7\text{-}66)$$

$$Na_2O\cdot mAl_2O_3\cdot nSiO_2\cdot zH_2O \longrightarrow Na_6[AlSiO_4]_6\cdot 4H_2O \quad (7\text{-}67)$$

玻璃体与NaOH碱液发生反应，SiO_2、Al_2O_3组分以$[SiO_3]^{2-}$、$[Al(OH)_4]^-$形式进入液相（Byrappa et al，2012）。反应初始阶段，溶液中$[SiO_3]^{2-}$浓度迅速升高，SiO_2溶出速率大于Al_2O_3溶出速率。随着$[SiO_3]^{2-}$、$[Al(OH)_4]^-$浓度增大，两者发生聚合反应而形成铝硅酸盐凝胶，使脱硅碱液中的$[SiO_3]^{2-}$沉淀而生成固相。反应进行2h内，溶液中$[SiO_3]^{2-}$、$[Al(OH)_4]^-$浓度较小，SiO_2的溶解速率大于沉淀速率，因而SiO_2溶出率逐渐增大。随着反应进行，无定形SiO_2含量逐渐减少，其溶出速率相应降低。当玻璃体中SiO_2的溶出速率大致等于溶液中$[SiO_3]^{2-}$的沉淀速率时，SiO_2溶出率达到最大值。相应地，高铝飞灰碱溶脱硅反应即达到平衡。

2. 脱硅反应平衡模拟

高铝飞灰（GF-12）中玻璃体含量为55.3%，其中无定形SiO_2、Al_2O_3含量分别为30.37%和19.68%，Fe_2O_3、TiO_2、CaO组分在低温水热条件下与NaOH碱液不发生反应。故采用OLI Analyzer 9.2软件对碱溶脱硅过程进行模拟时，可简化为评估高铝飞灰中无定形SiO_2、Al_2O_3组分与NaOH碱液之间的平衡反应。

NaOH浓度

设定碱溶脱硅反应温度为95℃，溶液体积400mL，按照液固质量比4∶1加入高铝飞灰样品100g。此时，相当于液相中无定形SiO_2、Al_2O_3含量分别为1.26mol/L和0.48mol/L。改变NaOH浓度为1～10mol/L，模拟不同碱液浓度下反应达到平衡时固相产物的物相组成，结果见图7-12。

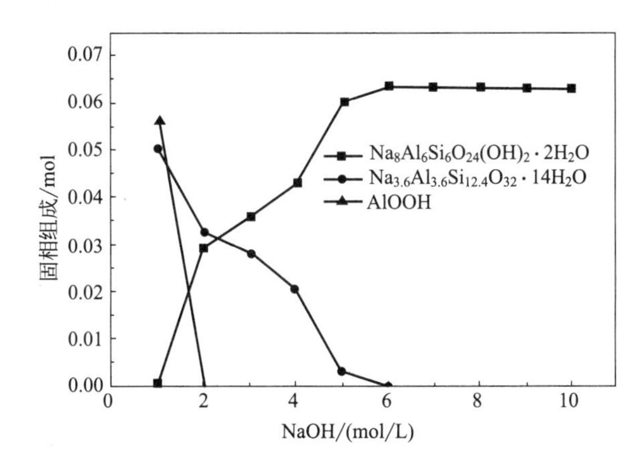

图7-12　高铝飞灰脱硅反应平衡固相随NaOH浓度变化

由图可见，当NaOH碱液浓度为1mol/L时，玻璃体中的无定形SiO_2、Al_2O_3发生溶解，生成$[SiO_3]^{2-}$和$[Al(OH)_4]^-$，二者进一步反应生成P型沸石（$Na_{3.6}Al_{3.6}Si_{12.4}O_{32}\cdot 14H_2O$）和软水铝石（AlOOH）。随NaOH浓度增大至2mol/L，软水铝石相消失，P型沸石含量相应减少，同时新生成羟钙霞石相$[Na_8Al_6Si_6O_{24}(OH)_2\cdot 2H_2O]$。随NaOH浓度继续增大至6mol/L，P型沸石相消失，此时羟钙霞石含量达到最大值0.064mol。在NaOH浓度≥6mol/L范围，羟钙霞石是唯一稳定存在的结晶相。

反应温度

设定NaOH碱液浓度为4mol/L，溶液体积400mL，按照液固质量比4∶1，加入高铝飞灰样品100g。改变碱溶脱硅反应温度为70～160℃，模拟在不同碱溶温度下反应达到平衡时固相产物的相组成，结果见图7-13。

由图可见，随着水热碱溶温度升高，反应固相产物发生复杂的多相转变。在反应温度≤80℃时，溶解于NaOH碱液中的$[SiO_3]^{2-}$和$[Al(OH)_4]^-$发生聚合反应，生成钠型钙十字沸石（$Na_{6.4}Al_{6.4}Si_{9.6}O_{32}\cdot 4.6H_2O$）。随反应温度升高至90℃，固相产物中钠型钙十字沸石相消失，P型沸石相为主要产物。反应温度达100～120℃温区，固相中出现P型沸石、NaA型沸石（$Na_{96}Al_{96}Si_{96}O_{384}\cdot 216H_2O$）和羟钙霞石三种结晶相。继续提高反应温度至120～160℃，NaA型沸石相完全消失，P型沸石相应逐渐减少以至消失，而羟钙霞石相含量不断增大。至反应温度≥160℃，平衡固相中只存在羟钙霞石相。

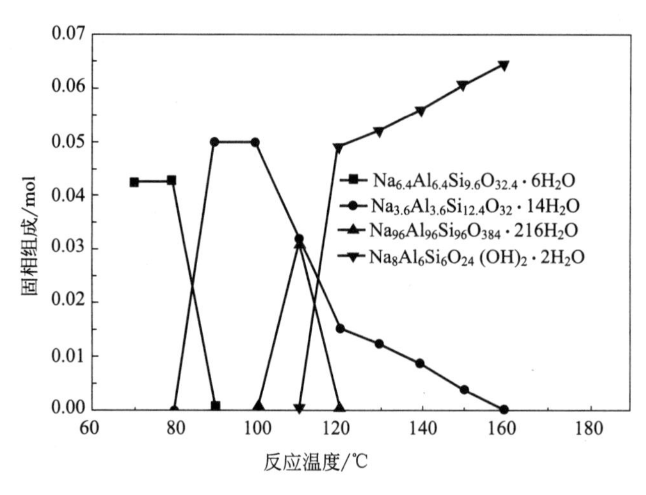

图 7-13　高铝飞灰脱硅反应平衡固相随水热反应温度变化

3. 脱硅实验产物表征

称取高铝飞灰样品（GF-12）200g，置于 100mL 聚四氟乙烯内胆中，加入 800mL 浓度 6.0mol/L 的 NaOH 溶液，均匀混合。将内胆置于带磁力搅拌油浴锅中，加热至 95℃，恒温反应 2h。倒出反应浆料，过滤分离。热水洗涤滤饼至近中性，在 105℃下干燥 24h，对其进行表征。

实验条件下，恒温反应 0.5h，固相产物中除莫来石、刚玉、磁铁矿等高铝飞灰原有矿物外，无新的结晶相出现；反应时间延长至 2h，仅生成羟钙霞石新相，与 OLI Analyzer 9.2 软件模拟结果相一致。实验得脱硅滤饼 178.50g，其化学成分分析结果见表 7-7。经计算，高铝飞灰中 SiO_2 溶出率为 45.03%，Al_2O_3 损失率 4.05%，A/S 质量比由 1.27 提高至 2.21（蒋周青，2016）。

表 7-7　高铝飞灰脱硅滤饼化学成分分析结果 w_B/%

样品号	SiO_2	TiO_2	Al_2O_3	Fe_2O_3	MgO	CaO	Na_2O	K_2O	IOL	总量
DF-01	24.64	1.80	54.52	1.91	0.56	3.59	5.19	0.14	6.56	98.91

高铝飞灰经碱溶脱硅预处理，所得脱硅滤饼可作为低钙烧结法提取氧化铝的优质原料（杨静等，2014；2019），硅酸钠碱液则可用于制备多孔氧化硅、氧化硅气凝胶等无机硅化合物（李贺香，2005；王蕾，2006）。

第六节　锂辉石碱液分解反应

四川甘孜州甲基卡锂辉石精矿的化学成分分析结果见表 7-8。X 射线衍射分析结果表明，其主要物相为 α-锂辉石，晶格常数：$a_0=0.9422$nm，$b_0=0.8379$nm，$c_0=0.5174$nm，$\beta=109°57'$；其次为白云母，少量石英、磁铁矿等。根据主要物相组成及化学成分分析结果，按各矿物理论组成计算，该锂辉石精矿中各矿物含量为：锂辉石 72.4%，白云母 16.8%，石英 6.4%，磁铁矿 2.5%，磷灰石 1.9%（姚文贵等，2021）。

表 7-8 甲基卡锂辉石精矿化学成分 X 射线荧光分析结果（$w_B/\%$）

样品号	SiO_2	Al_2O_3	Fe_2O_3	TiO_2	MnO	MgO	CaO	Na_2O	K_2O	P_2O_5	Li_2O	LOI	总量①
SJ19-1	58.43	25.41	2.57	0.08	0.51	0.37	0.73	0.16	1.38	0.79	5.55	1.15	97.13

①其他未分析元素可能有 Be、Rb（Cs）、Nb、Ta 等（Li Jiankang et al，2015）。

1. 碱液分解反应原理

锂辉石精矿在 1150℃ 下煅烧 2h，α-锂辉石完全转变为 β-锂辉石，晶格常数：$a_0=0.7528$nm，$b_0=0.7500$nm，$c_0=0.9160$nm；且白云母完全分解，转变为钾霞石。煅烧过程发生以下主要化学反应：

$$\alpha\text{-}LiAlSi_2O_6 = \beta\text{-}LiAlSi_2O_6 \quad (7\text{-}68)$$

$$KAl_3Si_3O_{10}(OH)_2 = KAlSiO_4 + 2SiO_2 + Al_2O_3 + H_2O\uparrow \quad (7\text{-}69)$$

$$2Ca_5[PO_4]_3F + H_2O = 3Ca_3[PO_4]_2 + CaO + 2HF\uparrow \quad (7\text{-}70)$$

依据锂辉石精矿中各矿物含量及煅烧过程发生反应［式(7-68)～式(7-70)］，计算锂辉石煅烧粉体的相组成及其摩尔分数为：β-$LiAlSi_2O_6$ 0.570，SiO_2 0.280，$KAlSiO_4$ 0.062，Fe_3O_4 0.016，Al_2O_3 0.062，$Ca_3[PO_4]_2$ 0.008，CaO 0.003。

在 $LiAlSi_2O_6$-K_2CO_3-H_2O 体系，即以碳酸钾碱液水热处理锂辉石煅烧粉体过程，主要发生如下化学反应(姚文贵等，2021)：

$$2\beta\text{-}LiAlSi_2O_6 + K_2CO_3 + 3H_2O = 2KAlSi_2O_6\cdot 1.5H_2O + Li_2CO_3 \quad (7\text{-}71)$$

$$2KAlSiO_4 + 2SiO_2 + 3H_2O = 2KAlSi_2O_6\cdot 1.5H_2O \quad (7\text{-}72)$$

$$3Ca_3[PO_4]_2 + CaO + H_2O = 2Ca_5[PO_4]_3(OH) \quad (7\text{-}73)$$

$$CaO + K_2CO_3 + H_2O = CaCO_3 + 2KOH \quad (7\text{-}74)$$

$$K_2CO_3 + H_2O = KHCO_3 + KOH \quad (7\text{-}75)$$

$$Al_2O_3 + 2KOH = 2KAlO_2 + H_2O \quad (7\text{-}76)$$

$$KAlO_2 + 2H_2O = Al(OH)_3 + KOH \quad (7\text{-}77)$$

$$Al(OH)_3 + KOH = Al(OH)_4^- + K^+ \quad (7\text{-}78)$$

锂辉石精矿煅烧产物在钾碱溶液中的反应，涉及各矿物在液相中的水热分解和麦钾沸石等新物相生成，固液相平衡的主要影响因素包括 K^+/Li^+ 摩尔比、水固质量比和反应温度等。

2. 分解反应平衡模拟

采用 OLI Analyzer 9.3 软件中的混合电解质模型（MSE），对 $LiAlSi_2O_6$-K_2CO_3-H_2O 体系锂辉石水热分解反应多相平衡进行模拟。以锂辉石煅烧粉体 200g 为计算基准，折合各化合物组分摩尔数（mol）：β-$LiAlSi_2O_6$ 0.778，SiO_2 0.382，$KAlSiO_4$ 0.084，Fe_3O_4 0.022，Al_2O_3 0.084，$Ca_3[PO_4]_2$ 0.011，CaO 0.004。选择"Bubble Point"计算方式，压力为相应温度下的饱和蒸气压。电解质溶液组分的热力学数据来自软件自带 MSEPUB 数据库。锂辉石的热力学性质引自叶大伦等（2002）；麦钾沸石（$KAlSi_2O_6\cdot 1.5H_2O$）热力学数据采用聚合多面体模型（Arthur et al，2011；Vieillard，2010）计算。

K^+/Li^+ 摩尔比

取锂辉石煅烧粉体 200g，加入水 1000g，水固质量比为 5；设定反应温度 200℃，体系自生饱和蒸气压；改变 K^+/Li^+ 摩尔比为 0.95～2.15，模拟 K_2CO_3 加入量对 $LiAlSi_2O_6$-K_2CO_3-H_2O 体系固液相平衡的影响，结果见表 7-9。

表 7-9 $LiAlSi_2O_6$-K_2CO_3-H_2O 体系随 K_2CO_3 加入量变化的平衡相组成

K^+/Li^+ 摩尔比	液相组成/mol					
	K^+	Li^+	CO_3^{2-}	OH^-	HCO_3^-	$Al(OH)_4^-$
0.95	0.000	0.152	0.004	0.002	0.139	0.002
1.10	0.000	0.152	0.004	0.002	0.139	0.002
1.25	0.000	0.151	0.004	0.002	0.139	0.002
1.40	0.073	0.102	0.010	0.003	0.149	0.003
1.55	0.173	0.066	0.029	0.008	0.162	0.008
1.70	0.273	0.052	0.061	0.014	0.174	0.013
1.85	0.373	0.046	0.098	0.020	0.183	0.017
2.00	0.473	0.042	0.138	0.024	0.191	0.020
2.15	0.573	0.039	0.182	0.029	0.196	0.020

K^+/Li^+ 摩尔比	固相组成/mol						
	锂辉石	碳酸锂	麦钾沸石	磁铁矿	碳酸钙	羟磷灰石	氢氧化铝
0.95	0.226	0.200	0.784	0.022	0.000	0.008	0.020
1.10	0.126	0.250	0.884	0.022	0.000	0.008	0.020
1.25	0.026	0.300	0.984	0.022	0.000	0.008	0.020
1.40	0.000	0.338	1.012	0.022	0.000	0.008	0.017
1.55	0.000	0.356	1.012	0.022	0.001	0.007	0.012
1.70	0.000	0.363	1.012	0.022	0.001	0.007	0.007
1.85	0.000	0.366	1.012	0.022	0.002	0.007	0.003
2.00	0.000	0.368	1.012	0.022	0.002	0.007	0.000
2.15	0.000	0.369	1.012	0.022	0.003	0.007	0.000

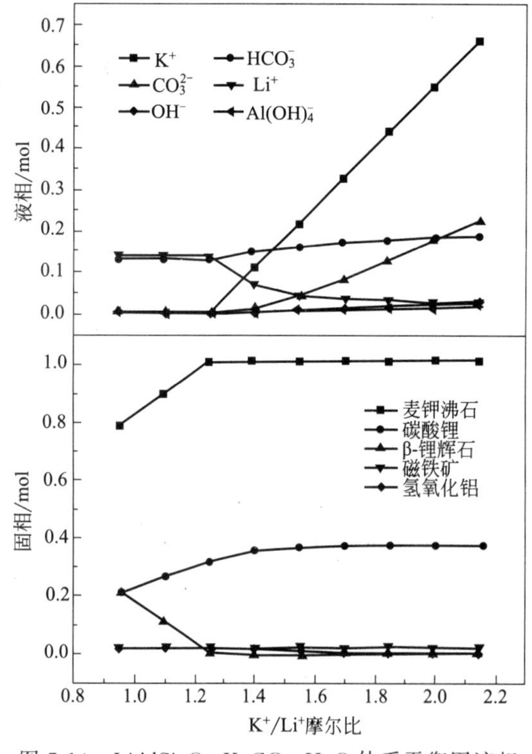

图 7-14 $LiAlSi_2O_6$-K_2CO_3-H_2O 体系平衡固液相组成随 K^+/Li^+ 摩尔比变化

由表 7-9 可知，在反应温度 200℃ 下，$LiAlSi_2O_6$-K_2CO_3-H_2O 体系在 K^+/Li^+ 摩尔比为 0.95～1.25 范围，新生成主要物相为麦钾沸石和碳酸锂，极少量羟磷灰石和氢氧化铝。在 K^+/Li^+ 摩尔比为 1.4 时，碳酸钾加入量已略高于 β-锂辉石等物相分解的理论配比，原料中的 β-锂辉石已完全分解，转变为麦钾沸石，所释放出的 Li^+ 转变为碳酸锂晶相；且伴有 $KAlSiO_4$ 与 SiO_2 反应，同时转变为麦钾沸石；极少量 Al_2O_3 转变为氢氧化铝和 $Al(OH)_4^-$；$Ca_3[PO_4]_2$ 转变为羟磷灰石；而磁铁矿始终稳定存在(图 7-14)。

反应温度

取锂辉石煅烧粉体 200g，加入水 1000g，K_2CO_3 加入量 0.5mol（$K^+/Li^+=1.40$），水固质量比为 5；改变反应温度 160～260℃，体系自生饱和蒸气压，模拟水热反应温度变化对 $LiAlSi_2O_6$-K_2CO_3-H_2O 体系固液相平衡的影响，结果见表 7-10。

表 7-10　$LiAlSi_2O_6$-K_2CO_3-H_2O 体系随反应温度变化的平衡相组成

反应温度/℃	液相组成/mol					
	K^+	Li^+	CO_3^{2-}	OH^-	HCO_3^-	$Al(OH)_4^-$
160	0.073	0.132	0.024	0.003	0.151	0.002
170	0.073	0.124	0.019	0.003	0.151	0.002
180	0.073	0.116	0.015	0.003	0.151	0.003
190	0.073	0.109	0.012	0.003	0.150	0.003
200	0.073	0.102	0.010	0.003	0.149	0.003
210	0.073	0.096	0.007	0.003	0.146	0.004
220	0.073	0.086	0.006	0.004	0.138	0.004
230	0.073	0.080	0.005	0.004	0.135	0.005
240	0.073	0.073	0.004	0.004	0.130	0.005
250	0.073	0.067	0.003	0.004	0.124	0.005
260	0.073	0.059	0.002	0.004	0.118	0.006

反应温度/℃	固相组成/mol						
	麦钾沸石	碳酸锂	磁铁矿	氢氧化铝	羟磷灰石	白磷钙矿	碳酸钙
160	1.012	0.323	0.022	0.018	0.007	0.000	0.000
170	1.012	0.327	0.022	0.018	0.007	0.000	0.000
180	1.012	0.331	0.022	0.017	0.007	0.000	0.000
190	1.012	0.335	0.022	0.017	0.008	0.000	0.000
200	1.012	0.338	0.022	0.017	0.008	0.000	0.000
210	1.012	0.341	0.022	0.016	0.008	0.000	0.000
220	1.012	0.346	0.022	0.016	0.000	0.011	0.004
230	1.012	0.349	0.022	0.015	0.000	0.011	0.004
240	1.012	0.352	0.022	0.015	0.000	0.011	0.004
250	1.012	0.355	0.022	0.015	0.000	0.011	0.004
260	1.012	0.359	0.022	0.014	0.000	0.011	0.004

由表 7-10 可知，在 $K^+/Li^+=1.40$ 条件下，$LiAlSi_2O_6$-K_2CO_3-H_2O 体系在 160～260℃温区，新生成物相主要为麦钾沸石和碳酸锂，极少量氢氧化铝、羟磷灰石或白磷钙矿，且前三者含量变化不大。随反应温度升高，唯有碳酸锂含量略显增大，此系碳酸锂溶解度随温度升高而略有减小所致（图 7-15）。故在设定条件下，β-$LiAlSi_2O_6$ 在热力学上极易与 K_2CO_3 反应而生成麦钾沸石。实际生产中仍需选择适宜的水热反应温度，以提高反应速率。

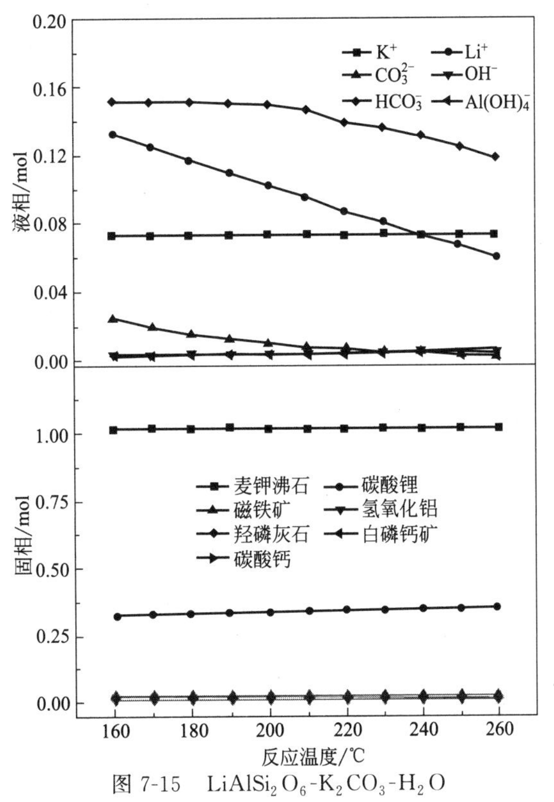

图 7-15　$LiAlSi_2O_6$-K_2CO_3-H_2O 体系平衡固液相组成随反应温度变化

水固质量比

取锂辉石煅烧粉体 200g，K_2CO_3 加入量 0.5mol（$K^+/Li^+=1.40$），设定反应温度 200℃，体系自生饱和蒸气压，改变水固质量比为 3～8；模拟水固比变化对 $LiAlSi_2O_6$-K_2CO_3-H_2O 体系固液相平衡的影响，结果见表 7-11。

表 7-11 $LiAlSi_2O_6$-K_2CO_3-H_2O 体系随水固比变化的平衡相组成

水固质量比	液相组成/mol					
	K^+	Li^+	CO_3^{2-}	OH^-	HCO_3^-	$Al(OH)_4^-$
3.0	0.073	0.076	0.005	0.001	0.137	0.001
3.5	0.073	0.083	0.006	0.001	0.140	0.001
4.0	0.073	0.089	0.007	0.002	0.143	0.002
4.5	0.073	0.096	0.008	0.003	0.146	0.003
5.0	0.073	0.102	0.010	0.003	0.149	0.003
5.5	0.073	0.109	0.011	0.004	0.151	0.004
6.0	0.073	0.115	0.012	0.005	0.154	0.005
6.5	0.073	0.122	0.013	0.006	0.156	0.006
7.0	0.073	0.129	0.014	0.007	0.159	0.007
7.5	0.073	0.136	0.015	0.008	0.161	0.008
8.0	0.073	0.143	0.016	0.009	0.163	0.009

水固质量比	固相组成/mol				
	碳酸锂	麦钾沸石	磁铁矿	羟磷灰石	氢氧化铝
3.0	0.351	1.012	0.022	0.008	0.019
3.5	0.348	1.012	0.022	0.008	0.019
4.0	0.345	1.012	0.022	0.008	0.018
4.5	0.341	1.012	0.022	0.008	0.017
5.0	0.338	1.012	0.022	0.008	0.017
5.5	0.335	1.012	0.022	0.008	0.016
6.0	0.331	1.012	0.022	0.008	0.015
6.5	0.328	1.012	0.022	0.008	0.014
7.0	0.324	1.012	0.022	0.008	0.013
7.5	0.321	1.012	0.022	0.008	0.012
8.0	0.317	1.012	0.022	0.008	0.011

由表 7-11 可知，$LiAlSi_2O_6$-K_2CO_3-H_2O 体系在水与锂辉石煅烧粉体质量比为 3～8 范围，反应温度 200℃下的新生物相主要为麦钾沸石和碳酸锂，极少量羟磷灰石和氢氧化铝。随体系水固比增大，固相中碳酸锂含量略有减小。此乃碳酸锂为微溶物，随着水固比增大，溶解于水中的 Li^+ 浓度相应升高，导致碳酸锂晶相含量有所降低所致（图 7-16）。

3. 分解实验产物表征

基于以上模拟结果，以甲基卡锂辉石精矿煅烧产物为原料，钾碱（K_2CO_3）溶液为介质，采用水热碱法制取工业碳酸锂。设定水热分解实验条件：K^+/Li^+ 摩尔比 1.5、水固质量比 5、反应温度 250℃，反应时间 2h。反应完成后固液分离，对固相产物（麦钾沸石＋碳酸锂）进行碳化反应，使碳酸锂转化为 $LiHCO_3$ 而进入溶液相。二次固液分离后，固相经洗涤、干燥，制得麦钾沸石粉体（图 7-17），晶格常数：$a_0=0.9874$nm，$b_0=1.4274$nm，$c_0=1.4160$nm；纯度 96.2%，K_2O 18.4%（干基）。

所得碳酸氢锂溶液在 95℃下热分解，转变为碳酸锂晶相，晶格常数：$a_0=0.8361$nm，$b_0=0.4977$nm，$c_0=0.6199$nm，$\gamma=114°46'$；产率 14.3%。制品纯度 99.5%，符合工业碳酸锂国标 GB/T 11075—2013 中牌号 Li_2CO_3-0 的指标要求（姚文贵等，2021）。

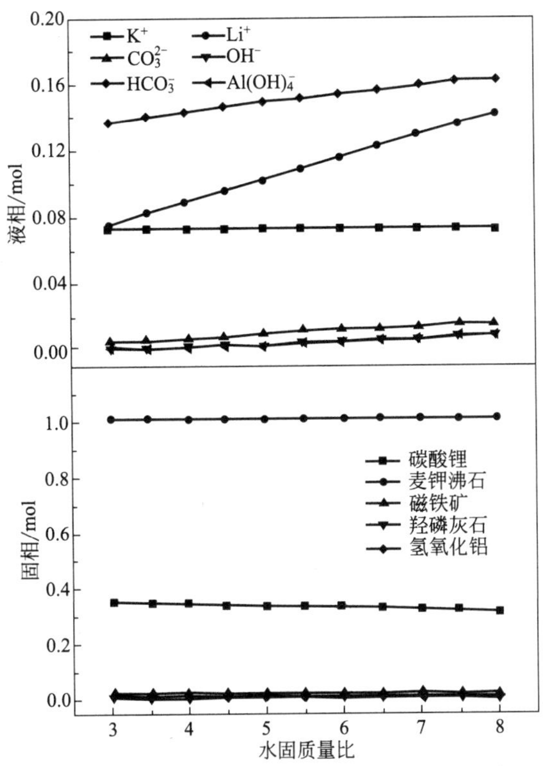

图 7-16　$LiAlSi_2O_6$-K_2CO_3-H_2O 体系平衡固液相组成随水固比变化

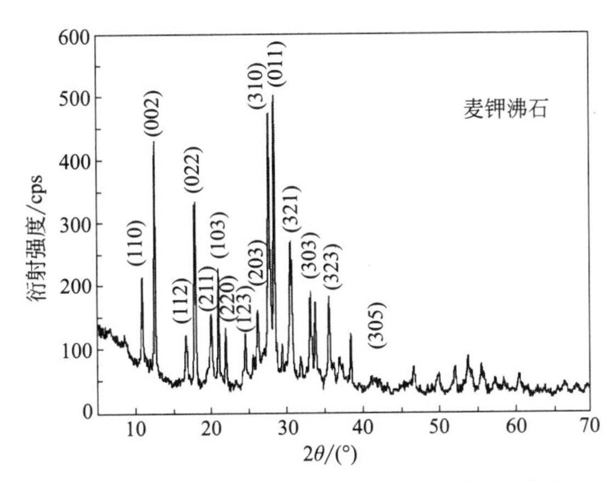

图 7-17　麦钾沸石制品的 X 射线粉晶衍射图

参考文献

郭若禹，张盼，马鸿文，2017. 赤峰某地褐煤制取腐植酸钾实验研究. 应用化工，46 (9)：1720-1722，1727.

蒋周青，2016. 高铝粉煤灰低钙烧结法制取氧化铝关键反应及过程评价［博士学位论文］. 北京：中国地质大学：118.

李贺香，2005. 利用高铝粉煤灰制备白炭黑和多孔二氧化硅的实验研究［硕士学位论文］. 北京：中国地质大学：66.

罗征，2017. 钾长石水热分解及合成硬硅钙石关键反应研究［博士学位论文］. 北京：中国地质大学：127.

罗征，马鸿文，杨静，2017. 硅酸钾碱液水热合成针状硅灰石反应历程. 硅酸盐学报，45 (11)：1679-1685.

马鸿文，2010. 中国富钾岩石：资源与清洁利用技术. 北京：化学工业出版社：625.

马鸿文，2018. 工业矿物与岩石. 第 4 版. 北京：化学工业出版社：364.

马鸿文，白志民，杨静，等，2005. 非水溶性钾矿制取碳酸钾研究：副产 13X 型分子筛. 地学前缘，12（1）：137-155.

马鸿文，苏双青，刘浩，等，2010. 中国钾资源与钾盐工业可持续发展. 地学前缘，17（1）：294-310.

马鸿文，苏双青，杨静，等，2014a. 钾长石水热碱法制取硫酸钾反应原理与过程评价. 化工学报，65（6）：2363-2371.

马鸿文，杨静，苏双青，等，2014b. 富钾岩石制取钾盐研究 20 年：回顾与展望. 地学前缘，21（5）：236-254.

马鸿文，杨静，张盼，等，2018. 中国富钾正长岩资源与水热碱法制取钾盐反应原理. 地学前缘，25（5）：277-285.

彭辉，2008. 钾长石水热分解反应动力学与实验研究［硕士学位论文］. 北京：中国地质大学：52.

苏双青，2014. 钾长石水热碱法提钾关键反应原理与实验优化［博士学位论文］. 北京：中国地质大学：120.

王蕾，2006. 利用高铝粉煤灰制备氧化硅气凝胶的实验研究［硕士学位论文］. 北京：中国地质大学：69.

项婷，杨静，马鸿文，等，2015. 赛马霞石正长岩水热碱法分解反应动力学. 硅酸盐学报，43（4）：519-525.

杨静，蒋周青，马鸿文，等，2014. 中国铝资源与高铝粉煤灰提取氧化铝研究进展. 地学前缘，21（5）：313-324.

杨静，马鸿文，2019. 中国高铝飞灰：资源与清洁利用技术. 北京：化学工业出版社：705.

姚文贵，马鸿文，刘梅堂，等. 2021. 锂辉石水热钾碱分解制取碳酸锂相平衡模拟与优化实验. 有色金属（冶炼部分），（4）：29-36.

叶大伦，胡建华，2002. 实用无机物热力学数据手册. 第 2 版. 北京：冶金工业出版社：1209.

原江燕，2019. K_2O-Al_2O_3-SiO_2-H_2O 体系化学平衡：纳米白云母/高岭石合成与表征［博士学位论文］. 北京：中国地质大学：128.

张盼，马鸿文，2005. 利用钾长石粉体合成雪硅钙石的实验研究. 岩石矿物学杂志，24（4）：333-338.

Arthur R，Sasamoto H，Walker C，et al，2011. Polymer model of zeolite thermochemical stability. *Clays and Clay Minerals*，59（6）：626-639.

Babushkin V I，Matveyev G M，Mchedlov-Petrossyan O P，1985. Thermodynamics of Silicates. Springer-Verlag：459.

Bromley L A，1972. Approximate individual ion values of β（or *B*）in extended Debye-Huckel theory for uni-univalent aqueous solutions at 298. 15K. *The Journal of Chemical Thermodynamics*，4（5）：669-673.

Byrappa K，Yoshimura M，2012. Handbook of hydrothermal technology. 2nd ed. New York：William Andrew：269-338.

Cuta F，Strafelda F，1954. The second dissociation constant of carbonic acid between 60 and 90℃. *Chemicke Listy*，48：1308-1313.

Harned H S，Scholes S R，1941. The ionization constant of HCO_3^- from 0 to 50℃. *J Am Chem Soc*，63（6）：1706-1709.

Helgeson H C，Kirkham D H，1974a. Theoretical prediction of the thermodynamic behavior of aqueous electrolytes at high pressures and temperatures：Ⅰ，Summary of the thermodynamic/electrostatic properties of the solvent. *Am J Sci*，274：1089-1198.

Helgeson H C，Kirkham D H，1974b. Theoretical prediction of the thermodynamic behavior of aqueous electrolytes at high pressures and temperatures；Ⅱ，Debye-Huckel parameters for activity coefficients and relative partial molal properties. *Am J Sci*，274：1199-1261.

Helgeson H C，Kirkham D H，1976. Theoretical prediction of the thermodynamic behavior of aqueous electrolytes at high pressures and temperatures. Ⅲ. Equation of state for aqueous species at infinite dilution. *Am J Sci*，276：97-240.

Helgeson H C，Kirkham D H，Flowers G C，1981. Theoretical prediction of the thermodynamic behavior of aqueous electrolytes at high pressures and temperatures；Ⅳ，Calculation of activity coefficients，osmotic coefficients，and apparent molar and standard and relative partial molal properties to 600℃ and 5kb. *Am J Sci*，281：1249-1516.

Li Jiankang，Zou Tianren，Liu Xifang，et al，2015. The metallogenetic regularities of lithium deposits in China. *Acta Geologica Sinica*，89（2）：652-670.

Ma H W，Feng W W，Miao S D，et al，2005. New type of potassium deposit：modal analysis and preparation of potassium carbonate. *Science in China Series D：Earth Sciences*，48（11）：1932-1941.

Ma H W，Yang J，Su S Q，et al，2015. 20 years advances in preparation of potassium salts from potassic rocks：A review. *Acta Geologica Sinica*（English edition），89（6）：2058-2071.

Ma X，Yang J，Ma H W，et al，2016. Hydrothermal extraction of potassium from potassic quartz syenite and preparation of aluminum hydroxide. *International Journal of Mineral Processing*，147：10-17.

Ma X，Yang J，Ma H W，et al，2015. Synthesis and characterization of analcime using quartz syenite powder by alkali-hydrothermal treatment. *Microporous and Mesoporous Materials*, 201: 134-140.

Meissner H P, 1978. AIChE Symp. Ser., 173 (74): 124.

Nasanen R, 1946. Zur einwirkung der saure und basenzusatze auf die fallungskurvevon Bariumcarbonate. *Soumen Kemistilehti*, 90: 24.

Patterson C S, Slocum G H, Busey R H, et al, 1982. Carbonate equilibrium in hydrothermal systems: First ionization of carbonic acid in NaCl media to 300℃. *Geochim Cosmochim Acta*, 46 (9): 1653-1663.

Pitzer K S, 1975. Thermodynamics of electrolytes. V. effects of higher-order electrostatic terms. *J Solution Chem*, 4 (3): 249-265.

Pitzer K S, Kim J J, 1974. Thermodynamics of Electrolytes. Ⅳ: Activity and Osmotic Coefficients for Mixed Electrolytes. *J Am Chem Soc*, 96: 5701-5707.

Pitzer K S, Peterson J R, Silvester L F, 1978. Thermodynamics of electrolytes. IX. Rare earth chlorides, nitrates, and perchlorates. *J Solution Chem*, 7 (1): 45-56.

Rafal M, Berthold J W, Scrivner N C, et al, 1994. Chapter 7: Models for Electrolyte Solutions//Sandler S I, ed. Models for Thermodynamic and Phase Equilibria Calculations. New York: Marcel-Dekker, Inc. 686.

Ryzhenko B N, 1963. *Geochemistry International*, 1: 8.

Setchenow J Z, 1889. Uber Die Konstitution Der Salzlosungenauf Grund Ihres Verhaltens Zu Kohlensaure. *Z Physik Chem*, 4: 117-125.

Silvester L F, Pitzer K S, 1977. Thermodynamics of electrolytes. 8. High-temperature properties, including enthalpy and heat capacity, with application to sodium chloride. *J Phys Chem*, 81 (19): 1822-1828.

Silvester L F, Pitzer K S, 1978. Thermodynamics of electrolytes. X. Enthalpy and the effect of temperature on the activity coefficients. *J Solution Chem*, 7 (5): 327-337.

Soave G, 1972. Equilibrium constants from a modified Redlich-Kwong equation of state. *Chem Eng Sci*, 27 (6): 1197-1203.

Su S Q, Ma H W, Yang J, et al, 2012. Synthesis and characterization of kalsilite from microcline powder. *J Chinese Ceram Soc*, 40 (1): 145-148.

Su S Q, Ma H W, Yang J, et al, 2014. Synthesis of kalsilite from microcline powder by an alkali-hydrothermal process. *Int J Miner Metall Mater*, 21 (8): 826-831.

Su S Q, Yang J, Ma H W, et al, 2011. Preparation of ultrafine aluminum hydroxide from flyash by alkali dissolution process. *Integrated Ferroelectrics*, 128: 155-162.

Vieillard P, 2010. A predictive model for the entropies and heat capacities of zeolites. *European Journal of mineralogy*, 22 (6): 823-836.

Wagman D D, Evans W H, Parker V B, et al. The NBS tables of chemical thermodynamic properies-Selected values for inorganic and C_1 and C_2 organic substances in SI units. *Journal of Physical and Chemical Reference Date*, 1982, 11: 1807.

Yin C C, Liu M T, Yang J, et al, 2017. (Solid+liquid) phase equilibrium for the ternary system (K_2CO_3-Na_2CO_3-H_2O) at $T=$ (323.15, 343.15, and 363.15) K. *The Journal of Chemical Thermodynamics*, 108: 1-6.

Yuan J Y, Yang J, Ma H W, et al, 2016. Hydrothermal synthesis of analcime and hydroxycancrinite from K-feldspar in Na_2SiO_3 solution: characterization and reaction mechanism. *RSC Advances*, 6: 54503-54509.

Yuan J Y, Yang J, Ma H W, et al, 2018. Green synthesis of nano-muscovite and niter from feldspar through accelerated geomimicking process. *Applied Clay Science*, 165: 71-76.

Zematis J C, Clark D M J, Rafal M, et al, 1986. Handbook of aqueous electrolyte thermodynamics. *American Institute of Chemical Engineers*. New York: 852.

第八章　水化过程反应热力学

基于完整而精确的热力学数据库，采用热力学模拟方法可有效预测水化 Portland 水泥相组合与化学成分，包括与其主要使用环境的相互作用。为此，Lothenbach 等（2019）发表了水化 Portland 水泥和碱激发物质专用化学热力学数据库 Cemdata18，适用于水化 Portland、铝酸钙、硫铝酸钙和掺合水泥，以及碱激发胶凝材料。Cemdata18 中包括通用水泥水化物如 C-S-H、AFm 和 AFt 相、水榴石、水滑石、沸石、M-S-H 等的热力学数据（适用温区 0～100℃），以及 AFm、AFt、C-S-H、M-S-H 固溶体模型（简写符号含义见表 8-1 注）。

第一节　Cemdata18 数据库概要

化学热力学模拟与完整而精准的热力学数据库相结合，能够可靠地预测水合物水泥的相组合及化学成分。将热力学应用于水化水泥的有趣发现之一，是 AFm（Al_2O_3-Fe_2O_3 单斜相）和 AFt（Al_2O_3-Fe_2O_3 三斜相）的化学成分对于碳酸盐的存在和温度非常敏感（Lothenbach et al，2008b；Matschei et al，2007；2010），因而证明这些因素可有效改变水化水泥的相组合。实验显示，改变体系成分和温度，则水合物水泥的相组合通常在数周至数月内即可发生快速变化。因此，热力学计算与实验可相互印证：一方面，计算可为有限的实验数据集提供更完全的解释，以鉴别出拟进行的关键实验；另一方面，实验则可提供证实计算结果和模型参数所需数据。

热力学模拟结果的质量直接依赖于输入物质和化合物相热力学性质的精度与完整性，后者通常取自于热力学数据库。有关固相胶凝物质的热力学数据，例如钙矾石或水榴石的溶度积，已编入几种专门的胶凝材料数据库，进行热力学模拟应关注仔细进行数据选择和评价过程的重要性，包括对模拟结果敏感性分析和结果讨论等。

Cemdata18 提供了对原数据库 Cemdata07 和 Cemdata14 的重要更新，并以 GEM-Selektor 代码支持格式(Kulik et al，2013）写成。其功能含有对常见于 Portland 水泥体系在 0～100℃温区水合物的综合选择，包括硅酸钙水合物（C-S-H)、硅酸镁水合物（M-S-H)、水榴石、类水滑石相、某些沸石、AFm 和 AFt 相，以及各种固溶体，用以表征这些化合物相的溶解度。溶解度常数通常基于对已有实验数据，以及为获得新数据或校验已有数据而补充实验的严格评估来计算。许多实例中，附加溶解度数据是直接测定和编制的，适用温区 0～100℃（Lothenbach et al，2012b；Balonis，2010；Matschei et al，2015)。Cemdata18 数据库中还包括如 AFm 和 AFt 相、硅水榴石、类水滑石、C-S-H、M-S-H 等许多已发现固溶体。

Cemdata18 数据库中包含数种 C-S-H 固溶体模型及两种类水滑石模型。CSHQ 模型（Kulik，2011）和 OH-水滑石端员组分（Mg/Al=2）适用于 Portland 水泥。虽然 CSHQ 模型可用于描述常见的整个 Ca/Si 比范围，但最好用于高 Ca/Si 比的 C-S-H，原因是缺少预测铝吸收的功能，而这对于 Portland 水泥远不及掺合水泥重要。对于碱激发黏结剂，适用铝硅酸钙（碱）水合物［C-(N-)A-S-H］凝胶模型及具有不同 Mg/Al 比值的 Mg-Al 层状双氢氧化物。与水化 Portland 水泥中的 C-S-H 相相比，前者含有相对较低的钙和较高的铝和碱。

本章简要介绍 Cemdata18 数据库及其新增功能，其热力学数据可以 GEM-Selektor（Kulik et al，2013；Wagner et al，2012）和 PHREEQC（Parkhurst et al，2013）两种相兼容格式免费下载，网址：http://www.empa.ch/cemdata。

第二节　胶凝材料热力学数据

Cemdata18 数据库是一个更为综合精确的热力学数据集（编为表格），其开发目标是预测 Portland 水泥、掺合水泥和碱激发水泥水化过程出现的化学变化，包括与使用环境之间的相互作用。

表 8-1 收入了胶凝材料体系重要矿物的热力学性质，表 8-2 列出了胶凝材料体系高 pH 值下主要物种（species）的溶度积。常见矿物如方解石、水镁石和水溶液及气相物种的热力学数据已收入 PSI-Nagra 化学热力学数据库（Thoenen et al，2014），此处从略。

1. $Al(OH)_3$ 溶解度及其对铝酸盐水泥影响

沉淀 $Al(OH)_3$ 的溶解度随时间延长而减小。初始非晶质或低有序度 $Al(OH)_3$ 沉淀的溶度积（$\lg K_{S0}$）约为 0±0.2。随时间延长，有序度增高，形成微晶质 $Al(OH)_3$；2 年后溶度积减小至−0.7。水热合成三水铝石的溶解度要低−1.1，但对于通常考虑的水化胶凝材料，不能期望三水铝石在数月至数年内生成。在 60℃以上，微晶质 $Al(OH)_3$ 不能持久存在，但生成三水铝石速率相对较快。$Al(OH)_3$ 溶解度决定了在铝酸钙水泥中可否先生成 CAH_{10}［存在 $Al(OH)_3$，25℃下 $\lg K_{S0} \geqslant -0.6$］，或其是否转变为 C_3AH_6 和微晶质 $Al(OH)_3$（Lothenbach et al，2012b）。在某些硫铝酸钙水泥中，$Al(OH)_3$ 溶解度随时间延长而减小，也与先生成 CAH_{10} 和钙矾石而不是单硫酸盐和微晶质 $Al(OH)_3$ 有关。

$Al(OH)_3$ 转变（表 8-1）主要依赖于所考虑的时间尺度和温度。三水铝石在 60℃以上可生成，其沉淀作用在对室温下的计算时应予排除，代之而生成微晶质 $Al(OH)_3$。在极短时间（数分至小时）内，只可能生成非晶质 $Al(OH)_3$ 沉淀。类似地，某些其他稳定相如针铁矿（FeOOH）、赤铁矿（Fe_2O_3）和石英（SiO_2）在水化胶凝材料计算时应予排除，而采用更为广布的微晶质 FeOOH［或依所考虑时间尺度，微晶质或非晶质 $Fe(OH)_3$］和非晶质 SiO_2。

2. 硅灰石膏

Damidot 等（2004）获得了硅灰石膏（thaumasite）在 25℃下的溶解度常数，在此温度下硅灰石膏是稳定相。计算的 $CaO\text{-}Al_2O_3\text{-}SiO_2\text{-}CaSO_4\text{-}CaCO_3\text{-}H_2O$ 体系不变点相组合包括硅灰石膏。Schmidt 等（2008）利用 Macphee 等（2004）的溶解度数据导出了硅灰石膏在 1～30℃温区的热力学数据，证实在 8℃、20℃下生成硅灰石膏的实验数据。Macphee 等（2004）获得了钙矾石-硅灰石膏固溶体在 5～30℃温区的溶解度数据；在 30℃下保存 6 个月，未发现硅灰石膏明显分解而出现有关固溶体，表明硅灰石膏可在至少约 30℃下稳定存在。Matschei 等（2015）发表了合成纯相硅灰石膏新的数据集，表明纯硅灰石膏热稳定温度达 68℃±5℃。所获新数据与 Macphee 等（2004）的数据相吻合。

表 8-1 Cemdata18 数据库胶凝材料体系物质标准热力学性质(25℃,1bar)

矿物相	$\Delta_f G^\ominus$ /(kJ/mol)	$\Delta_f H^\ominus$ /(kJ/mol)	$S^\ominus$ /[J/(K·mol)]	a_0 /[J/(K·mol)]	a_1 /[J/(mol·K^2)]	a_2 /(J·K/mol)	a_3 /[J/(K$^{0.5}$·mol)]	$V^\ominus$ /(cm^3/mol)
AFt 相								
(Al-)钙矾石[a,b,c]	-15205.94	-17535	1900	1939	0.789	—	—	707
$C_6As_3H_{30}$[a]	-14728.1	-16950.2	1792.4	1452	2.156	—	—	708
$C_6As_3H_{13}$	-10540.6	-11530.3	1960.4	970.7	1.483	—	—	411
$C_6As_3H_9$	-9540.4	-10643.7	646.6	764.3	1.638	—	—	361
三碳铝酸盐[b]	-14565.64	-16792	1858	2042	0.559	$-7.78\cdot10^6$	—	650
Fe-钙矾石[c]	-14282.36	-16600	1937	1922	0.855	$2.02\cdot10^6$	—	717
硅灰石膏	-7564.52	-8700	897.1	1031	0.263	$-3.40\cdot10^6$	—	330
水榴石								
C_3AH_6[a]	-5008.2	-5537.3	422	290	0.644	$-3.25\cdot10^6$	—	150
$C_3AS_{0.41}H_{5.18}$[a]	*-5192.9*	*-5699*	*399*	*310*	*0.566*	*$-4.37\cdot10^6$*	—	*146*
$C_3AS_{0.84}H_{4.32}$[a]	*-5365.2*	*-5847*	*375*	*331*	*0.484*	*$-5.55\cdot10^6$*	—	*142*
C_3FH_6[*a]	*-4122.8*	*-4518*	*870*	*330*	*1.237*	*$-4.74\cdot10^6$*	—	*155*
Al-Fe 硅水榴石(固溶体)								
$C_3FS_{0.84}H_{4.32}$[a]	-4479.9	-4823	840	371	0.478	$-7.03\cdot10^6$	—	149
$C_3A_{0.5}F_{0.5}S_{0.84}H_{4.32}$[a]	-4926.0	-5335	619	367	0.471	$-8.10\cdot10^6$	—	146
$C_3FS_{1.34}H_{3.32}$	-4681.1	-4994	820	395	0.383	$-8.39\cdot10^6$	—	145
AFm 相								
C_4AH_{19}	-8749.9	-10017.9	1120	1163	1.047	—	-1600	369
C_4AH_{13}[d]	-7325.7	-8262.4	831.5	208.3	3.13	—	—	274
C_4AH_{11}	-6841.4	-7656.6	772.7	0.0119	3.56	$1.34\cdot10^{-7}$	—	257
$C_2AH_{7.5}$	-4695.5	-5277.5	450	323	0.728	—	—	180
CAH_{10}	-4623.0	-5288.2	610	151	1.113	—	3200	193
$C_4Ac_{0.5}H_{12}$	-7335.97	-8270	713	664	1.014	$-1.30\cdot10^6$	-800	285
$C_4Ac_{0.5}H_{10.5}$	-6970.3	-7813.3	668.3	0.0095	2.836	$1.07\cdot10^{-7}$	—	261

续表

矿物相	$\Delta_f G^\ominus$ /(kJ/mol)	$\Delta_f H^\ominus$ /(kJ/mol)	$S^\ominus$ /[J/(K·mol)]	a_0 /[J/(K·mol)]	a_1 /[J/(mol·K^2)]	a_2 /(J·K/mol)	a_3 /[J/(K$^{0.5}$·mol)]	$V^\ominus$ /(cm^3/mol)
$C_4Ac_{0.5}H_9$	−6597.4	−7349.7	622.5	0.0088	2.635	$9.94\cdot10^{-8}$	—	249
C_4AcH_{11}	−7337.46	−8250	657	618	0.982	$-2.59\cdot10^{6}$	—	262
C_4AcH_9	−6840.3	−7618.6	640.6	192.4	2.042	—	—	234
C_4AsH_{16}	−8726.8	−9930.5	975.0	636	1.606	—	—	351
C_4AsH_{14}	−8252.9	−9321.8	960.9	1028.5	—	—	—	332
C_4AsH_{12}[d,e]	−7778.4	−8758.6	791.6	175	2.594	—	—	310
$C_4AsH_{10.5}$	−7414.9	−8311.9	721	172	2.402	—	—	282
C_4AsH_9	−7047.6	−7845.5	703.6	169	2.211	—	—	275
C_2ASH_8[a]	−5705.15	−6360	546	438	0.749	$-1.13\cdot10^{6}$	−800	216
C_2ASH_7[a]	−5464.0	−6066.8	487.6	0.0063	1.887	$7.12\cdot10^{-8}$	—	215
$C_2ASH_{5.5}$	−5095.2	−5603.4	454.8	0.0057	1.685	$6.36\cdot10^{-8}$	—	213
$C_4As_{0.5}ClH_{12}$	−7533.4	−8472[j]	820	557	1.141	$-1.02\cdot10^{6}$	751	289
$C_4ACl_2H_{10}$[a]	−6810.9	−7604	731	498	0.895	$-2.04\cdot10^{6}$	1503	272
$C_4A(NO_3)_2H_{10}$	−6778.1	−7719.3	821	580	1.02	$-2.77\cdot10^{6}$	872	296
$C_4A(NO_2)_2H_{10}$	−6606.8	−7493.1	799	565	0.99	$-2.24\cdot10^{6}$	703	275
C_4FH_{13} *	*−6438.6*	*−7435*	*630*	*694*	*1.113*	*$2.02\cdot10^{6}$*	*1600*	*286*
$C_4Fc_{0.5}H_{10}$	−5952.9	−6581	1270	308	1.201	$-9.08\cdot10^{5}$	3200	273
C_4FcH_{12}	−6674.0	−7485	1230	612	1.157	$-5.73\cdot10^{5}$	—	292
C_4FsH_{12}[e]	−6873.2	−7663	1430	577	1.234	$2.02\cdot10^{6}$	—	321
C_2FSH_8				不稳定				
$C_4FCl_2H_{10}$[a]	−5900.1	−6528[l]	1286	481	0.961	$-1.61\cdot10^{4}$	1503	278[l]
硫酸盐								
Cs(硬石膏)	−1322.12	−1434.60	106.7	70.2	−0.099	—	—	46
CsH_2(石膏)	−1797.76	−2023.36	193.8	91.4	−0.318	—	—	75
$CsH_{0.5}$(半水石膏)	−1436.34[m]	−1575.3[m]	134.3	124.1	—	—	—	62

续表

矿物相	$\Delta_f G^{\ominus}$ /(kJ/mol)	$\Delta_f H^{\ominus}$ /(kJ/mol)	$S^{\ominus}$ /[J/(K·mol)]	a_0 /[J/(K·mol)]	a_1 /[J/(mol·K^2)]	a_2 /(J·K/mol)	a_3 /[J/(K$^{0.5}$·mol)]	$V^{\ominus}$ /(cm^3/mol)
钾石膏	-2884.91	-3172	326	201	0.308	$-1.78 \cdot 10^6$	—	128[n]
(氢)氧化物								
$Al(OH)_3$(am)	-1143.2	—	—	未定义		—	—	32
$Al(OH)_3$(mic)	-1148.4	-1265.3	140[o]	36	0.191			32
$Al(OH)_3$(三水铝石)	*-1151.0*	*-1288.7*	*70.1*	*36.2*	*0.191*	—	—	*32*
$Fe(OH)_3$(am)	-700.1			未定义				
$Fe(OH)_3$(mic)	-711.6			未定义				
FeOOH(mic)	-480.14	-551.1	60	1.25	-0.233	$-3.14 \cdot 10^5$	—	21
FeOOH(针铁矿)	*-497.26*	*-568.2*	*60*	*1.25*	*-0.233*	*$-3.14 \cdot 10^5$*	—	*21*
CH(羟钙石)	-897.01	-985	83	187	-0.022	—	-1600	33
SiO_2(am)	-848.90	-903	41	47	0.034	$-1.13 \cdot 10^6$		29
SiO_2(石英)	*-854.79*	*-909*	*41*	*47*	*0.034*	*$-1.13 \cdot 10^6$*		*29*
水滑石-菱水碳铁镁石(固溶体)								
$\frac{1}{2}M_6AcH_{13}$[a]	-4339.85	-4875.9	411	512.6	—	—	—	115
$\frac{1}{2}M_6FcH_{13}$[a]	-3882.60	-4415.1	423	521.7	—	—	—	119
M-S-H(固溶体)								
$M_{1.5}S_2H_{2.5}$, Mg/Si=0.75[a]	-3218.43	-3507.52	270	318[r]	—	—		95
$M_{1.5}SH_{2.5}$, Mg/Si=1.5[a]	-2355.66	-2594.22	216	250[r]	—	—		74
沸石类								
沸石 P(Ca)	*-5057.8*	*-5423*	*779*	*753*	—	—		*153*
钠沸石	*-5325.7*	*-5728*	*360*	*359*	—	—		*169*
菱沸石	-7111.8	-7774	581	617	—	—		251
沸石 X(Na)	-5847.5	-6447	566	586	—	—		214
沸石 Y(Na)	-7552.5	-8327	734	739	—	—		283

续表

矿物相	$\Delta_f G^\ominus$ /(kJ/mol)	$\Delta_f H^\ominus$ /(kJ/mol)	$S^\ominus$ /[J/(K·mol)]	a_0 /[J/(K·mol)]	a_1 /[J/(mol·K^2)]	a_2 /(J·K/mol)	a_3 /[J/($K^{0.5}$·mol)]	$V^\ominus$ /(cm^3/mol)
水泥熟料								
C_3S	-2784.33	-2931	169	209	0.036	$-4.25 \cdot 10^6$		73
C_2S	-2193.21	-2308	128	152	0.037	$-3.03 \cdot 10^6$		52
C_3A	-3382.35	-3561	205	261	0.019	$-5.06 \cdot 10^6$		89
$C_{12}A_7$	-18451.44	-19414	1045	1263	0.274	$-2.31 \cdot 10^7$		518
CA	-2207.90	-2327	114	151	0.042	$-3.33 \cdot 10^6$		54
CA_2	-3795.31	-4004	178	277	0.023	$-7.45 \cdot 10^6$		89
C_4AF	-4786.50	-5080	326	374	0.073	—		130
C(方钙石)	-604.03	-635	39.7	48.8	0.0045	$-6.53 \cdot 10^5$		17
Ks(K_2SO_4 钾矾)	-1319.60	-1438	176	120	0.100	$-1.78 \cdot 10^6$		66
K(K_2O)	-322.40	-363	94	77	0.036	$-3.68 \cdot 10^5$		40
Ns(Na_2SO_4 无水芒硝)	-1269.80	-1387	150	58	0.023	—		53
N(Na_2O)	-376.07	-415	75	76	0.020	$-1.21 \cdot 10^6$		25

注：1. a_0、a_1、a_2、a_3 为热容函数的经验系数：$Cp^\ominus = a_0 + a_1 T + a_2 T^{-2} + a_3 T^{-0.5}$；水泥水化物的热容函数适用温度上限为100℃；其中"—"值为0。2. 简写符号含义：A = Al_2O_3；C = CaO；F = Fe_2O_3；H = H_2O；M = MgO；S = SiO_2；c = CO_2；s = SO_3。3. 斜体化合物，20℃下沉淀极为缓慢，一般未包括在计算中。4. * 表列为暂定值。5. 表中上标符号含义：a. 理想固溶体；b. 非理想固溶体，混溶间隔 $X_{CO_3^{2-},solid} = 0.45 \sim 0.90$，无量纲 Guggenheim 相互作用参数：$\alpha_0 = 1.67$，$\alpha_1 = 0.946$（$1CO_2$：$1SO_3$）；c. 非理想固溶体，混溶间隔 $X_{Al,solid} = 0.25 \sim 0.65$，无量纲 Guggenheim 相互作用参数：$\alpha_0 = 2.1$，$\alpha_1 = -0.169$；d. 非理想固溶体，混溶间隔 $X_{OH,solid} = 0.50 \sim 0.97$，无量纲 Guggenheim 相互作用参数：$\alpha_0 = 0.188$，$\alpha_1 = 2.49$；e. 非理想固溶体，混溶间隔 $X_{Al,solid} = 0.45 \sim 0.95$，无量纲 Guggenheim 相互作用参数：$\alpha_0 = 1.26$，$\alpha_1 = 1.57$；m. 由 $\Delta G_r^\ominus = -20.500$kJ/mol 重新计算值。

表 8-2　Cemdata18 数据库中固相平衡溶度积和钙-氧化硅络合物生成常数（25℃，1bar）

矿物相	$\lg K_{S0}$	用于计算溶度积的溶解反应
固相		
(Al-)钙矾石	-44.9	$Ca_6Al_2(SO_4)_3(OH)_{12} \cdot 26H_2O \longrightarrow 6Ca^{2+} + 2Al(OH)_4^- + 3SO_4^{2-} + 4OH^- + 26H_2O$
三碳铝酸盐	-46.5	$Ca_6Al_2(CO_3)_3(OH)_{12} \cdot 26H_2O \longrightarrow 6Ca^{2+} + 2Al(OH)_4^- + 3CO_3^{2-} + 4OH^- + 26H_2O$
Fe-钙矾石	-44.0	$Ca_6Fe_2(SO_4)_3(OH)_{12} \cdot 26H_2O \longrightarrow 6Ca^{2+} + 2Fe(OH)_4^- + 3SO_4^{2-} + 4OH^- + 26H_2O$
硅灰石膏	-24.75	$Ca_3(SiO_3)(SO_4)(CO_3) \cdot 15H_2O \longrightarrow 3Ca^{2+} + H_3SiO_4^- + SO_4^{2-} + CO_3^{2-} + OH^- + 13H_2O$
C_3AH_6	-20.50	$Ca_3Al_2(OH)_{12} \longrightarrow 3Ca^{2+} + 2Al(OH)_4^- + 4OH^-$

续表

矿物相	$\lg K_{S0}$	用于计算溶度积的溶解反应
$C_3AS_{0.41}H_{5.18}$	-25.35	$Ca_3Al_2(SiO_4)_{0.41}(OH)_{10.36} \longrightarrow 3Ca^{2+}+2Al(OH)_4^-+0.41\ SiO(OH)_3^-+3.59OH^--1.23H_2O$
$C_3AS_{0.84}H_{4.32}$	-26.70	$Ca_3Al_2(SiO_4)_{0.84}(OH)_{8.64} \longrightarrow 3Ca^{2+}+2Al(OH)_4^-+0.84\ SiO(OH)_3^-+3.16OH^--2.52H_2O$
C_3FH_6	-26.30*	$Ca_3Fe_2(OH)_{12} \longrightarrow 3Ca^{2+}+2Fe(OH)_4^-+4OH^-$
$C_3FS_{0.84}H_{4.32}$	-32.50	$Ca_3Fe_2(SiO_4)_{0.84}(OH)_{8.64} \longrightarrow 3Ca^{2+}+2Fe(OH)_4^-+0.84\ SiO(OH)_3^-+3.16OH^--2.52H_2O$
$C_3(F,A)S_{0.84}H_{4.32}$	-30.20	$Ca_3FeAl(SiO_4)_{0.84}(OH)_{8.64} \longrightarrow 3Ca^{2+}+Al(OH)_4^-+Fe(OH)_4^-+0.84\ SiO(OH)_3^-+3.16OH^--2.52H_2O$
$C_3FS_{1.34}H_{3.32}$	-34.20	$Ca_3Fe_2(SiO_4)_{1.34}(OH)_{6.64} \longrightarrow 3Ca^{2+}+2Fe(OH)_4^-+1.34\ SiO(OH)_3^-+2.66OH^--4.02H_2O$
C_4AH_{19}	-25.45	$Ca_4Al_2(OH)_{14} \cdot 12H_2O \longrightarrow 4Ca^{2+}+2Al(OH)_4^-+6OH^-+12H_2O$
C_4AH_{13}	-25.25**	$Ca_4Al_2(OH)_{14} \cdot 6H_2O \longrightarrow 4Ca^{2+}+2Al(OH)_4^-+6OH^-+6H_2O$
$C_2AH_{7.5}$	-13.80	$Ca_2Al_2(OH)_{10} \cdot 2.5H_2O \longrightarrow 2Ca^{2+}+2Al(OH)_4^-+2OH^-+2.5H_2O$
CAH_{10}	-7.60	$CaAl_2(OH)_8 \cdot 6H_2O \longrightarrow Ca^{2+}+2Al(OH)_4^-+6H_2O$
$C_4Ac_{0.5}H_{12}$	-29.13	$Ca_4Al_2(CO_3)_{0.5}(OH)_{13} \cdot 7H_2O \longrightarrow 4Ca^{2+}+2Al(OH)_4^-+0.5CO_3^{2-}+5OH^-+7H_2O$
C_4AcH_{11}	-31.47	$Ca_4Al_2(CO_3)(OH)_{12} \cdot 5H_2O \longrightarrow 4Ca^{2+}+2Al(OH)_4^-+CO_3^{2-}+4OH^-+5H_2O$
C_4AsH_{14}	-29.26	$Ca_4Al_2(SO_4)(OH)_{12} \cdot 6H_2O \longrightarrow 4Ca^{2+}+2Al(OH)_4^-+SO_4^{2-}+4OH^-+6H_2O$
C_4AsH_{12}	-29.23**	$Ca_4Al_2(SO_4)(OH)_{12} \cdot 6H_2O \longrightarrow 4Ca^{2+}+2Al(OH)_4^-+SO_4^{2-}+4OH^-+6H_2O$
C_2ASH_8	-19.70	$Ca_2Al_2SiO_2(OH)_{10} \cdot 3H_2O \longrightarrow 2Ca^{2+}+2Al(OH)_4^-+SiO(OH)_3^-+OH^-+2H_2O$
Friedel 盐	-27.27	$Ca_4Al_2Cl_2(OH)_{12} \cdot 4H_2O \longrightarrow 4Ca^{2+}+2Al(OH)_4^-+2Cl^-+4OH^-+4H_2O$
Kuzel 盐	-28.53	$Ca_4Al_2Cl(SO_4)_{0.5}(OH)_{12} \cdot 6H_2O \longrightarrow 4Ca^{2+}+2Al(OH)_4^-+Cl^-+0.5SO_4^{2-}+4OH^-+6H_2O$
硝酸盐-AFm	-28.67	$Ca_4Al_2(OH)_{12}(NO_3)_2 \cdot 4H_2O \longrightarrow 4Ca^{2+}+2Al(OH)_4^-+2NO_3^-+4OH^-+4H_2O$
亚硝酸盐-AFm	-26.24	$Ca_4Al_2(OH)_{12}(NO_2)_2 \cdot 4H_2O \longrightarrow 4Ca^{2+}+2Al(OH)_4^-+2NO_2^-+4OH^-+4H_2O$
C_4FH_{13}	-30.75*	$Ca_4Fe_2(OH)_{14} \cdot 6H_2O \longrightarrow 4Ca^{2+}+2Fe(OH)_4^-+6OH^-+6H_2O$
Fe-半碳酸盐	-30.83	$Ca_4Fe_2(CO_3)_{0.5}(OH)_{13} \cdot 3.5H_2O \longrightarrow 4Ca^{2+}+2Fe(OH)_4^-+0.5CO_3^{2-}+5OH^-+3.5H_2O$
Fe-单碳酸盐	-34.59	$Ca_4Fe_2(CO_3)(OH)_{12} \cdot 6H_2O \longrightarrow 4Ca^{2+}+2Fe(OH)_4^-+CO_3^{2-}+4OH^-+6H_2O$
Fe-单硫酸盐	-31.57	$Ca_4Fe_2(SO_4)(OH)_{12} \cdot 6H_2O \longrightarrow 4Ca^{2+}+2Fe(OH)_4^-+SO_4^{2-}+4OH^-+6H_2O$
Fe-Friedel 盐	-28.62	$Ca_4Fe_2Cl_2(OH)_{12} \cdot 4H_2O \longrightarrow 4Ca^{2+}+2Fe(OH)_4^-+2Cl^-+4OH^-+4H_2O$
Cs(硬石膏)	-4.357	$CaSO_4 \longrightarrow Ca^{2+}+SO_4^{2-}$
CsH_2(石膏)	-4.581	$CaSO_4 \cdot 2H_2O \longrightarrow Ca^{2+}+SO_4^{2-}+2H_2O$

续表

矿物相	$\lg K_{S0}$	用于计算溶度积的溶解反应
$CsH_{0.5}$(半水石膏)	-3.59	$CaSO_4 \cdot 0.5H_2O \longrightarrow Ca^{2+}+SO_4^{2-}+0.5H_2O$
钾石膏	-7.20	$K_2Ca(SO_4)_2 \cdot H_2O \longrightarrow 2K^++Ca^{2+}+2SO_4^{2-}+H_2O$
$Al(OH)_3$(am)	0.24	$Al(OH)_3(am) \longrightarrow Al(OH)_4^--OH^-$
$Al(OH)_3$(mic)	-0.67	$Al(OH)_3(mic) \longrightarrow Al(OH)_4^--OH^-$
$Al(OH)_3$(三水铝石)	*-1.12*	$\mathit{Al(OH)_3(gibbsite) \longrightarrow Al(OH)_4^--OH^-}$
$Fe(OH)_3$(am)	-2.6	$Fe(OH)_3(am) \longrightarrow Fe(OH)_4^--OH^-$
$Fe(OH)_3$(mic)	-4.6	$Fe(OH)_3(mic) \longrightarrow Fe(OH)_4^--OH^-$
FeOOH(mic)	-5.6	$FeOOH(mic) \longrightarrow Fe(OH)_4^--OH^--H_2O$
FeOOH(针铁矿)	*-8.6*	$\mathit{FeOOH(goethite) \longrightarrow Fe(OH)_4^--OH^--H_2O}$
CH	-5.2	$Ca(OH)_2 \longrightarrow Ca^{2+}+2OH^-$
SiO_2(am)	-2.714	$SiO_2(am) \longrightarrow SiO_2^0$
SiO_2(石英)	*-3.746*	$\mathit{SiO_2(quartz) \longrightarrow SiO_2^0}$
½M_6AcH_{13}	-33.29**	$Mg_3Al(OH)_8(CO_3)_{0.5} \cdot 2.5H_2O \longrightarrow 3Mg^{2+}+Al(OH)_4^-+0.5CO_3^{2-}.+4OH^-+2.5H_2O$
½M_6FcH_{13}	-33.64**	$Mg_3Fe(OH)_8(CO_3)_{0.5} \cdot 2.5H_2O \longrightarrow 3Mg^{2+}+Fe(OH)_4^-+0.5CO_3^{2-}.+4OH^-+2.5H_2O$
$M_{1.5}S_2H_{2.5}$	-28.80	$(MgO)_{1.5}(SiO_2)_2(H_2O)_{2.5} \longrightarrow 1.5Mg^{2+}+2SiO_2^0+3OH^-+H_2O$
$M_{1.5}SH_{2.5}$	-23.57	$(MgO)_{1.5}SiO_2(H_2O)_{2.5} \longrightarrow 1.5Mg^{2+}+SiO_2^0+3OH^-+H_2O$
沸石 P(Ca)	*-20.3*	$\mathit{CaAl_2Si_2O_8 \cdot 4.5H_2O \longrightarrow Ca^{2+}+2Al(OH)_4^-+2SiO_2^0+0.5H_2O}$
钠沸石	*-30.2*	$\mathit{Na_2Al_2Si_3O_{10} \cdot 2H_2O \longrightarrow 2Na^++2Al(OH)_4^-+3SiO_2^0-2H_2O}$
菱沸石	-25.8	$CaAl_2Si_4O_{12} \cdot 6H_2O \longrightarrow Ca^{2+}+2Al(OH)_4^-+4SiO_2^0+2H_2O$
沸石 X(Na)	-20.1	$Na_2Al_2Si_{2.5}O_9 \cdot 6.2H_2O \longrightarrow 2Na^++2Al(OH)_4^-+2.5SiO_2^0+2.2H_2O$
沸石 Y(Na)	-25.0	$Na_2Al_2Si_4O_{12} \cdot 8H_2O \longrightarrow 2Na^++2Al(OH)_4^-+4SiO_2^0+4H_2O$
硅酸钙络合物		
$CaHSiO_3^+$	1.2	$Ca^{2+}+HSiO_3^{2-} \longrightarrow CaHSiO_3^+$
$CaSiO_3^0$	4.6	$Ca^{2+}+SiO_3^{2-} \longrightarrow CaSiO_3^0$

注：1. 斜体化合物，20℃下沉淀极为缓慢，一般未包括在计算中。2. * 表列为暂定值。3. ** 由 $\Delta_f G^{\ominus}$ 值重新计算。4. 基于 Cemdata18 数据库模拟必须采用表列硅酸钙络合物的 $\lg K_{S0}$ 数值，以保持与 C-S-H 模型相一致。

矿物热容经由包含已知热容和类似结构固相的参考反应来计算（Matschei et al，2015；Schmidt et al，2008）。该原理可成功地用于计算硅酸盐矿物的热容，只需给出含有类似结构和已知热容矿物的反应即可（Helgeson et al，1978）。

应用Cemdata18热力学数据集，为检查和重新计算设定实验条件下溶解度数据的内洽性提供了可能。计算的硅灰石膏溶解度与实验值吻合良好，唯有计算的1℃、5℃下Si的浓度略低。尤其是在1～40℃，固相组合主要由硅灰石膏和微量方解石组成，而实验测定的Ca和硫酸根浓度均在分析误差之内。在此温区，Ca、硫酸根和Si浓度随温度上升而增大，计算的碳酸盐浓度持续减小。在大于约40℃，Ca和硫酸根浓度显著增大，Si浓度因生成C-S-H而减小；70℃以上硅灰石膏消失。

3. 氯化物-、硝酸盐-、亚硝酸盐-AFm 相

氯化物黏结剂和含氯化物水泥水合物的生成，因其对钢筋混凝土的腐蚀性影响而被广为研究。有关Friedel盐［$Ca_4Al_2Cl_2(OH)_{12}\cdot 4H_2O$］和Kuzel盐｛$Ca_4Al_2Cl[SO_4]_{0.5}(OH)_{12}\cdot 6H_2O$｝的综合溶解度数据最初见于20世纪90年代后期。Birnin-Yauri等（1998）报道了Friedel盐一致溶解，其$\lg K_{S0}$为-27.1和-24.8（$K_{S0}=\{Ca^{2+}\}^4\{Al(OH)_4^-\}^2\{Cl^-\}^2\{OH^-\}^4\{H_2O\}^4$）。Hobbs（2001）估算$\lg K_{S0}=-27.6\pm0.9$；Bothe等（2004）通过地球化学模拟，获得Friedel盐的溶度积为$-28.8<\lg K_{S0}<-27.6$。Balonis等（2010）提供了Friedel盐作为时间和温度函数的溶解度数据，估算其理想成分室温下的溶度积为-27.27（Balonis et al，2011a）。

估算的热力学数据（Balonis et al，2011b）：$\Delta_f G^{\ominus}\approx-6810.9$kJ/mol，$\Delta_f H^{\ominus}\approx-7604$kJ/mol，$S^{\ominus}=731$J/(mol·K)；与已发表数据［$\Delta_f G^{\ominus}\approx-6815.44$kJ/mol，$\Delta_f H^{\ominus}\approx-7670.04$kJ/mol，$S^{\ominus}=527.70$J/(mol·K)］（Blanc et al，2010）类似（除熵以外）。尝试在0℃以上合成Cl-AFt未获成功（Balonis，2010），故无可用热力学数据。

Glasser等（1999）最先测定了Kuzel盐的溶解度，发现其呈强烈不一致溶解行为，伴生次生相钙矾石沉淀。由Glasser等（1999）的溶解度数据，估算Kuzel盐的溶度积$\lg K_{S0}=-28.54$（$K_{S0}=\{Ca^{2+}\}^4\{Al(OH)_4^-\}^2\{Cl^-\}\{SO_4^{2-}\}^{0.5}\{OH^-\}^4\{H_2O\}^6$）；实验测定了Kuzel盐在5～85℃温区和1～12月内的溶解度，计算室温下溶度积为$\lg K_{S0}=-28.53$（Balonis et al，2010）。

近年来，可溶性硝酸盐和亚硝酸盐腐蚀抑制剂对水泥灰浆矿物学的影响研究受到关注（Balonis，2010；Balonis et al，2011b；Falzone et al，2015），证实AFm相具有在层间容纳NO_3^-、NO_2^-的能力。Balonis等（2011b）发表了硝酸盐AFm（NO_3-AFm）和亚硝酸盐AFm（NO_2-AFm）的溶解度数据和热力学参数。与Cl-AFt类似，在室温下未能合成NO_3-或NO_2-AFt（Balonis，2010）。

4. 含铁水合物

胶凝材料中铁的主要来源是Portland水泥中含量5%～15%的铁酸盐熟料和掺合水泥中的矿渣。在仅含有水、C_2F、硫酸钙、碳酸钙或氧化硅的合成体系中，可沉淀出不同的含铁相，如钙矾石、单硫酸盐、单碳酸盐、硅水榴石，以及生成与含铝相类似的固溶体（Dilnesa et al，2011；2012；2014a；2014b；Moschner et al，2008）。

含铁相的稳定性通常只受到温度的中度影响。常温下，Fe-钙矾石（$C_6Fs_3H_{32}$）、Fe-单硫酸盐（C_4FsH_{12}）、Fe-单碳酸盐（C_4FcH_{12}）、Fe-Friedel 盐（$C_4FCl_2H_{10}$）和 Fe-硅水榴石（$C_3FS_{0.95}H_{4.1}$，$C_3FS_{1.52}H_{2.96}$）稳定存在，而 Fe-加藤石（C_3FH_6）和 Fe-半碳酸盐（$C_4Fc_{0.5}H_{10}$）呈准稳定态。合成 Fe-水铝黄长石（C_2FSH_8）的尝试归于失败，而只有羟钙石、C-S-H 和氢氧化铁生成，表明常温下 Fe-水铝黄长石是不稳定相。C_4FsH_{12}、C_4FcH_{12} 和 $C_4FCl_2H_{10}$ 在 50℃下稳定，而 80℃下不稳定；Fe-硅水榴石则直至 110℃仍为稳定相。Fe-AFm 和 AFt 水合物的有限稳定区与针铁矿（FeOOH）和赤铁矿（Fe_2O_3）非常高的稳定性有关，二者在 50℃下在数月内、80℃下在数天内即可生成（Dilnesa et al，2014a）。虽然赤铁矿和羟钙石在 0～100℃温区较之 Fe-加藤石、AFt 和 AFm 相更为稳定，但常温下针铁矿和赤铁矿的生成速率非常缓慢，以至于只能合成 Fe-硅水榴石、AFt 和 AFm 相。含铁相的溶度积基于测定 20℃、50℃、80℃下的液相成分计算出，并用于推导标准状态（25℃，1atm）下的热力学数据（表 8-2）。已确定生成的含 Al、Fe 端员组分间的固溶体包括钙矾石、硅水榴石、单硫酸盐和 Friedel 盐，而由于结构差异，无斜方 Fe-单碳酸盐和三斜 Al-单碳酸盐间的固溶体形成（Dilnesa et al，2011；2012；2014a；2014b；Moschner et al，2008）。

虽然可合成不同的 Fe-水合物，却唯有 Fe-硅水榴石可望出现于水化胶凝材料中。Fe-硅水榴石（表 8-1）的溶度积较之 Al-硅水榴石低约 5～7lg 单位，表明 Fe-硅水榴石属高度稳定相。事实上在水化 Portland 水泥中，Fe^{3+} 在最初数小时内生成氢氧化铁沉淀，1d 或更长时间则生成硅水榴石固溶体［$C_3(A,F)S_{0.84}H_{4.32}$］（Dilnesa et al，2014b；Vespa et al，2015）。Cemdata18 数据库中已包含 $C_3FS_{0.84}H_{4.32}$ 和 $C_3A_{0.5}F_{0.5}S_{0.84}H_{4.32}$ 固溶体的热力学数据（Dilnesa et al，2014a）。

5. Mg-Al 层状双氢氧化物

Mg-Al 层状双氢氧化物（LDH）（类水滑石）相在结构上类似于水滑石，通常作为典型次生反应产物出现于水化 Portland 水泥（Mader et al，2017）和碱激发粒化高炉渣中（Bernal et al，2014）。在未经碳酸盐化的水化或碱激发胶凝材料中，Mg-Al LDH 相通常呈长程结构有序，且由于缺少 CO_2，故成分主要为 $Mg_{1-x}Al_x(OH)_{2+x}(H_2O)_4$ 固溶体系列（$0.2 \leqslant x \leqslant 0.33$）（Richardson，2013）。在 MgO 含量较低的体系中，传统 X 射线衍射分析法通常很难检测出 Mg-Al LDH 相生成。

Bennett 等（1992）在 80℃、2d 合成，干燥，再在 25℃下水中重新分散 4 周，获得了 Mg-Al LDH 相样品 M_4AH_{10}，其溶度积为 10^{-47}；进一步再分散，溶度积降低至 10^{-56}。基于 Gao 等（2012）在过饱和溶液（平衡时间 2d）中合成样品的溶解度数据，重新编制和计算了类水滑石 Mg-Al LDH 相［与 OH^-（MgAl-OH-LDH）夹层］溶解度数据（Myers et al，2015c）。理想混合固溶体（MA-OH-LDH _ ss）热力学模型暂以 Mg/Al＝2～4 来定义。对于碱激发物质，推荐采用 MgAl-OH-LDH _ ss 模型。

应用 MgAl-OH-LDH _ ss 模型（描述具有不同 Mg/Al 比的类水滑石相，推荐用于碱激发胶凝材料体系），在典型 Portland 水泥条件下由于孔隙溶液中 Al 的浓度太低，导致不会生成水滑石；故计算中以生成水镁石沉淀代替。已有报道在充分水化含白云石 Portland 胶凝材料中生成类水滑石相（Zajac et al，2014），故推荐在水化 Portland 水泥体系中采用溶度积较小的单一 M_4AH_{10} 相（表 8-3）。

表 8-3 Cemdata18 数据库中类水滑石相（独立模块）的标准热力学性质（25℃，1bar）

矿物相	$_fG^{\ominus}$ /(kJ/mol)	$_fH^{\ominus}$ /(kJ/mol)	$S^{\ominus}$ /[J/(K·mol)]	a_0 /[J/(K·mol)]	a_1 /[J/(mol·K^2)]	a_2 /(J·K/mol)	a_3 /[J/(K^{0.5}·mol)]	$V^{\ominus}$ /(cm^3/mol)
M_4AH_{10} *	−6394.6	−7196	549	−364	4.21	$3.75 \cdot 10^6$	629	220
MgAl-OH-LDH（理想三元固溶体）								
M_4AH_{10}	−6358.5	−7160.2	548.9	547.6	—	—	—	219.1
M_6AH_{12}	−8022.9	−9006.7	675.2	803.1	—	—	—	305.4
M_8AH_{14}	−9687.4	−10,853.3	801.5	957.7	—	—	—	392.4
矿物相	$\lg K_{S0}$	用于计算溶度积的溶解反应						
M_4AH_{10} *	−56.02	$Mg_4Al_2(OH)_{14} \cdot 3H_2O \longrightarrow 4Mg^{2+} + 2Al(OH)_4^- + 6OH^- + 3H_2O$						
M_4AH_{10} **	−49.7	$Mg_4Al_2(OH)_{14} \cdot 3H_2O \longrightarrow 4Mg^{2+} + 2Al(OH)_4^- + 6OH^- + 3H_2O$						
M_6AH_{12} **	−72.0	$Mg_6Al_2(OH)_{18} \cdot 3H_2O \longrightarrow 6Mg^{2+} + 2Al(OH)_4^- + 10OH^- + 3H_2O$						
M_8AH_{14} **	−94.3	$Mg_8Al_2(OH)_{22} \cdot 3H_2O \longrightarrow 8Mg^{2+} + 2Al(OH)_4^- + 14OH^- + 3H_2O$						

注：1. a_0、a_1、a_2、a_3 为热容函数的经验系数：$Cp^{\ominus} = a_0 + a_1T + a_2T^{-2} + a_3T^{-0.5}$；其中“—”值为 0。2. * Portland 水泥体系推荐物相。3. ** 碱激发材料体系推荐物相。

6. 硅酸镁水合物

已发现硅酸镁水合物（M-S-H）生成于水泥灰浆与黏土界面带（Mader et al，2017；Jenni et al，2014）和/或呈地下水或海水对水泥浆体蚀解作用的次生产物（Bonen et al，1992；Jakobsen et al，2016）。水泥浆体的淋滤与碳化相结合，导致胶凝材料表面的 pH 值减小，继而 C-S-H 脱钙，生成富镁相 M-S-H。后者呈低有序度，但具有类似于黏土矿物中四次配位硅占位的层状结构，其 Mg/Si 比变化于 0.8～1.2，在 pH 值 7.5～11.5 范围稳定存在（Nied et al，2016；Roosz et al，2015；Bernard et al，2017a）。由于结构与 pH 值范围差异，大多数研究确认，存在不同的 C-S-H 和 M-S-H 相沉淀而不是镁钙水合物混合相（Bernard et al，2017b；Chiang et al，2014）。实验测定结果表明，与结晶质硅酸镁如滑石、叶蛇纹石或纤蛇纹石相比，低有序化 M-S-H 的溶解度略高。Cemdata18 数据库中选取了 M-S-H 理想固溶体模型（Nied et al，2016）。

7. 沸石类

水化 Portland 水泥体系的强碱性溶液与使用环境的相互作用，可能导致深部核废料贮存罐围岩中铝硅酸盐矿物的部分分解和次生沸石的生成。沸石生成也见于碱激发水泥体系。此类沸石通常为低结晶度 N-A-S-H（钠铝硅酸盐水合物）和 K-A-S-H（钾铝硅酸盐水合物）凝胶（Myers et al，2015c；Gomez-Zamorano et al，2017）；凝胶类型依赖于是否存在 Na^+ 或 K^+、阳离子浓度、液相对氧化硅的相对饱和度、pH 值和温度（Chipera et al，2001）。近年来主要基于对热容和焓的测定（Blanc et al，2015；Myers et al，2015c；Arthur et al，2011），估算了不同沸石的溶解度数据。但由于热焓数据测定误差，导致估算的溶解度数据偏差达数个 lg 单位。确定沸石的溶解度也受到阳离子成分（Ca，Na，K）、Al/Si 比、H_2O 含量和原子结构，以及低反应动力学的制约。

2017 年，两项独立研究报道，Y 型、X 型沸石具有相近溶度积（N-A-S-H 凝胶，Al/Si=0.5、0.8）(Lothenbach et al，2017；Gomez-Zamorano et al，2017)。X(Na) 型、

Y(Na) 型沸石和菱沸石（Lothenbach et al，2017）的溶度积数据使得预测钠激发体系沸石晶化作用成为可能。Cemdata18 数据库中依然缺少钾型沸石的数据，但包括钠沸石和 P(Ca) 型沸石（Lothenbach et al，2017）。尽管后两者较之 X(Na) 型、Y(Na) 型沸石和菱沸石更为稳定，但在高 pH 值下，钠沸石和 P(Ca) 型沸石的生成受动力学阻碍。因此，在进行胶凝物与围岩界面反应模拟时，推荐采用钠沸石和 P(Ca) 型沸石。然而，此二者生成在碱激发体系模型中可能受到抑制，而生成 X(Na) 型、Y(Na) 型沸石和菱沸石，或其非晶质或纳米晶质前驱体。

8. 相对湿度影响

已知水泥水合物的水含量是温度和相对湿度（RH）的函数。其中某些水合物为具有层状结构的结晶质，如 AFm 相或钙矾石。AFm 和 AFt 相依赖于不同的暴露条件而具有不同的水化状态（不同摩尔水含量），从而影响水泥浆体的体积稳定性、孔隙率和密度。某些 AFm 相的摩尔体积在干燥过程中可减小达 20%（Baquerizo et al，2015），故强烈影响某些胶凝体系的孔隙率和工程特性。

在类凝胶相如 C-S-H 中，水可存在于凝胶内部孔隙及层间。不幸的是，迄今仍无可评估此类不同水含量的热力学模型。

结晶质 AFm 相具有层状结构，已知其层间水含量可变，且包括两种类型：一是“空间充填”松弛结合的沸石水分子，随温度升高或相对湿度减小易于由结构中脱出，其热力学性质类似于液态水；二是“结构水”分子，与主要层的 Ca^{2+} 牢固键合，只有在水活度很低和/或高温下才能脱出，且通常伴随着高焓值。对于最重要的 AFm 相，Baquerizo 等（2015）已确定了不同水化状态下的热力学性质（表 8-1）。25℃下 AFm 相的体积稳定性见图 8-1。

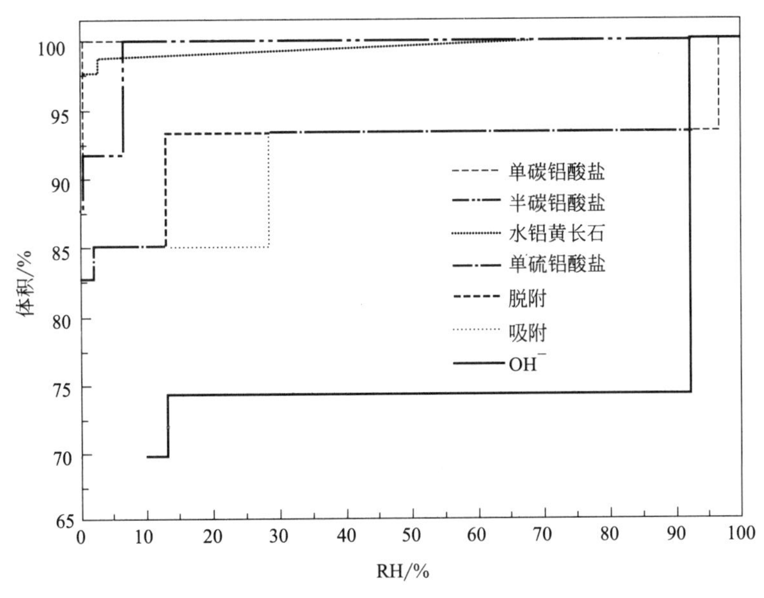

图 8-1　室温下 AFm 相随相对湿度 RH 的体积变化图

（据 Lothenbach et al，2019）

已知钙矾石（$C_6As_3H_{32}$）也具有可变水含量。该水合物是 Portland 水泥水化过程的常见物相，也是硫铝酸钙水泥和掺合石膏铝酸钙水泥的主要水化产物。理解钙矾石在水化过程和不同干燥条件下的稳定性，对于评价含有大量钙矾石体系的特性极为重要。钙矾石晶体化学式中通常含有 32 个 H_2O 分子：30 个固定于柱体骨架中，2 个沸石水分子松弛键合于孔道内。后者随相对湿度减小可排出孔道而不出现明显结构变化。然而，当 H_2O 分子减少至 30 以下时，已发现会出现一系列结构变化，导致生成偏钙矾石非晶质相。Baquerizo 等（2016）推导了结晶质钙矾石，分别含有 32、30 个 H_2O 分子和非晶质钙矾石（偏钙矾石）的热力学性质（表 8-1）。值得注意的是，钙矾石分解与再生成是可逆的，但具有明显迟滞性，因而难以估算其热力学性质。列于表 8-1 中的数据相当于由脱附平衡性质导出（Lothenbach et al，2019）。

第三节　C-S-H 固溶体模型

C-S-H 类凝胶相是 Portland 水泥和掺合 Portland 水泥灰浆中的主要水合物。C-S-H 也是用作固废容器包括核废料贮存库工程屏蔽的水化胶凝材料中碱、碱土和有害阳离子（Sr^{2+}，UO_2^{2+}，Zn^{2+} 等）的吸收剂。

C-S-H 相的化学成分随体系 Ca/Si 比不同而异，后者则受火山灰反应、水渗入引起浸出和/或诸如碳化的化学腐蚀等的影响而改变。由 C_3S 或 C_2S 的水化作用和共沉淀（双分解）法制备的 C-S-H 试样，其性质有所不同（Lothenbach et al，2015）。C-S-H 具有“缺陷-雪硅钙石”结构，平均硅酸盐链长度依赖于 Ca/Si 比、pH 值及是否含铝（Richardson，2004）。其“非凝胶”水含量（即结构水和层间水），也随 Ca/Si 比及合成路径、粒子形貌、堆垛和“凝胶”水含量（即 C-S-H 粒子间水）而变化。许多可用的 C-S-H 实验溶解度数据已经过严格评估（Walker et al，2016），包括具有不同铝、碱含量的 C-S-H 型物相（Lothenbach et al，2015；L'Hopital et al，2016a；2016b）。

采用固溶体模型（Kulik 2011；Kulik et al，2001；Walker et al，2016）或在有限范围内采用表面络合近似（Haas et al，2015；Churakov et al，2017），能够可靠地模拟 C-S-H 溶解度。几乎所有胶凝材料水化作用和固废-胶凝材料相互作用的研究中都需要用到 C-S-H 溶解度的定量知识，故测定和模拟 C-S-H 溶解度和水含量是水泥化学研究的主要课题（Lothenbach et al，2015）。表 8-4 提供了 Cemdata18 数据库中的 5 种 C-S-H 固溶体模型，简述如下。

1. CSH-Ⅱ模型

这一简单理想混合 C-S-H 固溶体模型已应用多年，原模型（Kulik et al，2001）由两种二元理想固溶体 CSH-Ⅰ和 CSH-Ⅱ组成。CSH-Ⅰ采用非晶质氧化硅（SH；SiO_2）和类雪硅钙石 C-S-H 凝结相［Tob-Ⅱ；$(Ca(OH)_2)_2(SiO_2)_{2.4} \cdot 2H_2O$］作为端员组分。CSH-Ⅱ则以类雪硅钙石［Tob-Ⅱ；$(Ca(OH)_2)_{0.8333}(SiO_2)_{0.8333} \cdot H_2O$］和羟硅钠钙石［Jen；$(Ca(OH)_2)_{1.6666}SiO_2 \cdot H_2O$］C-S-H 凝胶相为端员组分。CSH-Ⅱ相与 CH（羟钙石）在 Ca/Si＞1.5～1.7 区间共存。CSH-Ⅰ固溶体曾被认为不存在，而非晶质 SiO_2 与 C-S-H 凝胶在 Ca/Si＝0.4～0.8 范围共存。CSH-Ⅱ的水含量低于下文讨论的其他模型，但与采用 ^1H NMR 法测定（Muller et al，2013）存在于 C-S-H 的层间水相吻合。Cemdata18 数据库中仅提供了 CSH-Ⅱ固溶体模型，涵盖 Ca/Si 比范围 0.83～1.67，以与其他新模型进行对比。

表 8-4 Cemdata18 数据库 C-S-H 固溶体模型（独立模块）

矿物相	$\Delta_f G^{\ominus}$ /(kJ/mol)	$\Delta_f H^{\ominus}$ /(kJ/mol)	$S^{\ominus}$ /[J/(K·mol)]	a_0 /[J/(K·mol)]	a_1 /[J/(mol·K^2)]	a_2 /(J·K/mol)	$V^{\ominus}$ /(cm^3/mol)
端员组分							
C-S-H(CSH-Ⅱ固溶体)							
Tob:$C_{0.83}SH_{1.3}$	−1744.36	−1916.0	80.0	85.0	0.160		59
Jen:$C_{1.67}SH_{2.1}$	−2480.81	−2723.0	140.0	210.0	0.12	$-3.07 \cdot 10^6$	78
C-S-H-K-N(ECSH-1 固溶体)							
TobCa-1:$C_{0.83}SH_{1.83}$	−1863.62	−2059.5	114.6	170.4			68
SH:SH(SiO_2H_2O)	−1085.45	−1188.6	111.3	119.8			34
NaSH-1:$N_{0.5}S_{0.2}H_{0.45}$	−433.57	−480.4	41.2	37.9			10.5
KSH-1:$K_{0.5}S_{0.2}H_{0.45}$	−443.35	−490.0	48.4	40.6			12.4
SrSH-1:$SrSH_2$	−2020.89	−2231.6	141.9	174.8			64
	(−2017.47[a])	(−2228[a])					
C-S-H-K-N(ECSH-2 固溶体)							
TobCa-2:$C_{0.83}SH_{1.83}$	−1863.62	−2059.5	114.6	170.4			68
JenCa:$CS_{0.6}H_{1.1}$	−1569.05	−1741.6	73.0	114.5			36
NaSH-2:$N_{0.5}S_{0.2}H_{0.45}$	−430.72	−477.6	41.2	37.9			10.5
KSH-2:$K_{0.5}S_{0.2}H_{0.45}$	−440.49	−487.2	48.4	40.6			12.4
SrSH-2:$SrSH_2$	−2019.75	−2230.5	141.9	174.8			64
	(−2016.33[a])	(−2227[a])					
C-S-H(CSHQ 固溶体)							
TobH Ca/Si=0.67:$C_{2/3}SH_{1.5}$	−1668.56	−1841.5	89.9	141.6			55

续表

矿物相	$\Delta_f G^{\ominus}$ /(kJ/mol)	$\Delta_f H^{\ominus}$ /(kJ/mol)	$S^{\ominus}$ /[J/(K·mol)]	a_0 /[J/(K·mol)]	a_1 /[J/(mol·K^2)]	a_2 /(J·K/mol)	$V^{\ominus}$ /(cm^3/mol)
TobD Ca/Si=1.25:$C_{5/6}S_{2/3}H_{1.83}$	−1570.89	−1742.4	121.8	166.9			48
JenH Ca/Si=1.33:$C_{1.33}SH_{2.17}$	−2273.99	−2506.3	142.5	207.9			76
JenD Ca/Si=2.25:$C_{1.5}S_{0.67}H_{2.5}$	−2169.56	−2400.7	173.4	232.8			81
NaSH:$N_{0.5}S_{0.2}H_{0.45}$	−431.20	478.0	41.2	37.9			10.5
KSH:$K_{0.5}S_{0.2}H_{0.45}$	−440.80	−489.6	48.4	40.6			12.4
C-S-H(CSH3T 固溶体)							
TobH Ca/Si=0.67:$C_1S_{3/2}H_{5/2}$	−2561.53	−2833.0	152.8	231.2			85
T5C Ca/Si=1.0:$C_{5/4}S_{5/4}H_{5/2}$	−2518.66	−2782.0	159.9	234.1			79
T2C Ca/Si=1.5:$C_{3/2}S_1H_{5/2}$	−2467.08	−2722.4	167.0	237.0			81
C-(N-)A-S-H(CNASH 固溶体)							
TobH[b]:$C_1S_{3/2}H_{5/2}$	−2560.00	−2831.4	152.8	231.2			85
INFCA:$C_1A_{5/32}S_{38/32}H_{53/32}$	−2342.90	−2551.3	154.5	180.9			59.3
INFCN:$C_1N_{5/16}S_{3/2}H_{19/16}$	−2452.46	−2642.0	185.6	183.7			71.1
INFCNA:$C_1A_{5/32}N_{11/32}S_{38/32}H_{42/32}$	−2474.28	−2666.7	198.4	179.7			69.3
T5C[b]:$C_{5/4}S_{5/4}H_{5/2}$	−2516.90	−2780.3	159.9	234.1			79.3
5CA:$C_{5/4}A_{1/8}S_1H_{13/8}$	−2292.82	−2491.3	163.1	177.1			57.3
5CNA:$C_{5/4}N_{1/4}A_{1/8}S_1H_{11/8}$	−2381.81	−2568.7	195.0	176.2			64.5
T2C[b]:$C_{3/2}S_1H_{5/2}$	−2465.40	−2720.7	167.0	237.0			80.6

注：a_0、a_1、a_2 为热容函数的经验系数：$Cp^{\ominus}=a_0+a_1T+a_2T^{-2}$，其中未列值为0。表中上标符号含义：a. 适用于模拟水泥水（artificial cement water）条件；b. 热力学性质相对于 T2C、T5C、TobH 端员组分调整至 CSH3T 模型而略有修正。

2. ECSH-1 和 ECSH-2 模型

ECSH-1 和 ECSH-2 模型拓展了 CSH-Ⅰ 和 CSH-Ⅱ 模型，包括含 Na-、K-、Sr-端员组分。为实际描述引入次要阳离子，这些暂设的理想固溶体模型（Kulik et al，2007）借助基于 GEM-Selektor 计算的统计双热力学方法（Kulik，2006）来构建。该法可由实验水溶液和共存固溶体的总成分，同时计算理想固溶体端员组分的未知化学计量比和标准摩尔 Gibbs 自由能 $\Delta_f G_{298}^{\ominus}$。这些模型中包含 13 个可能的端员组分，化学通式：$[(Ca(OH)_2)_{nCa}(Sr(OH)_2)_{nSr}(KOH)_{nK}(NaOH)_{nNa}SiO_2H_2O]_{nSi}$。为构建这些模型，调整 nCa、nSr 等系数，以使对实验数据点的 GEM 试算中模型端员组分的 $G_{298}^{\ominus}$ 计算值标准差最小化。GEM 试算基于：①Nagra-PSI 数据库（Hummel et al，2002）；②不同 Ca/Si、Sr/Si、Na/Si、K/Si 比的许多实验数据点；③固溶体端员组分的化学计量系数范围：$0.1<n\text{Si}<2$，$0<n\text{Ca}<1.6$，$0<n\text{Sr}<2$，$0<n\text{K}<2$，$0<n\text{Na}<2$。

继而对在纯水和人工水泥水中引入 Sr 数据的 GEM 正演模拟，形成 ECSH-Ⅱ 和 ECSH-Ⅰ 理想固溶体模型。该模型提供了对实验数据的优化描述（超过 96 个实验数据，以及在纯水和水泥水中 C-S-H 吸收 Sr 的内部数据）（Tits et al，2006）。含 Na-、K-端员组分的 $\Delta_f G_{298}^{\ominus}$ 数值也依据 C-S-H 对 Na、K 的吸收等温线数据（Hong et al，1999）做了优化。ECSH-1 和 ECSH-2 模型可准确描述随水溶液中碱浓度增大时阳离子吸收及与羟钙石平衡的 Ca/Si 比减小。然而，不可能以 SrSH 端员组分的相同 $\Delta_f G_{298}^{\ominus}$ 数据去模拟以纯水和人工水泥孔隙水（25℃，pH≈13.3，KOH 0.18mol/L，NaOH 0.114mol/L，$Ca(OH)_2$ 1.2mmol/L）制备的 C-S-H 对 Sr 的吸收等温线。预期 ECSH-1 和 ECSH-2 未来将被更为精确的 C-S-H-K-Na 模型所取代。

ECSH 端员组分的标准熵和热容按照假定反应对 C-S-H 中 Ca/Si 比的熵和热容影响呈线性关系来计算（Kulik，2011）：

$$(CaO)_x(SiO_2)_y(H_2O)_z = y SiO_2 + x Ca(OH)_2 + (z-x) H_2O \tag{8-1}$$

$$(\text{C-S-H 端员组分}) = y(\text{氧化硅}) + x(\text{羟钙石}) + (z-x)(\text{水})$$

$$\Delta_r S_{298}^{\ominus} = y(61.054 + 5.357x/y) \tag{8-2a}$$

$$\Delta_r C_{p\,298}^{\ominus} = y(31.881 - 11.905x/y) \tag{8-2b}$$

$\Delta_r H_{298}^{\ominus}$ 由 $\lg K_{298}^{\ominus}$ 和 $\Delta_r S_{298}^{\ominus}$ 以及 $S^{\ominus}$、$C_p^{\ominus}$、$\Delta_f H^{\ominus}$ 和 $\Delta_f G^{\ominus}$（T_r=298.15K）来计算，采用 GEM-Selektor 代码中的 ReacDC 模块和 PSI/Nagra 12/07 TDB 中 GEMS 版（Thoenen et al，2014），以及 Cemdata18 数据库中有关水、羟钙石和非晶质氧化硅的热力学性质。所获热力学性质（表 8-4）在 0～90℃温区误差可望小于 0.5pK 单位。

ECSH 相端员组分 SrSH、NaSH、KSH 的 $S_{298}^{\ominus}$、$Cp_{298}^{\ominus}$ 数值计算，取其参考物 $C_1S_1H_2$ 的性质，继而扣减或增加相关固相的性质，包括羟钙石 $Ca(OH)_2$ 及固相 $Sr(OH)_2$、NaOH 或 KOH（Wagman et al，1982）。该法相当于假定下列反应的 $\Delta_r S_{298}^{\ominus}=0$ 和 $\Delta_r C_{p\,298}^{\ominus}=0$：

$$CSH_2 + SrH = SrSH_2 + CH \tag{8-3a}$$

$$0.2CSH_2 + 0.5KOH = (KOH)_{0.5}(SiO_2)_{0.2}(H_2O)_{0.2} + 0.2CH \tag{8-3b}$$

$$0.2CSH_2 + 0.5NaOH = (NaOH)_{0.5}(SiO_2)_{0.2}(H_2O)_{0.2} + 0.2CH \tag{8-3c}$$

以上计算中，参考化合物 CSH_2 的 $\Delta_r S_{298}^{\ominus}$、$\Delta_r C_{p\,298}^{\ominus}$、$S_{298}^{\ominus}$、$C_{p\,298}^{\ominus}$ 数据按照公式(8-1)、(8-2a)、(8-2b) 计算。其中反应(8-3a)、(8-3b) 中 K、Na C-S-H 端员组分分别相当于 $K_{0.25}S_{0.2}H_{0.45}$ 和 $N_{0.25}S_{0.2}H_{0.45}$。相应的 $\Delta_f G_{298}^{\ominus}$、$\Delta_f H_{298}^{\ominus}$ 数值列于表 8-4 中。

3. CSHQ 模型

CSHQ 模型（Kulik，2011）是为克服 CSH-Ⅰ 和 CSH-Ⅱ 模型（Lothenbach et al，2006；Kulik et al，2001）的缺点而研发的，即与 C-S-H 结构联系不足和不真实地假定类雪硅钙石与非晶质氧化硅端员组分之间呈理想混合。该模型基于缺陷雪硅钙石模型的结构数据（Richardson，2008；Chen et al，2004；Garbev et al，2008），是一种含有 4 个不同结构位置（亚晶格）（Kulik，2011）的固溶体模型，即 $[BTI^{+2}]_1 : [TU^-]_2 : [CU^0]_2 : [IW^0]_5$。主要假设是，BTI 位在层间结合 Ca^{2+}，同时在氧化硅“dreierketten”链中移出桥四面体，且该过程可逆。过剩钙也可以 $Ca(OH)_2$ 形式部分被结合，或充填于雪硅钙石层间，或生成类羟硅钠钙石结构域。TU 和 IW 亚晶格分别由 $2CaSiO_{3.5}^-$ 和 $4H_2O$＋空位所占据，导致 4 个端员组分的化学计量比依 BTI 位假定 Ca^{2+}/H^+ 比不同而变化。

该固溶体模型准确反映了平均氧化硅链长与 Ca/Si 比之间的内在依存关系。调整端员组分的化学计量比至 Si＝1.0 和相应的 $G_{298}^{\ominus}$ 值，则 CSHQ 模型可精确反映不同的 C-S-H 溶解度数据（Kulik，2011）。减缩（downscaled）理想 CSHQ 模型（表 8-4）为在 [Ca]-[Si]、[Ca]-C/S 和[Si]-Ca/Si 成分空间合理拟合各种 C-S-H 溶解度数据提供了可能。

Cemdata18 数据库中引入了 K、Na 两种端员组分（类似于 ECSH 模型），以改善对 Portland 水泥孔隙水 pH 值和成分预测。对 C-S-H 中引入碱的扩展基于羟硅钠钙石、雪硅钙石、$[(KOH)_{2.5}SiO_2H_2O]_{0.2}$ 和 $[(NaOH)_{2.5}SiO_2H_2O]_{0.2}$ 之间的理想固溶体模型（Kulik et al，2007），以及采用如下热力学数据（Lothenbach et al，2012a）：$[(KOH)_{2.5}SiO_2H_2O]_{0.2}$，$\Delta_f G^{\ominus}=-440.8$kJ/mol(20℃)；$[(NaOH)_{2.5}SiO_2H_2O]_{0.2}$，$\Delta_f G^{\ominus}=-431.2$kJ/mol(20℃)。

4. CSH3T 模型

CSH3T 模型（Kulik，2011）旨在提供与 Ca/Si＜1.5 范围 C-S-H 相类雪硅钙石结构更为一致的模型。成分为 0.9＜Ca/Si＜1.25 的类雪硅钙石 C-S-H 层间有序化证据（Garbev et al，2008）导致 CU 位总是空位，BTI 亚晶格一分为二（$[BTI1^+]_1 : [BTI2^+]_1 : [TU^-]_2 : [IW^0]_4$），且 $Si_{0.5}OH^+$ 被 $HO_{0.5}Ca_{0.5}^+$ 所替代；从而产生了一种固溶体模型，其端员组分 TobH($C_2S_3H_5$)、T5C($C_{2.5}S_{2.5}H_5$) 和 T2C($C_3S_2H_5$)，依有序化反应相联系，即 ½TobH＋½T2C＝T5C。该模型反映了平均链长对成分的内在依存性，与对共沉淀类雪硅钙石 C-S-H 的测定值（Chen et al，2004）相一致。CSH3T 模型减缩形式(表 8-4）只需采用简单理想混合模型即可计算。此模型后又拓展为含有 U(Ⅵ) 端员组分（Gaona et al，2012），以及 Al 和 Na 端员组分（Myers et al，2014）。对于合成的 C-S-H 共沉淀物（双分解法），理想 CSH3T _ ss 模型（Kulik，2011）可给出相当真实的溶解度曲线。更为精确的 C-S-H 多位固溶体模型仍在研究中。

5. CNASH _ ss 模型

CNASH _ ss 模型（Myers et al，2014）包括 Al 和 Na，代表 CSH3T 模型扩展优化以适用于碱激发体系。碱激发水泥生成钙（碱）铝硅酸盐水合物 [C-(N-)A-S-H] 类凝胶相，Ca 含量明显较低而 Al 和碱含量较高，且较之水化 Portland 水泥基材料中的 C-(A-)S-H（Allen et al，2007；Thomas et al，2012）具有更致密的堆积结构。然而，这两种物相都基于相同的缺陷雪硅钙石结构。在碱激发矿渣水泥（如高钙碱激发胶凝物）中，C-(N-)A-S-H 相成分通常为 Ca/Si≈1 和 Al/Si≤0.25（Myers et al，2014）。

大量有关 C-(N-)A-S-H 体系溶解度和化学成分数据现已发表。其中许多用于构建理想固溶体热力学模型（CNASH _ ss），包括构型熵项（含 Al 和 Na 混合）（Myers et al，2014）。CNASH _ ss 模型能够将 Al 引入 C-(N-)A-S-H 凝胶相以实现热力学模拟。该模型已被用于模拟 NaOH、硅酸钠、Na_2CO_3、Na_2SO_4 激发矿渣胶凝材料的相组合（Myers et al，2015c；2017）。用于模拟 Portland 水泥基材料，与其他 C-S-H 热力学模型（Kulik，2011；Walker et al，2016）相比，该模型不能完全反映 Ca/Si>约 1.3 范围 C-S-H 相可用的完整溶解度数据（Walker et al，2007）。CNASH _ ss 模型准确反映了 Ca/Si＝0.67 时 C-(N-)A-S-H 凝胶相全部溶解度数据集，故推荐用于碱激发体系；而对于水化 Portland 胶凝材料体系，建议采用 CSHQ 或 C-S-H-Ⅱ模型（Lothenbach et al，2019）。

近期发表的未用于 CNASH _ ss 模型的 C-(N-)A-S-H 凝胶相溶解度数据，包括在 7℃、50℃、80℃下合成的 C-(N-)A-S-H 凝胶（Gomez-Zamorano et al，2017；Myers et al，2015b），以及选用 K 而非 Na（L'Hopital et al，2016b；Myers et al，2015a）。对 CNASH _ ss 模型的改进应包括这些数据，以使之扩展至适用于不同温度和碱类型。

近 20 年来，C-S-H 固溶体模型已从简单理想混合演变为近期与溶解度和结构/光谱数据相一致的真正多位混合模型。后者具有如下潜在优势：①在不同结晶位引入其他重要元素（如 K，Na，Al，U，Sr）而扩展模型；②生成所有可能的端员组分；③基于可用溶解度、元素吸收和光谱数据如采用 GEMSFITS 代码（Miron et al，2015）来参数化端员组分。

对于硅酸钙水合物，$CaH_3SiO_4^+$（$CaHSiO_3^+ + 2H_2O$）和 CaH_2SiO_4（$CaSiO_3 + 2H_2O$），报道的络合物生成数据相当分散，特别是 CaH_2SiO_4 络合物生成常数变化超过 1lg 单位。对于反应 $Ca^{2+} + SiO_3^{2-} \longrightarrow CaSiO_3$（表 8-2），Thoenen 等（2014）报道络合物生成常数为 104.6，这对 Ca/Si>1 范围存在 C-S-H 时的硅浓度具有很大影响。Walker 等（2016）推荐采用常数 104.0，使得络合物的重要性减小；而近期由滴定实验给出了更低的络合物生成常数 102.9（Nicoleau et al，2017）。这些分散数据导致对 Ca/Si>1 范围 $CaSiO_3$ 重要性的评价不同，进而对 C-S-H 溶解度产生重要影响，原因是与 C-S-H 和羟钙石平衡水溶液中约 90% 的溶解硅可由该络合物解释。

第四节　Cemdata18 数据库新功能

Cemdata18 较之最初版 Cemdata07 有重要更新，尤其是铁和铝分配、C-S-H 相体积与 Ca/Si 比，以及 Portland 水泥孔隙溶液中的碱浓度，能够显著影响热力学模拟结果。下文以石灰岩对 Portland 水泥的影响和相对湿度对水合物计算的影响为例，予以简述。

1. 石灰岩对固液相成分的影响

有关石灰岩对水泥水化作用的影响，前人已做了大量研究。实验结果表明，在长期水化作用中碳酸钙的存在阻止钙矾石非稳定化为单硫酸盐，而使与钙矾石共存的单碳酸盐趋于稳定（Lothenbach et al，2008a）。

Cemdata18 中 $C_3A_{0.5}F_{0.5}S_{0.84}H_{4.32}$ 新数据（Dilnesa et al，2014a）显示，常温下 Al-Fe-硅水榴石可与单硫酸盐、半或单碳铝酸盐共存，与实验观察更为一致。Cemdata18（表 8-1～表 8-4 中参数）预测的水化 Portland 水泥（Lothenbach et al，2008a）随方解石含量变化的相组合见图 8-2，计算采用 CSHQ 模型和 M_4AH_{10}。模拟的加藤石型硅水榴石相（$C_3A_{0.5}F_{0.5}S_{0.84}H_{4.32}$）固溶体的氧化铝和铁含量可变，在整个模拟成分范围与半、单碳铝酸盐和钙矾石共存，而与 $CaCO_3$ 含量无关。

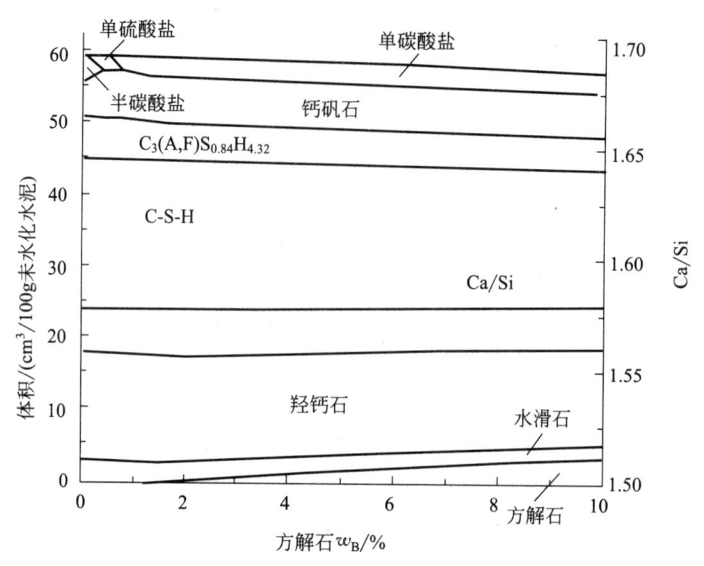

图 8-2 Portland 水泥完全水化相组合体积随方解石含量变化图

（据 Lothenbach et al，2019）

基于 Cemdata18 预测，仅有 25%的氧化铝结合于 AFm 相，约 30%进入水榴石相（图 8-3a）；而铁 100%进入硅水榴石固溶体（图 8-3b），亦与实验观察相一致，即 Al-Fe 水榴石相主要在水化胶凝材料中原生铁酸盐相周围生成（Dilnesa et al，2014b；Vespa et al，2015）。

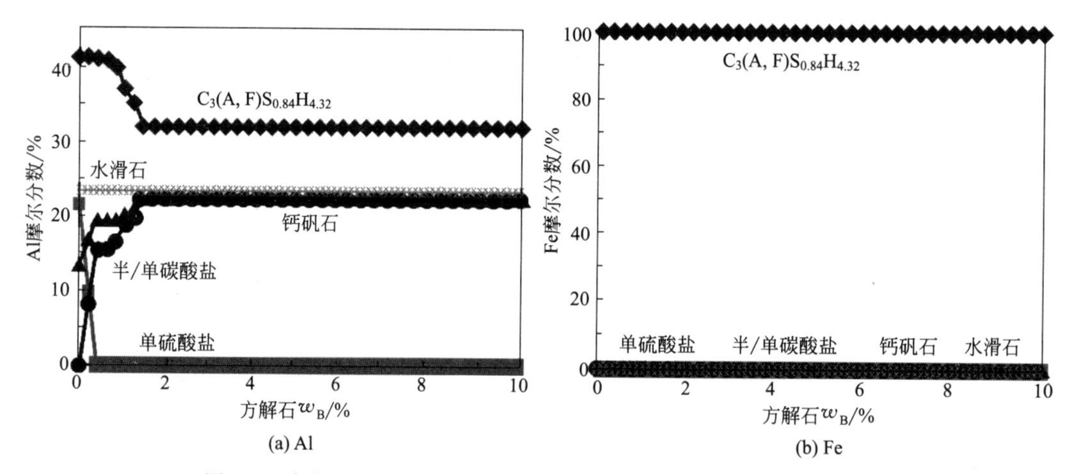

图 8-3 水化 Portland 水泥相组合与铝铁分配随方解石含量变化图

（据 Lothenbach et al，2019）

在 Cemdata18 中，C-S-H 对碱的吸收由引入 Na-、K-端员组分 $[(NaOH)_{2.5}SiO_2H_2O]_{0.2}$ 和 $[(KOH)_{2.5}SiO_2H_2O]_{0.2}$ 来模拟（CSHQ 模型）。引入这些暂定数据简化了模拟，无需额外的 K_d 值，即可对整个 Ca/Si 比范围的碱吸收进行计算。

Cemdata18 模型总体上可正确地再现钙、硫酸盐、硅和铝的浓度趋势（图 8-4）（Lothenbach et al，2008a；2006），虽然对于硫酸盐和硅，实验测定和计算值之间尚存在差异。由于缺少整个 Ca/Si 比范围 C-S-H 吸收 Na、K 的适用模型，对孔隙溶液中碱和氢氧化物浓度的模拟仍面临挑战。

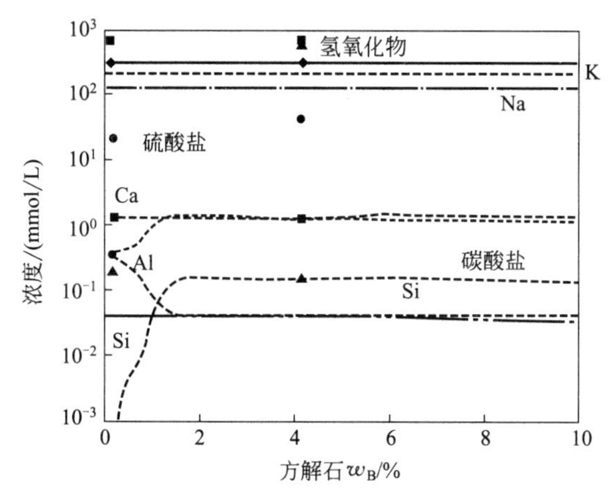

图 8-4 水化 Portland 水泥相组合与组分浓度随方解石含量变化图

（据 Lothenbach et al，2019）

2. 相对湿度对水化水泥的影响

模拟 $CaO-Al_2O_3-SO_3-CO_2-H_2O$ 体系干燥过程与 Portland 水泥和石灰石掺合水泥直接有关。初始模型混合物含有 C_3A、羟钙石（CH）、硫酸钙（$SO_3/Al_2O_3=1$，总摩尔比）和不同量的方解石，温度 25℃。固相量保持常量 100g，与 90g 水反应。水化混合物对方解石含量的比体积变化如图 8-5 所示。

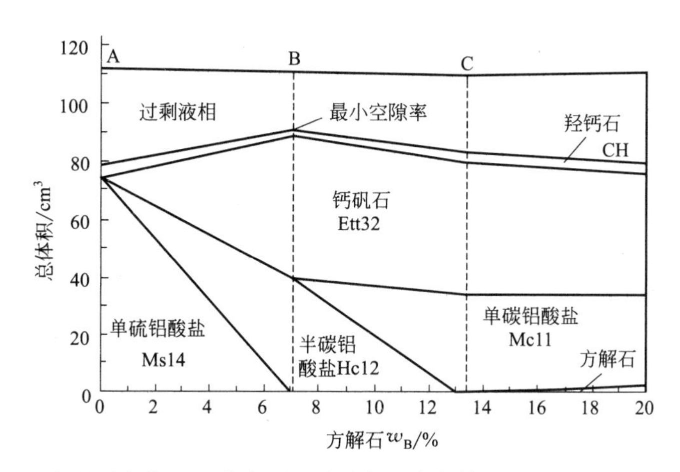

图 8-5 室温下水化 C_3A-羟钙石和硫酸钙混合物体积随方解石含量变化图

（据 Lothenbach et al，2019）

由于不同的 AFm-AFt 相矿物学，图 8-5 中水合物相组合 A、B、C 分别含有 0%、7%、13.2%的方解石，作为初始水化物体系进行干燥过程模拟，即连续移除相组合中的水直至相对湿度为零。研究体系包括：

体系 A：单硫铝酸盐（Ms14）和羟钙石（CH）；

体系 B：钙矾石（Ett32）、半碳铝酸盐（Hc12）和羟钙石（CH）；

体系 C：钙矾石（Ett32）、单碳铝酸盐（Mc11）和羟钙石（CH）。

各体系作为相对湿度（RH）函数的固相比体积变化见图 8-6。由图可见，水化作用分阶段发生在相组合的关键相对湿度稳定范围，代表相律限定的不变点，相对湿度为定值。在此关键相对湿度点，同一胶凝材料水合物的两种水化状态共存，以与传统干燥剂类似方式缓冲湿度。另一重要发现是，加入方解石和碳铝酸盐＋钙矾石生成将增强水化水泥浆体的尺寸稳定性，减小其对湿度波动的敏感性。石灰石掺合水泥似乎与此有关。由于存在单碳铝酸盐和钙矾石，体系 C 是最稳定的相组合。即其只在非常低湿度（＜2％RH）下分解，而硫铝酸盐在＜99％RH 时即快速失去部分层间水。

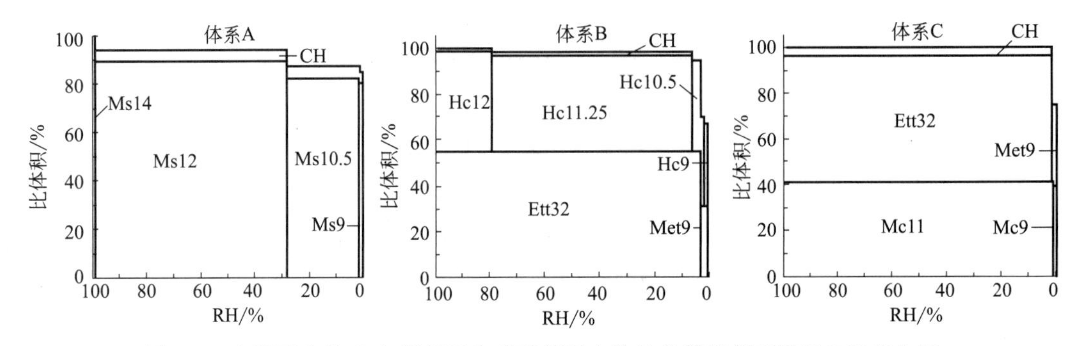

图 8-6　室温下水化 C_3A-羟钙石和硫酸钙混合物比体积随相对湿度 RH 变化图

（据 Lothenbach et al，2019）

需重点指出的是，虽然实验观察到图 8-6 中所示变化，但这些水化作用过程中的几种物相对于其他相组合是准稳定的。这在预测胶凝材料体系干燥行为时必须予以考虑。

总之，Cemdata18 数据库能够可信地计算胶凝材料体系生成水合物的类型、成分、含量和体积，以及在水化和老化过程中孔隙溶液的 pH 值和成分。

Cemdata18 中最重要的新增功能如下（Lothenbach et al，2019）：

C-S-H：①CSHQS 模型，适用于 Portland 水泥和掺合水泥，C-S-H 引入碱由附加含 Na-、K-端员组分来模拟；②CSH3T 模型，相当于纯缺陷雪硅钙石结构，在 Ca/Si≈1.0 时有序化，形成 CNASH-ss 模型的基础；③C-(N-)A-S-H 模型，适用于碱激发胶凝材料(CNASH-ss)，即在低 Ca/Si 比 C-S-H 中引入铝和钠的计算。

含铁水合物：尤其适合于 Fe-Al-水榴石固溶体，$C_3FS_{0.84}H_{4.32}$-$C_3A_{0.5}F_{0.5}S_{0.84}H_{4.32}$，即水化胶凝材料中溶入铁和部分铝。

AFm 和 AFt 相：具有不同水含量，描述水活度和干燥对水合物的影响。

非晶质、微晶质 AH_3 和三水铝石：研究 AH_3 溶解度对铝酸钙和硫铝酸钙水泥中水合物的影响。

氯化物、硝酸盐和含硝酸盐 AFm 相。

硅灰石膏和 SO_4-钙矾石对碳酸盐的吸收。

碱激发胶凝材料中层状双氢氧化物（类水滑石相）Mg/Al 比变化的描述。

M-S-H 和某些 Na-、Ca-基沸石数据：可形成于水泥与黏土、岩石或海水与碱激发材料的相互作用带。

这些更新改进了对胶凝材料体系热力学模拟的可信度，特别是对于碱激发水泥和可能生成水合物硅灰石膏、Friedel 盐、M-S-H 和沸石类的水泥/围岩界面反应过程。

Cemdata18 中新增硅水榴石固溶体，导致 Portland 水泥相组合中氧化铝和铁相当显著的再分配。基于 Cemdata18 预测表明，氧化铝不仅结合于 AFt 和 AFm 和水滑石，也包括硅水榴石相，而所有水化铁都进入硅水榴石中。

表 8-4 中给出了几种 C-S-H 溶解度模型和两种氢氧化物-水滑石模型。对于 Portland 胶凝材料体系，最适于采用 CSHQ 模型和 Mg/Al=2 的 OH-水滑石。虽然 CSHQ 能够描述常见的整个 Ca/Si 比范围，但因其缺乏预测铝吸收的能力，故最好用于高 Ca/Si 比而铝含量相对较低的 C-S-H 体系。而对于碱激发胶凝物，CNASH 模型适合低钙而高铝和碱含量的 C-S-H 型钙（碱）铝硅酸盐水合物凝胶。碱激发胶凝材料体系也可采用不同 Mg/Al 比的 Mg-Al 层状双氢氧化物模型。

尽管 Cemdata18 新增了上述重要功能，但仍存在若干重要缺陷。尤其是缺少某些物相的精确热力学数据，如不同 Ca/Si 比 C-S-H 和 M-S-H 体系中引入碱、铝、水的 C-S-H，成分可变及含不同层间离子的类水滑石，由实验溶解度测定引入的其他沸石，高 pH 值下可能生成的水性络合物，以及碱硅反应产物等。然而，这些数据缺陷应被视为未来可能的改进，而不是热力学模拟的障碍。Cemdata18 已成功地应用于模拟水化 Portland、铝酸钙、硫铝酸钙和掺合水泥以及碱激发胶凝材料。对于大多数常见水泥体系，应用 Cemdata18 能够改善材料表征和对其化学与使用效能的理解。

第五节　矿聚胶凝材料固化反应

矿聚材料制备过程中，主要发生偏高岭石等硅铝物相的溶解和铝硅酸盐组分的聚合反应（Davidovits，1988）。硅铝质原料在强碱性溶液中发生溶解反应，主要表现为 Al^{3+}、Si^{4+} 的溶出或生成相应的水化物（水化反应）。其中 Si^{4+} 有 $[SiO_3(OH)]^{3-}$、$[SiO_2(OH)_2]^{-}$、$[SiO(OH)_3]^{-}$ 三种存在形式，在强碱性溶液中 Si^{4+} 主要以 $[SiO(OH)_3]^{-}$ 形式存在（Babushkin et al，1985），Al 则以 $Al(OH)_4^{-}$ 形式存在（罗孝俊等，2001）。

硅铝质原料偏高岭石（$Al_2O_3 \cdot 2SiO_2$）、玻璃微珠，二者的化学成分相近，物性各异，而溶解反应产物相似，故缩聚反应类同。以下热力学计算涉及的化合物热力学数据引自 HSC Chemistry 9.0 数据库，各化合物及离子的摩尔 Gibbs 生成自由能按下式计算：

$$\Delta_f G = \Delta_f H^{\ominus} - TS^{\ominus} + \int_{298}^{T} C_p \mathrm{d}T - T\int_{298}^{T} \frac{C_p}{T}\mathrm{d}T \qquad (8\text{-}4)$$

其中，热容计算公式如下：

$$C_p = a + b\times 10^{-3}T + c\times 10^{-5}T^{-2} + d\times 10^{-6}T^2 \qquad (8\text{-}5)$$

1. 硅铝组分溶解反应

偏高岭石

煅烧高岭土是制备矿聚材料的主要原料之一，其主要物相为偏高岭石。在矿聚材料制备过程中，偏高岭石在强碱性介质中发生溶解，生成铝、硅酸根离子，为后续的铝硅酸盐聚合反应提供必要条件。随碱溶过程的液相碱度不同，可分别发生如下反应：

$$Al_2O_3 \cdot 2SiO_2 + 8OH^- + 1H_2O(liq) = 2Al(OH)_4^- + 2[SiO_3(OH)]^{3-} \qquad (8\text{-}6)$$

$$Al_2O_3 \cdot 2SiO_2 + 6OH^- + 3H_2O(liq) = 2Al(OH)_4^- + 2[SiO_2(OH)_2]^{-} \qquad (8\text{-}7)$$

$$Al_2O_3 \cdot 2SiO_2 + 4OH^- + 5H_2O(liq) = 2Al(OH)_4^- + 2[SiO(OH)_3]^{-} \qquad (8\text{-}8)$$

采用 HSC Chemistry 9.0 软件及自带数据库，计算以上反应的摩尔 Gibbs 自由能，结果见表 8-5。计算结果表明，上列反应在室温下即可进行；且在液相碱度相对较高条件下，反应更易于进行。由此分析，在矿聚材料制备初始阶段，对混合砂浆物料进行相应的陈化处理，将有利于偏高岭石溶解，进而促进后续铝硅酸盐聚合反应的顺利进行。

表 8-5 偏高岭石溶解反应的 Gibbs 自由能 $\Delta_r G_m$/(kJ/mol)

反应式	25℃	40℃	60℃	70℃	80℃	90℃
(8-6)	−183.73	−179.45	−173.14	−169.68	−166.00	−162.10
(8-7)	−134.50	−133.46	−132.39	−131.97	−131.62	−131.34
(8-8)	−127.29	−126.25	−125.86	−125.90	−126.10	−126.45

玻璃微珠

粉煤灰是除煅烧高岭土外制备矿聚材料最重要的硅铝原料，通常条件下可替代煅烧高岭土。在矿聚材料制备过程的碱性条件下，粉煤灰中的玻璃微珠可发生如下溶解反应：

$$SiO_2(gl)+3OH^- = [SiO_3(OH)]^{3-}+H_2O(liq) \quad (8\text{-}9)$$

$$SiO_2(gl)+2OH^- = [SiO_2(OH)_2]^{2-} \quad (8\text{-}10)$$

$$SiO_2(gl)+OH^-+H_2O(liq) = [SiO(OH)_3]^- \quad (8\text{-}11)$$

$$Al_2O_3(gl)+2OH^-+3H_2O = 2Al(OH)_4^- \quad (8\text{-}12)$$

采用 HSC Chemistry 9.0 软件，其中玻璃微珠的 SiO_2、Al_2O_3 组分参照修正的 Bottinga-Weil 双晶格熔体结构模型（Nielsen & Dungan，1983）进行活度修正。以华北某地高铝粉煤灰（BF-02）（马鸿文等，2006）为例，其玻璃微珠中变网组分 SiO_2、Al_2O_3 摩尔分数分别为 0.72 和 0.28，相当于 $\ln a_{SiO_2}=-0.3285$，$\ln a_{Al_2O_3}=-1.2729$。由此计算以上反应的摩尔 Gibbs 自由能，结果见表 8-6。计算结果显示，上列反应在室温至 90℃下即可进行；且在液相碱度相对较高条件下，反应(8-9) 相对更易于进行，即溶出的 Si^{4+} 主要应以 $[SiO_3(OH)]^{3-}$ 形式存在。但与偏高岭石碱溶反应相比（表 8-5），粉煤灰玻璃微珠中硅铝组分溶出反应的 $\Delta_r G_m$ 数值显著减小，表明以煅烧高岭土为原料，制备矿聚材料过程的硅铝组分溶出反应更易于进行。

表 8-6 玻璃微珠溶解反应的 Gibbs 自由能 $\Delta_r G_m$/(kJ/mol)

反应式	25℃	40℃	60℃	70℃	80℃	90℃
(8-9)	−35.59	−33.56	−30.47	−28.74	−26.89	−24.91
(8-10)	−10.98	−10.56	−10.09	−9.89	−9.70	−9.53
(8-11)	−7.21	−6.95	−6.83	−6.86	−6.94	−7.09
(8-12)	−48.48	−47.96	−47.39	−47.42	−46.95	−46.79

2. 铝硅酸盐聚合反应

在强碱溶液中，硅铝组分溶解反应主要生成 $[SiO(OH)_3]^-$ 和 $Al(OH)_4^-$ 离子团。两者除可继续发生聚合反应外，还将与骨料矿物相发生化学反应。例如钾长石骨料晶粒，在碱激发剂 NaOH 作用下，可与硅铝离子团发生如下沸石化反应：

$$KAlSi_3O_8+[SiO(OH)_3]^-+2Na^++Al(OH)_4^- = 2NaAlSi_2O_6\cdot H_2O(\text{方沸石})+K^++OH^-+2H_2O \quad (8\text{-}13)$$

$$KAlSi_3O_8+[SiO(OH)_3]^-+2Na^++Al(OH)_4^-+3H_2O = Na_2Al_2Si_4O_{12}\cdot 6H_2O(\text{钠菱沸石})+K^++OH^- \quad (8\text{-}14)$$

$$KAlSi_3O_8+3[SiO(OH)_3]^-+8Na^++5Al(OH)_4^- = Na_8Al_6Si_6O_{24}(OH)_2\cdot 2H_2O(\text{羟钙霞石})+K^++OH^-+11H_2O \quad (8\text{-}15)$$

随反应体系的碱度（NaOH 加入量）和水固比不同，反应产物可分别为方沸石、钠菱沸石、羟钙霞石等沸石族矿物。各反应的摩尔 Gibbs 自由能计算结果见表 8-7。计算中除羟钙霞石的热力学数据采用氧化物配位多面体模型（Chermak et al，1989；1990）计算外，其他物质的热力学数据均引自 HSC Chemistry 9.0 数据库。

表 8-7　钾长石晶粒沸石化反应的 Gibbs 自由能 $\Delta_r G_m$/(kJ/mol)

反应式	25℃	40℃	60℃	70℃	80℃	90℃
(8-13)	−20.19	−20.69	−21.12	−21.23	−21.27	−21.24
(8-14)	−31.56	−30.92	−29.98	−29.48	−28.95	−28.39
(8-15)	−412.78	−418.45	−426.22	−430.16	−434.12	−438.09

计算结果表明：在室温至 90℃温区，钾长石晶粒表面在 NaOH 激发剂作用下，可经沸石化反应而与凝胶相之间生成新的化学键，从而赋予矿聚材料优良的力学性能（马鸿文等，2002)；反应体系较高的碱度有利于沸石化反应的进行，而温度对反应的影响不明显；钾长石晶粒作为骨料，在发生沸石化过程中可同时释放出部分 K^+，从而使反应体系维持较高碱度，故可在一定程度上减少碱激发剂用量（田力男，2017)。

硅铝原料在 NaOH 碱液中发生溶解反应，生成的硅铝离子团，在后续矿聚材料固化过程中则可能发生聚合反应，亦可生成如下钠沸石类矿物：

$$2[SiO(OH)_3]^- + Al(OH)_4^- + Na^+ = NaAlSi_2O_6 \cdot H_2O(\text{方沸石}) + 2OH^- + 3H_2O \quad (8\text{-}16)$$

$$4[SiO(OH)_3]^- + 2Al(OH)_4^- + 2Na^+ = Na_2Al_2Si_4O_{12} \cdot 6H_2O(\text{钠菱沸石}) + 4OH^- + 2H_2O \quad (8\text{-}17)$$

$$6[SiO(OH)_3]^- + 6Al(OH)_4^- + 8Na^+ = Na_8Al_6Si_6O_{24}(OH)_2 \cdot 2H_2O(\text{羟钙霞石}) + 4OH^- + 16H_2O \quad (8\text{-}18)$$

上列反应的 Gibbs 自由能计算结果见表 8-8。显而易见，与钾长石骨料晶粒的沸石化反应(表 8-7）相比，由偏高岭石、玻璃微珠等原料溶出硅铝离子团，进而发生钠铝硅酸盐的聚合反应相对更易于进行。

表 8-8　钠铝硅酸盐聚合反应的 Gibbs 自由能 $\Delta_r G_m$/(kJ/mol)

反应式	25℃	40℃	60℃	70℃	80℃	90℃
(8-16)	−49.07	−49.85	−50.48	−50.62	−50.66	−50.58
(8-17)	−109.52	−109.92	−109.82	−109.49	−108.99	−108.30
(8-18)	−490.76	−497.45	−506.05	−510.17	−514.16	−518.00

在偏高岭石或玻璃微珠-NaOH 胶凝体系同时加入 $Ca(OH)_2$，则构成复合碱激发反应体系。此时，在矿聚材料固化过程中，则可能同时发生钙铝硅酸盐聚合反应，生成如下钙沸石类矿物：

$$3[SiO(OH)_3]^- + 2Al(OH)_4^- + Ca^{2+} = CaAl_2Si_3O_{10} \cdot 3H_2O(\text{钙菱沸石}) + 3OH^- + 4H_2O \quad (8\text{-}19)$$

$$4[SiO(OH)_3]^- + 2Al(OH)_4^- + Ca^{2+} = CaAl_2Si_4O_{12} \cdot 4H_2O(\text{浊沸石}) + 4OH^- + 4H_2O \quad (8\text{-}20)$$

$$6[SiO(OH)_3]^- + 2Al(OH)_4^- + Ca^{2+} = CaAl_2Si_6O_{16} \cdot 4H_2O(\text{汤河原沸石}) + 6OH^- + 6H_2O \quad (8\text{-}21)$$

热力学计算结果表明，在 NaOH-Ca$(OH)_2$ 复合碱激发胶凝体系，依赖于体系组成的 Si/Al 摩尔比不同，生成钙菱沸石、浊沸石、汤河原沸石等钙沸石相，在热力学上是完全可能的（表 8-9）。

表 8-9　钙铝硅酸盐聚合反应的 Gibbs 自由能 $\Delta_r G_m$/(kJ/mol)

反应式	25℃	40℃	60℃	70℃	80℃	90℃
(8-19)	−132.38	−135.22	−138.47	−139.88	−141.14	−142.26
(8-20)	−144.34	−147.08	−149.98	−151.11	−152.03	−152.73
(8-21)	−127.99	−131.68	−134.73	−135.49	−135.74	−135.48

第六节　硅酸钠钙碱渣水解反应

高铝粉煤灰低钙烧结法熟料溶出 $NaAlO_2$ 后，滤渣主要物相为 Na_2CaSiO_4，是一种易水解化合物。采用 OLI Analyzer 9.2 软件，对 Na_2CaSiO_4-NaOH-H_2O 体系进行相平衡模拟。通过实验考察反应温度、NaOH 浓度对硅钙碱渣中 Na_2O 溶出率的影响，以及平衡固相产物的相组成。

1. 水解反应原理

高铝粉煤灰烧结熟料溶出铝酸钠后，滤渣的主要物相为 Na_2CaSiO_4，在水热条件下易被水解为 Na_2SiO_3 和 Ca$(OH)_2$（张明宇，2011）。在液相中 Al_2O_3 浓度很低时，可溶性 $[SiO_3]^{2-}$ 易与 Ca$(OH)_2$ 反应，生成低有序度水合硅酸钙 CSH（毕诗文，2006）：

$$Na_2CaSiO_4 + H_2O + aq = Na_2SiO_3 + Ca(OH)_2 + aq \quad (8\text{-}22)$$

$$Na_2SiO_3 + Ca(OH)_2 + H_2O + aq = CaO \cdot SiO_2 \cdot nH_2O + 2NaOH + aq \quad (8\text{-}23)$$

反应(8-22) 正向反应程度与溶液中 SiO_2 的溶解度有关。在一定条件下，反应(8-23) 的进行将降低溶液中的 SiO_2 浓度，促使反应(8-22) 正向进行，即有利于 Na_2CaSiO_4 水解。回收 NaOH 过程应尽可能降低液相中 $[SiO_3]^{2-}$ 的浓度，使 SiO_2 转变为结晶相，经过滤实现 NaOH 碱液与 SiO_2 组分的有效分离。

CaO-SiO_2-H_2O 体系存在 30 多种结晶相，反应产物 CSH 在水热条件下易发育为稳定结晶相。Ca/Si 摩尔比和温度是决定 CSH 前驱体生成不同晶相的主要因素（Rios et al，2009）。Ca/Si 摩尔比为 1 时，非晶相 CSH 将随反应温度升高而转变为雪硅钙石、硬硅钙石及变针硅钙石等结晶相（图 8-7）。

在水热条件下，Na_2CaSiO_4 水解速率和程度取决于反应温度和碱液浓度。随反应温度升高，水解反应速率加快。采用一定浓度的碱液作为水解介质，可有效抑制脱碱泥渣的膨胀。基于此，选取溶出碱液的 NaOH 浓度、反应温度为主要影响因素，进行 Na_2CaSiO_4 水解反应实验。

2. 热力学模拟

硅钙碱渣的主要物相为 Na_2CaSiO_4 和 $CaTiO_4$，少量由 $Na_2Fe_2O_4$ 水解生成的 Fe$(OH)_3$ 和未溶出的 $NaAlO_2$ 等化合物。采用 OLI Analyzer 9.2 软件，模拟不同温度和碱液浓度下硅钙碱渣水解反应的平衡相组成。模拟过程中，参照前期回收碱实验结果，设定 NaOH 浓度为 1mol/L，溶液总体积 1000mL，按固液比 1∶4，加入硅钙碱渣（RGF-20）250g（蒋周青，2016）。在此条件下，首先计算不同水解温度下的相组成。继而设定水解温度为 160℃，计算不同 NaOH 浓度下的平衡固相组成。

模拟结果显示，在不同温度的 NaOH 碱液中，硅钙碱渣水解产物的平衡固相组成为雪硅钙石［$Ca_5Si_6O_{16}(OH)_2 \cdot 5H_2O$］、水钙铝榴石（$Ca_3Al_2[SiO_4]_{1.25}(OH)_7$）、水钙铁榴石（$Ca_3Fe_2[SiO_4]_{1.25}(OH)_7$）和未反应的钙钛矿（$CaTiO_3$），且 4 种化合物含量在水解温度 100～200℃温区基本保持不变（图 8-8）。

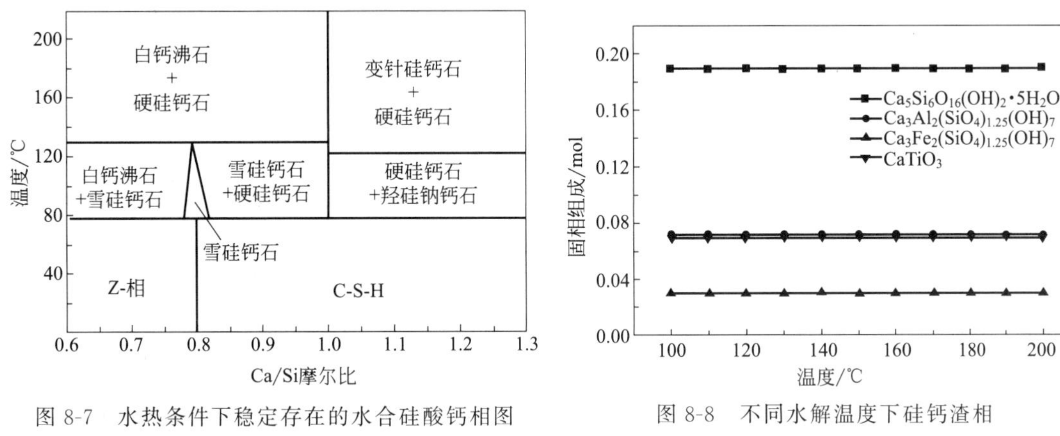

图 8-7　水热条件下稳定存在的水合硅酸钙相图

（据 Zhang et al，2011）

图 8-8　不同水解温度下硅钙渣相组成的 OLI 模拟结果

在水解反应温度为 160℃，NaOH 碱液浓度为 0.0～5.0mol/L 范围内，硅钙碱渣水解产物的平衡固相仍为雪硅钙石、水钙铝榴石、水钙铁榴石和钙钛矿，且各物相含量几乎不随 NaOH 浓度改变而变化（图 8-9）。

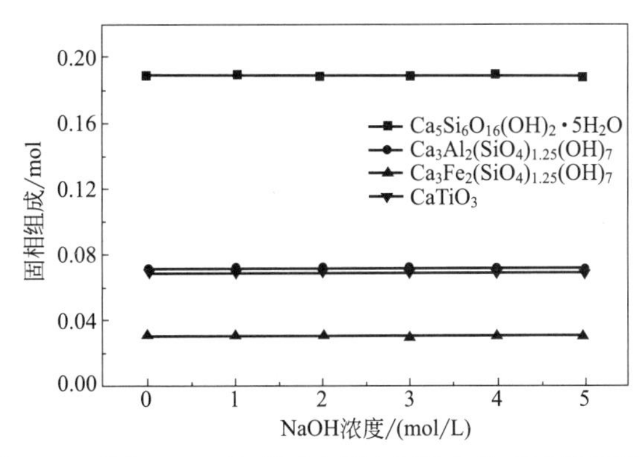

图 8-9　不同 NaOH 浓度下硅钙渣相组成的 OLI 模拟结果

在石榴子石超族矿物中，Al^{3+} 和 Fe^{3+} 半径相近，二者极易发生类质同像替代，故实际反应产物应为水钙铝榴石固溶体。由此，模拟得各物相摩尔分数为：雪硅钙石 0.526，水钙铝榴石 0.281，钙钛矿 0.193。

3. 实验结果

实验方法：称取一定量的氢氧化钠固体（99.9%）溶于蒸馏水中，配制一定浓度的 NaOH 溶液。称取硅钙碱渣（RGF-20）10g，置于反应釜中，加入相应体积的 NaOH 溶液。

开启加热和搅拌，升温至设定温度，达到设定反应时间后停止加热。反应釜冷却，反应浆液真空抽滤，洗涤滤饼，105℃下干燥。分析硅钙渣及滤液成分，计算 Na_2O 溶出率。

设定 NaOH 碱液浓度为 1.0mol/L，液固质量比 4，将硅钙碱渣在 100～200℃下水解反应 2h，测定 Na_2O 溶出率。实验结果，当水解温度在 100～160℃温区时，硅钙碱渣中 Na_2O 溶出率达 91.1%～92.2%，表明其主要化合物 Na_2CaSiO_4 已接近完全分解。水解温度为 100℃时，所得固相主要为无定型水合硅酸钙（CSH）及未反应的钙钛矿。温度升至 120℃时，CSH 无定型相消失，而出现雪硅钙石相；140℃时，出现水钙铝榴石相；160℃以上，固相产物组成不再变化。

设定水解温度为 160℃，在液固质量比 4，NaOH 浓度为 0.0～5.0mol/L 下反应 2h，测定不同碱液浓度下硅钙碱渣的 Na_2O 溶出率。实验结果，以清水中溶出时，其 Na_2O 溶出率即达 94.17%，表明在 160℃水热条件下，Na_2CaSiO_4 可自发分解；此时硅钙滤渣出现明显膨胀。NaOH 浓度增至 2.0mol/L 时，滤渣膨胀现象受到抑制，Na_2O 溶出率增大至 98.1%；继续增大 NaOH 浓度，Na_2O 溶出率有所降低。硅钙碱渣在清水中水解，固相产物主要为雪硅钙石、水钙铝榴石和钙钛矿；随着 NaOH 浓度升高，雪硅钙石和水钙铝榴石相的衍射峰逐渐增强，表明提高碱液浓度有利于 CSH 向晶相转化，加速反应达到平衡。

对比 OLI Analyzer 9.2 模拟结果可知，硅钙碱渣水解反应实验达到平衡态时，所得固相产物的相组成与模拟结果完全一致（蒋周青，2016）。

参考文献

毕诗文，2006. 氧化铝生产工艺. 北京：化学工业出版社：327.

蒋周青，2016. 高铝粉煤灰低钙烧结法制取氧化铝关键反应及过程评价［博士学位论文］. 北京：中国地质大学：118.

罗孝俊，杨卫东，2001. 有机酸对长石溶解度影响的热力学研究. 矿物学报，21（2）：183-188.

马鸿文，王英滨，王芳，等，2006. 硅酸盐体系的化学平衡：（2）反应热力学. 现代地质，20（3）：386-398.

马鸿文，杨静，任玉峰，等，2002. 矿物聚合材料：研究现状与发展前景. 现代地质，9（4）：397-407.

田力男，2017. 长英基矿物聚合材料制备、性能及反应机理［博士学位论文］. 北京：中国地质大学：113.

张明宇，2011. 石英正长岩制备超细氢氧化铝的实验研究［硕士学位论文］. 北京：中国地质大学：69.

Allen A J，Thomas J J，Jennings H M，2007. Composition and density of nanoscale calcium-silicate-hydrate in cement. *Nat Mater*，6：311-316.

Arthur R，Sasamoto H，Walker C，et al，2011. Polymer model of zeolite thermochemical stability. *Clays Clay Miner*，59：626-639.

Babushkin V I，1985. Thermodynamics of Silicates. Springer-Verlag：459.

Balonis M，2010. The Influence of Inorganic Chemical Accelerators and Corrosion Inhibitors on the Mineralogy of Hydrated Portland Cement Systems. Aberdeen，UK：Thesis University of Aberdeen.

Balonis M，Glasser F P，2011a. Calcium nitrite corrosion inhibitor in portland cement：influence of nitrite on chloride binding and mineralogy. *J Am Ceram Soc*，94：2230-2241.

Balonis M，Lothenbach B，Le Saout G，et al，2010. Impact of chloride on the mineralogy of hydrated Portland cement systems. *Cem Concr Res*，40：1009-1022.

Balonis M，Medala M，Glasser F P，2011b. Influence of calcium nitrate and nitrite on the constitution of AFm and AFt cement hydrates. *Adv Cem Res*，23：129-143.

Baquerizo L G，Matschei T，Scrivener K L，2015. Hydration states of AFm cement phases. *Cem Concr Res*，73：143-157.

Baquerizo L G，Matschei T，Scrivener K L，2016. Impact of water activity on the stability of ettringite. *Cem Concr Res*，76：31-44.

Bennett D G，Read D，Atkins M，et al，1992. A thermodynamic model for blended cements. Ⅱ：cement hydrate phases；thermodynamic values and modelling studies. *J Nucl Mater*，190：315-325.

Bernal S A, Nicols R S, Myers R J, et al, 2014. MgO content of slag controls phase evolution and structural changes induced by accelerated carbonation in alkali-activated binders. *Cem Concr Res*, 57: 33-43.

Bernard E, Lothenbach B, Le Goff F et al, 2017a. Effect of magnesium on calcium silicate hydrates (C-S-H). *Cem Concr Res*, 97: 61-72.

Bernard E, Lothenbach B, Rentsch D, et al, 2017b. Formation of magnesium silicate hydrates (M-S-H). *Phys Chem Earth*, 99: 142-157.

Birnin-Yauri UA, Glasser F P, 1998. Friedel's salt, $Ca_2Al(OH)_6(Cl,OH) \cdot 2H_2O$: its solid solutions and their role in chloride binding. *Cem Concr Res*, 28: 1713-1723.

Blanc P, BourbonX, Lassin A, et al, 2010. Chemical model for cement-based materials: thermodynamic data assessment for phases other than CSH. *Cem Concr Res*, 40: 1360-1374.

Blanc P, Vieillard P, Gailhanou H, et al, 2015. ThermoChimie database developments in the framework of cement/clay interactions. *Appl Geochem*, 55: 95-107.

Bonen D, Cohen M D, 1992. Magnesium sulfate attack on Portland cement paste-Ⅱ. Chemical and mineralogical analyses. *Cem Concr Res*, 22: 707-718.

Bothe Jr J V, Brown P W, 2004. PhreeqC modeling of Friedel's salt equilibria at 23±1℃. *Cem Concr Res*, 34: 1057-1063.

Chen J J, Thomas J J, Taylor H F W, et al, 2004. Solubility and structure of calcium silicate hydrate. *Cem Concr Res*, 34: 1499-1519.

Chermak J A, Rimstidt J D, 1989. Estimating the thermodynamic properties ($\Delta G_f^{\ominus}$ and $\Delta H_f^{\ominus}$) of silicate minerals at 298K from the sum of polyhedral contributions. *Am Mineral*, 74: 1023-1031.

Chermak J A, Rimstidt J D, 1990. Estimating the free energy of formation of silicate minerals at high temperatures. *Am Mineral*, 75: 1376-1380.

Chiang W S, Ferraro G, Fratini E, et al, 2014. Multiscale structure of calcium-and magnesium-silicate-hydrate gels. *J Mater Chem*, A2: 12991-12998.

Chipera S J, Apps J A, 2001. Geochemical stability of natural zeolites. *Rev Mineral Geochem*, 45: 117-161.

Churakov S V, Labbez C, 2017. Thermodynamics and molecular mechanism of Al incorporation in calcium silicate hydrates. *J Phys Chem*, C121: 4412-4419.

Damidot D, Barnett S J, Glasser F P, et al, 2004. Investigation of the $CaO\text{-}Al_2O_3\text{-}SiO_2\text{-}CaSO_4\text{-}CaCO_3\text{-}H_2O$ system at 25 ℃ by thermodynamic calculation. *Adv Cem Res*, 16: 69-76.

Davidovits J, 1988. Geopolymer chemistry and properties. *Geopolymer*'88, 1st *European Conference on Soft Mineralurge*. Compiegne, France: 1, 25-48.

Dilnesa B Z, Lothenbach B, Le Saout G, et al, 2011. Iron in carbonate containing AFm phases. *Cem Concr Res*, 41: 311-323.

Dilnesa B Z, Lothenbach B, Renaudin G, et al, 2014a. Synthesis and characterization of hydrogarnet $Ca_3(Al_xFe_{1-x})_2(SiO_4)_y(OH)_{4(3-y)}$. *Cem Concr Res*, 59: 96-111.

Dilnesa B Z, Lothenbach B, Renaudin G, et al, 2012. Stability of monosulfate in the presence of iron. *J Am Ceram Soc*, 95: 3305-3316.

Dilnesa B Z, Wieland E, Lothenbach B, et al, 2014b. Fe-containing phases in hydrated cements. *Cem Concr Res*, 58: 45-55.

Falzone G, Balonis M, Sant G, 2015. X-AFm stabilization as a mechanism of bypassing conversion phenomena in calcium aluminate cements. *Cem Concr Res*, 72: 54-68.

Gao W, Li Z, 2012. Solubility and K_{SP} of $Mg_4Al_2(OH)_{14} \cdot 3H_2O$ at the various ionic strengths. *Hydrometallurgy*, 117-118: 36-46.

Gaona X, Kulik DA, Mace N, et al, 2012. Aqueous-solid solution thermodynamic model of U(Ⅵ) uptake in C-SH phases. *Appl Geochem*, 27: 81-95.

Garbev K, Bornefeld M, Beuchle G, et al, 2008. Cell dimensions and composition of nanocrystalline calcium silicate hydrate solid solutions. part 2: X-Ray and thermogravimetry study. *J Am Ceram Soc*, 91: 3015-3023.

Glasser F P, Kindness A, Stronach S A, 1999. Stability and solubility relationships in AFm phases. Part I. Chloride, sulfate and hydroxide. *Cem Concr Res*, 29: 861-866.

Gomez-Zamorano L, Balonis M, Erdemli B, 2017. C-(N)-S-H and N-A-S-H gels: Compositions and solubility data at

25℃ and 50℃. *J Am Ceram Soc*, 100: 2700-2711.

Haas J, Nonat A, 2015. From C-S-H to C-A-S-H: experimental study and thermodynamic modelling. *Cem Concr Res*, 68: 124-138.

Helgeson H C, Delany J M, Nesbitt H W, et al, 1978. Summary and critique of the thermodynamic properties of rock-forming minerals. *Am J Sci*, 278-A: 1-229.

Hobbs M Y, 2001. Solubilities and Ion Exchange Properties of Solid Solutions Between OH, Cl and CO_3 End Members of the Monocalcium Aluminate Hydrates. Thesis University of Waterloo, Ontario, Canada.

Hong S Y, Glasser F P, 1999. Alkali binding in cement pastes: part I. The C-S-H phase. *Cem Concr Res*, 29: 1893-1903.

Hummel W, Berner U, Curti E, et al, 2002. Nagra/PSI Chemical Thermodynamic Data Base 01/01, Universal Publishers/uPUBLISH. com, USA, Also Published as Nagra Technical Report NTB 02-16, Wettingen, Switzerland.

Jakobsen U H, De Weerdt K, Geiker M R, 2016. Elemental zonation in marine concrete. *Cem Concr Res*, 85: 12-27.

Jenni A, Mader U, Lerouge C, et al, 2014. In situ interaction between different concretes and Opalinus clay. *Phys Chem Earth*, 70-71: 71-83.

Kulik D, 2006. Dual-thermodynamic estimation of stoichiometry and stability of solid solution end members in aqueous-solid solution systems. *Chem Geol*, 225: 189-212.

Kulik D A, 2011. Improving the structural consistency of C-S-H solid solution thermodynamic models. *Cem Concr Res*, 41: 477-495.

Kulik D A, Kersten M, 2001. Aqueous solubility diagrams for cementitious waste stabilization systems: II, end-member stoichiometries of ideal calcium silicates hydrate solid solutions. *J Am Ceram Soc*, 84: 3017-3026.

Kulik D, Tits J, Wieland E, 2007. Aqueous-solid solution model of strontium uptake in C-S-H phases. *Geochim Cosmochim Acta*, 71: A530.

Kulik D, Wagner T, Dmytrieva S, et al, 2013. GEM-Selektor geochemical modeling package: revised algorithm and GEMS3K numerical kernel for coupled simulation codes. *Comput Geosci*, 17: 1-24.

L'Hopital E, Lothenbach B, Kulik D, et al, 2016a. Influence of calcium to silica ratio on aluminium uptake in calcium silicate hydrate. *Cem Concr Res*, 85: 111-121.

L'Hopital E, Lothenbach B, Scrivener K, et al, 2016b. Alkali uptake in calcium alumina silicate hydrate (C-A-S-H). *Cem Concr Res*, 85: 122-136.

Lothenbach B, Bernard E, Mader U, 2017. Zeolite formation in the presence of cement hydrates and albite. *Phys Chem Earth*, 99: 77-94.

Lothenbach B, Kulik D A, Matschei T, et al, 2019. Cemdata18: A chemical thermodynamic database for hydrated Portland cements and alkali-activated materials. *Cem Concr Res*, 115: 472-506.

Lothenbach B, Le Saout G, Gallucci E, et al, 2008a. Influence of limestone on the hydration of Portland cements. *Cem Concr Res*, 38: 848-860.

Lothenbach B, Le Saout G, Haha M B, 2012a. Hydration of a lowalkali CEM III/B-SiO_2 cement (LAC). *Cem Concr Res*, 42: 410-423.

Lothenbach B, Matschei T, Moschner G, et al, 2008b. Thermodynamic modelling of the effect of temperature on the hydration and porosity of Portland cement, *Cem Concr Res*, 38: 1-18.

Lothenbach B, Nonat A, 2015. Calcium silicate hydrates: solid and liquid phase composition. *Cem Concr Res*, 78: 57-70.

Lothenbach B, Pelletier-Chaignat L, Winnefeld F, 2012b. Stability in the system $CaO-Al_2O_3-H_2O$. *Cem Concr Res*, 42: 1621-1634.

Lothenbach B, Winnefeld F, 2006. Thermodynamic modelling of the hydration of Portland cement. *Cem Concr Res*, 36: 209-226.

Macphee D E, Barnett S J, 2004. Solution properties of solids in the ettringite-thaumasite solid solution series. *Cem Concr Res*, 34: 1591-1598.

Mader U, Jenni A, Lerouge C, et al, 2017. 5-year chemico-physical evolution of concrete-claystone interfaces, Mont Terri rock laboratory (Switzerland). *Swiss J Geosci*, 110: 307-327.

Matschei T, Glasser F P, 2015. The thermal stability of thaumasite, *Mater Struct*, 48: 2277-2289.

Matschei T, Lothenbach B, Glasser F P, 2007. The role of calcium carbonate in cement hydration. *Cem Concr Res*,

37：551-558.

Matschei T，Glasser F P，2010. Temperature dependence，0 to 40℃，of the mineralogy of Portland cement paste in the presence of calcium carbonate. *Cem Concr Res*，40：763-777.

Miron G D，Kulik D A，Dmytrieva S V，et al，2015. GEMSFITS：code package for optimization of geochemical model parameters and inverse modeling. *Appl Geochem*，55：28-45.

Moschner G，Lothenbach B，Rose J，et al，2008. Solubility of Fe-ettringite（$Ca_6[Fe(OH)_6]_2(SO_4)_3 \cdot 26H_2O$）. *Geochim Cosmochim Acta*，72：1-18.

Muller A，Scrivener K，Gajewicz A，et al，2013. Use of bench-top NMR to measure the density，composition and desorption isotherm of C-S-H in cement paste. *Microporous Mesoporous Mater*，178：99-103.

Myers R，Bernal S A，Provis J L，2014. A thermodynamic model for C-(N-)A-S-H gel：CNASH _ ss. Derivation and validation. *Cem Concr Res*，66：27-47.

Myers R J，Bernal S A，Provis J L，2017. Phase diagrams for alkali-activated slag binders. *Cem Concr Res*，95：30-38.

Myers R J，L'Hopital E，Provis J L，et al，2015a. Composition-solubility-structure relationships in calcium（alkali）aluminosilicate hydrate（C-(N,K-)A-S-H）. *Dalton Trans*，44：13530-13544.

Myers R J，L'Hopital E，Provis J L，et al，2015b. Effect of temperature and aluminum on calcium（alumino）silicate hydrate chemistry under equilibrium conditions. *Cem Concr Res*，68：83-93.

Myers R J，Lothenbach B，Bernal S，et al，2015c. Thermodynamic modelling of alkali-activated slag-based cements. *Appl Geochem*，61：233-247.

Nicoleau L，Schreiner E，2017. Determination of Ca^{2+} complexation constants by monomeric silicate species at 25℃ with a Ca^{2+} ion selective electrode. *Cem Concr Res*，98：36-43.

Nied D，Enemark-Rasmussen K，L'Hopital E，et al，2016. Properties of magnesium silicate hydrates（M-S-H）. *Cem Concr Res*，79：323-332.

Nielsen R L，Dungan M A，1983. Low pressure mineral-melt equilibria in natural anhydrous mafic systems. *Contrib Mineral Petrol*，84：310-326.

Parkhurst D J，Appelo C A J，2013. Description of Input and Examples for PHREEQC Version 3-A Computer Program for Speciation，Batch-reaction，One-dimensional Transport，and Inverse Geochemical Calculations. 6 USGS，Denver，CO，USA.

Richardson I，2004. Tobermorite/jennite-and tobermorite/calcium hydroxide-based models for the structure of CSH：applicability to hardened pastes of tricalcium silicate，β-dicalcium silicate，Portland cement，and blends of Portland cement with blast-furnace slag，metakaolin，or silica fume. *Cem Concr Res*，34：1733-1777.

Richardson I，2013. Clarification of possible ordered distributions of trivalent cations in layered double hydroxides and an explanation for the observed variation in the lower solid-solution limit. *Acta Crystallogr* B，69：629-633.

Richardson I G，2008. The calcium silicate hydrates. *Cem Concr Res*，38：137-158.

Rios C A，Williams C，Fullen M A，2009. Hydrothrmal synthesis of hydrogarnet and toermorite at 175℃ from kaolinite and metakaolinite in the CaO-Al_2O_3-SiO_2-H_2O system：A comparative study. Applied Clay Science，43：228-237.

Roosz C，Grangeon S，Blanc P，et al，2015. Crystal structure of magnesium silicate hydrates（M-S-H）：the relation with 2∶1 Mg-Si phyllosilicates. *Cem Concr Res*，73：228-237.

Schmidt T，Lothenbach B，Romer M，et al，2008. A thermodynamic and experimental study of the conditions of thaumasite formation. *Cem Concr Res*，38：337-349.

Thoenen T，Hummel W，Berner U，et al，2014. The PSI/Nagra Chemical Thermodynamic Data Base 12/07，PSI Report 14-04. Villigen PSI，Switzerland.

Thomas J J，Allen A J，Jennings H M，2012. Density and water content of nanoscale solid C-S-H formed in alkali-activated slag（AAS）paste and implications for chemical shrinkage. *Cem Concr Res*，42：377-383.

Tits J，Wieland E，Muller，C J，et al，2006. Strontium binding by calcium silicate hydrates. *J Colloid Interface Sci*，300：78-87.

Vespa M，Wieland E，Dahn R，et al，2015. Identification of the thermodynamically stable Fe-containing phase in aged cement pastes. *J Am Ceram Soc*，98：2286-2294.

Wagman D D，Evans E H，Parker V B，et al，1982. The NBS tables of chemical thermodynamic properties. Selected values for inorganic and C1 and C2 organic substances in SI units. *J Phys Chem Ref Data* 11（Suppl. 2），1-392.

Wagner T, Kulik D A, Hingerl F F, et al, 2012. GEM-Selektor geochemical modeling package: TSolMod library and data interface for multicomponent phase models. *Can Mineral*, 50: 1173-1195.

Walker C S, Savage D, Tyrer M, et al, 2007. Non-ideal solid solution aqueous solution modeling of synthetic calcium silicate hydrate. *Cem Concr Res*, 37: 502-511.

Walker C S, Sutou S, Oda C, et al, 2016. Calcium silicate hydrate (C-SH) gel solubility data and a discrete solid phase model at 25℃ based on two binary non-ideal solid solutions. *Cem Concr Res*, 79: 1-30.

Zajac M, Bremseth S K, Whitehead M, et al, 2014. Effect of $CaMg(CO_3)_2$ on hydrate assemblages and mechanical properties of hydrated cement pastes at 40℃ and 60℃. *Cem Concr Res*, 65: 21-29.

Zhang Ran, Ma Shuhua, Yang Quancheng, et al, 2011. Research on $NaCaHSiO_4$ decomposition in sodium hydroxide solution. Hydrometallurgy, 108: 205-213.

第九章　非平衡过程反应动力学

对于任何化学反应来说，总是涉及两个最基本的问题。第一，此反应有无可能实现，其最终结果如何，亦即反应的方向和限度；第二，此反应达到最终结果需多长时间，亦即反应的速率。前者属于化学热力学的范畴，后者属于化学动力学的范畴。

化学动力学即是研究化学反应速率的学科。它的基本任务是研究各种因素（如反应体系中各种物质的浓度、温度、催化剂、光、介质等）对反应速率的影响，揭示化学反应如何进行的机理，研究物质结构与反应性能的关系。在实际问题中，研究化学动力学的目的是为了能控制反应，使反应按所希望的速率进行并获得所希望的产品。

硅酸盐体系的多相化学平衡问题是硅酸盐陶瓷材料学研究中的基本科学问题。反应热力学（reaction thermodynamics）研究反应的可能性及体系的平衡性质。体系处于平衡状态时，其化学反应正向进行和逆向进行的速率相等，反应物和产物的浓度不随时间而变化；而非平衡过程正向反应速率大于逆向反应速率，反应物浓度会不断降低。

当体系中的物质或能量或两者在体系与环境之间或体系不同部分之间发生传递时，即出现非平衡状态。此类过程称为传递过程（transport processes），如热传导、流速（黏度）、扩散与沉淀、电导、电解液的电导等，研究传递过程的速率和历程的动力学分支为物理动力学（physical kinetics）（Levine，2003）。当体系中的物质和能量均未发生传递，而由于某种化学物种（chemical species）发生反应而生成其他物种时，亦会出现非平衡状态。相应地，研究化学反应的速率和历程的动力学分支为化学动力学（chemical kinetics）或反应动力学（reaction kinetics）（Levine，2003）。

反应动力学是非平衡反应过程研究的基本内容。对陶瓷材料制备或应用过程中化学反应动力学的研究结果，是材料制备实验、工业生产或应用过程中控制反应程度、确定生成物产率、改进工艺技术和改善产品性能的基本依据。在陶瓷材料学研究中，其研究结果的重要价值在于：①对于大多数硅酸盐材料制备或使用过程，反应动力学研究结果可以精确地给出关键反应完成所需时间，因而是优化实验方案、指导工业生产设计的基本依据；②依据反应动力学研究结果，可以准确地预测任一反应时刻关键反应的完成程度，因而可用于预测反应生成物的产率和相组成，为工业生产过程的条件控制提供依据；③反应动力学研究结果可以为不同工艺方案的对比评价提供定量指标，为降低工艺过程的资源和能源消耗、提高生产效率提供理论指导。

本章在简要介绍反应动力学基本概念的基础上，主要通过著者等近年来对硅酸盐体系材料研究的具体实例，对应用反应动力学方法研究某些典型反应的速率和历程等相关问题进行讨论，以期为同类材料学研究所参考。

第一节　反应速率和速率方程

1. 反应速率的表示法

所谓反应速率就是化学反应进行的快慢程度。如何定量表示反应速率，历史上曾出现过各种方法。目前，国际上已普遍采用以反应进度 ξ 随时间的变化率来定义反应速率 J，即

$$J=\frac{d\xi}{dt} \tag{9-1}$$

对于化学反应

	aA	+	bB	$=\!=\!=$	gG	+	hH
反应前各物质的量	$n_A(0)$		$n_B(0)$		$n_G(0)$		$n_H(0)$
某时刻各物质的量	n_A		n_B		n_G		n_H

该时刻的反应进度 ξ 定义为

$$\xi=\frac{n_B-n_B(0)}{\nu_B} \tag{9-2}$$

式中，ν_B 为反应方程式中的计量数，对于产物取正，对于反应物取负；ξ 的单位为 mol。

对反应进度的定义式两侧微分，得

$$d\xi=\frac{1}{\nu_B}dn_B \tag{9-3}$$

将式(9-3) 代入式(9-1)，则

$$J=\frac{1}{\nu_B}\times\frac{dn_B}{dt} \tag{9-4}$$

对于体积一定的封闭体系，人们常采用单位体积的反应速率 r，即

$$r=\frac{J}{V}=\frac{1}{V}\times\frac{d\xi}{dt}=\frac{1}{V\nu_B}\times\frac{dn_B}{dt}=\frac{1}{\nu_B}\times\frac{dc_B}{dt}=\frac{1}{\nu_B}\times\frac{d[B]}{dt} \tag{9-5}$$

应用于任意化学反应

$$r=-\frac{1}{a}\times\frac{d[A]}{dt}=-\frac{1}{b}\times\frac{d[B]}{dt}=\frac{1}{g}\times\frac{d[G]}{dt}=\frac{1}{h}\times\frac{d[H]}{dt} \tag{9-6}$$

式中，$[B]=c_B=\frac{n_B}{V}$，表示参加反应的物质 B 的浓度；r 的 SI 单位是 $mol/(m^3 \cdot s)$，实际应用中，也常采用 $mol/(dm^3 \cdot s)$ 等单位。

2. 反应速率的实验测定

对于定容的反应体系，实验测定其反应速率，必须已知 dc/dt 的数值。在反应开始后的不同时刻 t_1、t_2、…，分别测量出反应中某一物质的浓度 c_1、c_2、…，并以浓度 c 对时间 t 作图，图中曲线上某一点切线的斜率 dc/dt 即是相应时刻的瞬时反应速率。因此，反应速率的实验测定实际上就是测定不同时刻反应物或产物的浓度。就浓度测定方法而言，可分为化学法和物理法两类。

(1) 化学法。就是采用化学分析法来测定不同时刻反应物或产物的浓度，一般用于液相反应。此方法的要点是当取出样品后，必须立即“冻结”反应，亦即要使反应即刻终止，并

尽可能快地测定浓度。冻结的方法有骤冷、冲稀、加阻化剂或移走催化剂等。化学法的优点是设备简单，可直接测得浓度；但其最大缺点是在没有合适的冻结反应的方法时，很难测得指定时刻的浓度，因而往往误差较大。

（2）物理法。这种方法的基点在于测量与某种物质浓度呈单值关系的一些物理性质随时间的变化，然后换算成不同时刻的浓度值。可利用的物理性质有压力、体积、旋光度、折射率、电导、电容率、颜色、光谱等。物理法的优点是迅速而且方便，特别是不需取样，可以不终止反应而进行连续测定，便于自动记录。缺点是由于测量浓度是通过间接关系，如果反应体系有副反应或少量杂质对所测量的物理性质有较灵敏的影响时，易造成较大的误差。

3. 反应速率的经验表达式

在一定温度下，化学反应的速率大多与参与化学反应的物质（反应物、产物或催化剂等）浓度密切相关。反应速率 r 与各物质浓度 c_B 的函数关系 $r=f(c_B)$，或者各物质浓度 c_B 与时间 t 的函数关系 $c_B=f(t)$，都称为反应速率公式，前者是微分形式，后者是积分形式。

一般说来，只知道化学反应的计量方程式是不能预言其速率公式的。反应速率公式的形式通常只能通过实验方可确定。由实验确定的速率公式虽然是经验性的，却有着很重要的作用。一方面可以由此而知哪些组分以怎样的关系影响反应速率，为化学工程中有效控制反应提供依据；另一方面也可以为研究反应机理提供线索。

4. 反应级数

许多反应的速率公式可表示为以下形式：

$$r=k[\mathrm{A}]^{\alpha}[\mathrm{B}]^{\beta}\cdots \tag{9-7}$$

对于这类反应，为了衡量浓度对速率的影响，定义了“反应级数”的概念。上式中浓度项的指数 α、β、…分别称为组分 A、B、…的级数，而各指数之和 n 称为总反应的级数。

$$n=\alpha+\beta+\cdots \tag{9-8}$$

反应级数可以是整数或分数，也可以是正数、零或负数。一个反应的级数，无论是 α、β、…或是 n，都是由实验确定的。应当注意，α、β、…与反应的化学计量数 ν_B 不一定相同，不应混为一谈。

5. 速率常数

公式(9-7) 中的比例系数 k 称为反应的“速率常数”。对于指定反应，k 值与浓度无关而与反应的温度及所用的催化剂有关。不同的反应 k 值不同，有时相差很大。k 值大小可直接表征反应进行的难易程度，因而是重要的动力学参数之一。

公式(9-7) 可改写为：

$$k/[(\mathrm{mol}\cdot\mathrm{dm}^{-3})^{1-n}/\mathrm{s}]=\frac{r/[\mathrm{mol}/(\mathrm{dm}^3\cdot\mathrm{s})]}{[\mathrm{A}]^{\alpha}[\mathrm{B}]^{\beta}\cdots/(\mathrm{mol}/\mathrm{dm}^3)^n} \tag{9-9}$$

可以看出，k 在数值上等于各有关物质的浓度均为一个单位时的瞬时速率，因而有时亦称比速常数；k 是有量纲的量，其单位与反应级数 n 有关。

第二节　硅酸盐烧结反应

烧结反应是许多硅酸盐材料制备过程中的关键反应，也是最主要的高耗能工序。下面通过对高铝粉煤灰中温烧结过程的反应动力学研究，并与钾长石的热分解反应进行对比，以说明两种反应的难易程度，为高铝粉煤灰资源化利用提供依据。

1. 高铝粉煤灰-Na_2CO_3 体系

高铝粉煤灰是氧化铝潜在的重要资源（张晓云等，2005；丁宏娅等，2006）。以 Na_2CO_3 为助剂，其中温烧结反应属于固相反应(李贺香，2005)。此类反应实际上是一些物理过程及化学反应的综合过程，由于反应物质点在固体中的扩散速率较慢，且随着反应时间的延长，反应产物层厚度增加，扩散阻力相应增大，使扩散速率减慢，因而固相反应速率通常由扩散速率所控制（Levine，2003)。反应速率受固膜扩散控制的固相反应过程，通常由 Crank-Ginstling-Braunshtein 动力学方程描述（Sohn et al，1979；陆佩文，1991)：

$$Y=1-2/3f-(1-f)^{2/3}=kt+B \tag{9-10}$$

式中，Y 为动力学函数；f 为反应分数；k 为反应速率常数；t 为反应时间；B 为常数。

实验以蒙西某电厂的高铝粉煤灰（TF-04）为原料（表 9-1)，按照 m(粉煤灰)：$m(Na_2CO_3)=1:0.8$ 的比例混合，粉磨至粒度<0.074mm。将反应物在 1053K、1103K、1143K、1173K 下进行烧结，反应时间 10～60min。反应分数由粉煤灰转变为酸溶性物相 $NaAlSiO_4$、Na_2SiO_3、$NaAlO_2$ 的比例即粉煤灰的分解率 f 表示（李贺香，2005；王蕾，2006)。实验结果见表 9-2。

表 9-1　高铝粉煤灰的化学成分分析结果（w_B/%)

样品号	SiO_2	TiO_2	Al_2O_3	Fe_2O_3	FeO	MnO	MgO	CaO	Na_2O	K_2O	P_2O_5	H_2O^-	烧失	总量
TF-04	37.81	1.64	48.50	1.79	0.48	0.01	0.31	3.62	0.15	0.36	0.15	3.89	1.06	99.77
BF-01	45.90	1.59	42.11	2.20	1.03	0.01	2.09	2.44	0.12	0.52	0.46	0.24*		99.44

注：带 * 者为 H_2O^+；中国地质大学（北京）化学分析室龙梅、王军玲分析。

表 9-2　高铝粉煤灰烧结反应动力学实验结果

反应温度/K	反应时间/min	分解率 f/%
1053	10	44.2
1053	20	51.6
1053	30	57.0
1053	40	60.3
1053	50	60.6
1053	60	63.2
1103	10	51.9
1103	20	56.4
1103	30	62.6
1103	40	70.9
1103	50	72.6
1103	60	77.9
1143	10	55.5
1143	20	63.0
1143	30	70.3
1143	40	77.7
1143	50	81.0

续表

反应温度/K	反应时间/min	分解率 f/%
1143	60	86.0
1173	10	58.4
1173	20	67.7
1173	30	79.6
1173	40	85.1
1173	50	89.6
1173	60	93.6

在高铝粉煤灰-Na_2CO_3 体系，中温下发生的主要反应如下（李贺香，2005；王蕾，2006；马鸿文等，2006）：

$$Al_6Si_2O_{13}(mul)+3Na_2CO_3+4SiO_2(gls)=\!=\!=6NaAlSiO_4+3CO_2\uparrow \tag{9-11}$$

$$Fe_3O_4(mgt)+1.5Na_2CO_3+0.25O_2(gas)=\!=\!=1.5Na_2Fe_2O_4+1.5CO_2\uparrow \tag{9-12}$$

$$2SiO_2(gls)+Al_2O_3(gls)+Na_2CO_3=\!=\!=2NaAlSiO_4+CO_2\uparrow \tag{9-13}$$

$$Al_2O_3(gls)+Na_2CO_3=\!=\!=2NaAlO_2+CO_2\uparrow \tag{9-14}$$

$$SiO_2(gls)+Na_2CO_3=\!=\!=Na_2SiO_3+CO_2\uparrow \tag{9-15}$$

高铝粉煤灰在有 Na_2CO_3 存在下的多相热分解反应属于受固膜扩散控制的固相反应（李贺香，2005；王蕾，2006）。将表 9-2 中实验测定的反应分数 f 代入公式(9-10)，求出 Y 值。将不同温度下的动力学函数 Y 对时间 t 作图，用最小二乘法回归各直线方程，直线斜率即为该温度下的反应速率常数（图 9-1）。由图 9-1 可见，随反应时间的延长，反应分数增大；随反应温度的升高，反应速率加快。以 $\ln k$ 对 $1/T$ 作图，$\ln k$ 与 $1/T$ 之间呈良好的线性关系（图 9-2），直线斜率为 $-E_a/R$，截距为 $\ln A$。因此，基于 Arrhenius 方程（Levine，2003），即

$$\ln k=\ln \mathrm{A}-\frac{E_a}{RT} \tag{9-16}$$

由图 9-2 的直线斜率得表观活化能 E_a（=129.86kJ/mol），由截距得指数前因子 A（$\ln A$ = 7.5932），R 为气体常数［8.31432J/(K·mol)］。

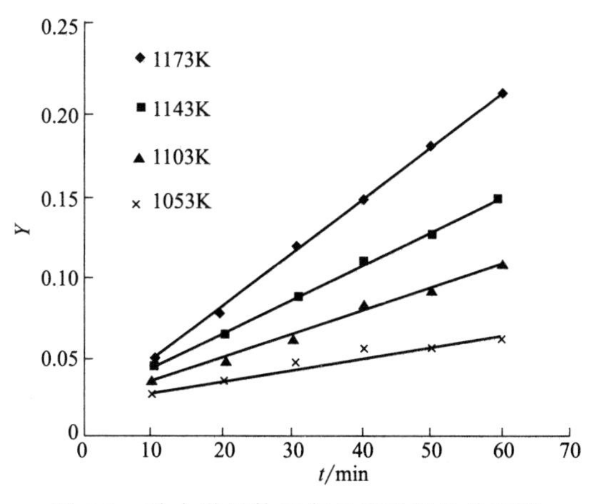

图 9-1　动力学函数 Y 与反应时间的关系图

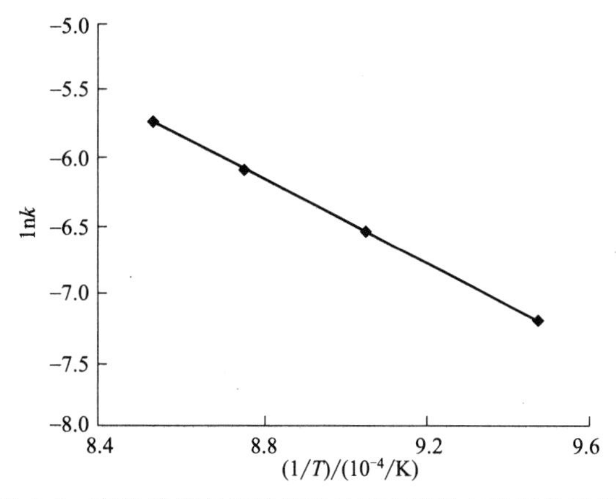

图 9-2　高铝粉煤灰烧结反应的速率常数与温度关系图

由公式(9-16)可计算得到不同温度下的反应速率常数，代入公式(9-10)，可预测理论上达到不同反应分数时所需的反应时间。表9-3中数据显示，实际反应时间比理论计算值少4～7min；原因是当反应物料放入箱式电炉中时，由室温升温至反应温度，这一时段约需5～7min，说明在这一时段内高铝粉煤灰的热分解反应已经显著发生。

表9-3 高铝粉煤灰-碳酸钠烧结反应理论计算与实际反应时间对比

分解率/%	94	90	80	70	60	50
理论烧结时间/min	95.4	80.0	54.1	36.9	24.8	15.9
实际反应时间/min	90	73	50	30	20	10

对华北某电厂高铝粉煤灰（BF-01）分解反应的动力学实验结果表明，莫来石与硅酸盐玻璃相分解反应的表观活化能 E_a = 149.19kJ/mol（李贺香，2005）。由公式(9-16)可知，当反应速率常数 k 一定时，表观活化能 E_a 与指数前因子 A 有关。而后者由反应物本身的性质所决定，如反应物的结构缺陷、化学键、颗粒尺寸、相组成等。

与之相比，本实验的内蒙古某电厂高铝粉煤灰分解反应的表观活化能 E_a 相对较小，其原因是：①反应物的化学成分和物相组成不同（表9-1），即指数前因子 A 受到影响；②Na_2CO_3 配料比例不同，前者实验按照化学计量比配入碳酸钠，$m(Na_2CO_3)$∶m(粉煤灰）为0.46（李贺香，2005）；后者按化学计量比，$m(Na_2CO_3)$∶m(粉煤灰）为0.50，而实验物料加入碳酸钠比例为0.80，过量60%（王蕾，2006）。反应物中 Na_2CO_3 的比例增大，则高铝粉煤灰的分解反应类型及反应产物随之改变，反应的表观活化能亦相应有所减小。

2. 钾长石-石膏-碳酸钙体系

钾长石是非水溶性钾矿中的主要富钾矿物相（马鸿文等，2005）。20世纪70年代末，Bakr等曾对利用正长石、石膏、石灰石生产铝盐和钾盐做了研究（Bakr et al，1979）；90年代末，邱龙会等研究了该体系钾长石的热分解反应热力学和动力学（邱龙会等，1998；2000）。

实验结果表明，采用反应物料配比为 m(钾长石)∶m(石膏)∶m(碳酸钙)＝1∶1∶3时，烧结温度为1050℃，反应时间为3.0h的条件下，钾长石的分解率为84%。在钾长石-石膏-碳酸钙体系中，钾长石热分解反应的表观活化能 E_a 为184.4kJ/mol（邱龙会等，1998）。

在钾长石-石膏-碳酸钙体系中，添加NaF 0.9%，可使钾长石的分解温度降低100℃，钾长石分解率为83.87%，钾长石热分解反应的表观活化能降低为158.9kJ/mol（邱龙会等，2000）；添加 Na_2SO_4 2.5%，则钾长石的分解率可达90%～95%，分解温度降低至900～950℃，反应的表观活化能为164.5kJ/mol，较之未添加 Na_2SO_4 的体系降低了约20kJ/mol，钾长石分解反应对硫酸钠的反应级数为0.545。以上结果表明，添加适量的硫酸钠对该体系钾长石的热分解过程具有显著的促进作用（邱龙会等，2000）。

化学反应速率主要取决于反应活化能大小，一般化学反应的活化能在60～250kJ/mol之间（印永嘉等，2001）。与钾长石-石膏-碳酸钙体系钾长石的热分解反应相比，高铝粉煤灰-Na_2CO_3 体系分解反应的表观活化能 E_a 仅为129.86～149.19kJ/mol（李贺香，2005；王蕾，2006），因而莫来石和铝硅酸盐玻璃相的热分解反应是相对易于发生的（马鸿文等，2006）。

第三节　钾长石-$Ca(OH)_2$-H_2O体系水热分解反应

水热法是指在封闭的压力容器中，以水为溶剂，在高温高压条件下进行的化学反应。对水热分解/晶化反应动力学进行研究，有助于优化水热反应条件，控制晶化反应和制品结构，改进产品性能。

钾长石原料由河南嵩县产霓辉正长岩制备，其主要矿物为微斜长石，少量霓辉石。原矿石经破碎、磨矿和摇床重选，制得粒度<63μm的钾长石粉体（SX-03），其纯度约为97%，化学成分分析结果见表9-4。配料CaO为化学纯，北京益利精细化学品有限公司生产，纯度大于98.0%。

表9-4　钾长石粉体的化学成分分析结果（w_B/%）

样品号	SiO_2	TiO_2	Al_2O_3	Fe_2O_3	FeO	MnO	MgO	CaO	Na_2O	K_2O	P_2O_5	H_2O^+	总量
SX-03	65.00	0.22	16.38	0.66	0.48	0.03	0.00	0.86	0.89	13.83	0.12	1.23	99.70

注：中国地质大学（北京）化学分析室王军玲分析。

将化学纯CaO和蒸馏水按比例混合，搅拌5min，再加入钾长石粉体，搅拌均匀。将反应物料移入反应釜中，升温至423～523K（1.1～3.4MPa），恒温反应3～10h，然后过滤。以火焰光度法测定滤液中K^+的含量。

以CaO为助剂，水热分解钾长石的化学反应为（聂铁苗，2006）：

$$6KAlSi_3O_8+20Ca(OH)_2+3H_2O = 4Ca_5Al_{1.5}Si_{4.5}O_{16.25}\cdot 5H_2O+6KOH \quad (9\text{-}17)$$

反应分数即钾长石的分解率f，即滤液中的K_2O质量占反应物中K_2O总质量的比例。

实验在WHFS-1型电加热衬镍反应釜中进行，额定功率1.5kW，有效容积1.0L，额定工作压力9.8MPa，工作温度300℃，控温精度±1℃，搅拌速度20～750r/min。基于前期实验结果（张盼等，2005；邱美娅等，2005；刘贺等，2006），动力学实验的条件为：$n(Ca)/n(Al+Si)=1$；水/固质量比20；反应温度分别为453K、473K、523K；搅拌速率400r/min。

实验结果见表9-5。由于反应产物雪硅钙石呈纤维状球形团聚体，因而存在对K^+的吸附作用。实验表明，钾长石的实际分解率大于表中数值约11.0%（刘贺，2006；方心灵，2006）。

表9-5　水热法分解钾长石的实验结果

实验号	反应温度/K	反应时间/h	分解率/%
Z-2	453	3	56.2
Z-3	453	5	59.8
Z-4	453	8	64.4
Z-5	453	10	68.7
Z-7	473	3	58.1
Z-8	473	5	63.3
Z-9	473	8	68.4
Z-10	473	10	72.8
Z-12	523	3	67.7

续表

实验号	反应温度/K	反应时间/h	分解率/%
Z-13	523	5	75.9
Z-14	523	8	83.9
Z-15	523	10	87.9

实验过程中，改变搅拌速率，钾长石的分解率并无明显变化，说明在反应过程中钾长石颗粒表面并未生成影响反应继续进行的固体膜；而在实验条件下，提高反应温度，钾长石的分解率增大，由此判断该反应受化学反应所控制（聂铁苗，2006）。其反应动力学方程为（李洪桂，2005）：

$$Y=1-(1-f)^{1/3}=kt+B \tag{9-18}$$

将不同反应温度下钾长石的分解率 f 代入动力学方程（9-18）中，其动力学函数 Y 与反应时间 t 之间呈良好的线性关系，在截距误差 0.02 范围内，各直线通过原点（图 9-3）。

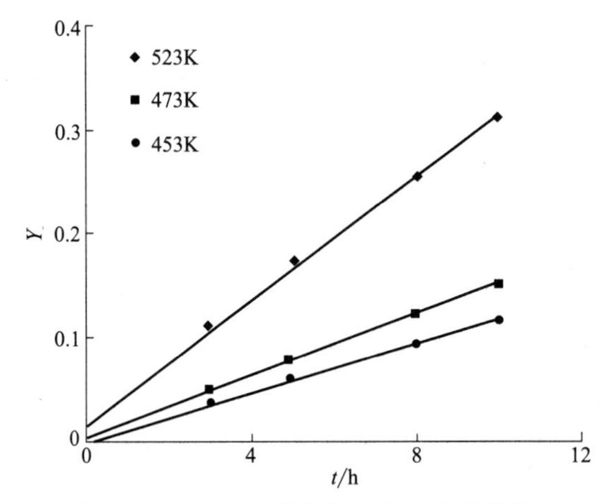

图 9-3　钾长石水热分解反应动力学曲线

采用最小二乘法回归图 9-3 中的各直线方程，计算得等温反应速率常数 k 及其相关系数 r（表 9-6）。由 Y 和 t 的关系曲线计算，反应温度 T 为 523K 时，钾长石分解率达到 80%时所需反应时间为 6.7h；而当温度为 453K 时，分解率达到 80%时所需时间为 18.0h；说明提高反应温度，可显著提高钾长石的分解率，缩短分解反应时间（聂铁苗，2006）。

表 9-6　反应速率常数 k 及其相关系数 r

反应温度/K	$k\times10^3/\text{min}^{-1}$	r
453	0.1983	0.994
473	0.2517	0.993
523	0.5020	0.991

基于 Arrhenius 方程（9-16），由公式(9-18) 中反应速率 k 与反应时间 t 之间的关系，计算得钾长石水热分解反应的表观活化能 E_a 为 45.64kJ/mol。研究表明，对于受化学反应控制的反应过程，按 Arrhenius 方程计算的表观活化能 E_a 大于 41.8kJ/mol（李洪桂，2005），说明钾长石水热分解反应的动力学过程具有化学反应控制的特征（聂铁苗，2006）。

参照对拉长石在水溶液中反应的表面化学研究结果（Casey et al，1988）分析，以 CaO 为助剂，在水热条件下钾长石的分解反应，其实质是体系中的 OH^- 与钾长石晶粒表面的

K^+、Na^+作用，导致 Al—O 键断裂，形成表面富硅贫铝的前驱聚合体［$SiO_2 \cdot nH_2O$］，继而与Ca^{2+}反应，生成最终产物雪硅钙石。反应过程可表示如下（聂铁苗，2006；刘贺，2006；刘贺等，2006）：

$$HAlSiO_3 + 3nH_2O \xrightleftharpoons{\text{I}} 3[SiO_2 \cdot nH_2O] + 3[Al(OH)_4]^- + H^+$$
$$\xrightarrow{\text{II}} 4Ca_5Al_{1.5}Si_{4.5}O_{16.25} \cdot 5H_2O \qquad (9\text{-}19)$$

其中，$HAlSi_3O_8$ 表示氢化长石（hydrogenated feldspar）。按照过渡态理论，第Ⅰ步反应很快，可迅速达到平衡，生成的前驱聚合体［$SiO_2 \cdot nH_2O$］不稳定，可发生第Ⅰ步的逆反应，也可进行第Ⅱ步反应而转变成雪硅钙石产物；第Ⅱ步为不可逆反应，速率较慢。因此，整个反应过程的速率受第Ⅱ步的化学反应速率所控制（聂铁苗，2006；刘贺，2006；李洪桂，2005）。

以 $Ca(OH)_2$ 为浸取剂，对 $KAlSi_3O_8$-$Ca(OH)_2$-H_2O 体系钾的加压浸取反应可表示为（蓝计香等，1994）：

$$2KAlSi_3O_8 + 3Ca(OH)_2 + 2H_2O \longrightarrow Ca_3Al_2[SiO_4(OH)_8] + 2KOH + 5SiO_2 \qquad (9\text{-}20)$$

在 250～300℃范围内，K_2O 的浸出率为 84.3%～91.6%，浸出渣的主要物相为 $Ca_3Al_2[SiO_4(OH)_8]$。在实验条件下，SiO_2 的实际存在形式应为 $SiO_2 \cdot nH_2O$。

由动力学实验结果，计算得浸取反应(9-20)的级数 $n=1.5$，浸取反应的表观活化能 $E_a=45.5$kJ/mol（蓝计香等，1994），与前述钾长石水热分解反应的表观活化能（$E_a=45.64$kJ/mol）十分接近。显而易见，与钾长石-石膏-碳酸钙体系钾长石的热分解反应(Bakr et al，1979；邱龙会等，1998；2000）相比，$KAlSi_3O_8$-$Ca(OH)_2$-H_2O 体系钾长石的水热分解反应是相当容易发生的。

第四节　钾长石-NaOH-H_2O 体系水热分解反应

钾长石是最重要的非水溶性钾资源（马鸿文等，2014）。在高浓度碱液中，钾长石水热分解反应可在数小时内完成。故深入研究钾长石水热分解反应动力学，有助于优化水热碱法制取钾盐技术（马鸿文等，2018），具有重要工程应用价值。

1. 动力学模型

硅酸盐矿物在碱性条件下的溶解过程可采用如下速率方程来描述（Lasaga，1998）：

$$r = k_0 A \exp[-E_a/(RT)] \prod_i \alpha_i^{n_i} f(\Delta G) \qquad (9\text{-}21)$$

式中，r 为反应速率；k_0 为速率常数；A 为比表面积；E_a 为表观活化能；α_i 为控制步骤反应物的活度；n_i 为反应级数；$f(\Delta G)$ 为与反应 Gibbs 自由能相关的函数。在碱性水热体系，i 为 OH^-。

实验在密闭条件下进行，无法准确获得固相产物的比表面积。鉴于产物羟钙霞石孔道较小，其比表面积与钾长石粉体差别不大，故设定 A 为定值。恒定温度下上式可变换为：

$$r = K_0 \alpha_{OH^-}^n f(\Delta G) \qquad (9\text{-}22)$$

其中，K_0 是与 A 和 E_a 相关的常数：

$$K_0 = k_0 A \exp[-E_a/(RT)] \qquad (9\text{-}23)$$

依据实验结果，钾长石分解速率 r 可由 K_2O 溶出率 X(%) 对反应时间 t 的微分获得：

$$r = \frac{dX}{dt} = K_0 \alpha_{OH^-}^n f(\Delta G) \qquad (9\text{-}24)$$

r-$f(\Delta G)$ 关系是该动力学模型的关键。ΔG 与共存液相中的离子活度相关，$f(\Delta G)$ 表征各反应阶段复杂矿物溶解造成的体系组成变化对反应动力学的影响。自然条件下，矿物溶解过程在近于平衡状态时 $f(\Delta G)$ 的理论表达式为（Helgeson et al，1984）：

$$f(\Delta G)=1-\left[\exp\left(\frac{\Delta G}{RT}\right)\right]^{p} \tag{9-25}$$

其中参数 P 通常接近于1。通过分析反应速率 r 与 ΔG 之间的关系，可获得参数 M 的数值：

$$M=K_0\alpha_{OH^-}^{n} \tag{9-26}$$

反应级数 n 可通过在恒定温度条件下改变 OH^- 浓度（活度）来计算：

$$\ln M=\ln K_0+n\ln\alpha_{OH^-} \tag{9-27}$$

反应表观活化能 E_a 可在固定 OH^- 浓度（活度）条件下由改变反应温度 T 而获得：

$$\ln K_0=\ln k_0 A-E_a/(RT) \tag{9-28}$$

2. 动力学实验

实验原料为安徽某地产钾长石粉体，化学成分见表9-7。矿物组成：钾长石72.6%，斜长石18.7%，石英6.5%，镁黑云母0.9%，磁铁矿0.4%，方解石0.2%，磷灰石0.1%。钾长石种属为微斜长石，成分 $Or_{0.846}Ab_{0.154}$（Liu et al，2019）。

表 9-7 钾长石粉体化学成分分析结果（w_B/%）

样品号	SiO_2	TiO_2	Al_2O_3	Fe_2O_3	FeO	MnO	MgO	CaO	BaO	Na_2O	K_2O	P_2O_5	LOI	总量
YK-13	66.26	0.04	17.61	0.26	0.25	0.10	0.17	0.52	0.51	3.24	10.38	0.04	0.27	99.63

实验方法：将钾长石粉体、NaOH试剂（A.P.）与蒸馏水调制成浆料，转入内置100mL聚PPL内衬不锈钢反应釜中。为获得反应级数，设定反应温度513K，改变NaOH初始浓度为2.0mol/kg、2.5mol/kg、3.0mol/kg、3.5mol/kg；为确定反应表观活化能，设定NaOH初始浓度2.2mol/kg，改变反应温度（实测）为477K、489K、510K、531K，相应饱和蒸气压1.5～4.1MPa。反应实验结束后，用冷水快速降温，浆料经过滤、洗涤、干燥，分别对固、液相产物进行表征。液相主要成分采用湿化学法分析，计算 K_2O 溶出率 X(%)，采用OLI Analyzer 9.3（2016）软件计算主要组分活度。实验结果列于表9-8和表9-9中。

表 9-8 不同 NaOH 初始浓度及反应时间条件下实验结果

实验号	NaOH浓度 /(mol/kg)	t /min	X /%	组分活度/(mol/kg)				
				H_2O	Na^+	OH^-	$HSiO_3^-$	K^+
20-020	2.0	20	0.81	0.9492	0.0101	0.0099	0.0001	0.0000
20-040		40	8.49	0.9490	0.0089	0.0105	0.0005	0.0002
20-060		60	10.86	0.9501	0.0082	0.0108	0.0007	0.0002
20-090		90	12.77	0.9513	0.0071	0.0115	0.0010	0.0003
20-120		120	26.23	0.9532	0.0057	0.0124	0.0014	0.0006
20-240		240	49.13	0.9534	0.0050	0.0127	0.0017	0.0012
25-025	2.5	20	1.15	0.9362	0.0120	0.0118	0.0000	0.0000
25-040		40	17.32	0.9374	0.0089	0.0139	0.0009	0.0004
25-060		60	21.85	0.9418	0.0070	0.0150	0.0013	0.0005
25-090		90	42.20	0.9425	0.0056	0.0170	0.0016	0.0010
25-120		120	47.15	0.9444	0.0051	0.0174	0.0017	0.0011
25-240		240	61.19	0.9473	0.0043	0.0180	0.0020	0.0015

实验号	NaOH 浓度 /(mol/kg)	t /min	X /%	组分活度/(mol/kg)				
				H_2O	Na^+	OH^-	$HSiO_3^-$	K^+
30-020	3.0	20	2.52	0.9234	0.0129	0.0143	0.0003	0.0000
30-040		40	53.57	0.9236	0.0078	0.0197	0.0015	0.0011
30-060		60	48.92	0.9292	0.0064	0.0212	0.0016	0.0011
30-090		90	63.59	0.9326	0.0053	0.0228	0.0019	0.0015
30-120		120	70.72	0.9351	0.0047	0.0238	0.0020	0.0017
30-240		240	81.99	0.9387	0.0040	0.0248	0.0021	0.0020
35-020	3.5	20	4.11	0.9093	0.0150	0.0162	0.0002	0.0001
35-040		40	34.89	0.9129	0.0092	0.0219	0.0013	0.0007
35-060		60	61.65	0.9205	0.0059	0.0277	0.0018	0.0014
35-090		90	82.36	0.9246	0.0047	0.0305	0.0020	0.0019
35-120		120	89.09	0.9268	0.0043	0.0316	0.0021	0.0021
35-240		240	97.43	0.9287	0.0039	0.0325	0.0022	0.0024

注：反应温度 513K。

表 9-9　不同反应温度及反应时间条件下实验结果

实验号	T /K	t /min	X /%	组分活度/(mol/kg)				
				H_2O	Na^+	OH^-	$HSiO_3^-$	K^+
200-030	477	30	1.93	0.9322	0.0153	0.0154	0.0001	0.0000
200-060		60	7.88	0.9336	0.0136	0.0158	0.0004	0.0002
200-090		90	15.08	0.9358	0.0114	0.0167	0.0008	0.0003
200-120		120	20.32	0.9376	0.0101	0.0172	0.0010	0.0005
200-240		240	24.68	0.9394	0.0091	0.0177	0.0012	0.0006
220-030	489	30	2.82	0.9356	0.0130	0.0135	0.0002	0.0001
220-060		60	14.77	0.9381	0.0098	0.0152	0.0009	0.0003
220-090		90	20.44	0.9402	0.0084	0.0162	0.0011	0.0004
220-120		120	26.10	0.9418	0.0076	0.0166	0.0013	0.0006
220-240		240	42.82	0.9448	0.0063	0.0170	0.0016	0.0010
240-030	510	30	10.05	0.9398	0.0095	0.0126	0.0007	0.0002
240-060		60	22.87	0.9430	0.0068	0.0148	0.0013	0.0005
240-090		90	34.83	0.9456	0.0057	0.0158	0.0015	0.0008
240-120		120	41.21	0.9473	0.0051	0.0161	0.0017	0.0009
240-240		240	48.89	0.9493	0.0046	0.0164	0.0018	0.0012
260-030	531	30	17.33	0.9442	0.0065	0.0120	0.0011	0.0003
260-060		60	36.91	0.9482	0.0046	0.0142	0.0016	0.0008
260-090		90	47.34	0.9506	0.0039	0.0150	0.0018	0.0011
260-120		120	50.97	0.9519	0.0036	0.0153	0.0018	0.0012
260-240		240	60.36	0.9521	0.0034	0.0153	0.0019	0.0014

注：NaOH 初始浓度 2.2mol/kg。

3. 动力学分析

反应体系存在的阳离子主要为 Na^+、K^+，且浓度较高。微斜长石中少量二价离子 Ba^{2+}、Ca^{2+} 等的影响甚微，故仅考虑端员组分 Or、Ab。微斜长石作为主要含钾矿物，其分解过程控制着体系 K^+ 的释放。反应历程研究表明，羟钙霞石为反应过程的中间产物（刘昶江，2017），发生的化学反应为：

$$6K_{0.85}Na_{0.15}AlSi_3O_8+7.1Na^++14OH^-+2H_2O=\!=\!=$$

$$Na_8Al_6Si_6O_{24}(OH)_2 \cdot 2H_2O + 12HSiO_3^- + 5.1K^+ \tag{9-29}$$

上述计算所需矿物端员组分的热力学参数取自 Holland 等（2011），电解质溶液组分的相关参数来自 OLI Analyzer 9.3（2016），不同反应阶段液相中主要组分活度及 Gibbs 自由能按照混合电解质模型（Wang et al，2002）计算。反应的 ΔG 计算方法参见文献（刘昶江等，2018）。

实验结果显示，K^+ 溶出率随反应时间变化呈良好的“S”形曲线关系（图 9-4）。

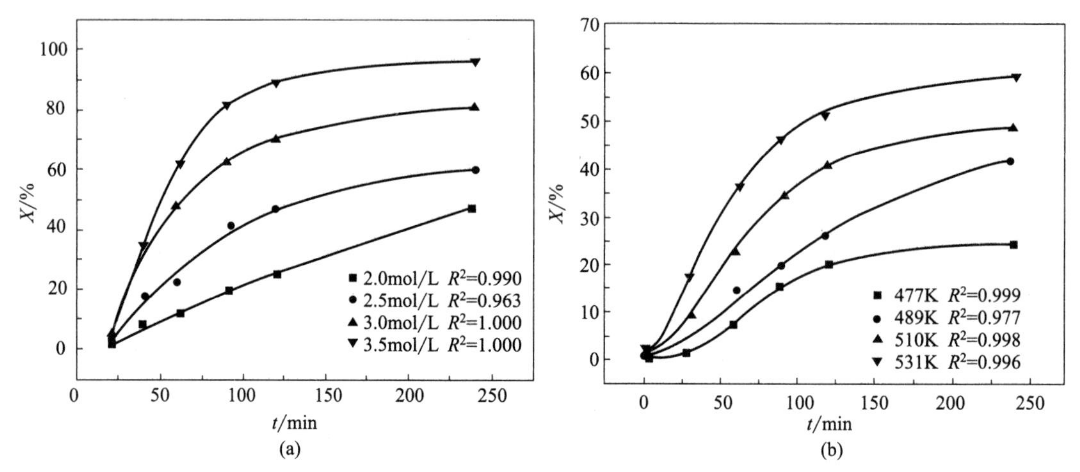

图 9-4　不同 NaOH 浓度（a）及反应温度（b）下钾长石分解反应的 X-t 关系曲线

基于此，反应速率 r 可通过对拟合的 X-t 关系进行微分获得［公式(9-24)］。钾长石分解反应的驱动力是溶液的饱和状态，即不同条件下的 ΔG，相应的 r-ΔG 关系见图 9-5。

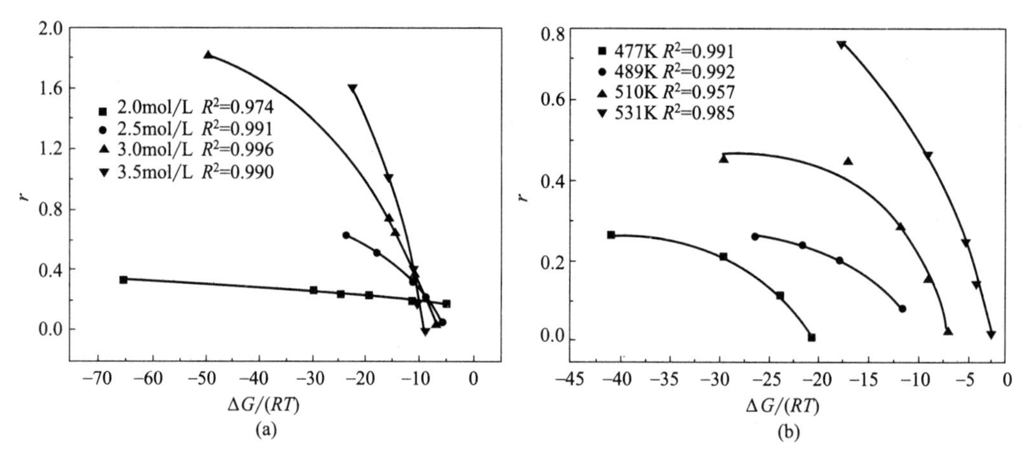

图 9-5　不同 NaOH 浓度（a）及反应温度（b）下反应 Gibbs 自由能与反应速率 r 关系图

公式(9-25）是自然条件下矿物溶解过程的理想表达式（Helgeson et al，1984）。对于某些特定条件下的反应过程，则可能需要调整某些参数。如正长石在 $NaHCO_3$ 溶液，或钠长石在 $KHCO_3$ 溶液中的溶解反应，其速率方程在上式基础上加入参数 q，即可描述实际反应过程（Alekseyev et al，1997）。基于本项实验数据拟合的反应速率方程形式为：

$$r = M\left\{1 - N\left[\exp\left(\frac{\Delta G}{RT}\right)\right]^P\right\} \tag{9-30}$$

即通过引入调整参数 M、N，可将描述长石自然溶解过程的速率方程，扩展至高温高浓度碱液体系，适于描述钾长石水热碱法分解反应。

按照公式(9-26)，由 $\ln M$-$\ln\alpha$ 线性关系的斜率计算，反应级数 n 值为 2.61（图 9-6a）。依据公式(9-27)，由 $\ln K_0$-$1/T$ 线性关系斜率计算，钾长石分解反应的表观活化能 E_a 为 46.61kJ/mol（Liu et al，2019）。

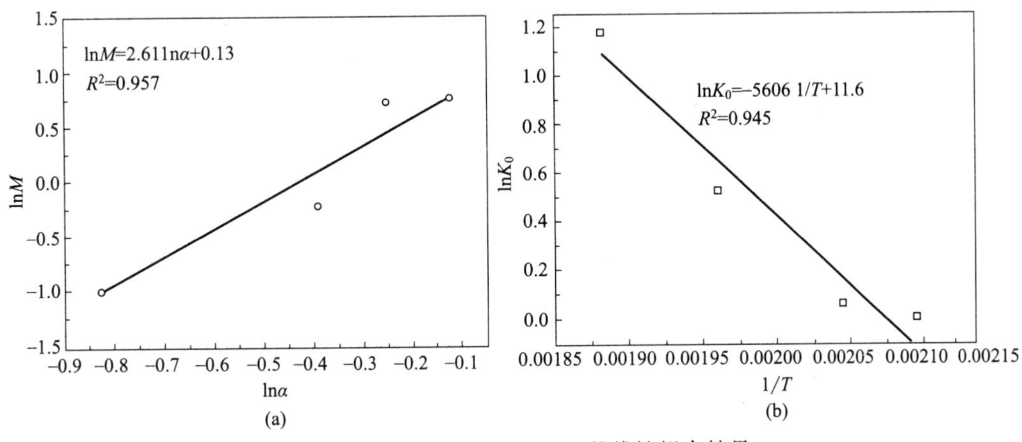

图 9-6　$\ln M$-$\ln\alpha$ 及 $\ln K_0$-$1/T$ 的线性拟合结果

Crundwell（2015）总结了一系列长石溶解实验结果，获得在碱性和酸性条件下受 pH 值影响，长石分解反应级数 n 均为 0.5；而在弱酸性条件下 n 为 0.25。本研究表明，在碱性水热条件下，钾长石分解反应级数 $n=2.61$，其值远大于自然过程。在碱性介质中，钾长石分解和次生矿物生成是一个耦合过程（Zhu et al，2010；Lu et al，2015）。故本例中微斜长石分解与羟钙霞石晶化可视为近于同时发生。此外，反应(9-29) 中 OH^- 的化学计量系数 (2.33) 与反应级数相近，考虑到实际体系中羟钙霞石的晶格缺陷和离子替代等因素，反应级数 n 的数值（2.61）应较为合理。

从表观活化能数值判断，K^+ 溶出行为受化学反应控制。前人研究中，曾获得在 KOH、$Ca(OH)_2$ 碱液中，微斜长石分解反应的表观活化能分别为 48.35kJ/mol（493～533K；苏双青，2014）、45.6kJ/mol（423～523K；聂铁苗等，2006），其数值均与本结果（46.61kJ/mol；Liu et al，2019）相近。显然，较高的碱液浓度和反应温度是促使钾长石快速分解的主要因素。

第五节　微晶玻璃晶化反应

微晶玻璃制备中的晶化热处理工序，是控制主晶相晶化反应、晶体尺寸、结构和产品质量的关键工序。因此，对晶化反应动力学的研究结果，对于优化工艺技术、控制晶化反应和制品结构、改进产品性能等都具有重要指导意义。以下通过实例，对利用工业固体废物制备硅灰石微晶玻璃的晶化反应动力学过程进行分析。

预测硅酸盐玻璃的熔融温度在工业生产中具有重要意义。Karlsson 等基于 50 种玻璃的实验数据，给出了估算硅酸盐玻璃液相线温度的经验公式。该模型适用于 K_2O-MgO-Al_2O_3-PbO-Na_2O-CaO-BaO-B_2O_3-SrO-SiO_2 体系 SiO_2 含量在 55%～73% 的成分范围（Karlsson et al，2001）。对于利用钾长石尾矿制备 β 硅灰石微晶玻璃的实验配方，以上模型可改写为（徐景春，2002）：

$$t=884.109+30.284w_{CaO}-1.721w_{Na_2O}^2+2.512w_{Na_2O}w_{Al_2O_3}+ \\ 0.275w_{Na_2O}w_{MgO}w_{CaO}-0.052w_{MgO}^2w_{CaO}^2+0.003w_{Na_2O} \tag{9-31}$$

式中，温度 t 的单位为℃；w_i 表示氧化物组分 i 的质量分数。

将微晶玻璃配方的氧化物含量（马鸿文等，2006）代入上式，计算得液相线温度为1373.9℃。加入 ZnO 助熔剂 5.3%，使玻璃熔化温度降低至 1250℃（徐景春等，2003）。

研究玻璃析晶反应机理对于制备微晶玻璃十分重要。根据玻璃晶化动力学理论，晶体生长速率与温度之间具有一定的函数关系，晶体生长速率与晶体生长活化能直接有关。在熔体冷却生成晶体过程中，根据玻璃形成动力学理论，可推导出晶体生长速率 U 为（Uhlmann，1972）：

$$U=\frac{fD}{a}\left[1-\exp\left(\frac{-\Delta H_m \Delta T_r}{RT}\right)\right] \tag{9-32}$$

式中，f 为晶体表面能接受到原子的有效晶格位分数；D 为扩散系数；ΔH_m 为摩尔熔解焓；a 为原子间距；T 为热力学温度；T_r 为约化温度，其值为 T/T_m；ΔT_r 为约化过冷度，其值为 $1-T_r$；R 为气体常数。

$\Delta H_m=\beta RT_m$，β 为约化熔解焓，取值 1～10；T_m 为低共熔点温度。

$D=\frac{kT}{3\pi a\eta}$，k 为 Boltzmann 常数，值为 1.38×10^{-23}J/K；η 为熔体黏度。

当 $\Delta H_m<2kT_m$ 时，$f=1$；当 $\Delta H_m>4kT_m$ 时，$f=0.2\Delta T_r$。

将 $\Delta H_m=\beta RT_m$ 和 $D=\frac{kT}{3\pi a\eta}$代入公式(9-32)，得

$$U=\frac{fkT}{3\pi a^2\eta}\left[1-\exp\left(\frac{-\beta\Delta T_r}{T_r}\right)\right] \tag{9-33}$$

由公式(9-33)，可计算得到 U-T 关系曲线。

设晶体生长速率达极大值时的温度为 T_{max}，在低于 T_{max} 的温区内晶体生长速率为：

$$\ln U=\ln A-\frac{E_a}{RT} \tag{9-34}$$

式中，E_a 为晶体生长反应活化能；A 为常数。由公式(9-34) 可见，$\ln U$ 与 $1/T$ 之间呈线性关系。

基于上述分析，在一定温度范围内取值，按公式(9-33) 计算相应的晶体生长速率 U，绘出 U-T 关系图，确定最大生长速率 U_{max} 对应的温度 T_{max}，即最佳的晶化温度。然后取低于 T_{max} 的温区，计算 $1/T$ 和相应的 $\ln U$，做出 $\ln U$-$1/T$ 图，两者之间近似为线性关系，由该直线的斜率，即可计算得到 SiO_2-Al_2O_3-CaO 体系 β 硅灰石晶化反应的表观活化能 E_a。

对于 CaO-MgO-Al_2O_3-SiO_2 体系，硅酸盐熔体的黏度可由 Meerlender 的黏度公式（Meerlender，1974）计算：

$$\lg\eta=-1.5615+\frac{4289.18}{t-250.37} \tag{9-35}$$

式中，t 为温度,℃，取该体系的低共熔点温度 1170℃。

计算中，有关参数取值为：原子间距 $a=0.123$nm，$\beta=1$，$f=0.2\Delta T_r$，$k=1.38\times10^{-23}$J/K。在 850～1170℃温区内，以 10℃为间隔，将上列数值代入公式(9-23)，计算得到 U-T 关系曲线（图 9-7）。

由图 9-7 可见，在温度为 1100℃时，晶体生长速率达最大值。晶化反应的正交实验结果表明，β 硅灰石微晶玻璃的最优晶化温度也正是 1100℃（徐景春等，2003）。

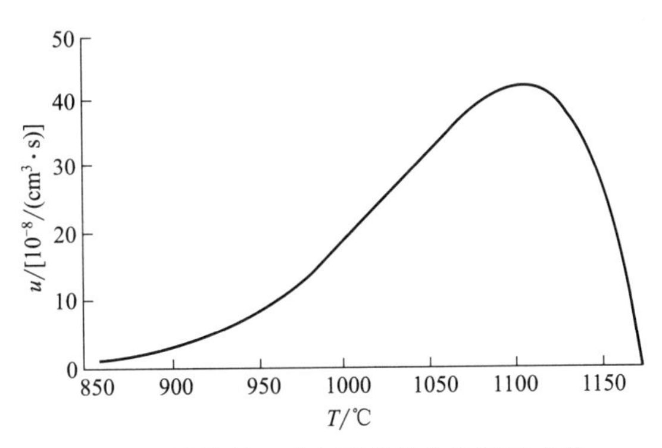

图 9-7 计算的β硅灰石晶体生长速率曲线

由公式(9-33)可见，如果令

$$A=\frac{k}{3\pi a^{2}} \tag{9-36}$$

则对于任一体系的微晶玻璃，原子间距 a 是常数，故 A 为常数，其液相线温度亦为常数。因此，计算的晶体生长速率最大值 U_{max} 应主要受所采用的黏度计算公式影响。

鉴于此，进一步采用 Shelestak 等关于 $CaO-MgO-Al_2O_3-SiO_2$ 体系油页岩玻璃黏度计算公式(Shelestak et al，1978)：

$$\lg\eta=-A+[B/(t-t_0)] \tag{9-37}$$

式中，A、B、t_0 为常数，$A=1.57$，$B=2593.6$，$t_0=487℃$。取 t 为低共熔点温度 1170℃。计算结果表明，当晶化温度为 1110℃时，晶体生长速率 U 达到最大值，与实验确定的最优晶化温度相差仅 10℃（徐景春等，2003）。

对β硅灰石晶化反应的表观活化能计算，选取在 800～1090℃温区，分别计算 $1/T$ 和 $\ln U$，作 $\ln U$-$1/T$ 关系图，由所得直线斜率计算，其表观活化能 E_a 为 210.9kJ/mol。研究表明，$CaO-Al_2O_3-SiO_2$ 体系微晶玻璃的活化能 E_a 为 370kJ/mol（余海胡，1997）。相比之下，以钾长石尾矿为主要原料的微晶玻璃体系，β硅灰石是很容易析晶的（徐景春，2002）。

采用以上模型计算的最优晶化温度与实验结果完全吻合。由此可见，对微晶玻璃晶化反应动力学的理论计算结果，可以为此类材料制备实验方案的设计提供重要依据。

第六节 分子筛离子吸附反应

分子筛作为新型吸附剂，由于其具有吸附性能优良、孔径尺寸可调等优点而受到广泛关注。汞是对环境危害性最严重的“五毒”之一，吸附法是常用的处理含 Hg^{2+} 废水的方法之一（张娥等，2003）。本节讨论 13X 型微孔分子筛、MCM-41 型介孔分子筛对 Hg^{2+} 的吸附反应动力学问题。

1. 常见吸附动力学模型

吸附是一种物质的原子、离子或分子附着在另一种物质表面，即物质在界面上浓集的过程。描述吸附过程速率方程的经验公式中，较常用的 Bangham 速率方程式(积分形式）为（天津大学物理化学教研室，1993)：

$$t=\int_{q_{A_0}}^{q_A} -\frac{dq_A}{v_A} \tag{9-38}$$

式中，q_A 为 t 时刻反应物 A 的量；q_{A_0} 为吸附反应开始时反应物 A 的量；v_A 为反应物 A 的消耗速率。

若离子吸附反应为一级反应，其速率方程为：

$$-\frac{dq_t}{dt}=k_1 q_t \tag{9-39}$$

将上式积分，整理可得：

$$\ln\frac{q_e}{q_e-q_t}=-k_1 t+C \tag{9-40}$$

式中，q_e 为平衡时的吸附量，mg/g；q_t 为在 t 时刻的吸附量，mg/g；k_1 为一级反应吸附速率常数，min^{-1}。

若离子吸附反应为二级反应，则其速率方程为（张秀军等，2003；林翠英等，2003）：

$$-\frac{dq_t}{dt}=k_2 q_t^2 \tag{9-41}$$

将上式积分，整理可得：

$$\frac{1}{q_t}=k_2 t+\frac{1}{q_0} \tag{9-42}$$

式中，k_2 为二级反应吸附速率常数，g/(mg·min)。

如果吸附过程符合一级或二级动力学模型，则按照式(9-40) $\ln\frac{q_e}{q_e-q_t}$ 或式(9-42) $\frac{1}{q_t}$ 对 t 作图可得一直线，分别求出 k_1、k_2 值。

此外，Lagergren 拟一级、拟二级和扩散模型也常用于吸附过程动力学方程的拟合。

Lagergren 拟一级动力学方程为（Lagergren，1898）：

$$\lg(q_e-q_t)=\lg q_e-\frac{k_1 t}{2.303} \tag{9-43}$$

如果吸附过程符合 Lagergren 拟一级动力学模型，$\lg(q_e-q_t)$ 对 t 作图可得一直线，可根据直线斜率和截距分别求出 Lagergren 拟一级速率常数（k_1）和平衡吸附量 q_e。

拟二级动力学可表示为（Ho et al，1999）：

$$\frac{t}{q_t}=\frac{1}{k_2 q_e^2}+\frac{1}{q_e}t \tag{9-44}$$

如果吸附过程符合 Lagergren 拟二级动力学模型，t/q_t 对 t 作图可得一直线，可根据直线斜率和截距分别求出平衡吸附容量（q_e）和拟二级速率常数 k_2[g/(mg·min)]。此外，可通过下列方程运用拟二级模型拟合结果计算初始吸附速率 $h_{0,2}$ [mg/(g·min)]：

$$h_{0,2}=k_2 q_e^2 \tag{9-45}$$

颗粒内部扩散模型可表示如下（Weber et al，1963）：

$$q_t=k_d t^{1/2}+C \tag{9-46}$$

式中，k_d 为颗粒内部扩散速率常数，mg/(g·$min^{1/2}$)，C 为截距。如果 q_t 对 $t^{1/2}$ 作图为直线且通过原点，那么颗粒内部扩散为唯一的速率限定步骤。

多孔吸附剂的吸附过程，一般认为由膜扩散、颗粒内部扩散、吸附反应 3 个步骤组成。通常在物理吸附中，第 3 步“吸附反应”速率很快，可迅速在微孔表面上建立吸附平衡，因此，总的吸附速率由膜扩散或颗粒内部扩散控制。对于多孔吸附剂，也可以采用外层质量迁移扩散和颗粒内部质量迁移扩散模型来进行吸附动力学分析。吸附第一阶段溶液中溶质浓度变化与时间的关系可以通过与液固质量迁移系数 B_L 相关的下列方程拟合（McKay et al，1986）：

$$\ln\left(\frac{C_t}{C_0}-\frac{1}{1+mK_L}\right)=\ln\left(\frac{mK_L}{1+mK_L}\right)-\left(\frac{1+mK_L}{mK_L}\right)B_L S_S t \tag{9-47}$$

式中，C_t 为 t 时刻溶液中溶质的浓度，mg/L；C_0 为溶液中溶质的初始浓度，mg/L；K_L 为 Langmuir 常数 Q_0 和 b 相乘得到的常数；m 为单位体积溶液中吸附剂的质量，g/L；S_S 为单位体积悬浊液中吸附剂的外表面积，cm^{-1}。不同初始浓度对应的 B_L 值可通过 $\ln\{(C_t/C_0)-[1/(1+mK_L)]\}$ 对 t 作图得到直线的斜率和截距来计算。

较长时间后吸附量与时间的相关关系，通常选择 Urano 等建议的动力学模型来描述动力学数据（Urano et al，1991），由方程（9-48）给出：

$$f\left(\frac{q_t}{q_e}\right)=-\lg\left[1-\left(\frac{q_t}{q_e}\right)^2\right]=\frac{\pi D_i t}{2.303r^2} \tag{9-48}$$

式中，r 为粒径；D_i 为扩散系数。不同初始浓度时对应的 D_i 值可通过 $-\lg[1-(q_t/q_e)^2]$ 对 t 作图得到直线的斜率来计算。如果颗粒内部质量迁移扩散为速率限定步骤，扩散系数 D_i 应介于 $10^{-15}\sim10^{-17}m^2/s$ 之间（Michelson et al，1975）。

2. 13X 型微孔分子筛吸附 Hg^{2+} 反应

实验用 13X 型微孔分子筛采用水热合成法制备（白峰，2004）。X 射线衍射分析结果表明，合成产物（SA-k2）呈单一物相，晶格常数 $a_0=2.4970nm$。扫描电镜下观察，13X 型分子筛晶体呈自形至半自形粒状，粒径多介于 1～4μm。N_2 吸附-脱附分析测定，其 BET 比表面积为 $724.0m^2/g$，孔体积为 $0.3459cm^3/g$，其中孔径＜2.5nm 者占孔体积的 81.4%（白峰，2004；马鸿文等，2005）。实验前样品在 550℃下活化处理 1h。

实验方法（白峰，2004）：含 Hg^{2+} 试水由分析纯 $HgCl_2$ 和去离子水配置。以优级纯 HNO_3 浸泡、去离子水清洗实验容器，以浓度 0.01mol/L 的 HNO_3 调节 pH 值。在锥形瓶中放入初始浓度为 13.76mg/L 的 Hg^{2+} 试液 20mL，加入 0.20g 13X 型分子筛样品，室温下在水浴振荡器上振荡，然后取上层液，用 LD5-10 型离心机分离 20min 后取清液，采用 AF-610 型原子荧光光谱仪测定 Hg^{2+} 的浓度。

13X 型微孔分子筛对 Hg^{2+} 的吸附动力学实验结果见图 9-8。由图可见，13X 型分子筛吸附 Hg^{2+} 时间为 5～60min，吸附量变化不大，说明其对 Hg^{2+} 的吸附反应速率极快，吸附 5min 即基本达到吸附平衡（白峰，2004）。

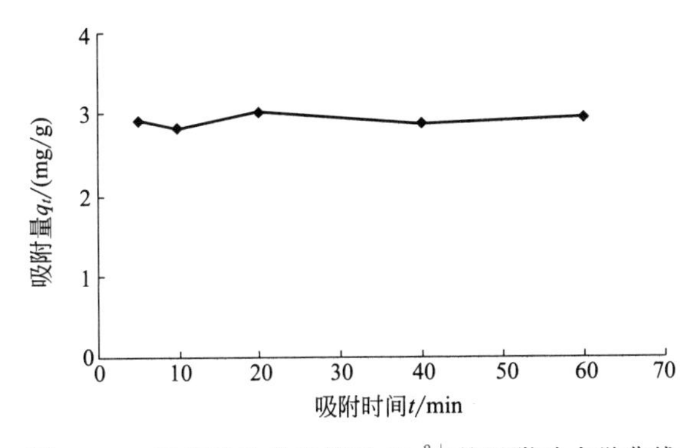

图 9-8　13X 型微孔分子筛对 Hg^{2+} 的吸附动力学曲线

3. MCM-41 型介孔分子筛吸附 Hg^{2+} 反应

实验用 MCM-41 型介孔分子筛采用水热法合成（李秉海，2004）。图 9-9 是 MCM-41 实验样品（DC-271）的 X 射线衍射图。粉体颗粒尺寸多介于 0.2～0.4μm 之间；透射电镜下观察，显示规则有序的六方孔道结构（图 9-10），孔道尺寸介于 2～4nm，平均孔径 3.64nm。N_2 吸附-脱附分析法测定，样品的 BET 比表面积为 1047.0m^2/g（李秉海，2004）。

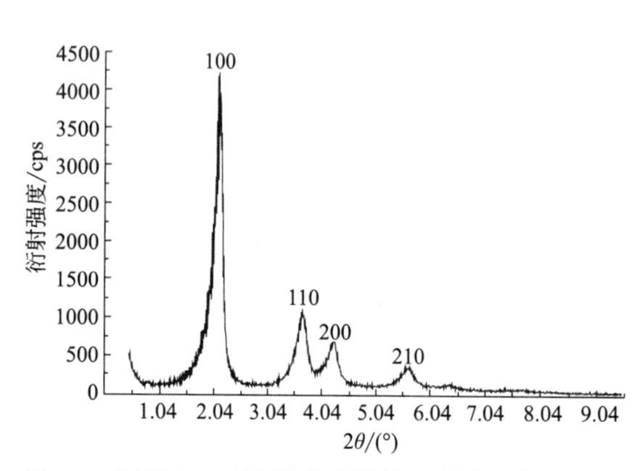

图 9-9 MCM-41 型介孔分子筛的 X 射线衍射分析图

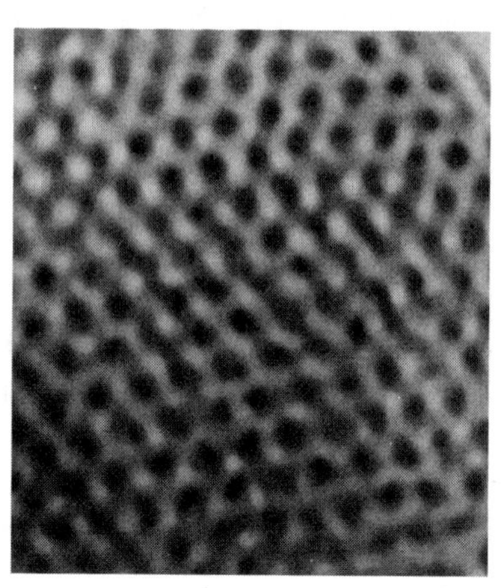

图 9-10 MCM-41 型介孔分子筛样品的透射电镜图

实验方法（靳昕，2006）：室温下称量一定量 MCM-41 型介孔分子筛样品，放入 100mL 磨口三角瓶中，加入一定浓度含 Hg^{2+} 溶液 25mL；用浓度 1.09mol/L 的 HCl 或 1.25mol/L 的 NaOH 溶液调节 pH 值至 4.5；在水浴恒温振荡器中控制温度，吸附 40min，静置，过滤，取滤液以原子荧光分光光度法测定 Hg^{2+} 浓度。

根据实验结果绘制 Hg^{2+} 的吸附等温线（图 9-11），分别进行 Langmuir 型和 Freundlich 型线性拟合。Langmuir 型拟合结果：$1/q_e = 2.2975/c_e + 0.0149$，$r^2 = 0.999$；Freundlich 型拟合结果：$\ln q_e = 0.6137\ln c_e + 0.5566$，$r^2 = 0.964$。结果表明，MCM-41 型介孔分子筛对 Hg^{2+} 的吸附等温线更符合 Langmuir 模型，计算得其对 Hg^{2+} 的饱和吸附量为 67.11mg/g（靳昕，2006）。

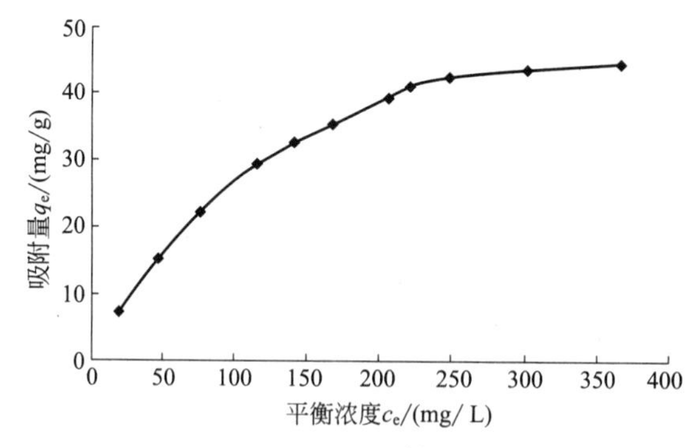

图 9-11 MCM-41 型介孔分子筛对 Hg^{2+} 的吸附量与平衡浓度的关系

按照上述实验方法，室温下称取 MCM-41 型分子筛样品 0.0500g，在 Hg^{2+} 初始浓度为 10mg/L，pH=4.5 条件下，进行 MCM-41 型分子筛对 Hg^{2+} 的吸附动力学实验，结果见图 9-12。

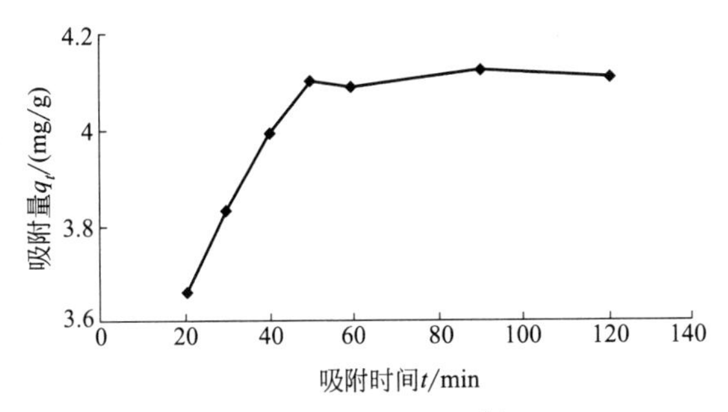

图 9-12　MCM-41 型介孔分子筛对 Hg^{2+} 的吸附动力学曲线

由图 9-12 可见，MCM-41 型介孔分子筛对 Hg^{2+} 的吸附，在开始时反应速率很快，在 50min 时接近吸附平衡。按照公式(9-39)～式(9-42)，对吸附时间为 20～50min 的实验数据进行拟合，结果表明，MCM-41 型介孔分子筛吸附 Hg^{2+} 的反应动力学过程的初期符合二级反应速率方程。将 $1/q_t$ 对 t 作图（图 9-13），得拟合方程：$1/q_t=0.2916-0.0010t$，$r^2=0.985$（靳昕，2006）。

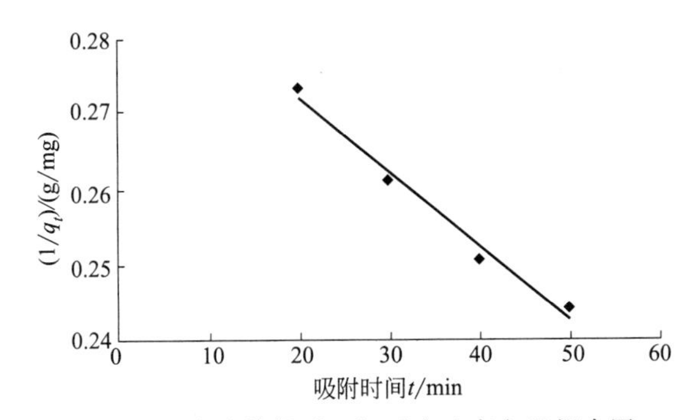

图 9-13　实验数据对二级反应速率方程拟合图

以上两种分子筛对 Hg^{2+} 的吸附反应动力学实验结果表明，介孔分子筛 MCM-41 对 Hg^{2+} 的吸附性能明显优于 13X 型微孔分子筛；介孔分子筛 MCM-41 吸附剂的吸附等温线符合 Langmuir 模型，对 Hg^{2+} 的吸附反应初期符合二级反应模型，约 50min 时达到吸附平衡；而 13X 型微孔分子筛对 Hg^{2+} 的吸附速率极快，5min 时即可达到吸附平衡。

参考文献

白峰，2004. 利用 13X 沸石分子筛净化含 NH_4^+、Hg^{2+} 废水的实验研究 [博士学位论文]. 北京：中国地质大学：111.

丁宏娅，马鸿文，王蕾，等，2006. 利用高铝粉煤灰制备氢氧化铝的实验研究. 现代地质，20 (3)：399-404.

方心灵，2006. 利用卢氏县钾长石提钾的实验研究 [硕士学位论文]. 北京：中国地质大学：69.

靳昕，2006. MCM-41 介孔分子筛吸附重金属离子及 SO_2、NO_2 气体的实验研究 [硕士学位论文]. 北京：中国地质大学：106.

蓝计香，颜勇捷，1994. 钾长石中钾的加压浸取方法. 高技术通讯 (8)：26-28.

李秉海，2004. 有机模板法合成中孔分子筛 MCM-41 的实验研究 [硕士学位论文]. 北京：中国地质大学：52.

李贺香，2005. 利用高铝粉煤灰制备白炭黑和多孔二氧化硅的实验研究 [硕士学位论文]. 北京：中国地质大学：66.

李洪桂，2005. 湿法冶金学. 长沙：中南大学出版社：69-123.

林翠英，李凌，2003. 有机膨润土吸附水中苯酚的动力学. 环境科学学报，23 (6)：738-741.

刘昶江，2017. 钾长石-NaOH-H_2O 体系化学平衡及方沸石生成反应机理 [博士学位论文]. 北京：中国地质大学：111.

刘昶江，马鸿文，张盼，2018. 富钾正长岩水热分解生成沸石反应热力学. 物理化学学报，34 (2)：168-176.

刘贺，2006. 利用钾长石合成雪硅钙石粉体的反应机理研究［硕士学位论文］. 北京：中国地质大学：77.

刘贺，马鸿文，聂铁苗，等，2006. 利用钾长石合成雪硅钙石纳米粉体的反应机理研究. 现代地质，20（2）：347-353.

陆佩文，1991. 硅酸盐物理化学. 南京：东南大学出版社：239-252.

马鸿文，白志民，杨静，等，2005. 非水溶性钾矿制取碳酸钾研究：副产 13X 型分子筛. 地学前缘，12（1）：137-155.

马鸿文，王英滨，王芳，等，2006. 硅酸盐体系的化学平衡：（2）反应热力学. 现代地质，20（3）：386-398.

马鸿文，杨静，苏双青，等，2014. 富钾岩石制取钾盐研究 20 年：回顾与展望. 地学前缘，21（5）：236-254.

马鸿文，杨静，张盼，等，2018. 中国富钾正长岩资源与水热碱法制取钾盐反应原理. 地学前缘，25（5）：277-285.

聂铁苗，2006. SiO_2-Al_2O_3-$Na_2O(K_2O)$-H_2O 体系矿物聚合材料制备及反应机理研究［博士学位论文］. 北京：中国地质大学：93.

聂铁苗，马鸿文，刘贺，等，2006. 水热条件下钾长石的分解反应机理. 硅酸盐学报，34（7）：846-850，867.

邱龙会，王励生，金作美，1998. 钾长石矿热分解过程的研究. 高等学校化学学报，19（3）：345-349.

邱龙会，王励生，金作美，2000. 钾长石-石膏-碳酸钙热分解过程动力学实验研究. 高校化学工程学报，14（3）：258-263.

邱美娅，马鸿文，聂铁苗，等，2005. 水热法分解钾长石制备雪硅钙石的实验研究. 现代地质，19（3）：348-354.

苏双青，2014. 钾长石水热碱法提钾关键反应原理与实验优化［博士学位论文］. 北京：中国地质大学：120.

天津大学物理化学教研室，1993. 物理化学：下册. 第 3 版. 北京：高等教育出版社：157-213，230-240.

王蕾，2006. 利用高铝粉煤灰制备氧化硅气凝胶的实验研究［硕士学位论文］. 北京：中国地质大学：69.

徐景春，2002. 钾长石尾矿用于制备微晶玻璃的实验研究［硕士学位论文］. 北京：中国地质大学：47.

徐景春，马鸿文，杨静，等，2003. 利用钾长石尾矿制备 β 硅灰石微晶玻璃的研究. 硅酸盐学报，31（2）：179-183.

印永嘉，奚正楷，李大珍，2001. 物理化学简明教程. 北京：高等教育出版社：30-65，149-158.

余海胡，1997. 微晶玻璃防滑地砖的初步研究. 硅酸盐通报，增刊：237-239.

张娥，吴立考，高维宝，等，2003. 工业废水中重金属离子的处理方法研究. 能源环境保护，17（5）：25-27.

张盼，马鸿文，2005. 利用钾长石粉体合成雪硅钙石的实验研究. 岩石矿物学杂志，24（4）：333-338.

张晓云，马鸿文，王军玲，2005. 利用高铝粉煤灰制备氧化铝的实验研究. 中国非金属矿工业导刊（4）：27-30.

张秀军，郎惠云，2003. 壳聚糖亚铁螯合物的合成及吸附动力学. 应用化学，20（8）：749-753.

Alekseyev V A，Medvedeva L S，Prisyagina N I，et al，1997. Change in the dissolution rates of alkali feldspars as a result of secondary mineral precipitation and approach to equilibrium. *Geochim Cosmochim* Acta，61：1125-1142.

Bakr M Y，Zatout A A，Mouhamed M A，1979. Orthoclase，gupsum and limestone for production of aluminum salt and potassium salt. *Interceram*，28（1）：34-35.

Casey W H，Westrich H R，Arnold G W，1988. Surface chemistry of labradorite feldspar reacted with aqueous solutions at pH＝2，3 and 12. *Geochim Cosmochim Acta*，52：2795-2807.

Crundwell F K，2015. The mechanism of dissolution of the feldspars：Part I. Dissolution at conditions far from equilibrium. *Hydrometallurgy*，151：151-162.

Helgeson H C，Murphy W M，Aagaard P，1984. Thermodynamic and kinetic constraints on reaction rates among minerals and aqueous solutions. II. Rate constants，effective surface area，and the hydrolysis of feldspar. *Geochim Cosmochim Acta*，48：2405-2432.

Ho Y S，McKay G，1999. Pseudo-second order model for sorption processes. *Process Biochem*，34：451-465.

Holland T J B，Powell R，2011，An improved and extended internally consistent thermodynamic dataset for phases of petrological interest，involving a new equation of state for solids. J MetamorphicGeol，29：333-383.

Karlsson K H，Backman R，Cable M，et al，2001. Estimation of liquidus temperatures in silicate glasses. *Glastech Ber Glass Sci Technol*，74（7）：187-191.

Inc. OLI systems，A Guide to using OLI Analyzer，Version 9. 3. 2016.

Lagergren S，1898. Zur theorie der sogenannten adsorption geloester stoffe，Kungliga Svenska tenskapsakad. *Handl*，24：1-39.

Lasaga A C，1998. Kinetic theory in the earth science. Princeton，NJ，USA：Princeton University Press：811.

Levine I N，2003. Physical chemistry. 5th ed. McGraw-Hill：528-597.

Liu C J，Ma H W，Gao Y，2019. Hydrothermal processing on potassic syenite powder：Zeolite synthesis and potassium release kinetics. *Advanced Powder Technology*，30（11）：2483-2491.

Lu P，Konishi H，Oelkers E，et al，2015. Coupled alkali feldspar dissolution and secondary mineral precipitation in batch systems：5. Results of K-feldspar hydrolysis experiments. *Chinese J Geochem*，34：1-12.

McKay G，Blair H S，Findon A，1986. Sorption of metal ions by chitosan//Eccles H，Hunt S.（Eds.）Immobilisation of Ions by Bio-sorption. Chichester，U. K.：Ellis Harwood：266.

Meerlender G，1974. Viscosity-temperature relation of the DGG standard glass I. *Glasstechn* Ber，47（1）：1-3.

Michelson L D，Gideon P G，Pace E G，et al，1975. Removal of soluble mercury from wastewaters by complexing techniques：Bulletin No. 74 Office of Water Research and Technology. U. S. Department of Industry.

Shelestak L J，Chavez R A，Mackenzie J D，et al，1978. Glass and glass-ceramics from naturally occurring CaO-MgO-Al_2O_3-SiO_2 materials：（Ⅰ）Glass formation and properties. *J Non-cryst Solids*，27：75-81.

Sohn H Y，Wadsworth M E，1979. Rate processes of extractive metallurgy. New York：Plenum press：240-275.

Uhlmann D R，1972. A kinetic treatmentof glass formation. *J Non-cryst Solids*，7：337-348.

Urano K，Tachikawa H，1991. Process development for removal and recovery of phosphorus from wastewater by a new adsorbent：2-adsorption rates and breakthrough curves. *Ind Eng Chem Res*，30：1897-1899.

Wang P，Anderko A，Young R D，2002. A speciation-based model for mixed-solvent electrolyte systems. *Fluid phase equilibria*，203：141-176.

Weber Jr W J，Morris J C，1963. Kinetics of adsorption on carbon from solution. *J Sanit Eng Div Proceed Am Soc Civil Eng*，89：31-59.

Zhu C，Lu P，Zheng Z，et al，2010. Coupled alkali feldspar dissolution and secondary mineral precipitation in batch systems：4. Numerical modeling of kinetic reaction paths. *Geochimi Cosmochim Acta*，74：3963-3983.

附录一　常见矿物晶体化学计算

一、晶体化学式计算

矿物的化学成分与其结构之间有着密切的关系。大多数矿物的化学式中简单的整数下标表明，对称非等效位置的比例是由结构决定的。离子替代决定了矿物准确的化学成分，但矿物中每种结构位置的比例仍然保持一个常数。

常规的化学分析通常是以氧化物组分的质量分数来表示矿物成分。这种数据虽然全面地描述了矿物的化学组成，但却表示不出矿物清楚的结构关系。晶体化学式计算的目的，就是把原始分析的氧化物组分换算成元素的形式，并且把单位从质量改变为原子数。

自然界产出的大多数矿物都可看作是由金属阳离子和阴离子或络阴离子团两部分构成。阴离子中最主要的是 O^{2-}，其次为 OH^-、F^-、Cl^-、S^- 和其他络阴离子团。在不同的矿物种属中，由于单位晶胞中呈最紧密堆积的氧原子数为一常数，且不受阳离子类质同像替代的影响，因而以氧原子数为基准计算晶体化学式的氧原子法得到了广泛应用。

以阴离子为基准计算矿物晶体化学式的氢当量法，与氧原子法相比具有以下优点：①将氧化物质量分数直接换算为具有相同结合能力的氢当量单位，无需再考虑阳离子的电价；②简化了含有单价阴离子矿物的化学式计算；③由化学式可以直接得出具有结构缺陷矿物的阳离子空位数；④在化学式计算过程中，只需各氧化物组分的 1 当量质量和阳离子电价两组参数（Jackson et al，1967）。氧化物的 1 当量质量等于其分子量除以正电价之和。

采用以阴离子为基准的氢当量法，计算矿物晶体化学式的步骤如下：

（1）各氧化物的质量分数除以其 1 当量质量，得到各阳离子的百分当量。

（2）由化学式中负电价的理论值除以各阳离子百分当量之和，得到标定系数。各阳离子百分当量乘以标定系数，得到阳离子的分子式当量（=电价数）。

（3）阳离子的分子式当量除以阳离子的电价，即得到单位分子式中阳离子的系数。

采用以阴离子为基准的氢当量法，也简化了含有复合阴离子团矿物的化学式计算。例如，黑云母化学式中的阴离子常变化于 $O_{10}(OH)_2$ 和 O_{12} 之间。如果将 OH^- 作为一个阴离子，则无论采用 22 或 24 个阴离子当量，都无法正确地计算出矿物中的离子系数。但是，由于 $O_{10}(OH)_2$ 和 O_{12} 中均含有 12 个氧，如果将 OH^- 中的 H^+ 作为阳离子处理，则这类矿物的化学式可以按 24 个阴离子当量为基准计算出来。类似地，对于 $O_{10}(OH)_2$ 和 $O_{10}F_2$ 替代，若将 F^- 人为地归于阳离子当量中，同时按 24 个阴离子当量为基准，则矿物晶体化学式也可正确地计算出来。

例 1： 斜长石晶体化学式计算（附表 1-1）。

附表 1-1　斜长石化学式计算结果（化学式：$A_4T_{16}O_{32}$）

氧化物	w_B/%	1 当量质量	百分当量	分子式当量	离子系数
SiO_2	51.42	15.0211	3.4232	37.459	9.365
TiO_2	0.04	19.9747	0.0020	0.022	0.006
Al_2O_3	30.76	16.9935	1.8101	19.808	6.603
Fe_2O_3	0.24	26.6154	0.0090	0.099	0.033
FeO	0.17	35.9232	0.0047	0.051	0.026
MgO	0.05	20.1522	0.0025	0.027	0.014
CaO	13.42	28.0397	0.4786	5.237	2.619
Na_2O	3.52	30.9895	0.1136	1.243	1.243
K_2O	0.23	47.0980	0.0049	0.054	0.054
Σ	99.85		5.8486	64.000	19.963

注：标定系数，64/5.8486=10.9824；

化学式，$(K_{0.054}Na_{1.243}Ca_{2.619}Mg_{0.014}Fe_{0.026}{}^{2+}Fe_{0.033}{}^{3+}Ti_{0.006})[Al_{6.603}Si_{9.365}O_{32}]$。

例 2：黑云母晶体化学式计算（附表 1-2）。

附表 1-2　黑云母晶体化学式计算结果［化学式：$AB_3T_4O_{10}(OH,F,Cl)_2$］

氧化物	w_B/%	百分当量	分子式当量	离子系数
SiO_2	38.16	2.5404	11.5213	2.880
TiO_2	3.56	0.1782	0.8082	0.202
Al_2O_3	12.80	0.7532	3.4159	1.139
Fe_2O_3	2.57	0.0966	0.4381	0.146
FeO	12.17	0.3388	1.5365	0.768
MnO	0.08	0.0023	0.0104	0.005
MgO	16.14	0.8009	3.6323	1.816
CaO	0.28	0.0010	0.0450	0.023
Na_2O	0.22	0.0071	0.0322	0.032
K_2O	9.56	0.2030	0.9206	0.921
H_2O^+	2.31	0.2565	1.1633	1.163
F	2.10	0.1105	0.5011	0.501
Cl	0.12	0.0034	0.0154	0.015
F·Cl=O	0.91			
Σ	99.16	5.2919	23.9998	7.912

注：标定系数，24/5.2919=4.5352；

化学式，$(K_{0.921}Na_{0.032}Ca_{0.023})(Mg_{1.816}Fe_{0.768}{}^{2+}Mn_{0.005}Fe_{0.146}{}^{3+}Al_{0.019}Ti_{0.202})[Al_{1.120}Si_{2.880}O_{10}](OH_{1.163}F_{0.501}Cl_{0.015}O_{0.321})$。

二、铁镁矿物 Fe^{3+}/Fe^{2+} 计算

铁是铁镁硅酸盐和许多氧化物中普遍存在的变价元素。但遗憾的是，采用电子探针分析方法却无法区分铁的价态。因此，对这类矿物的电子探针分析结果，需要依据一定的晶体化学原理，由全铁间接地计算出 Fe^{3+} 和 Fe^{2+} 的含量。

如果铁是矿物中存在的唯一的变价元素，则单位分子式中的 Fe^{3+} 系数可以依据如下原

理中的两条计算出来：①若氧是唯一的阴离子，则阳离子正电价之和应为氧原子数的 2 倍；②单位分子式中阳离子的总数符合理论化学计量系数；③按照晶体化学原理，Fe^{3+} 与其他元素的含量具有确定的函数关系。

Droop（1987）根据上述①、②两条原理，推导出计算铁镁硅酸盐和氧化物中 Fe^{3+} 的通用公式为：

$$F=2X(1-T/S) \tag{A1-1}$$

式中，X 为分子式中的氧原子数；T 为阳离子的理论数目；S 为将 Fe 均作为 Fe^{2+} 时的阳离子数；F 为分子式中 Fe^{3+} 的系数。

上式适用的矿物包括铝榴石、钙榴石、铝尖晶石、磁铁矿、辉石、假蓝宝石、硬绿泥石和钛铁矿，但不适用于：①含有阳离子空位的矿物，如云母、磁赤铁矿；②具有 $Si^{4+}=4H^{+}$ 替代的矿物，如电气石、水榴石；③含有除氧以外未予分析的阴离子的矿物，如含硼的柱晶石；④含有两种或两种以上变价元素的矿物。

部分矿物的 X 和 T 值如下：

矿物	X	T
辉石	6	4
石榴子石	12	8
尖晶石	4	3
硬绿泥石	12	8
假蓝宝石	20	14
钛铁矿	3	2

对于含有空位的矿物，只要其中部分阳离子具有确定的数目，则对公式(A1-1）略作修正后仍可应用。例如闪石超族，通常区分为以下三种情况（$X=23$）：

（1）A 位不出现空位的闪石，$T=16$。

（2）镁铁闪石和共存的钙闪石，假定 Na+K 仅限于 A 位，$T=15$，$S=\sum(Si,Ti,Al,Cr,Fe,Mn,Mg,Ca)$。

（3）大多数钙闪石，假定 Ca 限于 M_4 位，K 限于 A 位，Na 限于 A 位和 M_4 位，$T=13$，$S=\sum(Si,Ti,Al,Cr,Fe,Mn,Mg)$。

按照该法计算 Fe^{3+} 的步骤如下：

（1）由电子探针分析结果（$w_B\%$），计算以 X 个氧为基准，全 Fe 作为 Fe^{2+} 的离子系数。

（2）计算 S 值，如果 $S>T$，进入下一步计算。否则，所有的 Fe 均应为 Fe^{2+}。

（3）由式(A1-1）计算 Fe^{3+} 的系数。

（4）各阳离子系数乘以 T/S，将离子系数标定为 T 个阳离子的分子式单位。

（5）如果 F 小于经标定的全 Fe 离子数，按 $Fe^{3+}=F$，剩余的 Fe 作为 Fe^{2+}，写出分子式。否则，所有的 Fe 均应为 Fe^{3+}。

（6）按照 $FeO(w_B\%)=FeO^*(w_B\%)\times Fe^{2+}/(Fe^{2+}+Fe^{3+})$，$Fe_2O_3(w_B\%)=1.1113\times FeO^*(w_B\%)\times Fe^{3+}/(Fe^{2+}+Fe^{3+})$，补正原始氧化物分析结果。

该法的最大优点是，无须采用迭代法即可直接计算出 Fe^{3+} 的系数。但仍需重新标定各离子系数，以保证所得晶体化学式的正负电价平衡，并符合理论电价数。

适用于计算某些特定矿物中 Fe^{3+}/Fe^{2+} 的方法还有：

辉石（Papike et al，1974；Lindsley，1983）：

$$Fe^{3+}=Al^{IV}+Na^{M_2}-Al^{VI}-Cr-2Ti^{4+} \quad (A1\text{-}2)$$

闪石（Papike et al，1974）：

$$Fe^{3+}=Al^{IV}+Na^{M_4}-(Na+K)^{A}-Al^{VI}-Cr-2Ti^{4+} \quad (A1\text{-}3)$$

假蓝宝石（Higgins et al，1979）：

$$Fe^{3+}=Al^{IV}-Al^{VI}-Cr-2Ti^{4+} \quad (A1\text{-}4)$$

尖晶石（Carmichael，1967），以 32（O）为基准：

$$Fe^{3+}=16.000-Al-Cr-V-2Ti^{4+} \quad (A1\text{-}5)$$

钛铁矿（Droop，1987）：

$$Fe^{3+}=Fe+Mg+Mn-Ti^{4+}-Si \quad (A1\text{-}6)$$

以上公式是依据电荷平衡原理推导出来的。实际应用时需要采用迭代法，直至计算出的 Fe^{3+} 系数不再变化为止。与式(A1-1) 相比，按照以上公式的计算结果对于大多数矿物没有明显的区别。一般来说，常见铁镁矿物的 Fe^{3+}/Fe^{2+} 摩尔比按如下顺序依次递减：（堇青石）＞石榴子石＞硬绿泥石＞斜方辉石＞绿泥石≈十字石＞黑云母（White et al，2014）。

三、矿物端员组分计算

1. 石榴石超族

化学通式：$A_3B_2[TO_4]_3$。A＝Mg、Fe^{2+}、Mn^{2+}、Ca、Y^{3+}；B＝Al、Fe^{3+}、Cr、Mn^{3+}、V^{3+}、Ti^{3+}；T＝Si、Al、Ti^{4+}、H。不同阳离子在 A、B、T 位替代，在自然界出现的端员矿物主要有 19 种（Rickwood，1968），而在火成和变质环境下常见端员矿物只有 6 种，即

$Mg_3Al_2Si_3O_{12}$	pyr	镁铝榴石
$Fe_3Al_2Si_3O_{12}$	alm	铁铝榴石
$Mn_3Al_2Si_3O_{12}$	spe	锰铝榴石
$Ca_3Al_2Si_3O_{12}$	gro	钙铝榴石
$Ca_3Fe_2Si_3O_{12}$	and	钙铁榴石
$Ca_3Cr_2Si_3O_{12}$	uva	钙铬榴石

其他次要的端员矿物主要有：

$Mg_3Fe_2Si_3O_{12}$	$Mn_3V_2Si_3O_{12}$	$Ca_3Ti_2Fe_2TiO_{12}$
$Mg_3Cr_2Si_3O_{12}$	$Ca_3V_2Si_3O_{12}$	$Ca_3Al_2H_{12}O_{12}$
$Fe_3Fe_2Si_3O_{12}$	$Ca_3Zr_2Al_2SiO_{12}$	$Ca_3Fe_2H_{12}O_{12}$
$Mn_3Fe_2Si_3O_{12}$	$Ca_3Zr_2Fe_2SiO_{12}$	$Y_3Al_2Al_3O_{12}$
$Mn_3Mn_2Si_3O_{12}$		

对于电子探针分析结果，可按以下顺序计算主要端员组分：

（1）由 Cr 计算 uva 端员；

（2）由 Mg 计算 pyr 端员；

（3）由 Mn 计算 spe 端员；

（4）由剩余的 Al 计算 alm 和 gro 之和；

（5）由剩余的 Fe 计算 and 端员；

（6）由剩余的 Ca 计算 gro 端员。

通过以上计算，可获得 Fe^{2+} 和 Fe^{3+} 的离子系数。但前提是，必须确认在所研究的石榴子石结构中，不存在除铁以外的其他变价阳离子，才可获得合理的计算结果。

石榴石超族矿物的阳离子理想占位顺序如附图 1-1 所示。

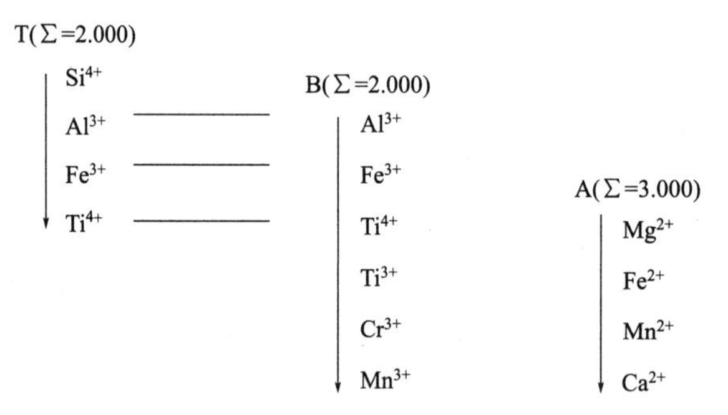

附图 1-1 石榴石超族矿物的阳离子理想占位示意图

箭头表示阳离子在各结构位置的占位顺序，实际占位通常与理想占位稍有差异

2. 尖晶石族

化学通式：AB_2O_4。A = Mg、Fe^{2+}、Mn、Zn；B = Al、Cr、Fe^{3+}、Ti。其端员组分有：

$MgAl_2O_4$	$MgCr_2O_4$	Mg_2TiO_4
$FeAl_2O_4$	$FeCr_2O_4$	Fe_2TiO_4
$MnAl_2O_4$	$MgFe_2O_4$	
$ZnAl_2O_4$	Fe_3O_4	

自然界产出的大多数尖晶石族矿物，可视为由 $MgAl_2O_4$、$FeAl_2O_4$、$FeCr_2O_4$、Fe_2TiO_4 和 Fe_3O_4 五个端员构成的固溶体（Sack，1982）。对于电子探针分析结果，可按以下顺序计算主要的端员组分：

（1）由 Zn 计算 $ZnAl_2O_4$ 端员；

（2）由 Mn 计算 $MnAl_2O_4$ 端员；

（3）由 Mg 计算 $MgAl_2O_4$ 端员；

（4）由剩余的 Al 计算 $FeAl_2O_4$ 端员；

（5）由 Cr 计算 $FeCr_2O_4$ 端员；

（6）由 Ti 计算 Fe_2TiO_4 端员；

（7）将剩余的 Fe 换算为 Fe_3O_4 端员，计算出 Fe^{2+} 和 Fe^{3+} 的离子系数。

计算过程中，微量 Si、Ca、V^{3+} 可分别归并于 Ti、Mg、Cr 中。

3. 钛铁矿

天然产出的钛铁矿可以近似地视为 $FeTiO_3$、$MgTiO_3$ 和 Fe_2O_3 的固溶体。除了金伯利岩中的钛铁矿通常含有较多的 MgO（可达 5.6%～9.9%）以外，其他地质环境中的钛铁矿的 MgO 含量一般都很少，因而可视为 $FeTiO_3$-Fe_2O_3 二元固溶体。

计算过程中，微量 Si 可归并在 Ti 中，然后与等量的 Fe 相结合配成 $FeTiO_3$ 端员。微量 Mn、Mg、Zn 则可归入剩余 Fe 中，并换算为 Fe_2O_3 端员。

4. 橄榄石族

化学通式：$A_2[SiO_4]$。A＝Mg、Fe^{2+}、Mn、Ni、Ca、Zn。相应的端员组分包括：

Mg_2SiO_4	Mn_2SiO_4	$CaMgSiO_4$
Fe_2SiO_4	Ni_2SiO_4	Zn_2SiO_4

在 Alpine 型橄榄岩的橄榄石中，常含有铬尖晶石、单斜辉石的出溶页片和铬尖晶石＋单斜辉石的后成合晶（Arai，1978）。在铬尖晶石出溶之前，通过 $3(Mg,Fe^{2+}) \longrightarrow 2Cr^{3+}$ 替代，Cr^{3+} 被容纳在橄榄石的八面体位置上，导致形成较大的空位，并通过大半径阳离子 $Ca^{2+} \longrightarrow (Mg,Fe^{2+})$ 的替代所充填。最初结合在橄榄石中的 Al^{3+} 在冷却过程中参与了页片状铬尖晶石的形成。故在高温下，Cr^{3+} 和 Al^{3+} 在橄榄石中可能呈 $Cr_{4/3}SiO_4$ 和 $Al_{4/3}SiO_4$ 形式存在。

Agee 等（1990）则认为，Cr^{3+} 和 Al^{3+} 在橄榄石中可能呈尖晶石式替代，即作为（$Mg,Fe^{2+})Al_2O_4$、$(Mg,Fe^{2+})Cr_2O_4$ 和 $Cr_2Al_2O_4$ 的形式存在。

天然产出的橄榄石大都是 Mg_2SiO_4 和 Fe_2SiO_4 的固溶体，阳离子替代作用仅限于 *M* 位。因此，*M* 位各阳离子的摩尔分数即相当于各端员组分的含量。

5. 辉石族

化学通式：$A(M_2)B(M_1)T_2O_6$。A＝Ca、Mg、Fe^{2+}、Mn、Na、Li；B＝Mg、Fe^{2+}、Mn、Al、Fe^{3+}、Ti^{4+}、Cr、V^{3+}、Ti^{3+}、Zr^{4+}、Sc^{3+}、Zn；T＝Si、Al（少量）。

在国际矿物学会新矿物和矿物命名委员会（CNMMN，IMA）通过的辉石命名方案中，经认可的矿物种有 20 个，确认的端员组分有 13 个（Morimoto，1988），即：

$Mg_2Si_2O_6$	en	顽辉石
$Fe_2Si_2O_6$	fs	铁辉石
$MnMgSi_2O_6$	ka	锰辉石
$CaMgSi_2O_6$	di	透辉石
$CaFeSi_2O_6$	hd	钙铁辉石
$CaMnSi_2O_6$	jo	钙锰辉石
$CaZnSi_2O_6$	pe	钙锌辉石
$CaFe^{3+}AlSiO_6$	es	钙高铁辉石
$NaAlSi_2O_6$	jd	硬玉
$NaFe^{3+}Si_2O_6$	ae	霓石
$NaCrSi_2O_6$	ko	钠铬辉石
$NaScSi_2O_6$	je	钪霓石
$LiAlSi_2O_6$	sp	锂辉石

以上端员在自然界均有相应的独立矿物存在。近年来，新认定的辉石矿物种有 5 种，即 davisite（$CaScAlSiO_6$）、grossmanite（$CaTi^{3+}AlSiO_6$）、kushiroite（$CaAl_2SiO_6$，cat）、钠

锰辉石（namansilite，$NaMn^{3+}Si_2O_6$）、钠钒辉石［natalyite，$Na(V,Cr)Si_2O_6$］（Back，2014）。不作为独立矿物出现的可能端员还有：

$CaFe_2^{3+}SiO_6$	cft	钙铁契尔马克分子	$NaMg_{0.5}Ti_{0.5}Si_2O_6$
$CaCr_2SiO_6$	cct	钙铬契尔马克分子	$CaFe_{0.5}Ti_{0.5}AlSiO_6$
$CaTiAl_2O_6$	ctt	钙钛契尔马克分子	$CaMg_{0.5}Ti_{0.5}AlSiO_6$
$Ca_{0.5}\square_{0.5}AlSi_2O_6$	esk	爱斯科拉分子	$NaTiAlSiO_6$
$NaFe_{0.5}Ti_{0.5}Si_2O_6$			

其中，$Ca_{0.5}\square_{0.5}AlSiO_6$ 主要见于榴辉岩相的绿辉石［$(Ca,Na)(R^{2+},Al)Si_2O_6$］中，$CaTi^{3+}AlSiO_6$ 见于 Allende 陨石中，$CaMg_{0.5}Ti_{0.5}AlSiO_6$ 组分在一些辉石中也有发现。自然界产出的大多数辉石可近似为 di-hd-en-fs 的固溶体，从而使端员组分的计算大大简化。

辉石族矿物阳离子的理想占位顺序如附图 1-2 所示。

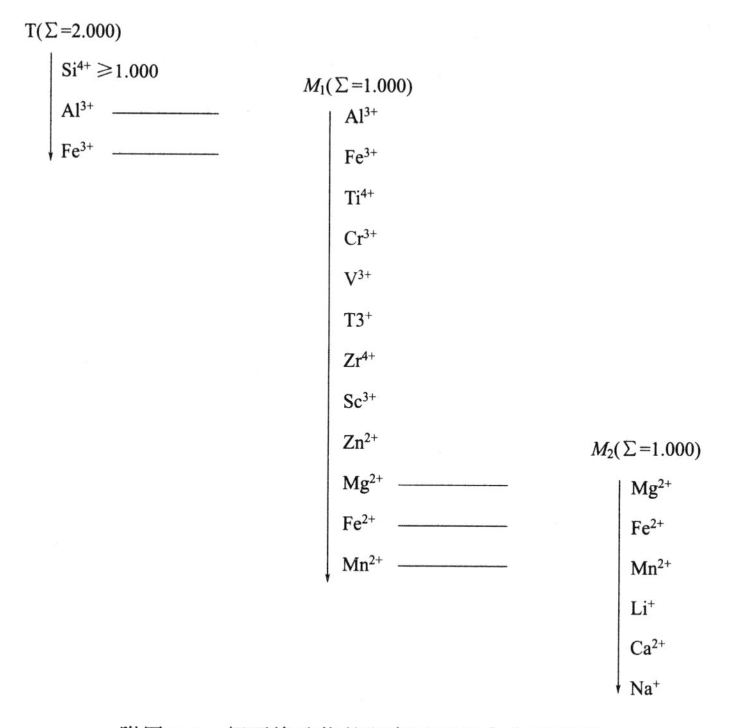

附图 1-2　辉石族矿物的阳离子理想占位示意图

在大多数情况下，除 Mg、Fe^{2+} 以外，占据 M_1 位的阳离子主要为 Al、Cr、Fe^{3+}、Ti，占据 M_2 位的阳离子主要为 Ca、Na、Mn。因此，辉石 M_1 位、M_2 位 Mg 和 Fe^{2+} 的占位可按下式计算（Brey et al，1990）：

$$x_{Mg}^{M_1}=\frac{Mg}{Mg+Fe^{2+}}(1-Al^{VI}-Cr-Fe^{3+}-Ti) \tag{A1-7}$$

$$x_{Fe^{2+}}^{M_1}=\frac{Fe^{2+}}{Mg+Fe^{2+}}(1-Al^{VI}-Cr-Fe^{3+}-Ti) \tag{A1-8}$$

$$x_{Mg}^{M_2}=\frac{Mg}{Mg+Fe^{2+}}(1-Ca-Na-Mn) \tag{A1-9}$$

$$x_{Fe^{2+}}^{M_2} = \frac{Fe^{2+}}{Mg+Fe^{2+}}(1-Ca-Na-Mn) \quad (A1-10)$$

在计算辉石端员组分的方案中，以 Kushiro（1962）和 Cawthorn 等（1974）的计算方法应用较广。Lindsley（1983）计算辉石端员组分的方案如下：

对于单斜辉石，计算顺序为：

（1）由 Na 或 Fe^{3+} 中含量较小者计算 ae；

（2）由 Al^{VI} 或剩余的 Na 中含量较小者计算 jd；

（3）由剩余的 Fe^{3+} 计算 cft；

（4）由 Cr 计算 cct；

（5）由剩余的 Al^{VI} 计算 cat；

（6）剩余的 Ca 记为 Ca′（=Ca-cat-cft-cct），$X=Fe^{2+}/(Mg+Fe^{2+})$，$R^{2+}=Mg+Fe^{2+}$。若 $Ca'>R^{2+}$，则 $di=R^{2+}(1-X)$，$hd=R^{2+}X$，剩余 Ca 作为 wo($Ca_2Si_2O_6$)；否则，$di=Ca'(1-X)$，$hd=Ca'X$，$en=(R^{2+}-Ca')(1-X)$，$fs=(R^{2+}-Ca')X$。

对于斜方辉石，取 $R^{3+}=Al^{VI}+Cr+Fe^{3+}$，$R^{2+}=Mg+Fe^{2+}$。计算步骤为：

（1）由 Na 或 R^{3+} 中较小者计算 $NaR^{3+}Si_2O_6$；

（2）由 Ti 或 Al^{IV} 或剩余的 Na 中较小者计算 $NaTiAlSiO_6$；

（3）由剩余的 Ti 或 $Al^{IV}/2$ 中较小者计算 $R^{2+}TiAl_2O_6$；

（4）由剩余的 R^{3+} 或 Al^{IV} 计算 $R^{2+}R^{3+}AlSiO_6$；对于高质量的分析结果，R^{3+} 与 Al^{IV} 应相等；

（5）将剩余的 Mg、Fe^{2+} 和 Ca 换算为 en、fs、di 和 hd。

这一计算顺序的结果，是取 di、hd 含量为最大值。其他辉石端员组分计算的方案大致与此相似，唯各端员组分计算顺序有所不同。Kushiro（1962）计算辉石端员组分的顺序为：ae、jd、ctt、cat、cft 等。Cawthorn 等（1974）的计算顺序为：jd、ae、cft、ctt、cat 等。故后者的 jd 计算结果为最大值，而前者 jd 为最小值。

6. 闪石超族

化学通式：$A_{0-1}B_2C_5T_8O_{22}W_2$。A=□、$Na^+$、$K^+$、$Ca^{2+}$、$Pb^{2+}$、$Li^+$；$B(M_4)=Na^+$、$Ca^{2+}$、$Mn^{2+}$、$Fe^{2+}$、$Mg^{2+}$、$Li^+$；$C(M_{1\text{-}3})=Mg^{2+}$、$Fe^{2+}$、$Mn^{2+}$、$Al^{3+}$、$Fe^{3+}$、$Mn^{3+}$、$Cr^{3+}$、$Ti^{4+}$、$Li^+$；$T=Si^{4+}$、$Al^{3+}$、$Ti^{4+}$、$Be^{2+}$；$W=OH^-$、$F^-$、$Cl^-$、$O^{2-}$。在 IMA 的闪石分类方案中，首先依据 W 族阴离子的组成，将闪石超族矿物划分为羟闪石和氧闪石两族；进而依据电荷分布和 B 组阳离子类型，将羟闪石族分为 8 个亚族；在羟闪石族各亚族和氧闪石族内，再依据 A、C 组阳离子确定矿物种属（Hawthorne et al，2012）。

基于此，经 IMA 确认的闪石超族的矿物端员组分达 115 个。显然，对于如此众多的端员组分，采用常规的计算方法，很难正确地计算出各端员组分的准确含量。因此，实际应用中通常采用简化计算法。例如在变质相研究中，可将闪石超族分为钙闪石、钠闪石和镁铁闪石 3 组（Holland et al，2011）。热力学计算中，常见的重要端员组分如下。

第 1 组：钙闪石 $^BCa>1.0$

□$Ca_2Mg_5Si_8O_{22}(OH)_2$	tr	透闪石

$\square Ca_2Fe_5Si_8O_{22}(OH)_2$　fact　铁阳起石

$\square Ca_2Mg_3Al_2Si_6Al_2O_{22}(OH)_2$　ts　契尔马克分子

$NaCa_2Mg_4AlSi_6Al_2O_{22}(OH)_2$　parg　韭闪石

$\square Na_2Mg_3Al_2Si_8O_{22}(OH)_2$　gl　蓝闪石

$\square Ca_2Mg_3Fe_2^{3+}Si_6Al_2O_{22}(OH)_2$　fits　高铁契尔马克分子

$KCa_2Mg_4AlSi_6Al_2O_{22}(OH)_2$　kpa　钾韭闪石

第 2 组：钠闪石$^BNa>1.0$

$\square Na_2Mg_3Al_2Si_8O_{22}(OH)_2$　gl　蓝闪石

$\square Na_2Fe_3^{2+}Al_2Si_8O_{22}(OH)_2$　fgl　铁蓝闪石

$\square Na_2Mg_3Fe_2^{3+}Si_8O_{22}(OH)_2$　mrb　镁钠闪石

$\square Na_2Fe_3^{2+}Fe_2^{3+}Si_8O_{22}(OH)_2$　rieb　钠闪石

第 3 组：镁铁闪石$^BCa<0.6$，$^BNa<0.6$

$\square Na_2Mg_3Al_2Si_8O_{22}(OH)_2$　gl　蓝闪石

$\square Na_2Fe_3^{2+}Al_2Si_8O_{22}(OH)_2$　fgl　铁蓝闪石

闪石超族矿物阳离子的理想占位的计算顺序如附图 1-3 所示。

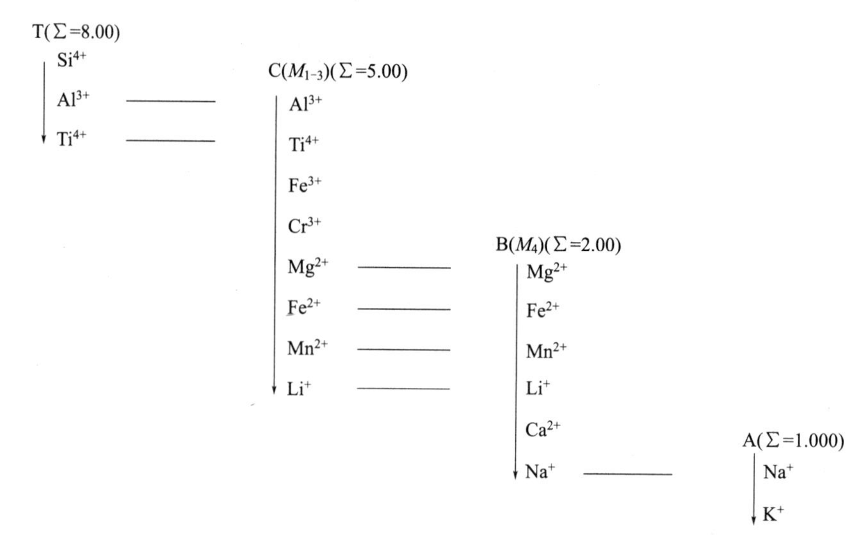

附图 1-3　闪石超族矿物的阳离子理想占位示意图

（据 Leake et al，2004）

7. 云母族

化学通式：$AB_{2\text{-}3}T_4O_{10}(OH,F)_2$。A＝K、Na、Rb、Cs；B($M_1$，2$M_2$)＝Al、Mg、$Fe^{2+}$、Mn、Li、$V^{3+}$、Cr、Zn、Ti、Mn、$Fe^{3+}$；T＝Si、Al、$Fe^{3+}$、Cr。按云母族的晶体结构，通常将其分为白云母（二八面体型）和黑云母（三八面体型）两个亚族。

白云母亚族矿物包括：

$KAl_2AlSi_3O_{10}(OH)_2$　mu　白云母

$KMgAlSi_4O_{10}(OH)_2$	cel	绿磷石
$KFe^{2+}AlSi_4O_{10}(OH)_2$	fcel	铁绿磷石
$NaAl_2AlSi_3O_{10}(OH)_2$	pa	钠云母
$CaAl_2Al_2Si_2O_{10}(OH)_2$	ma	珍珠云母
$KFe_2^{3+}AlSi_3O_{10}(OH)_2$	fmu	高铁白云母
$KLi_{1.5}Al_{1.5}AlSi_3O_{10}(F,OH)_2$	lep	锂云母
$KLiFe^{2+}AlAlSi_3O_{10}(F,OH)_2$	zin	铁锂云母

上列矿物一般只形成非常有限的固溶体，故一般不计算端员组分。

黑云母亚族端员矿物包括：

$KMg_3AlSi_3O_{10}(F,OH)_2$	phl	金云母
$KFe_3^{2+}AlSi_3O_{10}(OH,F)_2$	ann	铁云母
$KFe^{2+}Mg_2AlSi_3O_{10}(OH)_2$	obi	有序黑云母
$KMg_2AlAl_2Si_2O_{10}(OH)_2$	east	镁叶云母
$KMg_2TiAlSi_3O_{10}O_2$	tbi	钛金云母
$KMg_2Fe^{3+}Al_2Si_2O_{10}(OH)_2$	fbi	高铁镁叶云母

天然黑云母可视为复杂的固溶体矿物，其不同结晶位置的离子替代见附表 1-3（White et al，2014）。其中，有序黑云母、钛金云母、高铁镁叶云母在自然界未见独立矿物产出（Back，2014），且前者可视为金云母-羟铁云母的二元固溶体。鉴于此，为简化计算，可将黑云母亚族矿物视为由 5 个端员组分 phl、ann、east、tbi、fbi 构成的固溶体。

由是，黑云母亚族矿物结构中的 Fe^{3+} 即与 Al^{3+} 及其他阳离子之间具有确定的量比关系，而替代 OH^- 的 O^{2-} 与钛金云母（tbi）端员含量直接关联。显而易见，对于大量常见的无法区分铁的价态且无法测定 H_2O^+ 含量的黑云母微束分析数据，采用上述简化计算方案，则除可获得端员组分含量外，还可计算出 Fe^{3+} 系数，即 Fe_2O_3、FeO 含量；以及 O^{2-}（替代 OH^-）系数，即 H_2O^+ 含量，若结构中不含阴离子 F^-，则该计算值应与实际含量相近。

附表 1-3　黑云母亚族各端员矿物的阳离子占位

端员组分	M_3					M_{12}		T_1		V	
	Mg	Fe^{2+}	Fe^{3+}	Ti	Al	Mg	Fe^{2+}	Si	Al	OH	O
phl	1	0	0	0	0	2	0	1	1	2	0
ann	0	1	0	0	0	0	2	1	1	2	0
obi	0	1	0	0	0	2	0	1	1	2	0
east	0	0	0	0	1	2	0	0	2	2	0
tbi	0	0	0	1	0	2	0	1	1	0	2
fbi	0	0	1	0	0	2	0	0	2	2	0

上述计算功能已在 Crystal _ Chemistry. F90 专业软件中完全实现。黑云母亚族矿物阳离子的理想占位顺序如附图 1-4 所示。

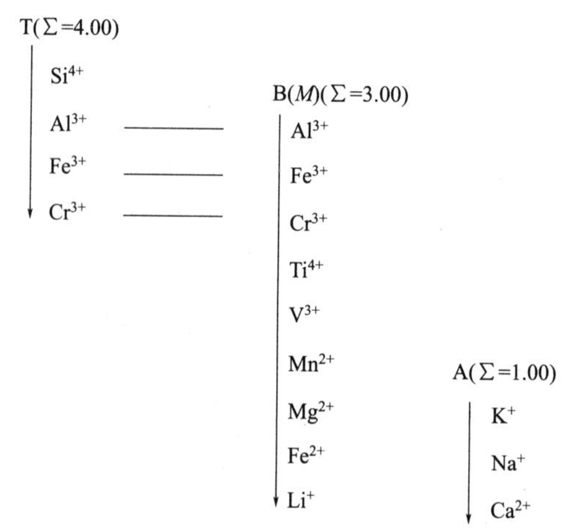

附图 1-4　黑云母族矿物的阳离子理想占位示意图

8. 长石族

化学通式：AT_4O_8。A(M)＝K、Na、Ca、Ba、Sr、Fe^{2+}、Mg、Rb、Cs、Pb；T＝Si、Al、(Fe^{3+}、Ga)。

长石族矿物的主要端员组分有：

$CaAl_2Si_2O_8$	An	钙长石
$NaAlSi_3O_8$	Ab	钠长石
$KAlSi_3O_8$	Or	钾长石
$Ba_2Al_2Si_2O_8$	Cn	钡长石

次要的端员组分尚有：$Sr_2Al_2Si_2O_8$、$RbAlSi_3O_8$、$CsAlSi_3O_8$。

据对月岩中斜长石的研究，其晶体化学变化都可由 An、Ab、Or 和以下可能的端员组分来解释，即$\square Si_4O_8$、$Ca(Mg,Fe)Si_3O_8$ 和 $(Mg,Fe)Al_2Si_2O_8$（Longhi et al，1976）。基性斜长石的 Fe/Mg 比值，通常随玄武岩浆的分异程度增高而增大。

一般研究中，通常将斜长石表示为 An-Ab 二元固溶体，将碱性长石表示为 Or-Ab 二元固溶体，或将长石族组成表示为 An-Ab-Or 三元固溶体。

9. 似长石族

霞石与钾霞石在高温下可以形成连续固溶体 $NaAlSiO_4$(Ne)-$KAlSiO_4$(Kp)系列，但在低温下只能有限混溶（5%～20%）。自然界产出的霞石中，SiO_2 往往超过理论化学计量系数达 3%～10%，还常含有 $CaAl_2Si_2O_8$ 分子，可达 10%。因此，霞石族矿物可能的端员组分有：

$NaAlSiO_4$	Ne	霞石
$KAlSiO_4$	Kp	钾霞石
$CaAl_2Si_2O_8$	An	钙长石
$NaAlSi_3O_8$	Ab	钠长石
$KAlSi_3O_8$	Or	钾长石

白榴石的化学式为 $KAlSi_2O_6$，常含少量 Na_2O、CaO 和过剩 SiO_2。可能的端员组分有：

$KAlSi_2O_6$	Lc	白榴石
$CaAl_2Si_2O_8$	An	钙长石
$NaAlSi_3O_8$	Ab	钠长石
$KAlSi_3O_8$	Or	钾长石

Mackenzie 等（1974）在常压下通过实验确定了与透长石共存的白榴石固溶体中 $KAlSi_3O_8$ 组分对温度的依赖性，得到如下关系式：

$$\ln x^{lc}_{KAlSi_3O_8} - \ln x^{san}_{KAlSi_3O_8} = -\frac{13688}{T} + 9.20 \qquad (A1\text{-}11)$$

利用上式，可以估算白榴石固溶体的结晶温度。

四、晶胞体积、密度和摩尔体积计算

若矿物的晶胞参数已知，则其单位晶胞体积 V_c（nm^3）为：

$$V_c = abc\sqrt{1-\cos^2\alpha-\cos^2\beta-\cos^2\gamma+2\cos\alpha\cdot\cos\beta\cdot\cos\gamma} \qquad (A1\text{-}12)$$

式中，a、b、c 为单位晶胞的轴长，nm；α、β、γ 为轴间角，（°）。

矿物的密度 ρ（g/cm^3）定义为单位晶胞的质量与体积之比。即

$$\rho = MZ/(N_A V_c) = MZ/(602.252V_c) \qquad (A1\text{-}13)$$

式中，M 为摩尔质量，g/mol；Z 为单位晶胞中的矿物分子数；N_A 为 Avogadro 常数（$=6.02252\times10^{23}/mol$）。其中：

$$M = \sum_{i=1}^{m} a_i n_i \qquad (A1\text{-}14)$$

式中，m 为组分数；n_i 为晶体化学式中元素 i 的离子系数；a_i 为元素 i 的原子量。

$$Z = 602.252\rho V_c/M \qquad (A1\text{-}15)$$

若矿物的密度已知，则由密度可计算出单位晶胞体积：

$$V_c = MZ/(N_A\rho) \qquad (A1\text{-}16)$$

若同时测定了矿物的密度和晶胞体积，利用以上公式，可以检验所获得的矿物化学和物理参数之间是否相互吻合。

矿物的摩尔体积可由下式计算：

$$V = M/\rho = V_c N_A/Z \qquad (A1\text{-}17)$$

式中，V 为摩尔体积，cm^3/mol。

例 3：绿柱石的摩尔体积计算。

绿柱石，$Al_2Be_3[Si_6O_{18}]$，$a_1=a_2=0.923nm$，$c=0.919nm$，$Z=2$。

$$M = 26.9815\times2+9.0122\times3+28.0855\times6+15.9994\times18 = 537.5018(g/mol)$$

$$\begin{aligned} V_c &= a_1 a_2 c\sqrt{1-cos^2(120°)} \\ &= 0.923\times0.923\times0.919\sqrt{0.75} \\ &= 0.6780(nm^3) \end{aligned}$$

$$\begin{aligned} \rho &= MZ/(N_A V_c) \\ &= 537.5018\times2/(602.252\times0.6780) \\ &= 2.633(g/cm^3) \end{aligned}$$

$$
\begin{aligned}
V &= M/\rho \\
&= 537.5018/2.633 \\
&= 204.14(\mathrm{cm^3/mol})
\end{aligned}
$$

或

$$
\begin{aligned}
V &= V_c N_A / Z \\
&= 0.6780 \times 602.252/2 \\
&= 204.16(\mathrm{cm^3/mol})
\end{aligned}
$$

参考文献

Agee C B, Walker D, 1990. Aluminum partitioning between olivine and ultrabasic silicate liquid to 6GPa. *Contrib Mineral Petrol*, 105: 243-254.

Arai S, 1978. Chromian spinel lamellae in olivine from the Iwanai-dake peridotite mass, Hokkaido, Japan. *Earth Planet Sci Lett*, 39: 267-273.

Back M E, 2014. Fleischer'Glossary of Mineral Species 2014. 11th ed. Tucson: The Mineralogical Record Inc: 420.

Brey GP, Kohler T, 1990. Geothermomentry in four-phase lherzolites Ⅱ. New thermo-barometers, and practical assessment of existing thermobaromerters. *J Petrol*, 31: 1353-1378.

Carmichael I S E, 1967. The iron-titanium oxides of salic volcanic rocks and their associated ferromagnesian silicates. *Contrib Mineral Petrol*, 14: 36-64.

Cawthorn R G, Collerson K D, 1974. The recalculation of pyroxene end-member parameters and the estimation of ferrous and ferric iron content from electron microprobe analyses. *Am Mineral*, 59: 1203-1208.

Droop G T R, 1987. A general equation for estimating Fe^{3+} concentrations in ferromagnesian silicates and oxides from microprobe analyses, using stoichiometric criteria. *Mineral Mag*, 51: 431-435.

Hawthorne F C, Oberti R, Harlow G E, et al, 2012. IMA report: Nomenlature of the amphibole supergroup. *Am Mineral*, 97: 2031-2048.

Higgins J B, Ribbe P H, Herd R K, 1979. Sapphirine. Ⅰ: Crystal chemical contributions. *Contrib Mineral Petrol*, 68: 349-356.

Holland T J B, Powell R, 2011. An improved and extended internally consistent thermodynamic dataset for phases of petrological interest, involving a new equation of state for solids. *J Metamorphic Geol*, 29: 333-383.

Kushiro I, 1962. Clinopyroxene solid solutions. Part 1. The $CaAl_2SiO_6$ component. *Japanese J Geol Geography*, 33: 213-220.

Jackson E D, Stevens R E, 1967. A computer-based procedure for deriving mineral formulas from mineral analyses. *US Geol Survey Prof Paper*, 575-C, C23-31.

Leake B E, Wooley A R, Birch W D, et al, 2004. Nomenclature of amphiboles: Additions and revisions to the International Mineralogical Association's amphibole nomenclature. *Am Mineral*, 89: 883-887.

Lindsley D H, 1983. Pyroxene thermometry. *Am Mineral*, 68: 477-493.

Longhi J, Walker D, Hays J F, 1976. Fe and Mg in plagioclase. *Proc Lunar Sci Conf*. 7th: 1281-1300.

Mackenzie W S, Richardson D M, Wood B J, 1974. Solid solution of SiO_2 in leucite. *Butt Soc Fr Mineral Cristallogr*, 97: 257-260.

Morimoto N, 1988. 辉石命名法. 矿物学报, (4): 289-305.

Papike J J, Cameron K L, Baldwin K, 1974. Amphiboles and pyroxenes: characterization of other than quadrilateral components and estimates of ferric iron from microprobe data. *G. S. A. Abstracts with programs*, 6: 1035 (abs.).

Rickwood P C, 1968. On recasting analyses of garnet into end-member molecules. *Contrib Mineral Petrol*, 18: 175-198.

Sack R O, 1982. Spinels as petrogenetic indicators: activity-compositions at low pressures. *ibid*, 79: 169-186.

White R W, Powell R, Holland T J B, et al, 2014. New mineral activity-composition relations for thermodynamic calculations in metapelitic systems. *J Metamorphic Geol*, 32: 261-286.

附录二　常见氧化物、元素的摩尔质量和氢当量

（按2007年国际原子量表，以$^{12}C=12$为基准）

组分	离子电价	摩尔质量	氢当量
Ⅲ和Ⅳ次配位阳离子			
N_2O_5	N^{5+}	108.0104	10.8010
N_2O_3	N^{3+}	76.0116	12.6686
CO_2	C^{4+}	44.0098	11.0025
B_2O_3	B^{3+}	69.6202	11.6034
N_2O	N^{+}	44.0128	22.0064
SO_3	S^{6+}	80.0632	13.3439
BeO	Be^{2+}	25.0116	12.5058
P_2O_5	P^{5+}	141.9443	14.1944
SiO_2	Si^{4+}	60.0843	15.0211
Al_2O_3	Al^{3+}	101.9613	16.9935
Fe_2O_3	Fe^{3+}	159.6882	26.6147
TiO_2	Ti^{4+}	79.8658	19.9665
Ⅳ次配位的三价阳离子			
Al_2O_3	Al^{3+}	101.9613	16.9935
Gd_2O_3	Gd^{3+}	362.4982	60.4164
Ga_2O_3	Ga^{3+}	187.4442	31.2407
Cr_2O_3	Cr^{3+}	151.9902	25.3317
Fe_2O_3	Fe^{3+}	159.6882	26.6147
Mn_2O_3	Mn^{3+}	157.8743	26.3124
V_2O_3	V^{3+}	149.8812	24.9802
Sc_2O_3	Sc^{3+}	137.9100	22.9850
In_2O_3	In^{3+}	277.6342	46.2724
Lu_2O_3	Lu^{3+}	397.9322	66.3220
Yb_2O_3	Yb^{3+}	394.0782	65.6797
Tm_2O_3	Tm^{3+}	385.8666	64.3111
Er_2O_3	Er^{3+}	382.5182	63.7530
Ho_2O_3	Ho^{3+}	377.8588	62.9765

续表

组分	离子电价	摩尔质量	氢当量
Ⅳ次配位的三价阳离子			
Dy_2O_3	Dy^{3+}	372.9982	62.1664
Y_2O_3	Y^{3+}	225.8100	37.6350
Tb_2O_3	Tb^{3+}	365.8490	60.9748
Tl_2O_3	Tl^{3+}	456.7648	76.1275
Bi_2O_3	Bi^{3+}	465.9590	77.6598
Eu_2O_3	Eu^{3+}	351.9282	58.6547
Nd_2O_3	Nd^{3+}	336.4782	56.0797
Pr_2O_3	Pr^{3+}	329.8136	54.9689
Sm_2O_3	Sm^{3+}	348.7182	58.1197
Ce_2O_3	Ce^{3+}	328.2282	54.7047
La_2O_3	La^{3+}	325.8092	54.3015
Ⅳ次配位的四、五、六价阳离子			
SeO_2	Se^{4+}	110.9588	27.7397
GeO_2	Ge^{4+}	104.6388	26.1597
MnO_2	Mn^{4+}	86.9369	21.7342
VO_2	V^{4+}	82.9403	20.7351
TiO_2	Ti^{4+}	79.8658	19.9665
TeO_2	Te^{4+}	159.5988	39.8997
SnO_2	Sn^{4+}	150.7088	37.6772
HfO_2	Hf^{4+}	210.4888	52.6222
ZrO_2	Zr^{4+}	123.2228	30.8057
ThO_2	Th^{4+}	264.0369	66.0092
As_2O_5	As^{5+}	229.8402	22.9840
V_2O_5	V^{5+}	181.8800	18.1880
Sb_2O_5	Sb^{5+}	323.5170	32.3517
Nb_2O_5	Nb^{2+}	265.8098	26.5810
Ta_2O_5	Ta^{5+}	441.8928	44.1893
CrO_3	Cr^{6+}	99.9943	16.6657
TeO_3	Te^{6+}	175.5982	29.2664
WO_3	W^{6+}	231.8382	38.6397
MoO_3	Mo^{6+}	143.9582	23.9930
UO_3	U^{6+}	286.0271	47.6712
Ⅳ次配位的单、双价阳离子			
MgO	Mg^{2+}	40.3044	20.1522
NiO	Ni^{2+}	74.6928	37.3464
CoO	Co^{2+}	74.9326	37.4663
CuO	Cu^{2+}	79.5454	39.7727
FeO	Fe^{2+}	71.8444	35.9222
ZnO	Zn^{2+}	81.3794	40.6897
MnO	Mn^{2+}	70.9375	35.4687

续表

组分	离子电价	摩尔质量	氢当量
		Ⅳ次配位的单、双价阳离子	
RhO	Rh^{2+}	118.9049	59.4525
PdO	Pd^{2+}	122.4194	61.2097
PtO	Pt^{2+}	211.0834	105.5417
IrO	Ir^{2+}	208.2164	104.1082
ReO	Re^{2+}	202.2064	101.1032
OsO	Os^{2+}	206.2294	103.1147
Li_2O	Li^{+}	29.8814	14.9407
		大阳离子	
Cu_2O	Cu^{+}	143.0914	71.5457
CdO	Cd^{2+}	128.4104	64.2052
CaO	Ca^{2+}	56.0774	28.0387
HgO	Hg^{2+}	216.5894	108.2947
SrO	Sr^{2+}	103.6194	51.8097
PbO	Pb^{2+}	223.1994	111.5997
BaO	Ba^{2+}	153.3264	76.6632
Na_2O	Na^{+}	61.9789	30.9895
Ag_2O	Ag^{+}	231.7354	115.8677
Hg_2O	Hg^{+}	417.1794	208.5897
K_2O	K^{+}	94.1960	47.0980
Au_2O	Au^{+}	409.9324	204.9662
$(NH_4)_2O$	$(NH_4)^{+}$	52.0760	26.0380
Rb_2O	Rb^{+}	186.9350	93.4675
Cs_2O	Cs^{+}	281.8102	140.9051
		阴　离　子	
H_2O^{+}	OH^{-}	18.0152	9.0076
H_2O^{-}	OH^{-}	18.0152	9.0076
F	F^{-}	18.9984	
Cl	Cl^{-}	35.453	
Br	Br^{-}	79.904	
I	I^{-}	126.9045	
S	S^{-}	32.066	
As	As^{-}	74.9216	
Se	Se^{-}	78.96	
Te	Te^{2-}	127.60	
S	S^{2-}	32.066	
As	As^{2-}	74.9216	
Se	Se^{2-}	78.96	
Te	Te^{2-}	127.60	

注：某元素的氢当量等于其原子量除以该元素之电价，化合物之氢当量则等于其摩尔质量除以其分子式中的阳离子正电价之和（Jackson et al，1967）。

附录三　常见矿物和熔体、流体相端员组分热力学性质

Holland 和 Powell（2011）报道了 254 种常见矿物（210）、硅酸盐熔体（18）和流体（26）相端员组分的热力学性质。这些物质的 *PVT* 性质，固相基于修正的 Tait 状态方程，气体组分基于 Pitzer 和 Sterner（1995）方程。热膨胀和压缩性以修正的 Tait 状态方程（TEOS）相联系，即采用 Einstein 温度的热压公式，同时模拟热膨胀和体积模量的温度依赖性。新的状态方程改进了相平衡实验的拟合度。硅酸盐熔体端员组分的性质与相平衡实验和测定的熔化热两者吻合良好。新的热力学性质显著提升了对在地壳至深部地幔条件下矿物、熔体和水溶液流体进行热力学计算的可能性。

附表 3-1　端员组分符号和分子式

族名	符号	端员组分	中文名	分子式
Garnets & olivines 石榴子石和橄榄石类	alm	almandine	铁铝榴石	$Fe_3Al_2Si_3O_{12}$
	andr	andradite	钙铁榴石	$Ca_3Fe_2Si_3O_{12}$
	gr	grossular	钙铝榴石	$Ca_3Al_2Si_3O_{12}$
	knor	knorringite	镁铬榴石	$Mg_3Cr_2Si_3O_{12}$
	maj	majorite	镁硅榴石	$Mg_4Si_4O_{12}$
	py	pyrope	镁铝榴石	$Mg_3Al_2Si_3O_{12}$
	spss	spessartine	锰铝榴石	$Mn_3Al_2Si_3O_{12}$
	chum	clinohumite	斜硅镁石	$Mg_9Si_4O_{16}(OH)_2$
	fa	fayalite	铁橄榄石	Fe_2SiO_4
	fo	forsterite	镁橄榄石	Mg_2SiO_4
	lrn	larnite	钙橄榄石	Ca_2SiO_4
	mont	monticellite	钙镁橄榄石	$CaMgSiO_4$
Aluminosilicates 铝硅酸盐类	and	andalusite	红柱石	Al_2SiO_5
	ky	kyanite	蓝晶石	Al_2SiO_5
	sill	sillimanite	夕线石	Al_2SiO_5
	amul	Al-mullite	铝莫来石	$Al_{2.5}Si_{0.5}O_{4.75}$
	smul	Si-mullite	硅莫来石	Al_2SiO_5
	fctd	Fe-chloritoid	铁硬绿泥石	$FeAl_2SiO_5(OH)_2$
	mctd	Mg-chloritoid	镁硬绿泥石	$MgAl_2SiO_5(OH)_2$
	mnctd	Mn-chloritoid	锰硬绿泥石	$MnAl_2SiO_5(OH)_2$
	fst	Fe-staurolite	铁十字石	$Fe_4Al_{18}Si_{7.5}O_{44}(OH)_4$
	mst	Mg-staurolite	镁十字石	$Mg_4Al_{18}Si_{7.5}O_{44}(OH)_4$
	mnst	Mn-staurolite	锰十字石	$Mn_4Al_{18}Si_{7.5}O_{44}(OH)_4$
	tpz	hydroxy-topaz	羟黄玉	$Al_2SiO_4(OH)_2$
Other orthosilicates 其他正硅酸盐类	ak	akermanite	镁黄长石	$Ca_2MgSi_2O_7$
	geh	gehlenite	钙铝黄长石	$Ca_2Al_2SiO_7$
	jgd	julgoldite(FeFe)	复铁绿纤石	$Ca_4Fe_6Si_6O_{21}(OH)_7$
	merw	merwinite	默硅镁钙石	$Ca_3MgSi_2O_8$

续表

族名	符号	端员组分	中文名	分子式
Other orthosilicates 其他正硅酸盐类	mpm	pumpellyite(MgAl)	镁绿纤石	$Ca_4MgAl_5Si_6O_{21}(OH)_7$
	fpm	pumpellyite(FeAl)	铁绿纤石	$Ca_4FeAl_5Si_6O_{21}(OH)_7$
	rnk	rankinite	硅钙石	$Ca_3Si_2O_7$
	sph	sphene	榍石	$CaTiSiO_5$
	spu	spurrite	灰硅钙石	$Ca_5Si_2CO_{11}$
	ty	tilleyite	粒硅钙石	$Ca_5Si_2C_2O_{13}$
	zrc	zircon	锆石	$ZrSiO_4$
Sorosilicates 双岛状硅酸盐类	cz	clinozoisite	斜黝帘石	$Ca_2Al_3Si_3O_{12}(OH)$
	ep	epidote(ordered)	绿帘石	$Ca_2FeAl_2Si_3O_{12}(OH)$
	fep	Fe-epidote	铁绿帘石	$Ca_2Fe_2AlSi_3O_{12}(OH)$
	law	lawsonite	硬柱石	$CaAl_2Si_2O_6(OH)_4$
	pmt	piemontite(ordered)	红帘石	$Ca_2MnAl_2Si_3O_{i2}(OH)$
	zo	zoisite	黝帘石	$Ca_2Al_3Si_3O_{12}(OH)$
	vsv	vesuvianite	符山石	$Ca_{19}Mg_2Al_{11}Si_{18}O_{69}(OH)_9$
Cyclosilicates 环状硅酸盐类	crd	cordierite	堇青石	$Mg_2Al_4Si_5O_{18}$
	hcrd	hydrous-cordierite	水堇青石	$Mg_2Al_4Si_5O_{17}(OH)_2$
	fcrd	Fe-cordierite	铁堇青石	$Fe_2Al_4Si_5O_{18}$
	mncrd	Mn-cordierite	锰堇青石	$Mn_2Al_4Si_5O_{18}$
	osm1	osumilite(1)	大隅石(1)	$KMg_2Al_5Si_{10}O_{30}$
	osm2	osumilite(2)	大隅石(2)	$KMg_3Al_3Si_{11}O_{30}$
	fosm	Fe-osumilite	铁大隅石	$KFe_2Al_5Si_{10}O_{30}$
High-pressure phases 高压相	apv	Al-perovskite	铝钙钛矿	$AlAlO_3$
	cpv	Ca-perovskite	钙钙钛矿	$CaSiO_3$
	cstn	CaSi-titanite	钙硅榍石	$CaSi_2O_5$
	fak	Fe-akimotoite	铁硅铁镁石	$FeSiO_3$
	fpv	Fe-perovskite	铁钙钛矿	$FeSiO_3$
	frw	Fe-ringwoodite	铁尖晶橄榄石	Fe_2SiO_4
	fwd	Fe-wadsleyite	铁瓦兹利石	Fe_2SiO_4
	mak	akimotoite	硅镁石	$MgSiO_3$
	mpv	Mg-perovskite	镁钙钛矿	$MgSiO_3$
	mrw	Mg-ringwoodite	镁尖晶橄榄石	Mg_2SiO_4
	mwd	Mg-wadsleyite	镁瓦兹利石	Mg_2SiO_4
	phA	phase A	A 相	$Mg_7Si_2O_8(OH)_6$
Pyroxenes & pyroxenoids 辉石和似辉石类	acm	acmite	锥辉石	$NaFeSi_2O_6$
	caes	Ca-eskola pyroxe	钙埃斯科拉辉石	$Ca_{0.5}AlSi_2O_6$
	cats	Ca-tschermak pyroxe	钙契尔马克辉石	$CaAl_2SiO_6$
	cen	clinoenstatite	斜顽辉石	$Mg_2Si_2O_6$
	di	diopside	透辉石	$CaMgSi_2O_6$
	en	enstatite	顽辉石	$Mg_2Si_2O_6$
	fs	ferrosilite	铁辉石	$Fe_2Si_2O_6$
	hed	hedenbergite	钙铁辉石	$CaFeSi_2O_6$

续表

族名	符号	端员组分	中文名	分子式
Pyroxenes & pyroxenoids 辉石和似辉石类	hen	Hi-P clinoenstatite	高压斜顽辉石	$Mg_2Si_2O_6$
	jd	jadeite	硬玉	$NaAlSi_2O_6$
	kos	kosmochlor	钠铬辉石	$NaCrSi_2O_6$
	mgts	Mg-tschermak pyroxe	镁契尔马克辉石	$MgAl_2SiO_6$
	pren	protoenstatite	原顽辉石	$Mg_2Si_2O_6$
	pswo	pseudowollastonite	假硅灰石	$CaSiO_3$
	pxmn	pyroxmangite	三斜锰辉石	$MnSiO_3$
	rhod	rhodonite	蔷薇辉石	$MnSiO_3$
	wal	walstromite	瓦硅钙石	$CaSiO_3$
	wo	wollastonite	硅灰石	$CaSiO_3$
Amphiboles 闪石类	anth	anthophyllite	直闪石	$Mg_7Si_8O_{22}(OH)_2$
	cumm	cummingtonite	镁铁闪石	$Mg_7Si_8O_{22}(OH)_2$
	fact	ferroactinolite	铁阳起石	$Ca_2Fe_5Si_8O_{22}(OH)_2$
	fanth	Fe-anthophyllite	铁直闪石	$Fe_7Si_8O_{22}(OH)_2$
	fgl	ferroglaucophane	铁蓝闪石	$Na_2Fe_3Al_2Si_8O_{22}(OH)_2$
	gl	glaucophane	蓝闪石	$Na_2Mg_3Al_2Si_8O_{22}(OH)_2$
	grun	grunerite	铁闪石	$Fe_7Si_8O_{22}(OH)_2$
	parg	pargasite	韭闪石	$NaCa_2Mg_4Al_3Si_6O_{22}(OH)_2$
	rieb	riebeckite	钠闪石	$Na_2Fe_5Si_8O_{22}(OH)_2$
	tr	tremolite	透闪石	$Ca_2Mg_5Si_8O_{22}(OH)_2$
	ts	tschermakite	镁钙闪石	$Ca_2Mg_3Al_4Si_6O_{22}(OH)_2$
Other chain silicates 其他链状硅酸盐类	deer	deerite	迪尔石	$Fe_{18}Si_{12}O_{40}(OH)_{10}$
	fcar	ferrocarpholite	纤铁柱石	$FeAl_2Si_2O_6(OH)_4$
	fspr	Fe-sapphirine(221)	铁假蓝宝石(221)	$Fe_4Al_8Si_2O_{20}$
	mcar	magnesiocarpholite	纤镁柱石	$MgAl_2Si_2O_6(OH)_4$
	spr4	sapphirine(221)	假蓝宝石(221)	$Mg_4Al_8Si_2O_{20}$
	spr5	sapphirine(351)	假蓝宝石(351)	$Mg_3Al_{10}SiO_{20}$
Micas 云母类	ann	annite	羟铁云母	$KFe_3AlSi_3O_{10}(OH)_2$
	cel	celadonite	绿鳞石	$KMgAlSi_4O_{10}(OH)_2$
	east	eastonite	镁铝云母	$KMg_2Al_3Si_2O_{10}(OH)_2$
	fcel	ferroceladonite	亚铁绿鳞石	$KFeAlSi_4O_{10}(OH)_2$
	ma	margarite	珍珠云母	$CaAl_4Si_2O_{10}(OH)_2$
	mnbi	Mn-biotite	锰黑云母	$KMn_3AlSi_3O_{10}(OH)_2$
	mu	muscovite	白云母	$KAl_3Si_3O_{10}(OH)_2$
	naph	sodaphlogopite	钠金云母	$NaMg_3AlSi_3O_{10}(OH)_2$
	pa	paragonite	钠云母	$NaAl_3Si_3O_{10}(OH)_2$
	phl	phlogopite	金云母	$KMg_3AlSi_3O_{10}(OH)_2$
Chlorites 绿泥石类	afchl	Al-free chlorite	无铝绿泥石	$Mg_6Si_4O_{10}(OH)_8$
	ames	amesite(14A)	镁铝蛇纹石(14A)	$Mg_4Al_4Si_2O_{10}(OH)_8$
	clin	clinochlore(ordered)	斜绿泥石(有序)	$Mg_5Al_2Si_3O_{10}(OH)_8$
	daph	daphnite	鲕绿泥石	$Fe_5Al_2Si_3O_{10}(OH)_8$
	fsud	ferrosudoite	铁铝绿泥石	$Fe_2Al_4Si_3O_{10}(OH)_8$
	mnchl	Mn-chlorite	锰绿泥石	$Mn_5Al_2Si_3O_{10}(OH)_8$
	sud	sudoite	铝绿泥石	$Mg_2Al_4Si_3O_{10}(OH)_8$

族名	符号	端员组分	中文名	分子式
Other sheet silicates 其他层状硅酸盐类	atg	antigorite	叶蛇纹石	$Mg_{48}Si_{34}O_{85}(OH)_{62}$
	chr	chrysotile	纤蛇纹石	$Mg_3Si_2O_5(OH)_4$
	fpre	ferri-prehnite	高铁葡萄石	$Ca_2FeAlSi_3O_{10}(OH)_2$
	fstp	ferrostilpnomelane	铁黑硬绿泥石	$K_{0.5}Fe_5Al_2Si_8O_{18}(OH)_{12.5}$
	fta	ferrotalc	铁滑石	$Fe_3Si_4O_{10}(OH)_2$
	glt	greenalite	铁蛇纹石	$Fe_3Si_2O_5(OH)_4$
	kao	kaolinite	高岭石	$Al_2Si_2O_5(OH)_4$
	liz	lizardite	利蛇纹石	$Mg_3Si_2O_5(OH)_4$
	minm	Mg-minnesotaite	镁滑石	$Mg_3Si_4O_{10}(OH)_2$
	minn	minnesotaite	铁滑石	$Fe_3Si_4O_{10}(OH)_2$
	mstp	Mg-stilpnomelane	镁黑硬绿泥石	$K_{0.5}Mg_5Al_2Si_8O_{18}(OH)_{12.5}$
	pre	prehnite	葡萄石	$Ca_2Al_2Si_3O_{10}(OH)_2$
	prl	pyrophyllite	叶蜡石	$Al_2Si_4O_{10}(OH)_2$
	ta	talc	滑石	$Mg_3Si_4O_{10}(OH)_2$
	tap	prl-talc	铝滑石	$Al_2Si_4O_{10}(OH)_2$
	tats	tschermak-talc	契尔马克滑石	$Mg_2Al_2Si_3O_{10}(OH)_2$
Feldspars & feldspathoid 长石和似长石类	abh	albite(high)	钠长石(高温)	$NaAlSi_3O_8$
	ab	albite	钠长石	$NaAlSi_3O_8$
	an	anorthite	钙长石	$CaAl_2Si_2O_8$
	anl	analcite	方沸石	$NaAlSi_2O_5(OH)_2$
	cg	carnegieite(low)	三斜霞石(低温)	$NaAlSiO_4$
	cgh	carnegieite(high)	三斜霞石(高温)	$NaAlSiO_4$
	kcm	K-cymrite	铝硅钾石	$KAlSi_3O_7(OH)_2$
	kls	kalsilite	原钾霞石	$KAlSiO_4$
	lc	leucite	白榴石	$KAlSi_2O_6$
	mic	microcline	微斜长石	$KAlSi_3O_8$
	ne	nepheline	霞石	$NaAlSiO_4$
	san	sanidine	透长石	$KAlSi_3O_8$
Silica minerals 氧化硅矿物类	coe	coesite	柯石英	SiO_2
	crst	cristobalite(high)	方石英(高温)	SiO_2
	q	quartz	石英	SiO_2
	stv	stishovite	斯石英	SiO_2
	trd	tridymite(high)	鳞石英(高温)	SiO_2
Other framework silicates 其他架状硅酸盐类	heu	heulandite	片沸石	$CaAl_2Si_7O_{12}(OH)_{12}$
	hol	hollandite	钾铝硅石	$KAlSi_3O_8$
	lmt	laumontite	浊沸石	$CaAl_2Si_4O_8(OH)_8$
	me	meionite	钙柱石	$Ca_4Al_6Si_6CO_{27}$
	sdl	sodalite	方钠石	$Na_8Al_6Si_6O_{24}Cl_2$
	stlb	stilbite	辉沸石	$CaAl_2Si_7O_{11}(OH)_{14}$
	wa	Si-wadeite	硅钾石	$K_2Si_4O_9$
	wrk	wairakite	斜钙沸石	$CaAl_2Si_4O_{10}(OH)_4$

续表

族名	符号	端员组分	中文名	分子式
Oxides 氧化物类	bdy	baddeleyite	斜锆石	ZrO_2
	bix	bixbyite	方锰矿	Mn_2O_3
	cor	corundum	刚玉	Al_2O_3
	cup	cuprite	赤铜矿	Cu_2O
	esk	eskolaite	绿铬矿	Cr_2O_3
	fper	ferropericlase	方铁矿	FeO
	geik	geikielite	镁钛矿	$MgTiO_3$
	hem	hematite	赤铁矿	Fe_2O_3
	herc	hercynite	铁尖晶石	$FeAl_2O_4$
	ilm	ilmenite	钛铁矿	$FeTiO_3$
	lime	lime	方钙石	CaO
	mang	manganosite	方锰矿	MnO
	mcor	MgSi-corundum	镁硅刚玉	$MgSiO_3$
	mft	magnesioferrite	镁铁矿	$MgFe_2O_4$
	mt	magnetite	磁铁矿	Fe_3O_4
	NiO	nickel oxide	绿镍矿	NiO
	per	periclase	方镁石	MgO
	picr	picrochromite	镁铬矿	$MgCr_2O_4$
	pnt	pyrophanite	红钛锰矿	$MnTiO_3$
	ru	rutile	金红石	TiO_2
	sp	spinel	尖晶石	$MgAl_2O_4$
	ten	tenorite	黑铜矿	CuO
	usp	ulvospinel	钛铁晶石	Fe_2TiO_4
Hydroxides 氢氧化物类	br	brucite	水镁石	$Mg(OH)_2$
	dsp	diaspore	硬水铝石	AlO(OH)
	gth	goethite	针铁矿	FeO(OH)
Carbonates 碳酸盐类	ank	ankerite	铁白云石	$CaFe(CO_3)_2$
	arag	aragonite	文石	$CaCO_3$
	cc	calcite	方解石	$CaCO_3$
	dol	dolomite	白云石	$CaMg(CO_3)_2$
	mag	magnesite	菱镁矿	$MgCO_3$
	rhc	rhodochrosite	菱锰矿	$MnCO_3$
	sid	siderite	菱铁矿	$FeCO_3$
Sulphides & halides 硫化物和卤化物类	any	anhydrite	硬石膏	$CaSO_4$
	hlt	halite	石盐	NaCl

续表

族名	符号	端员组分	中文名	分子式
Sulphides & halides 硫化物和卤化物类	lot	low troilite	低陨硫铁	FeS
	pyr	pyrite	黄铁矿	FeS_2
	syv	sylvite	钾石盐	KCl
	tro	troilite	陨硫铁	FeS
	trot	pyrrhotite	磁黄铁矿	FeS
	trov	pyrrhotite	磁黄铁矿	$Fe_{0.875}S$
Elements 元素类	Cu	copper	铜	Cu
	diam	diamond	金刚石	C
	gph	graphite	石墨	C
	iron	iron	铁	Fe
	Ni	nickel	镍	Ni
	S	sulphur	硫	S
Gas species 气体组分	H2O	water	水	H_2O
	CO2	carbon dioxide	二氧化碳	CO_2
	CO	carbon monoxide	一氧化碳	CO
	CH4	methane	甲烷	CH_4
	O2	oxygen	氧气	O_2
	H2	hydrogen	氢气	H_2
	S2	sulphur gas	硫气体	S_2
	H2S	hydrogen sulphide	硫化氢	H_2S
Melt species 熔体组分	abL	albite liquid	钠长石熔体	$NaAlSi_3O_8$
	anL	anorthite liquid	钙长石熔体	$CaAl_2Si_2O_8$
	corL	corundum liquid	刚玉熔体	Al_2O_3
	diL	diopside liquid	透辉石熔体	$CaMgSi_2O_6$
	enL	enstatite liquid	顽辉石熔体	$Mg_2Si_2O_6$
	faL	fayalite liquid	铁橄榄石熔体	Fe_2SiO_4
	foL	forsterite liquid	镁橄榄石熔体	Mg_2SiO_4
	h2oL	H_2O liquid	水流体	H_2O
	hltL	halite liquid	石盐熔体	NaCl
	kspL	K-feldspar liquid	钾长石熔体	$KAlSi_3O_8$
	lcL	leucite liquid	白榴石熔体	$KAlSi_2O_6$
	limL	CaO liquid	方钙石熔体	CaO
	neL	nepheline liquid	霞石熔体	$NaAlSiO_4$
	perL	MgO liquid	方镁石熔体	MgO
	qL	quartz liquid	石英熔体	SiO_2
	silL	sillimanite liquid	夕线石	Al_2SiO_5
	syvL	Sylvite liquid	钾石盐熔体	KCl
	woL	wollastonite liquid	硅灰石熔体	$CaSiO_3$

续表

族名	符号	端员组分	中文名	分子式
Aqueous species 溶液组分	H^+	hydrogen ion	氢离子	H^+
	Cl^-	chloride ion	氯离子	Cl^-
	OH^-	hydroxyl ion	羟离子	HO^-
	Na^+	sodium ion	钠离子	Na^+
	K^+	potassium ion	钾离子	K^+
	Ca^{2+}	calcium ion	钙离子	Ca^{2+}
	Mg^{2+}	magnesium ion	镁离子	Mg^{2+}
	Fe^{2+}	ferrous ion	亚铁离子	Fe^{2+}
	Al^{3+}	aluminium ion	铝离子	Al^{3+}
	CO_3^{2-}	carbonate ion	碳酸根离子	CO_3^{2-}
	$AlOH_3$	aluminium hydroxide	氢氧化铝	$Al(OH)_3$
	$AlOH_4^-$	aluminium hydroxide	铝酸根离子	$AlH_4O_4^-$
	KOH	potassium hydroxide	氢氧化钾	K(OH)
	HCl	hydrogen chloride	氯化氢	HCl
	KCl	potassium chloride	氯化钾	KCl
	NaCl	sodium chloride	氯化钠	NaCl
	$CaCl_2$	calcium chloride	氯化钙	$CaCl_2$
	$CaCl^+$	calcium chloride	氯化钙离子	$CaCl^+$
	$MgCl_2$	magnesium chloride	氯化镁	$MgCl_2$
	$MgCl^+$	magnesium hloride	氯化镁离子	$MgCl^+$
	$FeCl_2$	ferrous chloride	氯化亚铁	$FeCl_2$
	aqSi	silica(aq)	氧化硅(aq)	SiO_2
	HS^-	sulphide(aq)	硫化氢离子(aq)	HS^-
	HSO_3^-	sulphite(aq)	亚硫酸根离子(aq)	HSO_3^-
	SO_4^{2-}	sulphate(aq)	硫酸根离子(aq)	SO_4^{2-}
	HSO_4^-	sulphate2(aq)	硫酸氢根离子(aq)	HSO_4^-

附表 3-2a　端员组分的摩尔热力学性质（单位：kJ，K，kbar）

族名	符号	$\Delta_f H$	S	V	C_p				$\alpha\kappa$				ℓ
					a	b	c	d	α_0	κ_0	κ_0'	κ_0''	
Garnets & olivine 石榴子石和橄榄石类	alm	5260.65	342.00	11.525	0.6773	0	3772.7	5.0440	2.12	1900.0	2.98	0.0016	1
	andr	5769.08	316.40	13.204	0.6386	0	4955.1	3.9892	2.86	1588.0	5.68	0.0036	
	gr	6642.95	255.00	12.535	0.6260	0	5779.2	4.0029	2.20	1720.0	5.53	0.0032	
	knor	5687.75	317.00	11.738	0.6130	0.3606	4178.0	3.7294	2.37	1743.0	4.05	0.0023	
	maj	6050.33	255.20	11.457	0.7136	0.0997	1158.2	6.6223	1.83	1600.0	4.56	0.0028	
	py	6282.13	269.50	11.313	0.6335	0	5196.1	4.3152	2.37	1743.0	4.05	0.0023	
	spss	5693.65	335.30	11.792	0.6469	0	4525.8	4.4528	2.27	1740.0	6.68	0.0038	
	chum	9609.82	443.00	19.785	1.0700	1.6533	7899.6	7.3739	2.91	1194.0	4.79	0.0040	
	fa	1477.74	151.00	4.631	0.2011	1.7330	1960.6	0.9009	2.82	1256.0	4.68	0.0037	
	fo	2172.57	95.10	4.366	0.2333	0.1494	603.8	1.8697	2.85	1285.0	3.84	0.0030	
	lrn	2307.04	127.60	5.160	0.2475	0.3206	0	2.0519	2.90	985.0	4.07	0.0041	
	mont	2251.31	109.50	5.148	0.2507	1.0433	797.2	1.9961	2.87	1134.0	3.87	0.0034	
	teph	1733.95	155.90	4.899	0.2196	0	1292.7	1.3083	2.86	1256.0	4.68	0.0037	
Aluminosilicates 铝硅酸盐类	and	2588.72	92.70	5.153	0.2773	0.6588	1914.1	2.2656	1.81	1442.0	6.89	0.0048	2
	ky	2593.02	83.50	4.414	0.2794	0.7124	2055.6	2.2894	1.92	1601.0	4.05	0.0025	
	sill	2585.85	95.40	4.986	0.2802	0.6900	1375.7	2.3994	1.12	1640.0	5.06	0.0031	
	amul	2485.51	113.00	5.083	0.2448	0.0968	2533.3	1.6416	1.36	1740.0	4.00	0.0023	
	smul	2569.28	101.50	4.987	0.2802	0.6900	1375.7	2.3994	1.36	1740.0	4.00	0.0023	
	fctd	3208.31	167.00	6.980	0.4161	0.3477	2835.9	3.3603	2.80	1456.0	4.06	0.0028	
	mctd	3549.31	146.00	6.875	0.4174	0.3771	2920.6	3.4178	2.63	1456.0	4.06	0.0028	
	mnctd	3336.20	166.00	7.175	0.4644	1.2654	1147.2	4.3410	2.60	1456.0	4.06	0.0028	
	fst	23755.04	1010.00	44.880	2.8800	5.6595	10642.0	25.3730	1.83	1800.0	4.76	0.0026	
	mnst	24246.42	1034.00	45.460	2.8733	8.9064	12688.0	24.7490	2.09	1800.0	4.76	0.0026	
	mst	25124.32	910.00	44.260	2.8205	5.9366	13774.0	24.1260	1.81	1684.0	4.05	0.0024	
	tpz	2900.76	100.50	5.339	0.3877	0.7120	857.2	3.7442	1.57	1315.0	4.06	0.0031	

续表

族名	符号	$\Delta_f H$	S	V	C_p				$\alpha\kappa$				ℓ
					a	b	c	d	α_0	κ_0	κ_0'	κ_0''	
Other orthosilicates 其他正硅酸盐类	ak	3865.63	212.50	9.254	0.3854	0.3209	247.5	2.8899	2.57	1420.0	4.06	0.0029	
	geh	3992.26	198.50	9.024	0.4057	0.7099	1188.3	3.1744	2.23	1080.0	4.08	0.0038	2
	jgd	11809.63	830.00	31.080	1.7954	3.7986	4455.7	14.8880	2.49	1615.0	4.05	0.0025	
	merw	4545.87	253.10	9.847	0.4175	0.8117	2923.0	2.3203	3.19	1200.0	4.07	0.0034	
	fpm	14033.82	657.00	29.680	1.7372	2.4582	5161.1	14.9630	2.49	1615.0	4.05	0.0025	
	mpm	14386.75	629.00	29.550	1.7208	2.4928	5998.7	14.6203	2.47	1615.0	4.05	0.0025	
	rnk	3943.92	210.00	9.651	0.3723	0.2893	2462.4	2.1813	3.28	950.0	4.09	0.0043	
	sph	2601.65	124.00	5.565	0.2279	0.2924	3539.5	0.8943	1.58	1017.0	9.85	0.0097	1
	spu	5847.08	332.00	14.697	0.6141	0.3508	2493.1	4.1680	3.40	950.0	4.09	0.0043	
	ty	6368.39	390.00	17.039	0.7417	0.5345	1434.6	5.8785	3.41	950.0	4.09	0.0043	
	zrc	2035.05	83.03	3.926	0.2320	1.4405	0	2.2382	1.25	2301.0	4.04	0.0018	
Sorosilicates 双岛状硅酸盐类	cz	6895.42	301.00	13.630	0.6309	1.3693	6645.8	3.7311	2.33	1197.0	4.07	0.0034	
	ep	6473.90	315.00	13.920	0.6133	2.2070	7160.0	2.9877	2.34	1340.0	4.00	0.0030	
	fep	6027.57	329.00	14.210	0.5847	3.0447	7674.2	2.2443	2.31	1513.0	4.00	0.0026	
	law	4868.61	229.00	10.132	0.6878	0.1566	375.9	7.1792	2.65	1229.0	5.45	0.0044	
	pmt	6543.04	340.00	13.820	0.5698	2.7790	5442.9	2.8126	2.38	1197.0	4.07	0.0034	
	zo	6896.21	298.00	13.575	0.6620	1.0416	6006.4	4.2607	3.12	1044.0	4.00	0.0038	
	vsv	42345.19	1890.00	85.200	4.4880	5.7952	22269.3	33.4780	2.75	1255.0	4.80	0.0038	
Cyclosilicates 环状硅酸盐类	crd	9163.48	404.10	23.322	0.9061	0	7902.0	6.2934	0.68	1290.0	4.10	0.0031	2
	fcrd	8444.02	461.00	23.710	0.9240	0	7039.4	6.4396	0.67	1290.0	4.10	0.0031	2
	hcrd	9449.32	475.60	23.322	0.9802	0	7035.9	6.6808	0.67	1290.0	4.10	0.0031	2
	mncrd	8693.64	473.00	24.027	0.8865	0	8840.0	5.5904	0.69	1290.0	4.10	0.0031	2
	fosm	14238.91	762.00	38.320	1.6560	3.4163	6497.7	14.1143	0.49	800.0	4.10	0.0051	
	osm1	14959.21	701.00	37.893	1.6258	3.5548	8063.5	13.4909	0.47	810.0	4.10	0.0051	
	osm2	14799.99	724.00	38.440	1.6106	3.4457	8262.1	13.1288	0.47	810.0	4.10	0.0051	

续表

族名	符号	$\Delta_f H$	S	V	C_p				$\alpha\kappa$				ℓ
					a	b	c	d	α_0	κ_0	κ_0'	κ_0''	
High-pressure phases 高压相	fak	1142.14	91.50	2.760	0.1003	1.3328	4364.9	0.4198	2.12	2180.0	4.55	0.0022	
	mak	1490.85	59.30	2.635	0.1478	0.2015	2395.0	0.8018	2.12	2110.0	4.55	0.0022	
	cstn	2496.17	99.50	4.818	0.2056	0.6034	5517.7	0.3526	1.58	1782.0	4.00	0.0022	
	apv	1646.76	51.80	2.540	0.1395	0.5890	2460.6	0.5892	1.80	2030.0	4.00	0.0020	
	cpv	1541.73	73.50	2.745	0.1593	0	967.3	1.0754	1.87	2360.0	3.90	0.0016	
	fpv	1084.64	91.00	2.548	0.1332	1.0830	3661.4	0.3147	1.87	2810.0	4.14	0.0016	
	mpv	1443.02	62.60	2.445	0.1493	0.2918	2983.0	0.7991	1.87	2510.0	4.14	0.0016	
	phA	7132.27	348.00	15.442	0.9640	1.1521	4517.8	7.7247	3.79	1450.0	4.06	0.0028	
	frw	1471.79	140.00	4.203	0.1668	4.2610	1705.4	0.5414	2.22	1977.0	4.92	0.0025	
	mrw	2127.66	90.00	3.949	0.2133	0.2690	1410.4	1.4959	2.01	1781.0	4.35	0.0024	
	fwd	1467.92	146.00	4.321	0.2011	1.7330	1960.6	0.9009	2.73	1690.0	4.35	0.0026	
	mwd	2138.50	93.90	4.051	0.2087	0.3942	1709.5	1.3028	2.37	1726.0	3.84	0.0022	
Pyroxene & pyroxenoid 辉石和似辉石类	acm	2583.50	170.60	6.459	0.3071	1.6758	1685.5	2.1258	2.11	1060.0	4.08	0.0038	
	caes	3002.01	127.00	6.050	0.3620	1.6944	175.9	3.5657	2.31	1192.0	5.19	0.0044	
	cats	3310.14	135.00	6.356	0.3476	0.6974	1781.6	2.7575	2.08	1192.0	5.19	0.0044	2
	cen	3091.12	132.00	6.264	0.3060	0.3793	3041.7	1.8521	2.11	1059.0	8.65	0.0082	
	hen	3082.74	131.70	6.099	0.3562	0.2990	596.9	3.1853	2.26	1500.0	5.50	0.0036	
	di	3201.69	142.90	6.619	0.3145	0.0041	2745.9	2.0201	2.73	1192.0	5.19	0.0044	
	en	3090.23	132.50	6.262	0.3562	0.2990	596.9	3.1853	2.27	1059.0	8.65	0.0082	
	fs	2388.72	189.90	6.592	0.3987	0.6579	1290.1	4.0580	3.26	1010.0	4.08	0.0040	
	hed	2841.92	175.00	6.795	0.3402	0.0812	1047.8	2.6467	2.38	1192.0	3.97	0.0033	
	jd	3025.26	133.50	6.040	0.3194	0.3616	1173.9	2.4695	2.10	1281.0	3.81	0.0030	
	kos	2746.80	149.65	6.309	0.3092	0.5419	664.6	2.1766	1.94	1308.0	3.00	0.0023	
	mgts	3196.61	131.00	6.050	0.3714	0.4082	398.4	3.5471	2.17	1028.0	8.55	0.0083	

续表

族名	符号	$\Delta_f H$	S	V	C_p				$\alpha\kappa$				ℓ
					a	b	c	d	α_0	κ_0	κ'_0	κ''_0	
Pyroxene & pyroxenoid 辉石和似辉石类	pren	3084.57	137.00	6.476	0.3562	0.2990	596.9	3.1853	2.30	1059.0	8.65	0.0082	
	pswo	1627.94	87.80	4.008	0.1578	0	967.3	1.0754	2.85	1100.0	4.08	0.0037	
	pxmn	1323.14	99.30	3.472	0.1384	0.4088	1936.0	0.5389	2.80	840.0	4.00	0.0048	
	rhod	1322.35	100.50	3.494	0.1384	0.4088	1936.0	0.5389	2.81	840.0	4.00	0.0048	
	wal	1625.88	83.50	3.763	0.1593	0	967.3	1.0754	2.54	795.0	4.10	0.0052	
	wo	1633.75	82.50	3.993	0.1593	0	967.3	1.0754	2.54	795.0	4.10	0.0052	
Amphibole 闪石类	anth	12066.85	537.00	26.540	1.2773	2.5825	9704.6	9.0747	2.52	700.0	4.11	0.0059	
	fanth	9624.53	725.00	27.870	1.3831	3.0669	4224.7	11.2576	2.74	700.0	4.11	0.0059	
	cumm	12064.71	538.00	26.330	1.2773	2.5825	9704.6	9.0747	2.52	700.0	4.11	0.0059	
	fact	10503.82	710.00	28.420	1.2900	2.9992	8447.5	8.9470	2.88	760.0	4.10	0.0054	
	fgl	10880.25	624.00	26.590	1.7629	11.8992	9423.7	20.2071	1.83	890.0	4.09	0.0046	
	gl	11960.24	530.00	25.980	1.7175	12.1070	7075.0	19.2720	1.49	883.0	4.09	0.0046	
	grun	9607.15	735.00	27.840	1.3831	3.0669	4224.7	11.2576	2.74	648.0	4.12	0.0064	
	parg	12664.49	635.00	27.190	1.2802	2.2997	12359.5	8.0658	2.80	912.0	4.09	0.0045	
	rieb	10024.77	695.00	27.490	1.7873	12.4882	9627.1	20.2755	1.80	890.0	4.09	0.0046	
	tr	12304.56	553.00	27.270	1.2602	0.3830	11455.0	8.2376	2.61	762.0	4.10	0.0054	
	ts	12555.30	533.00	26.800	1.2448	2.4348	11965.0	8.1121	2.66	760.0	4.10	0.0054	
Other chain silicates 其他链状硅酸盐类	deer	18341.50	1650.00	55.740	3.1644	2.7883	5039.1	26.7210	2.75	630.0	4.12	0.0065	
	fcar	4411.57	251.10	10.695	0.6866	1.2415	186.0	6.8840	2.21	525.0	4.14	0.0079	
	mcar	4771.22	221.50	10.590	0.6830	1.4054	291.0	6.9764	2.43	525.0	4.14	0.0079	
	fspr	9659.86	485.00	19.923	1.1329	0.7348	10420.2	7.0366	1.96	2500.0	4.04	0.0017	
	spr4	11022.40	425.50	19.900	1.1331	0.7596	8816.6	8.1806	2.05	2500.0	4.04	0.0016	
	spr5	11135.69	419.50	19.750	1.1034	0.1015	10957.0	7.4092	2.06	2500.0	4.04	0.0016	

续表

族名	符号	$\Delta_f H$	S	V	C_p				$\alpha\kappa$				ℓ
					a	b	c	d	α_0	κ_0	κ_0'	κ_0''	
Mica 云母类	ann	5144.23	418.00	15.432	0.8157	3.4861	19.8	7.4667	3.80	513.0	7.33	0.0143	
	cel	5834.87	290.00	13.957	0.7412	1.8748	2368.8	6.6169	3.07	700.0	4.11	0.0059	
	fcel	5468.47	330.00	14.070	0.7563	1.9147	1586.1	6.9287	3.18	700.0	4.11	0.0059	
	east	6330.48	318.00	14.738	0.7855	3.8031	2130.3	6.8937	3.80	530.0	7.33	0.0143	
	ma	6242.11	265.00	12.964	0.7444	1.6800	2074.4	6.7832	2.33	1000.0	4.08	0.0041	
	mnbi	5477.59	433.00	15.264	0.8099	5.9213	1514.4	6.9987	3.80	530.0	7.33	0.0143	
	mu	5976.56	292.00	14.083	0.7564	1.9840	2170.0	6.9792	3.07	490.0	4.15	0.0085	
	naph	6171.92	318.00	14.450	0.7735	4.0229	2597.9	6.5126	3.28	513.0	7.33	0.0143	
	pa	5942.91	277.00	13.211	0.8030	3.1580	217.0	8.1510	3.70	515.0	6.51	0.0126	
	phl	6214.95	326.00	14.964	0.7703	3.6939	2328.9	6.5316	3.80	513.0	7.33	0.0143	
Chlorites 绿泥石类	afchl	8728.65	439.00	21.570	1.1550	0.0417	4024.4	9.9529	2.04	870.0	4.09	0.0047	
	ames	9039.80	413.00	20.710	1.1860	0.2599	3627.2	10.6770	2.00	870.0	4.09	0.0047	
	clin	8909.23	437.00	21.140	1.1708	0.1508	3825.8	10.3150	2.04	870.0	4.09	0.0047	
	daph	7116.71	584.00	21.620	1.1920	0.5940	4826.4	9.7683	2.27	870.0	4.09	0.0047	
	mnchl	7702.37	595.00	22.590	1.1365	0.5243	5548.1	8.9115	2.23	870.0	4.09	0.0047	
	fsud	7900.11	456.00	20.400	1.4663	4.7365	1182.8	14.3880	2.08	870.0	4.09	0.0047	
	sud	8626.91	395.00	20.300	1.4361	4.8749	2748.5	13.7640	1.99	870.0	4.09	0.0047	
Other sheet silicates 其他层状硅酸盐类	atg	71416.61	3600.00	175.480	9.6210	9.1183	35941.6	83.0342	2.60	496.0	6.31	0.0127	
	chr	4360.96	221.30	10.746	0.6247	2.0770	1721.8	5.6194	2.20	628.0	4.00	0.0064	
	fta	4798.43	352.00	14.225	0.5797	3.9494	6459.3	3.0881	1.80	430.0	6.17	0.0144	
	glt	3297.65	310.00	11.980	0.5764	0.2984	3757.0	4.1662	2.28	630.0	4.00	0.0063	
	kao	4122.10	203.70	9.934	0.4367	3.4295	4055.9	2.6991	2.51	645.0	4.12	0.0064	
	liz	4369.14	212.00	10.645	0.6147	2.0770	1721.8	5.6194	2.20	710.0	3.20	0.0045	

续表

族名	符号	$\Delta_f H$	S	V	C_p				$\alpha\kappa$				ℓ
					a	b	c	d	α_0	κ_0	κ_0'	κ_0''	
Other sheet silicates 其他层状硅酸盐类	minn	4819.29	355.00	14.851	0.5797	3.9494	6459.3	3.0881	1.80	430.0	6.17	0.0144	
	minm	5866.01	263.90	14.291	0.6222	0	6385.5	3.9163	1.80	430.0	6.17	0.0144	
	fpre	5766.75	320.00	14.800	0.7371	1.6810	1957.3	6.3581	1.58	1093.0	4.01	0.0037	
	pre	6202.10	292.80	14.026	0.7249	1.3865	2059.0	6.3239	1.58	1093.0	4.01	0.0037	
	tap	5589.24	245.00	13.450	0.7845	4.2948	1251.0	8.4959	4.50	370.0	10.00	0.0271	
	prl	5640.68	239.00	12.804	0.7845	4.2948	1251.0	8.4959	4.50	370.0	10.00	0.0271	
	fstp	12550.45	930.20	37.239	1.9443	1.2289	4840.2	16.6350	3.68	513.0	7.33	0.0143	
	mstp	14288.03	847.40	36.577	1.8622	1.4018	8983.1	14.9230	3.71	513.0	7.33	0.0143	
	ta	5897.17	259.00	13.665	0.6222	0	6385.5	3.9163	1.80	430.0	6.17	0.0144	
	tats	5992.20	259.00	13.510	0.5495	3.6324	8606.6	2.5153	1.80	430.0	6.17	0.0144	
Feldspar & feldspathoid 长石和似长石类	ab	3935.49	207.40	10.067	0.4520	1.3364	1275.9	3.9536	2.36	541.0	5.91	0.0109	2
	abh	3921.49	224.30	10.105	0.4520	1.3364	1275.9	3.9536	2.40	541.0	5.91	0.0109	
	anl	3307.25	232.00	9.740	0.6435	1.6067	9302.3	9.1796	2.76	400.0	4.18	0.0104	
	an	4232.70	200.50	10.079	0.3705	1.0010	4339.1	1.9606	1.41	860.0	4.09	0.0048	2
	cgh	2077.99	135.00	5.670	0.2292	1.1876	0	1.9707	4.67	465.0	4.16	0.0089	
	cg	2091.70	118.70	5.603	0.1161	8.6021	1992.7	0	4.50	465.0	4.16	0.0089	
	kls	2122.89	136.00	6.052	0.2420	0.4482	895.8	1.9358	3.16	514.0	2.00	0.0039	
	lc	3029.23	198.50	8.826	0.3698	1.6332	684.7	3.6831	1.85	450.0	5.70	0.0127	2
	mic	3975.33	214.30	10.871	0.4488	1.0075	1007.3	3.9731	1.65	583.0	4.02	0.0069	
	ne	2094.54	124.40	5.419	0.2727	1.2398	0	2.7631	4.63	465.0	4.16	0.0089	1
	san	3966.68	214.30	10.871	0.4488	1.0075	1007.3	3.9731	1.65	583.0	4.02	0.0069	2

续表

族名	符号	$\Delta_f H$	S	V	C_p				$\alpha\kappa$				ℓ
					a	b	c	d	α_0	κ_0	κ_0'	κ_0''	
Silica minerals 氧化硅矿物类	coe	907.02	39.60	2.064	0.1078	0.3279	190.3	1.0416	1.23	979.0	4.19	0.0043	
	crst	904.24	50.86	2.745	0.0727	0.1304	4129.0	0	0	160.0	4.35	0.0272	
	q	910.70	41.43	2.269	0.0929	0.0642	714.9	0.7161	0	730.0	6.00	0.0082	1
	stv	876.39	24.00	1.401	0.0681	0.6010	1978.2	0.0821	1.58	3090.0	4.60	0.0015	
	trd	907.08	44.10	2.800	0.0749	0.3100	1174.0	0.2367	0	150.0	4.36	0.0291	
Other framework silicates 其他架状硅酸盐类	heu	10545.09	783.00	31.700	1.5048	3.3224	2959.3	13.2972	1.57	274.0	4.00	0.0146	
	hol	3791.94	166.20	7.128	0.4176	0.3617	4748.1	2.8199	2.80	1800.0	4.00	0.0022	
	lmt	7262.64	465.00	20.370	1.0134	2.1413	2235.8	8.8067	1.37	860.0	4.09	0.0048	
	me	13841.95	752.00	33.985	1.3590	3.6442	8594.7	9.5982	1.82	870.0	4.09	0.0047	
	kcm	4232.63	281.50	11.438	0.5365	1.0090	980.4	4.7350	3.21	425.0	2.00	0.0047	
	sdl	13405.41	910.00	42.130	1.5327	4.7747	2972.8	12.4270	4.63	465.0	4.16	0.0089	
	stlb	10896.63	710.00	32.870	1.5884	3.2043	3071.6	13.9669	1.51	860.0	4.09	0.0048	
	wa	4271.79	254.00	10.844	0.4991	0	0	4.3501	2.66	900.0	4.00	0.0044	
	wrk	6662.40	380.00	19.040	0.8383	2.1460	2272.0	7.2923	1.49	860.0	4.09	0.0048	
Oxides 氧化物类	bdy	1100.34	50.40	2.115	0.1035	0.4547	416.2	0.7136	2.00	953.0	3.88	0.0041	
	bix	959.00	113.70	3.137	0.1451	2.3534	721.6	1.0084	2.91	2230.0	4.04	0.0018	
	cor	1675.33	50.90	2.558	0.1395	0.5890	2460.6	0.5892	1.80	2540.0	4.34	0.0017	
	cup	170.60	92.40	2.344	0.1103	0	0	0.6748	3.33	1310.0	5.70	0.0043	
	esk	1137.35	83.00	2.909	0.1190	0.9496	1442.0	0.0034	1.59	2380.0	4.00	0.0017	
	geik	1568.97	73.60	3.086	0.1510	0	1890.4	0.6522	2.15	1700.0	8.30	0.0049	
	hem	825.65	87.40	3.027	0.1639	0	2257.2	0.6576	2.79	2230.0	4.04	0.0018	1

续表

族名	符号	$\Delta_f H$	S	V	C_p				$\alpha\kappa$				ℓ
					a	b	c	d	α_0	κ_0	κ_0'	κ_0''	
Oxides 氧化物类	herc	1953.09	113.90	4.075	0.2167	0.5868	2430.2	1.1783	2.06	1922.0	4.04	0.0021	2
	ilm	1230.43	109.50	3.169	0.1389	0.5081	1288.8	0.4637	2.40	1700.0	8.30	0.0049	1
	lime	634.61	38.10	1.676	0.0524	0.3673	750.7	0.0510	3.41	1130.0	3.87	0.0034	
	mang	385.55	59.70	1.322	0.0598	0.3600	31.4	0.2826	3.69	1645.0	4.46	0.0027	
	mcor	1474.43	59.30	2.635	0.1478	0.2015	2395.0	0.8018	2.12	2110.0	4.55	0.0022	
	mft	1442.29	121.00	4.457	0.2705	0.7505	999.2	2.0224	3.63	1857.0	4.05	0.0022	1
	mt	1114.51	146.90	4.452	0.2625	0.7205	1926.2	1.6557	3.71	1857.0	4.05	0.0022	1
	NiO	239.47	38.00	1.097	0.0477	0.7824	392.5	0	3.30	2000.0	3.94	0.0020	1
	per	601.55	26.50	1.125	0.0605	0.0362	535.8	0.2992	3.11	1616.0	3.95	0.0024	
	fper	271.97	60.60	1.206	0.0444	0.8280	1214.2	0.1852	7.43	1520.0	4.90	0.0032	
	picr	1762.60	118.30	4.356	0.1961	0.5398	3126.0	0.6169	1.80	1922.0	4.04	0.0021	2
	pnt	1361.99	105.50	3.288	0.1435	0.3373	1940.7	0.4076	2.40	1700.0	8.30	0.0049	
	ru	944.37	50.50	1.882	0.0904	0.2900	0	0.6238	2.24	2220.0	4.24	0.0019	
	sp	2301.26	82.00	3.978	0.2229	0.6127	1686.0	1.5510	1.93	1922.0	4.04	0.0021	2
	ten	156.10	42.60	1.222	0.0310	1.3740	1258.0	0.3693	3.57	2000.0	3.94	0.0020	
	usp	1491.10	180.00	4.682	0.1026	14.2520	9144.5	5.2707	3.86	1857.0	4.05	0.0022	
Hydroxides 氢氧化物类	br	925.65	63.20	2.463	0.1584	0.4076	1052.3	1.1713	6.20	415.0	6.45	0.0155	
	dsp	999.86	34.50	1.786	0.1451	0.8709	584.4	1.7411	3.57	2280.0	4.04	0.0018	
	gth	561.79	60.30	2.082	0.1393	0.0147	212.7	1.0778	4.35	2500.0	4.03	0.0016	
Carbonates 碳酸盐类	ank	1970.62	188.46	6.606	0.3410	0.1161	0	3.0548	3.46	914.0	3.88	0.0043	2
	arag	1207.82	89.80	3.415	0.1923	0.3052	1149.7	2.1183	6.14	614.0	5.87	0.0096	1

续表

族名	符号	$\Delta_f H$	S	V	C_p				$\alpha\kappa$				ℓ
					a	b	c	d	α_0	κ_0	κ_0'	κ_0''	
Carbonates 碳酸盐类	cc	1207.88	92.50	3.689	0.1409	0.5029	950.7	0.8584	2.52	733.0	4.06	0.0055	1
	dol	2325.76	156.10	6.429	0.3589	0.4905	0	3.4562	3.28	943.0	3.74	0.0040	2
	mag	1110.93	65.50	2.803	0.1864	0.3772	0	1.8862	3.38	1028.0	5.41	0.0053	
	rhc	892.28	98.00	3.107	0.1695	0	0	1.5343	2.44	953.0	3.88	0.0041	
	sid	762.22	93.30	2.943	0.1684	0	0	1.4836	4.39	1200.0	4.07	0.0034	
Sulphides & halides 硫化物和卤化物类	any	1434.40	106.90	4.594	0.1287	4.8545	1223.0	0.5605	4.18	543.8	4.19	0.0077	
	hlt	411.30	72.10	2.702	0.0452	1.7970	0	0	11.47	238.0	5.00	0.0210	
	pyr	171.64	52.90	2.394	0.0373	2.6715	1817.0	0.6493	3.10	1395.0	4.09	0.0029	
	trot	99.03	65.50	1.819	0.0502	1.1052	940.0	0	5.68	658.0	4.17	0.0063	1
	trov	96.02	57.50	1.738	0.0511	0.8307	669.7	0	5.94	658.0	4.17	0.0063	1
	lot	102.16	60.00	1.818	0.0502	1.1052	940.0	0	4.93	658.0	4.17	0.0063	1
	tro	97.76	70.80	1.819	0.0502	1.1052	940.0	0	5.73	658.0	4.17	0.0063	1
	syv	436.50	82.60	3.752	0.0462	1.7970	0	0	11.09	170.0	5.00	0.0294	
Elements 元素类	Cu	0	33.14	0.711	0.0124	0.9220	379.9	0.2335	3.58	1625.0	4.24	0.0026	
	diam	2.00	2.38	0.342	0.0243	0.6272	377.4	0.2734	0.49	4465.0	1.61	0.0004	
	gph	0.00	5.74	0.530	0.0510	0.4429	488.6	0.8055	1.67	312.0	3.90	0.0125	
	iron	0.00	27.09	0.709	0.0462	0.5159	723.1	0.5562	3.56	1640.0	5.16	0.0031	1
	Ni	0.00	29.87	0.659	0.0498	0	585.9	0.5339	4.28	1905.0	4.25	0.0022	1
	S	0.00	32.05	1.551	0.0566	0.4557	638.0	0.6818	6.40	145.0	7.00	0.0063	

续表

族名	符号	$\Delta_f H$	S	V	C_p				$\alpha\kappa$				ℓ
					a	b	c	d	α_0	κ_0	κ_0'	κ_0''	
Gas species 气体组分	CH4	74.81	186.26	0	0.1501	0.2063	3427.7	2.6504	0	0	0	0	
	CO	110.53	197.67	0	0.0457	0.0097	662.7	0.4147	0	0	0	0	
	CO2	393.51	213.70	0	0.0878	0.2644	706.4	0.9989	0	0	0	0	
	H2	0.00	130.70	0	0.0233	0.4627	0	0.0763	0	0	0	0	
	H2S	20.30	205.77	0	0.0474	1.0240	615.9	0.3978	0	0	0	0	
	O2	0.00	205.20	0	0.0483	0.0691	499.2	0.4207	0	0	0	0	
	S2	128.54	231.00	0	0.0371	0.2398	161.0	0.0650	0	0	0	0	
	H2O	241.81	188.80	0	0.0401	0.8656	487.5	0.2512	0	0	0	0	
Melt species 熔体组分	abL	3926.05	149.90	10.858	0.3580	0	0	0	3.37	176.0	14.35	0.0815	4
	anL	4277.91	29.00	10.014	0.4300	0	0	0	5.14	210.0	6.38	0.0304	4
	corL	1632.02	14.90	3.369	0.1576	0	0	0	7.03	150.0	6.00	0	4
	diL	3193.70	42.10	7.288	0.3340	0	0	0	8.51	249.0	8.04	0.0323	4
	enL	3096.58	4.00	6.984	0.3536	0	0	0	6.81	218.0	7.20	0.0330	4
	faL	1463.04	96.00	4.677	0.2437	0	0	0	10.71	290.0	10.42	0.0359	4
	foL	2237.32	62.00	4.312	0.2694	0	0	0	9.20	362.0	10.06	0.0278	4
	h2oL	295.01	45.50	1.460	0.0800	0	0	0	46.33	46.2	1.50	0.0325	4
	hltL	392.99	80.10	2.938	0.0720	0.3223	0	0	29.50	64.0	4.61	0.0720	4
	kspL	3980.06	132.20	11.431	0.3680	0	0	0	4.93	174.0	6.84	0.0393	4

续表

族名	符号	$\Delta_f H$	S	V	C_p				$\alpha\kappa$				ℓ
					a	b	c	d	α_0	κ_0	κ_0'	κ_0''	
Melt species 熔体组分	lcL	3068.37	102.00	8.590	0.2870	0	0	0	6.70	175.0	7.00	0.0394	4
	limL	692.37	47.50	1.303	0.0990	0	0	0	17.50	362.0	10.06	0.0278	4
	neL	2116.71	52.90	5.200	0.2165	0	0	0	13.70	250.0	7.37	0.0295	4
	perL	654.14	64.30	0.839	0.0990	0	0	0	22.60	362.0	10.06	0.0278	4
	qL	921.03	16.30	2.730	0.0825	0	0	0	0	220.0	9.46	0.0430	4
	silL	2594.05	10.00	6.051	0.2530	0	0	0	4.08	220.0	6.36	0.0289	4
	syvL	417.41	94.50	3.822	0.0669	0	0	0	30.10	56.0	4.65	0.0830	4
	woL	1642.20	22.50	3.965	0.1674	0	0	0	6.69	305.0	9.38	0.0308	4
Aqueous species 溶液组分	H^+	0	0	0	0	0	0	0	0	0	0	0	3
	Cl^-	167.08	56.73	1.779	0	0	0	0	0	0	0	0	3
	OH^-	230.02	10.71	0.418	0	0	0	0	0	0	0	0	3
	Na^+	240.30	58.40	0.111	0	19.1300	0	0	0	0	0	0	3
	K^+	252.17	101.04	0.906	0	7.2700	0	0	0	0	0	0	3
	Ca^{2+}	543.30	56.50	1.806	0	6.9000	0	0	0	0	0	0	3
	Mg^{2+}	465.96	138.10	2.155	0	4.6200	0	0	0	0	0	0	3
	Fe^{2+}	90.42	107.11	2.220	0	0	0	0	0	0	0	0	3
	Al^{3+}	527.23	316.30	4.440	0	0	0	0	0	0	0	0	3
	CO_3^{2-}	675.23	50.00	0.502	0	0	0	0	0	0	0	0	3

续表

族名	符号	$\Delta_f H$	S	V	C_p				$\alpha\kappa$				ℓ
					a	b	c	d	α_0	κ_0	κ_0'	κ_0''	
Aqueous species 溶液组分	$AlOH_3$	1251.85	53.60	0	0	0	0	0	0	0	0	0	3
	$AlOH_4^-$	1495.78	126.90	0	0	0	0	0	0	0	0	0	3
	KOH	473.62	109.62	0.800	0	9.4500	0	0	0	0	0	0	3
	HCl	162.13	56.73	1.779	0	9.0300	0	0	0	0	0	0	3
	KCl	400.03	184.81	4.409	0	5.4300	0	0	0	0	0	0	3
	NaCl	399.88	126.09	2.226	0	19.1300	0	0	0	0	0	0	3
	$CaCl_2$	877.06	46.00	3.260	0	13.6900	0	0	0	0	0	0	3
	$CaCl^+$	701.28	27.36	0.574	0	6.9000	0	0	0	0	0	0	3
	$MgCl_2$	796.08	22.43	2.920	0	23.9900	0	0	0	0	0	0	3
	$MgCl^+$	632.48	81.37	0.126	0	4.6200	0	0	0	0	0	0	3
	$FeCl_2$	375.34	109.88	2.700	0	45.0300	0	0	0	0	0	0	3
	aqSi	887.81	46.35	1.832	0	17.7500	0	0	0	0	0	0	3
	HS^-	16.04	68.00	2.065	0	0	0	0	0	0	0	0	3
	HSO_3^-	623.82	139.00	3.330	0	0	0	0	0	0	0	0	3
	SO_4^{2-}	906.12	-18.80	1.388	0	0	0	0	0	0	0	0	3
	HSO_4^-	885.70	125.04	3.520	0	0	0	0	0	0	0	0	3

注：${}_fH$，由元素回归计算的摩尔生成焓；S，摩尔熵；V，摩尔体积（标准状态：298K，1bar）；a、b、c、d 为热容多项式中的系数（$C_p=a+bT+cT^2+dT^{1/2}$）；α 和 κ 分别为热膨胀和体积模量；α_0，热膨胀参数；κ_0、κ_0'、κ_0''，分别为体积模量（298K，1bar）及其对压力的一级和二级导数；ℓ 标识，1—由 Landau 理论描述的相转变，2—由 Bragg-Williams 理论描述的相转变，3—水溶液组分，4—熔体端员组分。

表 3-2b　端员组分的 Landau 理论参数

符号	T_c	S_{max}	V_{max}
lrn	1710	10.03	0.0500
sph	485	0.40	0.0050
q	847	4.95	0.1188
ne	467	10.00	0.0800
hem	955	15.60	0
NiO	520	5.70	0
ilm	1900	12.00	0.0200
mt	848	35.00	0
mft	665	17.00	0
cc	1240	10.00	0.0400
arag	1240	9.00	0.0450
trot	598	12.00	0.0410
tro	598	12.00	0.0410
lot	420	10.00	0
trov	595	10.00	0.0160
iron	1042	8.30	0
Ni	631	3.00	0

注：T_c 为 1bar 下的临界温度；S_{max} 和 V_{max} 分别为在 T_c 下的无序化熵和体积。详情参考 Holland & Powell (1998)。

表 3-2c　用于端员组分的对称形式（广义 Bragg-Williams 理论）参数

符号	ΔH	ΔV	W	W_V	n	Fac
sill	4.75	0.0100	4.75	0.0100	1	0.25
geh	7.51	0.0900	7.50	0.0900	1	0.80
crd	36.71	0.1000	36.70	0.1000	2	1.50
hcrd	36.71	0.1000	36.70	0.1000	2	1.50
fcrd	36.71	0.1000	36.70	0.1000	2	1.50
mncrd	36.71	0.1000	36.70	0.1000	2	1.50
cats	3.80	0.0100	3.80	0.0100	1	0.25
ab	14.00	0.0420	13.00	0.0420	3	0.90
san	8.65	0.0240	8.50	0.0240	3	0.80
an	42.01	0.1000	42.00	0.1000	1	2.00
lc	11.61	0.4000	11.60	0.4000	2	0.70
sp	8.00	0	1.20	0	2	0.50
herc	18.30	0	13.60	0	2	1.00
picr	8.00	0	1.20	0	2	0.50
dol	11.91	0.0160	11.90	0.0160	1	1.00
ank	11.91	0.0160	11.90	0.0160	1	1.00

注：ΔH 和 ΔV 分别为无序化的总熵和体积；W 和 W_V 为在表达式 $W=W_H+PW_V$ 中的相互作用能量项；n 为与每个 Al 原子无序化的 Si 原子数；Fac 为对无序化能量的换算系数。详情参考 Holland & Powell (1996a，b)。

表 3-2d 熔体端员组分的体积模量对温度的函数关系

符号	$d\kappa_0/dT$
syvL	−0.02000
hltL	−0.01500
perL	−0.04100
limL	−0.04100
corL	−0.03500
qL	−0.03500
h2oL	−0.00001
foL	−0.04400
faL	−0.05500
woL	−0.02000
enL	−0.02400
diL	−0.03730
silL	−0.02900
anL	−0.05500
kspL	−0.00900
abL	−0.02600
neL	−0.00800
lcL	0

注：详情参考 Holland & Powell (1998)。

表 3-2e Anderson 等（1991）修正的密度模型中水溶液物质热容表达式（$C_p^* = C_p^0 + bT$）中扩充的 b 项 $C_{p,aq}$

符号	$C_{p,aq}$
Na^+	0.0306
K^+	0.0072
$AlOH_3$	0.1015
$AlOH_4^-$	0.0965
HCl	0.0540
$CaCl_2$	0.0343
$CaCl^+$	0.0400
$MgCl_2$	0.0186
$MgCl^+$	0.1126
$FeCl_2$	0.0124
aqSi	0.0283
SO_4^-	0.2680
HSO_4^-	0.0220

注：详情参考 Holland & Powell (1998)。

参考文献

Holland T J B, Powell R, 1996a. Thermodynamics of order-disorder in minerals: symmetric formalism applied to minerals of fixed composition. *Am Mineral*, 81: 1413-1424.

Holland T J B, Powell R, 1996b. Thermodynamics of order-disorder in minerals: symmetric formalism applied to solid solutions. *Am Mineral*, 81: 1425-1437

Holland T J B, Powell R, 1998. An internally-consistent thermodynamic dataset for phases of petrological interest. *J Metamorphic Geol*, 16: 309-344.

Holland T J B, Powell R, 2011. An improved and extended internally consistent thermodynamic dataset for phases of petrological interest, involving a new equation of state for solids. *J Metamorphic Geol*, 29: 333-383.

附录四　复杂矿物热力学性质计算模型

矿物稳定性与矿物反应的热力学模拟是确定其形成条件和矿物资源加工技术的重要工具。尽管文献中已有大量矿物热力学性质数据可用，但在实际中仍经常会遇到缺少某些复杂矿物热力学性质的情形。鉴于此，自20世纪50年代初以来即发展了若干矿物热力学性质的计算方法。下文简要介绍几类重要矿物热力学性质的配位多面体计算模型。

一、硅酸盐矿物：氧化物配位多面体

黏土和沸石族矿物是重要的工业矿物，也是近地表环境下常见的低温热液和表生矿物。其热力学性质是模拟低温地球化学过程和设计水热加工反应条件的基础数据。由于此类矿物结构复杂，成分多变，且大多晶粒微小，纯相矿物样品不易获得，故实验测定其热力学数据大多极为困难。鉴于此，Chermak 等（1989；1990）提出了计算复杂硅酸盐矿物生成自由能 $\Delta_f G^{\ominus}$ 和生成焓 $\Delta_f H^{\ominus}$ 的氧化物配位多面体模型。

1. 标准生成自由能和生成焓

Chermak 等（1989）采用多元线性回归方法来拟合氧化物和氢氧化物组分对硅酸盐矿物生成自由能 $\Delta_f G^{\ominus}$ 和生成焓 $\Delta_f H^{\ominus}$ 的贡献。其基本原理依据是，硅酸盐矿物的性质可表征为其基本多面体单元的线性组合（Hazen，1985），即

$$\Delta_f G^{\ominus} = \sum n_i \cdot g_i \tag{A4-1}$$

$$\Delta_f H^{\ominus} = \sum n_i \cdot h_i \tag{A4-2}$$

式中，n_i 为矿物晶体化学式中多面体组分 i 的摩尔数；g_i、h_i 分别为组分 i 对标准生成自由能和生成焓的贡献系数。熵值 $S^{\ominus}$ 可由公式 $\Delta_f G = \Delta_f H^{\ominus} - T\Delta_f S^{\ominus}$ 计算，其中 $\Delta_f S^{\ominus} = S^{\ominus}_{elements} - S^{\ominus}$。

对于常见硅酸盐矿物化学成分空间 K_2O-Na_2O-CaO-MgO-FeO-Fe_2O_3-Al_2O_3-SiO_2-H_2O，其氧化物配位多面体计有15种。严格选取34种矿物的热力学数据，确定构成每种矿物的多面体组分及其配位数。以高岭石 $Al_2[Si_2O_5](OH)_4$ 为例，其多面体单元构成为：$2^{[4]}SiO_2$，$0.667^{[6]}Al_2O_3$，$0.667^{[6]}Al(OH)_3$。类似地，对于 Al^{3+}、Fe^{3+}、Mg^{2+}、Fe^{2+} 等离子，在1∶1型和2∶1型层状硅酸盐中占据八面体片层位置时，分别按照0.6666氢氧化物+0.3333氧化物和0.3333氢氧化物+0.6666氧化物进行分配。回归分析过程中，当 $^{[4]}SiO_2 > 5$ 时，则将其分子式减半，以避免某些矿物的贡献权重过高。

常见层状硅酸盐矿物中，1∶1型结构矿物有高岭石、迪开石、珍珠石、蛇纹石等；2∶1型矿物有白云母、海绿石、伊利石、金云母、蛭石、叶蜡石、滑石、蒙脱石、海泡石、坡缕石等。

$\Delta_f G^{\ominus}$ 和 $\Delta_f H^{\ominus}$ 分别由29种和32种矿物热力学数据进行多元线性回归分析，所得各配

位多面体组分的回归系数见附表 4-1。与原矿物热力学数据对比，由该回归模型计算的 $\Delta_f G^{\ominus}$ 和 $\Delta_f H^{\ominus}$ 平均误差分别为 0.26%和 0.24%。与 20 个回归分析中未采用矿物的量热法测定热力学数据对比，由该模型计算 $\Delta_f G^{\ominus}$ 和 $\Delta_f H^{\ominus}$ 的平均误差分别为 0.25%和 0.22%。

由 $\Delta_f G^{\ominus}$ 和 $\Delta_f H^{\ominus}$ 计算的 $S^{\ominus}$ 值误差较大，仅为概略估算值，故建议采用 Holland（1989）更为精确的熵值计算法，以与本法相结合，获得更具内洽性的 $\Delta_f G^{\ominus}$、$\Delta_f H^{\ominus}$ 和 $S^{\ominus}$ 数据。

附表 4-1　多面体组分热力学性质回归系数/(kJ/mol)

多面体	g_i	h_i	$(h_{i,298}-g_{i,298})/298$
$^{[8\text{-}12]}K_2O$	−722.94	−735.24	−0.0413
$^{[6\text{-}8]}Na_2O$	−672.50	−683.00	−0.0352
$^{[8\text{-}z]}CaO$	−710.08	−736.04	−0.0871
$^{[6]}CaO$	−669.13	−696.65	−0.0923
$^{[6]}MgO$	−628.86	−660.06	−0.1047
$^{[6]}Mg(OH)_2$	−851.86	−941.62	−0.3011
$^{[6]}FeO$	−266.29	−290.55	−0.0184
$^{[6]}Fe(OH)_2$	−542.04	−596.07	−0.1812
$^{[6]}Fe_2O_3$	−776.07	−939.18	−0.5471
$^{[6]}Al_2O_3$	−1594.52	−1690.18	−0.3209
$^{[6]}Al(OH)_3$	−1181.62	−1319.55	−0.4626
$^{[4]}Al_2O_3$	−1631.32	−1716.24	−0.2848
$^{[4]}SiO_2$	−853.95	−910.97	−0.1913
$H_2O(Na)$	−230.82	−283.20	−0.1760
$H_2O(Ca)$	−240.57	−293.00	−0.1760

注：1. 上标方括号中数字表示阳离子配位数；2. 引自 Chermak 等（1989；1990）。

各氧化物或氢氧化物的热力学性质 g_i 和 h_i 拟合值与纯氧化物或氢氧化物的 $\Delta_f G^{\ominus}$ 和 $\Delta_f H^{\ominus}$ 值具有良好的相关性（附表 4-2）。附图 4-1、附图 4-2 显示，硅酸盐矿物中氧化物或氢氧化物组分的生成自由能 g_i 和生成焓 h_i，较之其纯氧化物或氢氧化物矿物的 $\Delta_f G^{\ominus}$ 和 $\Delta_f H^{\ominus}$ 分别减小约 36kJ/mol 和约 38kJ/mol。自然界硅酸盐矿物相对于纯氧化物或氢氧化物的丰度与此关系相一致（Chermak et al，1989）。

附表 4-2　氧化物和氢氧化物热力学性质与其多面体组分性质回归值对比/(kJ/mol)

氧化物/氢氧化物	$\Delta_f G^{\ominus}$	g_i	$\Delta_f H^{\ominus}$	h_i
$^{[6]}Al_2O_3$	−1582.23	−1594.52	−1675.70	−1690.18
$Al(OH)_3$	−1154.89	−1181.62	−1293.13	−1319.55
SiO_2	−856.29	−853.95	−910.70	−910.97
MgO	−569.20	−628.86	−601.49	−660.06
$Mg(OH)_2$	−833.51	−851.86	−924.54	−942.62
H_2O	−237.14	−239.91	−285.83	−292.37
$^{[6]}CaO$	−603.49	−669.13	−635.09	−696.65
FeO	−251.16	−266.29	−272.04	−290.55
Fe_2O_3	−742.68	−776.07	−824.64	−939.18
$Fe(OH)_2$	−492.04	−542.04	−574.04	−596.07

采用该法计算硅酸盐矿物 $\Delta_f G^\ominus$ 和 $\Delta_f H^\ominus$，流程如下：

(1) 分析矿物的化学成分，确定晶体化学式。

(2) 基于已知矿物晶体结构，确定氧化物组分配位数：a.对于配位数不明含钙沸石族矿物，其多面体简记为$^{[z]}$CaO。b.对于1∶1型层状硅酸盐矿物，八面体阳离子中0.6666为氢氧化物，0.3333为氧化物；而2∶1型矿物，则0.3333为氢氧化物，0.6666为氧化物。c.对于绿泥石族矿物，层间阳离子占位顺序按照 $Al^{3+} > Fe^{2+} > Mg^{2+} > Fe^{3+}$，直至层间(OH)=8；其余阳离子在八面体片层中占位按上述b项分配。

(3) 确定晶体化学式中每种组分多面体数 n。

(4) 附表4-1中系数 g_i 和 h_i 分别乘以多面体数 n_i。绿泥石层间热力学贡献按照附表4-2中纯氧化物或氢氧化物的 $\Delta_f G^\ominus$ 和 $\Delta_f H^\ominus$ 与上述(2)中c项确定的 n 值乘积来估算。

(5) 加和多面体组分贡献，即得计算矿物的 $\Delta_f G^\ominus$ 和 $\Delta_f H^\ominus$ 值。

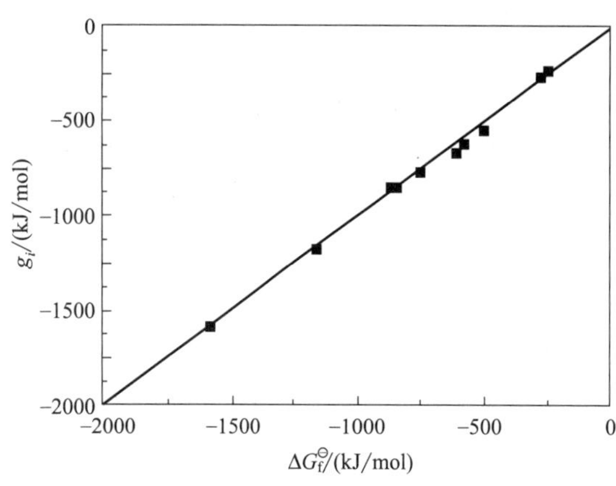

附图4-1 多面体组分 g_i 回归值对 $\Delta_f G^\ominus$ 关系图

回归方程 $g_i = -35.55 + 0.990\Delta_f G^\ominus$；$R = 1.00$

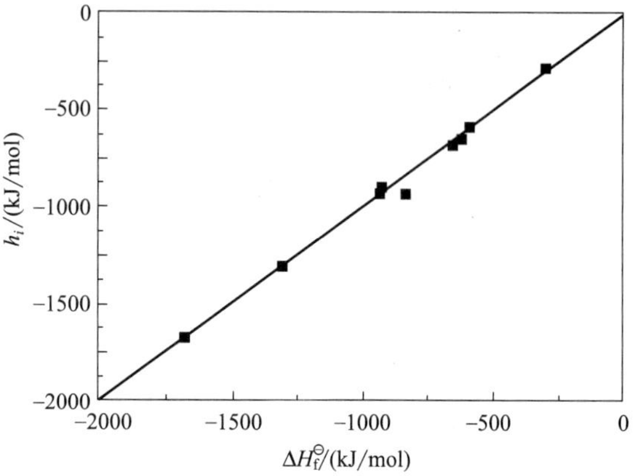

附图4-2 多面体组分 h_i 回归值对 $\Delta_f H^\ominus$ 关系图

回归方程 $h_i = -38.29 + 0.995\Delta_f H^\ominus$；$R = 1.00$

计算实例：某伊利石的 $\Delta_f G^\ominus$ 计算，晶体化学式，$K_{0.75}(Al_{1.75}Mg_{0.25})[Al_{0.50}Si_{3.50}](OH)_2$。其结构中有多面体$^{[8\text{-}12]}K_2O$ 0.3750，$^{[6]}MgO$ 0.1666，$^{[6]}Mg(OH)_2$ 0.0833，$^{[6]}Al_2O_3$ 0.5833，$^{[6]}Al(OH)_3$ 0.5833，$^{[4]}Al_2O_3$ 0.2500，$^{[4]}SiO_2$ 3.500。分别乘以附表4-1中的相应系数 g_i，加和得 $\Delta_f G^\ominus = -5463.0$kJ/mol。

2. 高温生成自由能

为计算矿物高温生成自由能，需要将多面体组分标准状态自由能 g_i 外推至高温下的函数。假定由298K至高温的热容变化 $\Delta c_p = 0$，则由

$$g_{i,298} = h_{i,298} - 298 s_{i,298} \tag{A4-3}$$

以及积分关系 $(\partial \Delta G / \partial \Delta T)_P = -\Delta S$，有

$$g_{i,T} - g_{i,298} = -s_{i,298}(T - 298) \tag{A4-4}$$

上式假定 $\partial \Delta C_{p,r} / \partial T = 0$，且压力 P 为常量。由上两式可得：

$$g_{i,T} = h_{i,298} - T\left(\frac{h_{i,298} - g_{i,298}}{298}\right) \tag{A4-5}$$

上式表明 $g_{i,T}$ 为线性函数，其截距为 $g_i = h_i(0K)$，斜率 $(h_{i,298} - g_{i,298})/298$。

各多面体组分函数 $g_i(T)$ 中的 $h_{i,298}$ 和斜率 $[(h_{i,298} - g_{i,298})/298]$ 值拟合结果见附

表 4-1。对于回归分析中的 29 种矿物，其 400K、500K、600K 下 $\Delta_f G$ 回归计算值与实测值的平均误差分别为 0.19%、0.20%、0.22%。对比 21 种回归分析中未采用矿物的量热学测定值，400K、500K、600K 下 $\Delta_f G$ 计算值平均误差分别为 0.36%、0.34%、0.13%。

对于上例中的伊利石，计算 500K 时的生成自由能，计算流程与前述类似。按照公式(A4-5)，由附表 4-1 中的 $h_{i,298}$ 和（$h_{i,298}-g_{i,298}$）/298 值计算，$\Delta_f G_{500K}=-5209.4$kJ/mol。

二、硅酸盐矿物：阳离子配位多面体

Holland（1989）采用体积校正和扣除磁化及无序对熵的贡献方法，改进了熵值计算精度。van Hinsberg 等（2005a；2005b）采用阳离子配位多面体模型，更新拓展了 Chermak 等（1989）和 Holland（1989）的计算法，适用于硅酸盐和双氧化物矿物。

1. 焓、熵和摩尔体积

对于硅酸盐和双氧化物矿物端员组分，在标准状态下的热力学性质焓、熵和摩尔体积，可由其构成多面体组分热力学性质的线性组合集来近似：

$$\Delta H_x = n_i \Delta h_i \tag{A4-6}$$

$$S_x = n_i s_i \tag{A4-7}$$

$$V_x = n_i v_i \tag{A4-8}$$

式中，下标 x 表示拟计算矿物；i 为多面体组分；n 为化学计量数。应予注意，其中大写字母表示矿物的热力学性质，而小写字母表示构成该矿物相关多面体组分的性质。

该多面体模型成分空间由 Mn-Ti-Li-Ca-Na-K-Fe-Mg-Al-Si-H 组成，各阳离子配位状态易于由所构成矿物的结晶学特性来确定。对于含氢氧化物相，此模型能够更直观地反映其结晶学特征。以上定义成分空间共有多面体组分 35 个，各组分符号及配位状态见附表 4-3。

附表 4-3　硅酸盐矿物多面体组分及其配位状态

多面体	元素	配位状态
Si-t	Si^{4+}	四面体
Al-t	Al^{3+}	四面体
Al-o	Al^{3+}	八面体
Al-Oh	Al^{3+}	八面体与一或多个 OH 连接
Al-h	Al^{3+}	八面体只与 OH 连接
Mg-t	Mg^{2+}	四面体
Mg-o	Mg^{2+}	八面体
Mg-Oh	Mg^{2+}	八面体与一或多个 OH 连接
Mg-h	Mg^{2+}	八面体只与 OH 连接
Fe2-t	Fe^{2+}	四面体
Fe2-o	Fe^{2+}	八面体
Fe2-Oh	Fe^{2+}	八面体与一或多个 OH 连接
Fe2-h	Fe^{2+}	八面体只与 OH 连接
Mn-t	Mn^{2+}	四面体
Mn-o	Mn^{2+}	八面体
Mn-Oh	Mn^{2+}	八面体与一或多个 OH 连接
Mn-h	Mn^{2+}	八面体只与 OH 连接

续表

多面体	元素	配位状态
Ti-o	Ti^{4+}	八面体
Fe3-o	Fe^{3+}	八面体
Fe3-Oh	Fe^{3+}	八面体与一或多个 OH 连接
Li-t	Li^{+}	四面体
Li-o	Li^{+}	八面体
Li-Oh	Li^{+}	八面体与一或多个 OH 连接
Li-h	Li^{+}	八面体只与 OH 连接
Li-m	Li^{+}	高配位(配位数≥7)
K-m	K^{+}	高配位(配位数≥7)
Na-m	Na^{+}	高配位(配位数≥7)
Ca-o	Ca^{2+}	八面体
Ca-m	Ca^{2+}	高配位(配位数≥7)
H_2O-f	H_2O	自由空隙水(沸石族,硬柱石)
Zn-t	Zn^{2+}	八面体
Zn-o	Zn^{2+}	八面体
Ni-o	Ni^{2+}	八面体
Co-o	Co^{2+}	八面体
Be-t	Be^{2+}	八面体

附表 4-3 所列元素，硅只考虑四面体配位（Si-t）；铝分为四面体（Al-t）、八面体（Al-o）配位，以及与一或多个 OH 连接（-OHO，记为 Al-Oh）或只与 OH 连接（-OH，记为 Al-h）八面体。其中 Al-h 相当于 Chermak 等（1989）模型中的 $Al(OH)_3$ 组分，而 Al-Oh 中 Al 仅部分与环绕的 OH 相连接。类似元素还包括 Mg、Fe^{2+}、Fe^{3+}、Mn、Li。由此，高岭石即由 2Si-t 和 2Al-Oh 构成，更好地反映了其结晶学特征。显然，在此模型中 OH 不再作为一个独立组分。K、Na、Li、Ca 在云母层间和其他高次配位位置（如沸石族），其配位多面体（配位数≥7）以后缀“-m”（multi-）表示。受可用资料所限，组分模型中未包括 F、Cl。

模型参数拟合选择文献报道具有精确热力学性质的 105 种端员矿物，分别按照 Vidal 等（2001）（绿泥石族）、Zheng 等（1997）和 Daniels 等（2001）（锂矿物相）、Deer 等（1962-1997）（其他矿物）有关矿物离子占位分布，确定选定矿物的多面体组分矩阵（van Hinsberg et al，2005a）。相关内洽性热力学数据取自 Chatterjee 等（1998）、Holland 等 2002 版（1990；1998）和 Robie 等（1995），分别记为 C98、HP02 和 RH95。

利用上述数据拟合多面体组分的热力学性质，需要首先将所有矿物重新换算为其无磁化全有序状态，原因是磁化（含铁锰矿物）、有序对每种矿物的焓、熵和摩尔体积的贡献各异。扣除磁化和无序对热力学性质的影响，采用 Holland（1989）、Holland 等（1998）的方法计算无序和磁化效应。对于含 Mn^{2+}、Fe^{2+}、Fe^{3+} 矿物，最大磁化熵为：

$$S_{\max}^{\text{magnetic}}=R\sum n\ln(2s+1) \tag{A4-9}$$

式中，s 为旋转量子数；R 为气体常数；n 为 Fe^{2+}、Fe^{3+} 或 Mn^{2+} 的化学计量数。

类似地，最大无序熵为：

$$S_{\max}^{\text{disorder}}=-mR\sum X_i\ln X_i \tag{A4-10}$$

式中，X_i 为元素 i 在特定结晶位的摩尔分数；m 为该结晶位数目。

由磁化或无序引起的最大焓值差按下式计算：

$$\Delta H_{max}=\frac{2}{3}S_{max}T^* \tag{A4-11}$$

式中，T^* 为转变温度（居里磁化温度）。对于 $T^*>298K$ 的矿物，298K 的贡献采用 Landau 近似（Holland et al，1990；1998）：

$$\Delta H_{ex-298}=2S_{max}T^*\left(\frac{Q^6}{6}-\frac{Q^2}{2}+\frac{1}{3}\right) \tag{A4-12}$$

$$S_{ex-298}=S_{max}(1-Q^2) \tag{A4-13}$$

$$V_{ex-298}=V_{max}(1-Q^2) \tag{A4-14}$$

其中，$Q^4=(1-298T^*)$。Holland 等（1998）已考虑了压力对 ΔH_{ex-298} 的影响，此处只考虑 1bar 下的热力学性质，故压力效应从略。

按照上述方法扣除磁化和无序效应对热力学性质的影响，大部分矿物的 S_{max}、V_{max} 和 T^* 值取自 Holland 等（1998），其余矿物的 S_{max} 按以上公式计算。对于缺少居里温度的矿物，取其值为 40K，接近于闪石和黑云母的居里温度估算值。

熵值亦可由下式计算：

$$S_{est}=V+\sum n_i(s-v)_i \tag{A4-15}$$

式中，V 为矿物相体积，cm^3；$(s-v)_i$ 为多面体组分 i 的熵值减去体积效应；n_i 为组分 i 的化学计量数。体积校正可显著改善熵值的计算精度（Holland，1989）。

多面体组分摩尔热力学性质拟合采用多元线性最小二乘法。数学模型为：

$$\Delta H_i=\Delta h_0+n_{Si-t}\Delta h_{Si-t}+n_{Al-t}\Delta h_{Al-t}+n_{Al-o}\Delta h_{Al-o}+\cdots \tag{A4-16}$$

$$S_i=h_0+n_{Si-t}s_{Si-t}+n_{Al-t}s_{Al-t}+n_{Al-o}s_{Al-o}+\cdots \tag{A4-17}$$

$$V_i=v_0+n_{Si-t}v_{Si-t}+n_{Al-t}v_{Al-t}+n_{Al-o}v_{Al-o}+\cdots \tag{A4-18}$$

$$(S-V)_i=(s-v)_0+n_{Si-t}(s-v)_{Si-t}+n_{Al-t}(s-v)_{Al-t}+n_{Al-o}(s-v)_{Al-o}+\cdots \tag{A4-19}$$

线性回归过程中，每一热力学数值都按其方差导数进行加权，以确保高精度热力学数据在回归结果中占有更高权重。回归分析结果见附表 4-4。

附表 4-4　多面体组分的热力学性质（焓，熵，摩尔体积）

多面体	Δh_i/(J/mol)	s_i/[J/(mol·K)]	v_i/(J/bar)	$(s-v)i$
Si-t	−921484	39.8	2.45	15.9
Al-t	−816087	40.3	2.17	19.8
Al-o	−852961	22.2	0.75	13.5
Al-Oh	−1049365	38.9	1.45	22.7
Al-h	−1170579	57.3	2.83	27.4
Mg-t	−633580	53.6	2.44	32.6
Mg-o	−625422	28.3	0.91	19.2
Mg-Oh	−764482	35.8	1.43	21.1
Mg-h	−898776	48.0	2.19	27.2
Fe2-o	−269316	43.0	1.03	32.6
Fe2-Oh	−385309	50.7	1.48	35.0

续表

多面体	Δh_i/(J/mol)	s_i/[J/(mol·K)]	v_i/(J/bar)	$(s\text{-}v)i$
Mn-o	−403304	46.1	1.13	33.8
Ti-o	−955507	55.4	1.99	31.4
Fe3-o	−404103	30.7	0.99	19.7
K-m	−354612	56.0	1.31	43.6
Na-m	−331980	38.3	0.85	27.9
Ca-o	−703920	42.0	1.33	27.9
Ca-m	−705941	38.8	1.36	26.1
H_2O-f	−306991	44.1	1.46	28.3
Fe2-t	−335026	52.0	2.92	27.4
Fe2-h	−591250	66.9	2.28	45.2
Mn-t	−410800	60.2	3.14	33.5
Mn-Oh	−508839	57.6	1.48	41.5
Mn-h	−693469	65.5	2.90	37.5
Fe3-Oh	−547828	49.1	1.27	37.9
Li-t	−406922	7.2	0.12	4.2
Li-o	−357571	27.6	0.21	25.6
Li-Oh	−340013	23.7	0.18	23.5
Li-h	−479686	173.7	1.50	162.2
Li-m	−373033	33.3	0.62	23.7
Zn-t	−361464	45.8	1.40	31.5
Zn-o	−341088	49.8	—	—
Ni-o	−243676	59.4	—	—
Co-o	−237875	35.1	—	—
Be-t	−609161	11.8	0.64	5.2

注：—表示缺少摩尔体积数据。

对于复杂硅酸盐和双氧化物矿物热力学性质，采用多面体模型只能计算其端员组分性质，中间成分矿物的性质可由端员组分性质加权计算，但应考虑端员组分相互混合的影响。计算流程如下（van Hinsberg et al，2005a）：

（1）拟计算矿物应按照其结晶学特性分解为多面体组分，尤其应正确处理阳离子在 O、OHO、OH 三者之间的分配。

（2）各多面体组分的热力学性质与其化学计量数乘积加和，即得计算矿物相的焓、熵和摩尔体积数据。熵值也可由公式 $S=V+\ n_i(s-v)_i$ 计算。

（3）对于 298K 下呈无序化的矿物，所得热力学性质必须予以修正。对于含铁锰矿物，其磁化效应亦需作相应校正。

对于含有阴离子 F^-、Cl^- 的矿物相，其热力学性质则可通过二者与 OH^- 之间的交换反应来定量估算。基于阳离子配位多面体模型，计算的矿物热力学性质的误差通常<5%，且可由其多面体组分的误差传播来定量评估，详见 van Hingsberg 等（2005a）原文。

2. 热容、热膨胀和压缩率

预测矿物平衡和水热加工反应产物相组合需要有关矿物热容、热膨胀和压缩率等数据，然而此类数据并非总是可用。van Hingsberg 等（2005b）基于阳离子配位多面体模型，以 C98、HP02、RH95 为原始数据，共计 111 种已发表端员矿物的热力学性质，采用多元线性回归方法，建立了适用于硅酸盐和双氧化物类矿物热容、热膨胀和压缩率的计算模型。

上述三类数据源表征热容和摩尔体积的函数形式各不相同。对于矿物热容：

C98
$$C_p = a + bT + cT^{-2} + dT^{-0.5} + eT^2 + fT^{-3} \tag{A4-20}$$

HP02
$$C_p = a + bT + cT^{-2} + dT^{-0.5} \tag{A4-21}$$

RH95
$$C_p = a + bT + cT^{-2} + dT^{-0.5} + eT^2 \tag{A4-22}$$

对于摩尔体积：

C98
$$V_m(T,P) = V_0[1 + v_1(T - T_0) + v_2(T - T_0)^2]\left(1 + \frac{PK'}{K}\right)^{-1/K'} \tag{A4-23}$$

HP02
$$V_m(T,P) = V_0[1 + v_1(T - T_0) - 20v_1(\sqrt{T} - \sqrt{T_0})] \times \left(1 - \frac{4P}{4P + K_T}\right)^{1/4} \tag{A4-24}$$

其中，$K_T = K[1 - 1.5 \times 10^{-4}(T - T_0)]$；温压单位分别为 T(K) 和 P(bar)。RH95 中不包括热膨胀和压缩率数据。

利用上述数据源，采用多元线性最小二乘法回归各多面体组分在给定温压条件下对矿物热容 C_p 和摩尔体积 $V_m(T, P)$ 的贡献系数。采用前述相同数学模型：

$$C_p = C_{p,0} + n_{Si-t}C_{p,Si-t} + n_{Al-t}C_{p,Al-t} + n_{Al-o}C_{p,Al-o} + \cdots \tag{A4-25}$$

$$V(T)_{i,1bar} = V(T)_0 + n_{Si\text{-}t}V(T)_{Si\text{-}t} + n_{Al\text{-}t}V(T)_{Al\text{-}t} + n_{Al\text{-}o}V(T)_{Al\text{-}o} + \cdots \tag{A4-26}$$

$$V(P)_{i,600K} = V(P)_0 + n_{Si\text{-}t}V(P)_{Si\text{-}t} + n_{Al\text{-}t}V(P)_{Al\text{-}t} + n_{Al\text{-}o}V(P)_{Al\text{-}o} + \cdots \tag{A4-27}$$

式中，$C_{p,0}$、$V(T)_0$、$V(P)_0$ 为回归分析所得截距。回归过程中若 Si 计量数>5，则取其 1/2 值，以避免过度估计模型的拟合优度。当某一矿物热力学数据输入与预测值之差超过平均残差的 2σ 标准差时，则将其剔除。最终，3 个回归模型的拟合优度估计值 R^2 均大于 0.99。各多面体组分的回归系数分别见附表 4-5～附表 4-7。

由表中回归系数计算的热力学性质代表其函数曲线上的数值点。线性拟合优度表明，矿物热容 C_p 曲线的确可由其构成多面体组分的线性组合来近似；但对于 $V(T)$、$V(P)$ 曲线，由于受某些矿物受压时呈现各向异性的影响，在高于或低于摩尔体积值时存在一定偏差。尽管如此，大多数矿物的热膨胀和压缩性回归计算值偏差仍未超过实际值的 5%。因此，回归模型仍很好地表征了矿物压缩性随压力、热膨胀随温度的系统变化和曲线形态。将计算的 $V_m(T)$ 曲线指标化至矿物标准状态摩尔体积 V_m(298.15K，1bar)，$V_m(P)$ 曲线指标化至 V_m(600K，1bar)，则上述偏差消失，压缩率和热膨胀两者计算值的平均残差均小于 1%。

附表 4-5 多面体组分的热力学性质（热容 C_p）

T/K	300	350	400	450	500	550	600	650	700	750	800	850	900	950	1000	1050	1100	1150	1200
Si-t	45.5	50.3	54.1	57.1	59.6	61.6	63.3	64.8	66.1	67.2	68.2	69.1	69.9	70.6	71.3	71.9	72.5	73.0	73.5
Al-t	37.4	41.5	44.5	46.8	48.6	50.1	51.4	52.6	53.6	54.5	55.3	56.1	56.8	57.4	58.1	58.6	59.2	59.7	60.2
Al-o	39.1	43.9	47.7	50.7	53.1	55.0	56.7	58.1	59.3	60.3	61.2	62.0	62.7	63.3	63.8	64.3	64.7	65.0	65.4
Al-Oh	58.7	65.3	70.7	75.5	79.6	83.3	86.6	89.5	92.2	94.6	96.8	98.8	100.7	102.4	104.0	105.4	106.8	108.1	109.2
Al-h	114.6	130.5	142.0	151.0	158.5	164.9	170.5	175.4	179.7	183.7	187.2	190.4	193.2	195.9	198.3	200.5	202.5	204.4	206.1
Mg-o	38.7	42.0	44.4	46.3	47.8	49.0	50.0	50.9	51.6	52.3	52.8	53.4	53.8	54.2	54.6	54.9	55.2	55.4	55.7
Mg-Oh	45.3	50.7	54.4	57.1	59.2	60.9	62.3	63.5	64.5	65.4	66.2	67.0	67.6	68.2	68.7	69.2	69.6	70.0	70.4
Mg-h	60.1	65.7	70.8	75.2	78.7	81.6	84.0	85.9	87.6	89.0	90.2	91.2	92.1	92.8	93.5	94.1	94.6	95.0	95.5
Fe2-o	44.7	46.7	48.6	50.3	51.9	53.2	54.4	55.5	56.4	57.3	58.0	58.7	59.3	59.8	60.3	60.7	61.1	61.4	61.7
Fe2-Oh	54.5	59.1	62.5	65.1	67.2	69.1	70.7	72.2	73.6	74.8	76.0	77.1	78.1	79.0	79.9	80.8	81.6	82.3	83.1
Mn-o	41.5	44.8	46.7	48.0	49.0	49.8	50.5	51.1	51.6	52.0	52.4	52.8	53.2	53.5	53.8	54.0	54.3	54.5	54.7
Ti-o	55.1	60.1	63.3	65.6	67.3	68.6	69.6	70.5	71.2	71.9	72.5	73.0	73.5	74.0	74.5	74.9	75.4	75.8	76.2
Fe3-o	51.0	55.9	59.3	61.8	63.6	65.0	66.1	67.0	67.8	68.4	68.9	69.4	69.8	70.2	70.5	70.8	71.1	71.4	71.6
K-m	36.9	37.5	39.0	40.4	41.5	42.3	42.9	43.2	43.3	43.3	43.1	42.9	42.6	42.2	41.8	41.3	40.8	40.3	39.7
Na-m	31.9	30.8	31.0	31.7	32.5	33.4	34.2	35.0	35.6	36.2	36.7	37.1	37.4	37.6	37.7	37.8	37.9	37.8	37.8
Ca-o	41.1	43.6	45.4	46.7	47.8	48.6	49.3	49.8	50.3	50.8	51.2	51.5	51.8	52.1	52.3	52.5	52.7	52.9	53.1
Ca-m	40.2	42.3	44.1	45.5	46.7	47.6	48.4	49.0	49.6	50.0	50.4	50.7	50.9	51.2	51.4	51.5	51.7	51.8	51.9
H_2O-f	43.5	46.5	49.2	51.4	53.4	55.1	56.6	57.9	59.1	60.1	61.0	61.8	62.6	63.3	63.9	64.4	64.9	65.4	65.8
Mg-t	44.9	45.9	46.5	47.1	47.6	48.2	48.7	49.3	49.9	50.5	51.1	51.7	52.2	52.8	53.3	53.8	54.4	54.8	55.3
Fe2-t	52.2	55.4	57.9	60.1	62.4	64.6	66.8	69.1	71.4	73.7	76.1	78.4	80.7	83.1	85.4	87.7	90.0	92.3	94.6
Fe2-h	70.5	74.0	78.5	82.6	86.2	89.2	91.6	93.7	95.3	96.7	97.8	98.8	99.5	100.1	100.6	101.0	101.3	101.5	101.7
Mn-t	50.7	53.8	55.5	56.6	57.3	57.9	58.4	58.9	59.3	59.7	60.1	60.4	60.8	61.1	61.4	61.7	61.9	62.2	62.4
Mn-Oh	53.5	57.6	60.3	62.4	64.1	65.5	66.7	67.7	68.6	69.3	69.9	70.4	70.8	71.1	71.4	71.6	71.7	71.8	71.8
Mn-h	48.2	55.8	62.2	67.2	71.3	74.6	77.3	79.6	81.5	83.2	84.7	86.1	87.3	88.5	89.5	90.6	91.5	92.4	93.3
Fe3-Oh	60.5	59.6	61.2	64.1	67.5	71.0	74.3	77.5	80.3	82.8	85.0	86.8	88.4	89.7	90.7	91.4	92.0	92.3	92.4
Li-t	28.5	31.3	34.0	36.3	38.2	39.7	41.0	42.0	42.9	43.6	44.1	44.6	45.0	45.3	45.5	45.7	45.9	46.0	46.1

续表

T/K	300	350	400	450	500	550	600	650	700	750	800	850	900	950	1000	1050	1100	1150	1200
Li-o	29.7	29.7	30.0	30.7	31.5	32.5	33.5	34.6	35.7	36.7	37.8	38.8	39.8	40.7	41.6	42.5	43.3	44.2	44.9
Li-Oh	29.6	35.2	38.7	39.9	39.3	37.6	35.1	32.1	28.8	25.4	21.9	18.5	15.1	11.8	8.7	5.6	2.7	−0.1	−2.7
Li-h	−30.4	−39.3	−43.8	−46.5	−48.2	−49.5	−50.6	−51.5	−52.2	−52.8	−53.4	−53.8	−54.1	−54.3	−54.5	−54.5	−54.6	−54.5	−54.4
Li-m	34.0	34.6	35.5	36.6	37.8	39.0	40.1	41.3	42.4	43.4	44.3	45.2	46.0	46.8	47.5	48.2	48.8	49.3	49.8
Zn-t	38.4	41.4	43.3	44.7	45.8	46.8	47.7	48.5	49.2	50.0	50.8	51.5	52.3	53.0	53.8	54.5	55.3	56.1	56.8
Zn-o	39.3	37.0	35.6	35.0	35.0	35.4	36.1	37.0	38.2	39.5	40.9	42.5	44.1	45.8	47.6	49.4	51.2	53.1	55.1
Ni-o	41.2	47.6	51.7	54.4	56.3	57.8	58.9	59.9	60.7	61.3	62.0	62.5	63.0	63.5	64.0	64.5	64.9	65.3	65.8
Co-o	44.4	46.5	47.7	48.5	49.1	49.5	49.9	50.3	50.7	51.0	51.3	51.7	52.0	52.4	52.8	53.1	53.5	53.9	54.3
Be-t	23.9	28.0	31.5	34.5	37.0	39.0	40.8	42.2	43.5	44.5	45.4	46.2	46.8	47.4	47.8	48.2	48.6	48.9	49.2

附表 4-6　多面体组分的热力学性质［热膨胀 $V_m(T)_{1bar}$］

T/K	150	200	250	300	350	400	450	500	550	600	650	700	750	800	850	900	950	1000	1050	1100	1150	1200
Si-t	2.4	2.4	2.4	2.4	2.4	2.4	2.4	2.4	2.4	2.4	2.4	2.4	2.4	2.4	2.4	2.4	2.4	2.4	2.4	2.4	2.4	2.4
Al-t	2.2	2.2	2.2	2.2	2.2	2.2	2.2	2.2	2.2	2.2	2.2	2.2	2.2	2.2	2.2	2.2	2.2	2.2	2.2	2.2	2.2	2.2
Al-o	0.6	0.6	0.6	0.6	0.6	0.6	0.7	0.7	0.7	0.7	0.7	0.7	0.7	0.7	0.7	0.7	0.7	0.7	0.7	0.7	0.7	0.7
Al-Oh	1.5	1.5	1.5	1.5	1.5	1.5	1.5	1.5	1.5	1.5	1.5	1.5	1.5	1.5	1.5	1.5	1.6	1.6	1.6	1.6	1.6	1.6
Al-h	3.1	3.1	3.1	3.1	3.1	3.1	3.1	3.1	3.1	3.1	3.1	3.1	3.1	3.1	3.1	3.2	3.2	3.2	3.2	3.2	3.2	3.2
Mg-o	0.9	0.9	0.9	0.9	0.9	0.9	1.0	1.0	1.0	1.0	1.0	1.0	1.0	1.0	1.0	1.0	1.0	1.0	1.0	1.0	1.0	1.0
Mg-Oh	1.4	1.4	1.4	1.4	1.4	1.4	1.4	1.4	1.4	1.4	1.4	1.4	1.4	1.4	1.4	1.4	1.5	1.5	1.5	1.5	1.5	1.5
Mg-h	1.9	1.9	2.0	2.0	2.0	2.0	2.0	2.0	2.0	2.0	2.0	2.0	2.0	2.0	2.0	2.0	2.0	2.0	2.0	2.0	2.0	2.0
Fe2-o	1.1	1.1	1.1	1.1	1.1	1.1	1.1	1.1	1.1	1.1	1.1	1.1	1.1	1.1	1.1	1.1	1.1	1.1	1.1	1.1	1.1	1.1
Fe2-Oh	1.5	1.5	1.5	1.5	1.5	1.5	1.5	1.5	1.5	1.5	1.5	1.5	1.5	1.6	1.6	1.6	1.6	1.6	1.6	1.6	1.6	1.6
Mn-o	1.1	1.1	1.1	1.2	1.2	1.2	1.2	1.2	1.2	1.2	1.2	1.2	1.2	1.2	1.2	1.2	1.2	1.2	1.2	1.2	1.2	1.2
Ti-o	1.7	1.7	1.7	1.7	1.7	1.7	1.7	1.7	1.7	1.7	1.7	1.7	1.7	1.7	1.7	1.7	1.7	1.7	1.6	1.6	1.6	1.6
Fe3-o	0.9	1.0	1.0	1.0	1.0	1.0	1.0	1.0	1.0	1.0	1.0	0.9	0.9	0.9	0.9	0.9	0.9	0.9	0.9	0.9	0.9	0.9
K-m	1.3	1.3	1.3	1.3	1.3	1.3	1.4	1.4	1.4	1.4	1.4	1.4	1.4	1.4	1.4	1.4	1.5	1.5	1.5	1.5	1.5	1.5

续表

T/K	150	200	250	300	350	400	450	500	550	600	650	700	750	800	850	900	950	1000	1050	1100	1150	1200
Na-m	0.6	0.6	0.6	0.6	0.6	0.6	0.6	0.6	0.6	0.7	0.7	0.7	0.7	0.7	0.7	0.7	0.7	0.7	0.7	0.7	0.8	0.8
Ca-o	1.3	1.3	1.3	1.3	1.3	1.3	1.3	1.3	1.3	1.3	1.4	1.4	1.4	1.4	1.4	1.4	1.4	1.4	1.4	1.4	1.4	1.4
Ca-m	1.5	1.5	1.5	1.5	1.5	1.5	1.5	1.5	1.5	1.5	1.5	1.5	1.5	1.5	1.5	1.5	1.6	1.6	1.6	1.6	1.6	1.6
H_2O-f	1.4	1.4	1.4	1.4	1.4	1.4	1.4	1.4	1.4	1.4	1.4	1.4	1.4	1.4	1.4	1.4	1.4	1.4	1.4	1.4	1.4	1.4
Mg-t	2.5	2.5	2.5	2.5	2.5	2.5	2.5	2.5	2.5	2.5	2.5	2.5	2.5	2.5	2.5	2.5	2.5	2.5	2.5	2.5	2.5	2.5
Fe2-t	3.4	3.4	3.4	3.4	3.4	3.4	3.4	3.5	3.5	3.5	3.5	3.5	3.5	3.5	3.5	3.5	3.5	3.5	3.5	3.5	3.5	3.5
Fe2-h	1.9	1.9	1.9	1.9	1.9	1.9	1.9	1.9	1.9	1.9	1.9	2.0	2.0	2.0	2.0	2.0	2.0	2.0	2.0	2.0	2.0	2.0
Mn-t	3.7	3.7	3.7	3.6	3.6	3.6	3.6	3.6	3.6	3.6	3.6	3.5	3.5	3.5	3.5	3.5	3.5	3.5	3.5	3.4	3.4	3.4
Mn-Oh	1.5	1.5	1.5	1.5	1.5	1.5	1.5	1.5	1.5	1.5	1.5	1.5	1.5	1.5	1.5	1.5	1.6	1.6	1.6	1.6	1.6	1.6
Mn-h	2.8	2.8	2.8	2.8	2.8	2.8	2.8	2.8	2.8	2.8	2.8	2.8	2.8	2.8	2.8	2.8	2.8	2.8	2.8	2.8	2.8	2.8
Fe3-Oh	1.8	1.8	1.8	1.8	1.8	1.8	1.8	1.8	1.8	1.8	1.9	1.9	1.9	1.9	1.9	1.9	1.9	1.9	1.9	1.9	2.0	2.0
Li-t	0.1	0.1	0.1	0.1	0.1	0.1	0.1	0.1	0.1	0.1	0.1	0.2	0.2	0.2	0.2	0.2	0.2	0.2	0.2	0.2	0.2	0.3
Li-o	0.4	0.4	0.4	0.4	0.4	0.4	0.4	0.4	0.4	0.4	0.4	0.4	0.4	0.4	0.4	0.4	0.4	0.4	0.4	0.4	0.4	0.4
Li-Oh	0.3	0.3	0.3	0.4	0.4	0.4	0.4	0.4	0.4	0.4	0.4	0.4	0.5	0.5	0.5	0.5	0.5	0.5	0.6	0.6	0.6	0.6
Li-h	0.9	0.9	0.9	0.9	0.9	0.9	1.0	1.0	1.0	1.0	1.0	1.0	1.1	1.1	1.1	1.1	1.2	1.2	1.2	1.3	1.3	1.3
Li-m	0.7	0.7	0.7	0.7	0.7	0.7	0.7	0.7	0.7	0.7	0.7	0.7	0.7	0.7	0.7	0.7	0.7	0.7	0.7	0.7	0.7	0.7

附表 4-7　多面体组分的热力学性质 ［压缩率 $V_m(P)_{600K}$］

P/kbar	0.10	0.25	0.50	1.0	1.5	2.0	2.5	3.0	4.0	5.0	6.0	7.0	8.0	9.0	10.0	11.0	12.0	13.0	14.0	15.0	16.0	17.0	18.0	19.0	20.0
Si-t	2.4	2.4	2.4	2.4	2.4	2.4	2.4	2.4	2.4	2.4	2.4	2.4	2.4	2.4	2.4	2.4	2.4	2.4	2.4	2.4	2.4	2.3	2.3	2.3	2.3
Al-t	2.2	2.2	2.2	2.2	2.2	2.2	2.2	2.2	2.2	2.2	2.2	2.2	2.2	2.2	2.2	2.2	2.2	2.2	2.2	2.2	2.2	2.2	2.2	2.2	2.2
Al-o	0.7	0.7	0.7	0.7	0.7	0.7	0.7	0.7	0.7	0.7	0.7	0.7	0.7	0.7	0.7	0.7	0.7	0.7	0.7	0.7	0.7	0.7	0.7	0.7	0.7
Al-Oh	1.5	1.5	1.5	1.5	1.5	1.5	1.5	1.5	1.5	1.5	1.5	1.5	1.5	1.5	1.5	1.5	1.5	1.5	1.5	1.4	1.4	1.4	1.4	1.4	1.4
Al-h	3.1	3.1	3.1	3.1	3.1	3.1	3.1	3.1	3.1	3.2	3.2	3.2	3.2	3.2	3.2	3.2	3.2	3.2	3.2	3.2	3.2	3.2	3.2	3.2	3.2
Mg-o	1.0	1.0	1.0	1.0	1.0	1.0	1.0	1.0	1.0	1.0	1.0	1.0	1.0	1.0	1.0	1.0	1.0	1.0	1.0	1.0	1.0	1.0	1.0	1.0	1.0

续表

P/kbar	0.10	0.25	0.50	1.0	1.5	2.0	2.5	3.0	4.0	5.0	6.0	7.0	8.0	9.0	10.0	11.0	12.0	13.0	14.0	15.0	16.0	17.0	18.0	19.0	20.0
Mg-Oh	1.4	1.4	1.4	1.4	1.4	1.4	1.4	1.4	1.4	1.4	1.4	1.4	1.4	1.4	1.4	1.4	1.4	1.4	1.4	1.4	1.4	1.4	1.4	1.3	1.3
Mg-h	2.0	2.0	2.0	2.0	2.0	2.0	2.0	2.0	2.0	2.0	2.0	2.0	2.0	1.9	1.9	1.9	1.9	1.9	1.9	1.9	1.9	1.9	1.9	1.9	1.9
Fe2-o	1.1	1.1	1.1	1.1	1.1	1.1	1.1	1.1	1.1	1.1	1.1	1.1	1.1	1.1	1.1	1.1	1.1	1.1	1.1	1.1	1.1	1.1	1.1	1.1	1.1
Fe2-Oh	1.5	1.5	1.5	1.5	1.5	1.5	1.5	1.5	1.5	1.5	1.5	1.5	1.5	1.5	1.5	1.5	1.5	1.5	1.5	1.5	1.5	1.5	1.5	1.5	1.5
Mn-o	1.2	1.2	1.2	1.2	1.2	1.2	1.2	1.2	1.2	1.2	1.2	1.2	1.2	1.2	1.2	1.2	1.2	1.2	1.2	1.2	1.2	1.2	1.2	1.2	1.2
Ti-o	1.8	1.8	1.8	1.8	1.8	1.8	1.8	1.8	1.8	1.8	1.8	1.8	1.8	1.8	1.8	1.8	1.8	1.8	1.8	1.8	1.8	1.8	1.8	1.8	1.8
Fe3-o	1.0	1.0	1.0	1.0	1.0	1.0	1.0	1.0	1.0	1.0	1.0	1.0	1.0	1.0	1.0	1.0	1.0	1.0	1.0	1.0	1.0	1.0	1.0	1.0	1.0
K-m	1.4	1.4	1.4	1.4	1.4	1.4	1.4	1.4	1.4	1.4	1.4	1.4	1.4	1.4	1.4	1.4	1.4	1.4	1.4	1.4	1.4	1.4	1.4	1.4	1.3
Na-m	0.6	0.6	0.6	0.6	0.6	0.6	0.6	0.6	0.6	0.6	0.6	0.6	0.6	0.6	0.6	0.6	0.6	0.6	0.6	0.6	0.6	0.6	0.6	0.6	0.6
Ca-o	1.3	1.3	1.3	1.3	1.3	1.3	1.3	1.3	1.3	1.3	1.3	1.3	1.3	1.3	1.3	1.3	1.3	1.3	1.3	1.3	1.3	1.3	1.3	1.3	1.3
Ca-m	1.5	1.5	1.5	1.5	1.5	1.5	1.5	1.5	1.5	1.5	1.5	1.5	1.5	1.5	1.5	1.5	1.5	1.5	1.5	1.5	1.5	1.5	1.5	1.5	1.5
H_2O-f	1.4	1.4	1.4	1.4	1.4	1.4	1.4	1.4	1.4	1.4	1.4	1.4	1.4	1.4	1.4	1.4	1.4	1.3	1.3	1.3	1.3	1.3	1.3	1.3	1.3
Mg-t	2.5	2.5	2.5	2.5	2.5	2.5	2.5	2.5	2.5	2.5	2.5	2.5	2.5	2.5	2.5	2.5	2.5	2.5	2.5	2.5	2.5	2.5	2.5	2.5	2.5
Fe2-t	3.5	3.5	3.5	3.5	3.5	3.5	3.5	3.5	3.5	3.5	3.5	3.5	3.5	3.5	3.5	3.5	3.5	3.5	3.5	3.5	3.5	3.5	3.5	3.5	3.5
Fe2-h	1.9	1.9	1.9	1.9	1.9	1.9	1.9	1.9	1.9	1.9	1.9	1.9	1.9	1.9	1.9	1.9	1.9	1.9	1.9	1.9	1.9	1.9	1.9	1.9	1.9
Mn-t	3.6	3.6	3.6	3.6	3.6	3.6	3.6	3.6	3.6	3.6	3.6	3.6	3.6	3.6	3.6	3.6	3.6	3.6	3.6	3.6	3.6	3.6	3.6	3.6	3.6
Mn-Oh	1.5	1.5	1.5	1.5	1.5	1.5	1.5	1.5	1.5	1.5	1.5	1.5	1.5	1.5	1.5	1.5	1.4	1.4	1.4	1.4	1.4	1.4	1.4	1.4	1.4
Mn-h	2.8	2.8	2.8	2.8	2.8	2.8	2.8	2.8	2.8	2.8	2.8	2.8	2.8	2.8	2.8	2.8	2.8	2.8	2.8	2.8	2.8	2.8	2.8	2.8	2.8
Fe3-Oh	1.8	1.8	1.8	1.8	1.8	1.8	1.8	1.8	1.9	1.9	1.9	1.9	1.9	1.9	1.9	1.9	1.9	1.9	1.9	1.9	1.9	1.9	1.9	1.9	1.9
Li-t	0.1	0.1	0.1	0.1	0.1	0.1	0.1	0.1	0.1	0.1	0.1	0.1	0.1	0.1	0.1	0.1	0.1	0.1	0.1	0.1	0.1	0.1	0.1	0.1	0.1
Li-o	0.4	0.4	0.4	0.4	0.4	0.4	0.4	0.4	0.4	0.4	0.4	0.4	0.4	0.4	0.4	0.4	0.4	0.4	0.4	0.4	0.4	0.4	0.4	0.4	0.4
Li-Oh	0.4	0.4	0.4	0.4	0.4	0.4	0.4	0.4	0.4	0.4	0.4	0.4	0.4	0.4	0.4	0.4	0.4	0.4	0.4	0.4	0.4	0.4	0.4	0.4	0.4
Li-h	1.0	1.0	1.0	0.9	0.9	0.9	0.9	0.9	0.9	0.9	0.9	0.9	0.9	0.9	0.9	0.8	0.8	0.8	0.8	0.8	0.8	0.8	0.8	0.8	0.8
Li-m	0.7	0.7	0.7	0.7	0.7	0.7	0.7	0.7	0.6	0.6	0.6	0.6	0.6	0.6	0.6	0.6	0.5	0.5	0.5	0.5	0.5	0.5	0.5	0.5	0.4

应用 van Hinsberg 等（2005b）的热容、热膨胀和压缩率回归模型，并非直接给出计算值，而只给出 C_p 和 $V_m(T,P)$ 曲线，由用户确定热容和体积方程系数。热容和 $V_m(T,P)$ 计算步骤如下：

（1）拟计算矿物应按照其结晶学特性分解为多面体组分，尤其应正确处理阳离子在 O、OHO、OH 三者之间的分配。

（2）各多面体组分的热力学性质与其化学计量数乘积加和，得到矿物热容、$V_m(T)$ 和 $V_m(P)$ 曲线。

（3）对于 $V_m(T,P)$ 计算值，应通过将其指标化至标准状态摩尔体积 $V_m(298K,1bar)$ 而予以优化。

（4）将所得曲线拟合为选定的热容和体积 $V_m(T,P)$ 方程。

按此计算的矿物热力学性质，其总误差可由各多面体组分性质的误差传播来定量计算（van Hinsberg et al，2005b），此处从略。

三、碳酸盐矿物

碳酸盐是自然界常见的一类造岩矿物和矿石矿物。La Iglesia 等（1994）基于 Hazen（1985）的氧化物多面体单元模型［式(A4-1)、式(A4-2)］，选取文献报道的 20 种碳酸盐矿物的热力学数据，在所考虑成分空间，定义了 20 种氧化物基本多面体单元，采用 Gauss-Seidel 迭代法，拟合计算了各组分对矿物生成自由能、标准焓和熵的贡献系数。多元线性回归分析结果见附表 4-8。

与文献报道的碳酸盐热力学数据对比，由附表 4-8 中回归系数的计算值误差为：$\Delta_f G^\ominus$ 平均相对误差 $R=0.195\%$，标准差 $\sigma_n=0.211\%(n=70)$；$\Delta_f H^\ominus$ 平均相对误差 $R=0.254\%$，标准差 $\sigma_n=0.251\%(n=60)$。与回归分析中未采用的碳酸盐矿物热力学性质对比，$\Delta_f G^\ominus$ 平均相对误差 $R=0.298\%$，标准差 $\sigma_n=0.219\%$（$n=23$）；$\Delta_f H^\ominus$ 平均相对误差 $R=0.462\%$，标准差 $\sigma_n=0.205\%$（$n=17$）。

附表 4-8 碳酸盐多面体单元热力学性质回归系数/(kJ/mol)

多面体	g_i	h_i	s_i	$(h_{i,298}-g_{i,298})/298$
Na_2O	−607.3	−658.4	33.78	−0.17
Li_2O	−691.7	−743.4	−12.43	−0.17
BaO	−697.2	−743.8	8.69	−0.16
SrO	−699.7	−747.6	−2.69	−0.16
$^{[6]}CaO$	−687.6	−734.4	−12.77	−0.16
$^{[9]}CaO$	−687.3	−734.5	−14.11	−0.16
MgO	−588.6	−640.5	−38.82	−0.17
$Mg(OH)_2$	−838.5	−933.4	50.05	−0.32
MnO	−376.3	−419.2	−9.30	−0.14
FeO	−239.0	−277.1	2.06	−0.13
CoO	−207.6	−240.5	22.26	−0.11
CuO	−77.6	−122.5	−14.88	−0.15
$Cu(O_{0.5}OH)$	−230.5	−287.0	63.09	−0.19
CdO	−229.9	−278.1	−7.30	−0.16
ZnO	−291.1	−340.3	−20.90	−0.17

续表

多面体	g_i	h_i	s_i	$(h_{i,298}-g_{i,298})/298$
PbO	−185.9	−277.5	28.10	−0.31
$H_2O(Na)$	−238.0	−295.4	41.85	−0.19
$H_2O(Ca/Mg)$	−233.6	−291.4	40.30	−0.19
CO_2	−440.4	−472.5	103.22	−0.11
SiO_2	−845.5	−877.3	117.24	−0.11

注：上标方括号中数字表示阳离子配位数。

以碳钙镁石（huntite，$CaMg_3[CO_3]_4$）为例计算其标准热力学性质。该矿物由 $^{[6]}CaO+3MgO+4CO_2$ 构成，由附表 4-8 中系数，按照式(A4-1)、式(A4-2) 分别计算得：$\Delta_f G^{\ominus}=-4215.0kJ/mol$；$\Delta_f H^{\ominus}=-4545.9kJ/mol$。

碳酸盐高温生成自由能 $\Delta_f G$ 可按公式(A4-5) 计算，其中回归系数 $h_{i,298}$ 和 $(h_{i,298}-g_{i,298})/298$ 数值见附表 4-8。与 Robie 等（1979）已发表的方解石、文石、菱镁矿、菱锰矿、毒重石的热力学数据对比，采用该模型计算的 400～1000K 下自由能 $\Delta_f G_T$ 的最大误差不超过 0.60%，平均相对误差 $R=0.18\%$，标准差 $\sigma_n=0.20\%$。

以 Holland 等（1990）的比热容对温度方程计算文石、方解石、菱镁矿、菱锰矿、菱铁矿、灰硅钙石（spurrite，$Ca_5[SiO_4]_2CO_3$）、粒硅钙石（tilleyite，$Ca_5Si_2O_7[CO_3]_2$）的热容，采用多元线性回归分析法，拟合得碳酸盐矿物的热容方程：

$$C_p=k_0+k_1\cdot 10^{-5}T+k_2T^{-2}+k_3T^{-0.5} \qquad \text{(A4-28)}$$

上式中各氧化物多面体的回归系数列于附表 4-9 中。由此可计算 MgO-CaO-MnO-FeO-CO_2 成分空间碳酸盐矿物的热容，适用温区 298～1000K。

附表 4-9　碳酸盐热容方程的多面体单元回归系数/[J/(mol·K)]

多面体	k_0	$k_1\times10^5$	k_2	k_3
MgO	0.2525	−8.9094	—	−3.7041
$^{[6]}CaO$	0.2510	−8.6955	3011.1	−3.6729
$^{[9]}CaO$	0.1528	4.3076	1188.8	−1.8784
MnO	0.2231	−6.7543	2906.0	−3.3009
FeO	0.3308	−1.3225	4287.4	−5.0689
CO_2	−0.0734	8.6303	−2764.3	1.9867

四、磷酸盐矿物

磷酸盐是自然界产出的一类重要矿石矿物和功能矿物。其热力学性质是对此类矿物资源进行化学加工、设计基本工艺条件的基础数据。但此类矿物大多成分多变，结构复杂，许多缺少完备的热力学数据。La Iglesia（2009）基于氧化物多面体单元模型（Hazen，1985），选取文献报道的 41 种磷酸盐矿物的热力学数据，在所考虑的成分空间，针对 Gibbs 生成自由能 $\Delta_f G^{\ominus}$ 和生成焓 $\Delta_f H^{\ominus}$，分别定义了 19 种和 15 种氧化物多面体组分。由此分别构成 31 个和 23 个线性方程，采用最小二乘法分别计算了各组分对磷酸盐标准生成自由能和生成焓的贡献系数 g_i 和 h_i。拟合计算结果见附表 4-10。

附表 4-10　磷酸盐多面体单元热力学性质回归系数/(kJ/mol)

多面体	g_i	h_i	$(h_{i,298}-g_{i,298})/298$
P_2O_5	−1636.94	−1726.84	−0.30
Li_2O	—	−817.30	—
Na_2O	−665.22	−719.50	−0.18
K_2O	−751.28	−774.50	−0.08
$(NH_4)_2O$	−359.62	−541.28	−0.61
$H_2O(H)$	−277.54	−308.20	−0.27
MgO	−628.52	−692.92	−0.21
CaO	−742.46	−792.81	−0.17
FeO	−269.53	−319.16	−0.17
CoO	−251.88	—	—
NiO	−233.41	—	—
ZnO	−338.13	−392.62	−0.18
CuO	−135.98	−171.82	−0.12
PbO	−242.41	−289.49	−0.16
UO_3	−1183.37	—	—
Al_2O_3	−1613.88	−1780.92	−0.55
H_2O(cryst.)	−239.10	−299.22	−0.20
$H_2O(OH^-)$	−255.04	−267.20	−0.04
F=O	−284.89	−285.35	−0.002
Cl=O	−66.40	−52.39	−0.05

考虑到磷酸盐矿物中存在 OH^-、F^-、Cl^- 对 O^{2-} 配位的替代，拟合回归中同时计算了这些组分的 g_i 和 h_i。其数值代表多面体单元 M-O_n 与 M-O_{n-1}（OH）或 M-O_{n-1}F、M-O_{n-1}Cl 之间的能量差。以 $Ca(OH)_2$ 为例，其自由能计算为：$g[Ca(OH)_2]=g[CaO]+g[H_2O_{(OH)}]$。

利用附表 4-10 中的回归系数，任何磷酸盐的标准生成自由能 $\Delta_f G^\ominus$ 和生成焓 $\Delta_f H^\ominus$ 都可按照公式（A4-1）、式（A4-2）计算。如对于磷铵铝石｛ammonium taranakite，$(NH_4)_3Al_5[PO_4]_8H_6\cdot 18H_2O$｝，其构成多面体组分为：$1.5(NH_4)_2O$，$2.5Al_2O_3$，$4P_2O_5$，$3H_2O_{(H)}$，$18H_2O_{(cryst.)}$；计算得 $\Delta_f G^\ominus=-16106.33$kJ/mol，$\Delta_f H^\ominus=-18484.51$kJ/mol；分别与文献报道数值 −16129.15kJ/mol 和 −18532.60kJ/mol（Vieillard et al，1984）十分接近。

为检验该法计算精度，对另外 18 种结晶相计算 g_i 和 h_i 值，与附表 4-10 中系数对比，其平均误差分别为 0.62% 和 0.43%（$n=10$）。表中各多面体组分系数 g_i 和 h_i 与各纯氧化物相生成自由能 $\Delta_f G^\ominus$ 和生成焓 $\Delta_f H^\ominus$（Robie et al，1979）的相关性为：

$$g_i=1.042\Delta_f G^\ominus-80.115\text{kJ/mol}$$

$$h_i=1.047\Delta_f H^\ominus-87.455\text{kJ/mol}$$

采用类似方法，虽可获得多面体组分的熵值 $s_i[=(h_i-g_i)/T]$，但推荐采用 Holland（1989）的偏微分熵计算法，以减小误差传播。为计算高温生成自由能，附表 4-10 中同时给出磷酸盐矿物各多面体组分自由能温度函数 $g_i(T)$[公式(A4-5)] 中的 $h_{i,298}$ 和斜率

$(h_{i,298}-g_{i,298})/298$ 拟合值。

与文献报道的磷酸盐热力学性质对比，由附表4-10中回归系数的计算值误差为：$\Delta_f G^{\ominus}$ 平均残差 $R=0.029$，标准差 $\sigma_n=0.619(n=82)$；$\Delta_f H^{\ominus}$ 平均残差 $R=-0.003$，标准差 $\sigma_n=0.525(n=58)$。与回归分析中未采用的磷酸盐热力学性质对比，$\Delta_f G^{\ominus}$ 平均残差 $R=0.002$，标准差 $\sigma_n=0.697(n=51)$；$\Delta_f H^{\ominus}$ 平均残差 $R=0.075$，标准差 $\sigma_n=0.583(n=35)$。

与已发表的块磷铝矿（berlinite，$AlPO_4$）、白磷钙矿｛whitlockite，$Ca_9Mg[PO_4]_6(PO_3OH)$｝、氟磷灰石、羟磷灰石的热力学数据（Robie et al，1979）对比，采用附表4-10中系数计算各矿物在400～700K的生成自由能 $\Delta_f G_T$，所有条件下相对误差均小于0.90%，平均残差 $R=-0.044$，标准差 $\sigma_n=0.428(n=16)$。

综上所述，配位多面体模型（Hazen，1985）可完好地描述硅酸盐、碳酸盐、磷酸盐矿物的热力学性质，且具有如下优点：①运用简单易算的数学流程；②具有在宽广成分空间获得大量矿物热力学性质应用能力；③基于矿物自由能温度函数，可获得接近于实验测定值的高温生成自由能数据。

参考文献

Chatterjee N D, Krueger R, Haller G, et al, 1998. The Bayesian approach to an internally consistent thermo-dynamic database: theory, database, and generation of phase diagrams. *Contrib Mineral Petrol*, 133: 149-168.

Chermak J A, Rimstidt J D, 1989. Estimating the thermodynamic properties ($\Delta G_f^{\ominus}$ and $\Delta H_f^{\ominus}$) of silicate minerals at 298K from the sum of polyhedral contributions. *Am Mineral*, 74: 1023-1031.

Chermak J A, Rimstidt J D, 1990. Estimating the free energy of formation of silicate minerals at high temperatures from the sum of polyhedral contributions. *Am Mineral*, 75: 1376-1380.

Daniels P, Fyfe C A, 2001. Al-Si order in the crystal structure of α-eucryptite ($LiAlSiO_4$). *Am Mineral*, 86: 279-283.

Deer W A, Howie R A, Zussman J, 1962-1997. Rock Forming Minerals. V. 1-5, Longman/Geological Society, London.

Hazen A M, 1985. Comparative crystal chemistry and the polyhedral approach//Kieffer S W & Navrotsky A eds. *Microscopic to macroscopic: Atomic environment to mineral thermodynamic*. Mineralogical Society of America. Reviews in Mineralogy, 14: 317-345.

Holland T J B, 1989. Dependence of entropy on volume for silicate and oxide minerals: a review and a predictive model. *Am Mineral*, 74: 5-13.

Holland T J B, Powell R, 1990. An enlarged and updated internally consistent thermodynamic dataset with uncertainties and correlations: the system K_2O-Na_2O-CaO-MgO-MnO-FeO-Fe_2O_3-Al_2O_3-TiO_2-SiO_2-C-H_2-O_2. *J Metamorphic Geol*, 8: 89-124.

Holland T J B, Powell R, 1998. An internally consistent thermodynamic data set for phases of petrological interest. *J Metamorphic Geol*, 16: 309-343.

La Iglesia A, 2009. Estimating the thermodynamic properties of phosphate minerals at high and low temperature from the sum of constituent units. *Estudios Geológicos*, 65 (2): 109-119.

La Iglesia A, Félix J F, 1994. Estimation of thermodynamic properties of mineral carbonates at high and low temperatures from the sum of polyhedral contributions. *Geochim Cosmochim Acta*, 58 (19): 3983-3991.

Robie R A, Hemingway BS. Thermodynamic properties of minerals and related substances at 298.15K and 1bar (10^5 Pascals) pressure and at higher temperatures. United States Geological Survey Bulletin, 1995, 2131, 461.

Robie R A, Hemingway B S, Fischer J R, 1979. Thermodynamic properties of minerals and related substances at 298.15K and 1bar pressure and at higher temperatures. USGS Buil: 1452.

van Hinsberg V J, Vriend S P, Schumacher, 2005a. A new method to calculate end-member thermodynamic properties of minerals from their constituent polyhedra I: enthalpy, entropy and molar volume. *J Metamorphic Geol*, 23: 165-179.

van Hinsberg V J, Vriend S P, Schumacher, 2005b. A new method to calculate end-member thermodynamic properties of minerals from their constituent polyhedra II: heat capacity, compressibility and thermal expansion. *J Metamorphic Geol*, 23: 681-693.

Vidal O, Parra T, Trotet F, 2001. A thermodynamic model for Fe-Mg aluminous chlorite using data from phase equilibrium experiments and natural pelitic assemblages in the 100 to 600℃, 1 to 25 kbar range. *Am J Sci*, 301: 557-592.

Vieillard P, Tardy Y, 1984. Thermochemical Properties of Phosphates//Nriagu J O & Moore P B eds. *Phosphate Minerals*. Berlin, Springer-Verlag: 442.

Zheng H, Bailey S W, 1997. Refinement of the cookeite "r" structure. *Am Mineral*, 82: 1007-1013.